微化石の科学

MICROFOSSILS
second edition

H.A.アームストロング
Howard.A.ARMSTRONG
M.D.ブレイジャー
Martin.D.BRASIER
著

池谷仙之
IKEYA Noriyuki
鎮西清高
CHINZEI Kiyotaka
訳

朝倉書店

Wonder is the first of all passions.
René Descartes, 1645

「驚き」はあらゆる情念の最初のものである．
ルネ・デカルト
『方法序説・情念論』(野田又夫訳) 中公文庫, 1974

Translated from Howard A. Armstrong and Martin D. Brasier: Microfossils, Second Edition.
© 2005 Howard A. Armstrong and Martin D. Brasier
First edition published 1980 by George Allen & Unwin, © M. D. Brasier 1980
Second edition published 2005 by Blackwell Publishing Ltd
The right of Howard A. Armstrong and Martin D. Brasier to be identified as the Authors of this Work
has been asserted in accordance with the UK Copyright, Designs, and Patents Act 1988.
All rights reserved. No part of this publication may be reproduced, stored in a retrieval system, or transmitted,
in any form or by any means, electronic, mechanical, photocopying, recording or otherwise,
except as permitted by the UK Copyright, Designs, and Patents Act 1988,
without the prior permission of the publisher.
This edition is published by arrangement with Blackwell Publishing Ltd, Oxford.
Translated by Asakura Publishing Co. from the original English language version.
Responsibility of the accuracy of the translation rests solely with the Asakura Publishig Co. and
is not the responsibility of Blackwell Publishig Ltd.

訳者まえがき

　本書は，Howard A. Armstrong & Martin D. Brasier : *Microfossils* (2nd ed.), Blackwell Publishing, 2005 の邦訳である．原書初版は M. D. Brasier によって 1980 年に George Allen & Unwin から出版され，微化石と微古生物学の標準的なテキストとして世界各国の大学で使われているものである．

　微化石は，大型化石の産出が散点的であるのに対し，大洋底から大陸上に至るあらゆる場所のいろいろな地層から多数産出し，それらの地層の堆積年代や当時の環境を調べるのに最適な指標として，近年ますます重要視されてきている．たとえば地球化学や気象学，地理学，考古学，堆積学など，一見微化石とは無縁のように思われる分野でも，研究手法として微化石がよく用いられるようになった．特に地球科学の目が海洋に向けられている今日，海洋底から得られる微化石の情報は，地球環境を理解し，その変遷を追跡する上できわめて重要である．またこれに応じて，最近の微古生物学の進歩はめざましく，日々膨大な資料が蓄積されている．

　このため，微化石についての概略とある程度の知識をもっていることは地球科学を学ぶ者にとっての必須事項となっている．日本では微古生物学の解説書として，1970 年代に出版された浅野　清（編）『微古生物学（上・中・下）』（朝倉書店）があるが，一冊にまとめられた基礎的で網羅的な教科書はこれまでなかった．本書は地質学や古生物学についてひととおりの知識をもっている大学学部〜大学院生向けの手引き書といえる．本書がこれらの人々に役立てば幸いである．

　原書第 2 版は，初版を構成していた主要な微化石の各論を踏襲しながら，特に最近 20 年間の進展がめざましい生命の起源と初期の生物に関する研究成果を大幅に取り入れ，各論に先立って微古生物学の総説と生物圏の出現を新たに 50 ページ追加している．各論も 2003 年までの最新情報を加筆し，全体として初版より 100 ページも増えている．各論は，たとえば介形虫では生物体の構造から化石に残る殻の特徴，性差，生殖，個体発生が解説され，分布生態が底質，食性，塩分，水深，温度との関係で述べられ，また各分類群の殻の特徴が系統にそって簡潔に解説されている．つぎに地質学への利用例が示され，さらに深く学びたい人のために重要な参考文献を「どのようなテーマならこの文献の何ページにある」とか，採集や研究法に対するヒントも与えている．引用文献は各章ごとに示され，重要事項は 'Box' に文章で解説するのではなく，図表に整理されているので理解しやすい．

　本書の著者である Brasier 教授は，訳者の一人，池谷が英国 Hull 大学滞在当時（1980

年），最年少の lecturer であった．学部生の micropalaeontology の実験実習を担当しており，一人ですべての微化石の教材を整え，資料作りをしていたのには感心させられた．このときの彼の「実験ノート」が本書のもとになっている．これほど多岐にわたる分野を初版は一人で，改訂版では二人で執筆したことにあらためて敬意を表したい．日本の古生物関係の実験実習は担当者の得意分野のものだけを詳しく教える傾向があり，網羅性にまた統一性に欠けているように思われる．それはひとえにこのような適当な教科書がないことにもよるであろう．

　翻訳にあたっては主として前半の総説を鎮西が，後半の各論を池谷が分担し，相互に検討して統一性をはかった．当初，微古生物学全般にわたる広範な分野を専門外の二人で訳出することに躊躇した．古生物学の基礎的な分野は別として，各分類群はそれぞれ極度に特殊化した独立の学問分野を構成しているので，他分野にはなかなか立ち入れないのが普通である．したがって，十分理解した上での訳出となると，訳者自身があらためて勉強し直さなければならないことが多かった．そのため，後述する多くの専門家の助けを借りて完成させることができた．

　本書の欠点をあえてあげるならば，著者らが専門とするコノドントと有孔虫の章に比べて，もう少し解説を加えてほしかった分類群もある．また無理もないことではあるが，原文には明らかな間違いやスペルミスも多々あった．これらは訳者の判断でできる限り訂正した．本書は主として欧米の，特に英国を中心とした研究成果を多く取り入れているが，微古生物学の分野における日本の研究は世界的にもトップクラスのレベルにあり，この分野の学問を牽引してきた成果が多々あると思う．ここにそれらの引用がないことが惜しまれる．しかし，欧米の微古生物学の全容を知る上で，また微化石全般の理解にこの訳書は役立つであろう．

　訳注について：原文にはないが，理解しにくい内容や特別な用語に関しては読者の理解の助けとして［訳注］を入れた．

　地質時代と地層の表記について：地質時代は，本書の 14 ページに表示されている区分表の略号（Eoc.-Mio.），（U. Cret.-Rec.）を用い，「世（期）」のレベル（たとえば Albian, Tithonian, Tommotian）などは原綴りのままとした．

　図表について：図表中の原語や原記号はそのままとし，本文中に現れない用語などは説明文の中で解説し，また理解しやすいように補足的な説明を加えた．

　分類名について：高次分類群については，和名として普通に使われているものはそれを用い，その他はカタカナ表記とし，初出箇所のみ（　）内に英綴りを補った．また階層に応じて分類群名の後に「界，門，綱，目，科」などを付記した．

　用語について：学術用語は，生物学辞典（岩波書店），地学事典（平凡社）などの各専門分野の代表的な辞典類に従った．各分類群の形態や特徴を記述する用語などは，できるだけ日本語表記としたが，訳語のないものはカタカナ表記とし，新しい訳語を与えたもの

もある．重要な用語は本文中の初出のところに英語を併記した．また各分類群の器官の名称および形態の呼称は日本語訳の他に原語を知っておくことも重要であり，それらは索引とは別に各分類群ごとに一欄にまとめて示した．

謝　辞

　本書の内容が多様な生物グループにまたがるため，用語や日本語の表現などについて，各分野，分類群の専門家にチェックを仰いだ．どなたもご多忙のなかを快くお引き受けくださり，つたない訳文や面倒な用語を詳細に検討してくださった．本書が形をなしたのはひとえにこれらの方々のご協力のおかげであり，ここにお名前をあげてあつく謝意を表するしだいである．なお，いうまでもないことであるが，誤りがあればすべて訳者の責任である．

　生形貴男（静岡大学理学部，1～3章），成瀬　元（京都大学大学院理学研究科，3章），和田秀樹（静岡大学理学部，4, 6章），本田博巳（国際石油開発株式会社，5章），木村浩之（静岡大学理学部，6～8章），大路樹生（東京大学大学院理学系研究科，7章），松岡數充（長崎大学水産学部，9～11, 18, 19章），川見利枝（長崎大学大学院生産科学研究科，9章），今島　実（前国立科学博物館，12章），辻　誠一郎（東京大学大学院新領域創成科学研究科，13章），田中裕一郎（産業技術総合研究所，14章），北里　洋（海洋研究開発機構，15章），小林文夫（兵庫県人と自然の博物館，15章），松岡　篤（新潟大学理学部，16章），谷村好洋（国立科学博物館，17章），塚越　哲（静岡大学理学部，20章），山田普之介（静岡大学理学部，20章），中尾有利子（日本大学文理学部，20章），小池敏夫（前横浜国立大学，21章），猪郷久義（前筑波大学，21章），田中源吾（京都大学大学院理学研究科，付録）．

　最後になったが，本書の邦訳に手間取っていた2年もの間，辛抱強く待っていただいた朝倉書店編集部に厚くお礼申し上げる．

　2007年5月

池　谷　仙　之
鎮　西　清　高

日本語版への序

　悠に35億年を超える期間にわたって地球に起こったほぼすべての事変は，きわめて小さい顕微鏡的な生物によって膨大な記録書として記載されてきた．私たちが『微化石記録』と称しているそのような奇妙で謎に満ちた記録書にようこそ．

　西暦1500年頃に研磨ガラスのレンズが，また1610年代にそれを組みあわせた顕微鏡が発明された．この二つの発明は，現在私たちが生きている世界の記録を解読するために，最も重要なステップであったと思われる．そのようなわけで，現在の私たちの生活（life）は顕微鏡なしではほとんど考えられない．ロバート・フック（1665）による『微小世界図説（*Micrographia*）』の出版と顕微鏡による生命の主要単位である細胞の発見は，自然界における人間の位置付けについての私たちの考え方を確実に一変させた．顕微鏡を用いた研究は驚くほどの速さで進展し，一方では染色体やDNA，現代医学分野の新知見を，また他方では膨大な量の地質記録や生物進化の研究を進めてきた．

　本書に盛られた知識は，これまでに顕微鏡を用いて熱心に研究してきた世界中のすべての方々の情熱なしには集まらなかったであろう．これらの方々に深い敬意を表す．彼らの研究の多くは，何ものにも代えがたく止むにやまれぬ純粋な好奇心ではじめられたものであった．しかし，膨大な量の微化石記録という資産が人類の利益のために利用されるようになったのは，ほんのここ50年ほどのことにすぎない．

　微化石と微生物は，今や，私たちのここ地球惑星における環境変化を理解し，監視するために最も期待されているものである．私たちには学ぶべきことがまだたくさんある．しかし，本書を執筆し，ここに日本語訳を勧めた私の目的は，私たちの足下の豊かな生命史について知りたい，そして学びたいと思っているすべての方に，過去および現在の生物界についてお伝えすることであった．読者の皆様自身がタイムトラベラーとなって，私たちが生きているこの世界のすばらしい探検に出かけるために，この書物がそのパスポートになることを望む．

　2007年1月22日

マーチン・D・ブレイジャー

序

　大いに成功を収めた『微化石（*Microfossils*）』の初版が出版されてから25年を経て，顕微鏡的サイズの生物とそれらの化石に関する理解はすべての面でめざましく深まっている．その新しい知識によって，本書が扱っていた主要な微化石グループの分類と利用，あるいは類縁関係について，大きな変更が必要となっている．種の概念や化石の層序的分布に関する理解が進み，化石記録が完全になってきて，今や微化石によって顕生累代全体の年代や原生代の一部の年代が決められるようになってきた．微化石記録の高い厳密性は，数えきれないほど多くの進化学的研究に最高の試験台を提供している．微化石はどんな堆積盆地の解析にも不可欠であり，生層序学的および古生態学的な枠組みを提供し，また炭化水素含有岩の熟成度の判定にもますます重要となっている．古気候学の隆盛は微古生物学にも新しい刺激を与え，石灰質の殻をもつ微化石のグループから，安定同位体など古海洋・古環境・古気候の変化に関する地球化学的な指標が得られるようになった．今では実際に広く認識されていることであるが，この微細な生物のいくつかが，この地球を生物の生存を可能な星とする上で主要な役割を担っている．この営みは原生代の初期か，おそらくもっと前から，ずっと続けられてきた．したがって，現在，微古生物学は現代的な地球と環境の科学における中心的な地位を占めている．そして，これからますます広い分野の多くの地球科学者が微古生物学者の研究成果に出会うことになるだろう．この第2版が学生，教員，専門外の人々にとって簡便な入門書となることを期待する．

　初版の主旨であった「顕微鏡を用いる微古生物学において，基礎知識のない初心者のための入門書」という方針はこの再版でも変えていない．微化石の形態と分類を本書の中心におき，それを支える派生的な地史や古生態と化石の利用に関する情報，裏付けとなる文献を示した．精選したいくつかの顕微鏡写真を加えたが，これは対象とする分類群全体をカバーするのではなく，線描図の補助として用いている．

　「各専門家は，それぞれ分類体系の自説をもつ」という格言を意識して，本書では *Fossil Record II*（Renton, M. (ed.), 1993, Chapman & Hall, London）が採用した分類体系を使うこととした．この本は各分類群の専門家によって編集され，出版時における「科」までの分類が記述されている．したがって，科レベルの層序的分布に関しては，本書が提供できるものより詳細な情報をこれから得ることができる．微化石試料の採集と処理が重要であることを考え，初版で設けた処理法のセクションを残した．これは，簡単で，安全で，精密機器の最小限の使用でできる技術に焦点をあてている．

　本書を編集する上で，過去および現在の多くの同僚から，惜しみなく寄せられた研究成果とアドバイスに助けられた．ことに本書の原稿のあちこちに対してコメントをくださっ

た Professor R. J. Aldridge, Professor D. J. Batten, Dr D. J. Horne, Professor A. R. Lord, Dr G. Miller, Dr S. J. Molyneau, Dr H. E. Presig, Dr J. B. Riding および Dr J. Remane には負うところが大きい．Mrs K. L. Atkinson はグラフや新しい図を作成してくださった．また，挿画や顕微鏡写真の利用を許可してくださったすべての著者と出版者に，とくにお礼を申したい．正式な引用承認は本文中に記した．これらすべての方々なしでは，この計画は完成しなかったに違いない．皆さんの援助に対し最大の感謝の念を抱いている．Brackwell Publishing 社とロンドン自然史博物館が出版した *PaleoBase：Microfossils* は学生用にデザインされ，微化石を図示した強力なデータベースである．発注用の詳細は www.paleobase.com を見るか，あるいは，ian.francis@oxon.blackwellpublishing.com まで電子メールで連絡されたい．

マーチン・D・ブレイジャー

目　次

I. 微古生物学の利用　*1*

1章　序　論　*1*
2章　微古生物学，進化，生命の多様性　*6*
3章　層序学における微化石の役割　*13*
4章　微化石，安定同位体，海洋-大気の歴史　*21*
5章　熱変成作用の指標としての微化石　*30*

II. 生物圏の出現　*33*

6章　生命の起源と初期の生物圏　*33*
7章　真核生物の出現からカンブリア爆発まで　*41*
8章　細菌の生態系と微生物堆積物　*52*

III. 有機質の殻をもつ微化石　*61*

9章　アクリタークとプラシノ藻　*61*
10章　渦鞭毛藻とエブリア　*69*
11章　キチノゾア　*83*
12章　スコレコドント　*88*
13章　胞子と花粉　*91*

IV. 無機質の殻をもつ微化石　*112*

14章　石灰質ナノプランクトン（円石藻とディスコアスター）　*112*
15章　有孔虫　*124*
16章　ラディオゾア（棘針類，濃彩類，放散虫類）とヘリオゾア　*167*
17章　珪　藻　*179*
18章　珪質鞭毛藻と黄金色藻　*189*
19章　繊毛虫（有鐘虫とカルピオネラ）　*194*
20章　介形虫　*198*
21章　コノドント　*226*

付録：微化石の抽出法　*249*

図の出典　*255*

生物器官の名称・形態の呼称　*257*

生物分類名索引　*263*

事項索引　*271*

Box 目次

Box 4.1　安定同位体の測定　*22*

Box 4.2　酸素同位体比に影響を与える表層過程　*23*

Box 4.3　炭素同位体比に影響を与える表層過程　*26*

Box 10.1　渦鞭毛藻の高次分類　*76*

Box 13.1　高次分類階層と Turma Triletes および Suprasubturma Acavatitriletes の代表的な属の概略　*101*

Box 13.2　高次分類階層と Turma Triletes, Suprasubturma Laminatitriletes, Pseudosaccititriletes および Perinotriletes の代表的な属の概略　*102*

Box 13.3　高次分類階層と Turma Monoletes, Subturma Azonomonoletes, Zonomonoletes, Cavatomonoletes, および Turma Hilates, Aletes, Cystites の代表的な属の概略　*103*

Box 13.4　高次分類階層（主に subturma レベル）と気囊型胞子および花粉の代表的な属の概略　*104*

Box 14.1　ココリスの「科」レベルの分類　*115*

Box 16.1　放散虫類の分類　*171*

Box 20.1　介形虫の分類　*201*

Box 21.1　コノドントの科レベルの分類　*235*

I. 微古生物学の利用

1章 序論
Introduction

微化石とは何か

　地球表面の6分の1は白色あるいは淡黄色の軟泥層に覆われている．顕微鏡で見るとこの堆積物は実に印象的である．軟泥には無数の微小な生物の殻が含まれていて，実にさまざまなものに似ている．それらは楽器のホルン，バドミントンのシャトル，水車，携帯酒入れ，ラグビーボール，園芸用の篩，宇宙船，提灯などのミニアチュアである．あるものは硬いガラスのような光沢をもち，他のものは砂糖のような白色あるいはイチゴ色をしている．この審美的にも満足させられる顕微鏡的な微小化石すなわち微化石は，太古のものであり，また生物学的にきわめて重要なグループである．

　堆積や浸食の過程にさらされている死んだあらゆる生物体を，保存のされ方や死んだのがどれほど最近のことかなどに関わりなく，化石（fossil）という．ふつう，この化石の世界を大型化石（macrofossils）と微化石（microfossils）に分け，それぞれ独自の採集方法，処理法，研究法がある．この区分は実際にはいくらか恣意的で，本書では「微化石」という語を，研究の過程で常に顕微鏡を使わなくてはならない化石に限定したい．したがって，二枚貝の殻や恐竜の骨を顕微鏡で見ていても，これらは微化石ではない．微化石の研究には，ふつう化石を含む堆積物を塊りとして採集し，研究する前にその中から化石を濃集させるという処理を必要とする．

　微化石の研究は「微古生物学」（micropalaeontology）と呼ばれている．しかし，この語はこれまで鉱物質の殻をもつ微化石（たとえば有孔虫や介形虫など）の研究に限定して用いられ，有機物の壁をもつ微化石（花粉，渦鞭毛藻 dinoflagellates, アクリターク acritarchs など）を研究する花粉学（palynology）と区別する傾向があった．この区別は，主として化石を含む岩塊を処理する手法の違いに基づくもので，これもまあ恣意的なものである．強調したい点は，大型化石の古生物学・微古生物学・花粉学のいずれもが，生命とこの惑星表層の歴史を解明する，という同じ目的をもっていることである．これらが相ともなって進歩することで，より早い目標の達成と，より実りある結果が期待される．

なぜ微化石を研究するか

　ほとんどの堆積物は微化石を含んでいる．その種類は地層の時代，堆積した環境，堆積物の埋積の歴史などによって著しく異なる．最も豊富に含まれるところ，たとえば背礁の砂などでは $10 cm^3$ に 10,000 個体以上を含み，その種類は 300 種を超す．これは，そこに代表されているニッチ（niche）の数と世代数が数百に達し，そのサンプル中の個体は数十万年というほどではないが，数千年を超す期間をかけて集積したことを意味している．これと対照的に大型化石の場合，$10 cm^3$ 程度の小さな標本では個体数 20〜30，あるいは世代数も 20〜30 を超すことは稀である．微化石はそれほど小型（ほとんどが 1 mm 以下）で数が多いので，少しの試料からでも取り出すことができる．それゆえ，地質学者が地層の年代，あるいは堆積した場所の塩分や水深を知りたいときに，早く，そして信頼できる回答を得ることができるのは微化石からである．そこで，地質調査所，深海掘削計画，石油・鉱山会社などのボーリングコアあるいはカッティングなどから得られる少量の試料を扱うところでは，いずれも微古生物学者を雇い入れて，扱っている岩石からより多くの情報を汲み取ろうとしている．微古生物学は主にこのような商業的サイドからの刺激を受けて進歩してきた．しかし，この問題には哲学的・社会学的な側面もある．多くの微化石群が食物網の基底あるいはその近

い部分を構成していることを考えると，現在の地球生態系の発達と安定性に関する理解には，微化石の記録から学ばなくてはならない多くのことがある．進化の本質に関する研究においても，微化石の記録には多くの具体例があるので，これを見逃すことはできない．微化石を理解することの重要性は，先カンブリア時代の岩石からの発見によってさらに強調されるようになった．微化石は地球生命史のうちの4分の3以上の期間にわたって，その進化の主役を演じてきた．科学が火星のような他の惑星における生命の探求に立ち入るのも，まず微化石からである．

細 胞

微化石の大部分は一つの細胞からなる単細胞（unicellular）生物である．したがって，細胞について多少の知識をもつことは，これらの生物の生活様式を理解し，地球科学におけるその潜在価値を理解する助けになろう．単細胞生物は，ふつうは比較的弾力性に富む外側の細胞膜（cell membrane）（図 1.1）が，内部の原形質（cytoplasm あるいは protoplasm）と呼ばれる軟らかい細胞質を包み込んで保護している．原形質の中にある液胞（vacuole）と呼ばれる小さな泡は，食物や老廃物，あるいは水で満たされ，細胞に栄養を補給したり，塩と水とのバランスを調節している．膜で囲まれた黒っぽい核（nucleus）と呼ばれる物体は，栄養生殖あるいは有性生殖，およびタンパク質の生産を調節する役割を担っている．その他の小さな物体はいずれも細胞内の生活機能に関係するもので，小器官（細胞小器官 organelle）として知られている．ある種の細胞から突きだした鞭に似た糸状の構造は鞭毛（flagellum）といわれ，運動用の小器官である．ある単細胞生物には短い鞭毛が多数あり，一括して繊毛（cilium，複数は cilia）と呼ばれている．またあるものは原形質と細胞膜が突出して，仮足（pseudopodium，複数は pseudopodia）と呼ばれる細長い構造をつくり，それで動く．その他の小器官として多く含まれるのは有色体（chromoplast）あるいは葉緑体（chloroplast）である．この小さな構造体は，光合成に用いられるクロロフィルあるいはこれに似た色素を含む．

栄 養

生物が体をつくるための栄養摂取の基本的な方法には，従属栄養（heterotrophy）と独立栄養（autotrophy）の二通りがある．従属栄養の生物では，生きているまたは死んでいる有機物を取り込んで消費する．われわれ自身がやっている方法である．独立栄養では，生物は無機的な二酸化炭素（CO_2）から，たとえばクロロフィル（chlorophyll）などの色素が存在するところで，太陽光の効果により有機物を合成する．これは光合成（photosynthesis）として知られる過程である．多くの微化石のグループがこの両方の戦略を採用しているので，混合栄養（mixotrophic）と呼ばれている．

繁 殖

無性生殖（asexual reproduction，あるいは栄養生殖 vegetative r.）と有性生殖（sexual r.）は，細胞を増加させる二つの基本的な方式である．無性生殖では単純な細胞分裂の結果，核の内容が親と同じ組成の二つまたはそれ以上の娘細胞を生じる．有性生殖では通常の核の内容を半分に減らし，これは内容が半減している他の細胞と性的に融合できるようにするのが目的である．各細胞が有する情報は，こうして種に有利なように次々と持ち回られていく．この核の内容が半分になる過程では，減数分裂（meiosis）と呼ばれる細胞の4分割が起こり，娘細胞が2個でなく4個できる．

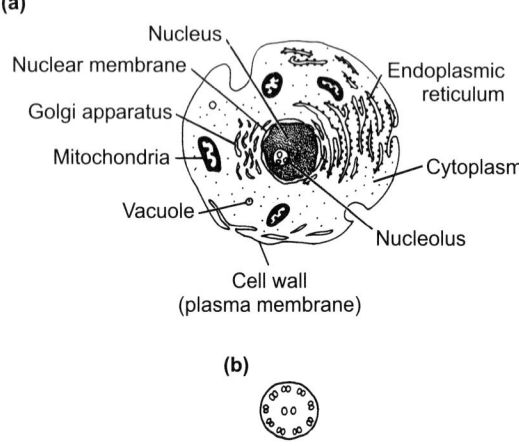

図 1.1 生きている細胞．(a) 真核細胞に見られる細胞小器官の構造（核，核膜，ゴルジ体，ミトコンドリア，液胞，細胞壁（原形質膜），核小体，細胞質，小胞体などを示す）．(b) ミクロフィブリル（microfibril）が対になった微小管の 9+2 構造を示す鞭毛の断面．(Clarkson 2000 から複製)

生命の帝国

　生きているすべての個体は自然に隔離されている単位，種（species）に属している．原理的には，それぞれの種は，自由に交雑し同じニッチを占有する個体群からなる．有性生殖をしない下等な生物（珪質鞭毛藻のような），あるいは生殖のための構造すらもたない生物（シアノバクテリアのような）といえども，形態的・生態的にはっきり区別される種として存在している．微化石の個体群が自由に交雑していたことを証明するのはもちろん不可能である．しかし，もし標本が十分にたくさんある場合には，形態的にも生態的にも不連続があることを認めることができる．この不連続が，ある化石種を他の種と区別する基本となる．

　種が現実的な単位であるのに対し，分類の階層システムにおける高次の分類単位（taxonomic category）は概念的なものにすぎず，階層の違いは祖先の形質を共有する程度の違いを意味している．すべての種はどれかの属（genus，複数はgenera）に含まれ，一つの属には一つそれ以上の互いに近縁な種を含む．それらの種は，近縁な他の属に含まれる種とははっきりした形態的・生態的・生化学的な隔たりが認められる．属はそれを構成する種に比べて時間的・地理的により広く分布し，したがって，層序学的な対比にはさほど役立たない．しかし，属は古生態的，古地理的研究には大変役に立つ．順に上位の単位である科（family），目（order），綱（class）（しばしば中間に亜 sub-，上 super- といった単位も入る）は，それぞれ体制が互いに似ていて，単一の系統に属する分類群の集まりからなる．これらは生層序や古環境解析にはあまり役立たない．'動物'では，門（phylum）は基本的な体制の差異によって定義され，一方，'植物'では，これに相当する門（division）は主として構造，生活史，光合成色素の違いによって区分する．

　さらに高次の分類単位に界（kingdom）がある．19世紀には，ふつう植物界と動物界の二つの界だけが認められていた．植物は主として動けず，光合成で育つものと考えられていた．動物は動けるもので，既存の有機物を摂食して育つとされた．これらの差異は陸上に棲む大型生物では明瞭であるが，水棲で顕微鏡的サイズの生物では，その多くが動物と植物の境界をまたがって暮らしているように見える．図1.2に示した分類は，真正細菌，古細菌，原生動物，植物，動物，菌，クロミスタ（Chromista）の7界を認めることによって，この変則的な事態を克服している．

　最高次の分類単位はエンパイア（empire）である．細菌エンパイアの分類については第8章でさらに考察する．細菌は単細胞だが，その細胞には核，液胞，細胞小器官がない．この原始的な原核生物（Prokaryota）の状態では，厳密な意味での有性生殖は知られていない．シアノバクテリア（cyanobacteria）などが特徴的である．現在では，細菌エンパイアは真正細菌（Eubacteria）と古細菌（Archaebacteria）の二つの界に分けられている．他の5界は真核生物エンパイア（Eukaryota）である．真核生物の細胞には核，液胞，各種の細胞小器官があり，適切に調整された細胞分裂と有性生殖の能力をもつ．単細胞の真核生物は，ふつう原生生物（protists）と呼ばれる．これを摂食様式によって植物と動物に分けようという試みがあったが，渦鞭毛藻（dinoflagellates），ミドリムシ

エンパイア	超界	界	亜界
細菌		真正細菌	Negibacteria
			Posibacteria
		古細菌	
真核生物	アーケゾア		
	メタカリオタ	原生動物	Gymnomyxa
			Corticata
		植物	Viriplantae（緑色植物）
			Biliphyta（紅藻，灰色植物）
		動物	Radiata（放射相称動物）
			Bilateralia（左右相称動物）
		菌	
		クロミスタ	Chlorarachina（クロララキナ植物）
			Euchromista（クリプトモナス，ゴニオモナス，不等毛植物，ハプト植物）

図1.2 生命の帝国．（Cavalier-Smith 1993を一部改変）

(euglenoids), 不等毛植物 (heterokonts) には, 光合成と, 取り込みによる従属栄養的な摂食の両方をする種類がいることが知られ, 放棄されることとなった. 1970年代から, 走査型電顕レベルの微細構造と, 核酸の塩基配列が原生生物の系統の解明に用いられるようになって, 高次の分類が発展してきた. Cavalier-Smith (1981, 1987a, 1987b, 2002) の新分類では, 二つの新しい分類群が提案された. すなわち, 光合成を主体とするクロミスタ界 (褐藻, 珪藻, およびその類縁グループ) と原始的なアーケゾア超界 (Archezoa) (これはミトコンドリアを欠く amitochondrial) である. さらに, 微細構造に基づく植物界 (Plantae) の再定義を提案し, 取り込みによる摂食 (phagotrophy) をする多くの好気的原生生物を植物界から除外した. 現在では, 原生動物界 (Protozoa) は 18 もの「門」を含むと考えられている (Cavalier-Smith 1993, 2002). その分類と系統関係は流動的ではあるが, 主として細胞の微細構造と, ますます精巧になってきた新しい核酸の塩基配列の分析に基づいている. 原生動物界には Gymnomyxa と Corticata の二つの亜界が含まれる. Gymnomyxa 亜界のメンバー (たとえば有孔虫) は, しばしば仮足あるいは有軸仮足 (axopodium, 複数は axopodia) を出す'軟らかい'細胞膜をもつ. Corticata 亜界は, 祖先以来, 2本の繊毛をもつ (たとえば渦鞭毛藻).

アーケゾア超界のメンバーは, リボソーム (ribosome) があること, RNA タンパク質 (タンパク質合成のとき, この上でメッセンジャーRNA を'読む') があることによって, ほとんどの原生動物とは区別される. リボソームや RNA タンパク質は他のすべての真核生物にもある. またアーケゾアにはいくつかの細胞小器官 (たとえばミトコンドリア mitochondria やゴルジ体 Golgi body など) がない. アーケゾアには Archamoeba, Metamonada, および Microsporidia の 3 門が含まれる. この後二者は, リボソーム DNA による系統の証拠から, 真核生物の進化のごく初期のものの生き残りであると示唆されている. すなわち, 真核生物の進化は二つの大きな段階に区分することができる. 真核生物の細胞の出現 (最初のアーケゾア) は, 膜で境された細胞小器官と細胞骨格 (cytoskeleton) の出現, および原形質・核・9＋2構造の繊毛などを秩序立てて配列するための繊維状タンパク質の立体的な網目構造の出現で特徴づけられる (図 1.1). 次におそらくミトコンドリアとペルオキシソーム (peroxisome) が共生によって出現し (Margulis 1981；Cavalier-Smith 1987c), 最初の好気的呼吸をする原生動物が生まれた. リボソームの変化はこれよりいくらか後に起こったものらしい.

クロミスタ界の大部分は光合成をするもので, その有色体は小胞体 (endoplasmic reticulum) の中にあり, 小胞体は独特の平滑な膜によって互いに隔てられている. この膜は, 寄主である原生動物に取り込まれて共生することになった光合成真核生物の細胞膜の残滓らしく, この共生によってクロミスタが生まれたのである (Cavalier-Smith 1981, 1987c). クロミスタ界には, 珪質鞭毛藻, 珪藻, 石灰質ナノプランクトンなど, 重要な微化石のグループがいくつも含まれる.

植物界 (Plantae) には二つの亜界が含まれる. Viriplantae 亜界には, 緑藻 (緑藻植物門 Chlorophyta) などの緑色植物, 車軸藻植物門 (Charophyta) および '陸上植物' (あるいは Embryophyta 門) が含まれる. Biliphyta 亜界には紅藻 (紅色植物門 Rhodophyta) と灰色植物門 (Glaucophyta) が含まれる. しかし, この二つの亜界を同じ一つの植物界に置くのが正しいか, 別の界にすべきか, まだはっきりしない. Viriplantae 亜界はデンプンを含む有色体をもち, クロロフィル a と b を含む. Biriphyta 亜界は同様な有色体をもつが, このグループは食栄養 (phagotrophy) をまったく行わない.

菌界 (Fungi) には, すでに存在する有機物を吸着 (adsorption) によって摂取するタイプの従属栄養の真核生物が含まれる. これは化石にはめったに残らず, ほとんど研究されていない. したがって本書ではこれ以上扱わない.

動物界 (Animalia) は多細胞の無脊椎および脊椎動物で構成され, 生きているかあるいは死んでいる既存の有機物を摂食する. 成体に達しても顕微鏡的なサイズの無脊椎動物, たとえば介形虫類などは微化石と考える. しかし, 大型動物の顕微鏡的サイズの部分化石 (たとえばカイメンの骨針, ウニの殻片, いろいろな動物の幼体など) は除外しなくてはならない. 大型無脊椎動物の化石記録については, Clarkson (2000) 著の姉妹編を参照されたい.

いまの階層的分類体系の中では, その位置を簡単に決めることができない微化石, たとえばアクリターク (acritarchs), キチノゾア (chitinozoa), スコレコドント (scolecodonts) などは, 本書では, 正式ではなく群 (group) として仮の分類上の位置を与えて解説

した.

引用文献

Cavalier-Smith, T. 1981. Eukaryote kingdoms: seven or nine? *Biosystems* **14**, 461-481.

Cavalier-Smith, T. 1987a. Eukaryotes without mitochondria. *Nature* **326**, 332-333.

Cavalier-Smith, T. 1987b. Glaucophyeae and the origin of plants. *Evolutionary Trends in Plants* **2**, 75-78.

Cavalier-Smith, T. 1987c. The simultaneous symbiotic origin of mitochondria, chloroplasts and microbodies. *Annals of the New York Academy of Sciences* **503**, 55-71.

Cavalier-Smith, T. 1993. Kingdom Protozoa and its 18 phyla. *Microbiological Reviews* **57**, 953-994.

Cavalier-Smith, T. 2002. The phagotrophic origin of eukaryotes and phylogenetic classification of protozoa. *International Journal of Systematic and Evolutionary Microbiology* **52**, 297-354.

Clarkson, E. N. K. 2000. *Invertebrate Palaeontology and Evolution*, 4th edn. Blackwell, Oxford.

Margulis, L. 1981. *Symbiosis in cell evolution. Life and its Environment on the Earth*. Freeman, San Francisco.

2章　微古生物学，進化，生命の多様性
Micropalaeontology, evolution and biodiversity

進化の研究にとって，微古生物学には次のような三つの独特な視点がある．それは，精密な時間軸，標本の豊富さ（進化傾向の統計的解析が可能），特に海の生物についての完全で長い化石記録の存在である．このような進化過程の本質にせまることができる重要な特性がありながら，最近まで，本書の各章で記載するように，微古生物学者はそれぞれのグループについて個別に系統を遡ってその進化を記述することに力を注いできた．

小進化と大進化は進化における二つの主要な様式である．小進化（microevolution）は種内における小規模な変化，特に新しい種の起源について記載する．新しい種は向上進化（anagenesis，形態の連続的な時間的変化）あるいは分岐進化（cladogenesis，既存の系統の急速な分岐）によって出現する．どちらの過程が有力かという問題は，生物学的古生物学（palaeobiology*）の分野における過去30年でもっとも議論の多い問題の一つであった．

［訳注］*：伝統的な古生物学（palaeontology）に対して，生物学的側面をより強調したpalaeobiologyという新しい学問分野が1950年代に生まれた．日本語に訳せば，「古・生物学」となるが，従来の「古生物学」と区別して，「生物学的古生物学」と訳している．

向上進化の最もよく記録されたいくつかの例が浮遊性有孔虫の研究の中にある（Malmgren & Kennett 1981；Lohmann & Malmgren 1983；Malmgren et al. 1983；Hunter et al. 1987；Malmgren & Berggren 1987；Norris et al. 1996；Kucera & Malmgren 1998）．しかし，分岐進化についてはそれほど多く論じられていない（たとえばWei & Kennett 1988；Lazarus et al. 1995；Malmgren et al. 1996）．同様の研究は，放散虫（Lazarus 1983, 1986）や珪藻（Sorhannus 1990a, 1990b）でも進められてきた．形態的な変化を環境の勾配（たとえば，酸素同位体比の測定から得られた温度/水深の勾配など）の上にプロットすると，漸移的な形態変化の傾向は，種分化に要する時間や種分化の方式を厳密には反映していないことが見えてくる．たとえばKucera & Malmgren（1998）は，白亜紀の浮遊性有孔虫 Contusotruncana fornicata の形態が漸移的に変化するのは，時代とともに低円錐形のものに対する高円錐形の比率が増加していくためと考えられることを示した．高円錐形のものは速く進化し，低円錐形のものをしだいにおきかえていく．しかしながら，どの時間面をとっても，両形態の産出数は一つの正規分布をしている．同様に，Norris et al.（1996）は Fohsella fohsi の平均的な形態が40万年以上にわたってしだいに変化することを記載し，どの時期をとっても形態的にはただ1種類しか存在しなかったことを示した（図2.1）．しかし，同位体のデータから見ると，個体群が表層に棲む群と水温躍層に棲む群に急速に分離し，連続的な変化の途中で生殖的隔離が起こっていることがわかる．また同じ期間に，キール（keel）をもつ個体がキールをもたないものをしだいにおきかえている．これは，同じ個体群の中で向上進化と分岐進化が同時に起こっているという明瞭な例である．向上進化のもう一つの'典型的な'例（Malmgren et al. 1983, 1984）とされている Globorotalia plesiotumida とその子孫の G. tumida についても，Norris（2000）によって再検討された．G. plesiotumida の生存期間は明らかに G. tumida の期間と重なっている（たとえば Chaisson & Leckie 1993；Chaisson & Pearson 1997）ので，G. tumida が祖先の G. plesiotumida 個体群を完全におきかえて出現したものではないことがわかる．この例に対する（またおそらくは，すべての向上進化的な傾向に対する）別の解釈は，分岐進化が起こるとすぐに，祖先の個体群と子孫の個体群との相対頻度が急速に変化するので，分岐したように見えるとするものである．平均的な形態が見かけ上漸移的に変化するのは，遺伝子交流（gene flow）を阻む障壁がない環境では，そこに生息している個体群がもっている連続的な変異に対して自然選択が働くことに原因があると思われる．

大進化（macroevolution）は，種レベルより上位の分類単位の進化，大きなグループの起源と絶滅，その適応放散などに関係している．小進化と大進化の過程は互いに関連のない別の過程である（Stanley

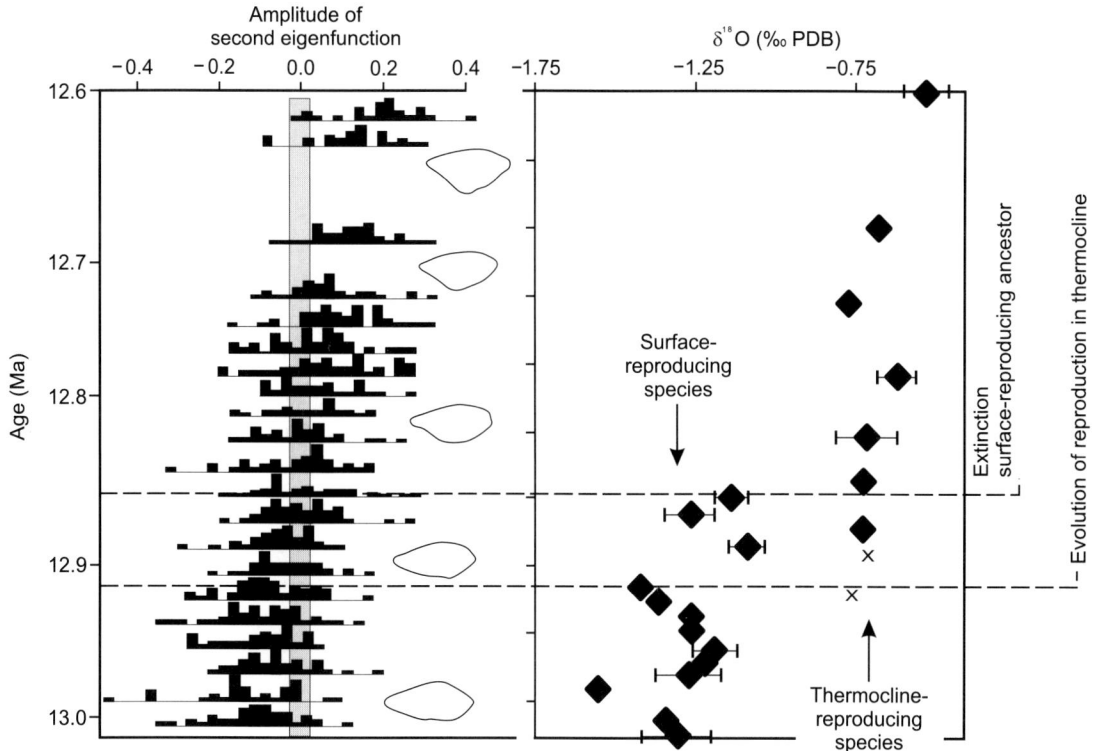

図 2.1 中新世中期の浮遊性有孔虫 *Fohsella* の進化過程で見られる形態と生息域の変化．左は殻の外形の連続的な（向上進化的な）変化を示すヒストグラム（縦軸は単位100万年；横軸は第2固有形状スコアー）．右は同じ試料の酸素同位体比（横軸）の測定結果．下の横点線の層準において水温躍層で繁殖する新しい種が突然に出現したこと（分岐進化）を示す．表層水で繁殖する祖先種は，子孫種の出現後おおよそ7万年後に上の横点線の層準で絶滅した．形態のグラフ（左図）からは，どの時代をとっても一つの個体群しかいなかったように見える．(Norris *et al.* 1996 から改描)

1979)．これは，小進化では個体が選択の基本単位であるのに対し，大進化では種と種の間の選択が個体より高いレベルで起こるためである．もっとも，高次の分類単位間における競争と自然選択の概念については，誰にも異議なく受け入れられているわけではない（Kemp 1999 を参照）．生物の新しい構造や体制(body plan)，新しい生化学的システム，高次分類群の特徴などは，化石記録では突然に現れる．石灰質ナノプランクトンの石灰化が中生代初期に突然起こるのはその例である．これらが出現するその背後にある機構は，進化現象のうちで最もわかっていない部分である．説明としてもち出されている機構の中には，ホルモンや他のタンパク質を暗号化する調節遺伝子（regulatory gene）の突然変異とか，染色体構造の大規模な変化などがある．

さまざまな大進化パターンのうち，最も広く調べられているのは大量絶滅（mass extinction）であろう．大量絶滅は，'バックグラウンドの絶滅'に比べ，その速度（ふつうは500万年以下）と規模（1回の事件で海洋生物の 20〜50％ が消滅する）が違う．白亜紀/第三紀境界の大量絶滅は最もよく研究された例である．この事件は地球全域で調べられ，地球上の原因（気候変化を含む）から地球外の原因（隕石の衝突）までさまざまな原因論が議論されてきた（Hallam & Wignall 1997 の総説を参照）．白亜紀/第三紀境界における大量絶滅の生物学的効果については，MacLeod & Keller (1996) の総合的な評論がある．白亜紀/第三紀境界事変における個々のグループの絶滅パターンは，大量絶滅の原因論には大して役立たない．たとえば，浮遊性有孔虫の絶滅は，境界をまたぐ地層の厚さ 30 cm の間隔（10万年以下）の中で起こり，大型で装飾の多いタイプが選択的に絶滅した．底生有孔虫の多様性は低下したが，その影響はずっと少なかった．一時，円石藻（ココリソフォリド coccolithophorids）はこの境界でほとんど絶滅したと考えられていたが，現在では，下部第三系に発見される白亜紀の種はこの事変を生き延びたものと考えられている（Perch-Nielsen *et al.* 1982）．渦鞭毛藻がこの境界事変でそれ

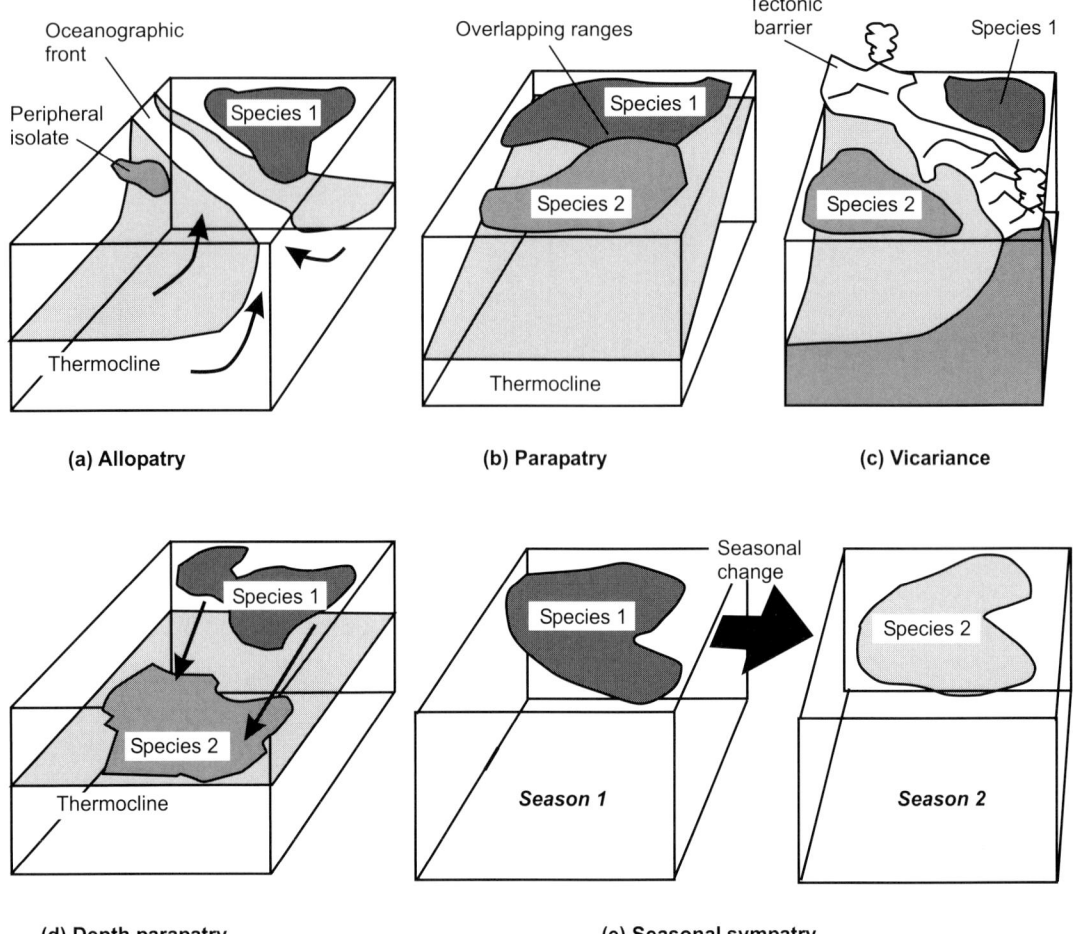

図2.2 種分化の諸モデル．(a) 水塊境界などの海洋学的境界で，その両側に個体群が分離されることによって生じた異所的種分化．(b) 海洋学的環境に勾配がある，たとえば，水温躍層の深さがしだいに変わるところ，あるいは生息する水深がしだいに変わるところなどで起こる側所的種分化．(c) 物理的境界が出現して隔離を起こし，新しい種を生む分断現象．(d) 繁殖場所が移動して深くなった場合の側所的種分化．(e) 季節的同所性種分化では，隔離は繁殖の時期が分かれることによって起こる．海洋プランクトンでは (a) や (c) のような完全な遺伝子の隔離は起こりにくい．(Norris 2000 から改描)

ほどの影響を受けていないのは明らかである．渦鞭毛藻シストは境界粘土に非常に多く産出し，その環境が渦鞭毛藻の大増殖を引き起こすのに理想的だったことがわかる．多様性も種の回転率*（turnover rate）も境界を挟んで非常に高い．これに対して植物では大きな変化が見られる．Wolfe & Upchurch (1986) は，花粉が衰退し，かわってシダ類の胞子が著しく増大しているのは森林火災の影響を暗示しているが，湿潤度の上昇もまたシダ類の増大を招いたと述べている．

[訳注]*：種の回転率は群集生態学の用語で，種の世代交代の頻度を意味する．

分岐進化の機構

分岐進化のモデルは，個体群の遺伝的隔離の機構に基づいている．すなわち，分布域の縁辺部で主たる個体群から隔離された小数個体群（周辺隔離集団 peripheral isolates）では，ランダムな突然変異が急速に拡がり，最終的には新種の成立に至る．これは異所的種分化（allopatric speciation）として知られている過程である（図2.2）．海では遺伝的隔離は一見あまり起こりそうもないように思えるが，海洋にはたくさんの生態的障壁がある．たとえば，海洋の前線系（frontal system）がそれに当たり，タスマン前線（Tasman

Front) のような熱帯と亜熱帯の水塊間に発達する前線は生物の分散を阻害する効果的な障壁とされ，鮮新世における浮遊性有孔虫の *Globoconella* が異所的種分化を起す上で重要であった (Wei & Kennett 1988). 種分化の分断モデル (vicariant model) は，陸地の形成や海水準の低下，水塊境界の強化などの物理的障壁の出現によって，元の個体群が小さな個体群に分割されるというものである. Knowlton & Weight (1998) は，更新世にパナマ地峡の成立で大西洋と太平洋が分離したことによる海洋循環の変化が，この海域で引き起こした多くの分断種分化の例を記載している. インドネシア海路 (Indonesian Seaway) の両側でみられる橈脚類 (copepods) の種分化も，更新世の低海水準によって起こったとされている (Fleminger 1986). しかしながら，多くの浮遊性有孔虫はこのような大きな障壁を乗り越える能力をもっている. *Pulleniatina obliquiloculata* やこれに近縁な別の種類は，更新世の氷期-間氷期変動の間に，インド-太平洋区から熱帯大西洋にくり返し侵入していた. 大西洋の熱帯湧昇流やパナマ地峡も，分散に対する有効な障壁とはなりえなかったのである.

微化石の多くはプランクトンで，大きな個体群サイズと高い分散能力をもっている. このような特徴は異所的種分化を起こす条件とは相容れないように思える. これらの生物に関しては，遺伝的交流の制約による種分化モデルのほうが説明しやすいだろう.

地理的勾配 (クライン cline) にそって見られる形態の変異は，クラインの両端の個体群間における遺伝的交流を妨げ，効果的な遺伝的隔離 ('距離による隔離' あるいは側所的種分化 parapatric speciation) をもたらす. クラインがもたらす種分化については海洋プランクトンのいろいろな種類で広く知られている (van Soest 1975；Lohmann & Malmgren 1983；Lohmann 1992) が，人によっては，これらは別々の種が次々と連続して分布しているにすぎないと説明する (以下を参照). *Globorotalia truncatulinoides* は，最初に記載されたときは緯度にそった形態のクラインがあり，変異が連続するとされた (Lohmann & Malmgren 1983) が，この有名な例ですら，別々の種を含んでいるらしい (Healy-Williams *et al.* 1985；de Vargas *et al.* 2001).

同様に，'生態による隔離' もふつうに見られ，有孔虫の水深による隔離が特によく記載されている. 多くの有孔虫は海中に沈降して生殖を行う (Norris *et al.* 1996). このとき，有孔虫は大洋のいろいろな物理的・化学的障壁を横切っていく. 生殖する水深の違いによって種分化が起こるというのはありそうなことである. もっとも，これを確認する証拠はまだ多くはない. Norris *et al.* (1993, 1996) は，酸素の安定同位体比を用いて，中新世中期における *Fohsella fohsi* の進化が，その生殖する水深を急速に変えたことに関連していることを示した (図 2.1). 同様な方法を用い, Pearson *et al.* (1997) は，ごく近縁の種の間で石灰化を起こす水温が 1〜2℃ 違い，それが生殖の季節の違いあるいは成長深度の違いに関係したものであることを確かめた. 熱帯・亜熱帯域では表層水の水温の季節変化はもっと大きいので，これらの種の分化は，生殖と成長の時期が少しずれたために起こったもの (季節的同所性 seasonal sympatry) と解釈できる.

理論的および実証的研究 (たとえば Howard & Berlocher 1998) によれば，海洋域における同所的種分化 (sympatric speciation) は，これまで考えられていたよりも，もっとふつうに起こっているらしい. 同所的な種分化は，単一の食物源に対する激しい競争を避けるため，各個体が違う戦略を発達させることで起こる (Dieckmann & Doebell 1999). あるいはまた極端な特徴をもつ個体，たとえば，大型あるいは小型の捕食者が中型の個体よりも有利になるという分断性選択 (disruptive selection) によって起こる (たとえば Kondrashov & Kondrashov 1999；Tregenza & Butlin 1999).

海洋プランクトンの多様性

Briggs (1994) の計算によると，陸上の多細胞生物はおおよそ 1,200 万種 (そのうち約 1,000 万種が昆虫！) であるが，海にはわずか 20 万種しかいないという. これは驚くべき数字で，生態系の大きさ，エネルギーの流れ，環境の安定性のモデルから予想すると，海洋では陸上の種数よりもはるかに多くの種類がいてよいはずである (Briggs 1994). モデルが間違っているのか，あるいは数字が違っているのか.

分子系統解析の結果は，大洋では非常に高い生物多様性が隠れていることを示唆している. 形態的にはほとんど差異がないのに，核酸の塩基配列データからは膨大な数の同胞種* (sibling species) が識別される (たとえば Bucklin 1986；Bucklin *et al.* 1996；Bucklin & Wiebe 1998). この状況はシアノバクテリア (Moore et al. 1998) や細菌プランクトン (bacterio-plankton) (De Long et al. 1994) でもおそらく同様である．隠れた種分化や高い遺伝的多様性は浮遊性有孔虫でも記録されている (Huber et al. 1997; de Vargas & Pawlowski 1998; Darling et al. 1999; de Vargas et al. 1999). 驚くべきことに，形態的によく似た多くの種類は，それぞれが過去に分岐を起こしているのである．化石の中で同胞種を識別することはきわめて難しく，これまで生態的な変異（生態表現型 ecophenotypes）とされていたものの多くが独立した種であると思われる．もしそうなら，プランクトンの多様性は著しく低く見積もられていたことになる．

［訳注］*：同胞種とは，同所的で形態的にはほとんど区別できないが，生殖隔離されている近縁な2種のことをいう．

系統の復元

種より上の高次分類はそのグループの進化を反映しているはずである．分類上の階層は上位に向かって包括的な入れ子階層 (nested hierarchy) として示され，似た「種」は「属」にまとめられ，似た「属」は「科」に，「科」は「目」に，「目」は「綱」に，そして「綱」は「門」にまとめられる．またこれらの主要な階層中の小区分として，たとえば亜科 (sub-family) や上（超）科 (superfamily) などが使われる．高次の分類群はその接尾語（すなわち -ae や -a など）で区別される．多くの実例が以下の各章に見られる．

高次のグループを定義することは主に主観的な行為である．1970年代まで保守的な分類学者は，形態的 (morphological)（あるいは表現型の phenetic）類似性と，祖先-子孫関係についての不明瞭な見解に基づく系統的（進化的）類似性 (phylogenetic resemblance) とを合わせて用いてきた．種の層序的出現順序とその地理的分布とは系統関係を調べる上で重要な情報であった．1970年代以後，この古典的な方法につきまとう主観性を減らす努力が進められ，二つのドライなアプローチが用いられるようになった．表現学 (phenetics)（あるいは数量分類 numerical taxonomy）は形質を点数化し，それに基づいて分類する．点数化された形質行列をもとに，クラスター分析および距離統計 (distance statistics) によって分類群間の類似度を定量的に表現し，それをより高次の分類群にまとめる．一方，W. Hennig (1966) によって創設された分岐論 (cladistics)（あるいは系統分類学 phylogenetic systematics）は古生物学で広く用いられてきた．もっとも，微古生物学ではそれほどではない．この方法についての総括的解説は Smith (1994) を参照されたい．分岐論の核心は，生物の特徴には原始的な形質（共有祖先形質 symplesiomorphy）と，進化的な新しい形質（共有派生形質 synapomorphy）の両方を含んでいるという考えにある．密接に関連する二つのグループは派生形質を共有していて，その形質状態によって他のグループから識別される．たとえばヒトは背骨をもっている．これはすべての脊椎動物のもつ祖先的形質である．またヒトは向かい合わせにできる親指をもつが，これはヒトとヒトに最も近縁な大型類人猿だけに共通な派生形質である．脊椎骨はすべての脊椎動物にとって祖先的な形質であるが，無脊椎動物と比べたときには派生形質である．このように，ある系統を復元するとき，ある特定の形質が共有派生形質か共有祖先形質かということは相対的なものである．

系統解析の結果は分岐図 (cladogram) に表される．その図の分岐点は入れ子になっている階層性に従って配列する．図2.3の例で，CとDは単一の共通の祖先を共有し，この二つは姉妹群 (sister group) の関係にあって，Bにはない共有派生形質をもっている．同様にBはCとDを合わせたグループに対する姉妹群で，AはB+C+D群の姉妹群である．もし，たくさんの分類群とたくさんの数の形質を解析する場合には，形質マトリックスは PAUP (Phylogenetic Analysis Using Parsimony) などのコンピュータプログラムにより型通りの手順に従って操作される．観察された形質のセットを系統的に位置づけて分岐図をつくるのに，仮定の数を最低に抑える方法（最節約原理 parsimony）を採用している．分岐図は進化の歴史を表した系統樹ではなく，どれとどれがより近縁であるかの仮説を示すにすぎない．層序的な出現順序は，解析時に直接には用いない．分岐図ができた後で，そ

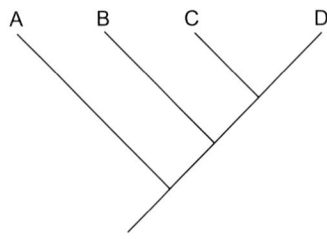

図2.3 分類群 A〜D の系統関係を示す分岐図（説明は本文を参照）．

の説明のために層序的な出現期間のデータが用いられ(Smith 1994を参照)，これによってそれぞれの系列を時間軸にそって並べることができる．ここに至って分岐図は系統樹となる．

共有形質が祖先的か派生的かを区別するには，外群比較(outgroup analysis)が行われる．内群(ingroup)，すなわち，いま研究対象としているグループを近縁な外群(outgroup)と比較するのである．図2.3において，B+C+Dを内群とするとAが外群にあたる．ある特定の形質状態で，内群にあり外群にも認められる形質は祖先的(原始的)形質(plesiomorph)のはずである．新形質(apomorph)とは内群だけに認められる形質状態を指す．

分岐論では系統群に三つのタイプがある．すなわち，単系統(monophyletic)群は共通の祖先とその子孫のすべてを含む群である．側系統(paraphyletic)群は共通祖先(ふつう絶滅している)に由来する共通形質で括られるが，その子孫のすべてを含んではいない．多系統(polyphyletic)群は収斂進化が起こって形態的に似たものが出現し，その類似性に基づいてまとめられたグループである．多系統群に含まれる分類群は，外見では似ているが異なる祖先に由来したもので，系統的な近縁性を示すものではない．

系統復元や高次分類群の認定において主観性を完全に排除することはできない．分岐論では，解析の結果，同じように最節約的な複数の分岐図が得られる場合があり，その選択は主観的になる．数量分類では，形質の測定方法や重み付けはやはり主観的な判断による．進化の過程で起こる形態的な収斂(convergence)の可能性は，すべての分類学的方法にとっての問題であり，多系統か同胞種かの区別には，最終的には核酸の塩基配列のデータが必要となるであろう．不幸にしてこれは絶滅グループには適用できない．

引用文献

Briggs, D. E. G. 1994. Species diversity: land and sea compared. *Systematic Biology* **43**, 130-135.

Bucklin, A. 1986. The genetic structure of zooplankton populations. In: Pierrot-Bults *et al.* (eds) *Pelagic Biogeography*. UNESCO, Paris, pp. 35-41.

Bucklin, A. & Wiebe, P. H. 1998. Low mitochondrial diversity and small effective population sizes in the copepods *Calanus finmarchicus* and *Nannocalanus minor*: possible impact of climatic variation during recent glaciation. *Journal of Heredity* **89**, 383-392.

Bucklin, A., Lajeunesse, T. C., Curry, E., Wallinga, J. & Garrison, K. 1996. Molecular diversity of the copepod: genetic evidence of species and population structure in the North Atlantic Ocean. *Journal of Marine Research* **54**, 285-310.

Chaisson, W. P. & Leckie, R. M. 1993. High-resolution Neogene planktonic foraminifer biostratigraphy of Site 806, Omtong Java Plateau (western Equatorial Pacific). *Proceedings of the Ocean Drilling Program, Scientific Results* **130**, 137-178.

Chaisson, W. P. & Pearson, P. N. 1997. Planktonic foraminifer biostratigraphy at Site 925: middle Miocene-Pleistocene. *Proceedings of the Ocean Drilling Program, Scientific Results* **154**, 3-31.

Clarkson, E. N. K. 2000. *Invertebrate Palaeontology and Evolution*, 4th edn. Blackwell, Oxford.

Darling, K. F., Wade, C. M., Kroon, D., Leigh Brown, A. J. & Bijma, J. 1999. The diversity and distribution of modern planktonic foraminiferal subunit ribosomal RNA genotypes and their potential as tracers of present and past ocean circulation. *Paleoceanography* **14**, 3-12.

Dieckmann, U. & Doebell, M. 1999. On the origin of species by sympatric speciation. *Nature* **400**, 354-358.

Fleminger, A. 1986. The Pleistocene equatorial barrier between the Indian and Pacific oceans and a likely cause for Wallace's Line. In: Pierrot-Bults *et al.* (eds) *Pelagic Biogeography*. UNESCO, Paris, pp. 84-97.

Hallam, A. & Wignall, P. B. 1997. *Mass Extinctions and their Aftermath*. Oxford University Press, Oxford.

Healy-Williams, N., Ehrlich, R. & Williams, D. F. 1985. Morphometric and stable isotopic evidence for subpopulations of *Globorotalia truncatulinoides*. *Journal of Foraminiferal Research* **15**, 242-253.

Hennig, W. 1966. *Phylogenetic Systematics*. University of Illinois Press, Urbana, IL. [Second edition published in 1979.]

Howard, D. J. & Berlocher, S. H. (eds) 1998. *Endless forms: Species and Speciation*. Oxford University Press, Oxford.

Huber, B. T., Bijma, J. & Darling, K. 1997. Cryptic speciation in the living planktonic foraminifer *Globigerinoides siphonifera* (d'Orbigny). *Paleobiology* **23**, 33-62.

Hunter, R. S. T., Arnold, R. J. & Parker, W. C. 1987. Evolution and homeomorphy in the development of the Paleocene *Planorotalites pseudomenardii* and the Miocene *Globorotalia* (*Globorotalia*) *margaritae* lineages. *Micropalaeontology* **31**, 181-192.

Kemp, T. S. 1999. *Fossils and Evolution*. Oxford University Press, Oxford.

Knowlton, N. & Weight, L. A. 1998. New dates and new rates for divergence across the Isthmus of Panama. *Proceedings of the Royal Society of London, Series B: Biological Sciences* **265**, 2257-2263.

Kondrashov, A. S. & Kondrashov, F. A. 1999. Interactions among quantitative traits in the course of sympatric speciation. *Nature* **400**, 351-354.

Kucera, M. & Malmgren, B. A. 1998. Differences between evolution of mean form and evolution of new morphotypes: an example from Late Cretaceous planktonic foraminifera. *Paleobiology* **24**, 49-63.

Lazarus, D. 1983. Speciation in pelagic protista and its study in the planktonic microfossil record: a review. *Paleobiology* **9**, 327-341.

Lazarus, D. 1986. Tempo and mode of morphologic evolution near the origin of the radiolarian lineage *Pterocanium prismatium*. *Paleobiology* **12**, 175-189.

Lazarus, D., Hilbrecht, H., Pencer-Cervato, C. & Thierstein,

H. 1995. Sympatric speciation and phylogenetic change in *Globorotalia truncatulinoides*. *Paleobiology* **21**, 28-51.

Lohmann, G. P. 1992. Increasing seasonal upwelling in the subtropical South Atlantic over the past 700,000 yrs: evidence from deep-living planktonic foraminifera. *Marine Micropalaeontology* **19**, 1-12.

Lohmann, G. P. & Malmgren, B. A. 1983. Equatorward migration of *Globorotalia truncatulinoides* ecophenotypes through the Late Pleistocene: gradual evolution or ocean change? *Paleobiology* **9**, 414-421.

De Long, E. F., Wu, K. Y., Prizelin, D.D. & Jovine, R. V. M. 1994. High abundance of Archea in Antarctic marine picoplankton. *Nature* **371**, 695-697.

MacLeod, N. & Keller, G. 1996. *Cretaceous – Tertiary Mass Extinctions: biotic and environmental changes*. Norton, New York.

Malmgren, B. A. & Berggren, W. A. 1987. Evolutionary changes in some Late Neogene planktonic foraminifera lineages and their relationships to palaeooceograhic changes. *Paleoceanography* **2**, 445-456.

Malmgren, B. A. & Kennett, J. P. 1981. Phyletic gradualism in a Late Cenozoic planktonic foraminiferal lineage: DSDP 284. Southwest Pacific. *Paleobiology* **7**, 230-240.

Malmgren, B. A., Berggren, W. A. & Lohmann, G. P. 1983. Evidence for punctuated gradualism in the Late Neogene *Globorotalia tumida* lineage of planktonic Foraminifera. *Paleobiology* **9**, 377-389.

Malmgren, B. A., Berggren, W.A. & Lohmann, G. P. 1984. Species formation through punctuated gradualism in planktonic foraminifera. *Science* **225**, 317-319.

Malmgren, B. A., Kucera, M. & Ekman, G. 1996. Evolutionary changes in supplementary apertural characteristics of the Late Neogene *Spheroidinella dehiscens* lineage (planktonic foraminifera). *Palaios* **11**, 96-110.

Moore, L. R., Rocap, G. & Chisholm, S. W. 1998. Physiology and molecular phylogeny of coexisting *Prochlorococcus* ecotypes. *Nature* **393**, 464-467.

Norris, R. D. 2000. Pelagic species diversity, biogeography and evolution. *Paleobiology* **26** (4), supplement, 236-259.

Norris, R. D., Corfield, R. M. & Cartlidge, J. E. 1993. Evolution of depth ecology in the planktic Foraminifera lineage *Globorotalia* (*Fohsella*). *Geology* **21**, 975-978.

Norris, R. D., Corfield, R. M. & Cartlidge, J. E. 1996. What is gradualism? Cryptic speciation in globorotaliid planktic foraminifera. *Paleobiology* **22**, 386-405.

Pearson, P. N., Shackleton, N. J. & Hall, M. A. 1997. Stable isotopic evidence for the sympatric divergence of *Globigerinoides trilobus* and *Orbulina universa* (planktonic foramininfera). *Journal of the Geological Society, London* **154**, 295-302.

Perch-Nielsen, K., McKenzie, J. & He, Q. 1982. Biostratigraphy and isotope stratigraphy and the 'catastrophic' extinction of calcareous nannoplankton at the Cretaceous – Tertiary boundary. *Geological Society of America* **190**, special paper, 291-296.

Smith, A. B. 1994. *Systematics and the Fossil Record. Documenting evolutionary patterns*. Blackwell, Oxford.

Sorhannus, U. 1990a. Punctuated morphological change in a Neogene diatom lineage: 'local' evolution or migration? *Historical Biology* **3**, 241-247.

Sorhannus, U. 1990b. Tempo and mode of morphological evolution in two Neogene diatom lineages. In: Hecht, M. K., Wallace, B. & MacIntyre, R. J. (eds) *Evolutionary Biology*. Plenum, London, pp. 329-370.

Stanley, S. M. 1979. *Macroevolution: pattern and process*. Freeman, San Francisco.

Tregenza, T. & Butlin, R. K. 1999. Speciation without isolation. *Nature* **400**, 311-312.

van Soest, R. M. W. 1975. Zoogeography and speciation in the Salpidae (Tunicata, Thaiacea). *Beaufortia* **23**, 181-215.

de Vargas, C. & Pawlowski, J. 1998. Molecular versus taxonomic rates of evolution in planktonic foraminifera. *Molecular Phylogenetics and Evolution* **9**, 463-469.

de Vargas, C., Norris, C. R., Zaninetti, L. Gibb, S.W. & Pawlowski, J. 1999. Molecular evidence of cryptic speciation in planktonic foraminifers and their relation to oceanic provinces. *Proceedings of the National Academy of Sciences of the USA* **96**, 2864-2868.

de Vargas, C., Renaud, S., Hilbrecht, H. & Pawlowski, J. 2001. Pleistocene adaptive radiation in *Globorotalia truncatulinoides*: genetic, morphological and environmental evidence. *Paleobiology* **27**, 104-125.

Wei, K.-Y. & Kennett, J. P. 1988. Phyletic gradualism and punctuated equilibrium in the Late Neogene planktonic foraminiferal clade *Globoconella*. *Paleobiology* **14**, 345-363.

Wolfe, J. A. & Upchurch, G. R. 1986. Vegetation, climatic and floral changes at the Cretaceous – Tertiary boundary. *Nature* **324**, 148-154.

3章　層序学における微化石の役割
Microfossils in stratigraphy

地質系統

　地球表面に露出している地層の重なりは，最古の岩石を最下位に置き，最新の地層を最上位において，地質系統（層序的柱状図 stratigraphical column）として並べることができる（図 3.1）．'絶対'年代は放射性同位体の研究によって決められており，地質系統の各単位の名称には習慣的に層序単位の名称が用いられ，各単位は含まれる化石の違いによって識別されている．これらの単位は岩石を基準とする層序（岩相層序 lithostratigraphy），化石を基準とする層序（生層序 biostratigraphy），時間を基準とする層序（年代層序 chronostratigraphy）のそれぞれの階層に従って配列されている．

　単層（bed），部層（member），累層（formation）などの岩相層序単位は地質図作成の際に広く用いられているが，本書ではこれ以上扱わない．帯（zone，または生帯 biozone）は生層序の基本単位で，一つまたはそれ以上の特定の種類の化石，すなわち，示準化石（帯化石 zone fossil）が産出することで特徴づけられている．

　正式な年代区分単位も重要で，階層の高い方から低い方に順に，代（era），紀（period），世（epoch），期（age）を用いる．たとえば，新生代の新第三紀の中新世の Messinian 期といった具合である．これらの時代の間に堆積した地層の単位は，正式には，界（erathem），系（system），統（series），階（stage）と呼ばれる（すなわち中新統の Messinian 階など）．より簡便な区分も広く使われており，新第三紀前期に堆積した地層を下部新第三系などという．以下，本書ではこれらの準正式な細分は短縮して，下部（lower：L.），中部（middle：M.），上部（upper：U.）と表し，それらに対応する年代区分は，前期（early：E.），中期（middle），後期（late）と表す．

微化石と生層序学

　生層序学とは，帯に区分することと対比を行う目的で，化石の内容によって地層をいくつかの単位にまとめる作業である．生層序学では，まず分類群を同定し，ついでその分布の水平的・垂直的な広がりを追跡し，同時に地層を化石内容によって定義された単位に区分することを行う．

　微化石は地層中にきわめて豊富（ボーリングのカッティングを扱うとき，特に重要）に含まれ，また岩石試料を丸ごと処理する比較的単純な処理法で取り出すことができる．その点で生層序学的解析に最も優れた化石の一つである．多くの微化石グループは地理的分布が広く，岩相による制約が比較的少ない（たとえばプランクトンや風媒の胞子・花粉など）．多くのグループが急速に進化するので，地層を細分し，高い層序的分解能を得ることができる．また胞子，花粉，珪藻，介形虫などは，大型化石の少ない陸成層や湖成層の生層序のために不可欠であることを強調しておかなくてはならない．

　本書で扱っている微化石を用いて，顕生累代の全体にわたって詳細な生層序分帯がなされており，層序のある部分は他に比べてより細かく分帯されている．たとえば，白亜紀から現在までは石灰質ナノプランクトンと浮遊性有孔虫によっておおよそ 70 の生帯に区分されている．1 帯あたりの平均の長さは 200 万年である．これに対して，下部古生界はコノドントによって 39 帯に分帯され，その 1 帯あたりの平均は 300 万年になる．中生界と新生界についての詳細な生層序分帯は，Bolli *et al.* (1985) の '*Plankton Stratigraphy*' 2 巻に記述されている．いくつかの代表的な微化石群に基づく生層序学は，英国の Micropalaeontological Society が出版した 'Stratigraphic Index' シリーズや専門家による学術雑誌の多数の論文に見ることができる．本書にあげた参考文献リストはその入門になる．

　生層序の基本単位は生帯で，これを特徴づける帯の名称となっている種類，たとえば中新統の *Orbulina universa* を帯化石または示準化石（index fossil）という．生帯には，群集帯（assemblage zone），多産帯（abundance zone），間隔帯（interval zone）の基本的な三つのタイプがある．群集帯は 3 種以上の種の組み

Age	Systems period	Erathem era	Eonothem eon
540	Neoproterozoic III	Neoproterozoic	PROTEROZOIC PR
650	Cryogenian	Neoproterozoic	PROTEROZOIC PR
850	Tonian	Neoproterozoic	PROTEROZOIC PR
1000	Stenian	Mesoproterozoic	PROTEROZOIC PR
1200	Ectasian	Mesoproterozoic	PROTEROZOIC PR
1400	Calymmian	Mesoproterozoic	PROTEROZOIC PR
1600	Statherian	Palaeoproterozoic	PROTEROZOIC PR
1800	Orosirian	Palaeoproterozoic	PROTEROZOIC PR
2050	Rhyacian	Palaeoproterozoic	PROTEROZOIC PR
2300	Siderian	Palaeoproterozoic	PROTEROZOIC PR
2500	No subdivision into periods	Neoarchean	ARCHEAN AR
2800	No subdivision into periods	Mesoarchean	ARCHEAN AR
3200	No subdivision into periods	Palaeoarchean	ARCHEAN AR
3600	No subdivision into periods	Eoarchean	ARCHEAN AR

(All: PRECAMBRIAN PC)

Abbrev.	Ma	Stage age	Series epoch	System period	Erathem era	Eonothem eon
Chx	251.4	Changhsingian	Lopingian	PERMIAN	PALAEOZOIC PZ	PHANEROZOIC PH
Wuc	253.4	Wuchiapingian	Lopingian	PERMIAN		
Cap	265	Capitanian	Guadalupian	PERMIAN		
Wor		Wordian	Guadalupian	PERMIAN		
Rod		Roadian	Guadalupian	PERMIAN		
Kun	283	Kungurian	Cisuralian	PERMIAN		
Art		Artinskian	Cisuralian	PERMIAN		
Sak	292	Sakmarian	Cisuralian	PERMIAN		
Ass		Asselian	Cisuralian	PERMIAN		
Gzh		Gzhelian	Pennsylvanian	CARBONIFEROUS		
Kaz		Kazimovian	Pennsylvanian	CARBONIFEROUS		
Mos		Moscovian	Pennsylvanian	CARBONIFEROUS		
Bash	320	Bashkirian	Pennsylvanian	CARBONIFEROUS		
Serp	327	Serpukhovian	Mississippian	CARBONIFEROUS		
Vis	342	Visean	Mississippian	CARBONIFEROUS		
Tou	354	Tournaisian	Mississippian	CARBONIFEROUS		
Fam	364	Famennian	Upper/Late	DEVONIAN		
Fra	370	Frasnian	Upper/Late	DEVONIAN		
Giv	380	Givetian	Middle	DEVONIAN		
Eif	391	Eifelian	Middle	DEVONIAN		
Em	400	Emsian	Lower/Early	DEVONIAN		
Pra	412	Pragian	Lower/Early	DEVONIAN		
Loch	417	Lochkovian	Lower/Early	DEVONIAN		
	419		Pridoli	SILURIAN		
Lud	423	Ludfordian	Ludlow	SILURIAN		
Gor		Gorstian	Ludlow	SILURIAN		
Hom	428	Homerian	Wenlock	SILURIAN		
Shn		Sheinwoodian	Wenlock	SILURIAN		
Tel		Telychian	Llandovery	SILURIAN		
Aer		Aeronian	Llandovery	SILURIAN		
Rhud	440	Rhuddanian	Llandovery	SILURIAN		
Ash		Ashgill	Upper/Late	ORDOVICIAN		
Car		Caradoc	Upper/Late	ORDOVICIAN		
Lln	467.5	Llanvirn	Middle	ORDOVICIAN		
Arg		Arenig	Lower/Early	ORDOVICIAN		
Trem	495	Tremadocian	Lower/Early	ORDOVICIAN		
Dol	500	Dolgellian	Merioneth	CAMB.		
Mnt	520	Maentwrogian	Merioneth	CAMB.		
Men	545	Menevian	St. Davids	CAMB.		
Sol		Solvan	St. Davids	CAMB.		

Abbrev.	Ma	Stage age	Series epoch	System period	Erathem era	Eonothem eon
Hol	0.01		Holocene	Quaternary	CENOZOIC CZ	PHANEROZOIC PH
Ple	1.18	Calabrian	Pleistocene	Quaternary		
Gel	2.58	Gelasian	Pleistocene	NEOGENE		
Pia	3.60	Piacenzian	Pliocene	NEOGENE		
Zan	5.32	Zanclean	Pliocene	NEOGENE		
Mes	7.12	Messinian	Miocene	NEOGENE		
Tor	11.2	Tortonian	Miocene	NEOGENE		
Srv	14.8	Serravallian	Miocene	NEOGENE		
Lan	16.4	Langhian	Miocene	NEOGENE		
Bur	20.5	Burdigalian	Miocene	NEOGENE		
Agt	23.8	Aquitanian	Miocene	NEOGENE		
Cht	28.5	Chattian	Oligocene	PALAEOGENE		
Rup	33.7	Rupelian	Oligocene	PALAEOGENE		
Prb	37.0	Priabonian	Eocene	PALAEOGENE		
Brt	41.3	Bartonian	Eocene	PALAEOGENE		
Lut	49.0	Lutetian	Eocene	PALAEOGENE		
Ypr	55.0	Ypresian	Eocene	PALAEOGENE		
Tha	57.9	Thanetian	Palaeocene	PALAEOGENE		
Sel	61.0	Selandian	Palaeocene	PALAEOGENE		
Dan	65.5	Danian	Palaeocene	PALAEOGENE		
Maa	71.3	Maastrichtian	Upper/Late	CRETACEOUS	MESOZOIC MZ	
Cmp	83.5	Campanian	Upper/Late	CRETACEOUS		
San	85.8	Santonian	Upper/Late	CRETACEOUS		
Con	89.0	Coniacian	Upper/Late	CRETACEOUS		
Tur	93.5	Turonian	Upper/Late	CRETACEOUS		
Cen	98.9	Cenomanian	Upper/Late	CRETACEOUS		
Alb	112.2	Albian	Lower/Early	CRETACEOUS		
Apt	121.0	Aptian	Lower/Early	CRETACEOUS		
Brm	127.0	Barremian	Lower/Early	CRETACEOUS		
Hau	132.0	Hauterivian	Lower/Early	CRETACEOUS		
Vlg	136.5	Valanginian	Lower/Early	CRETACEOUS		
Ber	142.0	Berriasian	Lower/Early	CRETACEOUS		
Tth	150.7	Tithonian	Upper/Late	JURASSIC		
Klm	154.1	Kimmeridgian	Upper/Late	JURASSIC		
Oxf	159.4	Oxfordian	Upper/Late	JURASSIC		
Clv	164.4	Callovian	Middle	JURASSIC		
Bth	169.2	Bathonian	Middle	JURASSIC		
Baj	176.5	Bajocian	Middle	JURASSIC		
Aal	180.1	Aalenian	Middle	JURASSIC		
Toa	189.6	Toarcian	Lower/Early	JURASSIC		
Plb	195.3	Pliensbachian	Lower/Early	JURASSIC		
Sin	201.9	Sinemurian	Lower/Early	JURASSIC		
Het	205.1	Hettangian	Lower/Early	JURASSIC		
Rht	209.6	Rhaetian	Upper/Late	TRIASSIC		
Nor	220.7	Norian	Upper/Late	TRIASSIC		
Crn	227.4	Carnian	Upper/Late	TRIASSIC		
Lad	234.3	Ladinian	Middle	TRIASSIC		
Ans	241.7	Anisian	Middle	TRIASSIC		
Ole	244.8	Olenekian	Lower/Early	TRIASSIC		
Ind	250	Induan	Lower/Early	TRIASSIC		

図 3.1 地質系統表（IUGS，国際地質科学連合の対比表を一部改変）．オルドビス紀（系）とカンブリア紀（系）の細分は，IUGS の系統表では上部・中部・下部となっているが，ここでは英国で使われている階/期名をそのまま使用する．これらは国際的に使用されるべきだと考えるからである．層序学の用語に関するさらなる情報は Whittaker *et al.* (1991) にある．本書中の各時代表記はこの表の右端に示す略号を使用する．

合わせ（しばしば，もっとルーズに使われている）で定義する．このとき，各種の生存期間は問題にしない．種の組み合わせは主に局地的な環境で決まるので，このタイプの生帯区分は局地的あるいは堆積盆内に適用するのが最もよい．これまでに明示された生帯の多くは間隔帯で，帯の名称となっている種の最初の出現層準（first appearance datum：FAD）と最終の出現層準（last appearance datum：LAD）で定義される．

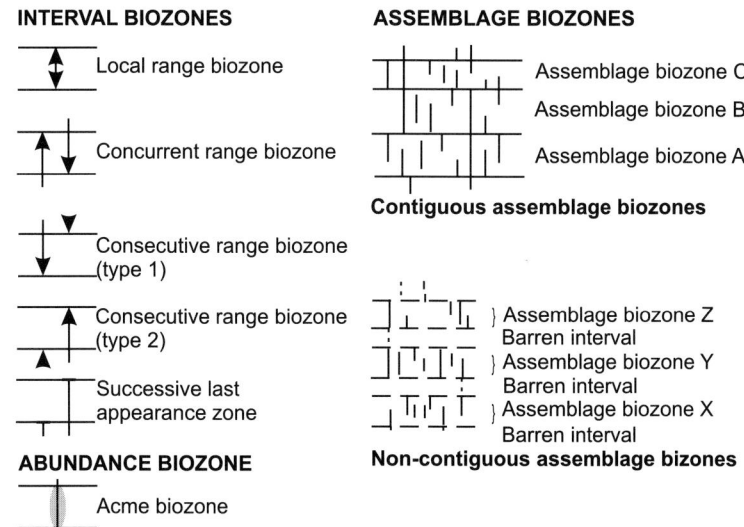

図 3.2 生帯の種類（consecutive range biozone：連続期間帯，non-contiguous assemblage biozone：非連続群集帯）．(Bassett, Briggs & Crowther 1987 による)

間隔帯には五つのタイプがある（図 3.2）．最もよく用いられるのが地域的区間帯（local range zone）と共存区間帯（concurrent range zone）で，後者はある種の FAD より上にあり，他の種の LAD より下にある地層を指す．順に現れる二つの LAD に挟まれた部分は連続最終出現帯（successive last appearance zone）と呼ばれ，応用的な生層序学で最もふつうに用いられている．そこではボーリングコアあるいはカッティング試料がほとんどなので，ボーリング孔を落下して若い試料が混入するケーヴィング（caving）のおそれがあって，FAD は決めにくい．

定量的生層序学

微化石は大量に産出することが多いので，定量的方法を用いるのに理想的である．生層序的対比の有効性を見積るいろいろな技術が過去 20 年以上にわたって開発されてきた．すなわち，生帯の定義やその誤差をテストし，対比法を発展させ，対比の結果をテストする技術である（Armstrong 1999）．典型的な定量的方法は，連続セクション中のプランクトン類に対して用いられている．それは，プランクトンの場合には FAD や LAD を正確に決めることができるためである．最も一般的に使われているのは，Shaw（1964）が開発したグラフ対比（graphical correlation）などの半定量的な方法である．この方法の詳細は Armstrong（1999）に紹介されている．

グラフ対比とは，2 軸のグラフを用い，二つの層序セクションで共通に発見された種の最初あるいは最後の産出層準を比較する作業である（図 3.3）．その方法は，まずいくつもの種の対応する FAD や LAD の層準が座標に基づいてそれぞれグラフ上にプロットされる．次にそれらの点を結んで 1 本の対応線（line of correlation：LOC）が引かれる．LOC を引くにはフリーハンドまたは各種の統計的方法（たとえば，最小自乗法，直線回帰，主成分分析など）が使われる．こうして，LOC は種の産出層準のデータをある層序から他の層序上に移すのに用いられ，他の層序のデータを加えた層序セクションは複合基準層序（composite standard reference section：CSRS）となる．次のセクションが追加されると，それは同様にして CSRS に対比され，追加セクションにおける産出層準のデータが CSRS に加えられる．このようにして新しいセクションが追加されるにつれ，種の産出期間のデータが次々と集積されていく．使えるすべてのセクションからすべてのデータが集められると，対比は次の段階に入り，LOC は精密化され，その図上の位置が確定される．もし，少数のセクションだけを対比する場合には，グラフ対比は手動で行える．多数のセクションを対比するためのコンピュータソフトも用意されている．

CSRS 中に示される種の産出範囲は，使われた層序セクション中で考えられる最大の幅に広がっているは

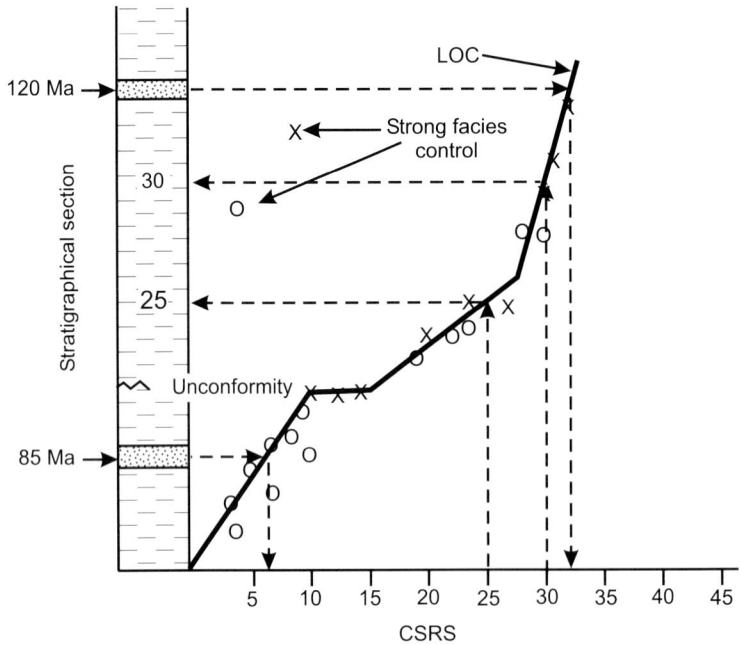

図3.3 グラフ対比の例.新しい層序セクション(縦軸)を複合基準層序(CSRS)(横軸)と対比する.二つの層序は,まず25番および30番の標準時間単位(stu)境界によって対比され,最初の対応線(LOC)が引かれる.対比が進むにつれLOCが詳しくなる.LOCの勾配の変化は堆積速度の変化や不整合面の存在を示す.LOCの傾斜の増加は,不整合面より上でCSRSに対する相対的堆積速度が上昇したことを示す.このようにして対比ができると,他のデータ,たとえば,放射年代(図中の85 Ma,120 Ma)あるいは同位体比の急激な変動をLOCを経てCSRS上に移すことができる.○は出現層準,×は消滅層準を示す(岩相による制約が大きいとLOCからはずれることがある).

ずである.セクションが広い地域や広い古環境をカバーしているとき,この産出期間はその種の完全な時間的拡がりに近づく.岩相データ,地球化学や古地磁気のデータもこのCSRS中に組み込むことができ,対比結果を補強する助けになる.

CSRSは同じ長さの時間単位(標準時間単位standard time unit: stu)で区分できる.得られた編年用の時間スケールはLOCを使って元の各層序セクションに移すことができる.標準時間単位基準面(standard time unit datum plane)の位置は全セクションをカバーする高分解能の対比ができるように調節される.この対比法は特に時間面に斜交する(diachronous)岩相層序的事件,すなわち同じに見えるものが別の地点では違う時代に現れる現象(たとえば,地層あるいは岩相の前進的堆積progradation,本質的に時間面に斜交する不整合など)を図示するのに役立つ.

グラフ対比で得られる高い分解能(それはLOC上で位置を決める際の正確さによって決まる)は,シーケンス層序学的な対比モデルに基づく予想を独立にテストできる唯一の手段となっている(以下を参照).

LOCの勾配や幾何学的形態は,比較している二つのセクション間の相対的な堆積速度の差異を反映しているとされる.断層あるいは浸食などによって失われた地層の部分,あるいは高度に凝縮された部分は,地層の厚さがゼロなので,LOC上で平らな台地状に表現される(図3.3).

シーケンス層序学における微化石

シーケンス層序学(sequence stratigraphy)はよく知られている層序学上の諸概念で,海進(trasgression),海退(regression),汎世界的海水準変動サイクル(eustatic cycle)などを解析する上での有力な方法である.微化石はシーケンスを解釈する際に鍵となる役割を果たしている.シーケンス層序学は主として地震層序学(seismic stratigraphy)の資料によって地下層序を対比する必要から発展してきたものだが,表層の地層にも同様に適用できる.そして,堆積物の積み重なりに対する気候変動の影響を理解する上で,きわめて大きな力を発揮してきた.シーケンス層序学の原理に関する詳細な総説はEmery &

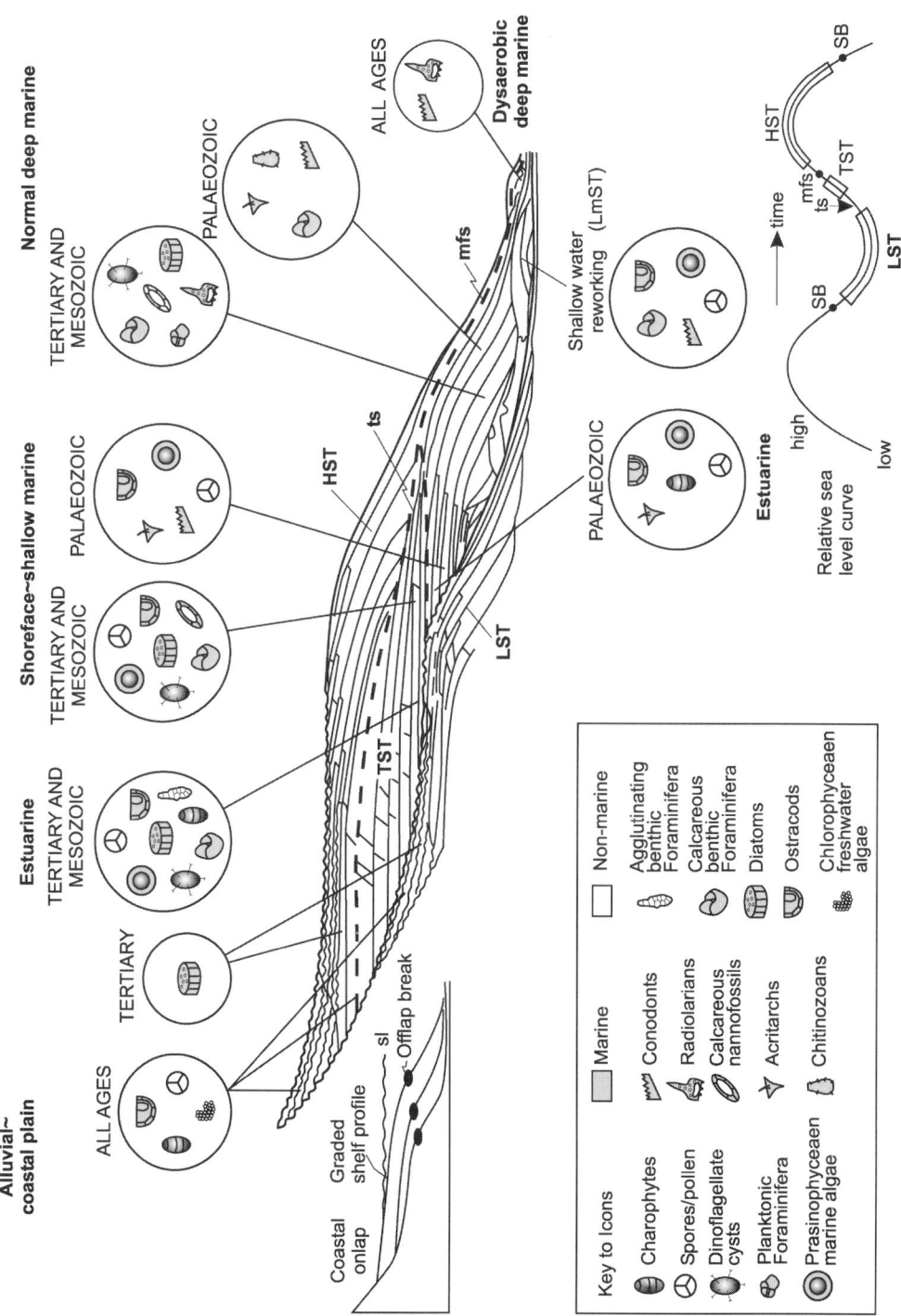

図3.4 地質時代における主要な微化石群（円内）の生息域をシーケンス層序の枠組みの中に表現したもの．HST：高海水準期堆積体，LST：低海水準期堆積体，mfs：最大海氾濫面，sl：海水準，ts：海進面，TST：海進期堆積体，SB：シーケンス境界．右下に相対的海水準の変動カーブと各堆積体との関係を示す．微化石のアイコンは左上から右下に，車軸藻，胞子/花粉，渦鞭毛藻シスト，浮遊性有孔虫，プラシノ藻類の海藻，コノドント，放散虫，石灰質ナノ化石，アクリターク，キチノゾア，膠着質底生有孔虫，石灰質底生有孔虫，珪藻，介形虫，淡水生緑藻を示す．(Hogg, in Emery & Myers 1996から引用)

Myers (1998) にあるので，それを参照されたい．シーケンス層序学の基本概念の第一は「地層は他と明確に識別されるシーケンス (sequence) として堆積する」とする．シーケンスは，ふつうは整合一連の堆積物で，不整合 (深海ではそれに対比される整合面) で境されている．一つのシーケンスはある時間間隔 (50〜500万年) の間に堆積した全地層である．シーケンス境界 (sequence boundary，無堆積または堆積速度の著しい低下期間) は実際上広い地域にわたって同時面であると思われ，各セクションを対比するのに使うことができる．基本概念の第二は「汎世界的海水準変化の規模，盆地の沈降率，堆積物の供給率の3者の相互関係によって，堆積物を収容できるスペースの大きさが変化する」とする．シーケンスの基本的構成要素はパラシーケンス (parasequence) である．これは，上方浅海化あるいは上方粗粒化を示す堆積体で，一般に短期間 (1〜10万年) に形成される．

各シーケンスは三つの堆積体 (systems tract) からなり*，それぞれ独特の微化石群集を含む (図 3.4)．下部の堆積体は，急速な，しかし，しだいに減速する海水準低下の時期を代表する (低海水準期堆積体 lowstand systems tract：LST)．中部のものはしだいに加速する海水準上昇期に対応する堆積物 (海進期堆積体 transgressive systems tract：TST) であり，上部のものは海水準上昇の速度が低下する時期から海水準の低下がはじまった時期までに関連するもの (高海水準期堆積体 highstand systems tract：HST) である．この各堆積体の基底は，それぞれシーケンス境界 (sequence boundary：sb)，海進面 (transgressive surface：ts)，最大海汎濫面 (maximum flooding surface：mfs) と定義されている．

[訳注]*：最近では，HST に続き海水準低下期堆積体 (forced regressive systems tract：FRST) が形成されることが広く認められている．これは海水準が低下しつつある時期の堆積体で，その上面がシーケンス境界となる．

さまざまな堆積体に含まれる微化石群の内容は，環境条件，生物進化，微化石の保存されやすさ，堆積様式の周期的変化などの相互作用に支配されている．シーケンス層序学的解析における微化石研究者の第一の役割は，生物相 (biofacies) の変化，すなわち，環境の変化を記載することと，高分解能の生層序学的な枠組みを提供することにある．

石油産業では，海底の古環境を決めるのにふつうは底生有孔虫が使われており，他にコノドント，介形虫，底生藻類なども用いられる．花粉相解析 (palynofacies analysis) は河成-三角州相の環境を決めるのに最も有効である (たとえば，北海の Brent Field, Parry et al. 1981；シーケンス層序学における花粉相に関する Tyson 1995 の総説も参照せよ)．陸上の微化石群集も堆積盆縁辺部の詳細な気候変化の記録を提供している．微化石群集の生態的コントロールについての知識が集積したため，いろいろな海棲グループの相対頻度の変化が古海洋における環境条件の変化を解明するのに役立っている．

ある種類が，風により (たとえば双嚢型 bisaccate 花粉)，川により (たとえば小形胞子，車軸藻，介形虫，木材など)，あるいは潮流により (有孔虫，渦鞭毛藻など) 運搬され，あるいはまた洗い出されて海の環境に運び込まれる現象は，生層序学や古環境解析にとっていつも問題になる．しかし，それらの誘導化石 (derived fossil) は，その産出量の場所による変化やサイズの範囲などから，供給源，当時の海岸線，後背地の露出・隆起の歴史などを調べるのに使うことができる．

生層序・生物相解析とシーケンス層序学とを統合した研究で，出版されたものは少ない．例外的な研究として，Armentrout (1987)，Loutit et al. (1988)，McNeil et al. (1990)，Allen et al. (1991)，Armentrout & Clement (1991)，Armentrout et al. (1991)，Jones et al. (1993)，Partington et al. (1993) などがある．

シーケンス境界と対応する整合層

シーケンス境界は相対的海水準低下によって形成され，その境界は下位の地層を相当に浸食している．それはシーケンス境界 (sequence boundary：SB) の上下で年代や古環境に不連続があることによって確認される．その不連続の程度は，海水準低下の規模とその地点の堆積盆における位置とで決まる (McNeil et al. 1990)．たとえば，ある SB は沿岸のセクションでは著しい層序間隙として特徴づけられ，一方，深海盆に堆積した対応する整合層では生物相の微妙な変化として認められる．SB を生層序学的に決められるかどうかは生帯を定義する示準化石の分解能に制約されている．グラフ対比法を用いるなら，分解能は 100 万年またはそれ以下の年代差を識別できる．微化石群が欠如する層準は最大海退の時期を示すことが多い．浸食と化石の洗い出し現象は SB の上位でふつうに見られる．

低海水準期堆積体 (lowstand systems tract：LST)

この堆積体の中には，低海水準期ウエッジ (lowstand

wedge）と低海水準期海底扇状地（fan）の二つの構成要素がある．両者ともに，川から供給された堆積物が大陸棚を刻む谷や海底谷を経由し，陸棚と大陸斜面上部をバイパスして重力流として流れ下って堆積する．そのため，ウエッジも扇状地も，周囲の泥岩中の原地性微化石群集と比べたとき，洗い出された陸上に由来する化石や，またしばしば洗い出しと堆積をくり返した古い海生微化石群集を含む．たとえば，北海の古第三系中に見られる低海水準期の海底扇状地堆積物には，生存期間の長い膠着質有孔虫からなる貧弱な微化石群だけが含まれている．

低海水準期ウエッジの堆積は海水準が上昇を始めるとともにはじまる．その堆積は前進的（progradational, 堆積物の供給量が海水準上昇より大きく，同じ岩相帯が盆地の中心側＝沖合側に移動する），あるいは累重的（aggradational, 堆積物供給と海水準上昇がほぼ拮抗し，岩相帯は垂直に積み上がる）である．前進的なウエッジの完全な垂直断面では，含まれる微化石相は深海から非海生に至る上方浅海化の傾向を示す．累重的なウエッジでは，典型的には同じ生物相の地層が厚く積み重なる．栄養塩類に乏しい堆積盆では，海水準の低い時期に堆積物の供給が増加すると，栄養塩類が追加され，プランクトンの生産性が高まって大増殖を引き起こすことがある．このようにして低海水準期ウエッジの末端部は，下位の高海水準期の群集に似た海生パリノモルフ（花粉など有機物の細胞壁をもつ微化石の総称）に富む半遠洋性の泥岩が挟まれる岩相となる．

海進面（transgressive surface）

低海水準期堆積体と海進期堆積体とは海進面（transgressive surface）で境される．この面では堆積物の局地的な浸食と洗い出しが特徴的である．海緑石（glauconite）またはリン酸塩，あるいは両者の多いハードグラウンド（hardground, 固結海底面）が発達することもある．海進面における堆積・続成作用にともなうこれらの過程のため，微化石は保存が悪く，また選択的に洗い去られている．海進面上の堆積物は後退的（retrogradational, 堆積物の供給が海水準上昇率を下回り，岩相帯が陸側に移動する）で，陸と海の生物相の境界は時間面に斜交する．この面の存在は陸上生物相の上に，突然，海の生物相が累重することで推測できる．

海進期堆積体（transgressive systems tract：TST）

TSTは後退的シーケンスを含み，化石相は全体として海が深くなる方向に変化する．海進によって新しい大陸棚生息域が出現し，そこに急速に機会種（opportunistic species）が棲みつく．それに加え，海進によって広い低湿地や塩湿地も出現する．低湿地には厚く泥炭が集積し，それが最終的には石炭となる．時間面に斜交して分布する外浜堆積物には浅海の生物相を含む．

海進時には時とともに堆積物の供給が減り，水の混濁度が低下して，清澄な水に生息する微化石群（たとえば底生の大型有孔虫や海草付着型の種）が増加する（たとえばVan Gorsel 1988）．さらに堆積物が減少するとコンデンスセクション（凝縮層 condensed sequence）ができ，そこは保存のよい海生微化石に富む．より若い海成層は時とともにオンラップ（onlap）して，最大海氾濫面に至るまでコンデンスセクションをつくる．

深海盆では，遠洋性のコンデンスセクションの微化石群集中に，多様性の高い，多くは汎世界的に分布するプランクトンの種類を豊富に含んでいる．深海盆底のコンデンスセクションに陸棚や斜面上部から洗い出された微化石が含まれることから，海進の時に大陸斜面の浸食によって海底扇状地が発達することが確かめられる（Galloway 1989）．Shaffer（1987）は暖水系ナノ化石群集の存在比をプロットして，既存の大陸棚上を横切って海進が進行する有様を描いた．

最大海氾濫面（maximum flooding surface：mfs）

この面は海進期堆積体と高海水準期堆積体とを分ける面で，海が陸に向かって最も広がった状態を示している．堆積物供給が少なくなって，大陸棚から深海盆に至る広い範囲にコンデンスセクションが出現する．最大海氾濫面ではまた，生層序学的に独特な出来事が起こる．それは，この層準は豊富なプランクトン化石を含むのがふつうで，したがって，広域的，汎地球的に対比できる可能性が最も高い．Partington *et al.*（1993）は，北海のジュラ系・白亜系の生層序学的枠組みをつくるのに，累重する最大海氾濫面のパリノモルフと微化石群集を用いている．

盆地の縁辺部ではmfsの位置は，多様性の低い外洋のプランクトン群集が浅海あるいは陸の微化石群の間に突然流入することで確認される．深海盆では堆積物量の低下によってきわめて化石に富む層準が出現し，砕屑物の流入が完全に停止すると，珪藻，放散虫，浮遊性有孔虫，ココリスなどからなる石灰質あるいは珪質軟泥が堆積する．

高海水準期堆積体 (highstand systems tracts：HST)

アグラデーション的（累重的）な HST では，大陸棚ないし陸上の微化石群を含む厚い地層の積み重なりが特徴的で，一方，前進的な堆積体では，生物相は上方浅海化の層序となる．陸棚の群集は急激に堆積が進行する三角州の形成によって強く影響される．栄養塩類に富む海域では，小型底生動物は内生性の種類が特徴的で，稀に石灰質プランクトンの種類が混じる．このような環境に適応しているタイプの渦鞭毛藻シストやアクリタークが多い場合もある．前進的堆積が十分長く継続して三角州が陸棚縁まで達した場合には，陸上や浅海の微化石が深海盆に直接運び込まれることになる．

高海水準期の前進的堆積が起こっている斜面では，重力流堆積物と微化石群の大量の洗い出しが特徴的であるといえよう．垂直断面で前進的堆積が起こっていることは，上方に底生生物がゆるやかに浅海化し，プランクトン種が少しずつ減少することで確認できる．深海盆では堆積物の供給が減少して，TST の凝縮部と同じようなことが起こる．高海水準期には斜面は海盆側に移動し，深海盆の浅海化が起こって，見かけの絶滅や時間面に斜交する対比を引き起こしてしまう（Armentrout 1987）．

引用文献

Allen, S., Coterill, K., Eisner, P., Perez-Cruz, G., Wornardt, W. W. & Vail, P. R. 1991. Micropalaeontology, well log and seismic sequence stratigraphy of the Plio-Pleistocene depositional sequences - offshore Texas. In：Armentrout, J. M. & Perkins, B. F. (eds) *Sequence Stratigraphy as an Exploration Tool：concepts and practices. 11th Annual Conference, Gulf Coast Section*, SEPM, pp. 11-13.

Armentrout, J. M. 1987. Integration of biostratigraphy and seismic stratigraphy：Pliocene-Pleistocene, Gulf of Mexico. In：*Innovative Biostratigraphic Approaches to Sequence Analysis：new exploration opportunities. 8th Annual Research Conference, Gulf Coast Section, SEPM*, pp. 6-14.

Armentrout, J. M. & Clement, J. F. 1991. Biostratigraphic calibration of depositional cycles：a case study in High Island-Galveston-East Breaks areas, offshore Texas. In：Armentrout, J. M. & Perkins, B. F. (eds) *Sequence Stratigraphy as an Exploration Tool：concepts and practices. 11th Annual Conference, Gulf Coast Section*, SEPM, pp. 21-51.

Armentrout, J. M., Echols, R. J. & Lee, T. D. 1991. Patterns of foraminiferal abundance and diversity：implications for sequence stratigraphic analysis. In：Armentrout, J. M. & Perkins, B. F. (eds) *Sequence Stratigraphy as an Exploration Tool：concepts and practices. 11th Annual Conference, Gulf Coast Section*, SEPM, pp. 53-58.

Armstrong, H. A. 1999. Quantitative biostratigraphy. In： Harper, D. A. T. (ed.) *Numerical Palaeobiology*. John Wiley, Chichester, pp. 181-227.

Bolli, H. M., Saunders, J. B. & Perch-Nielsen, K. 1985. *Plankton Stratigraphy*, vols 1, 2. Cambridge University Press, Cambridge.

Briggs, D. E. G. & Crowther, P. R. 1987. *Palaeobiology - a synthesis*. Blackwell Scientific Publications, Oxford.

Emery, D. & Myers, K. 1996. (eds) *Sequence Stratigraphy*. Blackwell Science, Oxford.

Galloway, W. E. 1989. Genetic stratigraphic sequences in basin analysis：architecture and genesis of flooding surface bounded depositional units. *Bulletin. American Association of Petroleum Geology* **73**, 125-142.

Van Gorsel, J. T. 1988. Biostratigraphy in Indonesia：methods and pitfalls and new directions. In：*Proceedings. Indonesian Petroleum Association 17th Annual Convention*, pp. 275-300.

Jones, R. W., Ventris, P. A., Wonders, A. A. H., Lowe, S., Rutherford, H. M., Simmons, M. D., Varney, T. D., Athersuch, J., Sturrock, S. J., Boyd, R. & Brenner, W. 1993. Sequence stratigraphy of the Barrow Group (Berriasian-Valanginian) siliciclastics, Northwest Shelf, Australia, with emphasis on the sedimentological and palaeontological characterization of systems tracts. In：Jenkins, D. G. (ed.) *Applied Micropalaeontology*. Kluwer Academic, Dordecht, pp. 193-223.

Loutit, T. S., Hardenbol, J., Vail, P. R. & Baum, G. R. 1988. Condensed sections：the key to age determination and correlation of continental margin sequences. In：Wilgus, C. K., Hastings, C. G., Kendall, H. W., Posamentier, C. A. R. & Van Wagoner, J. C. (eds) *Sea Level Changes - an integrated approach*. SEPM, Tulsa **42**, special publication, pp. 183-213.

McNeil, D. H., Dietrich, J. R. & Dixon, J. 1990. Foraminiferal biostratigraphy and seismic sequences：examples from the Cenozoic of the Beaufort-Mackenzie Basin, Arctic Canada. In： Hemleben, C., Kaminski, M. A., Kuhny, W. & Scott, D. B. (eds) *Palaeoecology, Biostratigraphy, Palaeooceanography and Taxonomy of Agglutinated Foraminifera*. Kluwer Academic Publishers, Dordecht, pp. 859-882.

Parry, C. C., Whitley, P. K. J. & Simpson, R. D. H. 1981. Integration of palynological and sedimentological methods in facies analysis of the Brent formation. In：Illing, L. & Hobson, G. D. (eds) *Geology of the Continental Shelf of Northwest Europe*. Heydon, London, pp. 205-215.

Partington, M. A., Copestake, P., Mitchener, B. C. & Underhill, J. R. 1993. Biostratigraphic calibration of genetic stratigraphic sequences in the Jurassic-lowermost Cretaceous (Hettangian to Ryazanian) of the North Sea and adjacent areas. In： Parker, J. R. (ed.) *Petroleum Geology of Northwest Europe*. Geological Society of London, Bath, pp. 71-386.

Shaffer, B. L. 1987. The potential of calcareous nannofossils for recognizing Plio-Pleistocene climatic cycles and sequence boundaries on the shelf. In：*Innovative Biostratigraphic Approaches to Sequence Analysis：new exploration opportunities. 8th Annual Research Conference, Gulf Coast Section, SEPM*, pp. 142-145.

Shaw, A. B. 1964. *Time in Stratigraphy*. McGraw-Hill, New York.

Tyson, R. V. 1995. *Sedimentary Organic Matter：facies and palynofacies*. Chapman & Hall, London.

Whittaker, A., Cope, J. W. C., Cowie, J. W., Gibbons, W., Hailwood, E. A., House, M. R., Jenkins, D. G., Rawson, P. F., Rushton, A. W. A., Smith, D. G., Thomas, A. T. & Wimbledon, W. A. 1991. A guide to stratigraphical procedure. *Journal of the Geological Society* **148**, 813-824.

4章 微化石，安定同位体，海洋 - 大気の歴史
Microfossils, stable isotopes and ocean-atmosphere history

はじめに

有孔虫やその他の炭酸カルシウム（$CaCO_3$）からなる化石は，成長にともなってその時その時の海の化学的信号を拾い上げている．化学的信号のうちで最も重要なものは酸素と炭素の安定同位体である．同位体のデータは，$CaCO_3$ から取り出された二酸化炭素（CO_2）を質量分析計（mass spectrometer）で測定し，過去の水温や海の生産性などの環境変化を復元し，高分解能の化学的層序学（chemostratigraphy）を構築するのに用いられる．微化石の酸素同位体（oxygen isotope）を扱う技術は1950年代に Cesare Emiliani によって先鞭がつけられ，そこで設定された酸素同位体ステージ（oxygen isotope stage）は，今では第四紀と第三紀の層序の基礎として広く用いられている（図4.1，4.4）．酸素同位体の技術はまた，古水温，古塩分，氷河量などの変動を見積もるのにも用いられる．炭素同位体（carbon isotope）の研究は，特に1970年代以降，海洋の炭素循環と生物生産性の歴史に関する情報を得るために開発されてきた．

微化石，特に有孔虫は安定同位体の研究に理想的な材料である．それは，種類の鑑定が容易であること，走査型電子顕微鏡（SEM）を用いて保存の良好さを確かめやすいこと，幅広い生息域を占有し，大洋底堆積物の主要な構成要素であること，しかも地質学的記録がほとんど連続していることなどの理由による．

方　法

酸素（O）と炭素（C）の同位体比は一つの $CaCO_3$ 試料（たとえば有孔虫殻1個）を分析することで得られる（Box 4.1）．重い同位体と軽い同位体との比（すなわち $^{18}O/^{16}O$ および $^{13}C/^{12}C$）の標準試料との差異をデルタ（δ）として千分率（‰）で表現する．標準試料も同時に測定するので，これを基準として測定値間の比較，および装置間の比較が可能となる．炭酸塩の場合には，最初に用いられた標準試料が，アメリカ，南カロライナ州の白亜紀後期，Pee Dee 層産のベレムナイト化石（矢石 belemnite）の方解石でできた「鞘」であった．測定試料は，現在では通常，実験室で Carrara 大理石などの二次的な標準試料を測定して，それを介して Pee Dee ベレムナイト（PDB）と比較される．現在の海水の酸素同位体比は，標準平均海水（standard mean oceanic water：SMOW）に対する値を計算で出すのが一般的である．重い/軽い（heavy/light），プラス/マイナス（positive/negative），過剰/不足（enriched/depleted）という語は，重い同位体（すなわち ^{18}O および ^{13}C）が相対的に多いか/少ないかを指している．

酸素同位体比

$CaCO_3$ 中の安定同位体である ^{16}O と ^{18}O の比（$\delta^{18}O$）は，五つの要素に影響されて決まる（Box 4.2）．

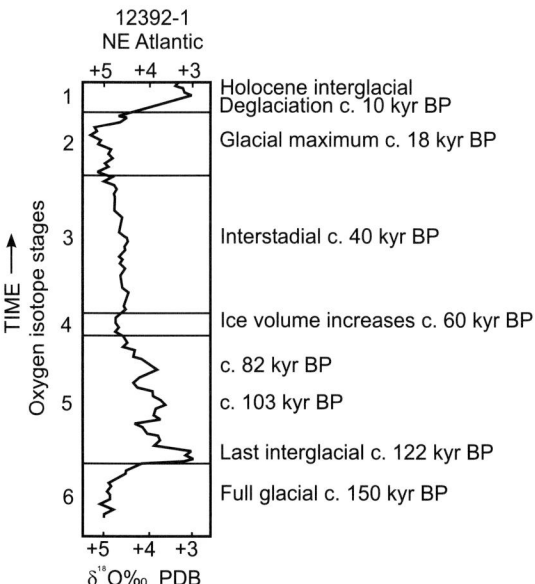

図 4.1 表生性底生有孔虫の方解石殻に見られる酸素同位体比の過去15万年間の変化（北東大西洋のコア 12392-1 の資料）．氷河量の変化に関連した変動を示す．縦軸の 1〜6 の番号は酸素同位体ステージ，横軸は酸素同位対比（$\delta^{18}O$‰ PDB）の値で，右よりほど極域の氷河量が少ないと解釈されている．年代は 1,000 年単位．（Brasier 1995 のデータにより一部改変）

そのうちの一つの要素の影響を計算するには，他の四つの要素がわかっているか，または推定しなくてはならない．そのような困難にもかかわらず，得られた結果は以下に議論するように広範な地質学的問題に適用されてきた．

第四紀の氷室（icehouse）地球

深海底堆積物から得られた微化石は，過去1億年余の期間の古水温や氷河量の変化を復元するのにきわめて重要な役割を果たしてきた．Emiliani (1955) は深海堆積物コアの浮遊性有孔虫の $\delta^{18}O$ を用い，それが単に海洋の表層水温だけを反映していると信じて，第

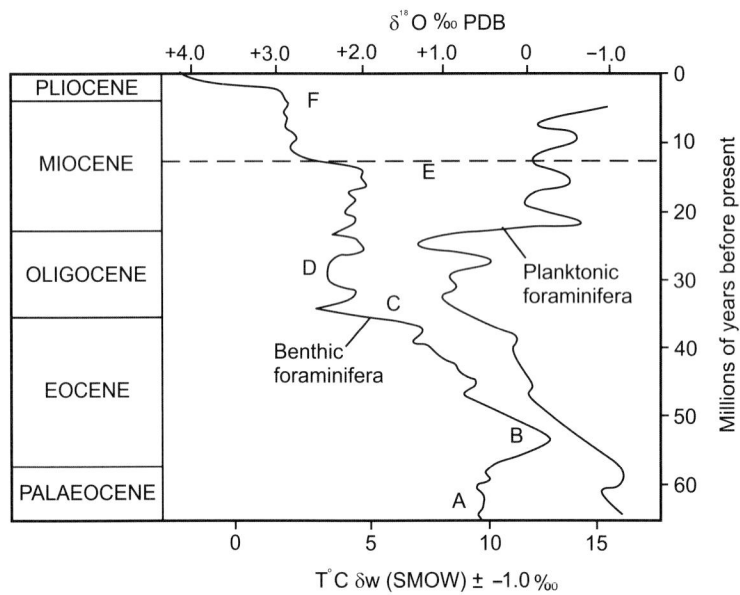

図4.2 底生および浮遊性有孔虫の方解石殻が示す第三紀における酸素同位体比の変化．水温および（あるいは）氷河量の変化に関連した変動を示す．推定される水温値は各時期の水の同位体比（δw）をどのように見積もるかに依存する．A～Fは本文中で議論した特徴的な変動の位置を示す．横軸下側の目盛はSMOW（標準平均海水）に対する相対比で換算した水温．(Hudson & Anderson 1989 のデータにより一部改変)

Box 4.1　安定同位体の測定

1. 微化石を含む試料を，たとえば超音波洗浄器を用いるなどして，バラバラにし乾燥する．
2. 生息域のわかっている種（たとえば表層のプランクトン，内生性の底生動物など）は取り出し，生態学的研究に回す．（石灰質ナノ化石の炭酸塩で63μmサイズ以下なら，全岩試料も層序学的研究に用いてよい結果が得られる）．
3. 二次的な変質の証拠があるもの（たとえば方解石のオーバーグロースや黄鉄鉱ができている）は除く．
4. 粒径が同じ程度の標本を選ぶ．古い装置では浮遊性有孔虫1～40個体が必要であるが，新しいレーザー装置だと一つの房室でも分析できる．
5. 試料は50℃以下で乾燥させる．
6. 有孔虫殻の $CaCO_3$ をリン酸と反応させる：
$$H_3PO_4 + CaCO_3 \rightarrow CaHPO_4 + H_2O + CO_2 \quad (1)$$
7. CO_2 と水などの不純物を分離するため，液体窒素などの寒剤を用いる．H_2O と CO_2 を含むガスを水分除去トラップを通過させ，乾燥させた CO_2 を質量分析計に導入する．
8. CO_2 ガス分子はイオン化され，三つの異なる質量数，すなわち，$44 = {}^{12}C^{16}O^{16}O$，$45 = {}^{13}C^{16}O^{16}O$，$46 = {}^{12}C^{16}O^{18}O$ のビームに分離する．
9. このイオンビームの強度の比率を測定する．46/44の比は $^{18}O/^{16}O$ の比を，また45/44の比は $^{13}C/^{12}C$ の比を与える．
10. 次いで，これらの値を標準の CO_2 ガスの同位体比と比較する．
11. これらの同位体比は，次の計算式(2)と(3)に従って δ 値として表現される：
$$\delta^{18}O = \frac{({}^{18}O/{}^{16}O)\ sp - ({}^{18}O/{}^{16}O)\ st}{({}^{18}O/{}^{16}O)\ st} \times 1000 \quad (2)$$
$$\delta^{13}C = \frac{({}^{13}C/{}^{12}C)\ sp - ({}^{13}C/{}^{12}C)\ st}{({}^{13}C/{}^{12}C)\ st} \times 1000 \quad (3)$$
sp：測定試料，st：標準試料
12. 汎地球的な比較が可能なように，$\delta^{18}O$ 値の結果はPDB国際標準に対する，あるいはSMOW標準に対する相対値として表現される．この値は，以下のように互いに換算できる：
$$\delta^{18}O\ (方解石\ SMOW) = 1.03086\ \delta^{18}O\ (方解石\ PDB) + 30.86 \quad (4)$$
$$\delta^{18}O\ PDB = 0.97006\ \delta^{18}O\ SMOW - 29.94 \quad (5)$$

Box 4.2 酸素同位体比に影響を与える表層過程

1. **水の同位体組成**（δw, $\delta^{18}O$ の平均値）：海洋水からは ^{16}O が ^{18}O よりも相対的に多く蒸発し，雲からは ^{18}O が ^{16}O よりも多く凝結して雨になる．標準的なモデルでは雲は低緯度で蒸発によってつくられ，極に向かって移動する傾向にある．そこでは連続的なレーリーの蒸留（Rayleigh distillation）が起こっていて，高緯度の雲と雪に ^{16}O が多く集まっていく．同様の蒸留は低所から高所に向かっても起こる．このようにして $H_2^{16}O$ が選択的に極の氷床に集積され，このために海水中には $H_2^{18}O$ が増す．したがって，氷河量が多い時期に海水中で沈澱した炭酸塩の $\delta^{18}O$ 値は，氷河量の少ない時期に比べてよりプラスとなる．塩分も同様に広域的な影響を与える．淡水は上記のような蒸留の効果のため，海水より ^{16}O に富む．したがって，淡水中で沈澱した炭酸塩は，正常な海水から沈澱したものよりも ^{16}O が多く，^{18}O が少ない（すなわち $\delta^{18}O$ 値がよりマイナスになる）．高塩分の水から沈澱した炭酸塩は，一般に $\delta^{18}O$ 値がよりプラスとなる．
2. **温度**：温かい水から沈澱した炭酸塩は冷たい水から沈澱したものよりも多くの ^{16}O を含み，^{18}O が少ない（したがって $\delta^{18}O$ 値はよりマイナスとなる）．これによって，PDB 標準に対して 1℃ 当たり約 0.22‰ の同位体分別が起こる．
3. **鉱物相**：同じ $CaCO_3$ の組成であるが，アラレ石の有孔虫殻は方解石の底生有孔虫より，0.6‰ ほど ^{18}O に富んでいる．これは，炭酸イオンの振動数の違いに起因する差異である．高マグネシア方解石はふつうの方解石に比べて，25℃ で，^{18}O が $MgCO_3$ の1モル% 当たり 0.06‰ ほど多くなる．
4. **生物種による同位体効果（生体効果）**：体内の代謝過程のため，多くの生物種において $CaCO_3$ 殻は海水と同位体平衡の状態では沈澱しない．この'生体効果'（vital effect）は同じ生息環境でも種類によって異なる．すなわち，小型の底生および浮遊性有孔虫や石灰質ナノ化石は，大型の底生有孔虫，棘皮動物，サンゴなどに比べて一般に平衡に近い．
5. **続成作用**：$\delta^{18}O$ 値は地表水中あるいは埋没による続成作用で簡単にリセットされる．地表水は軽い同位体を運ぶ傾向があり，同位体比をマイナスの方向に変化させる．したがって，測定用の試料は続成作用によるオーバーグロースのないものでなくてはならない（Marshall 1992；Corfeld 1995 を参照）．ODP や DSDP の大洋底のコアは，大陸上に露出した堆積物より保存状態がよいことが多い．

四紀の酸素同位体ステージの基本を提案した．その後，$\delta^{18}O$ は氷河量の変化にも影響されることが明らかとなった（Shackleton & Opdyke 1973）．これは，氷床が拡大しているときには，降雪によって陸上にもたらされた軽い同位体の ^{16}O がより多く氷床に固定され，海に戻されなくなったためである（Box 4.2）．理論的には，もし深海底の水温が氷期－間氷期を通して変化しなかったとすれば，氷河量のシグナルを深海の小型底生有孔虫の *Uvigerina* や *Fontbotia*（以前は *Cibicidoides* とされていた）の $\delta^{18}O$ の記録から読み取ることができるはずである（たとえば Shackleton 1982）．しかしながら，深海でも水温が低下したとする意見があり（Prentice & Matthews 1991），このことから見ると，陸上の氷河量やそのときの海水の酸素同位体比（δw）についての推定には問題がある．

図 4.1 に，DSDP コアの底生有孔虫から得られた過去 15 万年間の $\delta^{18}O$ の記録を示す．寒冷期の同位体ステージは偶数番号（たとえば，過去に向かって 2, 4, 6 など）で，また温暖期は奇数番号（たとえば 1, 3, 5 など）で表す．この期間では，氷期の最盛期で低海面期はおおよそ 15 万年前（ステージ 6）と 2 万年前（ステージ 2）にあった．完全な間氷期の環境で高海面期に向かう変化は急速で，高海面期は約 12.2 万年前（ステージ 5e）と 1 万年前（ステージ 1）とにあった．氷河量の増加には長い時間がかかり，その間に，一時的に気候が回復した亜間氷期の状態が約 10.3 万年前（ステージ 5c），8.2 万年前（ステージ 5a），4 万年前（ステージ 3）にあった．このことは，ニューギニアの珊瑚礁段丘から南極の氷床コアまで，さまざまな証拠によって支持されている．

Hays *et al*. (1976) は，第四紀の気候変動に見られる規則性が，1920 年に M. Milankovitch によって導入された地球軌道パラメーターの変動，すなわち，近日点変化（歳差 precession, 1.9 万年周期），地軸の傾きの変化（傾斜角 obliquity, 4.1 万年周期），地球公転軌道の離心率の変化（orbital eccentricity, 10 万年周期）による日射量の変動によってもたらされたものであることを示した．同様の周期的変動は中生代まで確実に遡ることが示され，その変動は，第三紀については古地磁気層序の尺度と対応がつけられている．

第三紀の酸素同位体記録

第三紀における底生および浮遊性有孔虫の酸素同位体比の記録（図 4.2）を見ると，時とともに ^{18}O が全体として増加してきたことがわかる．暁新世の底生有孔虫が示す低い $\delta^{18}O$ 値（図 4.2 の A 付近）は，当時の底層水が暖かであったことを示す．そして，始新世前期に著しい'気候最温暖期'（climatic optimum）を迎える（図 4.2 の B）．底層水と表層水の $\delta^{18}O$ は始新世の中期から後期にかけて増加し，始新世／漸新世境界では急激に増加している（図 4.2 の C）．こ

れは温度の低下に原因があるとされている．だがこの$\delta^{18}O$の増加の一部は，南極氷床が発達しはじめたことに原因があると思われる（たとえば Zachos et al. 1992）．

漸新世の間は低層水も表層水も相対的に温度の低い状態で推移した（図 4.2 の D）．中新世中期には表層と底層の$\delta^{18}O$値が離れている（図 4.2 の E）が，これは表層水温が暖かかったか，あるいは南極などの氷床が拡大したか，またはその両方であることを意味している（たとえば Prentice & Matthews 1988）．鮮新世には底層水の$\delta^{18}O$が急増している（図 4.2 の F）が，これは北半球の陸上氷河の形成を示唆しているとされる．

大きな問題は，中新世中期より前の海水の酸素同位体比（δw）についての仮定である．Shackleton & Kennett（1975）は，この時期より前には氷河がなく，δwはおおよそ$-1‰$だったと考えた．しかし，この推定によると当時の熱帯域の表面水温は低かったことになり，化石の分布による証拠と反している．Prentice & Matthews（1988, 1991）は，当時の氷河量についての推定はその基礎となる証拠が何もないと論じ，底生有孔虫の$\delta^{18}O$は主として底層水温の変化を記録していると示唆した．この問題は未だに解決していない．

酸素同位体の記録は白亜紀後期の保存のよい微化石群からも得られており（Jenkyns et al. 1994），当時は底層水温が現在よりもずっと高かったように思われる．これより古い大陸地塊の上に堆積した地層の$\delta^{18}O$は，続成作用と埋没変成作用によってリセットされているのがふつうである．したがって，研究の重点は，微化石から頑丈で保存のよい大型化石や堆積岩のセメントに材料を移すことになる．

古塩分

河川や湖では，水の酸素同位体比（δw）にその標高，降水の温度，および湿度と蒸発の効果が影響する（Box 4.2，図 4.3）．たとえば氷河湖の介形虫の背甲は著しいマイナスの$\delta^{18}O$値を示し，これを第四紀後期の気候変動の復元に使うことができる（たとえば Hammerlund & Keen 1994）．

汽水の河口域や三角州では，海水の酸素同位体比（δw，平均的な$\delta^{18}O$）は川から流入する軽い同位体^{16}Oに富む水で薄められ，そこに棲んでいた生物の$CaCO_3$からなる骨格の$\delta^{18}O$は一般に同時期の海域のものよりマイナスの値になる．たとえば，更新世の間，氷河が融解してマイナスの$\delta^{18}O$値の水がミシシッピ三角州を経由してメキシコ湾に流入した（たとえば Williams et al. 1989）．

高塩分の湖，ラグーン，地中海のような陸に囲まれた海などで降水量に対して蒸発量が大きいことは，蒸発により^{16}Oが取り去られ，^{18}Oに富む水と$CaCO_3$とが残されることを意味する（たとえば Thunell et al. 1987）．同様の傾向は季節的に蒸発が起こっても生じ，その例はフロリダ半島先端の Florida Bay における現生大型底生有孔虫で知られている（Brasier & Green 1993）．沿海における一次生産は，陸地からの栄養塩類の流入で上昇することが多い．このとき海底の堆積物には有機物が増し，$\delta^{13}C$は変動しがちになる．ただし，例外も知られている．

古水温

骨格をつくる炭酸塩を用い，以下の式によって古水温を計算（古水温測定）することができる．すなわち，

方解石：$t(℃) = 16.9 - 4.4(\delta c - \delta w) + 0.10(\delta c - \delta w)^2$（Grassman & Ku 1986 による）

アラレ石：$t(℃) = 21.8 - 4.69(\delta Ar - \delta w)$

ここで，δcとδArは，それぞれ方解石およびアラレ石が 25℃でリン酸と反応して生成したCO_2の$\delta^{18}O$の平均値で，δwは海水と平衡にあるCO_2の$\delta^{18}O$の平均値であり，どちらも PDB に対する相対値である．

この式では，δwはわかっている（すなわち塩分と氷河量とがわかっている）とし，また生体効果（vital effect，生物種による同位体分別）はないと仮定している．温度は季節によって変わるし，生物によっては成長とともに生息水深を変える（たとえば浮遊性有孔虫）ので，大きな個体の丸ごとの試料では古水温のおおざっぱな推定にしか使えない．しかし，微小な試料なら非常に高精度の測定ができる．

炭素同位体

炭素は生命の基本的構成物質であるばかりでなく，CO_2の形でこの惑星の気候を調節し，光合成と炭素の埋没によって大気の酸素環境を保っている．地球表面では，炭素は主として酸化状態（oxidized reservoir，CO_2，HCO_3^-，炭酸塩鉱物として）か，還元状態（reduced

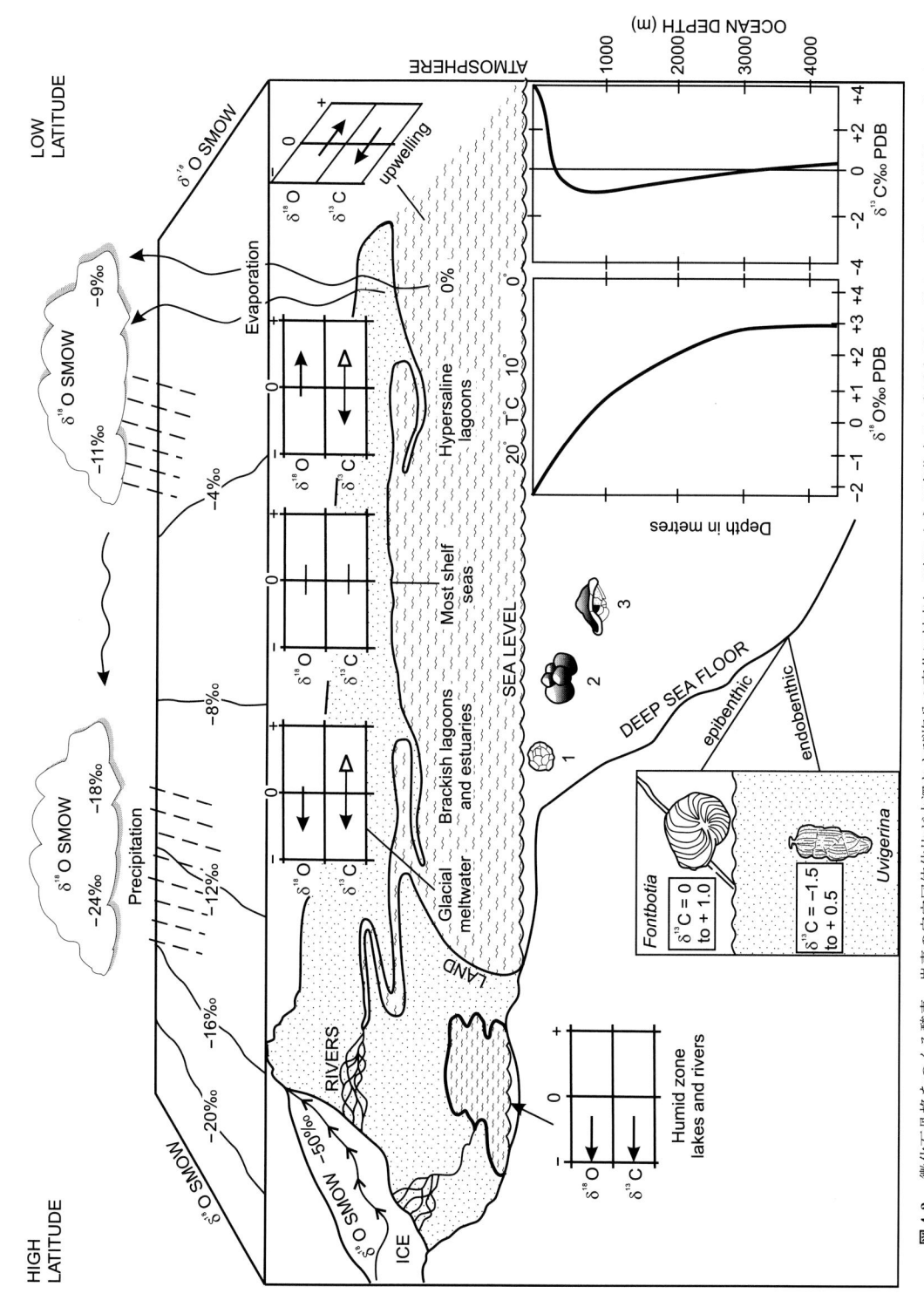

図4.3 微化石骨格をつくる酸素・炭素の安定同位体比が水深および塩分の変化に対応してどのように変化するかを示すダイアグラム。図の中央付近にいくつかの代表的な種類を示す（1：表層水のコリンフォリド，2：表層水の Globigerinoides，3：中層水の Globorotalia）。中央左下枠内は深海底の有孔虫 (Fontbotia は表生性底生属，Uvigerina は内生性底生属）。δ値の黒い矢印は，環境がより極端な方向に変化したときの，同位体比の変化の方向を示す。

> **Box 4.3　炭素同位体比に影響を与える表層過程**
>
> 1. **表層水の生産性**：一次生産性の高いところでは，植物プランクトンによって海洋水と大気から ^{12}C が選択的に多く取り去られる．生産性の上昇によって底生動物とプランクトンの間の δ 値の差，$\Delta\delta^{13}C$ は増大し，一時的にプランクトンの $\delta^{13}C$ がよりプラスの方向に動くことになる．
> 2. **生物による酸化**：中層の海水や海底における生物の呼吸で有機物が酸化される結果，^{12}C が海水に戻される．生物による酸化が激しくなると，$\Delta\delta^{13}C$ の勾配は小さくなり，一時的に $\delta^{13}C$ がマイナスの方向に動く．
> 3. **湧昇と混合**：^{13}C の少ない水が湧昇流などで表層に運び上げられると，それに応じて表層水の $\delta^{13}C$ が低下する（たとえばペルー沖など）．同様な $\delta^{13}C$ の低下は，季節的にも夏に開けた陸棚で循環が停滞すると起こる（たとえば米国東岸），あるいは腐植質に富む河川水や湿地の水が混入しても起こる（たとえばフロリダ半島先端の Florida Bay 北部）．
> 4. **微生息域の効果**：さらに同位体比の勾配は堆積物中でも見られる．間隙水の $\delta^{13}C$ 値は，海底（堆積物／海水境界）から下方に向かって，海水の値からしだいに ^{13}C が不足する方向にずれていく．これは，生物の呼吸による CO_2 と HCO_3^- が間隙水に集積するためである．
> 5. **炭素の埋没**：いくつかの要因によって，地球全体では地層中に埋没する有機物が増加する傾向にあり，有機物は ^{12}C に富むので，このことによって海洋-大気系全体では $\delta^{13}C$ の上昇傾向がもたらされている．このような要素に一次生産量の増大，海洋の中・底層水の停滞傾向，堆積量の増大などがある．
> 6. **生体効果**：海水（$\delta^{13}C$ はおおよそ 0‰ PDB）および細胞質（おおよそ -28‰ PDB）から取り込む HCO_3^- の比率は，生物種によって異なることが知られている．有孔虫は，棘皮動物やサンゴに比べて生体による同位体分別はずっと少ないが，多くの種で生体効果が知られている（たとえば光合成生物との共生による）．分別の程度は成長とともに変わることすらある（たとえば，有孔虫では大型の rotaliids 類はよりプラスに，また大型の miliolids 類はよりマイナスになっていく（Murray 1991）．時代的傾向を調べるというような場合には，できるなら単一の種で同じような大きさの個体を用いるのがよい．
> 7. **続成作用**：地表水や埋没による続成作用では，$\delta^{13}C$ 値は $\delta^{18}O$ 値に比べてリセットが起こりにくい．だが，続成作用を起こす水には ^{12}C が多い傾向があり，そのため，続成作用によって炭素同位体比はよりマイナス方向に向かう．したがって，測定用の試料は続成作用による結晶の再成長やセメントの見られないものでなくてはならない（Marshall 1992 を参照）．

reservoir，有機物，化石燃料，単体の炭素として）かで貯蔵されている．酸化状態の貯蔵では，海水に溶解している CO_2 と HCO_3^- は大気中の CO_2 に比べてはるかに多い．CO_2 が大気と海洋の間を循環する‘混合時間’(mixing time) は約 1,000 年である．炭素同位体の研究によって，これらの炭素の貯蔵の間の交換が安定な平衡状態に達することは滅多にないということが明らかになってきた（Box 4.3）．

炭素には，^{12}C (98.9%) と ^{13}C (1.1%) の二つの安定同位体がある．大気中の CO_2 ガスの $^{13}C/^{12}C$ 比（現在では PDB に対し -7‰）は，海洋水に溶解している CO_2 や HCO_3^- の同位体比（現在の PDB に対し -1‰）より軽い．しかし，同位体平衡は風と波の混合効果によって保たれている．不活性の世界ならば，海の HCO_3^- の $^{13}C/^{12}C$ 比は初生マントルの炭素の値を反映しているはずである．この炭素は今でも火山から CO および CO_2 として放出されている（この $\delta^{13}C$ は -5‰ PDB）．しかし，現実の世界では，$^{13}C/^{12}C$ 比は重い方に偏っている．それは，一次生産者が光合成の際に選択的に軽い同位体の ^{12}C を取り込むためである．そのため，生きている生物の平均的 $\delta^{13}C$ は -26‰ PDB（すなわち著しいマイナス）になり，海洋と大気の $\delta^{13}C$ は ^{12}C に対応して少なく（すなわちプラスに）なっている．

表層に棲む石灰質ナノプランクトンや有孔虫は $CaCO_3$ の殻を分泌する．その殻の $\delta^{13}C$ は表層海水の HCO_3^- の $\delta^{13}C$ （おおよそ $+2$‰ PDB）とほぼ平衡になっている．Box 4.3 と図 4.3 に示すように，多くの要因が $\delta^{13}C$ の変動に関与している．有光層より下では，植物プランクトンの分解（特に従属栄養の細菌による分解）と呼吸による CO_2 の放出とによって，^{12}C が海水に戻される．このことは，大西洋のやや深い海に棲む底生有孔虫の $\delta^{13}C$ がマイナスに寄っている（$+1 \sim +0.5$‰ PDB）ことに示されている．現在の太平洋はずっと広く，底層水は他の海洋と比べて古いので，呼吸によって多くの酸素が取り去られている．そのため，見かけの酸素利用度 (apparent oxygen utilization：AOU) 指数も $\delta^{13}C$（$-0.5 \sim +0.0$‰ PDB）もそれに対応して低くなっている．現在の深海底では，北極海の浅海域で生成された底層水が水の更新を助け，^{13}C を運んでくる．堆積物／水境界 (sediment-water interface) より下では，細菌による有機物の分解で，^{12}C に富む CO_2 が間隙水に戻されている．

このように，水柱と堆積物とに深さ方向の $\delta^{13}C$ の勾配が見られる（図 4.3）．この勾配は酸素およびリ

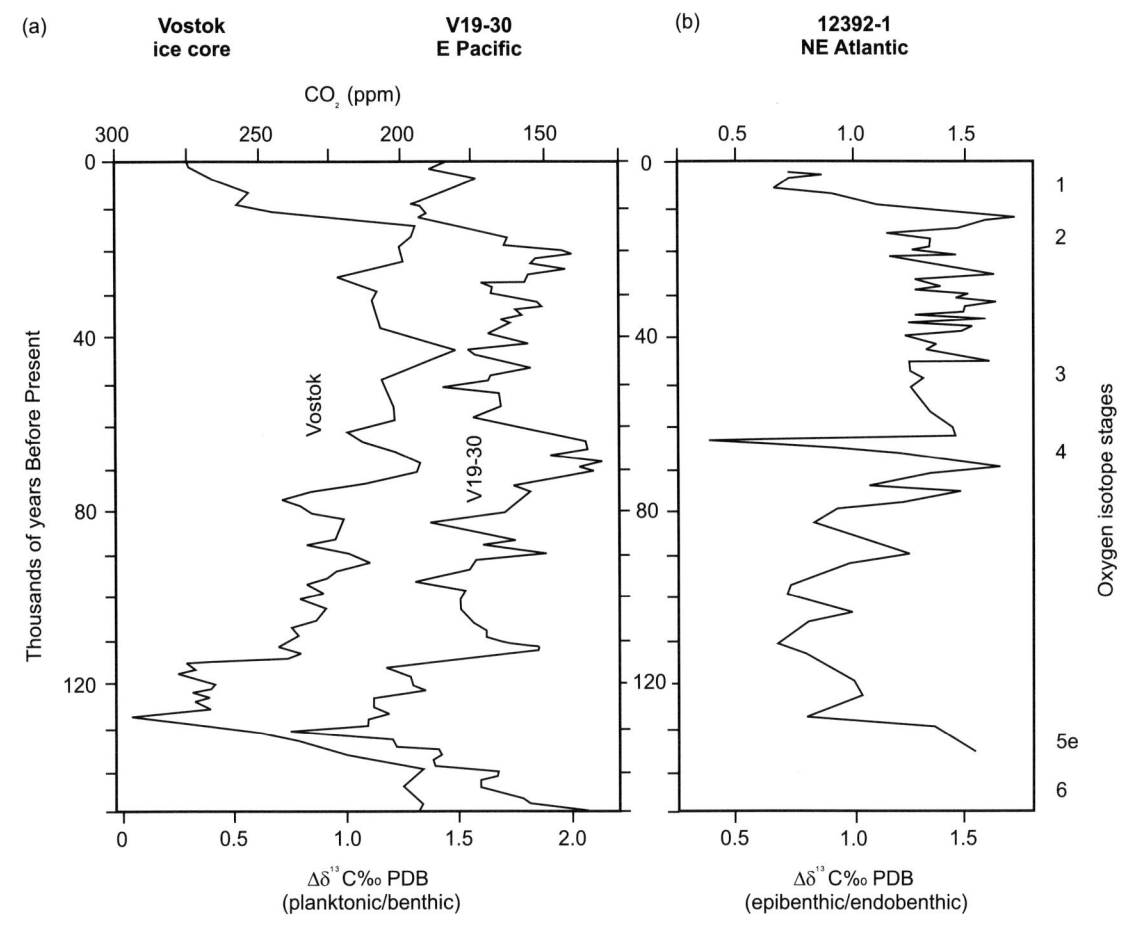

図 4.4 過去15万年間における有孔虫の$\Delta\delta^{13}C$の変動．(a) 右のグラフはコア V19-30（東太平洋）における浮遊性有孔虫と底生有孔虫の$\delta^{13}C$の差（Δ），(b) はコア 12392-1（北東大西洋）における表生性底生有孔虫と内生性底生有孔虫の$\delta^{13}C$の差（Δ）．これらΔ値の変動は，過去15万年間について Vostok 氷床コア（南極）で測定された大気中のCO_2量の変動（(a) 左のグラフ）とよく一致し，両者が関連していることを示す．縦軸の年代は1,000年単位，右辺の1～6は酸素同位体ステージ．（Brasier 1995 のデータにより一部改変）

ン（P）の量と逆の関係にある場合が多い．これは，有機物の分解が水柱から酸素を取り去り，そのかわりに^{12}Cの多いCO_2とPとを水に戻しているからである．このような環境の$\delta^{13}C$の勾配は，表層水に棲む微化石（たとえば *Globigerinoides* spp. あるいは石灰質ナノプランクトン）の$\delta^{13}C$と，同時に生息していた表生性の底生動物（たとえば *Fontbotia wuellerstorfi*）の$\delta^{13}C$との差異（$\Delta\delta^{13}C$）（デルタデル^{13}Cと読む），あるいは表生性の底生動物と内生性の底生動物（たとえば *Uvigerina* sp., 図 4.3）の$\delta^{13}C$の差異（$\Delta\delta^{13}C$）から，計算して求めることができる．

第四紀の炭素ポンプ

気候変化に果たすCO_2の役割については19世紀から気づかれてきた．炭素同位体が氷期を通じて変動するCO_2の指標になるであろうということは，最初にW. S. Broecker によって示唆され，そして Shackleton et al.（1983）によってその記録の本質が明らかにされた．彼らは，浮遊性有孔虫と底生有孔虫の$\Delta\delta^{13}C$は最近の過去13万年間に著しく変動しており，その変動が$\delta^{18}O$の記録に示される氷河量の変化と連動していることを発見した．$\Delta\delta^{13}C$は氷期に最大で，間氷期に最小となる（図 4.4）．これは，おそらく大気のCO_2分圧が氷期に最低となり，間氷期に最大となるためであると推定される．そのことは，後に氷床コアで直接測定され，確認されている．$\Delta\delta^{13}C$の変化はまた，気候変動を通じて，一次生産が大規模に変動したことも示しているようである．

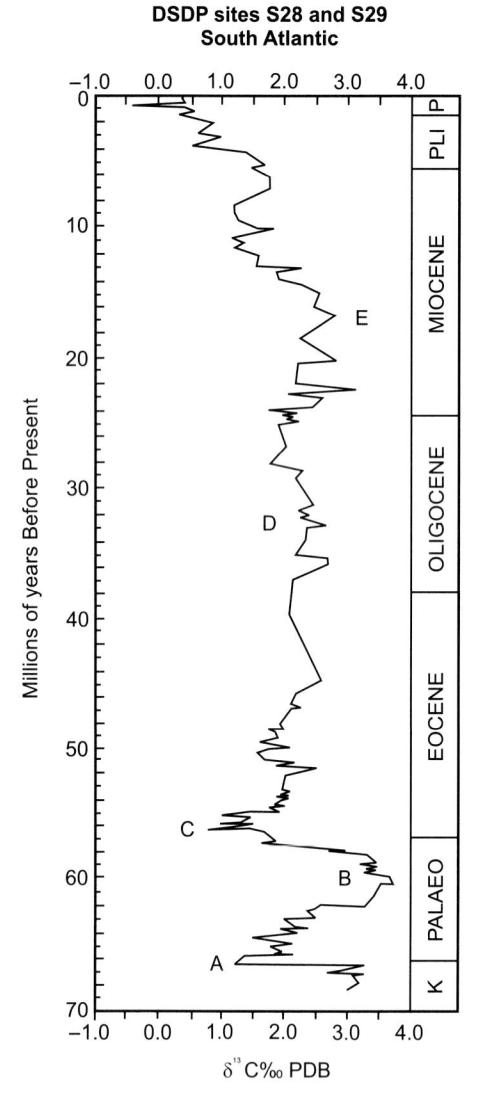

図4.5 白亜紀後期から第三紀にかけての炭素同位体比の記録．データは主として南大西洋のDSDPコア，S28とS29の浮遊性微化石の炭酸塩による．A-Eは本文中で論じた特徴的な変動の位置．縦軸の年代：100万年単位，K：白亜紀，PALAEO：暁新世，PLI：鮮新世，P：更新世．（Shackleton 1987を一部改変）

第三紀の炭素同位体記録

図4.5に第三紀のほぼ全体についての炭素同位体比の記録を示す．この変動パターンは，酸素同位体の記録（図4.2）とまったく違っていること，また長期的傾向も見えないことに注意されたい．白亜紀後期には3‰ PDBという高いδ^{13}Cが認められるが，白亜紀/第三紀境界（K/T境界）をまたいで暁新世初頭までに2‰にまで急落した．またK/T境界で$\Delta\delta^{13}$Cの値が約1‰まで低下している（図4.5のA）．これは地球外の彗星の衝突が一次生産に与えた壊滅的影響を示していると考えられる（たとえばHsu *et al.* 1982）．

第三紀の炭素同位体記録からは2回の長期的な周期性が認められ，暁新世後期と中新世中期にそれぞれピークがあった（Shackleton & Kennett 1975）．暁新世のピークは+3.5‰という第三紀を通じてδ^{13}Cの最高値を示し（図4.5のB），浮遊性有孔虫と底生有孔虫の間の$\Delta\delta^{13}$Cの拡大をともなっている．これは，おそらく温室条件下で生産量が増大し，炭素の埋没も著しかったためであろう．

暁新世/始新世境界をまたいで，δ^{13}Cの著しい低下が起こった（図4.5のC）．これは，K/T境界での低下より大きいほどである．このとき，深海の底生動物のおおよそ50％にも及ぶ大量絶滅が起こっている．始新世の中期と後期の境界期には，浮遊性と底生とにδ^{13}C値の著しい差異が見られ，また珪藻量が増加し，珪藻と渦鞭毛藻の多様性が増大している．これらは合わせて，温度勾配の増加が表層の生産量と炭素の埋没量に影響を与えた結果であると考えられている．これらの値は漸新世の間は中庸であった．

中新世前-中期のδ^{13}Cのピーク（図4.5のE）は，太平洋全域での珪藻土の増加（Montereyイベント）と一致している．その後，現在までに約2.5‰低下したのは，寒冷な氷期の海洋で有機物が著しく酸化されたことが大きく働いていると見られる．

同位体に関する予備知識はFaure（1986）やHoefs（1988）による同位体地質学に関する著書にある．Tucker & Wright（1990）およびMarshall（1992）は堆積学の視点から概説している．Williams *et al.*（1989）は新生代の同位体地層序に関して広範な議論を展開した．Hudson & Anderson（1989）およびCorfield（1995）は酸素同位体研究の成果のいくつかについて総説し，Murray（1991）は底生有孔虫の酸素・炭素同位体比の記録について紹介している．Brasier（1995）は安定同位体のデータと古気候や栄養レベルの推定に用いられる他のデータを統合し，一方，Purton & Brasier（1999）は，季節性，海洋の成層構造，成長率，一生の長さなどを推定するのに，安定同位体がどのように使われるかを解説している．

引用文献

Brasier, M. D. 1995. Fossil indicators of nutrient levels. 1: Eutrophication and climate change. *Geological Society Special Publication* **83**, 113-132.

Brasier, M. D. & Green, O. R. 1993. Winners and losers: stable isotopes and microhabitats of living Archaiadae and Eocene *Nummulites* (larger foraminifera). *Marine Micropalaeontology* **20**, 267-276.

Corfield, R. M. 1995. An introduction to the techniques, limitations and landmarks of carbonate oxygen isotope palaeothermometry. *Geological Society Special Publication* **83**, 27-42.

Emiliani, C. 1955. Pleistocene temperatures. *Journal of Geology* **63**, 538-575.

Faure, G. 1986. *Principles of Isotope Geology*. John Wiley, New York.

Grossman, E. L. & Ku, T. L. 1986. Oxygen and carbon isotope fractionation in biogenic aragonite: temperature effects. *Chemical Geology* **59**, 59-74.

Hammerlund, D. & Keen, D. H. 1994. A Late Weichselian stable isotope and molluscan stratigraphy from southern Sweden. *GFF* **116**, 235-248.

Hays, J. D., Imbrie, J. & Shackleton, N. J. 1976. Variations in the Earth's orbit: pacemaker of the ice ages. *Science* **194**, 1121-1132.

Hoefs, J. 1988. *Stable Isotope Geochemistry*. Springer-Verlag, Berlin.

Hsu, K. J., McKenzie, J. A. & He, Q. X. 1982. Terminal Cretaceous environmental and evolutionary changes. *Geological Society of America* **190**, special paper, 317-328.

Hudson, J. D. & Anderson, T. F. 1989. Ocean temperatures and isotopic composition through time. *Transactions of the Royal Society of Edinburgh: Earth Sciences* **80**, 183-192.

Jenkyns, H. C., Gales, A. S. & Corfield, R. M. 1994. Carbon and oxygen-isotope stratigraphy of the English chalk and Italian Scaglia and its palaeoclimatic significance. *Geological Magazine* **131**, 1-34.

Marshall, J. D. 1992. Climatic and oceanographic signals from the carbonate rock record and their preservation. *Geological Magazine* **129**, 143-160.

Murray, J. W. 1991. *Ecology and Palaeoecology of Benthic Foraminifera*. Longman, Harlow.

Prentice, M. L. & Matthews, R. K. 1988. Cenozoic ice volume history: development of a composite oxygen isotope record. *Geology* **17**, 963-966.

Prentice, M. L. & Matthews, R. K. 1991. Tertiary ice sheet dynamic: the snow gun hypothesis. *Journal of Geophysical Research* **96** (B4), 6811-6827.

Purton, L. M. A. & Brasier, M. D. 1999. Giant protist *Nummulites* and its Eocene environment: life span and habitat insights from $\delta^{18}O$ and $\delta^{13}C$ data from *Nummulites* and *Venericardia*, Hampshire Basin, UK. *Geology* **27**, 711-714.

Shackleton, N. J. 1982. The deep sea sediment record of climate variability. *Progress in Oceanography* **11**, 199-218.

Shackleton, N. J. 1987. The carbon isotope record of the Cenozoic history of organic carbon burial and oxygen in the ocean and atmosphere. In: Brooks J. R. V. & Fleet A. J. (eds) *Marine Petroleum Source Rocks*. Published for the Geological Society by Blackwell Scientific Publications, Oxford, pp. 423-435.

Shackleton, N. J. & Kennett, J. P. 1975. Paleotemperature history of the Cenozoic and the initiation of Antarctic glaciation: oxygen and carbon isotope analyses of DSDP sites 277, 279 and 281. *Initial Reports Deep Sea Drilling Project* **29**, 743-755.

Shackleton, N. J. & Opdyke, N. D. 1973. Oxygen isotope and paleomagnetic stratigraphy of Equatorial Pacific core V28-238. Oxygen isotope temperatures and ice volumes on a 10^5 and 10^6 year scale. *Quaternary Research* **3**, 39-55.

Shackleton, N. J., Hall, M. A., Line, J. & Shuxi, C. 1983. Carbon isotope data in core V19-30 confirm reduced carbon dioxide in the ice age atmosphere. *Nature* **306**, 319-322.

Thunell, R. C., Willims, D. F. & Howell, M. 1987. Atlantic-Mediterranean water exchange during the Late Neogene. *Paleoceanography* **2**, 661-678.

Tucker, M. E. & Wright, V. P. 1990. *Carbonate Sedimentology*. Blackwell Scientific Publications, Oxford.

Williams, D. G., Lerche, I. & Full, W. E. 1989. *Isotope Chronostratigraphy: theory and methods*. Academic Press Geology Series, San Diego.

Zachos, J. C., Breza, J. & Wise, S. W. 1992. Early Oligocene ice-sheet expansion on Antarctica: sedimentological and isotopic evidence from Kerguelen Plateau. *Geology* **20**, 569-573.

5章　熱変成作用の指標としての微化石
Microfossils as thermal metamorphic indicators

　鉱物質の骨格をもつ微化石は，ふつうは高あるいは低マグネシア方解石，あるいはリン酸カルシウムからなるが，一方，パリノモルフ（palynomorph）はスポロポレニン（sporopollenin），キチン（chitin），類キチン（pseudochitin）などの有機物からなる．これらの有機物は非常に耐久性が高いが，それでも風化，浸食による洗い出し，酸化，熱変成などを受ける．まったく変質していないパリノモルフは，透明あるいは淡緑黄色の殻壁をもち，顕微鏡で見るのに染色しなくてはならないことも多い．あまり保存のよくない化石だと黄色から黒色を呈する．以下に述べるように，この色の変化はその堆積物の熱変成史を示す指標として用いることができる．化石パリノモルフの色に影響を及ぼす主な要因は，風化の際の酸化，埋没深度あるいは接触変成による加熱，およびその熱にさらされていた期間である．酸化作用によって，最初に細部や表面の装飾が消え，最終的にはパリノモルフそのものが消え去る．赤色化した泥岩や砂岩にパリノモルフが存在しない主な原因は酸化によるものである．

　有機物が埋没あるいは接触変成によって熱せられると，非可逆的な化学的・物理的変化を起こす．この変化は泥炭が石炭に変わる変化に最もよく現れている．堆積物中に分散している有機物も同様に，続成（diagenesis）（50℃まで），カタジェネシス（catagenesis）（50〜150℃），メタジェネシス（metagenesis）（150〜200℃）の過程によって，そして最終的には250℃を超す変成作用（metamorphism）によって水素と酸素を失い，同時に炭素が増加すると

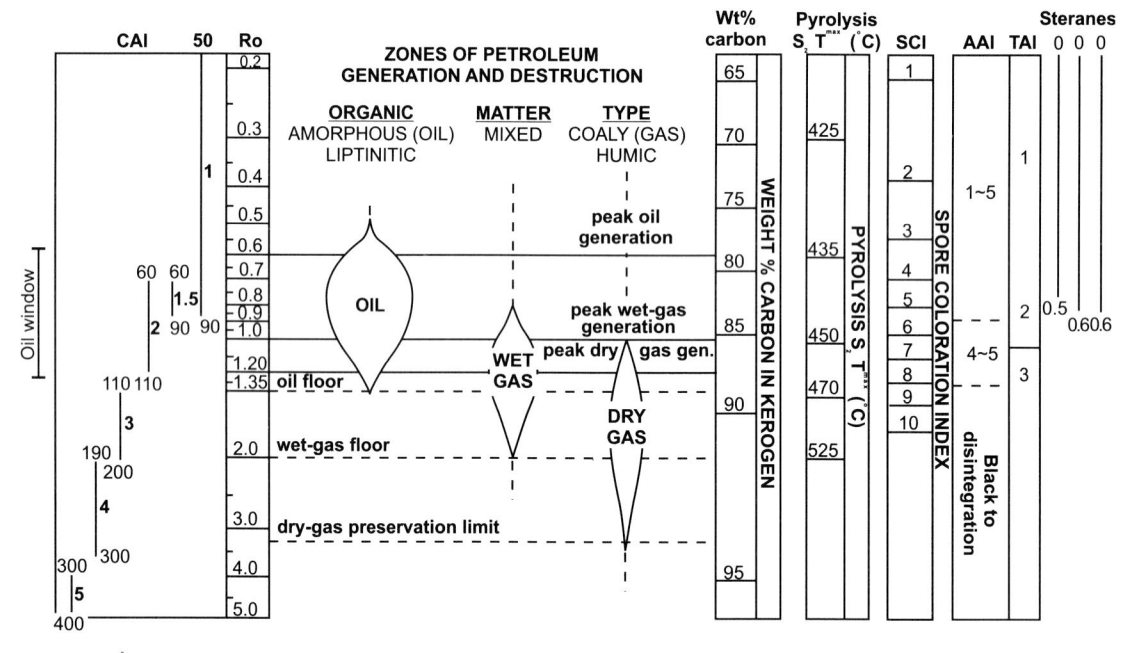

図 5.1 熱による有機物の熟成度を示す主要な指標を，石油の生成と分解のゾーンもあわせて比較したもの．図の左から右に，CAI：コノドント色変質指標，Ro：ヴィトリニット（石炭）の反射率，石油・ガスの生成と分解の範囲，Wt%：ケロジェン中の炭素量（重量%），S_2T^{max}：石油根源岩の熱分解（pyrolysis）による生成物のうち主に炭化水素からなる S_2 成分が消失する最高温度（℃），SCI：胞子色指標（spore colour index），AAI：アクリターク変質指標（acritarch alteration index），TAI：熱変質指標（thermal alteration index）などの各指標を示す．

いう変化を受ける．実験的に有機物を不活性気体あるいは還元環境の中で熱し，大気中で熱するのと同じ色の変化をもたらすためには，より高い温度が必要になる．圧力を加えただけでは炭化は起こらない．これらの物理・化学的変化は，化石の鉱物質骨格中に含まれているすべての有機物でも同様に起こる．このことは，コノドントについて特に明らかで，コノドントは生物源のリン灰石が黄色に見えるほどたくさんの有機物を含んでいる．

　実験的に求められた温度値の区分は，やや主観的ながら，いろいろなパリノモルフやコノドントのグループの色の変化に対応する指標とされてきた（図5.1）．化学的変化にともなうパリノモルフの殻壁の色は，透明から黄色，褐色を経て最後には黒色に変化する．色は種類によってわずかな差異がある．たとえば，新鮮なアクリタークと渦鞭毛藻はほとんど透明で，最初から暗い色の胞子や花粉に比べ，暗い色になるのに長く加熱しなくてはならない．コノドントの色変質指標（conodont alteration index : CAI）（Epstein et al. 1977）の目盛は黒色（300℃）を超え，灰色（CAI 6〜7，360〜720℃）から600℃以上の無色まで広げられている（Rejebian et al. 1987）．

　いろいろなパリノモルフの熱による熟成度を，ふつうによく使われる熱の指標と比較したものを図5.1に示す．経済的に重要な石油生成の温度帯（オイルウィンドウ oil window）は，ほとんどの有機物で中位にあたる褐色として示されている．これより暗い色の場合には，根源岩がガスを放出したことを示す．微化石の色は，これまで主として炭化水素鉱床の開発に使われてきたが，この方法は，堆積盆地（たとえばRobert 1988）や造山帯の地史（たとえばBergström 1981）の解明，非金属やその他の鉱床開発，あるいは過去のホットスポット（hotspot）の追跡や地熱開発（たとえばNowlan & Barnes 1987）など，多様な分野で成功を収めている．堆積物中の有機物についての包括的な概説がTyson（1995）の著書にある．

引用文献

Bergström, S. M. 1981. Conodonts as paleotemperature tools in Ordovician rocks of the Caledonides and adjacent areas in Scandinavia and the British Isles. *Geol. Fören. Stockholm Förhandl* **102**, 337-392.

Epstein, A. G., Epstein, J. B. & Harris, L. D. 1977. Conodont Color Alteration - an index to organic metamorphism. *US Geological Survey Professional Paper* **995**, 27 pp.

Nowlan, G. S. & Barnes, C. R. 1987. Thermal maturation of Paleozoic strata in eastern Canada from conodont colour alteration (CAI) data with implications for burial history, tectonic evolution, hotspot tracks and mineral and hydrocarbon exploration. *Bulletin. Geological Survey of Canada* **367**, 47 pp.

Rejebian, V. A., Harris, A. G. & Hueber, J. S. 1987. Conodont color and textural alteration - an index to regional metamorphism and hydrothermal alteration. *Bulletin. Geological Society of America* **99**, 471-479.

Robert, P. 1988. *Organic Metamorphism and Geothermal History*. Elf Aquitaine/D. Reidel, Dordrecht.

Tyson, R.V. 1995. *Sedimentary Organic Matter : organic facies and palynofacies*. Chapman & Hall, London.

II. 生物圏の出現

6章　生命の起源と初期の生物圏
The origin of life and the early biosphere

地球はおおよそ45.5億年前頃のあるとき，宇宙塵の粒子が集合して形成されたと信じられている．粒子の集合とそれに続く激しい隕石の衝突のために表面は融解し，次いで冷却して，38.5億年前頃までには地殻が現れたと思われる．もし，この年代よりも前に何らかの生命体が合成されていたとすれば，それは，現在，火山の噴気孔周辺か地殻深部に生息している細菌に似た，耐熱性の超好熱細菌（hyperthermophile bacteria）であったに違いない．地球最古の岩石は西オーストラリアとカナダ北部で発見された40億年ほど前のものであり，西グリーンランドのIsua層群は38億年前より古いと測定されている．Isuaの岩石は非生物起源の石灰岩，砂岩，枕状溶岩が混じっていて，水底で形成されたものであり，この頃すでに地殻は安定化していて，大洋が存在したことを示す（図6.1）．

生命の起源

生命の起源についてのOparin-Haldaneの仮説（図6.2）では，初期の大気は還元的で，CO_2，CO，H_2，NH_3，CH_4およびH_2Oを含んでいたが，O_2はなかったと推定した．今では，NH_3とCH_4は，初期の大気中では不安定であっただろうと考えられている．酸素が少なかった（なかったわけではない）というのは，20億年より前に黄鉄鉱を含む礫岩があること（図6.1, 6.2），および現在の大気中のO_2のほとんどすべてが光合成に由来していることから見て，合理的な仮定である．MillerとUreyによる実験（Miller 1953）は，特に25℃以下に保った状態で，これらのガスと水の混合物に放電する（雷光を当てる）か紫外線を照射すると，アミノ酸が合成されることを示した．実際に，氷点に近いほど核酸がよりよく保存され，また核酸が，そして最終的にはDNAがわずか1万年ほどの短い期間に合成されることが示唆されている．しかしながら，この氷期的な低温環境とこの時期の地球が非常に暖かな温室環境であったとする別の証拠とを調和させるのは難しい．

パンスペルミア仮説*（胚種広布説 panspermia hypothesis）（図6.2）では，「宇宙空間にある前生物的物質（prebiotic material）が，38億年より前の激しい隕石の衝突時期に惑星の表面に種（seed）として播かれた」としている．確かに，シアン化水素，蟻酸，アルデヒド，アセチレンなどの単純な有機化合物が，炭素質コンドライト（carbonaceous chondrite）として知られる隕石や，彗星の頭部あるいは星間雲の中に豊富に含まれている．この仮説のうちの極端な意見では，DNAですら宇宙空間に見つかるであろうという．確かに，実験によると，DNAは乾燥していて低温である場合には，放射線の大量照射に耐えうるという．

[訳注]*：パンスペルミア仮説は，1908年，スウェーデンのノーベル賞化学者Svante Artheniusなどによって提唱され，「宇宙空間で誕生した生命の胚種が地球に飛来して，地球生命の進化発展はすべてそこからはじまった」というものである．

熱水仮説（hydrothermal hypothesis）（図6.2）では，アミノ酸からDNAが合成されるまでは，おそらく現在の大洋中央海嶺上のブラックスモーカーのような還元的な熱水噴出孔付近で起こったと主張している（Russell & Hall 1997）．この生成モデルは核酸の塩基配列の証拠からも支持されている．

生命は火星で生まれたか

1996年8月，David McKay博士とNASAのチームは「火星から飛来した隕石（ALH84001）から，微化石らしい物体と生命の存在と調和的な地球化学的証拠を発見した」と発表した．この隕石が火星起源であることは窒素同位体比（$^{15}N/^{14}N$）の特有な値から確かめられている．この胸の躍るような発見の詳細はTreiman（2001）の論文に見ることができる．隕石中

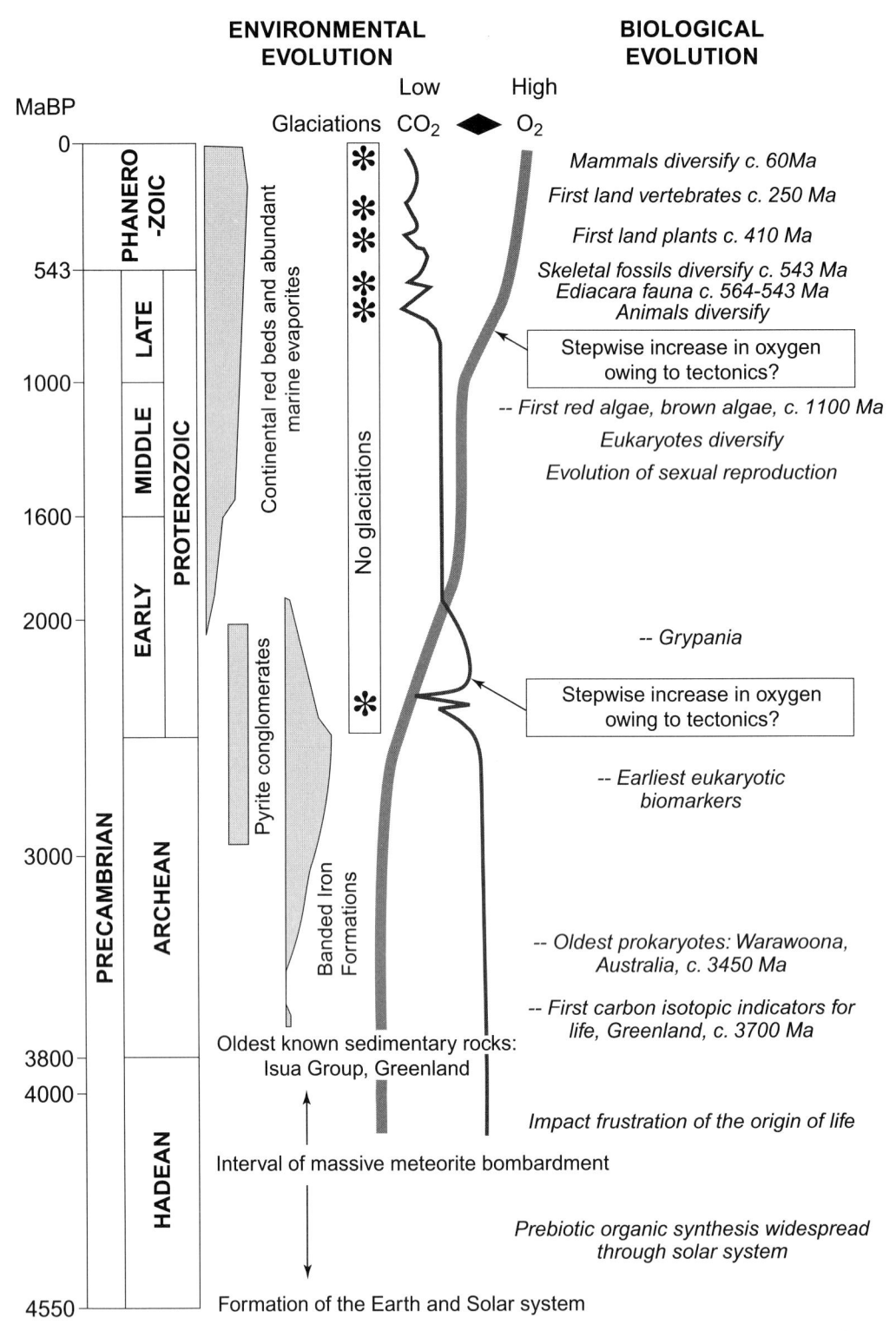

図 6.1 地球形成から現在までの生命圏の進化における主要な出来事．大気中の酸素および二酸化炭素レベルの変動を示す地質学的証拠と対応させて示す．図の左から，時代区分と年代，地表環境を示す堆積物（赤色土層と海の蒸発岩，黄鉄鉱を含む礫岩，縞状鉄鉱層）の時代的分布，氷河作用の時代的分布，CO_2・O_2 の時代的変化（酸素の段階的な増加はテクトニクスの変化によるものか？）．右端は生物界における主要な出来事とその年代．(Brasier *et al.* 2002 を一部改変)

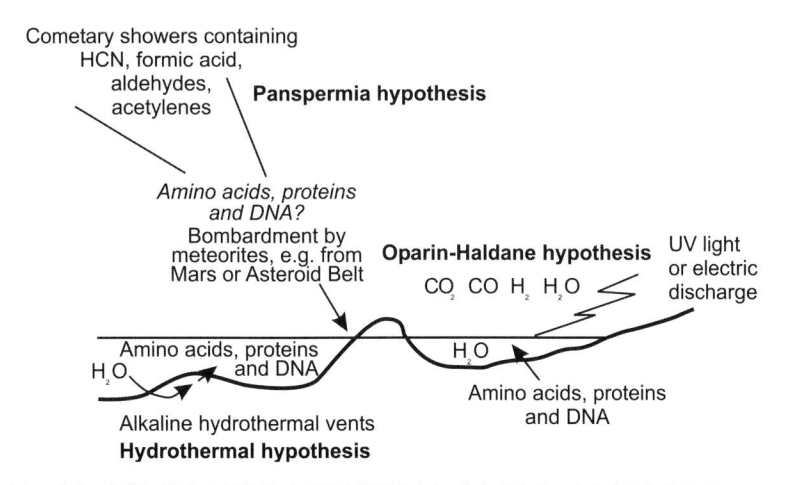

図 6.2 地球上の生命の起源に関する仮説（さまざまな資料から）．生命が宇宙に由来するとするパンスペルミア仮説，紫外線照射・放電などにより CO_2・H_2・H_2O などから合成されたとする Oparin-Haldane の仮説，熱水噴出孔で合成されたとする仮説などを模式的に示す．

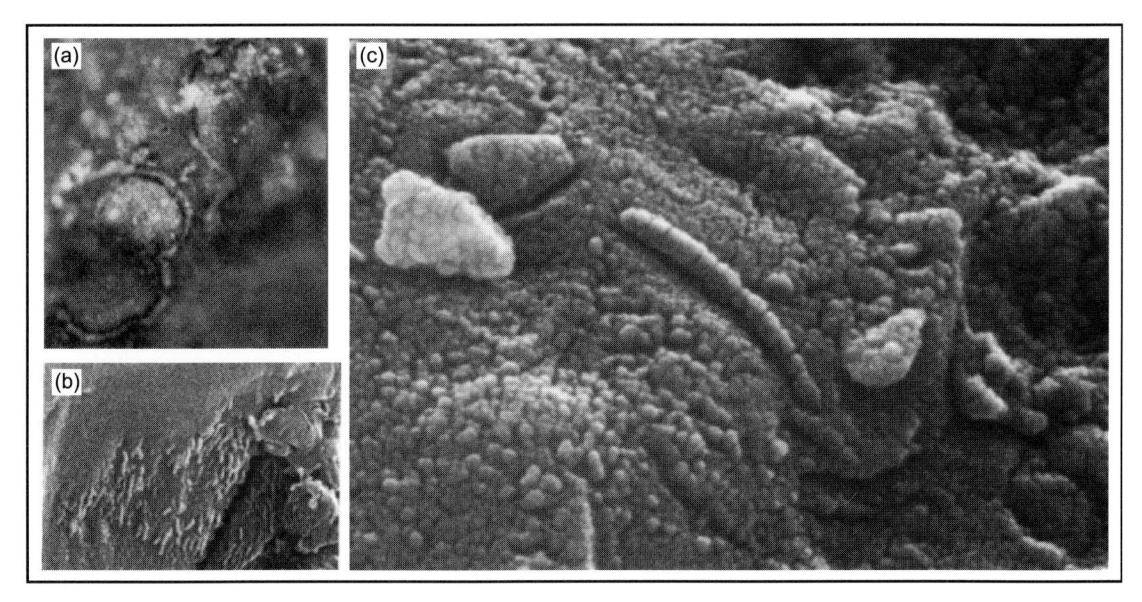

図 6.3 火星からの隕石（ALH84001）中に含まれる生物源とされた物体．(a) 炭酸塩の球体．(b)，(c) 楕円体および桿状体の SEM 写真．(c) 中央の桿状体は長さ約 $2\,\mu m$．（写真は Lunar Planetary Institute の好意による）

の斜方輝石は 45 億年前までに晶出したものであり，この隕石は 40 億年前と 1,500 万年前に隕石衝突による衝撃を受け，その後 1 万 3,000 年前に南極に落下したものである．McKay et al. (1996) が示した生命を支持する多くの証拠に加えて，帯状構造をした炭酸塩球体（図 6.3 (a)）が生命に不可欠な液状の水の存在を示す証拠であると考えられた．これらの球体の化学的特徴は，細菌に似た代謝と，微生物による分解に由来すると思われる有機物の存在を示している．さらに刺激的なことに，彼らは細菌に似た微化石を発見，記載したのである（たとえば図 6.3 (b), (c)）．ある人た

ちは，これは生命が火星で発生したことの直接的な証拠であると考えたが，他の人たちはこの解釈に強く反対している（たとえば Grady et al. 1996；Bradley et al. 1997）．

最古の生物圏の証拠

地球上の生命を示す化石の証拠は時代が古くなるほど少なくなる．これは古い岩石ほど露出して浸食し去られ，変成作用によって変化してしまう機会が多かったためである．微化石に似た物体を生命の証拠として受け入れるには，それらが明白に生物源であること，そして起源の知られたその岩石が生成したときからそ

こにあったものであること，という条件を満足させなくてはならない．生物起源であるという論証は，火星からの物体の例のように，最も難しいことである．地球最古の堆積岩は強く変成されていて微化石そのものを産出しそうもないが，有機物分子や生物地球化学的な証拠は，これらの地層が堆積した時代に生命が存在した可能性を示している．しかし，生命が35億年前までに地球上に存在していたことを示す証拠はない（Brasier et al. 2002）．

核酸の塩基配列と生物地球化学からの証拠

最近，リボソームRNA塩基配列や，細菌，原生生物，菌類，植物，動物など広範な生物の超微細構造を比較した結果から，生命の起源と初期進化に関して対照的な二つの見方が生まれている．現在，広く受け入れられている仮説は主としてリボソームRNAによる系統論に基づくもので（Woese et al. 1990），地球上の生命は三つの基本的なドメイン（domain），すなわち，古細菌（Archaebacteria または Archaea，独立栄養のメタン生成細菌 methanogenic bacteria や硫黄細菌 sulphur bacteria を含む），真正細菌（Eubacteria または Bacteria，シアノバクテリア cyanobacteria を含む），および真核生物（Eukaryota または Eukarya，すべての原生生物，菌類，植物，動物を含む）からなるとするものである（図6.4）．以下に，独立栄養の原核生物（これらは二酸化炭素を唯一の炭素源として使用している）に見られる各段階が出現した時代順序を伝統的な系統の解釈に基づいて示す．

1) 嫌気性の化学合成型細菌（anaerobic chemolithotrophic bacteria）：主要な電子供与体として，岩石と水の無機的反応によって生ずる H_2 を用いる．

2) 嫌気性の非酸素発生型細菌（anaerobic anoxygenic bacteria）：酸素のない環境下で光合成によって CO_2 を還元して有機物をつくるとき，電子供与体として H_2S を用いるもので，緑色および紅色硫黄細菌な

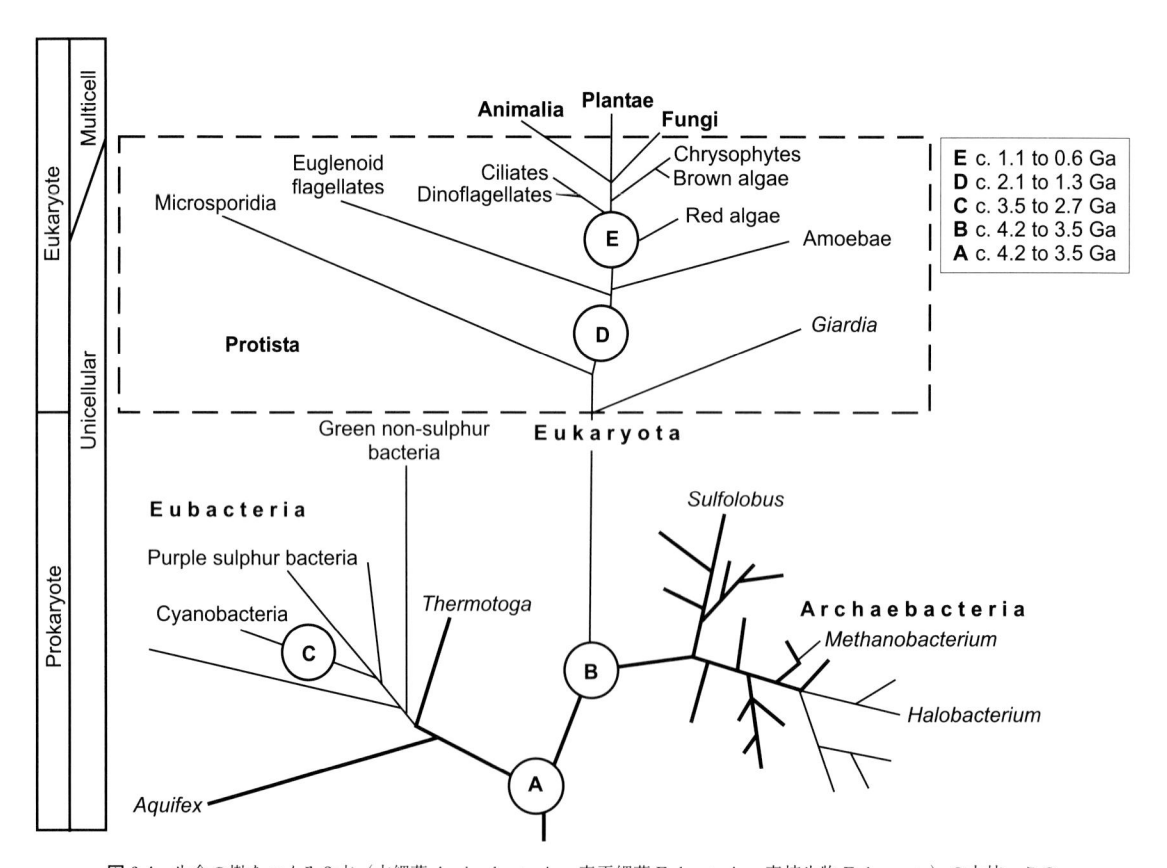

図6.4 生命の樹をつくる3本（古細菌 Archaebacteria，真正細菌 Eubacteria，真核生物 Eukaryota）の大枝．この樹の基部はすべて超好熱細菌（太線）が占有している．点線の枠内が原生生物（Protista）．各枝が分岐したおおよその時期（A～E，10億年単位）．分岐の時期は枝の先ほど後代になるが，その分岐は一様ではなく，また枝間で必ずしも同じ進化速度ではない．長い枝は進化速度が大きいことを示す．分岐の時期は推測値であり，これについては激しい議論がある．（Woese et al. 1990；Sogin 1994；Nisbet & Fowler 1996；Brasier 2000 などにより作成）

どがその例である．

3) 酸素発生型のシアノバクテリア (oxygenic cyanobacteria)：酸素のある環境で光合成によってCO_2を還元して有機物をつくるとき，H_2Oを電子供与体として用いる．

伝統的なシナリオでは，生命の最も根元的な部分を超好熱細菌が占めている（図6.4）．現在，これらの細菌は，高温の熱水泉か地殻深部で，温度が80℃かそれ以上の場所に適応し，60℃以下ではほとんど成長できない．このことは，すべての生物に共通な祖先の最後のものは超好熱的であったということを示唆する証拠とされてきた (Nisbet & Fowler 1996)．しかし，この提案は，原核生物の中に超微構造の基本的差異が存在する（細胞膜が1層 monoderm のものと2層 diderms のものがいる）事実と合わない．また，シグナルタンパク質の塩基配列あるいはインデルス (insertion-deletion polymorphism：indels) に基づく系統樹とも合わない．第二の仮説 (Gupta 1998, 2000) は，原核生物と真核生物それぞれの独自性を認めた上で，特に原核生物の中の基本的な区分と原核生物内での進化に注目するものである．ことに，古細菌とグラム陽性細菌 (gram positive bacteria, 真正細菌) とが互いに密接な関係にあり，どちらも細胞膜が1層からなる原核生物である点で他のすべての生物と異なるということを重視している．この仮説では最初の原核生物はグラム陽性細菌であるとし，このグラム陽性細菌のあるものが分泌する抗生物質がつくりだす選択圧に対抗して，古細菌と，細胞膜が2層の原核生物に進化したのであろうと考える．この仮説（その基礎にある系統論の方法）に従えば，初期の生命の進化は，共通の祖先から，グラム陽性（低GC含量）*古細菌，グラム陽性（高GC含量）古細菌，ディノコックス (Deinococcus) 群，緑色非硫黄細菌，シアノバクテリア，スピロヘータ (Spirochaeta)，クラミジア (Chlamydia) - 緑色硫黄細菌を経て，プロテオバクテリア (Proteobacteria) へと進化したことになる．

[訳注]＊：細菌は Gram (1884) の染色法で染まるもの（グラム陽性）と染まらないもの（陰性）に大別され，また核酸の塩基対 GC の比率の高いものと低いものがある．

グラム陽性（低GC含量）細菌は最初の真正細菌で，非酸素発生型 (anoxygenetic) の光合成生物（たとえば Heliobacterium など）を含む．この系統論では，地球上のすべての生命に共通な祖先は光合成する嫌気性生物 (anaerobe) であったということになる．もし，

この仮説が正しければ，主要な進化的変化は直系上で起こり，この後もそのように続くということになる．

初期生命を示す地球化学的指標

バイオマーカー（生物指標化合物 biomarker）

三つのドメイン（古細菌，真正細菌，真核生物）の生命は，その細胞壁中にそれぞれ独特の脂質分子を含んでいる．それらは堆積物中で炭化水素に変化する．シアノバクテリアの細胞壁に特徴的なのは2メチル・バクテリオホパン・ポリオルス (2-methyl-BHP) で，これはシアノバクテリアの藻源マットから見つかっている．この物質は堆積物中で2α-メチルホパンに転化するが，それは西オーストラリア，Hamersley 堆積盆の25億年より古い年代を示す Mt McRae 頁岩中のビチューメン（ピッチ）から，高濃度で見つかっている (Summons et al. 1999)．このことは，この時期までに酸素発生型の光合成が重要な役割を果たすようになっていたことを示す．

炭素の安定同位体

太古代 (Archean) の炭素同位体の記録はまだわずかしか知られておらず，それらは特定の時代の値としてはばらつきが大きい（図6.5 (a)）．Isua 層群の炭酸塩は38億年という年代で，$\delta^{13}C_{carb}$の値は現在の海洋の重炭酸塩に対してほぼ0‰に近い値を示す．この時代の有機物の$\delta^{13}C_{org}$は-15‰と，相ともなう炭酸塩に比べて軽く，現在の生物をつくる有機物が示す軽い同位体比と同程度である．何人かの研究者は，これが Isua 層群の堆積時に酸素発生型の光合成があった証拠であると論じた．しかし，この議論には大きな問題があり，Isua の岩石には，後代の堆積物に比べて，もっとマイナスに寄った$\delta^{13}C_{carb}$値もプラスに寄った$\delta^{13}C_{org}$値も記録されていて，Isua の値はおそらくすべて変成作用の結果であることを示している．グリーンランド，Itsaq 層群（〜38.5億年前）の変成された堆積岩中のリン酸塩鉱物に含まれる有機物の炭素同位体比も同様な値を示し，これが生物源であるとする根拠とされた (Mojsis et al. 1996)．しかしこの主張に対して，そのリン酸塩鉱物が堆積起源であるかどうかは疑わしく，その鉱物の年齢も明らかに若い37億年前後であることから異論が出ている (Kamber & Moorbath 1998)．

35億年前の堆積岩中の平均的$\delta^{13}C_{org}$値は-26‰で，現生の嫌気性独立栄養細菌の有機物が示す同

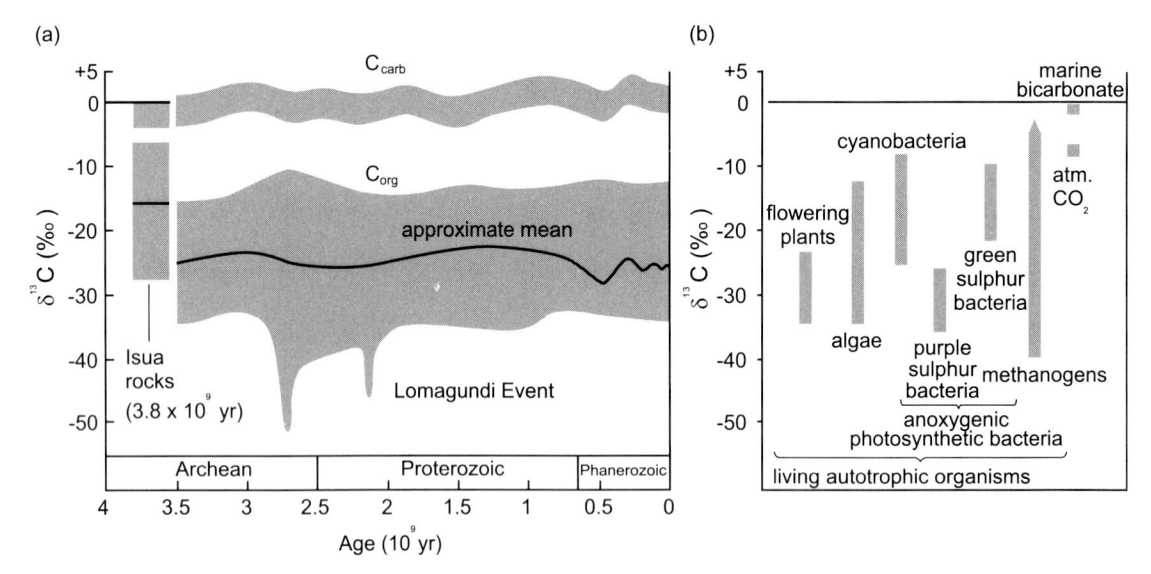

図 6.5 (a) 生命史における炭素の安定同位体比の変動．同位体比 $\delta^{13}C$（‰）は，炭酸塩試料は C_{carb} で，またケロジェン試料は C_{org} で示されている．左端にグリーンランド，Isua の堆積岩から得られた値も示す．(b) 現生一次生産者の有機物，現在の酸化態の無機炭素（右端は海水中および大気中の二酸化炭素）などの $\delta^{13}C$．この図は，ふつう Schidlowski ダイアグラムと呼ばれている．(Schidlowski 1988, fig. 4)

位体比の範囲に入る．おおよそ 27 億年前頃，$\delta^{13}C_{org}$ 値に -50‰ という大きな同位体変動（excursion）が見つかっており，さらに 21 億年前頃に同規模のマイナス方向に揺らぐ同位体変動（図 6.5 の Lomagundi Event）が見られる．炭素同位体比のこのような大規模な変動の原因はわかっていない．この時期には大量の炭素が埋没し，段階的に大気中の酸素レベルの上昇をもたらしたという指摘がある (Karhy & Holland 1996)．この出来事の後に初めて確実な真核生物の組織体が見つかるというのだが，それはたぶん偶然の一致であろう．

硫黄の同位体

硫黄の同位体も硫酸還元の歴史を追うのに役立つ．硫黄の場合，軽い同位体 ^{32}S は硫酸還元細菌に選択的に摂取され，海水は重い同位体 ^{34}S に富むようになる．堆積性黄鉄鉱中や石膏・硬石膏中の $^{34}S/^{32}S$ 比（$\delta^{34}S$）から，硫酸還元は 28 億年より前には起こっていないことがわかる．これはおそらく硫酸還元に必要な硫酸イオンをつくるだけの遊離酸素が大気中になかったか，地表の水温が非常に高くて測定できるほどの同位体分別が起こらなかったためであろう．

縞状鉄鉱層

縞状鉄鉱層（banded iron formation：BIF）は深海堆積物で，Fe_2O_3（赤鉄鉱）に富むチャートと鉄分の少ないチャート（カルセドニー chalcedony）とのミリメーターサイズのラミナからなる．このラミナは水平方向に驚くほどよく連続し，あるものは 300 km も追跡された．BIF は，特に 35 億年前から 18 億年前までの太古代と古原生代（Palaeoproterozoic）の海の堆積盆に多い．ラミナの存在は，海洋で光合成微生物の大発生により酸素が放出され，季節的に一種の'錆び'現象が起こって，酸素が溶解していた 2 価の鉄イオンに吸い取られてしまったことを意味している．この 2 価の鉄イオンは，初期の海洋が還元的であったため，また熱水の放出が広く起こっていたために海水中に多かった．そして海水中で沈澱した赤鉄鉱が大洋底にラミナをつくったのである．この説明では，酸素は光合成によって生産されたのではなく，水の光解離によって生じても，また火山性の酸化された鉱物粒からもたらされたものでもよい．

18 億年前以後には，縞状鉄鉱層は滅多に見られなくなり，かわって大陸上に赤色土層（red bed）が広く見られるようになる．このことは，2 価の鉄の沈澱槽が飽和し，酸素は大気中に集積して陸上の岩石を酸化し，風化させるまでになったことを意味している．

太古代の化石

ストロマトライト（図 6.6）

この堆積構造（第 8 章を参照）は炭酸塩岩中にあっ

て，35億年前の西オーストラリア，Pilbara累層群（図6.6(r)）や34億年前の南アフリカ，Swaziland累層群など，古い時代にまで知られる．ストロマトライト（stromatolite）は，ふつうはシアノバクテリアの藻源マットの成長によって形成されると推定されているが，古いものは微化石を含まず，単純な回転対称性と等厚性を示す堆積性ラミナでできている．太古代のものは，おそらく海水からアラレ石として直接沈殿してできたとされている．したがって，ストロマトライトが生命の証拠として確実なものとはまったくいえない．それらの大きさ，形態，ミリメータースケールのラミナなどが後代のあるいは現代のストロマトライトに多少とも似ていたとしても，それらはものによっては非生物源でもできる．

珪化した微化石群

初期の続成産物のシリカ中に，原核生物や時に真核生物の細胞が保存されている太古代や古原生代の岩石（約27～18億年前）が数多く知られている（図6.6(s)，(t)）．これらの微化石はつぶされずによく保存され，ふつうは標準的な岩石薄片を高倍率で検鏡する方法で研究される．これらのチャート中の微化石群は，蒸発岩相中では，ストロマトライトをつくる炭酸塩岩にともなって産することが多い．

細菌と思われる微植物化石を産する最古のチャートの一つは，西オーストラリア，Warrawoona層群の玄武岩溶岩層にともなう34.65億年前のチャート（Schopf 1992），および南アフリカ，Barberton山地のものである．Warrawoona層群のApexチャートからは，細菌の細胞やシアノバクテリアの糸状体とされた11種が記載され，これらは一時期，地球上の生命の最古の形態を示す痕跡とされた．この構造物はシア

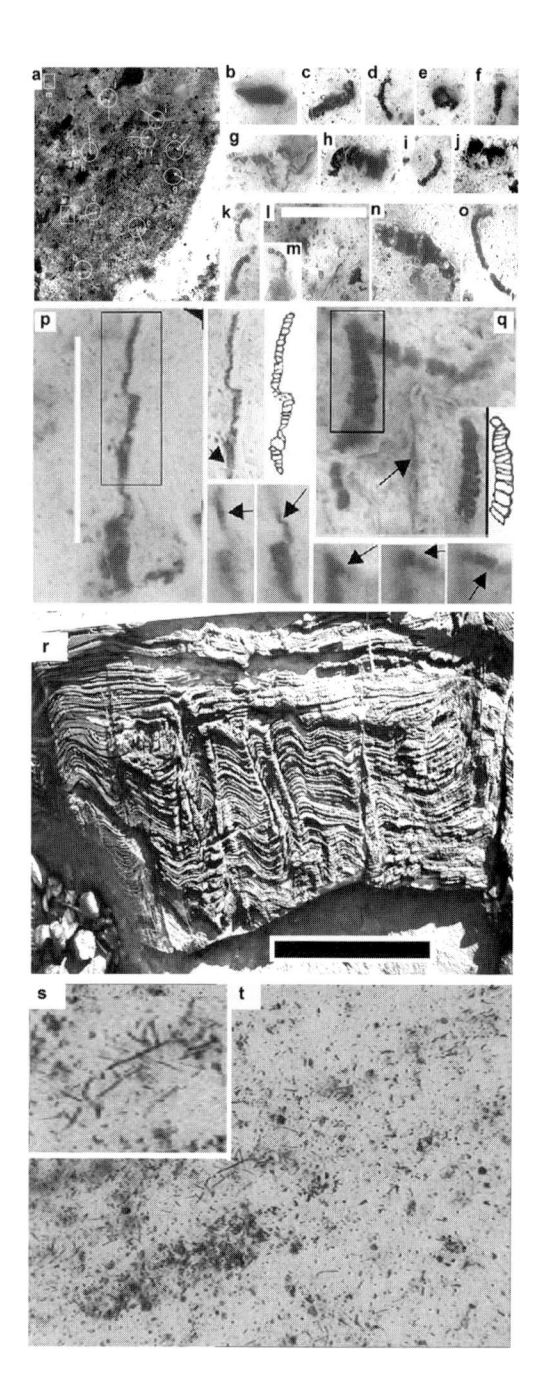

図6.6 太古代および原生代の擬化石，ストロマトライト，微化石．(a) Schopf (1993) が報告した'微化石を含む' 34.6億年前の西オーストラリア，Apexチャートの一部．Brasier *et al.* (2002) によって地下の熱水性岩脈の破片と解釈されたもの．(b)～(l) '地球上最古の微化石か' とされたものの詳細図（写真(a) 中の白い矢印，Brasier *et al.* (2002) によって炭素質の擬化石であるとされた．(m) 擬化石 *Primaevifilum delicatulum*．(n)，(o) 採取しなおしたチャート片中に含まれる擬化石類．(p) 34.6億年前のApexチャートから産した擬化石 *Eoleptonema apex* で，結晶の周囲が包まれているために角張って見える．当初硫黄細菌のベギアトア（*Beggiatoa*）と解釈された．比較のため，枠内の部分の別写真および原著者によるスケッチを右側に示す．(q) 34.6億年前のApexチャート産の擬化石 *Archaeoscillatoriopsis disciformis*．枝分かれした形態と結晶の成長形態（矢印）との類似性を，シアノバクテリアのユレモ（*Oscillatoria*）とした最初の解釈（右の挿入図，写真とスケッチ）と比較して示す．(r) 西オーストラリア，Strelley Poolチャートから採取された34.2億年前のストロマトライト．地球上最古の微生物による堆積物粒子の捕獲とされたものであるが，異論が多い．(s)，(t) カナダ，オンタリオ州のMink Mountain産，原生代（19億年前）のGunflintチャートに含まれる確実な生物起源の糸状体（おそらく鉄細菌，(s) は (t) の中央部の拡大）．(r) の黒いスケールは10cm．(l) の白いスケールは，(a) については400μm，(l) と (t) については100μm，(b)～(k) および (m)～(o) については40μm．(p) 白いスケールは40μmで(p)と(q)に適用される．

ノバクテリアのバイオマーカーと推定されているものの層準よりほとんど10億年は古い．これらの'微化石'を再検討した結果，その信憑性に疑問が出され(Brasier et al. 2002)，さらにその後の研究で，これらはチャートの再結晶による擬化石（pseudofossil）であることが示された．

もっと有名なカナダのGunflintチャート（～19億年前）中に含まれる微化石群には12種が知られ，そのいくつかは現生の球状あるいは糸状シアノバクテリアにきわめてよく類似し，またあるものは鉄バクテリア（鉄細菌）に似ている（Schopf & Klein 1992；図8.2を参照）．

頁岩の花粉分析

花粉分析のマセレーション法（分解処理maceration，付録を参照）は，有機物に富む太古代や原生代の頁岩に応用され，興味深い結果が得られている．18億年より古い岩石を分解処理したものには，微細（10～20μm）で比較的単純な袋状につぶされた球体が多い．これらは生物学的な類縁がわからないために，これまで一括してクリプターク（cryptarchs）と呼ばれていたものである．これらは底生あるいは浮遊性のシアノバクテリアの胞子である可能性がある．18億年より後の時代になるとサイズがしだいに大きくなり，構造が複雑になって，真核生物の原生生物の体制と関連して形態が次々と発達してきたことを示唆している．

引用文献

Bradley, J. P., Harvey, R. P. & McSween, H. Y. 1997. Non-biologic origin of 'nannofossils' in Martian meteorite ALH84001. *Nature* **390**, 454-455.

Brasier, M. D. 2000. The Cambrian explosion and the slow burning fuse. *Science Progress* **83**, 77-92.

Brasier, M. D., Green, O. R., Jephcoat, A. P., Kleppe, A. K., Van Kranendonk, M. J., Lindsay, J. F., Steele, A. & Grassineau, N. V. 2002. Questioning the evidence for Earth's oldest fossils. *Nature* **416**, 76-81.

Grady, M., Wright, I. & Pillinger, C. 1996. Opening a Martian can of worms? *Nature* **382**, 575-576.

Gupta, R. S. 1998. Protein phylogenies and signature sequences: a reappraisal of evolutionary relationships among Archaebacteria, Eubacteria and Eukaryotes. *Microbiology and Molecular Biology Reviews* **62**, 1435-1491.

Gupta, R. S. 2000. The natural evolutionary relationships among prokaryotes. *Critical Reviews in Microbiology* **26**, 111-131.

Kamber, B. S. & Moorbath, S. 1998. Initial Pb of the Amitsoq gneiss revisited: implication for the timing of Early Archaean crustal evolution in West Greenland. *Chemical Geology* **150**, 19-41.

Karhy, J. A. & Holland, H. D. 1996. Carbon isotopes and the rise of atmospheric oxygen. *Geology* **24**, 867-870.

McKay, D. S., Thomas-Keprta, K. L., Romanek, C. S. et al., 1996. Evaluating the evidence for past life on Mars - response. *Science* **274**, 2123-2125.

Miller, S. L. 1953. A production of amino acids under possible primitive earth conditions. *Science* **206**, 1148-1159.

Mojsis, S. J., Arrenhius, G., McKeegan, K. D., Harrison, T. M., Nutman, A. P. & Friend, C. R. 1996. Evidence for life on Earth before 3800 million years ago. *Nature* **384**, 55-59.

Nisbet, E. G. & Fowler, C. M. R. 1996. Early life - some liked it hot. *Nature* **382**, 404-405.

Russell, M. J. & Hall, A. J. 1997. The emergence of life from iron monosulphide bubbles at a submarine hydrothermal redox and pH front. *Journal of the Geological Society, London* **154**, 377-402.

Schidlowski, M. 1988. A 3800 million year isotopic record of life from carbon in sedimentary rocks. *Nature* **333**, 316.

Schidlowski, M. & Golubic, S. 1992. *Early Organic Evolution: implications for mineral and energy resources*. Springer-Verlag, Berlin.

Schopf, W. J. 1992. *Major Events in the History of Life*. Jones & Bartlett, Boston.

Schopf, J. W. 1993. Microfossils of the early Archaen Apex Chert. New evidence of the antiquity of life. *Science* **260**, 640-646.

Schopf, J. W. & Klein, C. (eds) 1992. *The Proterozoic Biosphere*. Cambridge University Press, Cambridge.

Sogin, M. L. 1994. The origin of eukaryotes and evolution into major kingdoms. In: Bengtson, S. (ed.) *Early Life on Earth*. Columbia University Press, New York, pp. 181-192.

Summons, R. E., Jahanke, L. L., Hope, J. M. & Logan, G. A. 1999. 2-Methylhopanoids as biomarkers for cyanobacterial oxygenic photosynthesis. *Nature* **400**, 554-557.

Treiman, A. H. 2001. http://cass.jsc.nasa.gov/lpi/meteorites/life.html.

Woese, C. R., Kandler, O. & Wheelis, M. L. 1990. Towards a natural system of organisms: proposals for the domains of Archaea, Bacteria and Eucarya. *Proceedings of the National Academy of Sciences USA* **87**, 4576-4579.

7章　真核生物の出現からカンブリア爆発まで
Emergence of eukaryotes to the Cambrian explosion

真核生物の出現

　真核細胞と原核細胞の区分は生物界における最も大きな不連続の一つである．真核生物は，その細胞に独特の膜で包まれた核（nucleus，染色体上に配列した遺伝子としてDNAを含む）があることに加え，一般に細胞が大きいこと，ミトコンドリアや葉緑体などの細胞小器官（organelle）があることなどの点で原核生物と異なる．真核生物の増殖には，細胞の有糸分裂（mitosis）によって制御された無性生殖と減数分裂（meiosis）によって制御された有性生殖とがある．

　細胞進化の連続細胞内共生説（Serial Endosymbiotic Theory，たとえばMargulis 1981；図7.1（a））によると，この真核生物のきわめて複雑な構造は，いろいろな種類の原核生物がミトコンドリアをもたない原生生物の寄主に次々と共生し，長い時間をかけて組み合わされた結果であるという．紅色細菌（purple bacteria）は原生生物の中に最初に取り込まれてミトコンドリアを構成し，球形のシアノバクテリアなどの光合成原核生物は最後に取り込まれて葉緑体となった．

　ネオムラ仮説*（Neomuran Hypohesis, Cavalier-Smith 2002）では連続細胞内共生説を修正し，祖先のグラム陰性の真正細菌の中でDNAが集積するとともに原始的な核膜がつくられ，有核の前真核生物（pre-eukaryotes）が形成された（図7.1（b））とする．この過程には，柔軟性のある細胞壁を獲得するという'鍵'ともいうべき進化的革新が含まれる．細胞壁の柔軟性は真核生物を古細菌から分ける特徴で，これによって食栄養（phagotrophic）という栄養様式（包み込んで食べるengulfing）が可能となった．食作用（phagocytosis）によって，繊毛をもつあるいは繊毛をもたない前真核生物が共生的にミトコンドリアを獲得し，アメーバ類'Amoebozoa'の出現に至った．次いで二次的に繊毛をもたないアメーバ類が葉緑体を共生的に獲得した．このようにしてすべての植物に共通な祖先が生まれたとする．この仮説によれば，すべての現生真核生物の共通の祖先はミトコンドリアをもっていたこと，また嫌気性真核生物は後にミトコンドリアを失ったに違いないことが推測される．またこの過程によれば，急速に真核生物段階の体制に達することが可能であった．

［訳注］*：ネオムラ（Neomura）とは古細菌と真核生物とを合わせた分類群を指す（Cavalier-Smith 2002）．

安定した環境が続いた10億年間

　寄主と共生者が融合して単一の真核生物になるには，栄養的にも環境的にも安定な期間がきわめて長く続くことが必要であったに違いない．共生者と寄主との関係は，物理的環境の強い変動下では簡単に壊されてしまうからである．実際，少なくとも20億年から10億年前までのほぼ10億年間は環境が安定していて，氷河期は知られておらず，有機物のδ^{13}C値はほとんど平均値からずれることがなかった．真核生物の複雑な体制が進化したのは実にこの期間なのである（Brasier 2000；図7.2）．

最古の真核生物の証拠

　議論の余地はあるけれど，真核生物の出現に関する証拠として圧し潰された炭素質の化石が見つかっていて，これは大型藻類の遺体とされている．この巻いたリボン状の化石グリパニア（*Grypania*）は，21億年前という古い岩石中から報告されたもの（図7.3（a）；Han & Runnegar 1992）で，これに同定される化石が再び現れるのは7億年も後のことである．これらの構造物はリボン状から，大型の袋状構造でネンジュモ（*Nostoc*）のようなシアノバクテリアの群落を包む包皮とされるものへ進化した．

　18億年前頃までに真核生物の体制をもつものがしだいに出現してきたことは，径60 μmを超すアクリターク（acritarchs）の存在から推定されている（Schopf & Klein 1992；Knoll 1994）．一方，真核生物に典型的なバイオマーカーであるステラン（sterane）が16.4億年前の北オーストラリア，Barney Creek累層から得られている（Summons & Walter 1990）．13億年から10億年前までの間にアクリタークは急速に多様性を増し，単純な球型（sphaeromorph）だけでなく200 μmより大きい大球型（megasphaeromorph）や，

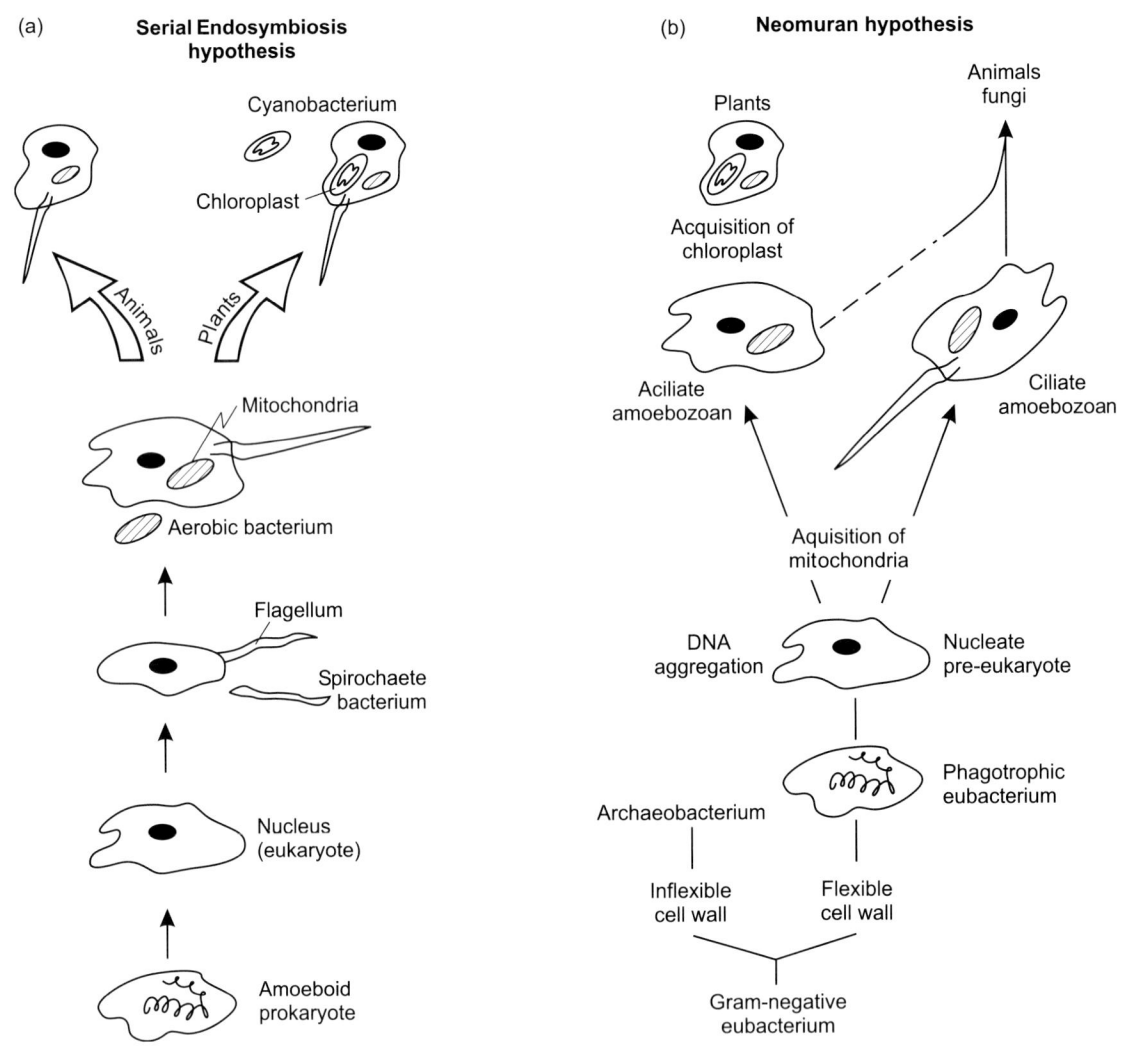

図 7.1 (a) 連続細胞内共生説では，真核細胞をつくる小器官はミトコンドリアをもたない宿主の *Thermoplasma* のような細菌にいろいろな原核生物が次々と寄生してできたものとする．(b) ネオムラ仮説では，共通なグラム陰性細菌の祖先にはじまって，それぞれ別の系統が細胞内共生でミトコンドリアと葉緑体を段階的に獲得したとする．

有棘型（acanthomorph）として知られる棘のあるものなども現れた（たとえば Schopf 1992；Schopf & Klein 1992；Knoll 1994；第 9 章を参照）．素性のわからない四分子（tetrad）である *Eotetrahedrion*（図 7.3(c)）も紅藻類（図 7.3(d)；Butterfield *et al.* 1990）と同じくこの時期に出現した．そして最近のリボソーム RNA 塩基配列のデータによると，この分化に続いて繊毛虫類，褐藻類，緑藻類，植物，菌類，動物などが出現し，主要な真核生物の放散が起こったとされている．

細胞の分化，根のような構造，核のようなスポット（spot）と呼ばれる構造などは，疑わしいところはあるが，新原生代（Neoproterozoic）のチャート中の微植物群中に見られる真核生物の証拠とされる（図 7.3）．異論はあるのだが，栄養生殖（vegetative reproduction）および有性生殖を示す証拠（減数分裂している胞子の四分子，図 7.3(b), (c)）が Bitter Springs チャート（8 億年前）から知られている．緑藻類のシフォナリア類（siphonaleans）に見られるような枝分かれした細胞（図 7.3(e)）があって，有性生殖がこの時期までに出現したことを示唆している．

性の進化

有性生殖，すなわち遺伝子交換は新しい遺伝的性質の組み合わせをつくり，無性的な生殖に比べて進化的に多くの優位性がある．たとえば，無性生殖における 10 回の突然変異からは 11 遺伝子型（すなわち，元の

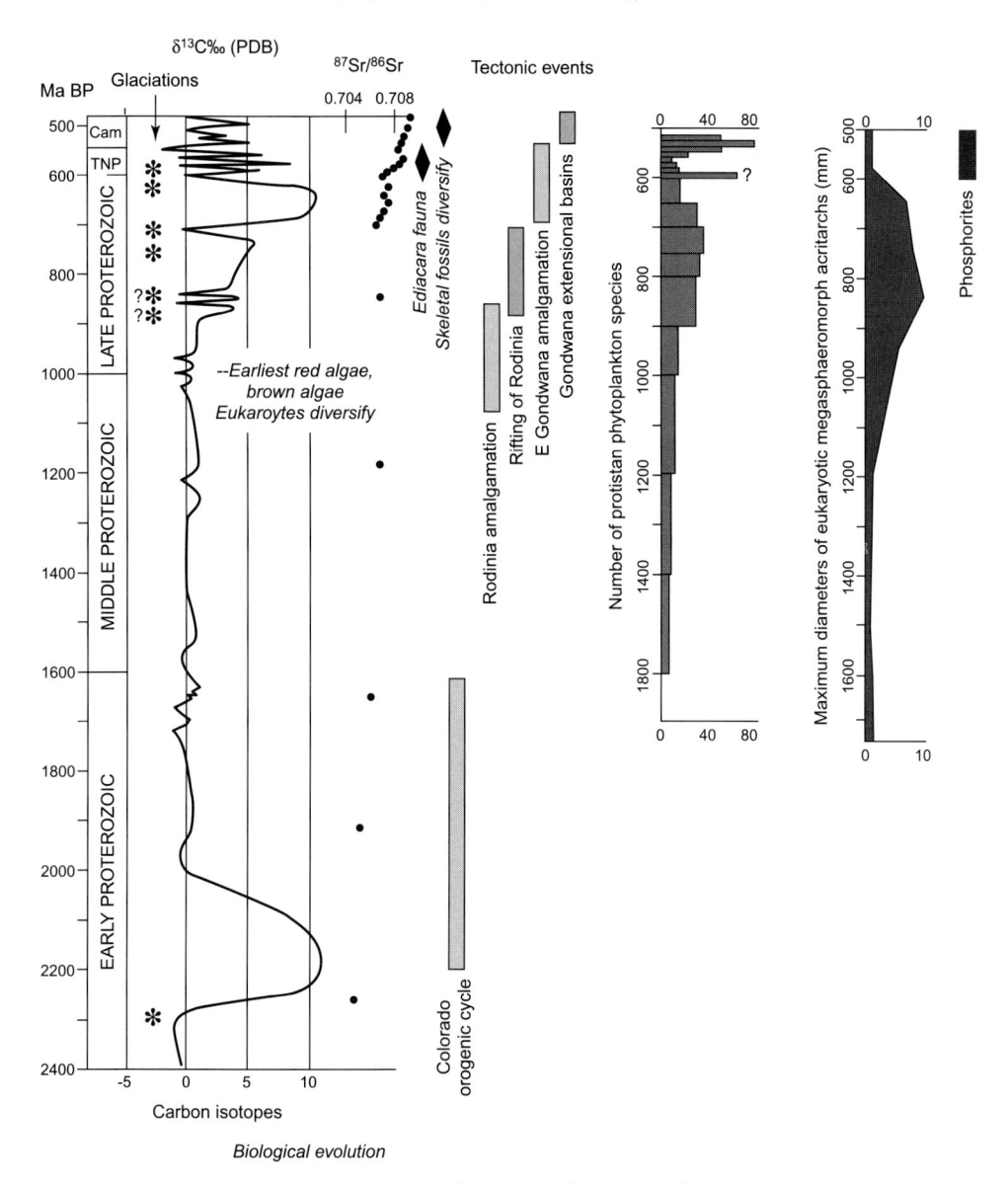

図7.2 原生代初期からカンブリア紀にかけての進化的・地球化学的進化の要約（Brasier 2000, およびその中の情報から引用）．図の左から，$\delta^{13}C$ および $^{87}Sr/^{86}Sr$ 比の時代的変動，エディアカラ動物群および骨格をもった化石の分化（菱形マーク），主要なテクトニクスの時期（左から，コロラド造山サイクル，ロディニアの融合，ロディニアの分裂，東ゴンドワナの融合，ゴンドワナの伸張盆地群），単細胞植物プランクトンの種数の時代的変化，大型の球形アクリタークにおける最大径（mm）の時代的変化，リン灰土．

型と 10 のミュータント）しかできないが，有性生殖では，元の二倍体に出現した 10 の突然変異は最高で 59,049 の違った遺伝子型の組み合わせを生ずることができる（Schopf et al. 1973）．したがって，真核生物が性をもつことは，理論上，遺伝的変異の非常な増加をもたらすこととなり，それは進化速度の著しい増大となって化石記録に現れるはずである．したがって，微化石の多様性が 13 億年前以後に爆発的に増大した

ことの合理的な説明として，減数分裂とシンガミー（syngamy, 生殖母細胞の融合）の進化の結果であるということができる．これより前には，原始的な真核生物は有糸分裂による無性生殖を行っていたと思われる．もし現在の真核生物のような有性的な生殖が一つの共通祖先に由来する共有形質であるとすれば，真核生物の主要なグループが分岐したのは 13 億年よりそれほど前のことではないだろう．

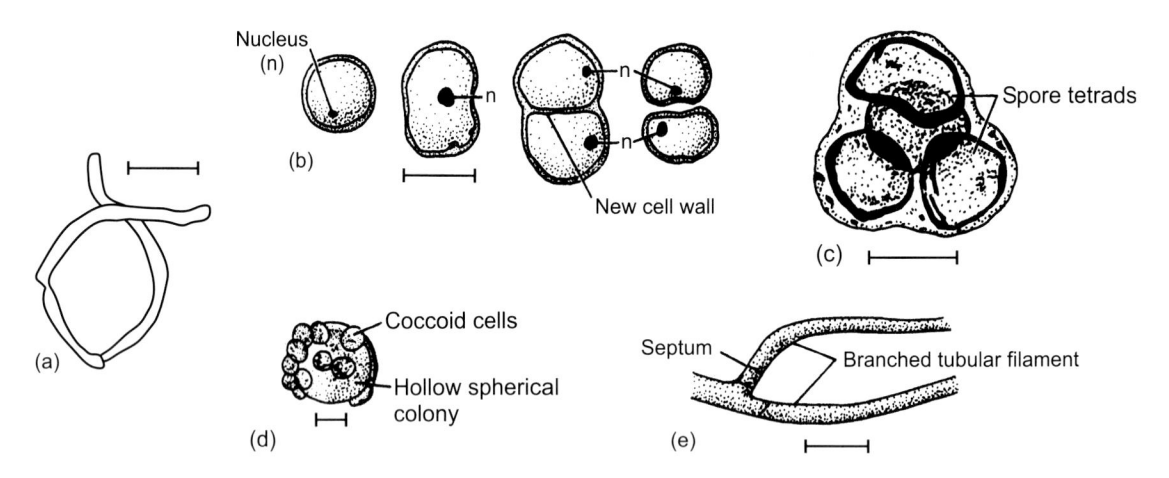

図7.3 初期の化石真核生物．(a)アメリカ，モンタナ州 Greyson 頁岩産の炭素質フィルム，'*Helminthoidichnites*' (= *Grypania*) *meeki*．スケールは2mm．(b) 先カンブリア時代，*Glenobotrydion* の有糸分裂を示すとされた一連の化石．スケールは10μm．(c) 先カンブリア時代，*Eotetrahedrion* の四分子．スケールは10μm．(d) 先カンブリア時代，*Eosphaera*（紅藻），スケールは10μm．(e) 先カンブリア時代のシフォナリア（siphonaleans，緑藻）様糸状体，スケールは10μm．((a)，(b) は Schopf 1972，(c)，(d) は Cloud 1976 による)

カンブリア爆発

生命の革新：新原生代/カンブリア紀境界における微化石群

おおよそ6億年前頃から化石記録に著しい変化が起こりはじめ，生物圏で重大な変革がはじまったことを示す．海の植物プランクトンの変革はアクリターク群集にみられる多様性と種類組成の劇的な変化ではじまる．大型の有棘アクリターク（acanthomorph acritarchs）はおおよそ10億年前までに出現していたが，Varangian 氷河期の間（6〜5.6億年前頃）に絶滅を経験し，またエディアカラ紀初期，エディアカラ動物群（Ediacara fauna）が出現する前にももう一度絶滅があった．先カンブリア/カンブリア境界の直上から，新しいもっと分化した小型の Acanthomorphitae 亜群（*Cymatiosphaera* などを含む）が出現し，この群集は引き続いて劇的な多様化を起こした（Vidal & Moczydlowska 1997）．このような海洋の植物プランクトンの変化は，おおよそ5.8億年前の最古のリン酸塩化した動物の胚化石（図7.5(a)）の出現，5.75億年前頃より後のエディアカラ生物群（Ediacara biota）（大型の軟体性多細胞動物あるいは巨大な原生生物の印象化石，Seilacher et al. 2003；Brasier & Antcliffe 2004 を参照），5.55億年前頃の最初の確実な動物の生痕，5.43億年前の先カンブリア/カンブリア境界付近で出現した小型の殻をもった多様な化石群などと同時代のできごとである．

最古の有殻微化石（skeletal microfossil）の多くはわずか2〜3mmの大きさで，研究には微古生物学的手法が必要である．*Cloudina* は小型で，$CaCO_3$ の二重の壁からなる短い環（ring）がコップを積むように重なってつくる不規則に曲がったチューブである．これは，南西アフリカ，ナミビアで5.5〜5.43億年前の地層からエディアカラ動物群とともに発見された．おそらく炭酸塩プラットフォーム上の藻類のマウンド（石灰藻丘）に固着生活をしていた浮遊物食者がつくったチューブであろうといわれている．珪質の生鉱物の形成もまた，この時期に外洋ではじまった．珪質およびリン酸塩質堆積物の中から六放カイメン（hexactinellid sponges）（図7.4(l)）および普通カイメン（demosponges）の微化石が発見されている（たとえば Brasier et al. 1997）．

カンブリア系の基底は，複雑に分岐する生痕化石である *Treptichnus*（*Phycodes* ともいう）*pedum* の出現により定められている（Brasier et al. 1994）．この化石には，場所によってカンブリア系基底の Nemakit-Daldynian 階*に典型的な小型の有殻化石群をともなう．*Platysolenites* は膠着質のチューブで，今では最古の有孔虫の殻とされている（McIlroy et al. 2001）．*Anabarites* は先細りの $CaCO_3$ のチューブで，断面は三角形，ふつうは内型として保存されている（図7.4(o)，(p)）．これはおそらく固着性で浮遊物食の刺胞動物（サンゴやクラゲの類）の骨格であろうとされている．小型軟体動物の *Latouchella* などもこの

階に出現する．Latouchella は扁平な平巻きで朝顔型に開き，強い縦肋のある殻である（図7.4 (g))．7本の放射状の腕をもつ Chancelloria（図7.4 (j)) は石灰質の骨針であるが，中空で連結している点でカイメンの骨針とは異なり，未知の動物がつくったものである．後代の類似種である Allonnia（図7.4 (k)) などは腕の数が少ない．Protohertzina は小型でリン酸塩からなるプロトコノドント（protoconodonts)（図7.4 (b), (e), (f)；21章を参照）で，これは現生の毛顎動物（chaetognath worms）に似た外洋に棲む捕食動物の捕食器官の一部と考えられている．このほか，歯状の物体（たとえば Maldeotaia．図7.4 (c), (d)) も見つかるが，どのような生物であるかはわかっていない．

[訳注]*：下部カンブリア系は，シベリアにおける層序に基づいて，基底部の Namakit-Daldynian 階から上方に Tommotian 階，Atdabanian 階，Botomian 階と四分されている．

Tommotian 階にはカンブリアの放散がさらに進み，カイメンに属す古杯類（Archaeocyatha)，無関節腕足類，'tommotiids' として知られている一連の小型の有殻化石類などが出現した．これは，多くのスクレライト（sclerites）の骨片部分からなる骨格で，右手型あるいは左手型の対称性や遷移対称性をもつ（Qian & Bengtson 1989 を参照）．鞍型のリン酸塩スクレライトである Camenella はその例である（図7.4 (m))．螺旋状に巻いた Aldanella（図7.4 (a)) のような微小腹足類は Tommotian 階の著しい特徴で，巻きがもっと急に広がるタイプの Pelagiella などの巻貝は，次の Atdabanian 階に現れる（図7.4 (h))．

Atdabanian 階は，節足動物の化石として，三葉虫だけでなく最初の介形虫である Bradoriida 類（第20章を参照）が出現することで注目される．リン酸塩からなる精巧な編み目構造の Microdictyon（図7.4 (n)) もこの時期に広範に現れる．これは，イモムシ型節足動物の有爪類（Onycophora）で，以前，Hallucigenia と呼ばれていたものの背部の骨格の一部と思われる．これに続く Botomian 階では，小型の有殻化石群に多様性の低下が起こった．またこの時期，よく知られた最初の絶滅が主要な生礁構成生態系に起こっている．この絶滅は主要な海進期にあたり，海進によって無酸素の海水が大陸棚上にもたらされたために起こった（Brasier 1995；Wood & Zhuravlev 1995)．これら初期の有殻微化石の進化傾向と層序学的有用性については，Brasier（1989）が総括的に検討している．

5.8億年前より後に起こった超大陸のリフティング（分裂）は散発的ではあるが，カンブリア紀の終わりまで続く海面上昇をともなっていた（Brasier & Lindsay 1998)．この海面上昇で，酸素に乏しく，しかし栄養塩類の豊富な大洋水がプラットフォーム上に氾濫した（Brasier 1995；Wood & Zhuravlev 1995)．このような条件下でリン酸塩化が広範囲に起こり，中国の陡山沱（Doushantuo）層の驚くほど保存状態のよい動物の胚（図7.5 (a)，エディアカラ紀)，スウェーデンのリン酸塩化したカンブリア紀最前期の軟体動物，同じくカンブリア紀後期の小型節足動物（Orsten の微化石群）などを残した．

最初のメタゾア（metazoans，多細胞動物）の化石記録は先カンブリア時代末に突然出現したが，この出来事に関するいくつかの基本的な問題ははっきりしないままである．メタゾアは単系統だろうか，すなわち一種類の単細胞生物（繊毛をもつ，あるいはもたない単細胞生物？）に由来するのか，あるいはまた多細胞の真核生物に由来するのか．先カンブリア時代後期のエディアカラ動物群中に広く生息していた軟体性の動物は，古生代前期の動物群とは別のものなのだろうか．もしそうなら，先カンブリア時代末期に大量絶滅があったことになる．現在生息している主要な動物は，どのようにして，そしていつ出現したのだろうか．^{18}S リボソーム RNA 塩基配列のデータはメタゾアが単系統であることを示唆している．また他の方法では，真正メタゾア（eumetazoans，カイメンを除く全動物）は少なくとも単系統であること，また腔腸動物（Coelenterata，刺胞動物門 Cnidaria と有櫛動物門 Ctenophora）は他のすべての高等な現生メタゾア（左右相称動物 Bilateria）に対し姉妹グループの関係にあるという考えを支持する結果になっている．

環境の進化

メタゾアの初期の多様化は，この時期の変動，すなわち長期的な温室気候をもたらした大気・大洋の化学的変化や，長く存在していた超大陸の解体など，一連の大規模な全地球的事件の時期と一致している．Valangian 氷河期が終わって汎地球規模の海進が起こり，無数の新しい浅海性ニッチが提供されることとなった．この生物の進化と汎地球的な環境変化とには何か関連があるのだろうか．この生物進化の背景に関して同位体が再びいくつかの手がかりを与えてくれる．

46　　　　　　　　　　　　　　　　　Ⅱ. 生物圏の出現

この時期，栄養に富んだ水が低緯度の大陸棚域に広がったことは，炭酸塩の $\delta^{13}C$ の変動として記録されている．$\delta^{13}C$ 値は7～6億年前には最高 +11‰ に達していたものが，エディアカラ紀には +8‰，カンブリア紀には +5‰ に低下する．この同位体比の最低値は氷河期末ないし後氷期の炭酸塩としては典型的な値である．この変動は，生物による一次生産の増大と，有機物が地層中に埋没されたことの両方，あるいはどちらかを反映しており，また新原生代の氷河期に挟まれた時期に炭素の埋没速度が最大であったことを意味している．光合成と炭素の埋没は大洋水の富栄養化によって促進され，その結果，大気から CO_2 を取り去ることになった．たぶん，このことで大気中に大量の O_2 が放出される結果を引き起こし，マイナスの温室効果を導いたと思われる．

大洋水に栄養物質が増したことは海水のストロンチウムの同位体組成に記録されている．この組成の変化は，古い大陸地殻の風化によって ^{87}Sr の流入が増大し，新しい大洋地殻との間で熱水による ^{86}Sr の交換が起こったことを反映している．先カンブリア時代最末期からカンブリア紀にかけて，$^{87}Sr/^{86}Sr$ 比の最大で最長のエクスカーションが起こった．新原生代では，Sr 同位体比カーブは炭素同位体のカーブとほぼ平行して何回か変動をくり返し，次いでエディアカラ紀からカンブリア紀後期にかけて大きく上昇している．この平行なパターンは，大洋の栄養物質と生物生産の増大との間に密接な関係があることを示している．

Varangian 氷河期に続く広域的な大洋無酸素状態のはじまり（それと硫酸塩の還元）は，硫黄同位体比の最大で最も長く続いたエクスカーションとして記録されている（図7.6）．

図7.4 代表的な初期の骨格性微化石．特に言及したもの以外はすべて下部カンブリア系産．(a) *Aldanella attleborensis*. (b), (e), (f) *Protohertzina unguliformis*. (c), (d) *Maldeotaia bandalica*. (g) *Latouchella korobkovi*. (h) *Pelagiella emeishanensis*. (i) *Platysolenites antiquissimus*. (j) *Chancelloria lenaica*. (k) *Allonnia erromenosa*. (l) hexactinellids 類の骨針，モンゴルの最上部原生界産．(m) *Camenella baltica*. (n) *Microdictyon* cf. *effusum*, 写真の幅は 0.3 mm．(o), (p) *Anabarites trisculatus*．産地は，(a) 英国，Oxford 産；(b), (g), (o) イラン，Elburz 山地産；(c)～(f) インド，Lesser Himalaya 産；(h), (k) 中国，四川省産；(j) Estonia 産；(l) モンゴル，Gobi-Altay 産；(m) 英国，Nuneaton 産；(n) カナダ，Newfoundland 産；(i), (p) ロシア，Siberia 産．スケールは約 100 μm（写真 (n) を除く）．

'遠い過去' 仮説と '最近の出現' 仮説

化石記録は進化的事件の指示者としてどれほど頼りになるのだろうか．近年，化石記録と分子時計が提出する証拠との見かけの不一致が注目を浴びるようになった．確実な最古のメタゾアの化石記録は6億年ほど前のものであるが，ある研究者によると，これは現生生物のリボソーム RNA が示唆する出現年代に比べて著しく若いという．遺伝子配列の変化が '分子時計' として使えるほど規則的だと仮定すると，無脊椎動物の系統は約12億年前から分化をはじめたといえると主張している（Wray et al. 1996）．これは，最初の動物は化石化しにくいために記録から欠落していることを意味するといえよう．たとえば，最初の動物は水中に生活するか，堆積物中に生活する顕微鏡的サイズの生物であったであろう．そうすると，6億年前より後の，いわゆるカンブリア '爆発' の主要部分は骨格を獲得したことに関連する現象であるということになる．

しかしながら，分子時計は目盛を決めるのがきわめて難しい．主要な動物門の分化が '遠い過去' (deep time) に起こったとする年代の推定値は，化石記録の年代をもっと考慮に入れるとドラスチックに縮小し，6.7億年前近くまで若くなるという（Ayala & Rzhetsky 1998）．'最近の出現' (late arrival) モデルでは，動物界の各門の進化は，おそらくホックス遺伝子 (Hox gene) の進化に対応して (Erwin et al. 1997)，あるいは大気中の O_2 の増加というような外的な生態的制約の解除に対応して (Schopf & Klein 1992)，後の時代に，また著しい速さで起こったことを意味するという．このように，カンブリア爆発は，13～6億年前までの間に性の出現と多細胞化が進行し，そのほとんど必然的な結果として起こったと見ることができるが，またそのタイミングは地球表層のメジャーな変化と一致して起こっているようにも見える．

カンブリア爆発の生態的・進化的な結果

真核生物は鉱物を沈澱させる能力のあるタンパク質膜を生産することができ，細胞膜を通してイオンを細胞内に取り入れる能力がある．細胞の代謝にクエン酸回路を取り入れたことによって，バイオミネラリゼーション (biomineralization 生鉱物作用) に必要なエネルギーを多く供給できるようになった．真核生物は現実に生鉱物形成に前適応している (Simkiss 1989)．しかし，この能力は，メタゾアの細胞が多様化し，ま

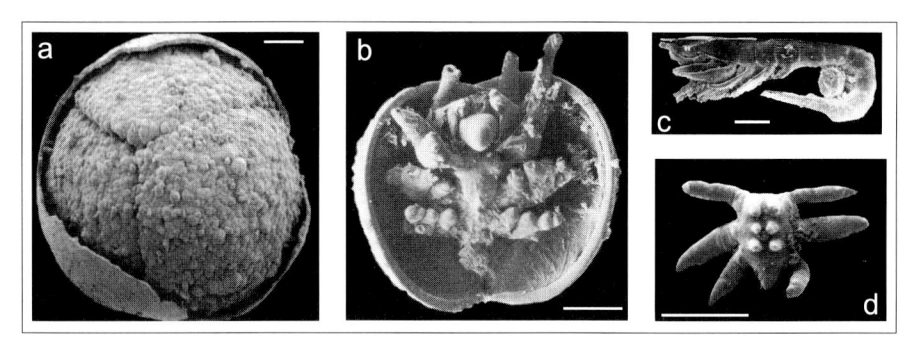

図7.5 リン酸カルシウムとして保存され,例外的に保存状態のよい先カンブリア時代とカンブリア紀の化石.スケールは100 μm.(a) 中国南部,Doushantuo 累層(5.7億年±2,000万年)産,化石の胚.(b) スウェーデン,Vestergötland,Orsten の上部カンブリア系産,*Hesslandona* sp.(c) スウェーデンの上部カンブリア系産,小型節足動物の *Martinssonia elongata*(Müller & Walosseck).((a) Xiao & Knoll 2000, fig. 7 (2);(b) Müller 1985, pl. 1, fig. 8;(c) Walosseck & Müller 1990, fig. 6;(d) Müller & Walosseck 1986, fig. 1h より転載)

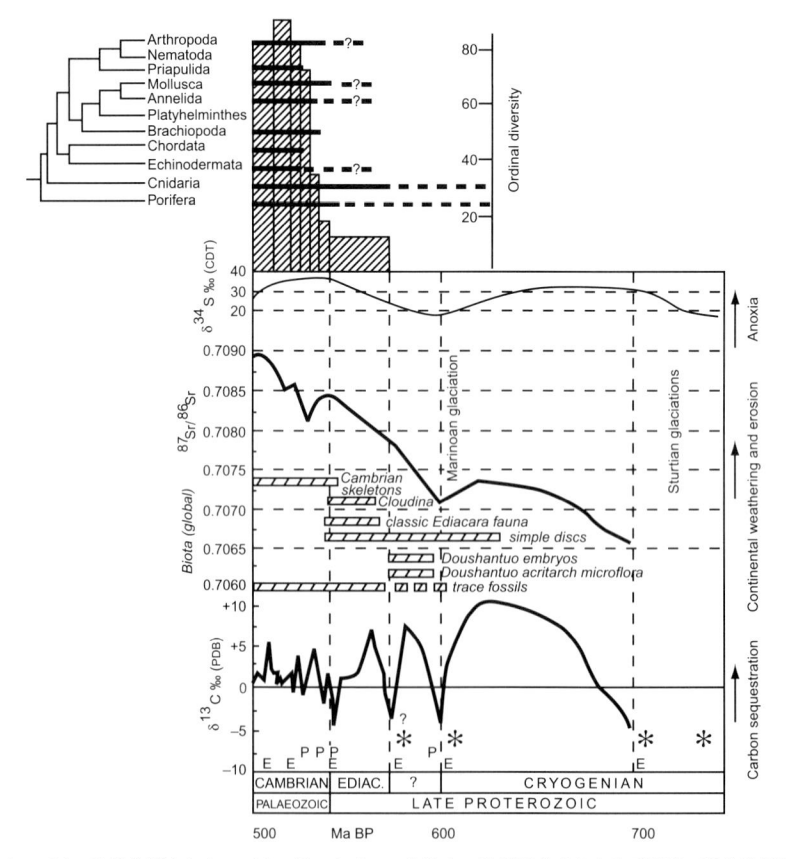

図7.6 先カンブリア時代後期からカンブリア紀にかけての大洋水の化学組成変化を化石記録の進化的変化とあわせて示す.大洋水の組成変化は,上から δ^{34}S,^{87}Sr/^{86}Sr,δ^{13}C の3グラフで示す.図の上部には,生物の記録として,動物群の多様性の時代的変化を柱状グラフ(目盛は「目」レベルの多様性)で,また主要な動物門の化石産出記録を横棒グラフで示す.図の中央部には主要な生物群の産出層準を横棒でそれぞれ示す.図下端の記号は,P:リン酸塩化した微化石群の産出層準(本文を参照),＊:凍結地球(snowball earth)氷河時代,E:植物プランクトンのアクリタークに大量絶滅があったらしい時代.(Brasier 2000 から改描)

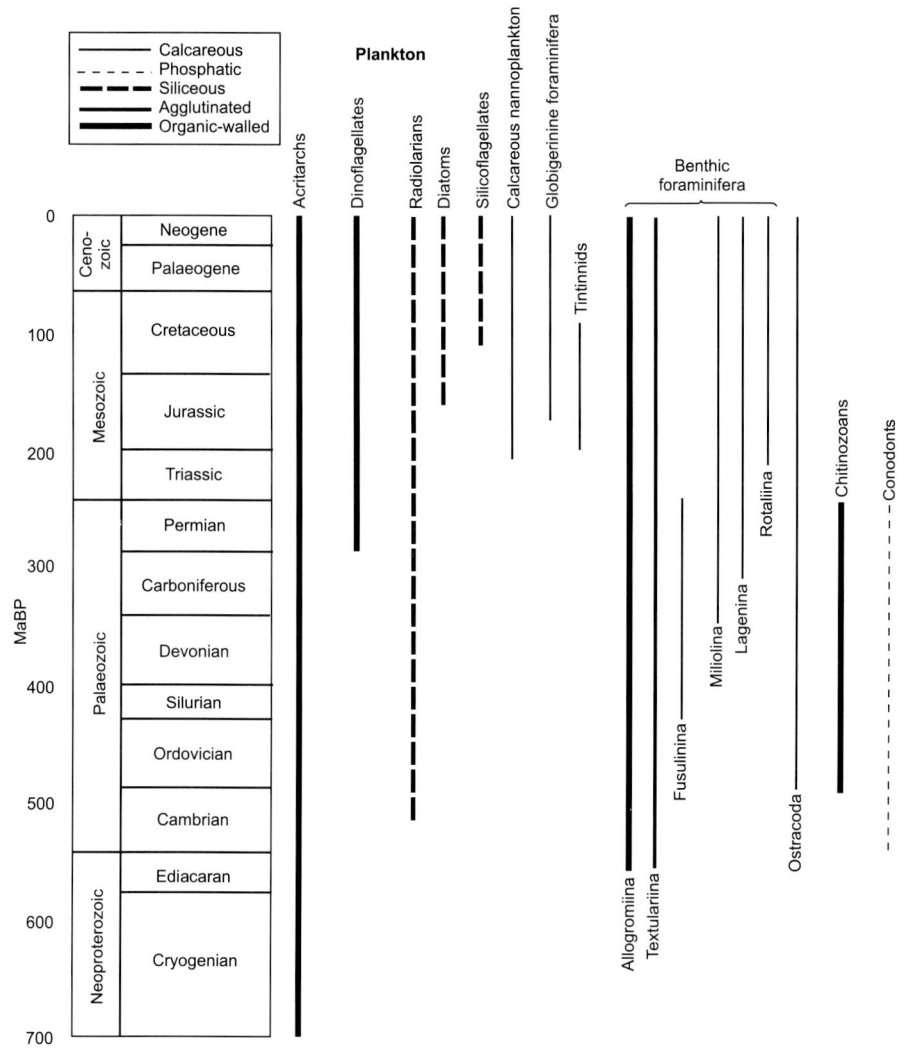

図 7.7 カンブリア爆発の影．顕生累代における主要な微化石の層序的分布．図中，左欄にはプランクトン（アクリターク，渦鞭毛藻，放散虫，珪藻，珪質鞭毛藻，石灰質ナノプランクトン，グロビゲリナ類の浮遊性有孔虫，有鐘虫）を，右欄には底生有孔虫の主要なグループ，およびキチノゾア，コノドントをそれぞれ示す．線の違いで微化石の硬組織の主要な構成物質（左上枠内の上から下へ，石灰質，リン酸カルシウム質，シリカ質，膠着質，有機質）の違いを表している．

た大気中の酸素が増加して大型で複雑な生物体が出現するようになってからでないと発現されなかった．有殻化石記録の突然の出現は二つの面から説明できる．第一に，選択圧が大きくまた新しい浅海のニッチが開かれたことによって，この時期は進化速度が速かったと思われる．第二に，硬い骨格を獲得したことによって化石化ポテンシャルがずっと上がったことがあげられる．硬い骨格の起源についてはいくつもの仮説が提出されている．Glaessner（1962）は，炭酸塩あるいはリン酸塩物質が皮膚の上に分泌あるいは沈澱集積したと考えた．たぶん偶然であろうが，硬い殻は一度形成されると防御に役立ち，また筋肉や靱帯の固着基盤ともなった．どちらも進化上大きな利点である．一度，硬い（たとえば *Protohertzina* として残されているような）口器が現れると，他の生物に対する選択圧は防御用の硬い覆いを進化させる方向に強まり，捕食者と被食者との間の進化的な'軍拡競争'を引き起こすこととなった．

約6億年前以後，$CaCO_3$の殻が広く使われるようになると，海洋で起こっている生物地球化学的サイクル，すなわち，炭素，酸素，制約的栄養素であるリン，窒素，鉄などの相互に関連するサイクルから

なるシステムに，劇的な影響を与えたに違いない．現在は，生物圏はとりわけ穏やかな状態にあり，CO_2を$CaCO_3$の形で地殻に貯蔵する役を果たしている．水中では，急速に増加し多様化した食植性の動物プランクトンが，植物プランクトン残渣を海底に沈澱できる糞塊に加工する．糞塊はリン酸塩化した微化石群集の中などで見ることができる．この糞によるくみ出し（pumping）は，（それがない場合に）ゆっくり沈降する植物プランクトン残渣によって起こる還元作用を弱め，海の表層の酸素状態を改善している（Logan et al. 1955）．

立体的な階層性をもつ穿孔（tiered burrowing）をする内生動物群がカンブリア紀に出現し，その後，多様化を続けたことで間隙水の循環が改善され，酸化／還元境界が堆積物表面から深い方へと移動することとなった（McIlroy & Logan 1999）．珪砕屑性堆積物の間隙水は，今は一般にpH，Ehが高い傾向にあり，これがH_2Sの毒性を弱める働きをしている．したがって，内生・表生性のニッチをより低リスクで開発することができる．

メタゾアは，カンブリア紀の初めから石灰質の骨格を分泌することをはじめたが，原生生物では違っていた（図7.7）．有機質や膠着質の殻をもつ底生有孔虫はカンブリア紀前期に出現しているが，$CaCO_3$の殻をもつものが広く現れたのはデボン紀から石炭紀頃であった．これ以後，現在までこのグループはしだいに多様化し放散を起こしている．プランクトン類で炭酸塩の殻を分泌するものはさらにずっと後，中生代まで存在しなかった．中生代になって石灰質ナノプランクトンと浮遊性有孔虫が地層をつくるほどに繁栄することになった．この原生生物における$CaCO_3$鉱物生成の遅れは，細胞の体積に対する表面積の比が高いこと，および複雑なメタゾアに比べて水の化学的状態に影響されやすいため，と説明されよう．

水柱上部の撹拌が進み，そのため顕生累代の間にしだいに溶存するCO_2とリンが減少して，ある閾値（threshold level）に達し，そこでココリソフォア，カルピオネラ（calpionellids），有孔虫などのプランクトンが炭酸塩の骨格を分泌することができるようになったものと思われる．

引用文献

Ayala, F. J. & Rzhetsky, A. 1998. Origin of the metazoan phyla: molecular clocks confirm paleontological estimates. *Proceedings of the National Academy of Sciences* USA **95**, 606-611.

Bengtson, S. 1992. Proterozoic and earliest Cambrian skeletal metazoans. In: Schopf, J. M. & Klein, C. (eds) *The Proterozoic Biosphere: a multidisciplinary study*. Cambridge University Press, Cambridge, pp. 397-402.

Brasier, M. D. 1995. The basal Cambrian transition and Cambrian bio-events (from terminal Proterozoic extinctions to Cambrian biomeres). In: Walliser, O. H. (ed.) *Global Events and Event Stratigraphy*. Springer Verlag, Berlin, pp. 113-138.

Brasier, M. D. 1989. Towards a biostratigraphy of the earliest skeletal biotas. In: Cowie, J. W. & Brasier, M. D. (eds) *The Precambrian-Cambrian Boundary. Oxford Monographs in Geology and Geophysics*, No. 12, pp. 117-165.

Brasier, M. D. 2000. The Cambrian Explosion and the Slow Burning Fuse. *Science Progress Millennium Edition* **83**, 77-92.

Brasier, M. D. & Antcliffe, J. 2004. Decoding the Ediacaran enigma. *Science* **305**, 1115-1117.

Brasier, M. D. & Lindsay, J. F. 1998. A billion years of environmental stability and the emergence of eukaryotes: new data from northern Australia. *Geology*, **26**, 555-558.

Brasier, M. D., Corfield, R. M., Derry, L. A., Rozanov, A. Yu. & Zhuralev, A. Yu. 1994. Multiple delta-^{13}C excursions spanning the Cambrian explosion to the Botomian crisis in Siberia. *Geology* **22**, 455-458.

Brasier, M. D., Green, O. R., Shields, G. 1997. Ediacarian sponge spicule clusters from SW Mongolia and the origins of the Cambrian fauna. *Geology* **25**, 303-306.

Briggs, D. E. G. & Crowther, P. R. (eds) 1990. *Palaeobiology: a synthesis*. Blackwell Scientific Publications, Oxford.

Butterfield, N. J., Knoll, A. H., & Swett, K. 1990. A bangiophyte red alga from the Proterozoic of Arctic Canada. *Science* **250**, 104-107.

Cavalier-Smith, T. 2002. The phagotrophic origin of eukaryotes and phylogenetic classification of protozoa. *International Journal of Systematic and Evolutionary Microbiology* **52**, 297-354.

Cloud, P. 1976. Beginnings of biospheric evolution and their biochemical consequences. *Paleobiology* **2**, 351-387.

Erwin, D., Valentine, J. & Jablonski, D. 1997. The origin of animal body plans. *American Scientist* **85**, 126-137.

Glaessner, M. F. 1962. Precambrian fossils. *Biological Reviews* **37**, 467-494.

Han, T.-M. & Runnegar, B. 1992. Megascopic eukaryotic algae from the 2.1-billion-year-old Negaunee Iron-Formation, Michigan. *Science* **257**, 232-235.

Knoll, A. H. 1994. Proterozoic and Early Cambrian protists: Evidence for accelerating evolutionary tempo. *Proceedings. National Academy of Sciences* **91**, 6473-6750.

Logan, G. A., Hayes, J. M., Hieshima, G. B. & Summons, R. G. 1995. Terminal Proterozoic reorganization of biogeochemical cycles. *Nature* **376**, 53-56.

McIlroy, D., Green, O. R. & Brasier, M. D. 2001. Palaeobiology and evolution of the earliest agglutinated Foraminifera: *Platysolenites*, *Spirosolenites* and related forms. *Lethaia* **34**, 13-29.

McIlroy, D. & Logan, G. A. 1999. The impact of bioturbation on infaunal ecology and evolution during the Proterozoic-

Cambrian transition. *Palaios* **14**, 58-72.

Margulis, L. 1981. *Symbiosis in Cell Evolution. Life and its environment on the early Earth*. Freeman, San Francisco.

Moczydlowska, M. 2002. Early Cambrian phytoplankton diversification and appearance of trilobites in the Swedish Caledonides with implications for coupled evolutionary events between primary producers and consumers. *Lethaia* **35**, 191-214.

Müller, K. J. 1985. Exceptional preservation in calcareous nodules. *Philosophical Transactions of the Royal Society of London* **B311**, 67-73.

Müller, K. J. & Walosseck, D. 1986. Arthropod larvae from the Upper Cambrian of Sweden. *Transactions. Royal Society Edinburgh: Earth Sciences* **77**, 157-179.

Qian, Yi & Bengtson, S. 1989. Palaeontology and biostratigraphy of the Early Cambrian Meishucunian Stage in Yunnan Province, South China. *Fossils and Strata* **24**, 156 pp.

Schopf, J. W. 1972, Evolutionary significance of the Bitter Springs (Late Precambrian) microflora. *24th International Geological Congress, Montreal* **1**, 68-77.

Schopf, W. J. 1992. *Major Events in the History of Life*. Jones & Bartlett, Boston.

Schopf, J. W. & Klein, C. (eds) 1992. *The Proterozoic Biosphere*. Cambridge University Press, Cambridge.

Schopf, J. W., Haugh, B. N., Molnar, R. E. & Satterthwait, D. F. 1973. On the development of metaphytes and metazoans. *Journal of Paleontology* **47**, 1-9.

Seilacher, A., Grazhdankin, D. & Legouta, A. 2003. Ediacara biota: the dawn of animal life in the shadow of giant protists. *Paleontological Research* **7**, 43-54.

Simkiss, K. 1989. Biomineralization in the context of geological time. *Transactions. Royal Society of Edinburgh: Earth Sciences* **80**, 193-199.

Summons, R. E. & Walter, M. R. 1990. Molecular fossils and microfossils of prokaryotes and protists from Proterozoic sediments. *American Journal of Science* **290**, 212-244.

Vidal, G. & Moczydlowska, M. 1997. Biodiversity, speciation and extinction trends of Proterozoic and Cambrian phytoplankton. *Paleobiology* **23**, 230-246.

Walosseck, D. & Müller, K. J. 1990. Upper Cambrian stemlineage crustaceans and their bearing upon the monophyletic origin of Crustacea and the position of *Agnostus*. *Lethaia* **23**, 409-427.

Wood, R. & Zhuravlev, A. 1994. IGCP-366 - Ecological aspects of Cambrian radiation. *Episodes* **17**, 135.

Wray, G. A. Lewinton, J. S. & Shapiro, L. H. 1996. Molecular evidence for deep Precambrian divergences among metazoan phyla. *Science* **274**, 568-573.

Xiao, S. & Knoll, A. H. 2000. Phosphatized animal embryos from the Neoproterozoic Doushantuo Formation at Weng'An, Guizhou, South China. *Journal of Paleontology* **74**, 767-788.

8章 細菌の生態系と微生物堆積物
Bacterial ecosystems and microbial sediments

細菌（bacteria）は地球上で最も原始的で，最も古い生物である．細菌が化石記録の中に最初に出現したのはおおよそ35億年前で，それ以来ずっと地表のさまざまな過程において主要な役割を担ってきた．

細菌の細胞はきわめて小さく，一般に径1 μm以下で単体かコロニー（colony，群体）をつくっている．コロニー状の場合，カプセル（capsule）と呼ばれる粘液質の鞘（sheath）に包まれている．細菌の細胞には鞭毛（flagellum）をもつものが多く，あるものは光合成のための色素であるクロロフィルをもっている．

細菌は，バクテリアマットやストロマトライト，鉄あるいはマンガン鉱床，炭酸塩団塊，硫酸塩鉱物や硫化鉱物など，微生物堆積物（microbial sediment，マイクロバイアライト microbialite）の形成に重要な役割を果たす．また，細胞の初期進化，光合成あるいは生物地球化学的サイクルの歴史に関して重要な情報を提供する．

細菌の生息域

細菌は地球上で最も成功した生物である．この惑星表面の至る所に生息しているが，今，特に目立つのはバクテリアマットあるいは'バイオフィルム'（biofilm）としてである．マットやバイオフィルムは，現在，高塩分または著しい塩分変動のある場所，あるいは強い紫外線や低酸素などの強い物理的ストレスのかかる特殊な海洋環境や淡水の環境に見られる．このようなストレスが無脊椎動物の生息やその穿孔を妨げ，マットをその環境に定着させている．

現在の堆積物の断面を注意深く観察すると，その最上部1 mほどの範囲で色と化学的性質が著しく変化しているのがわかる（図8.1）．最上部層は酸化帯（oxidized zone）であり，青緑色あるいは赤褐色を呈しているのは，色素をもつシアノバクテリアやその他の好気性細菌（aerobic bacteria）が堆積物中に多く生息しているためである．この部分の凝集構造（cohesive fabric）はシアノバクテリアと原生生物によってつくられる．一般に，有機物と堆積物はそれぞれ厚さ約1 mmほどの薄いラミナをつくって重なっている（図8.1）．これらのラミナをつくる堆積物は周囲の環境よりも細粒のことが多いが，その細粒物質はシアノバクテリアの粘液質の鞘に選択的に捕らえられて堆積したものである（下記を参照）．このラミナは1日の成長サイクル（たとえば潮下帯の環境），あるいは潮の干満に影響された堆積物の流れ込み（たとえば潮間帯の環境）を示している．

酸化帯より2〜3 mm下の層には，マット下帯（undermat zone）に相当する褐色の層がある．ここには，紅色細菌（purple bacteria）や脱窒細菌（denitrifying bacteria）のような非酸素発生型の光合成原核生物が見られる．その下には黒く悪臭のする嫌気帯（anaerobic zone）が続く．これらの各帯には，酸素が深さとともにしだいに減少していくことを反映して，次のような細菌が現れてくる．すなわち，硝酸還元細菌（nitrate-reducers）→硫酸還元細菌（sulphate-reducers）→メタン生成細菌（methanogens）である（図8.1）．

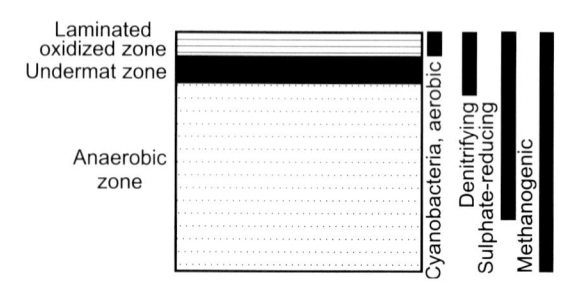

図8.1 堆積物上部における主要細菌の生息域を示す模式断面図．堆積物の成層は上からラミナのある酸化帯，マット下帯，嫌気帯．細菌の生息範囲は左から好気性シアノバクテリア，脱窒細菌，硫酸還元細菌，メタン生成細菌．

生きている細菌

細菌の細胞は小さく（おおよそ0.25〜25 μm），球形，棒状，あるいはコルク栓抜きのような形をし，球菌（cocci），桿菌（bacilli），螺旋菌（spirilla）などと総称されている（図8.2 (a)）．これらの細胞は単体だっ

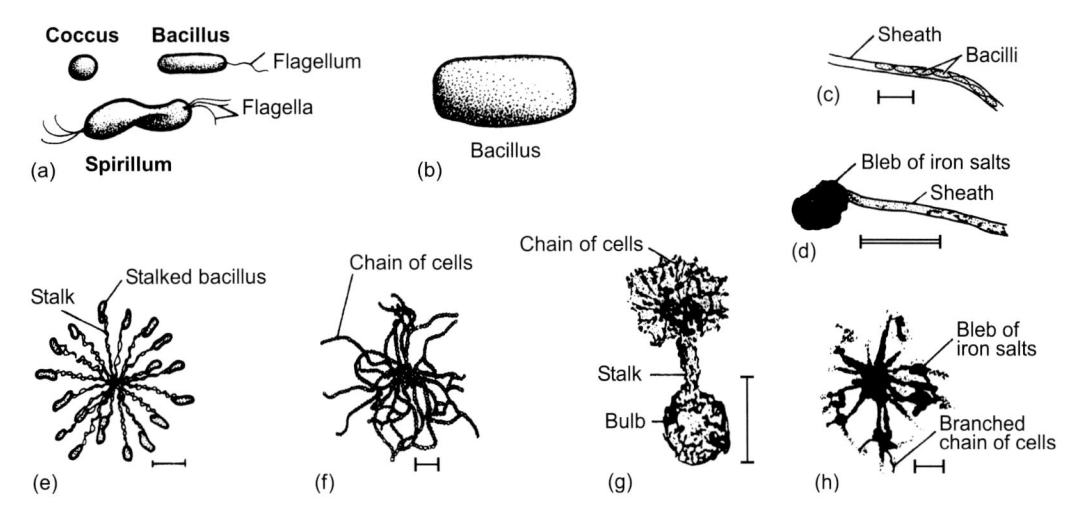

図 8.2 細菌．(a) 細菌の細胞の基本形．球菌，桿菌，螺旋菌の模式図．(b) 先カンブリア時代の *Eobacterium*（長さ 0.6 μm）．(c) 鞘をもつ現生の鉄細菌 *Sphaerotilus*．(d) 先カンブリア時代の *Sphaerotilus* に似た細菌化石．(e) 有柄の現生鉄細菌 *Caulobacter*．(f) 出芽する現生の細菌 *Metallogenium*．(g) 先カンブリア時代の *Kakabekia*．(h) 先カンブリア時代の *Eoastrion*．単線のスケールは 10 μm；二重のスケールは 100 μm．(b) Barghoorn & Schopf 1966；(d) Karkhanis 1976；(f), (h) Cloud 1976；(g) Barghoorn & Tyler 1965 より引用）

たり，連結して糸状体（trichome）をつくったり，それが分岐したりしなかったりする．ほとんどの桿菌とすべての螺旋菌には，鞭状の鞭毛（各細胞に 1 本またはそれ以上）があるが，鞭毛はきわめて細く，保持されていることは稀である．

細菌には，既存の有機物を摂取するもの（従属栄養 heterotrophy）と無機物である CO_2 から有機物を合成するもの（独立栄養 autotrophy）とがいる．独立栄養のものには，無機的な化学反応を利用するもの（化学合成独立栄養 chemoautotrophy）および岩石中の鉱物も反応に関与させるもの（化学合成無機栄養 chemolithoautotrophy）がいる．他のものは，緑色植物（光合成無機栄養 photoautotrophy）のように，太陽光の下でクロロフィルあるいはそれに近い色素を用いて有機物を合成する光合成（photosynthesis）を発達させている．全体として細菌は塩分にあまり影響されず，温度も 0〜125℃ までの耐性をもつ．多くのものは pH 6.0〜9.0 の範囲外を好まず，強い太陽光の下では死んでしまう．細菌の生息域（habitat）は深海（浮遊性と底生）から陸上（地下深部を含む）や上空にまで広がっている．

細菌の分類

現生の細菌の分類は，主として染色法と生化学的特性，特にリボソーム RNA（rRNA）遺伝子の塩基配列によってなされる．リボソーム RNA は古生物学の範囲外だが，生命の初期進化に関して基本的な意義をもっている（第 6 章を参照）．形態的分類は，高度に分化したシアノバクテリアは別であるが，いくつもの「目」にまたがって似たような形態型が出現するので，誤りを起こしやすい．同様に，細菌は複数の代謝系を有するので，これを分類に応用するときは注意を要する．

Pseudomonadales 目は多くの独立栄養細菌を含む．たとえば，H_2S から硫黄や硫酸をつくる硫黄細菌などである．また有柄細菌の Caulobacteraceae 科も含み，その細い柄の表面は，溶解していた 2 価の鉄を酸化してつくる水酸化鉄（3 価）の被膜で被われる（たとえば現生の *Caulobacter*，図 8.2 (e) など）．こうして，これらの生物は沼鉄鉱の形成に関与している．石炭紀の黄鉄鉱団塊中から *Gallionella* にいくらか似た化石も発見されている（Schopf *et al.* 1965）．

Chlamybacteriales 目（有鞘細菌）も鉄鉱の形成に関与している．これらは鞘のある糸状体をもち，鞘は有柄細菌と同じように酸化鉄や酸化マンガンの被膜で覆われる（現生の *Sphaerotilus*，図 8.2 (c) など）．同様の細菌が，世界で最も大規模な鉄鉱床である先カンブリア時代前期から中期の縞状鉄鉱層（図 8.2 (d)；Karkhanis 1976 を参照）や黄鉄鉱鉱床（Schopf *et al.* 1965）の形成に関与したと思われる．

Hyphomicrobiales 目（出芽細菌）は出芽すること

によって増殖する．すなわち，菌糸（thread）は細胞体あるいは他の菌糸から成長し，それが新しい細胞を形成する．これらの細菌は菌糸によって互いに結合し，時には集まって柄（stalk）で繋がって一連の面をつくったりする．そのような現生属の一つである *Metallogenium*（図8.2(f)）は，酸素の少ない環境中では従属栄養的に成長し，糸状体の周囲に酸化マンガンの被膜（crust）を沈澱する．これとほとんどそっくりな細菌化石の *Eoastrion* と *Kakabekia* が，縞状鉄鉱層にともなってカナダの Gunflint チャート植物群に産出する（図8.2(g)，(h)；Cloud 1976を参照）．

Eubacteriales 目（'真の細菌'*）の例かと思われる化石が，31億年前の南アフリカ，Fig Tree チャートから報告された（*Eobacterium*，図8.2(b)）．これは小さな桿菌に似た構造で，チャートの研磨面の電子顕微鏡像で発見された（Barghoorn & Schopf 1966）のだが，おそらく後代に混入したものであろう．桿菌は石灰泥（lime mud）の形成にも関係しているようで（Maurin & Noel, in Flugel 1977, pp. 136-142），顕生累代のいろいろな地層から広く報告されている（Riding 2000）．

［訳注］*：原生生物は真正細菌（bacteria＝eubacteria）と古細菌（archaea＝archaebacteria）に分けられるが，'真の細菌'（true bacteria）とは真正細菌（Bacteria）を指す．

Beggiatoales 目は色素をもたない繊維状のシアノバクテリアに似たグループで，H_2S に富んだ環境で繁栄できる．そのためであろうが，たとえば石炭紀の黄鉄鉱に *Beggiatoa* に似た化石が発見されている（Schopf et al. 1965）．フレキシバクテリア（flexibacteria）はもっとシアノバクテリアに近縁なグループで，光合成色素をもち，温泉でシアノバクテリアと一緒に生育している．これらは最終的にはシンター（sinter，湯の華）やストロマトライトの中にも保存される（Walter 1972）．遊離酸素を放出しないという生物学的な差異と細胞の大きさのわずかな違いによることを除いて，フレキシバクテリアとシアノバクテリアとを区別するのは難しい．フレキシバクテリアの直径が2 μm を超すことはめったになく，一方，シアノバクテリアはそれよりもふつうは大きい．

シアノバクテリア

シアノバクテリア（Cyanobacteria）は，その光合成色素のフィコシアニン（phycocyanin）が示す色のために誤って藍藻（blue-green algae）と呼ばれていたが，藻類とはまったく関係がない．生きているシアノバクテリアにはオリーブ緑色から赤色のものまでいる．シアノバクテリアはおおよそ1〜25 μm の小さな細胞からなり，球形（coccoid），卵形（ovoid），円盤形（discoidal），円柱形（cylindrical），洋梨形（pyriform）などの外形をもつ．他の原核生物と同じく細胞は非常に単純な構造で，染色体を包む核膜があり，ミトコンドリアをもたない．フィコシアニンやクロロフィル色素は細胞の縁辺部にラメラ状に分布し，そこで光合成

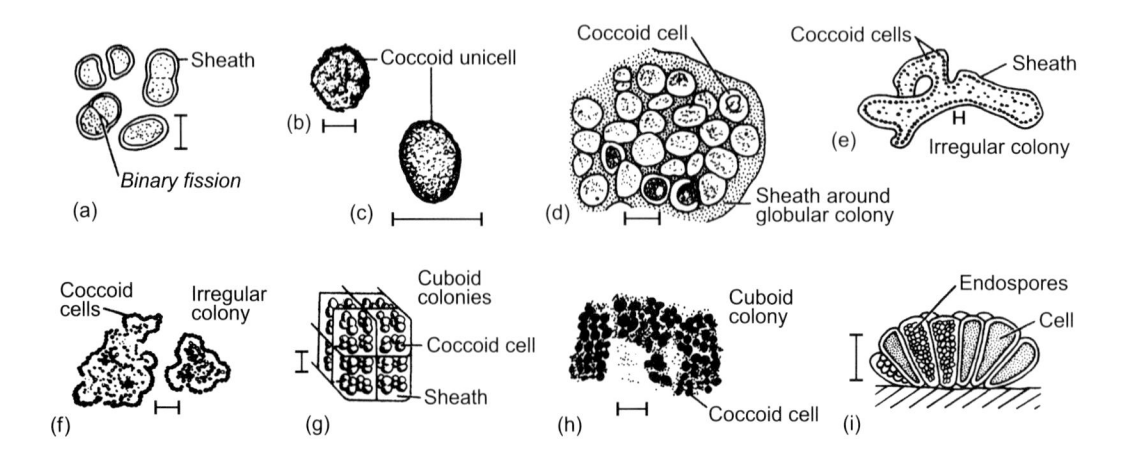

図8.3 クロオコックス目（Chroococcales）．(a)現生 *Synechocystis*．(b)先カンブリア時代の *Archaeosphaeroides*．(c)先カンブリア時代の *Huroniospora*．(d)先カンブリア時代の *Myxococcoides*．(e)現生の *Anacystis*．(f) 化石の *Renalcis*．(g) 現生の *Eucapsis* の群体．(h) *Eucapsis* に似た先カンブリア時代の群体．(i) 現生の *Entophysalis*．スケールは10 μm．((b) Schopf & Barghoorn 1967；(c) Barghoorn & Tyler 1965；(d), (h) Cloud 1976；(g) Fogg et al. 1973；(i) Chapman & Chapman 1973 より引用）

を担っている．

シアノバクテリアの細胞は単体（単細胞）か，あるいはセルロース繊維（cellulose fibril）からなる粘液質の鞘（mucilaginous sheath）で保護されたコロニーをつくる．コロニー内の細胞の配列は規則的なことも不規則なこともあり，平面状，立方体状，球状，単列状，あるいは分岐して糸状に連なる（図8.3, 8.4）．繊維状コロニーの細胞は糸状体（trichome）をつくる．

シアノバクテリアは，高等植物のように光合成色素により太陽光のあるところで光合成を行い，無機物から有機物を生産し，遊離酸素を放出する．すなわち，

$$CO_2 + H_2O \xrightarrow{太陽光} CH_2O + O_2$$

太陽光を必要とするために，シアノバクテリアは太陽に向かって成長する．繊維状のものでは基質の中を滑るように上に向かって伸び，それにつれて下層に古い鞘を残す．これらの鞘は丈夫なセルロースからなり，細胞壁は分解しやすいアミノ酸と糖類でできている．したがって，化石記録では鞘の方が保存される機会が多い．

シアノバクテリアの生活史

シアノバクテリアはきわめて古くからいるグループであるが，有糸分裂や減数分裂など，制御された細胞分裂の方式を発達させることがなかった．したがって有性生殖は知られていない．増殖はすべて分裂（無性生殖）による．ふつう破片分離（fragmentation）あるいは二分裂（binary fission）を引き起こすか，またあるいは，内生胞子（endospore），アキネート（akinete），連鎖体（hormogonia）の形成によって行われる．細胞分裂では，細胞壁が内側に伸びて親の細胞を二つの

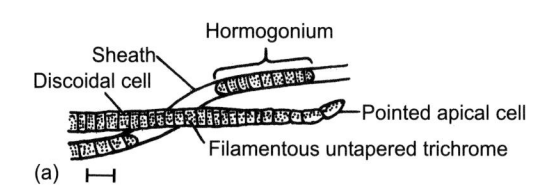

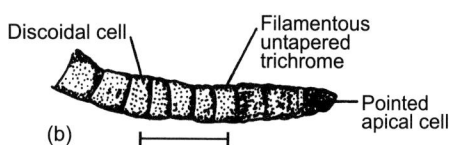

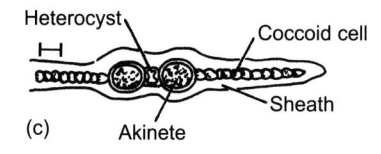

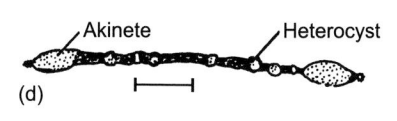

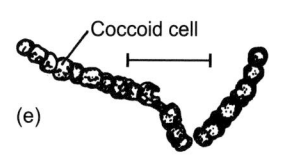

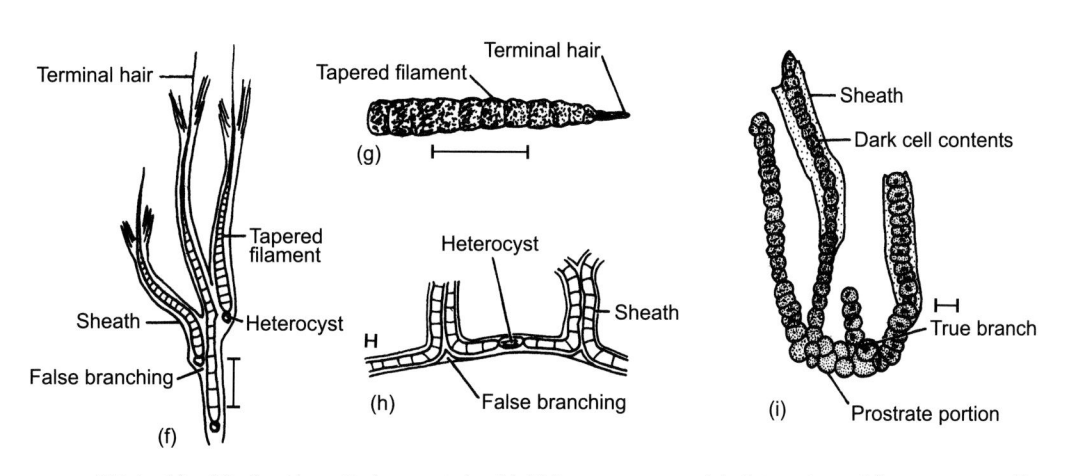

図8.4 (a)〜(h) ネンジュモ目（Nostocales）．(a) 現生の *Oscillatoria*．(b) 先カンブリア時代の *Oscillatoria* 様の糸状体．(c) 現生の *Wollea*．(d) 先カンブリア時代の *Gunflintia*．(e) 先カンブリア時代の *Nostoc* 様の糸状体．(f) 現生の *Rivularia*．(g) 先カンブリア時代の *Rivularia* 様の糸状体．(h) 現生の *Scytonema*．(i) スティゴネマ目（Stigonematales）：デボン紀の *Kidstonella*．スケールは10μm．((b), (e), (g) Schopf 1972による；(d) Cloud 1976による；(c), (f), (h) Fogg *et al.* 1973から改描；(i) Croft & George 1959による)

娘細胞に分割する（すなわち二分裂，図8.3(a)）．真核生物の減数分裂のように規則的ではなく，細胞内の物質は分割された新しい細胞に不規則に配分される．細胞の破片分離では，コロニーは単純にいくつかの小コロニーに分割される．内生胞子は細胞の内部が分割されて2個あるいは数個の胞子となったもので，それが後に放出されて新しいコロニーをつくる（図8.3(i)）．アキネートも胞子状の細胞であるが，これは単に栄養細胞が大きく発達したもので，時に表面に模様のある厚い壁を形成することがある（図8.4(c)）．乾燥あるいは寒冷状態が過ぎると，アキネートから新しい糸状体が発芽する．連鎖体は糸状体をつくる種類に特徴的であり，短く分断された糸状体の断片が鞘から滑り出て独立して生長する（図8.4(a)）．

シアノバクテリアの生態

シアノバクテリアは非常に自立性が強く，著しい低酸素環境に耐え，あるものは無酸素状態でも生息できる．また独自に窒素を固定できる数少ない生物の一つで，有酸素条件下でヘテロシスト（heterocyst）という分化した細胞の助けを借り，あるいは無酸素条件下でそれらの助けなしに窒素を固定することができる．窒素固定は，他にはいくつかの細菌が可能なだけである．シアノバクテリアは高温にも低温にも強く，極地から高温の熱水泉にまで生息し，また紫外線に対する抵抗力も強い．細胞中に液胞（vacuole）がないため，乾燥や原形質分離に対して強い抵抗性をもち，それゆえ，乾燥した砂漠，氷河域，高塩分の潟，淡水の湖などでの生息が可能となっている．

シアノバクテリアを制約する主要な条件はpHと光である．シアノバクテリアは中性ないしはアルカリ性の環境を好み，pH 4.0を超す酸性の環境ではまったく生息できない．青緑色の光合成色素であるフィコシアニンは青色光に敏感で，非常に弱い光でも有効に働く．そのため，シアノバクテリアは陸上の土壌表面下30 cmにも，また水深1,000 m以深にも生息することができる．

栄養分が十分に得られる海中では，球状あるいは繊維状のものが非常に小さなピコプランクトン（picoplankton）（径0.2～2 μm）として生息している．水中では偽液胞（pseudovacuole）を発達させるか，あるいはガス気泡に付着することで浮力を得ている．ある繊維状の種類では，最高25もの糸状体の束が海表面にマットを形成して漂い，時には何kmにも広がることがある．最近，汚染の進んだ川や湖で，浮遊性シアノバクテリアが春や秋に大増殖して魚群や人に害を与え，底層水の一時的無酸素状態を引き起こしている．

嫌気性細菌

嫌気性細菌（anaerobic bacteria）は，酸素を自由に得ることができない堆積物中あるいは水中に見られ，酸素のかわりとなる別の電子受容体を利用している（図8.1）．

窒素循環に関与する細菌
(nitrogen-processing bacteria)

窒素はアミノ酸とタンパク質の基本的な構成要素であるが，窒素ガスはきわめて不活性なため，これを生物圏に組み込むには，シアノバクテリアなどのある種の細菌による窒素固定（nitrogen fixation）に大きく依存している．これらの細菌はニトロゲナーゼ酵素を用いて，ガス態の窒素を反応性の高いアンモニアに変えることが可能である．すなわち，

$$N_2 + 3H_2 \xrightarrow{\text{ニトロゲナーゼ酵素}} 2NH_3$$

このアンモニアはやがてタンパク質に組み込まれる．硝化細菌（nitrifying bacteria）はアンモニアイオンを亜硝酸に変えることができ，他の細菌は亜硝酸を硝酸イオンに変える．すなわち，

$$NH^{4+} \longrightarrow \underset{\text{(亜硝酸)}}{HNO^{2-}} \longrightarrow \underset{\text{(硝酸)}}{HNO^{3-}}$$

硝酸は光合成独立栄養による一次生産を制約するきわめて重要な栄養素である．硝酸からガス状態の窒素の生成は，嫌気的な脱窒細菌（denitrifying bacteria）によってなされ，硫黄の酸化のための電子受容体として硝酸イオンを用いている．すなわち，

$$6KNO_3 + 5S + 2CaCO_3 \longrightarrow$$
$$3K_2SO_4 + 2CaSO_3 + 2CO_2 + 3N_2$$

他の細菌は亜硝酸をつくり，ついで硝酸イオンで還元し，一方では他の物質を酸化してアンモニアを生産する．すなわち，

$$H \cdot COOH + HNO_3 \longrightarrow CO_2 + H_2O + HNO_3$$
$$4H + HNO_2 \longrightarrow NH_2OH + H_2O$$
$$2H + NH_2OH \longrightarrow NH_3 + H_2O$$

このような嫌気的呼吸（anaerobic respiration）では，好気的呼吸に比べて獲得されるエネルギーは少ない．この種の脱窒素作用は海洋の酸素極小層（oxygen minimum zone）で広く認められている．表層水からの硝酸の除去は，光合成藻類の大増殖（algal bloom）を抑え，それによって止めどのない無酸素状態になる

のを防止するのに役立っている．

硫黄循環に関与する細菌
（sulphur-processing bacteria）

硫酸還元細菌（sulphate-reducing bacteria）（たとえば *Desulfovibrio* など）は脱窒素細菌よりも深いところにいることが多い．この細菌は，すでにつくられている有機物を酸化するのに海水中の硫酸イオンを利用するが，総エネルギーの収率はそれより上の層に較べて低い．すなわち，

$$2H_2O + SO_4^{2-} \longrightarrow 2HCO_3^- + HS^- + H^+$$

この嫌気的呼吸の過程で放出される硫化物は，ほとんどの嫌気性生物にとってきわめて毒性が高く，また堆積物中の化石などの炭酸塩を溶解させる．ふつうは硫化鉄（FeS）ができ，次いでそれが黄鉄鉱（FeS_2）に変わる．すなわち，

$$Fe + S \rightarrow FeS \rightarrow FeS + S \rightarrow FeS_2（黄鉄鉱）$$

この過程では，堆積物中の化石などを充填したり，置換したりして黄鉄鉱ができる．硫酸イオンの還元の過程では非平衡な同位体分別が起こり，この硫化物の安定同位体 ^{34}S は標準海水に比べて 4〜46‰も少なくなっている．

硫黄循環に関与する細菌の第二のグループは，電子受容体として酸素を用い，この硫黄や硫化物を硫酸イオンに戻す細菌である．これら硫化物および硫黄酸化細菌（sulfur-oxidizing bacteria）は，硫酸還元帯の上層にバイオフィルムとして産することがある．これらはまた'ブラックスモーカー'（black smoker）として知られる硫化物に富む海底の熱水噴出孔の周囲で大増殖し，その周辺の生物群集の食物連鎖において重要な役割を担っている．これらの代謝の結果，硫黄同位体 ^{34}S の比率がさらに（−60‰まで）低下する．これは化石で測定することができる．

メタン循環に関与する細菌
（methane-processing bacteria）

堆積物中のある深さより下層では，すべての間隙水中の硫酸イオンが消費しつくされる（図8.1）．もしまだ使える有機物があれば，ビールやワインを発酵させるコウジ（麹）酵母と同じように，そこにいる嫌気性細菌が発酵によってそれを取り込み，廃物としてメタンと重炭酸ガスを放出する．すなわち，

$$H_2O + 2CH_2O \longrightarrow CH_4 + HCO_3^- + H^+$$

この過程によるエネルギー供給量は硫酸の還元よりもさらに低い．これらのメタン生成細菌（methanogenic bacteria）がたえず有機物を分解しているため，堆積物中にはごくわずかな有機物が残存するだけとなる．こうして放出された水素イオンは周囲の Fe^{3+} イオンを Fe^{2+} イオンに還元し，後者は溶解している重炭酸イオンと結合して $FeCO_3$（菱鉄鉱）の団塊として沈澱する．こうしてできたメタンは温室効果ガスとしても重要である．

地質学的に重要な細菌

細菌は微化石としてほとんど報告されたことがない．その理由はおそらく，サイズが小さいこと，化石シアノバクテリアや菌類との区別が難しいこと，あるいはまた現代における混入や試料調整中に生じた無機的あるいは人為的構造物などとの区別が難しいことなどのためであろう．しかし，細菌はさまざまな岩質から報告されている．すなわち，石灰岩，チャート，リン灰土，鉄やマンガンの鉱石（深海のマンガン団塊，黄鉄鉱団塊，縞状鉄鉱層も含む），トンスティン（tonstein，カオリン粘土岩），ボーキサイト，油母頁岩，炭層，植物の組織，コプロライト（coprolite，糞石），動物化石の中などである．チャートやリン灰土に含まれるものに細胞壁が保存されていることがあるが，ふつうは壁や鞘，あるいは細胞全体が鉱物質で置換されている（微生物源炭酸塩の総説としては Riding 2000 が勧められる）．化石の細菌は，ふつうその形やそれらの組み合わせ，堆積物と関連した産状などに基づいて同定される．また細菌は，ふつう多種のものが集まって，コンソーシア（consortia）と呼ばれるコロニーをつくっている．

ストロマトライト（stromatolite）

これは，ラミナの発達した底生の微生物堆積物（マイクロバイアライト）を指す地質学用語で（Riding 1999），しばしば，バクテリアマットに起因するものとされている．化石のストロマトライトでは，ふつう有機物の層と捉えられた堆積物の層とが明暗のラメラ（薄層 lamella）として交互に重なるか，相互に移化して見られる（図8.5）．繊維構造が保存されていることは稀であるが，糸状体は珪化したものや夾粒の炭酸塩ストロマトライト中に発見される．もっと多いのは，鞘構造か，あるいは上方に向かって移動成長した痕跡が保存されている例である．しかし，ほとんどの場合，ストロマトライトには生物源であることを示す痕跡は残っていない．

ストロマトライトの全体の形は，マットの粘性や

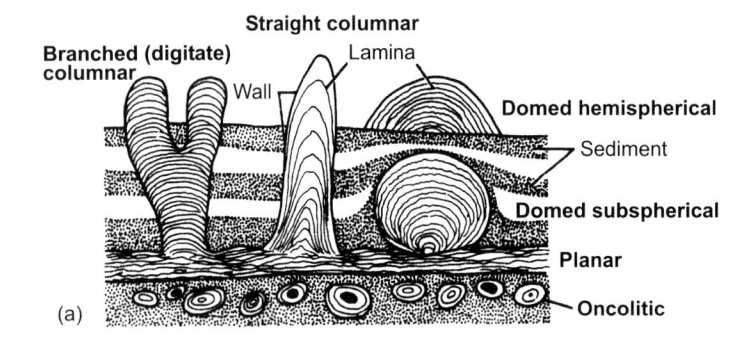

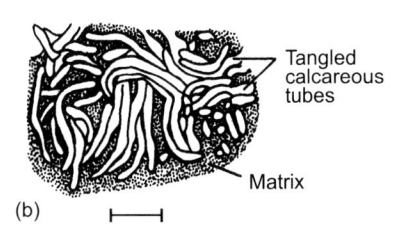

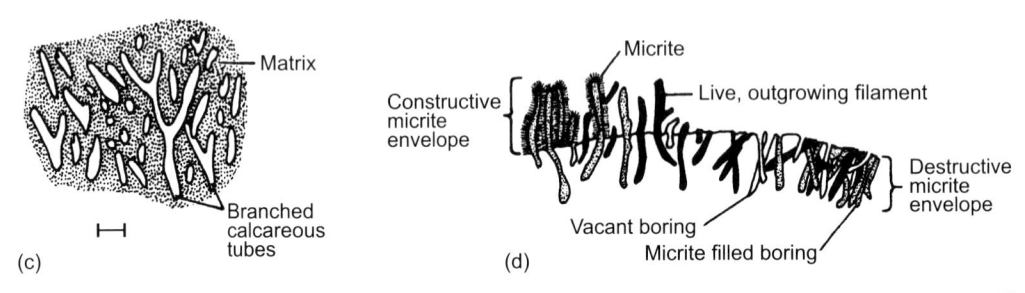

図 8.5 シアノバクテリアがつくる堆積構造．(a) ストロマトライトの形態（縦断面），×1．(b) オンコライト骨格中の *Girvanella* のチューブ．(c) オンコライト骨格中の *Ortonella* のチューブ．(d) 内生性シアノバクテリアの穿孔と骨格の被覆を示す模式断面．スケールは 100 μm．((d) Kobluck & Risk 1977 による)

マット表面の粗度などの要因の組み合わせに支配されている．たとえば，粘液嚢（mucilage）から出る粘液の粘性はマットに棲む細菌の種類の違いを反映し，また粒径は流れの強さや堆積物の供給の違いを反映している．先カンブリア時代を研究している古生物学者は，ストロマトライトの記載に二命名法を採用することが多い．グループ（Group）（＝属）は全体の形（平板状，ドーム状，柱状，あるいはオンコライト状（球状）など）や分岐の様子（直列状あるいは指状），'壁'（すなわち縁辺部）の形態，ラミナの幾何学形態などを基に定める（図 8.5 (a)）．またフォーム（Form）（＝種）は微細構造やラミナの幾何学形態によって区別している．

有骨格ストロマトライト（skeletal stromatolite）は，無骨格ストロマトライト（non-skeletal stromatolite）と異なり，細胞あるいは鞘の形が $CaCO_3$ の鋳型をつくり，内部をミクライトあるいはスパーライト質の方解石（sparry calcite）で満たしたミクライトのチューブとなる．このチューブは，あたかもある種の独立栄養生物が生きているときに光合成で CO_2 を取り込むことで起こす鞘の石灰化のようにみえる．だが，死後に石灰化した可能性もあり，その可能性はこのような石灰化が広範囲に起こった時代の層準に産することから示唆される（Kazmierczak 1976）．このような有骨格ストロマトライトは淡水からも海水域からも知られている．*Girvanella*（図 8.5 (b)，L. Camb.-Rec.）では，チューブは枝分かれせずにもつれ合い，オンコライト（oncolite）からもスロンボライト（thrombolite）からも産出している．*Ortonella*（図 8.5 (c)，L. Carb.-Perm.）はオンコライトから産出し，枝分かれしたチューブをもつ種類である．

スロンボライトはストロマトライトと違って内部にラミナがなく，斑状の塊まりになった微細構造だけがある．これはおそらく球状のシアノバクテリア（たとえば *Renalcis*，図 8.3 (f) など）か，枝分かれし小さく束ねたふさ状の糸が（真っすぐにではなく）絡まり合って成長するタイプの繊維状シアノバクテリアがつくったものであろう．スロンボライトは浅海，ことに石灰相中に礁性の無脊椎動物にともなって見つかる．

トラバーチン（travertine）は $CaCO_3$ に過飽和な水中で発達し，球状および糸状のシアノバクテリアを被覆して無機的に $CaCO_3$ が沈澱し，中空のチューブをつくる．しかしながら，この場合には，結晶はシアノバクテリアの鞘の径よりもはるかに大きい．このようにして残ったチューブは分類には役立たない．顕生累代ではトラバーチン・ストロマトライトができるのは

淡水あるいは極端な高塩分の水にほぼ限られている．しかし，多くの先カンブリア時代初期（太古代）のストロマトライトは，実際には海成のトラバーチンである．このことは大洋と大気の化学組成が長期的に変化してきたことを暗示している．

基質内生シアノバクテリア（endolithic cyanobacteria）
さまざまな海生シアノバクテリアが，貝殻や石灰岩などの硬い石灰質基盤に化学的溶解によって穿孔する（図8.5(d)）．この基質内への穿孔は，食物のためではなく隠れるためである．もし$CaCO_3$に過飽和の環境だと，空になった穿孔はミクライト質の炭酸塩で埋められ，こうして基質の表面にミクライトの被覆（micrite envelope）ができる．最終的には穿孔で基質が破壊され，石灰泥を生産する．糸状体が孔から外にまで伸びていて，そこに死後の石灰化が起こると，有骨格の被覆（skeletal envelope）ができるであろう（図8.5(d)）．この建設的過程が働くためには静穏な環境が必要である．この穿孔と海藻や菌類による穿孔との区別は簡単ではないが，シアノバクテリアによる微細な穿孔は海藻のものよりも一般に細く，菌類よりも広い（すなわち約4～25μm前後の広さ）．このような穿孔が見られる水深は水の透明度と緯度によって違うが，多くは75mより浅いところである．

有機物の外壁をもつ類縁不明の先カンブリア時代の微化石やクリプターク（cryptarchs）は，シアノバクテリアの休眠胞子である可能性がある．クリプタークは先カンブリア時代の20億年前までの岩石中に見つかっている．糸状および球状の細胞は，先カンブリア時代の限定的な環境（しばしば高塩分）のバクテリアマット相中から広く報告されている．先カンブリア時代には，これはチャート中の微化石群の重要な構成要素であった．

残念ながら，化石記録はまだきわめて不完全で，このグループの詳しい歴史あるいはその利用についてのコメントはできない．細菌はシアノバクテリアよりも古いらしく，その無酸素環境に生息できる能力は先カンブリア時代前期～中期からの遺産であろう．寄生性あるいは腐食性の細菌は，一部は顕生累代に入ってから発達した可能性があり，その進化は生態系一般の進化にとって重大な結果をもたらしてきたと思われる．

採集と研究のヒント

生きている細菌は簡単に培養できる．植物片が分解しかけている池の水を取り，1滴をスライドグラスに滴下し，カバーグラスをかける．これを暖かく暗いところにおいて乾燥させる．スライドを400倍以上の透過光で観察すると，しばしば微細な桿菌の集まりが見られる．化石の細菌も，堆積性の鉄鉱層，リン酸塩化した糞塊，ボーキサイト，あるいは蒸発岩などの薄片を見ていると出くわすことがある．だが，後代の混入の可能性もあるので注意を要する．

引用文献

Barghoorn, E. S. & Schopf, J. W. 1966. Micro-organisms three billion years old from the Precambrian of South Africa. *Science* **152**, 758-763.

Barghoorn, E. S. & Tyler, S. A. 1965. Microorganisms from the Gunflint chert. *Science* **147**, 563-577.

Chapman, V. J. & Chapman, D. J. 1973. *The Algae*. Macmillan, London.

Cloud, P. 1976. Beginnings of biospheric evolution and their biochemical consequences. *Paleobiology* **2**, 351-387.

Croft, W. N. & George, E. A. 1959. Blue-green algae from the Middle Devonian of Rhynie, Aberdeenshire. *Bulletin. British Museum Natural History*（Geology）**3**, 341-353.

Flugel, E. 1977. *Fossil Algae. Recent results and developments*. Springer-Verlag, Berlin.

Fogg, G. E., Stewart, W. D. P., Fay, P. & Walsby, A. E. 1973. *The Blue-green Algae*. Academic Press, London.

Karkhanis, S. N. 1976. Fossil iron bacteria may be preserved in Precambrian ferroan carbonate. *Nature* **261**, 406-407.

Kazmierczak, J. 1976. Devonian and modern relatives of the Precambrian *Eosphaera*: possible significance for the early eukaryotes. *Lethaia* **9**, 39-50.

Kobluk, D. R. & Risk, M. J. 1977. Microtization and carbonategrain binding by endolithic algae. *Bulletin of the American Association of Petroleum Geology* **61**, 1069-1083.

Kutznetsov, S. I., Ivanov, M. V. & Lyalikova, N. N. 1963. *Introduction to Geological Microbiology*. McGraw-Hill, New York.

Riding, R. 1999. The term stromatolite: towards an essential definition. *Lethaia* **32**, 321-330.

Riding, R. 2000. Microbial carbonates: the geological record of calcified bacterial-algal mats and biofilms. *Sedimentology* **47**, 179-214.

Schopf, J. W. 1972. Evolutionary significance of the Bitter Springs (Late Precambrian) microflora. *24th International Geological Congress, Montreal* **1**, 68-77.

Schopf, J. W. & Barghoorn, E. S. 1967. Alga-like fossils from the Early Precambrian of South Africa. *Science* **156**, 508-512.

Schopf, J. M., Ehlers, E. G., Stiles, D. V. & Birle, J. D. 1965. Fossil iron bacteria preserved in pyrite. *Proceedings. American Philosophical Society* **109**, 288-308.

Walter, M. W. 1972. Stromatolites and the biostratigraphy of the Australian Precambrian and Cambrian. *Special Papers in Palaeontology*, no. II.

III. 有機質の殻をもつ微化石

9章 アクリタークとプラシノ藻
Acritarchs and prasinophytes

アクリターク（acritarchs）は中空で有機質の殻壁からなる単細胞の真核生物であるが，どのグループの生物に近縁かわかっていない．多くのものはおそらく海生植物プランクトンである藻類の生活環の休眠期に相当するシスト（cyst）であろう．おおよそ150年前に発見されて以来，その多くは緑藻とされてきた．特にある種のアクリタークは，現生プラシノ藻（prasinophytes）の生活環の休眠期に相当するファイコーマ（phycoma，厚い細胞壁に覆われた細胞）に大変よく似ている．プラシノ藻類はよく知られた原始的な緑藻類であるが，ここでは便宜上アクリタークに含めて扱うことにする．

アクリタークは先カンブリア時代の中頃から現在までの長い生存期間をもち，最も繁栄したのは古生代である．この生物は渦鞭毛藻（dinoflagellates）と同様に生層序学的対比や古環境解析に有用であるが，さらに重要なことは，アクリタークが原生代と古生代の一次生産者である植物プランクトンの化石であるということであろう．

形 態

殻

アクリタークの殻壁はスポロポレニン（sporopollenin）として知られる複雑なポリマーでできている．ほとんどのアクリタークは直径20～150 μmほどで，中央腔（central cavity）を囲む殻（vesicle）からなり，殻には棘状の突起物（process）あるいは稜（crest）が突き出ている．殻の形，突起物あるいは装飾の有無は種や属を定義する重要な識別点となるが，殻が圧縮されたり，黄鉄鉱が形成されたり，その他の続成過程により，また岩石から取り出すときの技術によって，元の殻形態が大きく変形することがある．

多くのアクリタークは1層の殻壁からなるが，2層あるいはもっと複雑な微細構造をもつものもめずらしくない．殻壁の厚さもさまざまで，*Leiosphaeridium*（図9.1(a)）の0.5 μm以下から，*Baltisphaeridium*（図9.1(b)）の2～3 μm，*Tasmanites pradus*（図9.3(d)，プラシノ藻類の一種）の7 μmまで，非常に変化に富む．殻壁の微細構造についてはごくわずかなことしかわかっていない．プラシノ藻類と*Baltisphaeridium*では，殻の構造は1層で，走査型（SEM）あるいは透過型（TEM）の電子顕微鏡を用いないと識別できないような多数の細い管（canal）で貫かれている．*Acanthodiacrodium*（図9.1(c)）では，薄い2層の殻壁が多くの孔（直径0.5～2 μm）をもつ層で隔てられている構造が記載されている．この構造はある種の渦鞭毛藻に見られるものとよく似ている．二重構造の殻壁は*Visbysphaera*（図9.1(d)）にも見られ，その外側の層からは突起物が出ている．

殻の外表面は平滑か，顆粒状あるいは針状，または網目状の装飾，刻み目または微細孔などと多様である．これらの突起物は，中空で中央腔に続くもの（たとえば*Diexallophasis*，図9.1(e)，9.3(a)），あるいはその基部で閉じているもの，中空でないものもある．突起物の先端は単純なものから二分岐するもの，枝分かれするもの，あるいは薄い膜（trabeculum）によって連結されているもの（たとえば*Tunisphaeridium*，図9.1(f)）などさまざまである．一つの殻上の突起物がみな同じような形態の場合には同形（homomorphic），二つ以上のタイプがある場合には異形（heteromorphic）という．突起物にはさまざまに枝分かれしたもの，平滑なもの，さらに顆粒状の装飾物をもつものもある．

発芽装置の構造

ある種のアクリタークが渦鞭毛藻がつくる休眠性シスト（resting cyst）と同様のものであるなら，その内容物は発芽装置（excystment）の開口部を経て外

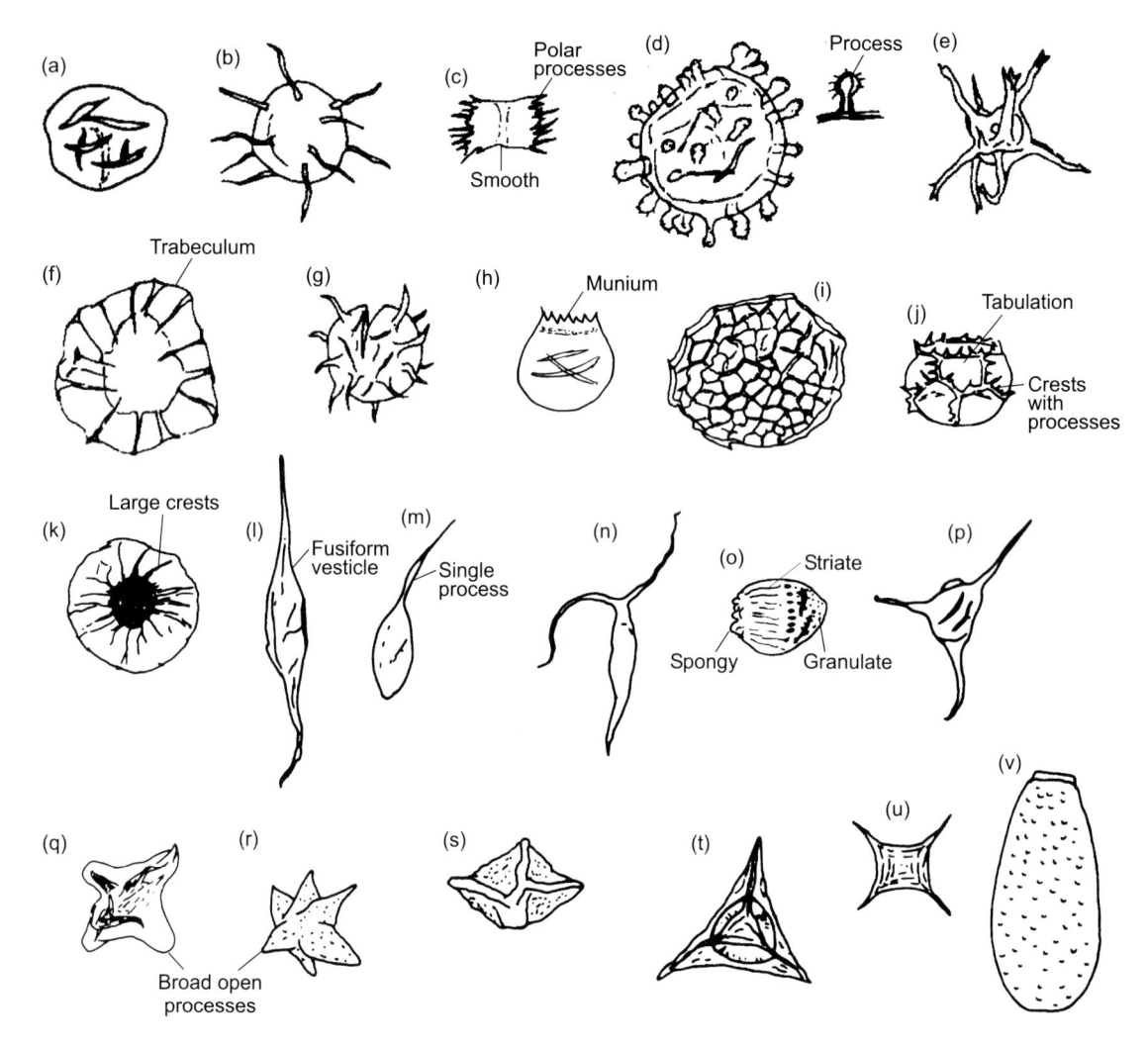

図 9.1 アクリタークの代表的な属の形態.(a) *Leiosphaeridium*×400.(b) *Baltisphaeridium*×250.(c) *Acanthodiacrodium*×400.(d) *Visbysphaera*×700.(e) *Diexallophasis*×250.(f) *Tunisphaeridium*×345.(g) *Micrhystridium*×1200.(h) *Ammonidium*×390.(i) *Cymatiosphaera*×400.(j) *Cymatiogalea*×600.(k) *Pterospermella*×330.(l) *Leiofusa*×400.(m) *Deunffia*×400.(n) *Domasia*×400.(o) *Ooidium*×450.(p) *Veryhachium*×300.(q) *Pulvinosphaeridium*×300.(r) *Estiastra*×300.(s) *Octoedryxium*×300.(t) *Polyodryxium*×350.(u) *Neoveryhachium*×600.(v) *Melanocyrillium*×300.((a), (i), (j), (l) Mendelson, in Lipps 1993, (g) Tappan 1990, (c) Evitt, in Tschundy & Scott 1969, (u) Molyneux et al., in Jansonius & McGregor 1996 から改描)

に出てしまっているに違いない.発芽装置はすべてのアクリタークで見つかるわけではないが,開口様式が分類群によって異なるのはほぼ確かである.発芽装置の開口部は大きく分けて6タイプがある.すなわち,1) 単純な側方の裂け目 (lateral rupture, あるいは隠縫合線 cryptosuture) のもの.これは最も一般的で,単純な直線状の縫合線からなり,殻を完全に二分することはない (たとえば *Micrhystridium*, 図 9.1 (g)).2) 側方の裂け目は1) に似ているが,時にその縁辺に装飾があったり,あるいは肥厚しているもの (たとえば *Diexallophasis*, 図 9.1 (e), 9.3 (a)).3) 中央の断裂 (median split) が殻をほぼ同じ大きさに二分するもの (たとえば *Ammonidium*, 図 9.1 (h)).4) 側方の裂け目に沿う螺旋状の縫合線 (trochospiral suture) が紡錘形のアクリタークに見られるもの (たとえば *Leiofusa*, 図 9.1 (l), 9.3 (c)).5) 上部の裂け目 (epityche) の開口部が細胞壁の半球状フラップ (ひらひら部) を形成するもので *Veryhachium* (図 9.1 (p))

に特徴的である．6) 赤道上に位置する円形の開口部であるパイローム（pylome）をもつもの（たとえば *Cymatiogalea*，図 9.1 (j)）．環状の縫合線（circinate suture）は *Circinatisphaera*＊だけに見られ，左旋回で発芽孔の蓋（operculum）をともなうことも多い．ムニアム（munium）とムニティウム（munitium）は頂部にある開口部で，周囲に歯状のギザギザがあり，発芽の前に化石化した殻にふつうに見られる．

［訳注］＊：シルル紀のアクリターク（Miller, M. A. 1987. A diagnostic excystment suture in the Silurian acritarch *Circinatisphaera aenigma* gen. et sp. nov. *Palynology* **11**, 97-105 を参照）．

分 類

アクリターク群（Group Acritacha）

Downie（1973, 1974），Fensome *et al.*（1990），Dorning（in Benton 1993, pp. 33-34）はアクリタークの分類を再検討し，全体の形，殻壁の構造，発芽装置の開口部のタイプなどに基づいて非公式の分類群（生物学的な分類群ではない）を設定した．これまでに出版されたどの分類もみな，生物学的類縁関係あるいは進化に基づくものではなく，研究者によってはむしろ名前のアルファベット順の方を好んで用いている．生物計測的な研究（たとえば Servais *et al.* 1996）や殻の化学組成（たとえば Colbath & Grenfell 1995）などは，今後，発展させるべき自然分類への手がかりを与えている．無条溝胞子（alete spore）はアクリタークとの識別が難しいが，厚い殻壁や個々の標本の色の多様性などによって区別できる．ほとんどのアクリタークは三つの形態群（morphological group）のどれかに当てはまり，各群は一つあるいはそれ以上の亜群（subgroup）を含む．

1. 突起物や稜を欠くアクリターク

Sphaeromorphitae 亜群（Precamb.-Rec., 図 9.2）：殻は球状あるいは楕円状で，さまざまな表面装飾をもつアクリタークが含まれ，ふつう殻壁は薄く単純で，小孔がなく，不規則な開口部あるいはサイクロパイル開口部（cyclopyle opening）が発達する．*Chuaria*（U. Precamb.）のような大型の新原生代のアクリタークはこの亜群に属するのかもしれない．だがこの属は例外的に大きく（最大直径 5 mm），藍色植物門（Cyanophyta）であるネンジュモ目（Nostocales）の炭化した印象化石であろう（Martin 1993）．

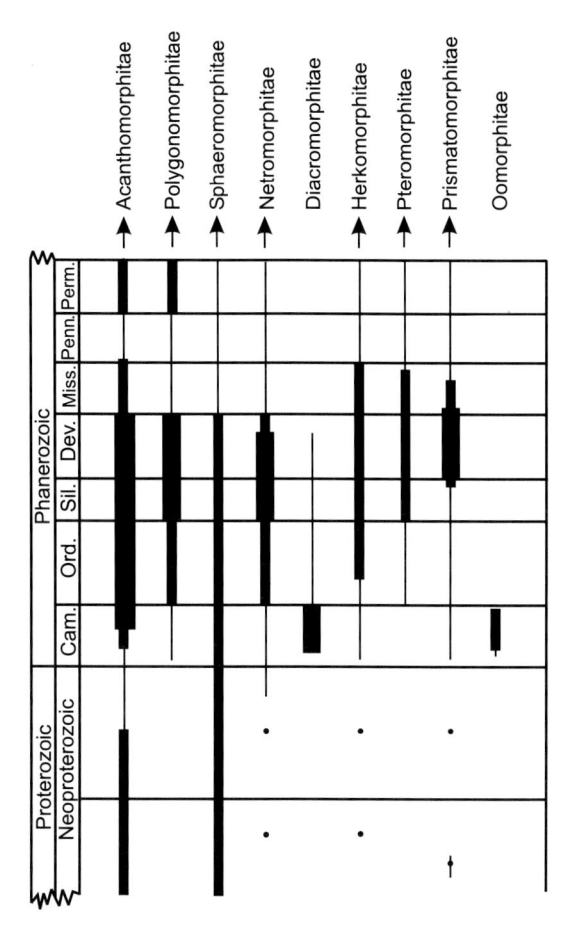

図 9.2 アクリタークの各亜群の生存期間．矢印はペルム紀以後にも記録があるものを，また線の太さは種数の多少を示す．（Mendelson, in Lipps 1993 から引用）

Leiosphaeridium（U. Precamb., Palaeozoic, 図 9.1 (a)）は緑藻類に類縁の種類がある．

2. 稜があり突起物を欠くアクリターク

Herkomorphitae 亜群（Camb.-Rec., 図 9.2）：球形から亜多角形のアクリタークで，たとえば *Cymatiosphaera*（Camb.-Rec., 図 9.1 (i)）のように，殻表面が稜によって多角形の面に分かれている．殻壁には小孔があり，発芽装置の開口部は知られていない．殻はもともと球形あるいは多角形で，稜によって複数の面に分けられている．この亜群に属する種類は，現在，プラシノ藻植物門（Prasinophyta）とともに緑藻類とされている．*Cymatiogalea*（M. Camb.-Tremadoc, 図 9.1 (j)）では，殻は稜によって多角形の面に分かれ，プロキシメイト型の渦鞭毛藻シストに似たところがあるが，大きなサイクロパイル開口部がある．*Cymatiogalea* のいくつかの種では突起物があり，Acanthomorphitae 亜群に属すると思われる．

Pteromorphitae 亜群（Ord.-Rec., 図9.2）：全体的な形状は Herkomorphitae 亜群のアクリタークに似ているが，たとえば *Pterospermella*（図9.1（k），9.3（e））のように，赤道域にフランジ（flange）が出ることで識別される．

3. 突起物をもち，稜があるかまたはないアクリターク

Acanthomorphitae 亜群（Precamb.-Rec., 図9.2）：殻は球形で内体（inner body）と稜を欠き，球状の中央殻（central body）の直径は20μmより大きく，突起物は *Baltisphaeridium*（L. Camb.-L. Sil., 図9.1（b））のように単純であるかあるいは分岐し，その先端部は閉じて単純な空洞になっているか充填されている．*Micrhystridium*（L. Camb.-Rec., 図9.1（g））は球形の中央殻をもち，その直径は20μm以下で単純な突起物がある．*Visbysphaera*（L. Sil.-L. Dev., 図9.1（d））は球形で，2層の殻壁と側方の裂け目が特徴的で，外側の殻壁から突起物が出ている．

Diacromorphitae 亜群（Camb.-Dev., 図9.2）：殻は球形または楕円形で，赤道域（equatorial zone）は平滑で，極域（polar area）に装飾がある．殻壁は単純で，ダメージを受けると多角形の板（plate）に割れる傾向がある．多様なタイプの開口部をもつが，ふつう殻は細長く，模様はどちらか一方の極または両方の極域に集中する．*Acanthodiacrodium*（M. Camb.-M. Ord., 図9.1（c））は両極に小さな突起物をもち，赤道域にくびれがある．

Netromorphitae 亜群（Precamb.-?Triassic, 図9.2）：長く伸びた紡錘形のアクリタークで，両極あるいは一方の極から突起物が伸び，たとえば *Leiofusa*（U. Camb.-U. Carb., 図9.1（l），9.3（c））のように，中央あるいは側方の裂け目，あるいはまたC字形の上部裂け目などの開口部がある．*Deunffia*（Sil., 図9.1（m））は突起物を一つもち，*Domasia*（Sil., 図9.1（n））は三つもっている．

Oomorphitae 亜群（Camb.）：殻は極方向に伸びた卵形で，多くは一方の極が平滑でもう一方の極に装飾がある．*Ooidium*（Camb., 図9.1（o））は卵形で，一方の極に粒状の装飾物が，また他方の極に多孔質の模様があり，その中間に細い条線（stria）が見られる．

Polygonomorphitae 亜群（Camb.-Rec., 図9.2）：殻は多角形で単純な突起物のあるアクリタークである．*Veryhachium*（U. Camb.-Mioc., 図9.1（p））は多角形の中央殻をもち，先端部が閉じて尖った3〜8本の中空の棘（spine）がある．*Pulvinosphaeridium*（Camb.-Ord., 図9.1（q））と *Estiastra*（M. Ord.-U. Sil., 図9.1（r））は，おそらくこの亜群に含まれるものであろう．これらの殻には星形で幅広い突起物がある．

Prismatomorphitae 亜群（Camb.-Rec., 図9.2）：プリズム状あるいは多角形の殻をもつアクリタークで，その稜の部分は板状に突出している．*Octoedryxium*（図9.1（s））や *Polyodryxium*（図9.1（t））がその例である．

アクリタークの類縁と生物としての特徴

アクリタークは真核生物の浮遊性藻類で，その休眠性シストであると考えられている．新原生代（Bitter Springsチャートを含む）やカンブリア紀の岩石中に，渦鞭毛藻に特徴的な二つのバイオマーカーであるダイノステラン（dinosterane）と4α-メチル-24-エチルコレスタンが含まれていて，アクリタークが渦鞭毛藻の祖先であるらしいことを示している（Moldowan & Talyzina 1999）．この結論は，渦鞭毛藻がカンブリア紀に化石記録をもつ有孔虫や放散虫よりも前に分岐していたことを示すRNA塩基配列データによって支持されている．

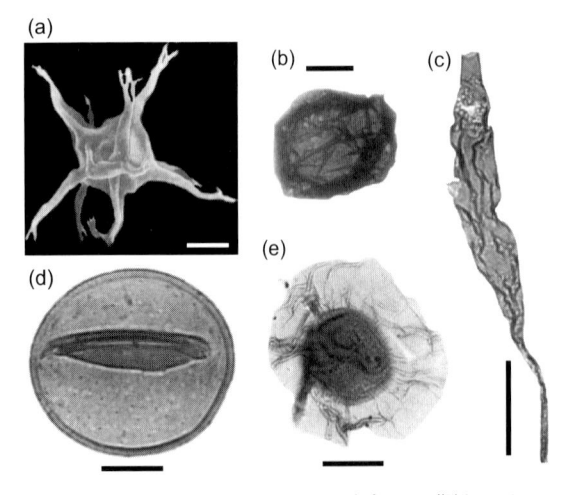

図9.3 いくつかのアクリタークおよびプラシノ藻類．スケールは20μm．(a) *Diexallophasis* sp. のSEM写真．(b) 上部原生界の *Leiosphaeridium* sp. (c) 英国のLudlow階，Whitcliffe層産の *Leiofusa* sp. (d) プラシノ藻類の *Tasmanites pradus*. (e) シルル紀の *Pterospermella* sp.（(a) Lipps 1993, fig. 6, 12, D2, (d) Traverse 1988, fig. 6.9 1から複製）

渦鞭毛藻との比較によれば，シストは二分裂のときに細胞を保護するために，また環境条件が悪化したときそれを乗り切るためにつくられたと思われる．単一種のアクリタークからなる集合体は，特に先カンブリア時代とカンブリア紀の地層から見つかっている．これらは多細胞藻類の胞子であるという意見があるが，その見解に従う必要はない．渦鞭毛藻も集合体をつくることが知られている．アクリタークの殻壁は，化学組成から見ても維管束植物や藻類の胞子，また渦鞭毛藻のシストなどをつくるスポロポレニンに最もよく似ている．

現在，Herkomorphitae, Pteromorphitae, Prismatomorphitae 亜群のアクリタークの大部分はプラシノ藻類か他の緑藻類であると考えられ，また Sphaeromorphitae 亜群は大型藻類の胞子と比較されている．残りのアクリタークは，おそらく偽鎧板（nontabulate）のシストを生産する無殻の渦鞭毛藻（Gymnodiniales 目）に近縁であると思われる．アクリタークは，前の鎧板配列（tabulation）が反映されていないことや，あらかじめ用意されているはっきりした発芽装置の開口部を欠くなどの点で，大部分の有殻の渦鞭毛藻（Peridiniales 目）とは異なる．しかしながら，少なくとも1種類の現生 Peridiniales 目の渦鞭毛藻は，アクリタークのようなシストを生産することが知られている（Dale 1976）．

アクリタークの生態

アクリタークの分類や生物学的類縁関係についてはよくわかっていない．また現環境下では稀にしか見られないため，古生態学的な解釈は遅れている．アクリタークはほとんどの場合，海成層，特に頁岩や泥岩から発見されているが，砂岩や石灰岩からも産出する．非海成層からの産出例は現世堆積物からの報告しかない．

ラグーン相では多様性が低く，Sphaeromorphitae および Netromorpitae 亜群のアクリタークやプラシノ藻類の単一種からなる群集の産出が特徴的である．栄養塩類の豊富な沿岸水と貧栄養の外洋水との境界は，沿岸から沖合へのプランクトン群集の量と多様性の勾配に反映されている．Dorning（1981, 1997）は英国の Wales および Welsh Borderland で，Ludlow 期（シル紀）の大陸棚を横断するアクリタークの分布を記載した．彼は17属のアクリタークの相対的な産出量を調べ，沿岸と深い沖合の環境では多様度が低く Sphaeromorphitae 亜群のものが多いこと，一方，陸棚中央部の環境では多様性がもっとずっと高いことを見出した．沿岸相には Micrhystridium が豊富に含まれているが，より静穏な環境の沖合相ではより繊細で長い突起物や稜をもつ種構成になる．同様な傾向はオルドビス紀中期のアクリタークでも記載されている（Wright & Meyers 1991）．この単純な古生態のモデルは広く受け入れられている（たとえば Hill & Molyneux 1988；Wicander et al. 1999）が，そこにはさらに複雑な物理化学的環境の差異や相対的海面変動が隠されていると思われる（たとえば Jacobsen 1979；Colbath 1990）．Vecoli（2000）はオルドビス紀前期の Acanthodiacrodium を含む高緯度のアクリターク群集を報告し，アクリタークが岩相に支配されていて，底生であることを暗示しているとした．その他の多くのアクリタークでも堆積相に支配されていることが知られている．Neoveryhachium（図9.1(u)）は乱流相に産出し，また Pulvinosphaeridium（図9.1(q)）や Estiastra（図9.1(r)）は温暖な石灰質の岩相に最もふつうに産出する．カナダ西部のデボン紀後期の礁相では，礁に近い場所の地層に Sphaeromorphitae 亜群のものが多く，礁から離れると細い棘をもつ Acanthomorphitae 亜群のものが，さらに離れると太い棘をもつ Acanthomorphitae 亜群と Polygonomorphitae 亜群のものが優占的な群集となる（Staplin 1961）．アクリタークの分布に対する塩分の影響についてはまだ広く議論されていない．しかし，Servais et al.（1996）は突起物の長さが塩分によって変わることを示唆している．これはいくつかの渦鞭毛藻シストで見つかったことである．英国とフランスのジュラ系の海進－海退の堆積物中に，アクリタークと渦鞭毛藻の変遷が記録されている．中生代には Acanthomorphitae 亜群のものは沿岸相に多く，Polygonomorphitae 亜群と Netromorphitae 亜群のあるものは外洋環境に多く見られる．

温度はアクリタークの分布を規定する最も基本的な要素であるが，分布の地域性を示す証拠は，古生代についてはまだ部分的に知られているにすぎない．アクリタークの出現後，カンブリア/オルドビス境界までは，その分布にはっきりとした地域性は認められない．Tremadoc-Arenig 期（オルドビス紀前期）までに，温暖な熱帯と冷涼な温帯－寒帯域の二つの明瞭な地理区が確立した．オルドビス紀のアクリタークの分

布は現生の渦鞭毛藻シストと似たパターンを示す．そ
れは基本的には緯度に支配され，また同時に大陸の縁
辺にそう表層海流に影響される（Li & Servais 2002；
Servais et al. 2003）．その後の古生代ではシルル紀に
地理的に限られた群集が報告されている（Le Hérissé
& Gourvennec 1995）．Cramer & Diez（1974）は，シ
ルル紀のアクリタークが古緯度に平行な分布を示す地
域群集であったことを示唆した．*Deunffia-Domasia*
群集は，シルル紀中期には低緯度域に特徴的な群集で，
温度とは関係なく大陸棚下部の環境にともなうものと
されていた．しかしながら現在では，このグループは
広い耐性をもち，周氷河域から熱帯域の環境に至るま
で分布する群集であることが知られている．その後，
デボン紀には多くの汎世界的な種類が出現し，分布の
地域性は見られなくなった（Le Hérissé et al. 1997）．

アクリタークの概史

　最古の確実なアクリタークはアメリカ，モンタ
ナ州の中部原生界（14億年以前）の Belt 累層群
から産出している．これらは直径数十 μm の球状
の Sphaeromorphitae 亜群のもので，殻の表面は平
滑である．似た形態のものは原生代前期（19億年
以前）まで遡ることができるであろう（Mendelson
& Schopf 1992）．原生代のアクリタークの大部分は
Sphaeromorphitae 亜群のもので，おおよそ10億年前
頃の海成層から豊富に産出するようになる．原生代後
期（9〜6億年前）におけるアクリタークの最初の放
散のときには，大型の Sphaeromorphitae（400 μm に
達する），Acanthomorphitae，Polygonomorphitae 亜
群の出現が特徴的である．この放散はエディアカラ
（Ediacara）生物群よりも前であったが，短期的で，
このときの多くの種類は Vendian 氷期の間に絶滅し
てしまった．最古の Prismatomorphitae 亜群のもの（た
とえば *Octoedryxium*，図9.1（s））や melanocyrillids
類（図9.1（v））と呼ばれる奇妙な壺形の種類などが
この時期に現れた．

　カンブリア紀前期に起こった第二の大規模放散の
ときに，小型で棘のある Acanthomorphitae 亜群のも
の（たとえば *Micrhystridium* や *Baltisphaeridium*）
や Herkomorphitae 亜群のもの（たとえば *Cymatio-
sphaera*），さらに Netromorphitae や Diacromorphitae
亜群などの多くが出現した．これらの種類およびそ
れに加えて *Cymatiogalea* とその類似種は，カンブ
リア紀後期からオルドビス紀前期に最盛期を迎え
た．装飾があり棘が密集するアクリタークのカンブ
リア紀前期における放散は，無脊椎動物の懸濁物
食者が大規模に放散した時期と一致している．した
がって，アクリタークの進化はカンブリア爆発にお
いて重要な役割を果たしていると考えることができ
る（Brasier 1979 を参照）．Acanthomorphitae 亜群
のものはオルドビス紀を通じて繁栄したが，シル
ル紀前期には衰退し，*Micrhystridium* や *Veryhachium*
と，これらに似た Netromorphitae 亜群の属が多くなっ
た．デボン紀前期の群集はシルル紀のものに多様な
Prismatomorphitae 亜群の種が加わって多様性が高
かったが，その後，アクリタークはその量と多様性を
全面的に減じていった（図9.2）．これ以後，石炭紀，
ペルム紀，三畳紀を通してアクリタークはごく稀少に
なってしまう．

　三畳紀後期とジュラ紀には，Acanthomorphitae，
Polygonomorphitae，Herkomorphitae 亜群のもの
が記録されており，いくつかの属はジュラ紀，白亜
紀，第三紀にわずかながら再び現れている．たとえ
ば，プラシノ藻類の *Tasmanites* やアクリタークの
Cymatiosphaera，*Micrhystridium* などがそれである．
しかし，中生代・新生代の花粉研究者の関心は渦鞭
毛藻シストに集まってしまっている．

アクリタークの利用

　アクリタークは，先カンブリア時代後期から古生
代の地層の対比に主として用いられてきた．Martin
（1993）と Vidal & Knoll（1993）は先カンブリア時代
の地層に対する，また Molyneux et al.（1996）は古
生界に対するアクリタークの有用性を論じている．一
方，Wall（1965）は中生界に適用する可能性を検討し
た．

　オルドビス紀，シルル紀，デボン紀には，はっきり
したアクリターク地理区が認められ，当時の海流や気
候帯を復元するのに役立っている．しかしながら，こ
れを一般化して古地理を解釈することに対しては，賛
成よりも批判の方が多い．渦鞭毛藻とアクリタークは，
北半球の290〜220万年前の氷河期にともなう気候変
動を調べるのに用いられたことがある（Versteegh
1997）．洗い出されて二次的に堆積したアクリターク
は，堆積盆地周辺域の隆起や浸食を検出するのに利
用され（Turner 1992），また堆積物の供給源地を知

るのに用いられる（たとえば McCaffrey et al. 1992）. アクリタークの変質指標（AAI）（図5.1 を参照）は，それを含む堆積物の埋没と熱史の考察に役立つ（たとえば Dorning 1996）. 色の変化は，古い地層あるいは深く埋没した地層から洗い出された個体を識別するのに欠かせない.

プラシノ藻植物門 (Phylum Prasinophyta)

プラシノ藻（prasinophytes）はセルロース質の細胞をもたず，鞭毛（flagellum）をもつ緑色の藻類である. 現生種は遊泳期に鱗片に被われた4本（あるいは2本）の鞭毛をもつことが特徴である. シスト形成種（encyst）のいくつかは丈夫なファイコーマを生産するが，これは形態的にアクリタークの Pteromorphitae 亜群のものに似ている. プラシノ藻類の分類に関しては大きな意見の相違がある. ある研究者は，このグループがすべての緑藻類の祖先であると信じているが，分岐分析（cladistic analysis）ではプラシノ藻類を一つの自然群として分離することはできない. このグループについての最新の要約は Tappan（1990）および Mendelson（in Lipps 1993, pp.77-105）にある. また Hart（in Benton 1993, pp.24-25）はプラシノ藻類に四つの「目」を認めている.

化石のプラシノ藻類はすべて海生で，ふつうアクリタークよりもかなり大きい. これらは孔のある殻壁をもち，サイクロパイル開口部あるいは中央に断裂した開口部がある. 殻は球形で棘や稜はない. このような形態のもの（たとえば *Tasmanites*，図9.3(d)）はオルドビス紀から現在までいる.

さらなる知識のために

このグループの入門的な解説には Traverse（1988），Mendelson（in Lipps 1993），Martin（1993）がある. また Tappan（1990）はアクリタークと化石プラシノ藻類について総合的に紹介している. Dorning（in Benton 1993, pp.33-34）はアクリタークについて，また Hart（in Benton 1993, p.25）はプラシノ藻類について，その分類を概説している. Fensome et al.（1990, 1991）にはアクリタークとプラシノ藻類の属および種の索引とリストがある. Le Hérissé & Gourvennec（1995）は英国の Llandovery 階上部と Wenlock 階の古環境とアクリタークの古生物地理について記載し，Richardson & Rasul（1990）は Wales の中部シルル系のアクリターク群集相（acritarch palynofacies）を公表した. Servais et al.（2003）はオルドビス紀アクリタークの古生態と古生物地理を総合的に再検討している.

採集と研究のヒント

アクリタークは，処理法 A～E（付録を参照）を用いて分解した暗色の炭質頁岩，泥岩，粘土などから得られることが多い. 中生界や新生界の堆積物中に渦鞭毛藻シストとともに産する場合には，ふつうはもっと取り出しやすい. アクリタークは処理法 H および K によって選別し濃集させる. スライドグラスに封入された一時的あるいは恒久的プレパラートは，よく集光された透過光を用いて400倍で検鏡するとよい. 取り扱い技術の全般については Martin（1993）を参照するとよい.

引用文献

Benton, M.J. (ed.) 1993. *The Fossil Record 2*. Chapman & Hall, London.

Brasier, M.D. 1979. The Cambrian radiation event. In: M.R. House (ed.), *The Origin of Major Invertebrate Groups*. Academic Press, London.

Colbath, G.K. 1990. Palaeobiogeography of Middle Palaeozoic organic-walled phytoplankton. In: McKerrow, W.S. & Scoteses, C.R. (eds), *Palaeozoic Palaeogeography and Biogeography*. Memoir. Geological Society of London **12**, 207-213.

Colbath, G.K. & Grenfell, H.R. 1995. Review of the biological affinities of Paleozoic acid-resistant, organic walled eukaryotic algal microfossils (including 'acritarchs'). *Review of Palaeobotany and Palynology* **96**, 297-314.

Cramer, F.H. & Diez, M. del, C.R. 1974. Silurian acritarchs, distribution and trends. *Review of Palaeobotany and Palynology* **19**, 137-54.

Dale, B. 1976. Cyst formation, sedimentation and preservation: factors affecting dinoflagellate assemblages in Recent sediments from Trondheimsfjord, Norway. *Review of Palaeobotany and Palynology* **22**, 39-60.

Dorning, K.J. 1981. Silurian acritarch distribution in the Ludlow shelf sea of South Wales and the Welsh Borderland. In: Neale, J.W. & Brasier, M.D. (eds), *Microfossils from Recent and Fossil Shelf Seas*. Ellis Horwood, Chichester, pp. 31-36.

Dorning, K.J. 1996. Organic microfossil geothermal alteration and interpretation of regional tectonic provinces. *Journal of the Geological Society, London* **143**, 219-220.

Dorning, K.J. 1997. The organic palaeontology of Palaeozoic carbonate environments. In: M.B. Hart (ed.), *Micropalaeontology of Carbonate Environments*. British

Micropalaeontological Society, Chichester, pp. 256-265.
Downie, C. 1973. Observations on the nature of the acritarchs. *Palaeontology* **16**, 239-59.
Downie, C. 1974. Acritarchs from near the Pre-Cambrian/Cambrian boundary - a preliminary account. *Review of Palaeobotany and Palynology* **19**, 57-60.
Fensome, R.A., Williams, G.L., Barss, M.S. et al. 1990. Acritarchs and fossil prasinophytes: an index to genera, species and intraspecific taxa. *AASP Contributions Series* **25**, 1-771.
Fensome, R.A., Williams, G.L., Barss, M.S. et al. 1991. Alphabetical listing of acritarch and fossil prasinophyte species. *AASP Contributions Series* **26**, 1-111.
Hill, P.J. & Molyneux, S.G. 1988. Biostratigraphy, palynofacies and provincialism of Late Ordovician-Early Silurian acritarchs from northeast Libya. In: El-Arnauti, A., Owens, B. & Thusu, B. (eds), *Subsurface Palynostratigraphy of Northeast Libya*. Garyounis University Publications, Benghazi, pp. 27-43.
Jacobsen, S.R. 1979. Acritarchs as palaeoenvironmental indicators in Middle and Upper Ordovician rocks from Kentucky, Ohio and New York. *Journal of Paleontolology* **53**, 1197-1212.
Jansonius, J. & McGregor, D.C. (eds) 1996. *Palynology: principles and applications*. American Association of Stratigraphic Palynologists, Salt Lake City, pp. 81-107.
Le Hérissé, A. & Gourvennec, R. 1995. Biogeography of Upper Llandovery and Wenlock acritarchs. *Review of Palaeobotany Palynology* **96**, 111-133.
Le Hérissé, A., Gourvennec, R. & Wicander, R. 1997. Biogeography of Late Silurian and Devonian acritarchs and prasionphytes. *Review of Palaeobotany and Palynology* **98**, 105-124.
Li, J. & Servais, T. 2002. Ordovician acritarchs of China and their utility for global palaeobiogeography. *Bulletin. Société Géologique de France* **173**, 399-406.
Lipps, J.H. (ed.) 1993. *Fossil Prokaryotes and Protists*. Blackwell Scientific, Oxford.
Martin, F. 1993. Acritarchs - a review. *Biological Reviews* **69**, 475-539.
McCaffrey, W.D., Barron, H.F., Molyneux, S.G. & Kneller, B.C. 1992. Recycled acritarchs as provenance indicators-implications for Caledonian Terrane reconstruction. *Geological Magazine* **129**, 457-464.
Mendelson, C.V. & Schopf, J.W. 1992. Proterozoic and Early Cambrian acritarchs. In: Schopf, J.W. & Klein, C. (eds) *The Proterozoic Biosphere. A multidisciplinary study*. Cambridge University Press, Cambridge, pp. 219-232.
Moldowan, J-M. & Talyzina, N.M. 1999. Biogeochemical evidence for the dinoflagellate ancestors in the Early Cambrian. *Science* **281**, 1168-1170.
Molyneux, S.G., Le Hérissé, A. & Wicander, R. 1996. Paleozoic phytoplankton. In: Jansonious, J. & McGregor, D.C. (eds) *Palynology: principles and applications*, vol. 2. American Association of Stratigraphic Palynologists Foundation, pp. 493-529.
Richardson, J.B. & Rasul, S.M. 1990. Palynofacies in a Late Silurian regressive sequence in the Welsh Borderland and Wales. *Journal of the Geological Society, London* **147**, 675-696.
Servais, T., Brocke, R. & Fatka, O. 1996. Variability in the Ordovician acritarch. *Dicrodiacrodium*. *Palaeontology* **39**, 389-405.
Servais, T., Li, J., Molyneux, S. & Raevsaya, E. 2003. Ordovician organic-walled microphytoplankton (acritarch) distribution: the global scenario. *Palaeogeography, Palaeoclimatology, Palaeoecology* **195**, 149-172.
Staplin, F.L. 1961. Reef-controlled distribution of Devonian microplankton in Alberta. *Palaeontology* **4**, 392-424.
Tappan, H. 1990. *The Palaeobiology of Plant Protists*. Freeman, San Francisco.
Traverse, A. 1988. *Paleopalynology*. Unwin Hyman, Boston.
Tschundy, R.H. & Scott, R.A. (eds) 1969. *Aspects of Palynology*. Wiley Interscience, New York.
Turner, R.E. 1992. Reworked acritarchs from the type section of the Ordovician Caradoc Series, Shropshire. *Palaeontology* **25**, 119-143.
Vecoli, M. 2000. Palaeoenvironmental interpretation of microphytoplankton diversity trends in the Cambrian-Ordovician of the northern Sahara Platform. *Palaeogeography, Palaeoclimatology, Palaeoecology* **160**, 329-346.
Versteegh, G.J.M. 1997. The onset of major Northern Hemisphere glaciations and their impact on dinoflagellate cysts and acritarchs from the Singa section, Calabria (southern Italy) and DSDP Holes 607/607A. *Marine Micropalaeontology* **30**, 319-343.
Vidal, G. & Knoll, A.H. 1993. Proterozoic plankton. *Memoir. Geological Society of America* **161**, 265-267.
Wall, D. 1965. Microplankton, pollen and spores from the Lower Jurassic in Britain. *Micropalaeontology* **11**, 151-190.
Wicander, R., Playford, G. & Robertson, E.B. 1999. Stratigraphic and palaeogeographic significance of an upper Ordovician acritarch flora from the Maquoketa Shale, northeastern Missouri, USA. *Journal of Paleontology* **73**, supplement 6, 1-38.
Wright, R.P. & Meyers, W.C. 1981. Organic walled microplankton in the subsurface Ordovician of northeastern Kansas. *Kansas Geological Survey, Subsurface Geology Series* **4**, 1-53.

10章　渦鞭毛藻とエブリア
Dinoflagellates and ebridians

渦鞭毛藻（dinoflagellates：渦を巻く鞭を意味する）は世界中の海で珪藻につぐ一次生産者である．最大径がふつう 20〜150 μm の単細胞生物で，動物と植物の両方の性質を兼ね備えている．ほとんどの渦鞭毛藻はディノカリオン*（渦鞭毛藻核 dinokaryon）と呼ぶ特別な形態の細胞核（核膜によって包まれた核）の存在によって識別される．渦鞭毛藻に含まれるカロチノイド色素であるジノキサンチンやペリジニンはこの生物の体を橙紅色（焰色）にし，大増殖すると赤潮（red tide）をもたらす．現生の渦鞭毛藻には生物発光するものも多い．

［訳注］*：ディノカリオン（dinokaryon）は，繊維状の染色体が減数分裂の途中でも凝縮せず，核膜も消失しない核で，またヌクレオソームを構成するヒストンもなく，核外減数紡錘体をもち，他の真核生物の核とは異なる．

大部分の渦鞭毛藻は生活環の中で世代交代をし，推進するための2本の鞭毛をもつ．遊泳期細胞（殻 theca）は，推進するために1本の縦方向に伸びる鞭状の鞭毛ともう1本の横方向に伸びるリボン状の鞭毛を備え，明瞭な核が一つあり，表面装飾のある細胞壁を有する（図 10.1）．栄養の摂取法には従属栄養（heterotrophic）と独立栄養（autotrophic）の二つの方式があるが，独立栄養の方式が主である．渦鞭毛藻は，少なくとも中生代中頃以降，海洋における植物プランクトンの重要な部分を占めてきた．遊泳期細胞（栄養細胞）は数が多く，広く分布するが，化石に残っているのは抵抗性のある休眠性接合子（休眠期細胞 resting cyst，または単にシストという）である．渦鞭毛藻シストは生層序学の有力な道具となり，古生態学や古気候学，古生物進化学にも重要な役割を担っている．

現生渦鞭毛藻

遊泳期

渦鞭毛藻の細胞の大きさは 5 μm〜2 mm までさまざまである（図 10.1）．この生物は真核生物の中でも最も原始的なもので，原核生物と真核生物の中間的なものとみなされてきた．細胞壁は柔軟で無殻の（unarmoured）ものと，堅固な有殻の（armoured）ものとがある（図 10.2）．無殻種の細胞膜はタンパク質の外皮（薄膜層 pellicle）からなり，その表面近くに平板状の腔胞（cavity）がある（図 10.2 (a)）．有殻種の細胞膜は，この腔胞部分に繊維状のセルロースからなる鎧板（plate）が詰まり，しっかりと接合した殻を構成している（図 10.2 (b)）．これらの鎧板配列（tabulation）の様式は種ごとに決まっている．

細胞には，真核生物の細胞小器官（organelle）である一つの大きな核，小胞体，ゴルジ体，ミトコンドリアなどが含まれる（図 10.1）．しかし，原核細胞のように，染色体は生活史を通じて凝縮したまま核内に残り，減数分裂の際にできる核の紡錘体は核膜の外にある．細胞内には数個の液胞（水嚢 pusule）があり，小管で細胞の外と通じている．光合成色素がある場合は，それらは細胞の外縁近くの丸い葉緑体の中に含ま

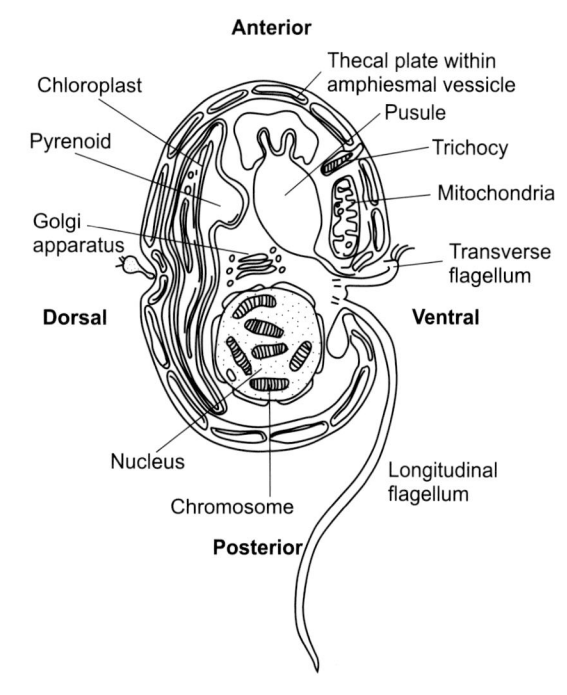

図 10.1　渦鞭毛藻の細胞．(Edwards, in Lipps 1993, pp. 105-127 から引用)

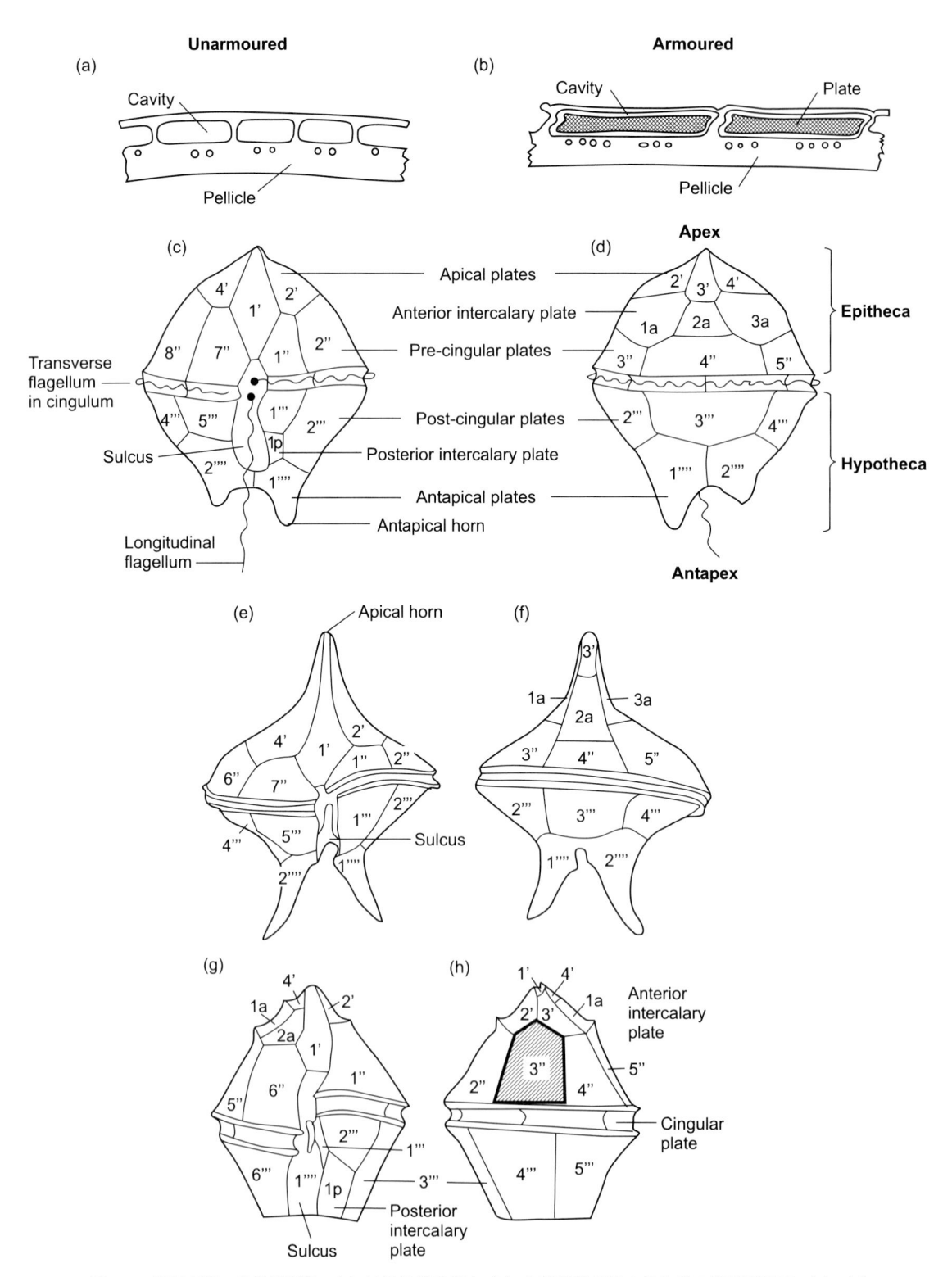

図 10.2 渦鞭毛藻の遊泳期細胞. (a) 無殻渦鞭毛藻と (b) 有殻渦鞭毛藻の細胞壁の概略断面図. (c), (d) Peridiniales 目の遊泳期細胞の模式的な鎧板配列. (c) 腹側観, (d) 背側観. (e), (f) 現生 *Peridinium* の遊泳期細胞, ×約 500. (g), (h) 現生 *Gonyaulax* の遊泳期細胞, ×約 750. ((e)〜(h) Sarjeant 1974 による)

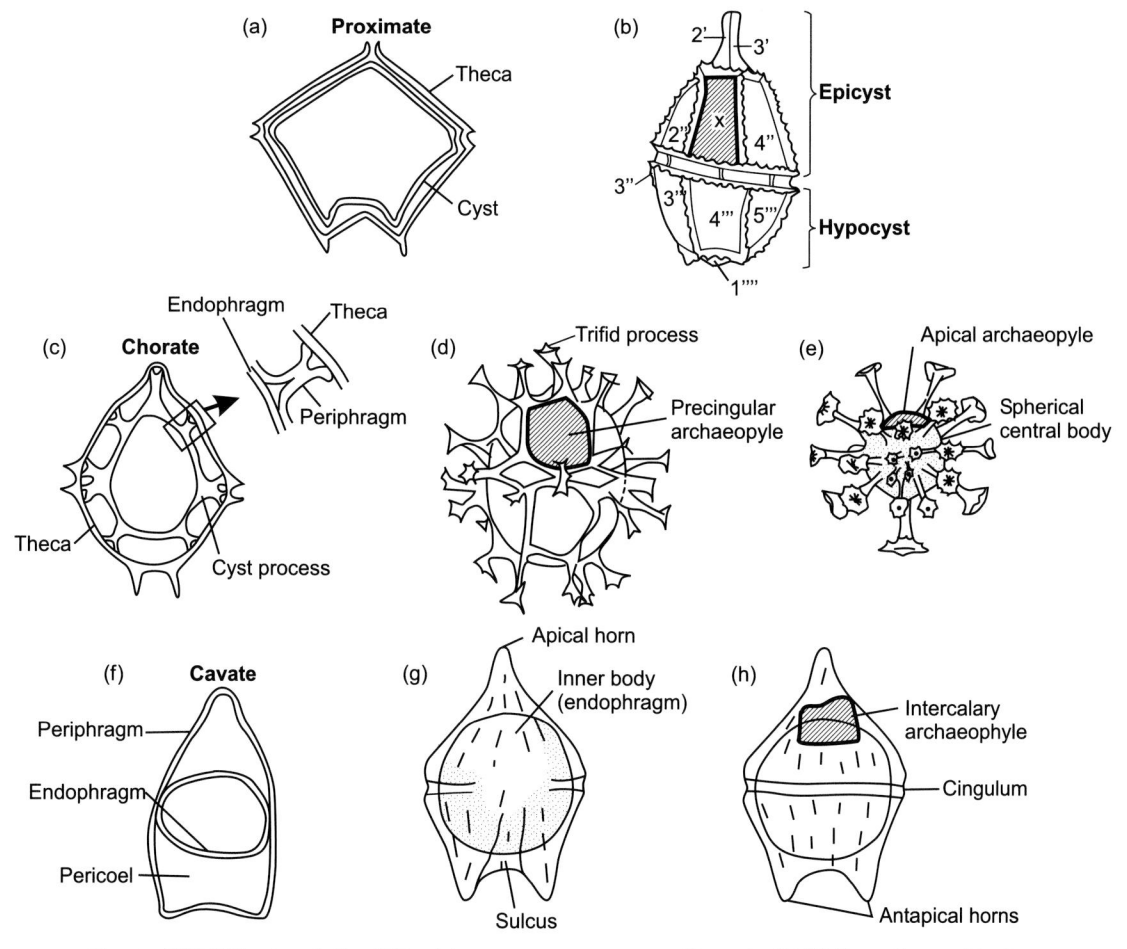

図 10.3 渦鞭毛藻のシスト期の細胞．(a) *Peridinium* の proximate 型シスト（軸断面），×約 250．(b) 化石 *Gonyaulacysta* の proximate 型シスト，×約 450．(c) *Gonyaulax* の chorate 型シストと細胞壁の構造（軸断面），×約 250．(d) *Spiniferites* の chorate 型シスト，×約 400．(e) 化石 *Hystrichosphaeridium* の proximochorate 型シスト，×約 460．(f) *Deflandrea* の proximate 型シスト（軸断面），×約 250．(g), (h) *Deflandrea* の proximate 型シスト．(g) 腹側観，(h) 背側観，×約 360．((b), (c), (f) Sarjeant 1974, (e) Evitt 1969 による)

れる．光を感ずる眼点（eye spot）も存在するらしい．
　2本の鞭毛（flagellum）は殻の前端あるいは腹側表面のどちらかの孔から出ている（図 10.2 (c), (d)）．ふつう殻の表面を取りまく二つの溝（furrow）があり，それぞれに鞭毛がある．溝の一つはほぼ赤道域を横断する横溝（cingulum）で，もう一つは縦方向の縦溝（sulcus）である．横溝より前（anterior）半部分を上殻（epitheca），後（posterior）半部分を下殻（hypotheca）と呼ぶ（図 10.2 (c), (d)）．縦溝のある側が腹側（ventral）（図 10.2 (c), (e), (g)）で，その反対側が背側（dorsal）（図 10.2 (d), (f), (h)）である．多くの細胞やシストは腹側と背側から圧縮されているので，ふつうこの2方向から見た像が図示される．
　縦溝は後方に伸び，一つまたは二つの後頂角（antapical horn）のある側面の凹みで終わる（図 10.2 (c), (d)）．前頂（あるいは頂端 apical end）は，しばしば丸いか尖っているか，あるいはまた前頂角（apical horn）として突き出している（図 10.2 (e)）．細胞全体の形態は一つの属の中でも実にさまざまで，球形，亜球形，楕円形，両錐形，紡錘形，棒形，箱形，多面形，円盤形，ペリディノイド形（Peridinoidia 亜綱の外形）などがある．
　鎧板配列（tabulation）とは，Peridinea 綱に見られる有殻の遊泳期細胞における鎧板の配列のことをいい，五つの鎧板列（plate series）が一つの細胞を取り巻き，それぞれの鎧板には，反時計回りに C. A. Kofoid が提案した番号法に従って順に番号がつけられている（図 10.2 (c)〜(h)）．この命名法は単なる客

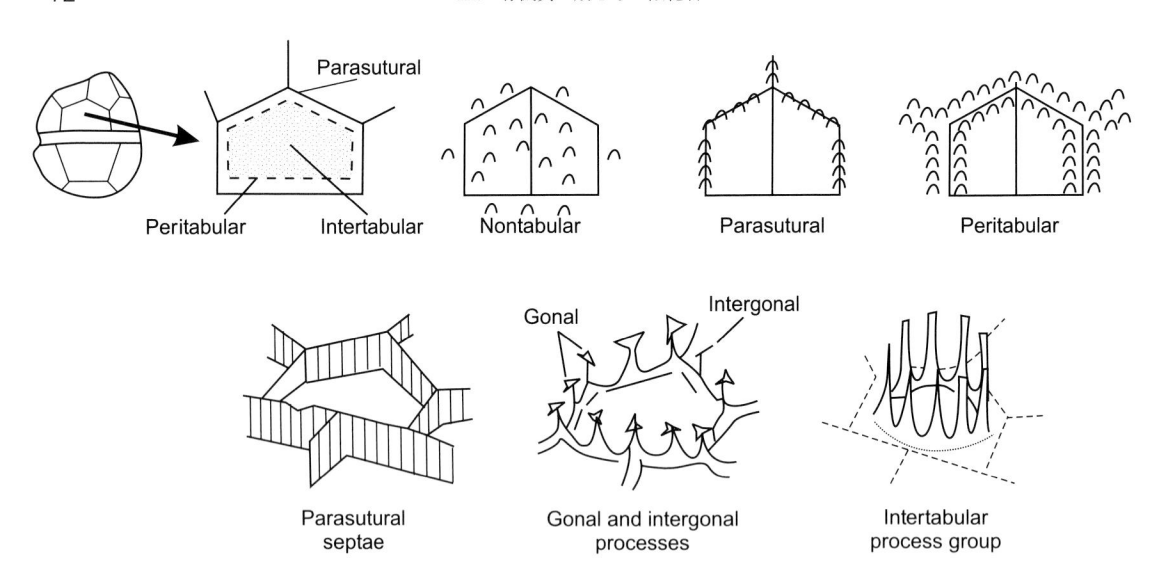

図10.4 渦鞭毛藻シストの表面装飾．(Evitt 1985 より改描)

観的な記載上の手法であり，分類群の異なる鎧板間の相同関係を意味するわけではない．上殻の周囲には前頂板 (apical plate) 列と前帯板 (precingular plate) 列があり，横溝内には横溝板 (cingular plate) 列がある．そして，下殻には後帯板 (postcingular plate) 列と後頂板 (底板) (antapical plate) 列がある．加えてこれらの列の間に，前部と後部の挿間板 (intercalary plate) が発達することがある．縦溝には分類的にも意義のある小さな縦溝板 (sulcal plate) がある．

細胞の形や鎧板配列の機能についてはほとんどわかっていない．このプランクトンは水中に受動的に浮いているのではなく，活発に運動する鞭毛によってその姿勢を保持し，細胞は流線形になる傾向がある．しかし，いくつかの属に見られる長い角状突起はおそらく沈下を遅らせる効果をもっている．

シスト期（休眠期）

ほとんどすべての化石渦鞭毛藻はシストとして保存されている．しかし，現生種で有性生殖に続いてシストを形成することが知られているのはそのわずか10～20%にすぎない．シストには，表面装飾の相対的な長さによって，proximate, proximochorate, chorateと呼ばれる三つの基本型が認められている（これらの中間型も存在する）．proximate 型シストは大きさも形も遊泳期細胞の殻に似ているので，遊泳期細胞の殻壁の内側に密着して形成されたものと思われる（図10.3 (a)，(b)）．その遊泳期細胞の鎧板配列や横溝，縦溝のすべてが proximate 型シストの表面彫刻に反映されている．proximochorate 型シストは proximate 型シストと chorate 型シストの中間型である．この型の突起物はシストの全直径の10～30%の長さ（図10.3 (d)，(e)）で，複雑な装飾をもつ．突起物の先端は遊泳期細胞の殻壁に接し，いくつかの種では鎧板の中央にあるので，proximate 型シストと同様の方法で番号づけをすることができる．突起物の先端は細い糸状の小柱 (trabecula) で連結されることがあり，もう1層の殻壁があるように見える．chorate 型シスト（図10.3 (c)，(d)）には，一般に縦溝や横溝の痕跡は見られない．

シストは遊泳期細胞の中に形成され，同じ細胞小器官を含む．シストの壁 (phragm) はバクテリアによる分解に抵抗性をもつダイノスポリン (dinosporin) と呼ばれる有機物質で構成され，1層あるいは多層からなる（図10.3 (a)，(f)）．オートシスト (autocyst) は1層の壁 (autophragm という) をもつ．壁の間が密着している2層からなるシストでは，その内側の壁層 (autophragm) と外側の壁層 (ectophragm) をもつ．そして，このシストを holocavate 型という．この2層の壁が密着していない場合には，このシストを cavate 型と呼び，内側の壁層 (endophragm) と外側の壁層 (periphragm) は，ふつうは前頂や後頂の部分で分離している（図10.3 (f)～(h)）．そこにできた空洞 (pericoel) がシストの浮力を増す働きをしているらしい．鎧板配列や横溝，縦溝の痕跡が外側層の壁層 (periphragm) にも見られるので，この型のシストは細胞壁のすぐ内側に接して形成されるらしい．

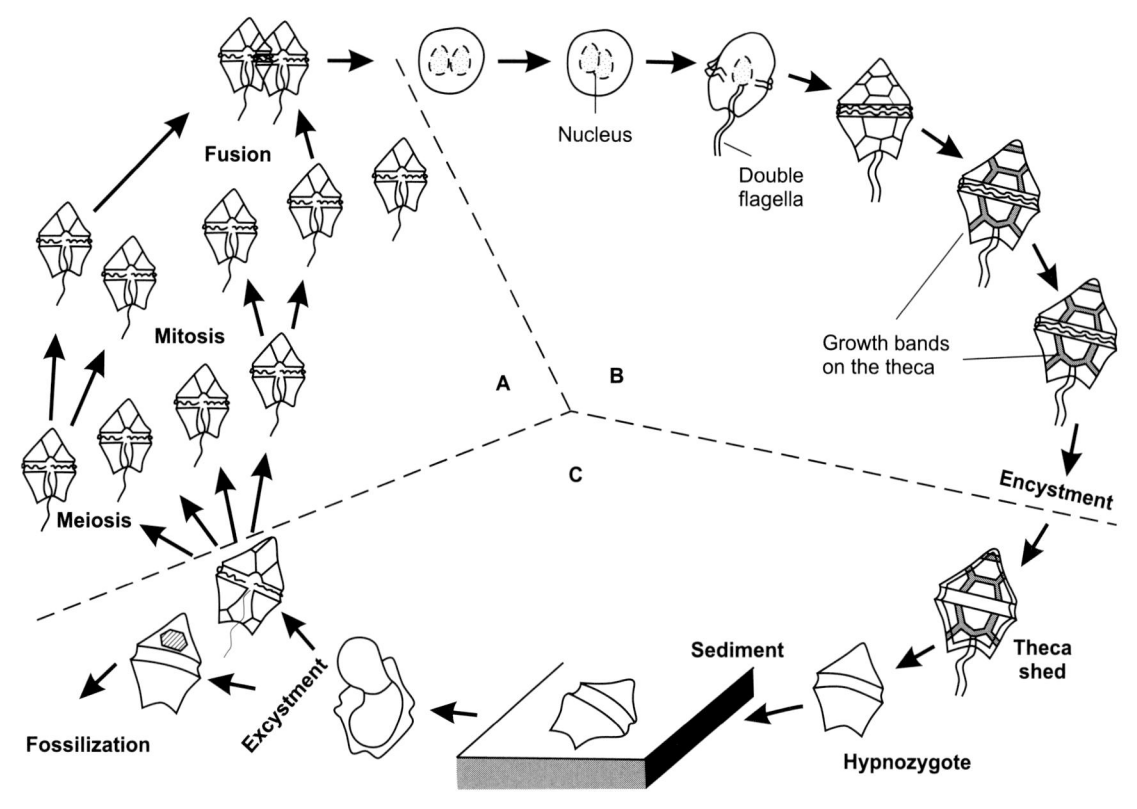

図 10.5 渦鞭毛藻の有性生殖とシスト形成を含む生活環の概念図．A 区域は半数体の遊泳期細胞，B 区域は倍数体の遊泳期細胞，C 区域は倍数体の休眠期細胞（左側の発芽した細胞を除く）．(Stover *et al.*, in Jansonius & McGregor 1996, vol. 2, pp. 641-750 から複製)

シストの表面形態

渦鞭毛藻シストの表面は平滑であるか，あるいは顆粒，リッジ，切れ込み，盛り上がった稜，短い棘 (spine)，角状の突起物などがある（図 10.4）．突起物 (process) は鎧板の中央部にあったり，いくつかが塊まりをつくったりしている．これらの装飾が鎧板の境界部にある場合は縫合線沿いの (sutural)，鎧板の中央部にある場合は鎧板内の (intertabular) 装飾という．副鎧板の境界部 (paraplate boundary) の交点にある突起物をゴナル (gonal)，境界沿いのものをインターゴナル (intergonal) と呼ぶ．

横溝の痕跡が見える場合，横溝より前頂（上方）部分を上シスト (epicyst)，後頂（下方）部分を下シスト (hypocyst) という（図 10.3 (b)）．

シストの機能は発芽孔 (archaeopyle) と呼ばれる遊泳期細胞の脱出孔の存在によって理解される．この孔は，1～数枚の鎧板が取りはずされることによってできる．そのため，この部分を蓋 (operculum) とい

い，取りはずされる部分は，ふつう前頂板列，前帯板列，前挿間板，あるいはまたそれらの組み合わせのいずれかである．発芽孔の形や位置は属によって一定している．

シスト形態の生態的および機能的な意義についてはさらなる研究が必要である．chorate 型シストの突起物や cavate 型シストの空洞は，どちらも大洋に棲む種類の沈降に抗する働きがあると思われる．これらのシストが発芽 (excystment) の前に有光層よりずっと深く沈んでしまうと，これらの種類の生存のチャンスは少なくなると思われる．実験室飼育では，同じような形態型のシストが著しく異なる遊泳期細胞を生産し，また明らかに同一に見える遊泳期細胞が非常に異なるシストを生産することがある．現世堆積物で見ると，シストの形態は塩分と直接関係しているようである．*Tectatodinium* と *Spiniferites*（図 10.3 (d)，10.9 (b)）は，通常の海水では丸い外形をしているが，低塩分のところでは十字架状になる．*Operculodinium*（図 10.7 (c)）の種では，低塩分の環境で突起物の数

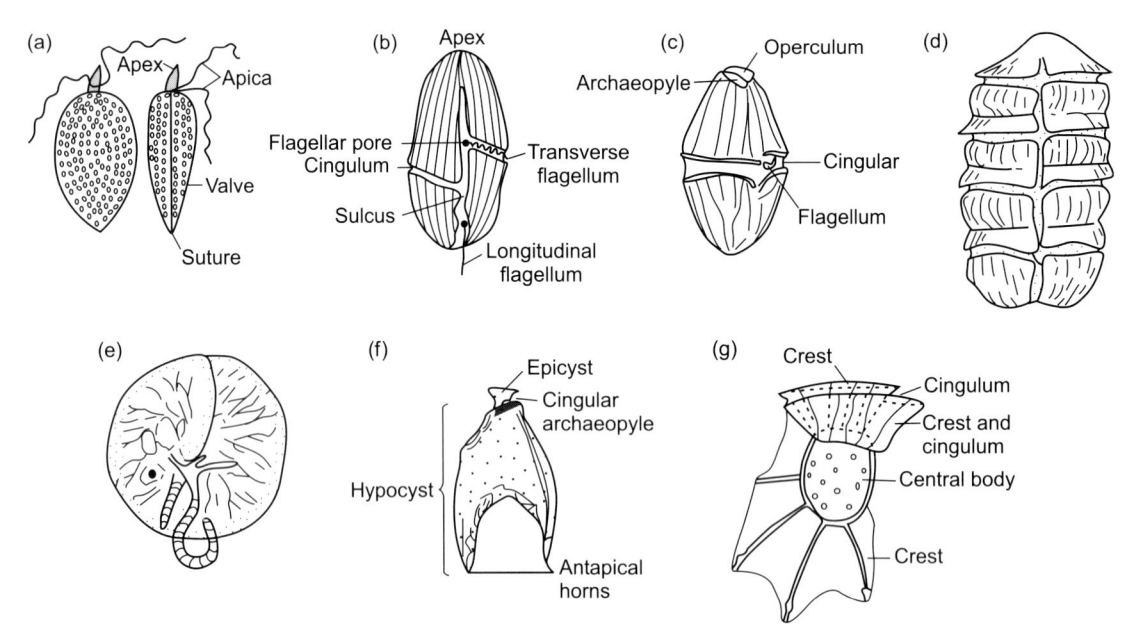

図 10.6 Prorocentroidia 亜綱と Bilidinea 綱のシストの例. (a) 現生 *Prorocentrum*（Prorocentroidia 亜綱）×約 350. (b) 現生 *Gymnodinium*（Gymnodinoidia 亜綱）×約 350. (c) 化石 *Dinogymnidinium*（Gymnodinoidia 亜綱）. (d) 現生 *Polykrikos*（Bilidinea 綱）×約 500. (e) 現生 *Noctiluca*（Noctilucea 綱）×約 180. (f) 化石 *Nannoceratopsis*（Bilidinea 綱）×約 680. (g) 現生 *Ornithocercus*（Bilidinea 綱）×約 270. ((a) Chapman & Chapman 1973, (b) Kofoid & Swezy 1921, (d) Dodge 1985 より引用. (f) Sarjeant 1974, (g) Barnes 1968 による)

の減少が知られている．このため，化石群集では，保存されているシストと生きていたときの遊泳期細胞とを対応させることは簡単でない．

渦鞭毛藻の生活史

有性生殖は現生渦鞭毛藻のごく一部で知られているにすぎず，二分裂して2個の細胞になる無性（栄養 vegetative）生殖が卓越している．生活環の詳細はさまざまで，特に有性生殖の部分で非常に変化に富むが，ここでは一般化した生活環を記述する（図 10.5）．*Polykrikos*（図 10.6 (d)）と *Noctiluca*（図 10.6 (e)）を例外として，無性生殖する遊泳期細胞であるシゾント（分裂前体 schizont）は完全な染色体数をもち，倍数体（diploid）である．接合子（zygote）が形成されると成長し，細胞壁は厚くなって（この段階を運動性接合子 planozygote という），やがて活動性がなくなる．休眠性接合子（hypnozygote，これをふつうシストという）の段階では細胞質は収縮し，シストが形成されて鞭毛を失う．細胞質は休眠した状態でシストの中に何時間も何年も残っていて，その間に最初の，時には第二の細胞分裂が起こる．そして発芽孔を経由して細胞が発芽し，成長して無性生殖がはじまる．栄養を与えずあるいは温度や光量を下げて飼育実験を行うと，有性生殖を誘導することができる．シストはシゾントの内部でもつくられるが，渦鞭毛藻化石の大部分はシスト（休眠性接合子）であると信じられている．多くの渦鞭毛藻シストは冬の間，海底に休眠状態のまま残されている．この期間に殻を囲んでいる鎧板は落ち去り分解しはじめるらしい．春になって条件が改善されると，遊泳期細胞が発芽孔から発芽し，あとに化石記録となる休眠性接合子を残す．

渦鞭毛藻の生態

渦鞭毛藻は現海洋における主要なプランクトンの一つである．ことに堅固な殻をもち，独立栄養のものが多く，海洋における食物連鎖の中で目立った役割を果たしている．独立栄養のものは硝酸塩やリン酸塩などの栄養素の多い湧昇流のある海域で繁栄している．一方，渦鞭毛藻は光を必要とするので，50 m より深いところでは生きている個体はほとんど見られない．鞭毛で移動して夜間は海面近くに留まり，昼間は有害な紫外線を避けるためにより深いところに沈む．中生代や新生代，現世の渦鞭毛藻群集でも，わずか二，三の分類群だけが古生態や古生物地理に利用できるにすぎ

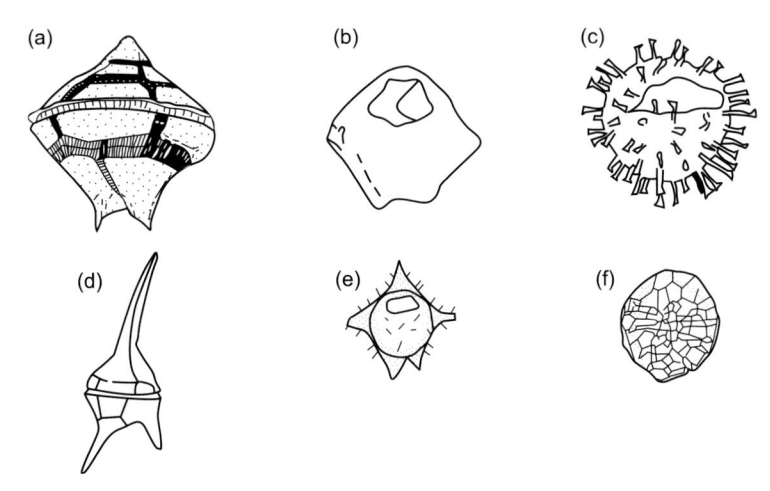

図10.7 本文中に記述されている多様な Peridinoidia 亜綱の渦鞭毛藻．(a) *Protoperidinium* の遊泳期細胞の殻，×約 350．(b) *Protoperidinium* のシスト，×約 350．(c) *Operculodinium* のシスト，×約 80．(d) *Ceratium* のシスト，×約 500．(e) *Wetzeliella* のシスト，×約 350．(f) *Suessia* のシスト，×約 350．(a)，(b)，(c)，(e) Edwards, in Lipps 1993．(d) Evitt 1985．(f) Tappan, 1980 から引用）

ない．Dale（1976）は渦鞭毛藻シストの生態を記載し，その地質学上の意義を論じた．基本的な生態要因のうち，シスト群集を支配している最も重要な要素は海の表面水温である．全体として，このグループは温度に対して広い耐性をもつ（1～35℃）が，多くの種の最適水温は 18～25℃ である．*Ceratium*（図10.7（d））は温度に対応して，形態，特に殻長と後頂角（antapical horn）間の角度が変わる．

Dale（1976）は，わずか 2～3℃ の水温変化が生物地理区の分化をもたらす十分な原因となりうる，と述べている．北半球における渦鞭毛藻シストの分布を支配している最も重要な温度境界は北大西洋の寒冷水塊と温暖水塊の境界である．この境界は，Cape Cod と Nova Scotia の間（42～43°N）と，イギリス海峡とノルウェー南西部との間に位置する（Dale 1983；Taylor 1987）．Dale（in Jansonius & McGregor 1996, vol. 3, pp. 1249-1275）は，いくつかのシスト群集を選んでその分布を記載し，大西洋における現世生物地理区分（寒帯，亜寒帯，温帯，赤道帯）と比較した．ある種は極から極まで広く分布するが，他の種類では分布がある帯状の地域に限定され，生物地理や気候の研究に使える．世界的に見ると，現世渦鞭毛藻は低緯度帯，中緯度帯，高緯度帯といった広い緯度帯を構成している（Taylor 1987）．

渦鞭毛藻は塩分に対する広い耐性をもち，湖や沼，河川などにも生息し，*Gymnodinium*（図10.6（b））や *Peridinium*（図10.2（e），(f)）など，いくつかの属は海水と淡水の両方に生息する．もっとも，大多数の種は海棲で，10～20‰ の塩分で最もよく成長する．最近の飼育実験で，塩分によって，シストのサイズと形態は一つの種内でも大きく異なることが示された．最も変化するのは突起物の数や密度，構造である．Dale（1983）は，黒海の *Lingulodinium* について，その休眠性シストの形態に同様の変異が見られることを記載した．別の例は Ellegaard（2000）と Hallett & Lewis（2001）に見られる．

独立栄養の種類は有光層に生息し，そこでは微量元素の供給量が生産量を支配している．シストをつくる種類はほとんどが海域，特に浅い沿岸水に限られて生息する．渦鞭毛藻の突然の大増殖，いわゆる赤潮（red tide）は生育に最適の条件下で起こり，毒素を生産して大量の魚や無脊椎動物を死に至らしめる．

プランクトンで捕食性あるいは寄生性の生活をする渦鞭毛藻は，ふつうは無殻でほとんどは Gymnodinoidia 亜綱に属している．他に古生物学的に限定された興味ではあるが，固着性や底生，群体をつくるもの，また造礁サンゴや大型有孔虫の細胞組織内に共生する褐虫藻（zooxanthellae）などがいる．

現世では，渦鞭毛藻シストは沿岸から大陸斜面や海膨などの堆積物中に最も豊富に（1,000～3,000/g）含まれる．また海岸から離れるに従って種多様性が増す傾向があり，多様性は熱帯海域で最も高くなる．これらの傾向はいろいろな種類の海洋プランクトン群集に認められている．現世堆積物では，河口域，沿岸，陸

棚，大洋底などに，それぞれ特定の渦鞭毛藻シスト群集が認められている．海流の流路をシストの分布パターンから追跡することができる．Mudie (in Head & Wrenn 1992, pp. 347-390) は，カナダ東部の温帯，亜寒帯，極帯にかけての海域で，沿岸から沖合への断面における渦鞭毛藻の分布を調べ，北西大西洋における代表的な渦鞭毛藻シストの分布を図示している．

現在の海流は，渦鞭毛藻シストやすべての海洋プランクトンの分布に影響を与えている．Matthiessen (1995) はノルウェー海からグリーンランド海にかけての海域で，海流による渦鞭毛藻シストの運搬について報告し，Mudie & Harland (in Jansonius & McGregor 1996, vol. 2, pp. 843-877) は，暖流である北大西洋海流が北極海東部に流入して，渦鞭毛藻群集の混合を起こしていることを述べた．

化石渦鞭毛藻の古生態を解釈する上で，いくつかの固有の問題がある．まず，第四紀より古い化石では系統を追跡できるものが二三あるとはいえ，それを生息場所のわかっている分類群と対応させるのは容易ではない．第二に，多くの渦鞭毛藻がシストをつくらず，したがって化石記録が残っていない．第三に，渦鞭毛藻シストは沈降して深い海底に達するまでの間に流され，その種の耐性外の環境に保存されることがある．しかしながら，いくつかの研究は，海底のシスト群集とそれを覆う水塊中の群集との間に強い相関があり，死後の運搬は少ないことを示している．もっとも正反対の例も多く知られているが．

現世および第四紀の渦鞭毛藻の分布と生態については，Williams (in Funnell & Reidel 1971, pp. 91-95, 231-243; in Ramsay 1977, pp. 1288-1292) や Wall et al. (1977)，Harland (in Powell 1992, pp. 253-274) による有用で総合的な論説がある．また新しい総合化が Fensome et al. (in Jansonius & McGregor 1996, pp. 107-171) や Stover et al. (in Jansonius & McGregor 1996, pp. 641-787) によってなされている．

分類

原生動物界（PROTOZOA）
ディクチオゾア亜界（DICTYOZOA）
ダイノゾア門（DINOZOA）
渦鞭毛藻亜門（DINOFLAGELLATA）

かつては多数の渦鞭毛藻シストが正体不明のヒストリコスフェア（hystrichosphere）の名の下に纏められていた．Evitt (1961, 1963) は，そのいくつかは真の渦鞭毛藻シストであることを確認し，残る不明のものをアクリターク群（Group Acritarcha）とした．

化石としてふつうに見られる渦鞭毛藻の分類は Cavalier-Smith (1998) の提案に従って Box 10.1 に概説した．Fensome et al. (1993b) による大規模な再分類では，ダイノカリオータ上綱（Dinokaryota）という分類群を独立に設けたが，これは生活環の中の少なくともある一時期にヒストン*（histone）をもつすべての渦鞭毛藻を纏めたものである．それらの渦鞭毛藻の8綱中6綱まではまったく光合成を行わず，また残る2綱のおおよそ半分の種も光合成をしない．このことから見ると，この"門"全体を国際植物命名規約ではなく，動物命名規約で扱う方が適切である．現生種の分類は，核酸の塩基配列，鞭毛の生じる位置，卓越する行動型（たとえば，鞭毛で泳ぐかアメーバのように動くか，または動かずに単独でいるか群体をつくるかなど），鎧板の有無，鎧板配列，遊泳期細胞の形態や装飾などを考慮に入れて行う．化石渦鞭毛藻シストは，鎧板配列の痕跡，発芽孔の位置，形，彫刻などのシスト型（cyst type）によって分類される（Fensome

---

Box 10.1　渦鞭毛藻の高次分類 (Cavalier-Smith 1998 による) (*：化石分類群)

原生動物界（Kingdom Protozoa）
　ディクチオゾア亜界（Subkingdom Dictyozoa）
　　ネオゾア内界（Infrakingdom Neozoa）
　　　アルベオラータ小界（Parvkingdom Alveolata）
　　　　ダイノゾア門（Phylum Dinozoa）

　　　　　渦鞭毛藻亜門（Subphylum Dinoflagellata）=（Dinophyta）
　　　　　　Hemidinia 上綱（Superclass Hemidinia）
　　　　　　　Noctilucea 綱（Class Noctilucea）*

　　　　　　Dinokaryota 上綱（Superclass Dinokaryota）
　　　　　　　Peridinea 綱（Class Peridinea）
　　　　　　　　Gymnodinoidia 亜綱（Subclass Gymnodinoidia）*
　　　　　　　　Peridinoidia 亜綱（Subclass Peridinoidia）*
　　　　　　　　Prorocentroidia 亜綱（Subclass Prorocentroidia）*
　　　　　　　　Desmocapsoidia 亜綱（Subclass Desmocapsoidia）
　　　　　　　　Thoracospaeroidia 亜綱（Subclass Thoracospaeroidia）
　　　　　　　Bilidinea 綱（Class Bilidinea）
　　　　　　　　Dinophysida 目（Order Dinophysida）*
　　　　　　　　Nannoceratopsida 目（Order Nannoceratopsida）*

et al. 1993a を参照).

[訳注]*：ヒストン (histone) は核内 DNA と結合している塩基性蛋白質.

Peridinea 綱

Prorocentroidia 亜綱は最も原始的な渦鞭毛藻とされている. 遊泳期細胞は無殻で, その前端から同じ長さの2本の鞭毛が出ている. シストは知られていないが, おそらくアクリタークに含められているのであろう. 現生の *Prorocentrum* (図10.6 (a)) は赤潮の原因となり, その殻は縦の縫合線で同形の殻片 (valve) に二分される.

Gymnodinoidia 亜綱は捕食性および寄生性の種類で, 鎧板を欠くが, 柔軟な外皮 (薄膜層) がある. 殻はふつう球形で, 赤道域の深い横溝と浅い縦溝がある. シストが知られているが, 鎧板配列を反映する模様がなく, 類縁関係を調べるのは難しい. このようなはっきりしない種類がアクリタークとして分類されているようである.

現生の *Gymnodinium* (図10.6 (b)) は赤道域に横溝のある遊泳期細胞をもつ. 白亜紀後期に多産する *Dinogymnodinium* (図10.6 (c)) はおそらく proximate 型のシストで, 縦方向の皺 (fold) や横溝をもち, 前頂部には発芽孔がある.

Peridinoidia 亜綱は遊泳期の殻に鎧板をもつものを含む. この亜綱の赤道域にはわずかに螺旋状に巻いた横溝があり, 縦方向には縦溝がある. 鎧板は前頂 (apical), 前帯 (precingular), 横溝 (cingular), 後帯 (postcingular), 後頂 (底) (antapical) の5列の鎧板 (plate) に加えて, 挿間 (intercalary) と縦溝 (sulcus) にも鎧板が配列する.

peridinoids 類 (Peridiniales 目) の分類は必然的に二つの方向に独立して進んできた. 一つは化石渦鞭毛藻シスト (化石の大部分がこれに属す) を対象にしたもので, もう一つは生きている遊泳期細胞を対象にしたものである. 原理的にはこのばらばらな情報を一つの自然分類に纏めるのが理想であるが, 残念ながらシスト期の属と遊泳期の属は必ずしも対応していない. 進化はこのような生活環の別々の段階で異なる速度で進行する (モザイク進化).

現生 *Peridinium* の遊泳期細胞 (図10.2 (e), (f)) は側方から圧縮され, ほとんど左右対称形になっている. シスト期のものは peridinoid 形の proximate 型シストで, 表面に鎧板配列や溝がはっきりと転写されている. 殻にもシストにも二つの後頂角 (底部の突起) がある. *Deflandrea* (L. Cret. -U. Olig., 図10.3 (f)) は楕円形をした化石の cavate 型シストで, ふつうは角 (horn) がある. 転写された鎧板配列はほとんど見えないが, *Peridinium* タイプでは前挿間板に対応する発芽孔をもつ.

現生 *Gonyaulax* (図10.2 (g), (h)) では遊泳期の殻はふつう角をもたず, 鎧板配列はやや非対称的である. そのシストは chorate 型あるいは中間的な proximochorate 型で, 前帯板型発芽孔をもつ. このタイプは, かつては *Hystrichosphaera* と呼ばれたが, 現在では *Spiniferites* (U. Jur. -Rec., 図10.3 (e), 10.9 (b)) とされている. 化石の proximate 型シストである *Gonyaulacysta* (M. Jur. -M. Mioc., 図10.3 (b), 10.9 (a)) も転写された鎧板配列をもち, 前帯板型発芽孔や稜 (crest) のある縫合線 (suture) と一つの前頂角があり, *Gonyaulax* タイプである.

Hystrichosphaeridium (U. Jur. -M. Mioc., 図10.3 (e)) は化石の chorate 型シストで, 全体が球形で中空の突起物が放射状に伸び, その先端はしばしばトランペット状に広がっている. それぞれの突起物は, かつてそれを包んでいた殻の鎧板の中央に位置している. 発芽孔は前頂板型である.

Bilidinea 綱

この綱は Dinophysida 目と Nannoceratopsida 目を含む. これらは鎧板をもつが, 明瞭な鎧板配列を欠く. 横溝は前頂部よりに位置し, peridinoids 類 (Peridiniales 目) ほど螺旋にはなっておらず, 縦溝とT字あるいはY字形に接続する. どちらの溝も現生の *Ornithocercus* (図10.6 (g)) に見られるように板状の稜で境されている. シストは proximate 型で, 発芽孔と蓋は上シストの全体を包む. 化石は少ないが, ジュラ紀の *Nannoceratopsis* (図10.6 (f)) がこれに当たるであろう. このグループには, ふつう二つの突き出た後頂角 (底部の突起) と横溝板型の発芽孔がある.

渦鞭毛藻の通史

このグループの体制は明らかに原始的で長い歴史をもつが, Peridiniales 目が最盛期に達したのは中生代と新生代である. 渦鞭毛藻に特徴的な二つのバイオマーカーであるダイノステランと 4α-メチル-24-エチルコレスタンが原生代後期とカンブリア紀の堆積物中に含まれている (Moldowan & Talyzina 1999). そしてまた RNA 塩基配列は, 渦鞭毛藻が有孔虫や放

散虫（どちらもカンブリア紀に化石記録がある）よりも前に分岐したことを示している．先カンブリア時代後期から古生代にかけてのアクリタークの放散は，実は渦鞭毛藻の初期の歴史を代表しているものであろう．この当時は鎧板配列をもたない形態のものが繁栄していた．これに続く渦鞭毛藻の進化史については，Bujak & Williams（1981）（図10.8）が総括している．

確実なperidinoid形のシストで最古のものはシルル紀から産出する*Arpylorus*である．これは鎧板配列，横溝，前帯板型発芽孔をもつとされている．しかし，渦鞭毛藻の最も大規模な放散は三畳紀の中・後期に起こり，このときに*Suessia*（図10.7（f），10.8）などの属が現れた．proximate型のシストはジュラ紀を通じて多産する（たとえば*Gonyaulacysta*，図10.3（b），10.9（a））が，chorate型やproximochorate型のシストはすべてジュラ紀中期までに出現している．

白亜紀の種類の多くはchorate型（たとえば*Hystrichosphaeridium*，図10.3（e））か，あるいはproximochorate型（たとえば*Spiniferites*，図10.3（d），10.9（b））で，渦鞭毛藻シストの多様度が最高に達したのはこの時期である．

cavate型でperidinoid形の渦鞭毛藻シストは，Aptian-Albianに繁栄しはじめた（たとえば*Deflandrea*，図10.3（f），*Wetzeliella*，図10.7（e），10.9（c））．漸新世まで多くの第三紀群集が優占的であったが，そのほとんどが鮮新世には絶滅している．複雑な突起物をもつproximate型およびchorate型のシストは始新世と漸新世に現れるが，その後は単純な形態のものが多くなる．渦鞭毛藻シストが淡水成の地層にはじめて出現するのは第三紀のうちである．

渦鞭毛藻シストの利用

渦鞭毛藻シストは示準化石として理想的である．Williams & Bujak（1985）はシストによる分帯の詳細を総括した．その後，Stover *et al.*（in Jansonius & McGregor 1996, vol. 2, pp. 641-750）がこれを修正している．Powell（1992）は同定と分帯のためのわかりやすい作業マニュアルを作成した．

三畳紀後期の渦鞭毛藻群集はアラスカ，北極圏カナダ，オーストラリア，英国，オーストリアから知られ，わずかに*Rhaetogonyaulax rhaetica*間隔帯の1帯だけが認められている．このように中生代初期には渦鞭毛藻群集の種の多様性は低かったが，ジュラ紀中期までには植物プランクトンの重要な部分を構成するようになった．地域性，すなわち異なる生帯（biozone）が成立していた地域として，極域，亜寒帯域，テチス域，南半球域の各生物地理区がある．これらは軟体動物化石で認められた地理区にほぼ対応している（Davies & Norris 1980；Stancliffe & Sarjeant 1988）．同様の地域性は少なくとも白亜紀前期にも（Lentin & Williams 1980；Williams *et al.* 1990），また第三紀にも（Williams & Bujak 1977, 1985；Williams *et al.* 1990）認められている．渦鞭毛藻では白亜紀／第三紀境界で

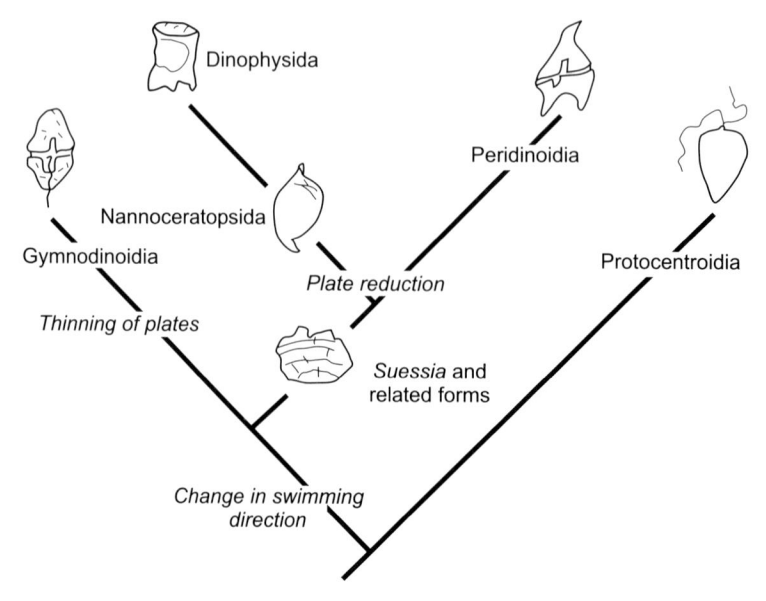

図10.8 想定される渦鞭毛藻の進化系統．（Bujak & Williams 1981より改描）

絶滅率が明瞭に増加するということはない．しかし，群集の内容は変化している．渦鞭毛藻シストがシーケンス層序学に役立つことはHaq et al. (1987) によって認められ，その対比表にシストのいくつかの種の出現・消滅層準が示されている．Habib et al. (1992) はアメリカ，アラバマ州の白亜紀／第三紀境界付近の地層で，堆積体とシストの種の多様性との関係について報告し，低海面期には多様性が最も低くなることを示した．一方，Monteil (1993) はシストの出現・消滅層準を用いて，Berriasian階（白亜系）の模式層序中に第3オーダーのシーケンスを確認することに成功した．Stover & Hardenbol (1994) はベルギーの下部漸新統Boom Clayの中で，シスト群集が海進海退のサイクルに敏感に対応していることを示した．

渦鞭毛藻シストの古生態的な利用については，Williams (in Ramsay 1977, pp. 1292-1302) の評論がある．またDale (1976) は渦鞭毛藻群集の保存に与えるタホノミー（化石化作用 taphonomy）の影響について考察した．Peridiniales目に対するGonyaulacales目の割合（あるいはその変化）は，古海岸線の指標として広く用いられてきた（たとえばBint 1986）．Powell et al. (1992) もまた，この比率を湧昇流の強度を示す指標として用い，新第三紀以後の地層の古水温を推定して，Gonyaulacales目の増加が水温の低下を示すと考えた．イスラエルのConiacian-Maastrichtian階を対象にした同様の研究でも，またこの比率が湧昇流の強度によって変わることが示され，これがもっと広く応用できる可能性を示唆している（Eshet et al. 1994）．

イングランド南部の古第三系には四つの明瞭な渦鞭毛藻シスト-アクリターク群集が含まれ，それぞれは単一の優占種で特徴づけられている．これらの群集はまた，それぞれ特徴的な岩相中に産出し，Gonyaulacales目のAreoliera と Spiniferites が優占的な群集は外洋水を指示し，アクリタークのMicrhystridium は沿岸内側の環境に優占的で，海進のはじまりの時期と終末期とを示す．またWetzeliella（peridinoids類）は河口域の環境に多産する．しかしながら，渦鞭毛藻シストを古塩分の指標として利用することはあまり進んでいない．しかし，現生の渦鞭毛藻が現生の貝類と同じような分布をすることがわかっている（Wall et al. 1977）．

最近，渦鞭毛藻が古気候の解析に広く用いられるようになってきた．研究の中には，北大西洋の第三系やメキシコ湾から西大西洋の始新統−漸新統のコアについてODPの一環として調べた例があり，渦鞭毛藻の広域的な分布と推定されている古海流の配置がよく一致することが示されている（たとえばDamassa et al. 1990）．Mudie et al. (1990) は，北極海域における新第三紀の渦鞭毛藻シストとアクリタークの分布を総括し，それらが気候に支配されていることを示した．Head (1993) は鮮新世にイングランド南西部が熱帯−亜熱帯気候であったことを示すのに渦鞭毛藻シストを用いた．冬の表面水温が高い (15℃程度) ことは，湾流 (Gulf Stream) の存在と汎地球的温暖化を示すと考えられた．Edwards et al. (1991) と Edwards (in Lipps 1993, pp.105-127; in Head & Wrenn 1992, pp. 69-87) はシストの豊富さを大洋の水温推定に用

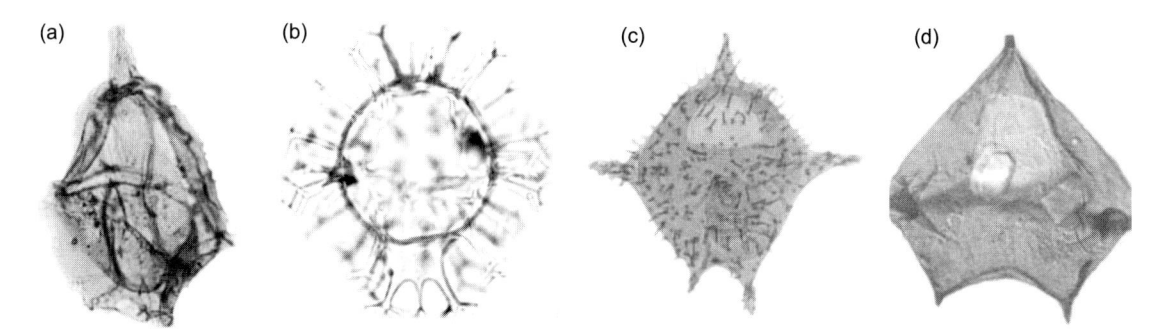

図 10.9 代表的な渦鞭毛藻シストの顕微鏡写真．(a) *Gonyaulacysta jurassica* (Deflandre 1938) ×528. Oxfordian 初期から Kimmeridgian 後期の proximate 型シスト．(b) *Spiniferites mirabilis* (Rossignol 1964) ×611. 第四紀から現世の chorate 型シスト．(c) *Wetzeliella articulata* (Eisenack 1939) ×294. Ypresian から Rupelian の proximochorate 型シスト．(d) *Protoperidinium communis* (Biffe & Grignani 1983) ×515. cavate 型の殻壁構造をもつ proximate 型シストとその発芽孔を示す．生存期間は更新世初期．((a) Riding & Thomas, in Powell 1992, pl. 2.17.3, (b) Harland, in Powell 1992, pl. 5.3.2, (c) Powell, in Powell 1992, pl. 4.6.10, (d) Harland, in Powell 1992, pl. 5.1.6 から複製)

いた．一方，Jarvis et al.（1988）と Palliani & Riding（1999）は海洋無酸素事件の際にシスト群集が時間的にどのように変化するかを解析している．

北海の第四紀堆積物では，氷期には *Spiniferites elongatus* および *Protoperidinium* の球形の種（図 10.9 (d)）が卓越し，個体数が少なく多様性の低い群集が現れる．間氷期あるいはより温和な環境では，*Operculodinium centrocarpum*（図 10.7 (c)）や *Spiniferites mirabilis*（図 10.9 (b)），および *Protoperidinium*（図 10.7 (a), (b)）の五角形をした種が多産する（Harland, in Powell 1992, pp. 253-274）．

渦鞭毛藻シストやアクリタークが洗い出されて若い地層に混入したものは，堆積物の供給源地や運搬された方向を示すのに用いられる（Stanley 1966；Riding et al. 1997, 2000）．

さらなる知織のために

このグループの紹介で有用なものとして，Edwards（in Lipps 1993, pp. 105-127），Fensome et al.（in Jansonius & McGregor 1996, vol. 1, pp. 107-171），Stover et al.（in Jansonius & McGregor 1996, vol. 2, pp. 641-750）などがある．多くの渦鞭毛藻シストは Fensome et al.（1991, 1993a），Williams & Bujak（1985），Powell（1992）のカタログによって同定できる．現生の渦鞭毛藻に関する重要な総括は Spector（1984）と Taylor（1987）にあり，Popovsky & Pfiester（1990）は非海生種について総括している．

採集と研究のヒント

渦鞭毛藻シストはジュラ紀以後の暗灰－黒色の泥質岩中にふつうに含まれている．この岩石は付録に記した処理法 A から E（特に D）で分解でき，シストは処理法 H あるいは K で濃集できる．スライドグラスに一時的あるいは永久的に封入し，よく集光された透過光で400倍以上に拡大して見るとよい．より巧妙な選別濃集の方法が Wood et al.（in Jansonius & McGregor 1996, vol. 1, pp. 29-51）に紹介されている．Dodge（1985）は現生の遊泳期細胞とシストの走査型電子顕微鏡（SEM）像について概説している．

エブリア類

エブリア（ebridians）は単細胞の海棲プランクトンで，シリカからなる内骨格をもち珪質鞭毛藻に似ている．しかし，珪質鞭毛藻と違って空洞のない棒状の骨格からなり，4軸あるいは3軸の対称性をもつ．また長さの違う2本の鞭毛（flugellum）をもち，光合成色素を欠く．仮足を使って食物（特に珪藻）を捉え消化する．増殖はほとんど無性的な分裂による．

エブリア類の生物学的な位置がはっきりしないので，その分類は混乱している．珪質鞭毛藻や渦鞭毛藻のような藻類に似ているが，それと同じ程度に放散虫のような動物にも似ている．一般には藻類とみなされており，研究者によっては黄金色植物門（Chrysophyta）に，あるいは独立の Ebriophyceae 綱として焔色植物門（Pyrrhophyta）に所属させている．

属や種は内骨格の形態によって識別される（Loeblich et al. 1968 を参照）．たとえば *Ebria*（Mioc.-Rec., 図10.10 (c)）は3～4本の放射状の棒状骨格（barまたはactine）をもち，その先端はハフト（haft）と呼ばれる曲がったリング（hoop）に接続する．*Hermesinum*（Palaeoc.-Rec., 図10.10 (a), (b)）は基本的には4軸の骨針配列で，カイメンの骨針に似た4本の棒状骨格からなり，その先端はいくつかの円形のリングに接続する．

エブリア類は暁新世の地層から知られ，大部分の属は鮮新世まで生存したが，その多様性は鮮新世に著しく低下した（Tappan & Loeblich 1972）．この類は概して豊富ではなく，分布や産出が著しく偏っていることから，地質学的利用についてはまだよく開発されていない．だがたとえば北太平洋域など（Ling 1972,

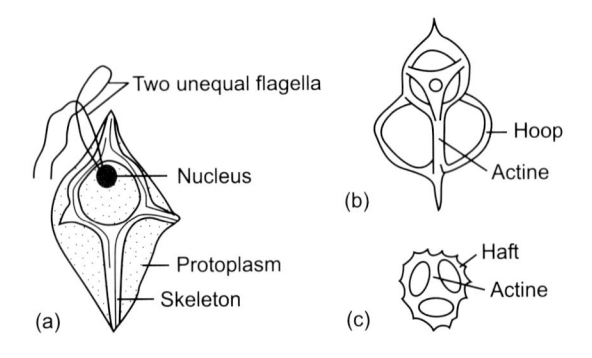

図 10.10　エブリア類．(a) 現生 *Hermesinum* の細胞と骨格．(b) *Hermesinum* の骨格，×500．(c) *Ebria* の骨格，×533．((a) Hovasse 1934 による)

1975を参照）の新生代の生層序区分では，珪質鞭毛藻とともに用いられ，成功している．広範な総説がErnisse（in Lipps 1993, pp. 131-141）にある．

引用文献

Barnes, R. D. 1968. *Invertebrate Zoology*. W. B. Saunders, Philadelphia.

Bint, A. N. 1986. Fossil Ceratiaceae: a restudy and new taxa from the mid-Cretaceous of the Western Interior, USA. *Palynology* **10**, 135-180.

Bujak, J. P. & Williams, G. L. 1981. The evolution of dinoflagellates. *Canadian Journal of Botany* **59**, 2077-2087.

Cavalier-Smith, T. 1998. A revised six-kingdom system of life. *Biological Reviews of the Cambridge Philosophical Society* **73**, 203-266.

Chapman, V. J. & Chapman, D. J. 1973. *The Algae*. Macmillan, London.

Dale, B. 1976. Cyst formation, sedimentation and preservation: factors affecting dinoflagellate assemblages in Recent sediments from Trondheimsfjord. Norway. *Review of Palaeobotany and Palynology* **22**, 39-60.

Dale, B. 1983. Dinoflagellate resting cysts 'benthic plankton'. In: Fryxell, G. A. (ed.) *Survival Strategies of the Algae*. Cambridge University Press, Cambridge, pp. 68-136.

Damassa, S. P., Goodman, D. K. & Kidson, E. J. 1990. Correlation of Paleogene dinoflagellate assemblages to standard nannofossil zonation in North Atlantic DSDP sites. *Review of Palaeobotany and Palynology* **65**, 331-339.

Davies, E. H. & Norris, G. 1980. Latitudinal variations in encystment modes and species diversity in Jurassic dinoflagellates. In: Strangway, D. W. (ed.) *The Continental Crust and its Mineral Deposits. Special Paper. Geological Association of Canada* **20**, 361-373.

Dodge, J. D. 1985. *Atlas of Dinoflagellates*. Farrand Press, London.

Edwards, L. E., Mudie, P. J. & Devernal, A. 1991. Pliocene paleoclimatic reconstruction using dinoflagellate cysts – comparison of methods. *Quaternary Science Reviews* **10**, 259-274.

Ellegaard, M. 2000. Variation in dinoflagellate cyst morphology under conditions of changing salinity during the last 2000 years in the Limfjord Denmark. *Review of Palaeobotany and Palynology* **109**, 65-81.

Eshet, Y., Almogi-Labin, A. & Bein, A. 1994. Dinoflagellate cysts, paleoproductivity and upwelling system: a Late Cretaceous exampe from Israel. *Marine Micropalaeontology* **23**, 231-240.

Evitt, W. R. 1961. Observations on the morphology of fossil dinoflagellates. *Micropalaeontology* **7**, 385-420.

Evitt, W. R. 1963. A discussion and proposals concerning fossil dinoflagellates, hystrichospheres and acritarchs. *Proceedings of the National Academy of Sciences USA* **49**, 158-164, 298-302.

Evitt, W. R. 1969. Dinoflagellates and other organisms in palynological preparations. In: Tschundy, R. H. & Scott, R. A. (eds) *Aspects of Palynology*. Wiley Interscience, New York, pp. 439-481.

Evitt, W. R. 1985. *Sporopollenin Dinoflagellate Cysts. Their morphology and interpretation*. American Association of Stratigraphic Palynologists Foundation, Salt Lake City.

Fensome, R. A., Gocht, H., Stover, L. E. & Williams, G. L. 1991. *The Eisenack Catalog of Fossil Dinoflagellates*, new series, vol. 1. E. Schweizerbart'sche Verlagsbuchhandlung, Stuttgart, pp. 1-828.

Fensome, R. A., Gocht, H., Stover, L. E. & Williams, G. L. 1993a. *The Eisenack Catalog of Fossil Dinoflagellates*, new series, vol. 2. E. Schweizerbart'sche Verlagsbuchhandlung, Stuttgart, pp. 829-1461.

Fensome, R. A., Taylor, F. J. R., Norris, G., Sarjeant, W. A. S., Wharton, D. I. & Williams, G. L. 1993b. A classification of living and fossil dinoflagellates. *Micropalaeontology*, special publication, no. 7.

Funnell, B. M. & Riedel, W. R. (eds) 1971. *The Micropalaeontology of Oceans*. Cambridge University Press, Cambridge.

Habib, D., Moshkovitz, S. & Kramer, C. 1992. Dinoflagellate and calcareous nannofossil response to sea level changes in the Cretaceous-Tertiary boundary sections. *Geology* **20**, 165-168.

Hallett, R. & Lewis, J. 2001. Salinity, dinoflagellate cyst growth and cell biochemistry. *34th Annual Meeting of the American Association of Stratigraphic Palynologists*, abstracts.

Haq, B. U., Hardenbol, J. & Vail, P. R. 1987. Chronology of fluctuating sea levels since the Triassic. *Science* **235**, 1156-1167.

Head, M. J. 1993. Dinoflagellates, sporomorphs and other palynomorphs from the Upper Pliocene, St Erth Beds of Cornwall, southwestern England. *Palaeontological Society, Memoir* **31**, 1-62.

Head, M. J. & Wrenn, J. H. (eds) 1992. *Neogene and Quaternary Dinoflagellate Cysts and Acritarchs*. American Association of Stratigraphic Palynologists Foundation, Salt Lake City.

Jansonius, J. & McGregor, D. C. (eds) 1996. *Palynology: Principles and Applications*. American Association of Stratigraphic Palynologists, Salt Lake City.

Jarvis, I., Carson, G. A., Cooper, M. K. E., Hart, M. B., Leary, P. N., Tocher, B. A., Horne, D. & Rosenfeld, A. 1988. Microfossil assemblages at the Cenomanian-Turonian (Late Cretaceous) Oceanic Anoxic Event. *Cretaceous Research* **9**, 3-103.

Kofoid, C. A. & Swezy, O. 1921. *The Fossilizing Unarmoured Dinoflagellata*. California Press, Berkeley.

Lentin, J. K. & Willams, G. L. 1981. Fossil dinoflagellates: index to genera and species, 1981 edition. *Report Series. Bedford Institute of Oceanography* B1-R-81-12, 1-345.

Lipps, J. H. (ed.) 1993. *Fossil Prokaryotes and Protists*. Blackwell Scientific, Boston.

Matthiessen, J. 1995. Distribution patterns of dinoflagellate cycsts and other organic-walled microfossils in recent Norwegian – Greenland Sea sediments. *Marine Micropalaeontology* **24**, 307-334.

Moldowan, J-M. & Talyzina, N. M. 1999. Biogeochemical evidence for the dinoflagellate ancestors in the Early Cambrian. *Science* **281**, 1168-1170.

Monteil, E. 1993. Dinoflagellate cyst biozonation of the Tithonian and Berriasian of southeast France correlation with seismic stratigraphy. *Bulletin des Centres de Reseches Exploration-Production Elf-Aquitaine* **17**, 249-275.

Mudie, P. J., De Vernal, A. & Head, M. J. 1990. Neogene to Recent palynostratigraphy of circum-arctic basins: results of ODP leg 104, Norwegian Sea, leg 105, Baffin Bay, and DSDP site 611, Irminer Sea. In: Bleil, U. & Thiede, J. (eds) *Geological History of Polar Oceans: Arctic versus Antarctic*. Kluwer Academic Publishers, Dordecht, pp. 609-646.

Palliani, R. B. & Riding, J. B. 1999. Relationships between the Early Toarcian anoxic event and organic-walled phytoplankton

in central Italy. *Marine Micropalaeontology* **37**, 101-116.
Popovsky, J. & Pfeister, L. A. 1990. Dinophyceae (Dinoflagellida). In: Ettl, H., Gerloff, J., Heynig, H. & Mollenhauer, D. (eds) *Süsswasserflora von Mitteleuropa: begründet von A. Pascher*, vol. 6. Gustav Fischer Verlag, Jena.
Powell, A. J. (ed.) 1992. *A Stratigraphical Index of Dinoflagellate Cysts*. British Micropalaeontological Publication Series. Chapman & Hall, London.
Powell, A. J., Lewis, J. & Dodge, J. D. 1992. The palynological expressions of post-Palaeogene upwelling: a review. In: Summerhayes, C. P., Prell, W. I. & Emeis, K. C. (eds) *Upwelling systems: evolution since the Early Miocene*. Geological Society of London, Special Publication **64**, 215-226.
Ramsay, A. T. S. (ed.) 1977. *Oceanic Micropalaeontology*. Academic Press, London.
Riding, J. B., Moorlock, B. S. P., Jeffery, D. M., et al. 1997. Reworked and indigenous palynomorphs from the Norwich Crag Formation (Pleistocene) of eastern Suffolk: implications for provenance, palaeogeography and climate. *Proceedings, Geological Association* **108**, 25-38.
Riding, J. B., Head, M. J. & Moorlock, B. S. P. 2000. Reworked palynomorphs from the Red Crag and Norwich Crag formations (Early Pleistocene) of the Ludham Borehole, Norfolk. *Proceedings, Geological Association* **111**, 161-171.
Sarjeant, W. A. S. 1974. *Fossil and Living Dinoflagellates*. Academic Press, London.
Spector, D. L. (ed.) 1984. *Dinoflagellates*. Academic Press, Orlando.
Stancliffe, R. P. W. & Sarjeant, W. A. S. 1988. Oxfordian dinoflagellate cysts and provincialism. In: Rocha, R. B. & Soares, A. F. (eds) *Second International Symposium on Jurassic Stratigraphy, Lisbon, 1987. Centro de Estratigraphia e Paleobiologia da Universidade Nova de Lisboa e Centra de geosciencias da Universidade de Coimbra, Lisbon* **2**, 763-798.
Stanley, E. A. 1966. The problem of reworked pollen and spores in marine sediments. *Marine Geology* **4**, 397-408.
Stover, L. E. & Hardenbol, J. 1994. Dinoflagellates and depositional sequences in the Lower Oligocene (Rupelian) Boom Clay Formation, Belgium. *Bulletin de la Société belge de Géologie* **102**, 5-77.
Stover, L. E. & Williams, G. L. 1982. Dinoflagellates. *Proceedings of the Third North American Palaeontological Convention* **2**, 525-533.
Tappan, H. 1980. *The Paleobiology of Plant Protists*. W. H. Freeman, San Fransisco.
Taylor, F. G. R. 1987. Ecology of dinoflagellates. In: Taylor, F. G. R. (ed.) *The Biology of Dinoflagellates*. Botanical Monographs, vol. 21. Oliver and Boyd, Edinburgh, pp. 399-501.
Wall, D. B., Dale, B., Lohmann, G. P. & Smith, W. K. 1977. The environmental and climatic distribution of dinoflagellate cysts in modern marine sediments from regions in the North and South Atlantic Oceans and adjoining seas. *Marine Micropalaeontology* **2**, 121-200.
Williams, G. L. & Bujak, J. P. 1977. Distribution patterns of some North Atlantic Cenozoic dinoflagellate cysts. *Marine Micropalaeontology* **2**, 223-233.
Williams, G. L. & Bujak, J. P. 1985. Mesozoic and Cenozoic dinoflagellates. In: Bolli, H. M., Saunders, J. B. & Perch-Nielsen, K. (eds) *Plankton Stratigraphy*. Cambridge University Press, Cambridge, pp. 847-965.
Williams, G. L., Ascoli, P., Barss, M.S., Bujk, J.P., Davies, E.H., Fensome, R. A. & Williamson, M. A. 1990. Biostratigraphy and related studies. In: Keen, M. J. & Williams, G. L. (eds) *Geology of the Continental Margin of Eastern Canada: Geology of Canada* (also: *The Geology of North America*). *Geological Society of America* **1-1**, 87-137.

エブリア類

Hovasse, R. 1934. Ebriacees, Dinoflagellés et Radiolaires. *Comptes Rendus Hebdonmadaires des Seances* **198**, 402-404.
Ling, H. Y. 1972. Upper Cretaceous and Cenozoic silicoflagellates and ebridians. *Bulletin of American Paleontology* **62**, 135-229.
Ling, H. Y. 1975. Silicoflagellates and ebridians from Leg 31. *Initial Reports of the Deep Sea Drilling Project* **31**, 763-773.
Loeblich III, L. A., Tappan, H. & Loeblich Jr, A. R. 1968. Annotated index of fossil and Recent silicoflagellates and ebridians with descriptions and illustrations of validly proposed taxa. *Memoir, Geological Society of America*, no. 106.
Tappan, H. & Loeblich Jr, A. R. 1972. Fluctuating rates of protistan evolution, diversification and extinction. *24th International Geological Congress, Montreal* **7**, 205-213.

11章 キチノゾア
Chitinozoa

キチノゾア（chitinozoans）は中空のフラスコ型あるいは壺型をした有機質の殻（vesicle）をもち，その類縁関係については不明な化石である．最初の出現はオルドビス紀前期で，古生代を通じて急速な進化を遂げたが，その大部分はデボン紀末に絶滅した．キチノゾアは石炭紀とペルム紀からも報告されているが，これらの記録は疑わしいか，あるいは再堆積した個体が含まれている可能性がある．キチノゾアは，ふつう泥岩やシルト岩中にアクリターク（acritarchs），スコレコドント（scolecodonts），筆石（graptolites）とともに産出する．キチノゾアの殻壁（wall）は酸化や熱による変質，造構運動，母岩の再結晶作用に対して抵抗性が強い．実際，キチノゾアは粘板岩などの変質した岩石中にみられる唯一の有機質の化石であるため，その産出は生層序や熱熟成度の研究にとって特に重要である．

形 態

殻

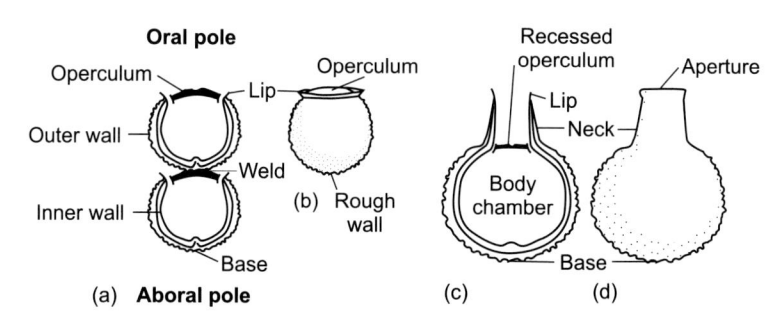

キチノゾアの殻（vesicle）はその大きさが30 μm〜1.5 mmと幅が大きいが，ほとんどのものは長さ150〜300 μmである．殻は縦方向に対称軸があり，これに直交する断面では放射対称になっている．殻壁（図11.1，11.2）は2層からなり，暗褐色ないし黒色のキチンに似た物質（類キチン質 pseudochitin）からなる．殻壁は空洞の体房室（body chamber）を囲んでいるが，この体房室は生体が収まっていた部分である．殻の

図 11.1 (a) *Desmochitina*（Operculatifera 目）の結合した二つの殻の縦断面．(b) *Desmochitina* の外観．(c) *Lagenochitina*（Prosomatifera 目）の縦断面．(d) *Lagenochitina* の外観．（一部 Jansonius 1970 による）

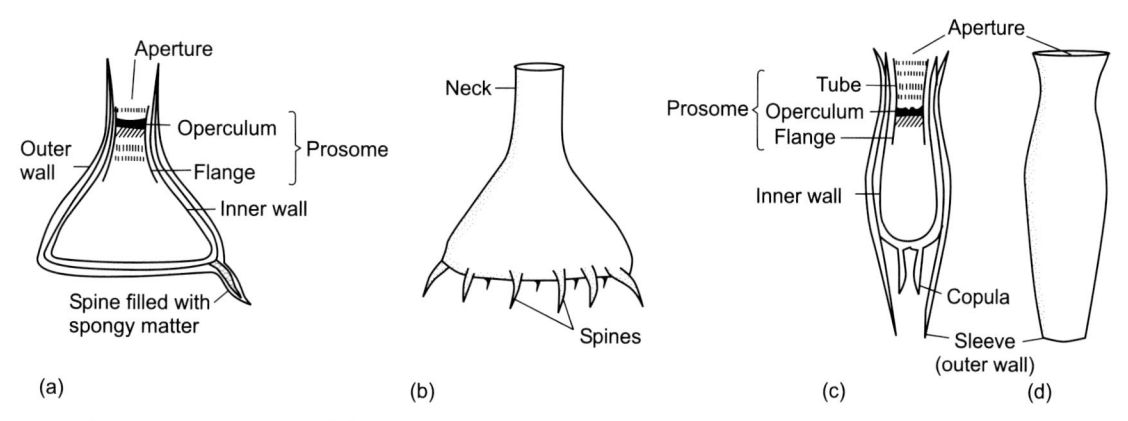

図 11.2 Prosomatifera 目の模式図．(a) *Ancyrochitina* の縦断面．(b) *Ancyrochitina* の外観．(c) *Velatachitina* の縦断面．(d) *Velatachitina* の外観．（一部 Jansonius 1970 による）

口 (aperture) のある側の端（口端 oral end）は，ふつう頸状に突き出し，その反対側の端（反口端 aboral end）は閉じて広がっている．口は蓋 (operculum) で塞がれているが，その蓋は本体とは繋がっていない．口と蓋の形態や位置は分類形質となる．

2層からなる殻の外壁は平滑か，または条線 (stria) があり，粒状 (tuberculum)，毛状 (hispid) の装飾をもち，また折り重ねられて中空の棘 (spine) になったり，長く伸びてチューブ状の袖 (sleeve) になっている．内壁にも棘があり，それらは外壁を貫いて外に出ている．多くのキチノゾアは長く鎖状に結合したり，塊をつくったりしている．殻は蓋（口極 oral pole）のところと底（反口極 aboral pole）（図11.1 (a)）のところで互いに結合している．いくつかの属では，蓋は頸部内に深く落ち込み，他の個体とは底部にある連結装置 (copula)（図11.2 (c)）と呼ばれるチューブ状の突出しで繋がっている．

キチノゾアの分布と生態

キチノゾアは絶滅したグループではあるが，その古生態は，一緒に産出する底生動物や生痕化石から（たとえばBergström & Grahn 1985; Miller, in Jansonius & McGregor 1996, vol. 1, pp. 307-337），またそれらを包含する堆積物から (Laufeld 1974)，あるいはまた殻の形態から (Grahn 1978)，間接的に推定することができる．Miller (in Jansonius & McGregor 1996, vol. 1, pp. 307-337) は時代を越えて繰り返し出現する群集（種の組み合わせ）を総括している．キチノゾアは純海生で，陸棚環境の広い範囲に出現するが，陸棚下部や斜面，海盆で最も豊富なのは確かである．無酸素環境で堆積した黒色頁岩から豊富に産出することは，キチノゾアの多くが浮遊性であったことを示している．環境条件により分布がどのように制約されるかということについての文献はほとんどない．キチノゾアが最も豊富に含まれるのは高緯度の水域で，礁の環境は明らかに生息に不向きであった (Laufeld 1974).

分類

キチノゾア群 (Group Chitinozoa)

キチノゾアの殻はどれも不透明で，その内部構造がはっきりしないため，分類は形態属 (form genera)，すなわちほとんど外形（シルエット）だけで定義した属に頼っている．この群の分類表は，ふつうEisenack (1972) が提案した属より高次の分類群をアルファベット順に配列し，目が最も高次の分類単位となっている．Operculatifera 目は，蓋があり口部のチューブ (oral tube) が短いことが特徴で，ふつうは口部に襟 (collarette) があり，頸 (neck) はない．この目は1科 (Desmochitinidae) 6亜科からなる．たとえば Desmochitina (L. Ord.-U. Sil., 図11.1 (a), (b)) は比較的小型の亜球形の殻をもち，短い口唇 (lip) はあるが頸はなく，ふつうは鎖状に連結している．

Prosomatifera 目にはプロソーム（下記を参照）とよく発達した頸がある．この目は Conochitinidae と Lagenochitinidae の2科を含み，両者は房室 (chamber) と頸との関係の差異で区別される．Lagenochitina (L. Ord.-L. Sil., 図11.1 (c), (d)) では蓋は頸の中に落ち込み，筒状で比較的大きい房室をもつ．表面模様のタイプとその位置，底部の縁構造などから12亜科が識別されている．Complexoperculati 目は，袖 (sleeve) のように伸びたフランジ (flange) のある落ち込んだ蓋をもつ．これらの蓋とフランジを合わせてプロソーム (prosome)（図11.2）と呼ぶ．このプロソームの構造は Sphaerochitinidae 科では単純で，殻の底部の袖も連結装置もない．Ancyrochitina (Ord.-Dev., 図11.2 (a), (b)) の場合は，底部を環状に取りまく棘のあるフラスコ型の殻をもつ．Tanuchitinidae 科は底部に複雑な分化が見られ，その殻はしばしばチューブ状である．Velatachitina (L. Ord.-L. Sil., 図11.2 (c), (d)) は亜円柱状で，両端に外壁がつくる袖がある．内壁は底に向かって伸び，連結装置となる．一方，頂部のプロソームは口の周囲に広がってチューブ状となり，環状の筋 (annulation) が現れる．

キチノゾアの類縁

殻壁が類キチン質であるということから，キチノゾアは動物と類縁関係があると思われるが，メタゾア（多細胞動物 metazoan）なのか原生生物なのか未だにはっきりしない．比較の対象として蠕虫類や現生腹足類の卵嚢があげられるが，鎖状に連結したり，塊になったキチノゾアで充填された繭形の化石が発見されたことによって，卵嚢との類似性はより強まった．これらは産出時代が違うので，Jenkins (1970) がかつて示唆したような筆石類の卵ではなさそうである．無性生殖の証拠（たとえば発芽）や殻壁の二次的な厚化など

11章 キチノゾア　　85

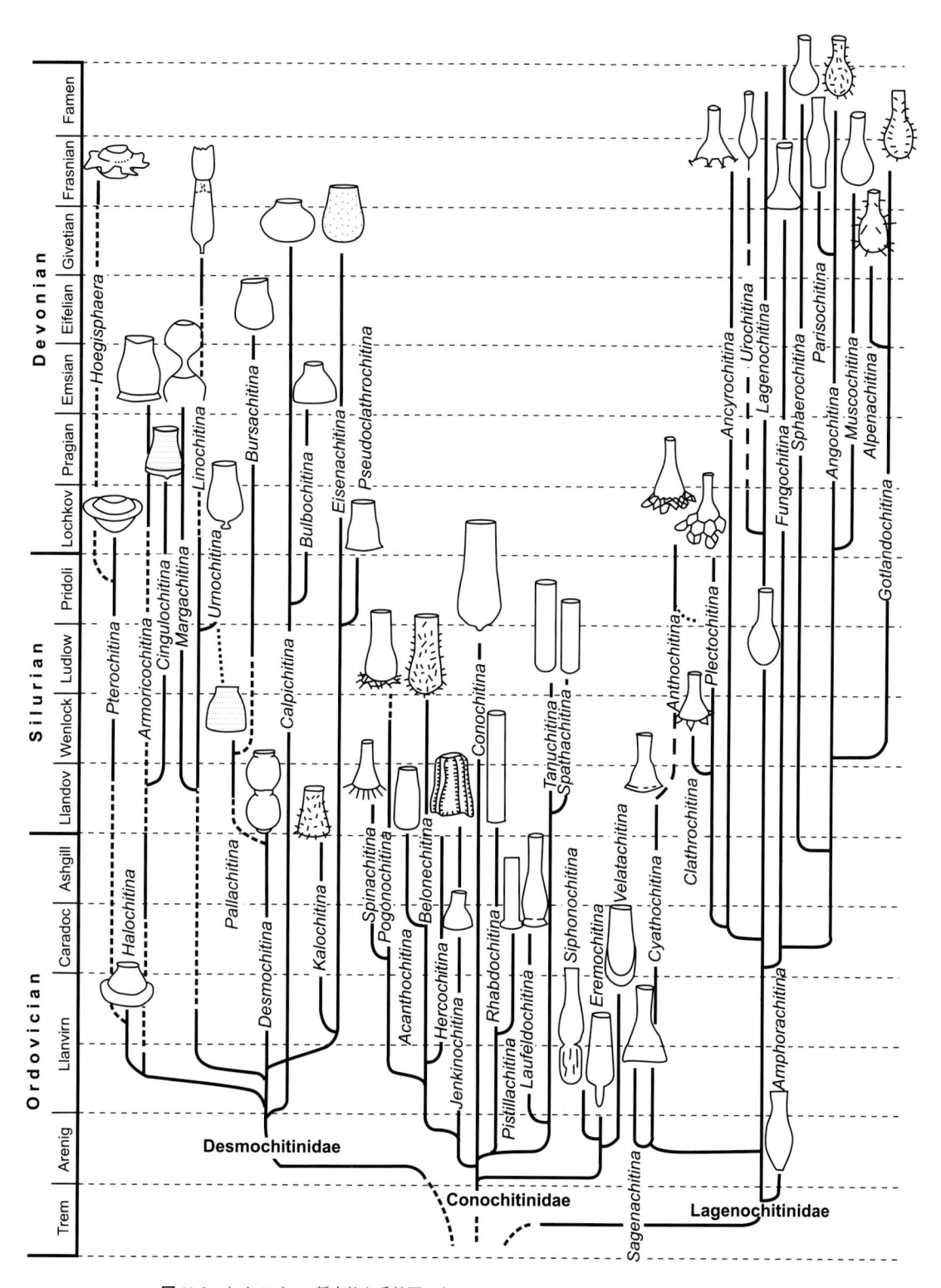

図 11.3　キチノゾアの暫定的な系統図．（Miller, in Jansonius & McGregor 1996 から改描）

は原生生物であるという考え（Cramer & Diez 1970）によりよく符合する．同様の類キチン質の殻は，有殻アメーバや有孔虫の根足虫類，あるいは有鐘虫のような繊毛をもつ原生動物によってつくられる．鎖状に連なったり塊をつくる点では渦鞭毛藻やアクリタークとも比較されうる．Cashman（1990, 1991）はいろいろな形態的特徴を再評価して，根足虫類に類縁であることを示唆した．一方，Jaglin & Paris（1992）は，キチノゾアは絶滅したなにかの浮遊性メタゾアの卵嚢であると論じている．

キチノゾアの通史

図11.3はキチノゾアの系統についての暫定的な考えを示す．最古のキチノゾアは，アメリカ，アリゾナ州の上部先カンブリア界のChuar層群産の*Desmochitina*に似た嚢（sac）がそれらしい（〜7.5億年前）(Bloeser *et al.* 1977)．だが，この類縁性の判定についてはまだ確実なものではない．オルドビス紀を通じて殻表面が平滑なdesmochitinidとconochitinidタイプのものが特徴的であった．後者の系統はシルル紀を通してしだいに減少し，シルル紀末に絶滅している．この進化には，一般にしだいに小型化するという傾向がある．より複雑な構造のTanuchitinidae科もオルドビス紀前期のArenig期に出現し，Sphaerochitinidae科は後期のCaradoc期に現れ，シルル紀-デボン紀の群集を特徴づけるものとなった．がっちりした底部の棘や長い突起物をもつキチノゾアはシルル紀からデボン紀初期にかけての多くの群集に典型的であるが，デボン紀後期のものはもっと短い針状の突起物に覆われるものが多い．鎖状に連結したキチノゾアもまたシルル紀とデボン紀の群集に多い．キチノゾアはシルル紀中期以後の大量絶滅の後，石炭紀には稀になるが，ペルム紀の堆積物からの産出報告がある（Tasch 1973, p.826）．しかし，このペルム紀の化石はおそらく菌類の胞子であろう．

キチノゾアの利用

キチノゾアは進化速度が早く広範な分布をもつため，汎地球的ないしは地域的な生層序学的対比（たとえばKeegan *et al.* 1990；Grahn 1992；Al Hajri 1995；Verniers *et al.* 1995），特に地下の地層の対比に用いられる．変質に対する耐性が強いため，たとえば，ドイツの黒森山地の千枚岩などの変成岩や変形した岩石の時代判定も可能である（Montenari *et al.* 2000）．

キチノゾアの属の大多数は汎地球的に分布するが，あるものは緯度にそった地域的分布を示し，バルト地域（Baltic）(Nólvak & Grahn 1993)，ゴンドワナ地域（Gondwana）(Paris 1990)，ローレンシア地域（Laurentia）(Achab 1989)でそれぞれ別の生層序区分が必要になっている．Paris (1993)は古生代前期のヨーロッパの古地理の復元を試みるにあたって，キチノゾアの分布を用いた．キチノゾアの反射率の研究は古生代堆積盆の熱史解明のために重要になっている（Tricker 1992；Tricker *et al.* 1992；Obermayer *et al.* 1996）．

さらなる知識のために

キチノゾアについて，Miller (in Jansonius & McGregor 1996, vol. 1, pp. 307-337) の解説が役に立つ．キチノゾアの生層序と古生態については，Paris (in Jansonius & McGregor 1996, vol. 2, pp. 531-553) による立派な総説がある．

採集と研究のヒント

化石キチノゾアは古生代の泥質岩から取り出せるだろう．その方法はアクリタークなどの有機質の殻壁をもつ微化石によいとされるのと同じである（第9章を参照）．スライドグラス上に有機物の残渣を撒いて，永久的な封入をほどこして透過光で観察する．

引用文献

Achab, A. 1989. Ordovician chitinozoan zonation of Québec and western Newfoundland. *Journal of Paleontology* **63**, 14-24.

Al Hajri, S. 1995. Biostratigraphy of the Ordovician Chitinozoa of Northwestern Saudi-Arabia. *Review of Palaeobotany and Palynology* **89**, 27-48.

Bergström, S.M. & Grahn, Y. 1985. Biostratigraphy and paleoecology of chitinozoans in the lower Middle Ordovician of the Southern Appalachians. In：Shumaker, R.C. (ed.), *Appalachian Basin Industrial Associates Program - Spring Meeting* **8**, 6-31.

Bloeser, B., Schopf, J.W., Horodyski, R.J. & Breed, J.W. 1977. Chitinozoans from the Late Precambrian Chuar Group of the Grand Canyon, Arizona. *Science* **195**, 67-69.

Cashman, P.B. 1990. The affinity of the chitinozoans：new evidence. *Modern Geology* **5**, 59-69.

Cashman, P.B. 1991. Lower Devonian chitinozoan juveniles

- oldest fossil evidence of a juvenile stage in protists, with an interpretation of their ontogeny and relationship to allogromiid Foraminifera. *Journal of Foraminiferal Research* **21**, 269-281.

Cramer, F.H. & Diez, M. del C.R. 1970. Rejuvenation of Silurian chitinozoans from Florida. *Revista Espanola de Micropalaeontologia* **2**, 45-54.

Eisenack, A. 1972. Chitinozoen und andere Mikrofossilien aus der Bohrung Leba, Pommern. *Palaeontographica, Abteilung A* **139**, 64-87.

Grahn, Y. 1978. Chitinozoan stratigraphy and palaeoecology at the Ordovician-Silurian boundary in Skåne, southernmost Sweden. *Sveriges Geologiska Undersökning, Series C* **744**, 1-16.

Grahn, Y. 1992. Ordovician chitinozoa and biostratigraphy of Brazil. *Geobios* **25**, 703-723.

Jaglin, J.C. & Paris, F. 1992. Examples of Teratology in the Chitinozoa from the Pridoli of Libya and implications for biological significance of this group. *Lethaia* **25**, 151-164.

Jansonius, J. 1970. Classification and stratigraphic application of Chitinozoa. *Proceedings. North American Paleontological Convention 1969, Part G*, 789-808.

Jansonius, J. & McGregor, D.C. (eds) 1996. *Palynology, Principles and Applications*, vols 1-3. American Association of Stratigraphic Palynologists Foundation, Salt Lake City.

Jenkins, W.A.M. 1970. Chitinozoa. *Geoscience and Man* **1**, 1-20.

Keegan, J.B., Rasul, S.M. & Shaheen, Y. 1990. Palynostratigraphy of the Lower Palaeozoic, Cambrian to Silurian of the Hashemite Kingdom of Jordan. *Review of Palaeobotany and Palynology* **66**, 167-180.

Laufeld, S. 1974. Silurian Chitinozoa from Gotland. *Fossils and Strata* **5**, 130 pp.

Montenari, M., Sevais, T. & Paris, F. 2000. Palynological dating (acritarchs and chitinozoans) of Lower Palaeozoic phyllites from the Black Forest/southwestern Germany. *Comptes Rendus de l'Academie des Sciences Paris, Sciences de la Terre et des Planets* **330**, 493-499.

Nôlvak, J. & Grahn, Y. 1993. Ordovician chitinozoan zones from Baltoscandinavia. *Review of Palaeobotany and Palynology* **79**, 245-269.

Obermayer, M., Fowler, M.G., Goodarzi, F. & Snowdon, L.R. 1996. Assessing thermal maturity of Palaeozoic rocks from reflectance of chitinozoa as constrained by geochemical indicators - an example from southern Ontario, Canada. *Marine and Petroleum Geology* **13**, 907-919.

Paris, F. 1990. The Ordovician chitinozoan biozones of the Northern Gondwana Domain. *Review of Palaeobotany and Palynology* **66**, 181-209.

Paris, F. 1993. Palaeogeographic evolution of Europe during the Early Palaeozoic - the Chitinozoa test. *Comptes Rendus de l'Academie des Sciences, Serie II* **316**, 273-280.

Tasch, P. 1973. *Paleobiology of the Invertebrates*. John Wiley, New York.

Tricker, P.M. 1992. Chitinozoan reflectance in the Lower Palaeozoic of the Welsh Basin. *Terra Nova* **4**, 231-237.

Tricker, P.M., Marshall, J.E.A. & Badman, T.D. 1992. Chitinozoan reflectance - a Lower Palaeozoic thermal maturity indicator. *Marine and Petroleum Geology* **9**, 302-307.

Verniers, J., Nestor, V., Paris, F., Dufka, P., Sutherland, S. & Vangrootel, G. 1995. Global chitinozoa biozonation for the Silurian. *Geological Magazine* **132**, 651-666.

12章 スコレコドント
Scolecodonts

　スコレコドント (scolecodonts) は海生多毛類のような動物の, キチン質でできた口器である. これらは有機質からなり, 海成の頁岩中にアクリターク (acritarchs) やキチノゾア (chitinozoans) などにともなって, ふつうは各歯板がバラバラに分離した状態で発見される. その産出の記録はオルドビス紀初期から現世まで散点的であるが, 上部オルドビス系からデボン系の浅海性の石灰岩や頁岩中で最も多様性が高い. 生層序に使えるかどうかはまだ十分検討されていないが, 地質温度計として用いる試みはすでに成功し

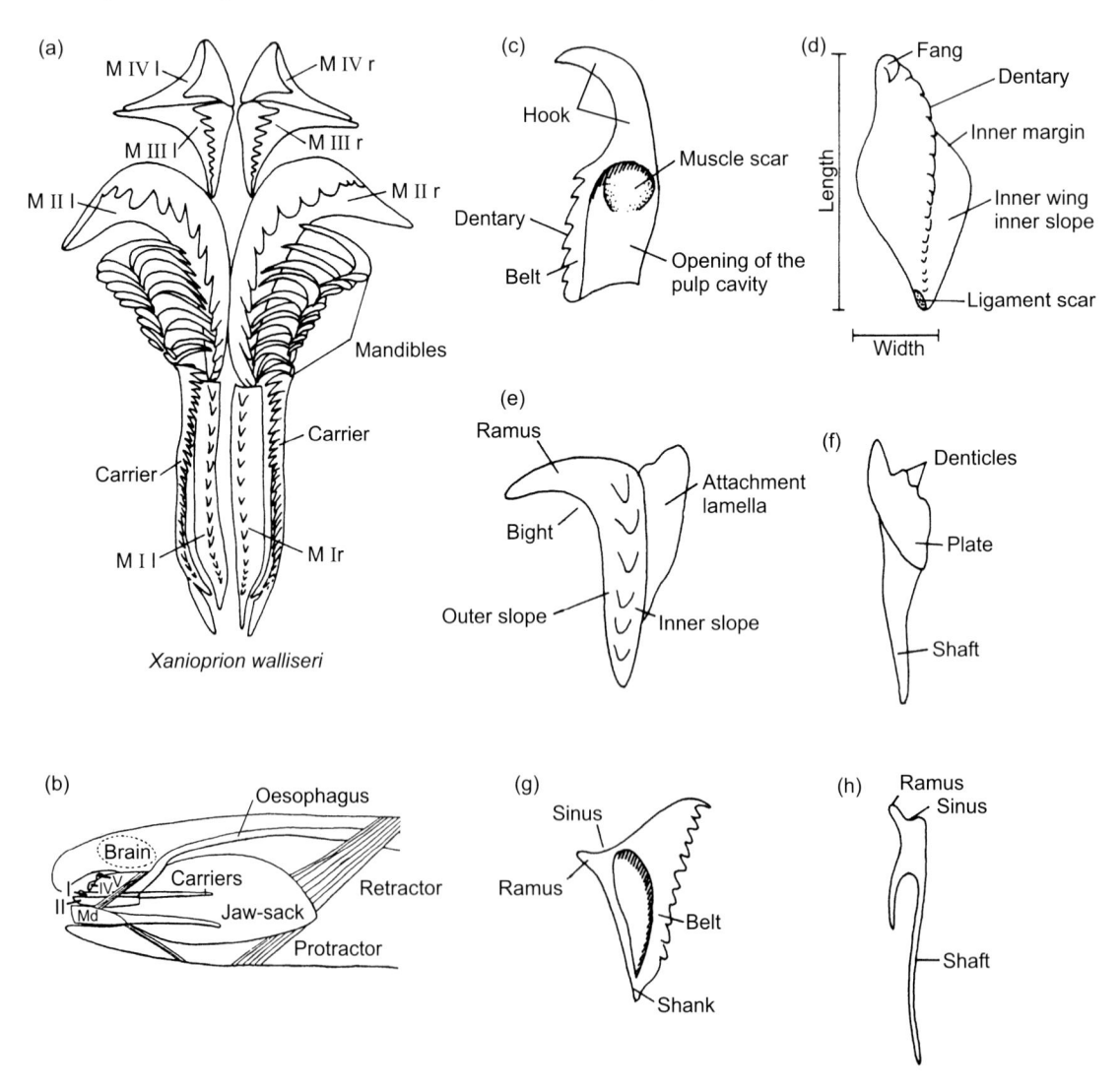

図12.1 スコレコドントの記載用語. (a) *Xanioprion walliseri* の完全な顎器官の模式図. (b) *Eunice siciliensis* の模式的正中断面. 大顎 (mandible: Md) と小顎 (maxilla: MⅠ – MⅣ), 顎支板 (carrier) との関係を示す. (c) 〜 (e) 小顎の形態に適用される用語. (f) 大顎の形態に適用される用語. (g), (h) 顎支板の形態に適用される用語. l:左, r:右. ((a) Kielan-Jaworowska 1966 による; (b) Traverse 1988 を一部改変; (c), (h) Szaniawski, in Jansonius and McGregor 1996, vol.1 より複製)

形態と分類

スコレコドントのサイズは100～200μmくらいで、その形態は変化に富むが、ほとんどのものは二重の壁をもつ細長いプレート（plate）で、その一方の縁にそってギザギザの歯がついている（図12.1）。Colbath & Larson (1980) は、このプレートは外側を覆うキチン質の層と内側の炭酸カルシウムの層からなるが、この内側の層は分析処理をするうちに溶けてしまうこと、およびこの生物が生きていたときには、内部に軟組織がつまっていたことを示した。Edgar (1984) は、典型的なスコレコドントの顎器官（jaw apparatus）が三つのグループの歯板からなるとして記載した。すなわち、前腹部の小顎（maxilla）（図12.1 (c)～(e)）と前背部の大顎（mandible）（図12.1 (f)）、および後部の顎支板（carrier）（図12.1 (g)、(h)）である。大顎は筋肉を付着させ、食物をノミで削り取るような働きに用いられる。化石スコレコドントの形態を記載する用語は、現生多毛類との直接の比較を基にしている（Clarke 1969）。小顎を構成する各歯板は一体となって動くが、大顎の動きとは独立で、ものをつかんだり噛んだり、稀には毒液を注入するために用いられる。顎支板は筋肉の付着と第一小顎を助ける働きをする。

前腹部の小顎のMI歯板（element）（図12.1 (a)）は最も特徴的で、化石種を定義するのに用いられる。化石を分類する際の難しさは、各部分がバラバラに産出することと、異なる種でも歯板のあるものの形態がきわめてよく似ていることにある。化石スコレコドントの完全な顎器官はたった2, 3例が知られているにすぎない（たとえばTasch & Stude 1965）。このタイプの器官をもっている多毛類は現生も化石もすべてEunicida 目に属している。古生代にはわずか四つの違うタイプの器官が知られているだけである。

地史と利用

スコレコドントはオルドビス紀前期に出現してすぐに急速に多様化した（Underhay & Williams 1995）。そして、古生代のうちに最盛期に達した。化石研究のほとんどは、ポーランドの氷河堆積物中の岩塊（Kielan-Jaworowska 1966；Szaniawski 1968）、およびバルト海沿岸の露頭やボーリングコアの資料（たとえばNakrem et al. 2001；Erikson 2002）を対象にしてなされた。中生代と新生代には稀である（Jansonius & Craig 1971；Schäfer 1972；Szaniawski 1974；Germeraad 1980；Courtinat et al. 1990；Head 1993）が、現在まで残存している。Bergman (1995) およびBaudu & Paris (1995) は、シルル紀とデボン紀のスコレコドントの産出が岩相に制約されている例を記載している。

スコレコドントは、主としてオルドビス紀からペルム紀までの生層序と熱熟成の研究に用いられている（たとえばGoodarzi & Higgins 1988；Bertrand 1990；Bertrand & Malo 2001 の事例研究）。Szaniawski (in Jansonius and McGregor 1996, vol. 1, pp. 337-355) による有用な解説がある。

引用文献

Baudu, V. & Paris, F. 1995. Relationships between organic-walled microfossils and paleoenvironments – examples of two Devonian formations from the Armorican Massif and Acquitaine. *Review of Palaeobotany and Palynology* **87**, 1-14.

Bergman, C. F. 1995. *Symmetroprion spatiosus* (Hinde), a jawed polychaete showing preference for reef environments in the Silurian of Gotland. *Geologiska Foereningens i Stockholm Foerhandlingar* **127**, 143-150.

Bertrand, R. 1990. Correlations among the reflectances of vitrinite, chitinozoans, graptolites and scolecodonts. *Organic Geochemistry* **15**, 565-574.

Bertrand, R. & Malo, M. 2001. Source rock analysis, thermal maturation and hydrocarbon generation in the Siluro-Devonian rocks of the Gaspe Belt basin, Canada. *Bulletin. Canadian Petroleum Geology* **49**, 238-261.

Clarke, R. B. 1969. Systematics and phylogeny: Annelida, Echiura, Sipuncula. In: Florkin, M. & Scheer, T. (eds) *Chemical Zoology IV, Annelida, Echiura, Sipuncula*. Academic Press, New York, pp. 1-68.

Colbath, G. K. & Larson, S. K. 1980. On the chemical composition of fossil polychaete jaws. *Journal Paleontology* **54**, 485-488.

Courtinat, B., Crumiere, J. P. & Meon, H. 1990. Upper Cenomanian organoclasts from the Vocontian Basin (France) – Scolecodonts. *Geobios* **23**, 387-397.

Edgar, D. R. 1984. Polychaetes of the lower and middle Paleozoic: a multi-element analysis and phylogenetic outline. *6th International Palynology Conference, Calgary*, abstracts, 39.

Erikson, M. 2002. The palaeobiogeography of Silurian ramphoprionid Polychaete annelids. *Palaeontology* **45**, 985-996.

Germeraad, J. H. 1980. Dispersed scolecodonts from Cenozoic strata of Jamaica. *Scripta Geologica* **54**, 1-24.

Goodarzi, F. & Higgins, A. C. 1988. Optical properties of scolecodonts and their use as indicators of thermal maturity. *Marine and Petroleum Geology* **4**, 353-359.

Head, M. J. 1993. Dinoflagellates, sporomorphs and other palynomorphs from the Upper Pliocene St Erth Beds of Cornwall, southwestern England. *Journal of Paleontology* **67**,

1-62.

Jansonius, J. & Craig, J. H. 1971. Scolecodonts : I. Descriptive terminology and revision of systematic nomenclature : II. Lectotypes, new names for homonyms, index of species. *Bulletin. Canadian Petroleum Geology* **19**, 251-302.

Jansonius, J. & McGregor, D. C. (eds) 1996. *Palynology, Principles and Applications*, vols 1-3. American Association of Stratigraphic Palynologists Foundation, pp. 337-355.

Kielan-Jaworowska, Z. 1966. Polychaete jaw apparatuses from the Ordovician and Silurian of Poland and a comparison with modern forms. *Palaeontologia Polonica* **16**, 1-152.

Nakrem, H. A., Szaniawski, H. & Mork, A. 2001. Permian-Triassic scolecodonts and conodonts from the Svalis Dome, central Barents Sea, Norway. *Acta Palaeontologica Polonica* **46**, 69-86.

Schäfer, W. 1972. *Ecology and Palaeoecology of Marine Environments*. University of Chicago Press, Chicago.

Szaniawski, H. 1968. Three new polychaete jaw apparatuses from the Upper Permian of Poland. *Acta Palaeontologica Polonica* **13**, 255-280.

Szaniawski, H. 1974. Some Mesozoic scolecodonts congeneric with Recent forms. *Acta Palaeontologica Polonica* **19**, 179-195.

Tasch, P. & Stude, J. R. 1965. A scolecodont natural assemblage from the Kansas Permian. *Transaction. Kansas Academy of Science* **67**, 4.

Traverse, A. 1988. *Paleopalynology*. Unwin Hyman, Boston.

Underhay, N. K. & Williams, S. H. 1995. Lower Ordovician scolecodonts from the Cow-Head Group, Western Newfoundland. *Canadian Journal of Earth Sciences* **32**, 895-901.

13章　胞子と花粉
Spores and pollen

　胞子（spore）と花粉（pollen）*は植物の生活環の一時期に，胞子は'下等な'コケ（bryophytes）やシダ（ferns）によって，また花粉は'高等な'針葉樹（裸子植物）と被子植物によってつくられる．これらはともに微生物による分解作用や埋積後の温度・圧力変化に対して著しく丈夫な壁（wall）を備えている．莫大な数が生産され，その顕微鏡サイズの微小な粒はただちに風や水流に乗って広く散布され，池や湖，川，海の底に堆積する．このような特性は生層序，特に胞子が急増するシルル紀とその後の若い時代の大陸成堆積物や沿海成の堆積物を対比するのに有効である．胞子や花粉を生み出した植物の生態がわかっているときには，古生態学的および古環境学的な研究に使うことができる．

[訳注]*：pollen はラテン語で「微細な粉末」を意味し，粒子の集合物を指す．個々の粒子を指す場合は「花粉粒」（pollen grain）という．

'下等な'陸上植物の生活環

　原始的な陸上の維管束植物は，独特の通導組織である維管束*組織（vascular tissue）を発達させている点で，祖先である藻類とは異なる．しかしながら，藻類の生活環に見られる世代交代（alternation of generations）は原始的な維管束植物に受け継がれている．これは，胞子をつくる造胞世代（sporophyte generation，胞子で無性生殖する）と配偶子をつくる配偶世代（gametophyte generation，雌雄の配偶子で有性生殖する）を交互にくり返す生活環からなる（図13.1）．

[訳注]*：コケ植物である蘚類では茎の中心に見られる中心束（central stand）がこれに相当する．

　コケ植物門（Bryophyta）（蘚 moss，苔 liverwort，ツノゴケ hornwort）は緑藻類と維管束植物の中間的な組織体をもつといえる．その造胞世代は小さく，より大きな葉をつける配偶世代に完全に依存している．配

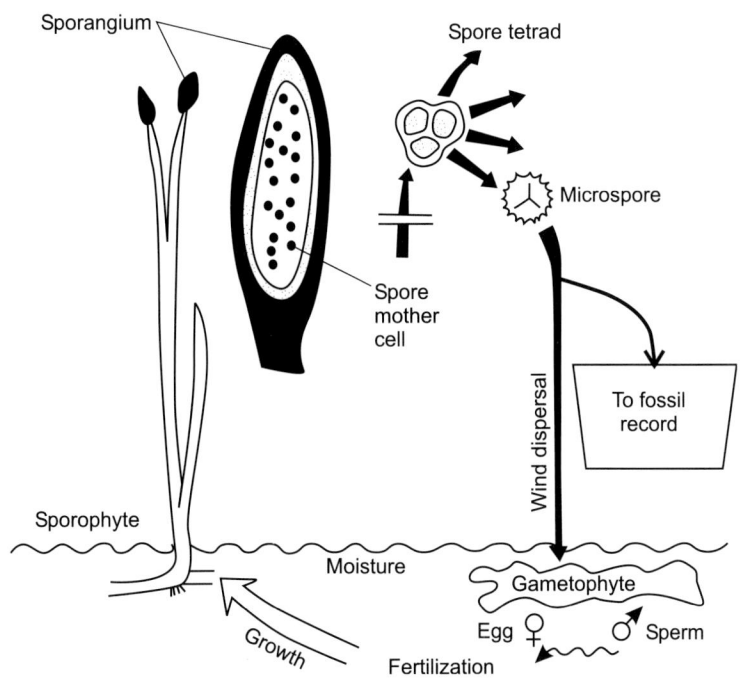

図13.1　同形胞子をつくる植物．デボン紀のマツバラン類（psilopsids）*Rhynia* の生活環の復元（詳細は本文を参照）．

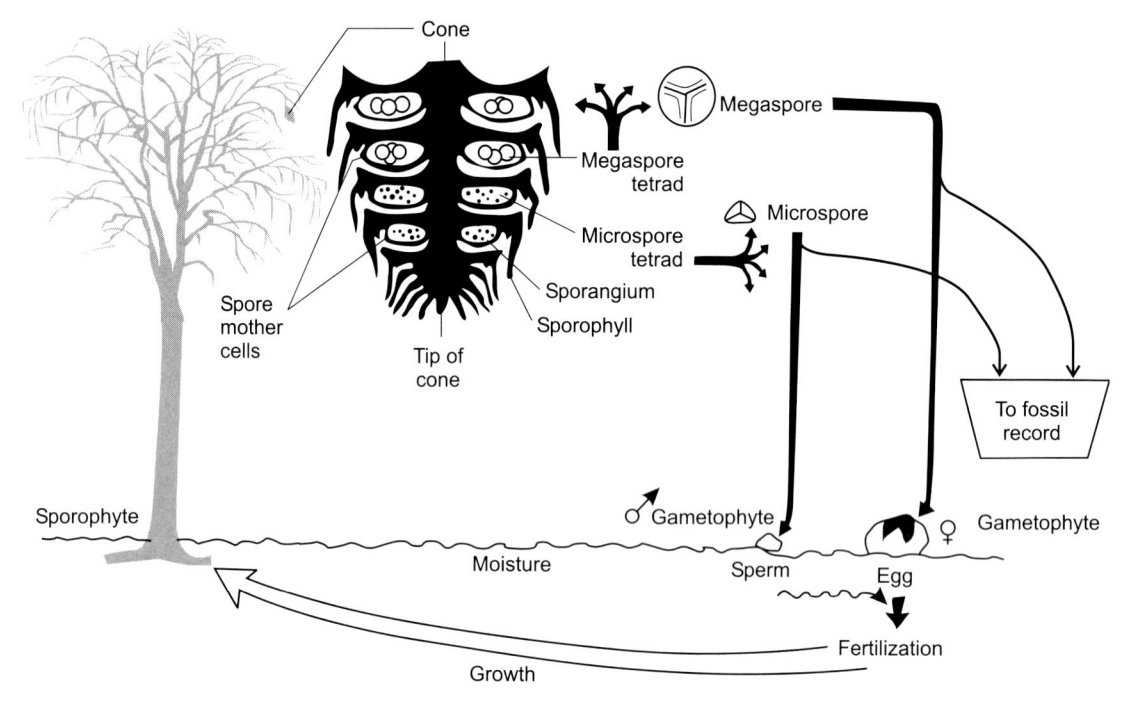

図 13.2 異形胞子をつくる植物．石炭紀のヒカゲノカズラ類（lycopsids）*Lepidodendron* の生活環の復元（詳細は本文を参照）．

偶体は半数体（haploid）で，倍数体（diploid）である胞子体（2n）の半分の染色体（1n）をもち，形態的には蘚類あるいは葉状の苔類が典型的で，湿り気のある環境にふつうに生育する．この配偶体は末端に雄性生殖器（造精器 antheridia）と雌性生殖器（造卵器 archegonia）を備えている．運動性のある配偶体（精子）は卵子を受精させるために造卵器に向かって 2 本の鞭毛を使って分泌液の膜をかき分けて進む．造胞世代の最初の段階である接合子（zygote）は，有糸分裂によって先端に子実体（fruiting body，すなわち胞子嚢 sporangium）を乗せた細長い柄に成長する．胞子嚢でつくられた胞子母細胞（spore mother cell）は減数分裂によって分割し，四つの胞子からなる四分子（tetrad）をつくる．すなわち，各胞子は再び半数体になる．その胞子は成熟した胞子嚢からはじき飛ばされ，湿った環境で発芽し，地表を這う原糸体（protonema）をつくって成長する．このようにしてその生活環を完結する．乾燥した環境に適応したコケ類の胞子は長期間の休眠に耐えうる厚い壁をもつ．

シダ植物（pteridophyta）という用語は自然分類上の意味をもたない名称であるが，ここでは，シダ（ferns）（すなわちシダ門 Pterophyta）とシダの同類（すなわちマツバラン門 Psilophyta，ヒカゲノカズラ門 Lycopodophyta，およびトクサ門 Sphenophyta）を含むものと定義して用いる．これらの植物や，花粉と種子をつくる'高等'維管束植物では，胞子体は配偶体よりもずっと大きく，生活環の中でははるかに優位である．多くのシダ植物（大部分のシダ類といくつかのヒカゲノカズラ類 lycopsids）は同じ形の胞子である同形胞子（homosporous spore）をつくるが，他のシダ植物は雄の小胞子（microspore）とずっと大きな雌の大胞子（megaspore）（たとえば *Tuberculatisporites*，図 13.13（c））からなる異形胞子（heterosporous spore）をつくる．化石群集では，時にこの同形と異形の二つのタイプを区別することは困難で，特にデボン紀の群集では難しい（たとえば Scott & Hemsley, in Jansonius & McGregor 1996, vol. 2, pp. 629–641）．花粉学では小形胞子（miospore）という用語が直径 200 μm 以下のすべての胞子に対して使われる．異形胞子をつくる植物（図 13.2）には，現生シダのデンジソウ目（Marsileales），サンショウモ目（Salvinales），それにヒカゲノカズラ門（Lycopodophyta）の 4 目（絶滅したリンボク目 Lepidodendrales，現生するヒカゲノカズラ目 Lycopodiales（club-moss），ミズニラ目 Isoetales，およびイワヒバ目 Selaginellales）が含まれる．

胞子の形態

胞子の形態はその外形（shape），発芽口（germinal aperture，または単に aperture という），壁（wall）の構造，大きさなどによって記載される．胞子の形状は胞子母細胞の減数分裂の様相に負うところが大きい．減数分裂と同時に，母細胞は四つの小細胞からなる四分子に分割する．四面体四分子では，四つの胞子のそれぞれが隣り合う三つの胞子と向心極面（proximal polar face，向心極を向いた面）で接する（図 13.3〜13.5）．向心極面は向心極（proximal pole）の中心を向く Y 字型あるいは三条溝型（trilete）のマークとして現れる三つの接触部で特徴づけられる．この三条溝型の 3 本の線は赤道方向に伸び，その表面は条溝（laesura）という盛り上がった稜（ridge）か裂け目（fissure）になっている（図 13.4）．四分子の胞子の外表面を遠心極面（distal polar face）という．減数分裂の次に続く段階では，母細胞は最初に二つの細胞に分割し，さらに最初の分割面に対して直角な一平面にそって，あるいはまた直角な二つの面にそって細分割する（図 13.3）．ここでの四分子は四面体（tetragonal）であり，それぞれの分割部はオレンジの一切れの形に似ている．すなわち，それぞれの胞子は隣接する二つの胞子と接しているにすぎず，二つの接触面と一つの痕跡があるだけである．これらの胞子はしばしば豆形であるが，化石標本では，通常，向心-遠心方向（極方向）に押しつぶされている．両極から見た赤道にそう粒子の輪郭を極観像（amb）という．

維管束植物の胞子の特徴は，一定の位置にうまくつくられている発芽口の存在にある．これらは前葉体（prothallus）の容易な発芽を可能にし，湿度の変化によって起こる大きさの変化を調整する．発芽口の形態とその位置は胞子（花粉についても同様）の化石を分類記載する上で重要である．

三条溝型の胞子は向心極から 120° の角度で放射状に伸びる三つの条溝（laesura）をもつ（図 13.4）．したがって，三条溝型胞子は放射相称であるが，異極性（heteropolar）で形成される極面の形はそれぞれ異なる．単条溝型胞子（monolete spore）は三条溝型より少ないが，古第三紀から現生にかけての群集に多く，胞子間の接触部である向心極面に 1 本の条溝（単条溝痕 monolete mark）をもつ（図 13.5）．したがって，単条溝型胞子は左右相称で異極性である．いくつかの胞子は四分子の痕跡を生じるが，条溝を欠き，一つの単穴（hilum）（孔条溝ともいい，円形をした不明瞭な発芽口）をもつ．これは向心面か遠心面のどちらかに発達し，多くのコケ類で発芽の出口として機能する．はっきりした裂開構造（胞子が発芽するときに裂開する部分）を欠く胞子は無条溝型（alete）と呼ばれる．

複層からなる壁構造の発達様式は胞子と花粉で著

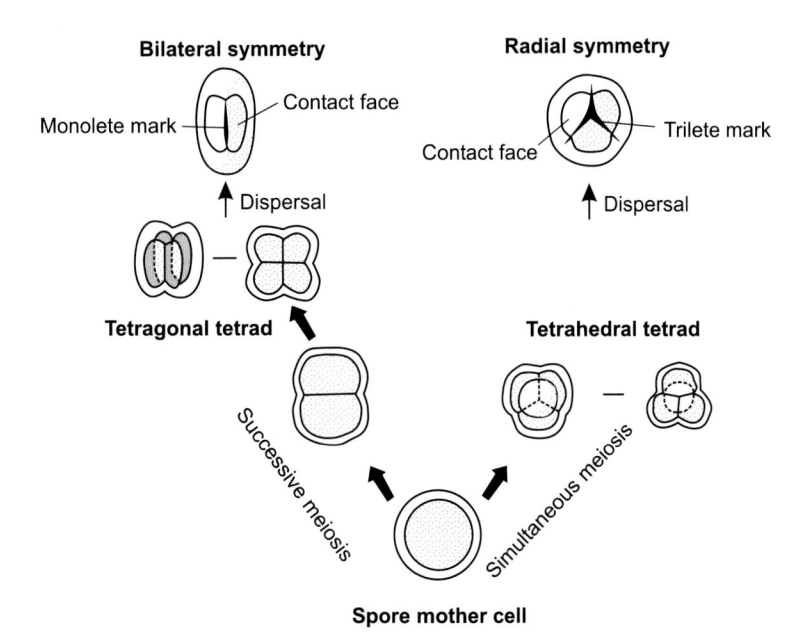

図 13.3 減数分裂と左右相称または放射相称胞子の生産．四分子（tetrad）を同時に生産する場合（右側）と，つぎつぎと二分裂を続ける場合（左側）．

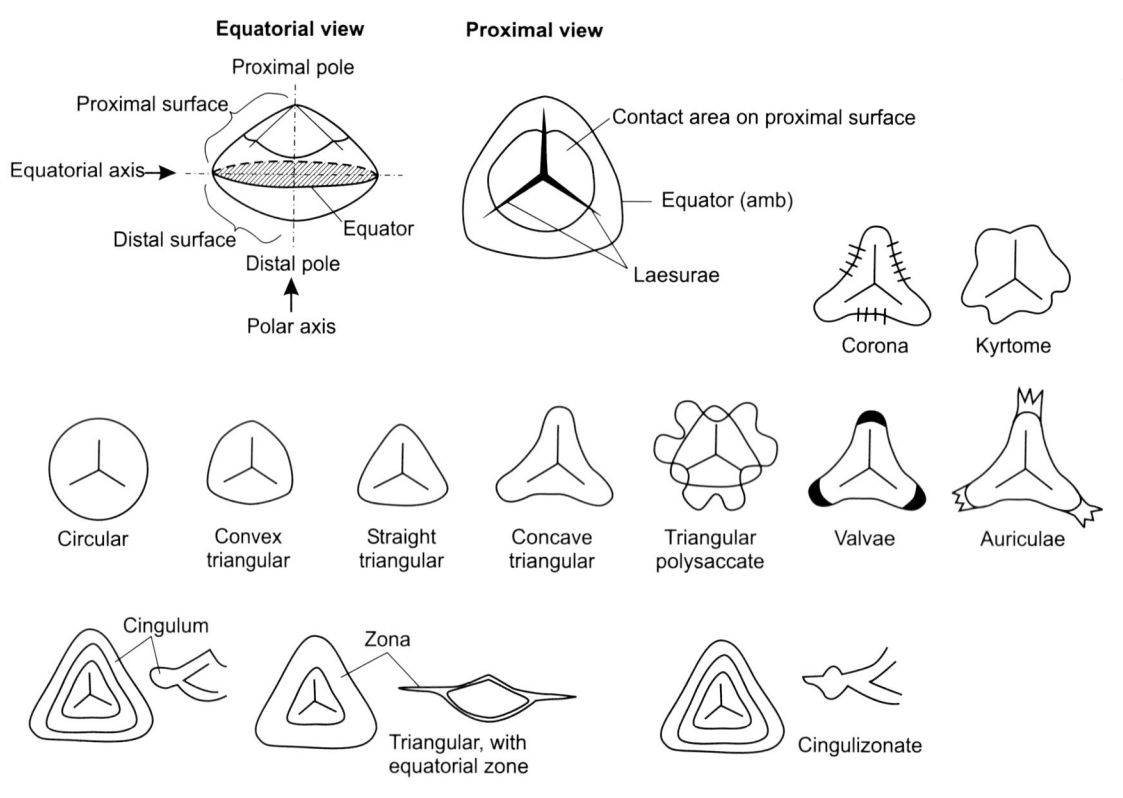

図 13.4 三条溝型胞子の形態と用語．上左：赤道観像，上右：極観像．胞子の外形の概略図は右上列左はコロナ型，右はキルトーム型；中列左から円形型，凸三角型，直三角型，凹三角型，三角多翼型，末端肥厚型，耳介型．三角型の赤道部は下列左から横溝，帯および赤道帯をもつ三角形，横溝帯と呼ぶ．

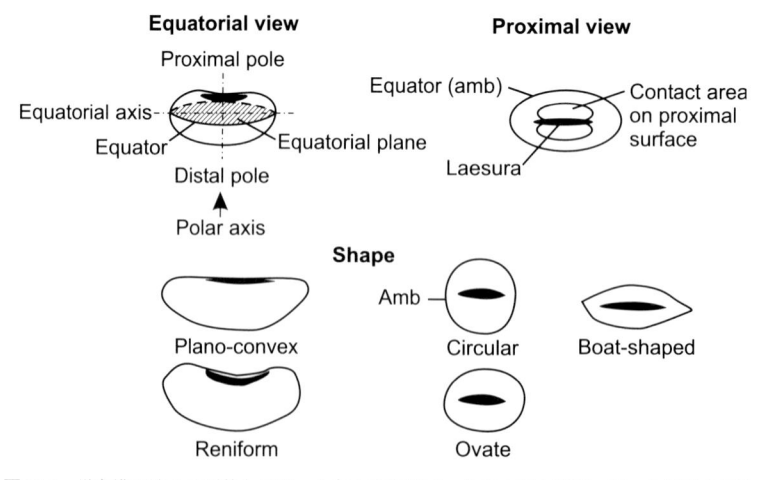

図 13.5 単条溝型胞子の形態と用語．上左：赤道観像，上右：向心観像，下：全体形の名称．

しく異なり，両者は相同ではない（図 13.6）．内側のセルロース層，すなわち内膜（endospore）は比較的弱く，化石化の過程でめったに保存されないが，外膜（exospore）は単層か複層のどちらかで，主として化学的に丈夫なスポロポレニン（sporopollenin）からなる．外膜の外面に網状または畦状に付加された周皮（perispore）と呼ばれる層もスポロポレニンからなり，外膜に比べてさらに電子密度が高い．多くの化石胞子の壁（胞子壁 sporoderm）は 1 層の外壁（exine）があるだけである．2 層が現れるところでは，それらは互いに接触している（合着構造 acavate）か，さまざまな程度に分離している（遊離構造 cavate）．その腔

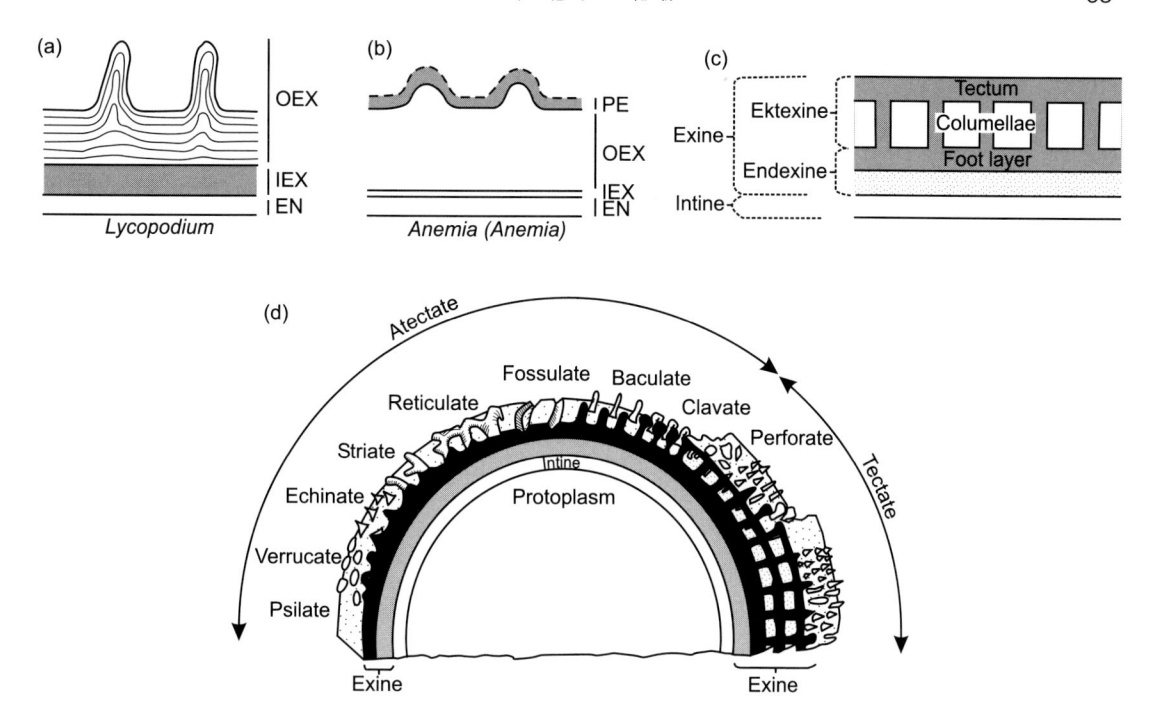

図 13.6 胞子と花粉粒の壁構造と表面装飾の概略図（詳細は本文を参照）．(a) 現生ヒカゲノカズラ *Lycopodium* の壁構造．(b) 現生フサシダ科 *Anemia*(*Anemia*)の壁構造．胞子壁（sporoderm）の各層の略号は，EN：内膜（endospore），PE：周皮（perispore），OEX：外側外膜（outer exospore），IEX：内側外膜（inner exospore）．(c) 被子植物花粉の外表層型（tectate）の壁構造．Exine＝外壁，Intine＝内壁，Ektexine＝外層，Endexine＝内層，Tectum＝外表層，Columella＝柱状層，Foot layer＝底部層．(d) 被子植物花粉の壁構造と表面装飾．表面装飾の用語は胞子にも適用される．((a) Uehara *et al.* 1991；(b) Schraudolf 1984 から引用)

（cavum）はふつう遠心部か赤道部に発達する．これらの層は均質あるいは繊細な薄板状で，厚さは一様であるかさまざまである．連続的な赤道部の肥厚は横溝（cingulum）として，また連続的な赤道部の突縁は帯（zona）として知られている．複数の要素で構成された赤道部をもつものを横溝帯をもつ（cingulizonate）と呼んでいる．赤道部に見られ，通常，放射状領域に発達する不連続的な構造は条溝末端部肥厚（valva，ふつうはなめらか）や耳介（auricula，ふつうは溝のついた耳のような厚み）である．放射状領域の間にはまた，突縁（flange）やコロナ（副冠 corona），あるいはキルトーム（kyrtome）が発達する．

胞子の表面彫紋は花粉と同様に多様で，花粉粒（pollen grain）にも適用される用語で記載される．外壁表面の彫紋は胞子粒と花粉粒の記載分類にとって特に重要である（図13.6(d)）．アテクテート型（atectate）*の胞子と花粉の表面にはつぎのような彫紋がある．すなわち，なめらか（平滑紋 psilate あるいは laevigate）なもの，小さな粒（いぼ状紋 verrucate あるいは顆粒状紋 granulate）で覆われたもの，溝（浅溝紋 fossulate，図 13.13 (g)）のあるもの，篩状の彫紋（網状紋 reticulate），細い平行な溝（線状紋 striate），いぼ状の突起（verrucate），棒状の突起（棒状紋 baculate），先の尖った突起（刺状紋 echinate），こん棒の形をした突起（こん棒状紋 clavate）などである．
［訳注］*：外壁（exine）の外層（ektexine）にある柱状体（columella）が外側にむき出しになっている場合（図 13.6 (d) の左側）をアテクテート型（または外表層欠失型，本文 p. 99 を参照）という．

隠胞子

胞子様体あるいは隠胞子（cryptospore）*は大陸や沿岸域の環境で堆積した中部オルドビス系，シルル系，下部デボン系から記載されている．これは無条溝（alete）の単粒（monad），二集粒（dyad），四集粒（tetrad）（たとえば *Tetrahedrales*，図 13.12 (a)）などの隠胞子である．これらが何であるか，またその系統関係についてはいろいろ意見の分かれるところである．いくつかのものは現生コケ植物の胞子（Gray 1985；Richardson 1992）に似ており，また他のあるものは単孔（孔条溝ともいう）'上属'（Turma Hilates）**に

属す．このグループの詳細な記載は Richardson（in Jansonius & McGregor 1996, vol. 2, pp. 555-575）にある．

[訳注]＊：隠胞子は条溝をもたない小胞子のことをいう．
＊＊：胞子を条溝型で分類すると，単条溝（Monolete），三条溝（Trilete），孔条溝（Hilate）の3 '上属'（turma）に分けられる．Hilate は円形で明確には特定できない不明瞭な発芽口をもつ．分類階層については p. 100 の訳注を参照．

'高等' 植物の生活環

裸子植物（gymnosperms）（図 13.7）と被子植物（angiosperms）（図 13.8）の配偶世代は，卵（ovum，または胚珠 ovule ともいう雌性の配偶子）と花粉粒（雄性配偶子）で代表されるわずかな数の細胞になってしまう．裸子植物では，大胞子嚢（megasporangium あるいは ovule）はむき出しのままの卵をつくり，卵は自由遊泳の精子あるいは花粉管（pollen tube）を通ってきた1個の精子によって受精する．現生被子植物の花粉粒は，花粉管の成長を制御する管状細胞核（tube cell nucleus）と受精前に分割する雄原細胞核（generative cell nucleus）とを含む．二つの雄原核（generative nucleus）は重複受精して，そのうちの一つは接合子をつくるために卵と合体し，もう一つは $3n$ の染色体数をもつ三倍体（triploid）の内胚乳核（endosperm nucleus）をつくるために，雌性配偶体の二つの付随する生殖核と結合する．これは種子の中で配偶子に栄養を与える内胚乳に発達する．われわれにとって身近な顕花植物は胞子体世代である．

花と花粉粒の多種多様な形状は，被子植物が採用している多様な受粉メカニズムに対する適応の現れである．最も多く見られるのが昆虫による花粉の運搬（虫媒 entomophily）である．風による受粉（風媒 anemophily）は，生産される花粉が膨大な量であるという理由で花粉学者にとって重要である．その多くは '花粉の雨' となり，堆積物中に保存される．風媒する被子植物が生産する花粉粒の多くは，表面がなめらかで，直径が20〜40 μmほどの小さな長円形である．多くの裸子植物の気嚢（air sac）は，風による長距離の運搬に対して浮力を増す機能をもっていることが知られている．しかしながら，ほとんどの風媒被子植物の花粉（イチイ科 Taxaceae，スギ科 Taxodiaceae，ヒノキ科 Cupressaceae，ソテツ cycads，その他のグループが生産する）は長円形から球形で，表面はなめらかか弱い彫紋があり，気嚢をもたない．

花粉の形態

裸子植物の花粉は小さく単純で，球状，無口（inaperturate）（たとえば現生 *Juniperus* や *Cupressus* の花粉）のものから，大きな二翼型（bisaccate）や粒状の装飾のあるもの（たとえば *Abies*，図 13.11

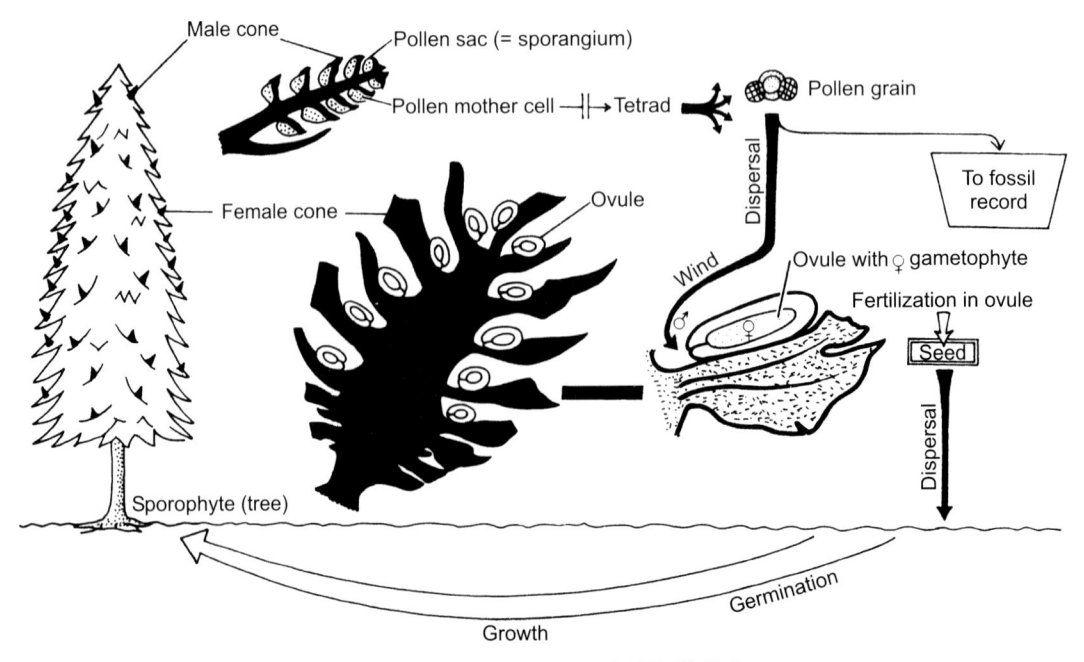

図 13.7 球果をつける裸子植物の生活環（簡略図）．

(a) や *Pinus*, 図 13.11 (b)), それに多ひだ型 (polyplicate, たとえば *Ephedra*, 図 13.12 (q)) までさまざまである. 気嚢型 (saccate) の花粉粒は裸子植物に特有で, 気嚢が一つ (一翼型 monosaccate, たとえば *Tsuga*, 図 13.11 (c)), 二つ (二翼型 bisaccate, たとえば *Abies* ; *Picea* ; *Pinus*, 図 13.11 (b) ; *Striatopodocarpites*, 図 13.13 (d)), あるいは稀にではあるが三つ (三翼型 trisaccate, たとえば *Podocarpus*, 図 13.11 (d)) などがある. 現生と化石のソテツ (cycadophytes) やイチョウ (ginkgophytes) のいくつかは単長口型 (monosulcate) の花粉をつくる (図 13.9). イチョウとソテツの花粉粒はふつう亜球形から長円形で, 一つの遠心溝 (発芽溝 sulcus) をもち, 外表面はなめらかかあるいはざらざらしている. 発芽溝は水分を含むと大きく膨らんでくる. '進化した' 裸子植物 (たとえば *Gnetum*) の花粉は長円形で線状紋 (striate) か多ひだ型 (polyplicate), あるいは球状で短い刺状突起のある粒子である.

被子植物の花粉は形態変異が著しく, そのより詳しい研究は Erdtman (1986), Traverse (1988),

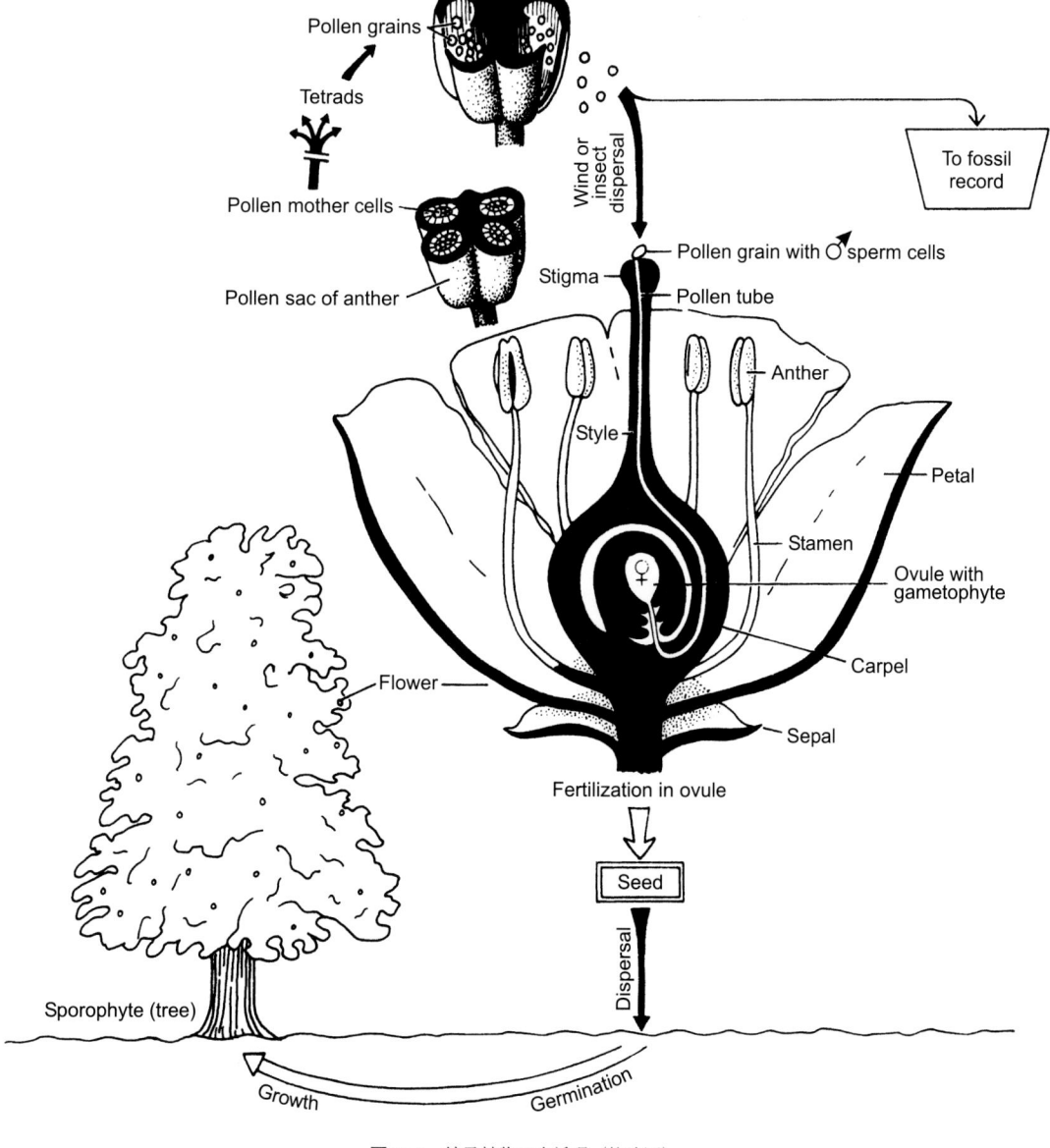

図 13.8 被子植物の生活環 (簡略図).

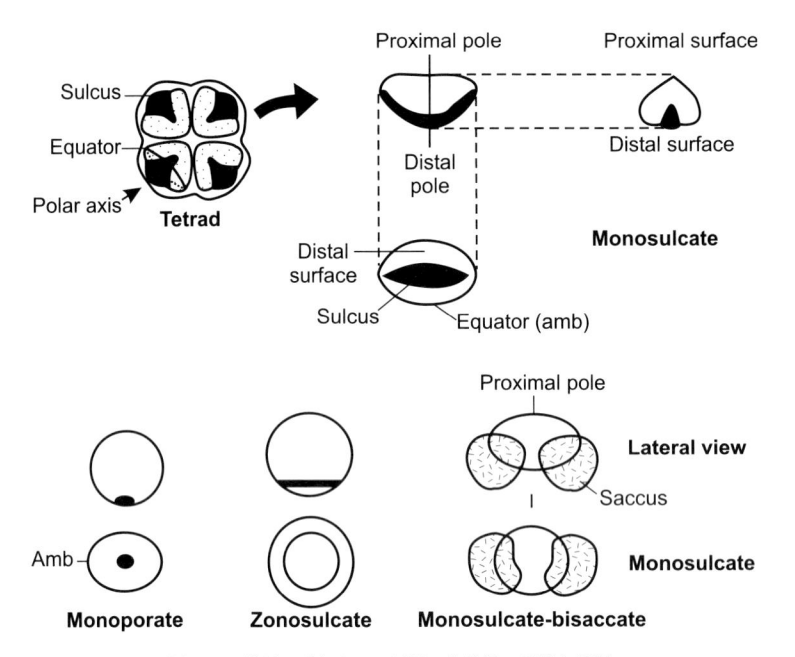

図 13.9　単長口型とそれに近縁の花粉粒の形態と用語.

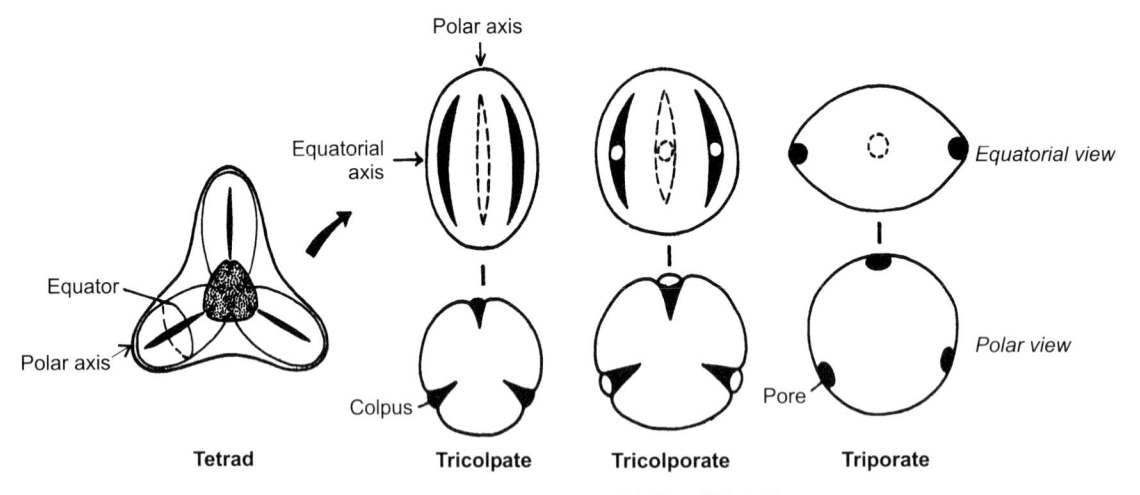

図 13.10　三溝型とそれに近縁の花粉粒の形態と用語.

Faegri & Iversen (1989), Jarzen & Nichols (in Jansonius & McGregor 1996, vol. 3, pp. 2261-293) などの論文で見ることができる．被子植物の花粉は一つずつの単粒型（monad），対をなす二集粒型 (dyad)，4個が一組になった四集粒型 (tetrad)，あるいは4個の倍数の多集粒型 (polyad) などとして放出される．個々の花粉粒は無口型 (inaperturate) であるか，一つないしはそれ以上の発芽孔（単孔型 monoporate, 二孔型 diporate, 三孔型 triporate など）をもつか，または切れ目様の発芽口あるいは溝 (colpi)（単溝型 monocolpate, 三溝型 tricolpate な

ど，図 13.10）をもつ．あるいはまた，これらの特徴が赤道面にそって発達する多孔型 (stephanoporate) あるいは溝型 (colpate, 図 13.13 (f)) と，粒全体に分布する散溝型 (periporate) とがある．発芽口の配置にはきわめて多くの変異と組み合わせとがある．三突出型 (triprojectate) の花粉（たとえば絶滅した *Aquilapollenites*, 図 13.11 (e)) は 3 本の突き出た腕 (arm) 上に発芽口がある．Occulate grains ('occulata') は白亜紀後期から古第三紀の属である *Woodhousia* (図 13.11 (f)) が代表的で，細長い円盤状の中央部分が棘の多い縁取りに取り巻かれている．

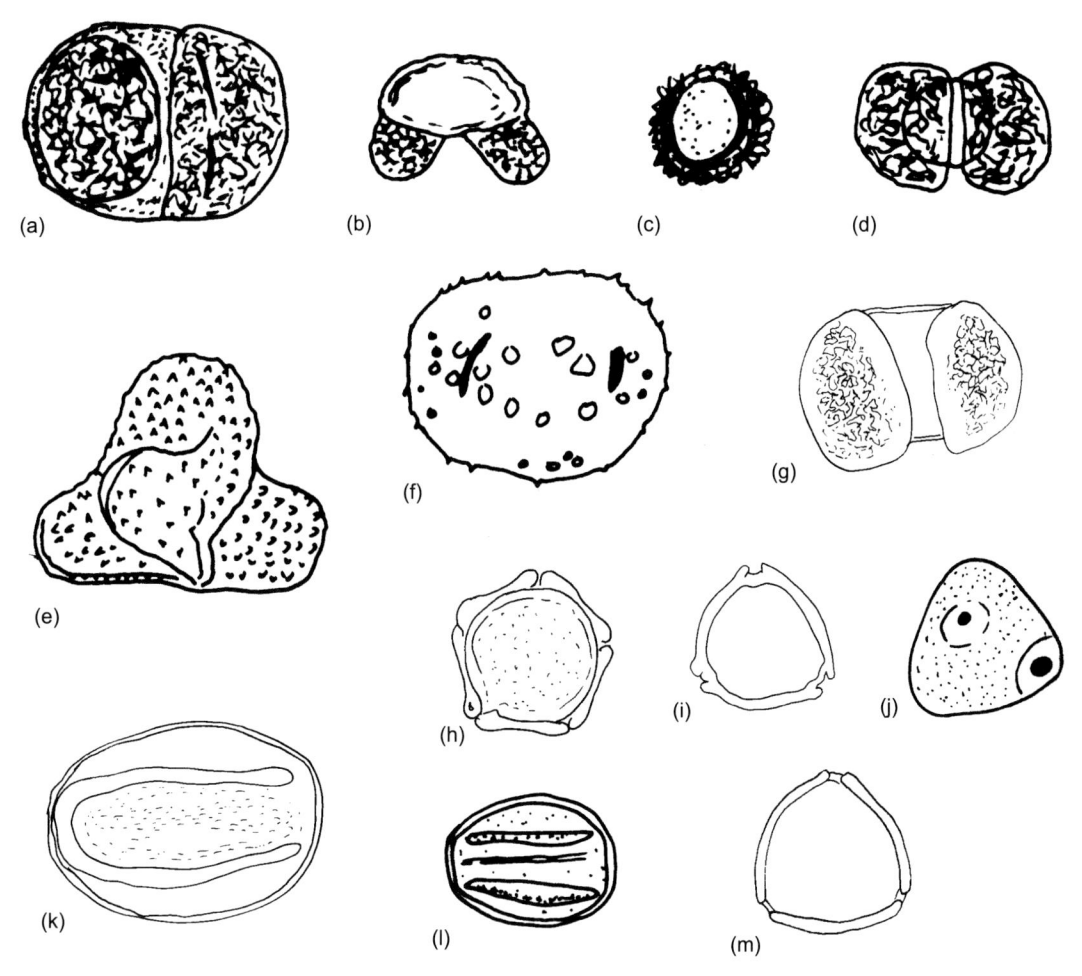

図 13.11 本書に記述されている花粉粒の概略図. (a) *Abies*（更新世）×250. (b) *Pinus*（現世）×350. (c) *Tsuga*（現世）×1,200. (d) *Podocarpus*（白亜紀）×500. (e) *Aquilapollenites*（白亜紀）×1,400. (f) *Woodhousia*（白亜紀）×1,140. (g) *Picea* ×325. (h) *Alnus*×1,400. (i) *Betula*×1,600. (j) *Carpinus*×2,000. (k) *Acer*×880. (l) *Quercus* ×1,000. (m) *Corylus*×1,800. ((a), (d) Tschundy & Scott 1969；(b), (c), (e), (f) Traverse 1988；(g)〜(m) Moore *et al*. 1991 から引用)

　花粉粒の壁は外側のきわめて抵抗性の強い外壁（exine）と内側の細胞質を包む内壁（intine）の２層からなる（図 13.6 (c)）. 外壁はさらに内側の内層（endexine）と外側の外層（ektexine）の二つの亜層に分けられる. 外層では基層（basal layer, 図 13.6 (c) では foot layer）から柱状のコルメラ（柱状体 columella）が伸びるが，この柱状体が外側にむき出しになっている場合（これを外表層欠失型 intectate という），部分的に外表層（tectum）と連続している場合（半外表層型 semitectate），または完全に外表層に覆われる場合（外表層型 tectate）がある*. 花粉粒で，先端が柱状体で支えられ，広がってこん棒状紋になっている場合は，穿孔型の外表層（perforate tectum,

すなわち tectate）となる. 外表層の表面はなめらかか，あるいは彫紋がある. 彫紋は上記したものとほぼ同様である.

［訳注］*：図 13.6 (d) を参照. 図中の Atectate は intectate と semitectate を含む.

胞子と花粉の分類

　化石胞子（*sporae dispersae*）の名前は国際植物命名規約（the International Code of Botanical Nomenclature：ICBN, Greuter & Hawksworth *et al*. 2001）に基づく. この規約はすべての植物の分類群（taxa, あるいは真分類群 eutaxa）と形態属（form-genera）

や形態種（form-species）などの準分類群（parataxa, すなわち分散した胞子や花粉粒, 分離した葉, 根, 果実, 種子, その他の植物の部分に対して与えられた名称）を公式に認知するものである．形態は分散した胞子を分類する唯一の手段である．胞子の形態は, 発芽装置や外形の赤道観, 壁の層構造や表面彫紋, それに胞子壁の厚さや構造などのあらゆる変化に基づいて規定される．属名はしばしばその形態と想定された近縁性を反映して（これは誤解を招く恐れがある）つけられる．Hughes (1989) はリンネの分類体系と命名法の遺棄を提唱し, 生物記録に基づく体系を提案した．この体系は自由度が高いと思われるが, 採用されなかった．Jansonius & Hills (1976, 含別冊付録) は化石胞子と花粉の属レベルの記載とカタログを出版している．

　胞子については, Potonié (in Potonié & Kremp 1954) によって提案された分類体系が後の修正を含めて最も広く用いられている．ここには, Playford & Dettmann (in Jansonius & McGregor 1996, vol. 1, pp. 227-261) が提案した体系に従って, ごく一般的で代表的な化石胞子と花粉の分類の概略を示す (Box 13.1～Box 13.4)*．これまでに分類的にはっきりと識別できるとみなされてきた種の間に形態的な連続性が認められたときには, モルフォン（morphon）の概念が適用できる．いくつかのモルフォンは植物の進化を反映している．

［訳注］*：化石の胞子や花粉はそれを生産した本体植物と結びつけて分類することが困難なため, 胞子・花粉の形態に基づく人為的な体系で分類する．種・属の単位は他の生物と同じであるが, それより上位の分類には, 低次分類群から高次へ, infraturma, subturma, turma, anteturma という単位を用いる (Potonié, 1956)．また turma と subturma の間に suprasubturma のような中間的な単位を設けることもある．胞子・花粉は Sporites（胞子）と Pollenites（花粉）の二つの Anteturma に大別され, そのうち Sporites は Hilates など三つの turma に, また Pollenites のうち sacci をもつ花粉群は一括して Division Saccites とし, その他が多数の turma に分けられている．

分布と生態

　一般的に胞子と花粉はそれらを生み出した親植物の生態を反映する．堆積物中での大きさによる淘汰で, 植物の葉, 材, 種子, 胞子が一緒に保存されることはめったにないが, それでも, 胞子や花粉を生産した植物の生息域とその生態を推定することは可能である．

それには, まず散布と堆積作用に関する知識が必要である．

散布と堆積作用

　空中を飛散する花粉と胞子の移動距離はその大きさや重さ, 表面の彫紋, 大気の条件によって大きく異なる．それらは日中には上空約 350～650 m で最も頻繁に見られるが, その多くは夜間になって, あるいは雨によって地表に落下する．花粉粒は, 好条件下なら少なくとも 1,750 km も移動することが知られているが, その約 99％は生産された場所から 1 km 以内に沈澱してしまうようである．空中散布によって海洋にまで到達できるのは非常にわずかな数だけである．

　花粉粒あるいは胞子は湿原や沼地, 湖などに直接落下するか, 流されて川や入江, 海に沈澱すれば, 化石記録として保存される可能性が生まれる．しかし, 花粉記録はこの段階までにすでに空中での差別的な散布過程によって分別作用を受けている．水中でも似たような分別作用を受けているだろう．たとえば大陸棚上でも大きさによる淘汰作用が起こる．すなわち, 大きな小形胞子 (miospore), 花粉粒, 大形胞子 (megaspore)* などは川, 河口, 三角州, 浅い大陸棚域に堆積するが, 小型の小形胞子と花粉粒は外側大陸棚や大洋底に堆積するだろう．還元的な堆積物中に埋没しなかった粒子は酸化されやすく, 最終的には破壊されてしまう．

［訳注］*：異型胞子（heterospore）の大きい方を大胞子 (megaspore) と呼ぶが, 単に大きさだけで直径 200 μm より大きな胞子と花粉を大形胞子 (megaspore) ともいう．

　胞子と花粉は洗い出しと再堆積を何回もくり返すことがあるので, 化石記録を混乱させる原因となる．経験豊かな花粉学者は, これらの再堆積された種類を保存状態の相違（たとえば色や溶食, 摩耗, 破壊の程度など）や生態学的, 層序学的な矛盾, 再堆積に関連した証拠などから見分けている．

地　史

　オルドビス紀中期からシルル紀初期の三角州堆積物や湖成層からは, 単粒, 二集粒, 三集粒, 四集粒の隠胞子が産出する．*Nodospora* では四分子の間の接触面にそって胞子壁が厚くなっている．いくつかの二集粒や四集粒では, 1層の膜がそれらの全体を覆っている．Llandovery 期（シルル紀前期）の地層には, *Ambitisporites* spp.（図 13.12 (b)）で代表されるような顕著な三条溝痕（trilete mark）のある最初の胞子

Box 13.1　高次分類階層と Turma Triletes および Suprasubturma Acavatitriletes の代表的な属の概略

Subturma	Infraturma	Infraturma	Infraturma	Infraturma
AZONOTRILETES ほぼ均一な厚さの壁をもつ。	**LAEVIGATI** 概してなめらかな (laevigate) 壁をもつ。 *Cyathidites*	**RETUSOTRILETI** 向心一赤道面が湾曲する。 *Retusotiletes*	**APICULATI** 壁には、ほぼ円形ないし細長く突出した彫紋をもつ。 Subinfra. GRANULATI：壁は顆粒状 (granulate)。 *Granulatisporites* Subinfra. VERRUCATI：壁はいぼ状 (verrucate)。 *Verrucosisporites* Subinfra. NODATI：壁には棘 (小刺 spinose)、円錐状突起 (conate) がある。 *Dibolisporites* Subinfra. BACULATI：壁には、棒状 (baculate) あるいは有柄頭状 (pilate) の突起がある。 *Raistrickia*	**MURORNATI** 壁には弱いしわ状 (rugulate) の装飾がある。 *Appendicisporites*
ZONOTRILETES 壁構造は遠心部で異なる (横溝、帯、パティナ (肥厚部 patina) の存在)。	**AURICULATI** 壁には放射状の装飾および赤道部の装飾 (弁 valve、耳介 auricula あるいは放射状付属物 radial appendage) がある。 *Tripartites*	**TRICRASSATI** 赤道部の中間に放射状の突起物 (コロナ corona) あるいは大小の突起物 (crassitude) がある。 *Diatomozonotriletes*	**CINGULATI** 連続した赤道部の肥厚 (横溝 cingulum)、膜状の突出物帯 (zona)、あるいは両者が組み合わされた横構帯 (cingulizona) がある。 *Contignisporites*	**APPENDICIFERI** 突起した付属物をもつ胞子。 *Elaterites*
Subturma				
LAGEOTRILETES 壁には向心部に嘴状あるいは円錐様の頂上突起物 (gula)、または条溝 (laesura) に付随する突起物がある。 *Lagenicula*				

Box 13.2 高次分類階層と Turma Triletes, Suprasubturma Laminatitriletes, Pseudosaccititriletes および Perinotriletes の代表的な属の概略

Suprasubturma	Subturma	Infraturma		
LAMINATITRILETES 2層の壁は分離している (cavate) が、内外の層は近接している。	AZONOLAMINATITRILETES 壁の層は分化して、厚くなったり広がったりしていない。	TUBERCULORNATI 外側の壁 (exoexine) には、顆粒、いぼ、円錐状突起、棘、柱状突起などの彫紋がある。 例：*Hystricosporites*		
	ZONOLAMINATITRILETES 壁の2層は広く離れていない。赤道部で厚いか、または広がっている。	CRASSITI 壁は赤道部で厚くなっているが、明瞭な横溝はない。 例：*Crassispora*	CINGULICAVATI 外側の層は赤道部で厚い（横溝状）か、あるいは外側に広がる（帯状）。 例：*Densosporites*	PATINATI 遠心半球は向心半球よりも明らかに肥厚し、赤道部の総壁も肥厚している。 例：*Tholisporites*

Suprasubturma	Subturma	Infraturma	
PSEUDOSACCITITRILETES 壁の2層間に顕著な腔（偽気嚢型 pseudosaccate）がある胞子で、外壁の内側にやや明瞭な内体 (inner body = 'mesospore') をつくる内壁をもつ。	MONOPSEUDOSACCITI 外壁は、内側の細胞質を取り巻いて一つの気嚢のように膨らみ、赤道部で内壁から分けている。腔は向心半球と遠心半球の大部分あるいは一部に広がる。 例：*Endosporites*	POLYPSEUDOSACCITI 外壁が内壁から分離したり膨らんだりし、赤道部で三つないしそれ以上の偽気嚢 (pseudosacci) をつくって、さまざまに変化する。 例：*Dulhuntyspora*	
	Suprasubturma PERINOTRILITES 胞子の外壁は外被層あるいは上被層によって包まれる。		例：*Crybelosporites*

Box 13.3 高次分類階層と Turma Monoletes, Subturma Azonomonoletes, Zonomonoletes, Cavatomonoletes, および Turma Hilates, Aletes, Cystites の代表的な属の概略

Turma: MONOLETES			
Subturma	Infraturma		Subturma
AZONOMONOLETES 壁はほぼ均一な厚さ.	LAEVIGATOMONOLETI 壁の表面はなめらか. *Laevigatisporites*	SCULPTATOMONOLETI 壁に彫紋がある. *Polypodiidite*	ZONOMONOLETES 壁は赤道部で厚いか外側に広がる. 産出はきわめて稀. *Speciosporites* は *Pecopteris* の胞子である.
Subturma	Turma: HILATES	Turma: ALETES	Turma: CYSTITES
CAVATOMONOLETES 壁は2層に分離 (cavate) している. *Aratrisporites*	胞子の向心部あるいは遠心部に孔条溝 (=単穴) がある. *Aequitriradites*	Subturma: AZONOALETES *Fabosporites*	高木のヒカゲノカズラ類が生産した大型の大形胞子を含む. *Cystosporites*

を産出する. この時期の試料を処理すると, 最初の陸上植物の破片であろうと思われる管状や板状のクチクラが含まれていることがある. 最初の大型植物である *Cooksonia* の化石はシルル紀後期の地層から発見されている. この時代以降, 大型植物や多様な胞子型の化石が激増し, 初期の植物の大放散を反映している. Ludlow期 (シルル紀後期) までにおおよそ10属の胞子が現れる. これら初期の胞子の親植物は汎地球的に分布したようである.

デボン紀はおそらくシダ様植物 (pteridophytic plants) の最盛期であった. このとき, 原始的なヒカゲノカズラ (lycopsids) (たとえば *Zosterophyllum* や *Baragwathania*) およびトリメロフィトン (trimerophytes) (たとえば *Psilophyton*) と, たぶんトクサ綱 (Sphenopsida) (たとえば *Protohyenia*) に近いものが出現している. Emsian期 (デボン紀前期末) には, これらに前裸子植物 (progymnosperms) が加わった. この植物はFamenian期後期 (デボン紀後期) までに, 真の種子と花粉粒を生産するようになった. これらの初期の花粉粒は, 最初, 三集粒の小形胞子と区別できなかったので, 先花粉 (pre-pollen) と呼ばれてきた. デボン紀を通じて植物群の地域性が顕著になり, はっきりとした赤道低緯度 (北米-ユーラシア地域), オーストラリア, 南ゴンドワナの

各植物群が現れるようになった. この地域性の明瞭化は, デボン紀の大陸が緯度的に広い範囲に拡大したこと, あるいは氷河期の到来で全地球的寒冷化が起こったことに対する反応であろう. 小胞子 (microspore)* の大きさはSiegenian期 (デボン紀前期中頃) までに100 μm (たとえば *Ancyrospora*, 図13.12 (c)) に増大し, さらにEmsian期までには200 μmにまでなった. *Cystosporites* (図13.12 (d)) では最大径が1 cm以上もある. それは, 一つは大きく他の三つは発芽しない胞子からなり, 一つの種子様大胞子 ('seed megaspore') として機能したようである. 真の大胞子の重要性は石炭紀より後, ジュラ紀までずっと減少したようだが, ジュラ紀以後, 特に白亜紀になって再び陸成層によく産出するようになった.

[訳注]*: 大小2種の異形胞子 (heterospore) の小型のもの (雄性) をいう. 種子植物では四分子の花粉がこれにあたる. これに対し大型のもの (雌性) は大胞子 (megaspore) という.

石炭紀の植物群は多数の石炭層があるおかげできわめてよく調べられている. この植物群には以下のものを含む. すなわち, 高木状で異形胞子 (heterospore) を放出するヒカゲノカズラ類が *Lycospora* (図13.13 (b)) や *Lagenicula*, および棘をもつ数種の '胞子の雲' を大量に空中にとばしていた. トクサ (horsetails)

Box 13.4 高次分類階層（主に subturma レベル）と気嚢型（saccate）胞子および花粉の代表的な属の概略

Subturma	Infraturma		
MONOSACCITES	TRILETESACCITI：ソテツ類，シダ種子植物，およびコルダイテス類の先花粉（pre-pollen）を含む．*Schulzospora*	ALETESACCITI：初期の針葉樹の花粉．*Florinites*	VESICULOMONORADITI：ソテツ類の花粉．*Potonieisporites*
DISSACCITES	DISSACCITRILETI：針葉樹の花粉．*Illinites*	DISSACCITRILETI：ソテツシダ類の花粉．*Pityosporites*	
Subturma	Subturma	Subturma	Subturma
STRIATITES：グロソプテリス類と初期の針葉樹の花粉．*Lueckisporites*	PRAECOLPATES：シダ種子植物ソテツシダ類の花粉．*Monoletes*	POLYPLICITES：裸子植物グネツム類の花粉．*Vittatina*	MONOCOLPITES：イチョウ類やソテツ類のいろいろな種類の花粉．*Moncolpopollenites*

(*Calamospora*，図 13.12 (e)，*Laevigatosporites*，図 13.12 (f) および *Reticulatisporites*，図 13.13 (e) をともなう)，シダ種子植物（seed ferns）（胞子と二翼型 bisaccate の花粉をともなう)，およびコルダイテス (cordaitaleans)（*Florinites* の花粉，図 13.12 (g) をともなう）もまた重要な構成種であった．また石炭紀の石炭をつくった湿地帯に特徴的な植物として，有名な *Lepidodendron* や *Sigillaria* などのヒカゲノカズラ類，*Medullosa* などのシダ種子類の高木や低木，*Calamites* などのトクサ類の高木や低木，*Cordaites* などの低木のコルダイテス類（これには原始的な針葉樹 conifer を含む）などがあった．熱帯のデルタ地帯が石炭を生成した石炭紀の低湿地に似ているとして研究されている（Scheihning & Pfefferkorn 1984）．石炭紀には胞子を出す植物のいろいろな組み合わせが知られている．いくつかの植物は同じ小胞子嚢（microsporangium）の中で二つ以上の胞子型を生産した．たとえば，石炭層中にふつうに見られる *Densosporites* (図 13.12 (h)，13.13 (a)) は，*Porostrobus* や *Sporangiostrobus* のような数種類の石炭紀ヒカゲノカズラ類と，デボン紀型のヒカゲノカズラ類（？）*Barrandeina* をともなって発見される．

種子と花粉という裸子植物の様式はペルム紀までに植物の生活環の中で優勢なものとなり，中生代の群集では花粉粒はしだいに胞子にとって代わっている．特に白亜紀中期から後，この傾向は被子植物の初期進化によってますます顕著となった．

シダ種子植物（pteridosperms，あるいは seed ferns）は花粉をつくった最初の植物であった．これらはシダ植物から進化したが，この間の出来事の正確なところはわかっていない．たぶん，異形胞子をもつシダ植物はシダ種子植物への進化の中途段階であったと思われる．先花粉（pre-pollen）*と呼ばれる最古の花粉はデボン紀後期（Famenian 期）に遡る．Chaloner（1970）は胞子 - 先花粉 - 花粉の形態的な差違についてまとめている．遠心極に発芽装置（distal

13章 胞子と花粉　　　105

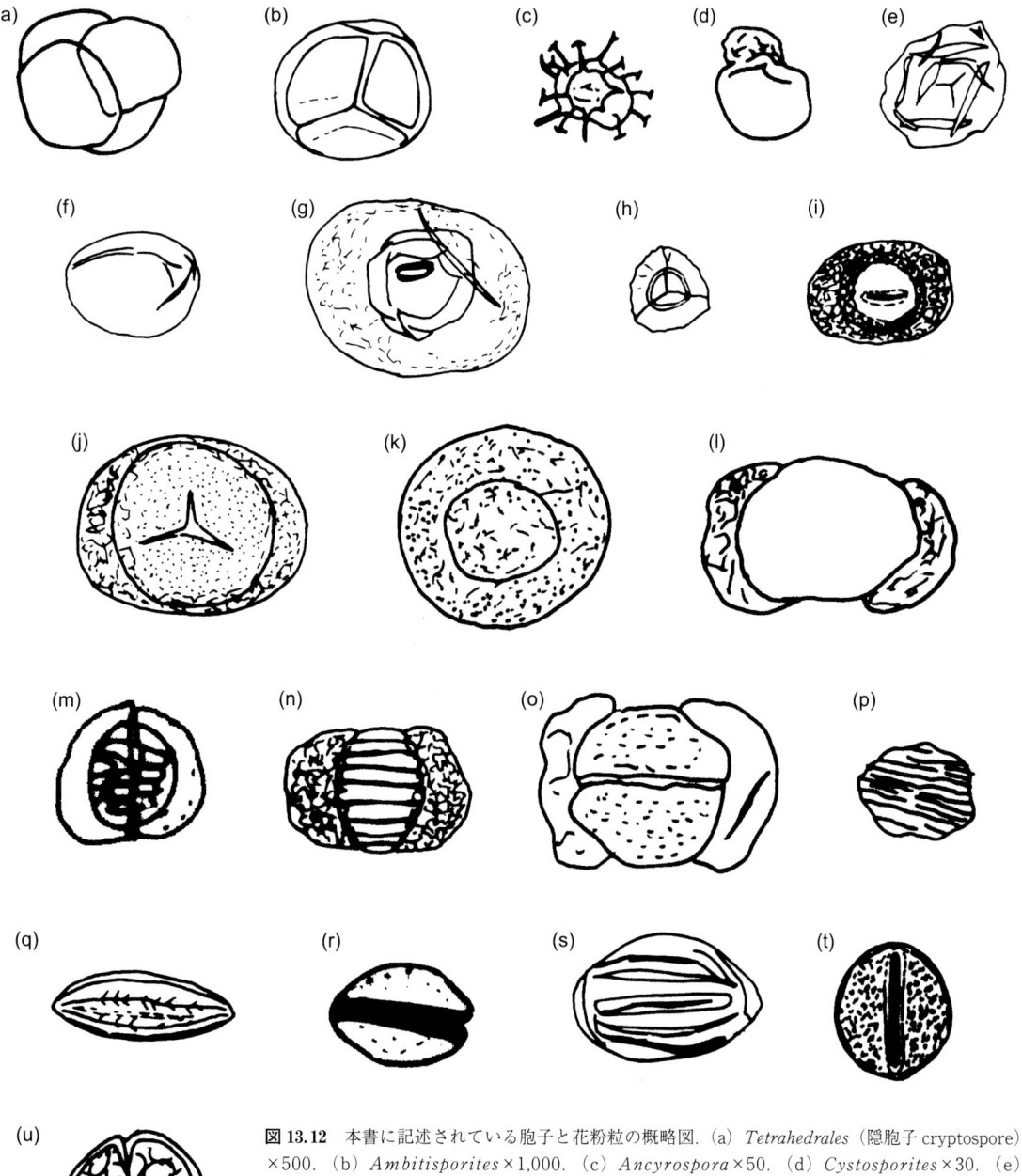

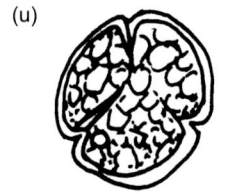

図 13.12 本書に記述されている胞子と花粉粒の概略図．(a) *Tetrahedrales* (隠胞子 cryptospore) ×500．(b) *Ambitisporites*×1,000．(c) *Ancyrospora*×50．(d) *Cystosporites*×30．(e) *Calamospora*×1,000．(f) *Laevigatosporites*×350．(g) *Florinites*×350．(h) *Densosporites*×380．(i) *Potonieisporites*×220．(j) *Schulzospora*×475．(k) *Wilsonites*×670．(l) *Pityosporites*×915．(m) *Illinites*×420．(n) *Protohaploxypinus*×500．(o) *Lueckisporites*×560．(p) *Vittatina*×320．(q) *Ephedra*×1,150．(r) *Corollina*×1,600．(s) *Clavatipollenites*×1,000．(t) *Eucommiidites*×1,200．(u) *Tricolpites*×500．((a), (b) Richardson, in Jansonius & McGregor 1996, pp. 555-575；(f)〜(j) Clayton, in Jansonius & McGregor 1996, vol. 2, pp. 589-597；(k), (u) Tschudy & Scott 1969；(l)〜(s) Traverse 1988 から引用)

germination) をもつ裸子植物の花粉が，最初に発見されるのは上部石炭系の層準である．そして，非常にさまざまな裸子植物の花粉が古生代後期に進化して出現している．中でも気嚢（花粉壁の一部が袋状に膨張した構造）のある花粉粒は最も容易に識別でき，絶滅したシダ種子植物，針葉樹，コルダイテス類など，いろいろな種類に共通に現れる．石炭紀，ペルム紀前期，三畳紀後期には，一翼型（気嚢が単一）が二翼型よ

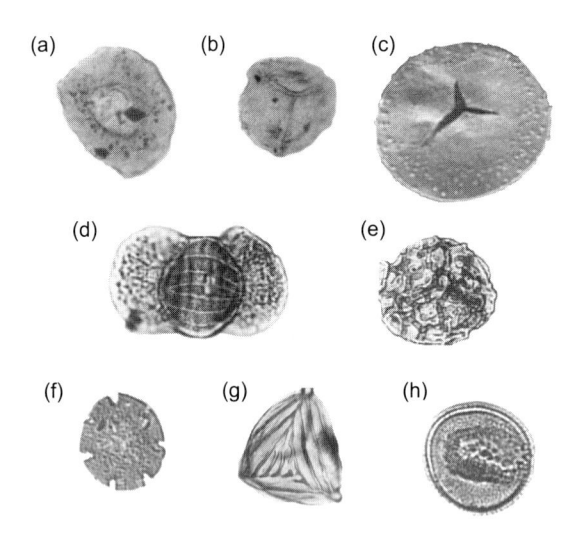

図 13.13 代表的な胞子と花粉粒の顕微鏡写真．(a) *Densosporites annulatus*，Westphalian 階 B（上部石炭系）産 *Sporangiostrobus* と *Porostrobus* の球果中にあった *Lepidodendron* の胞子，遠心観，×500．(b) Westphalian 階 A 産，*Lepidostrobus* 球果中の *Lepidodendron* の胞子 *Lycospora pusilla*，向心観，×530．(c) Westphalian 階 B の *Tuberculatisporites triangulates* の走査型電顕写真，向心観，×16．(d) ペルム紀の *Striatopodocarpites* sp.，×415．(e) Visean 階（下部石炭系）*Reticulatisporites cancellatus*，×247．(f) Santonian 階（上部白亜系）産ナンキョクブナの花粉，*Nothofagidites brassi* タイプ，×600．(g) Cenomanian 階（上部白亜系）の *Appendicisporites* cf. *A. potomacensis*，×287．(h) 白亜紀の *Clavatipollenites hughesii*，×695．((c)～(f) Traverse 1988；(g) Playford & Dettmann, in Jansonius & McGregor 1996, pl. 1, fig. 12 より引用)

りも多かった．石炭紀とペルム紀の属には *Florinites*，*Potonieisporites*（針葉樹類の花粉，図 13.12 (i)），*Schulzospora*（シダ種子植物の先花粉，図 13.12 (j)），*Wilsonites*（ソテツ類の花粉，図 13.12 (k)）を含む．古生代後期の二翼型針葉樹の花粉粒には *Pityosporites*（図 13.12 (l)）や *Illinites*（図 13.12 (m)）がある．
[訳注]*：先花粉（pre-pollen）は絶滅した原始的な裸子植物に見られ，胞子の三条溝や向心面で発芽した花粉粒子．

　石炭紀から三畳紀の裸子植物の多くは線状紋二翼型（striate bisaccate）の花粉粒をつくる．ペルム-三畳紀の例では *Protohaploxypinus*（図 13.12 (n)），*Lueckisporites*（図 13.12 (o)），*Vittatina*（図 13.12 (p)）がある．最も現代的な裸子植物のマオウ類は線状紋をもつ（striate）が，無気嚢で多襞型（polyplicate）である．現生の例に *Ephedra*（図 13.12 (q)）がある．*Ephedra* に似た花粉の記録は中生代から現世まで連続して見られる．

　サーカムポール型（circumpolle）の花粉は絶滅した裸子植物のいくつかに特有のものである．この花粉粒には 1 本の周極亜赤道溝（circumpolar subequatorial groove）がある．この溝は粒子を不等に二分して，偽孔（pseudopore）のある遠心極と三角形の向心極とをつくる．*Corollina*（＝*Classopollis*，図 13.12 (r)）は最もよく知られている例である．これは絶滅した針葉樹の Cheirolepidiaceae 科によって生産された．このタイプの花粉は三畳紀中期から白亜紀中期にかけてふつうに見られる．単長口型（monosulcate）の花粉粒はソテツ類とその類縁グループに見られ，ジュラ紀の地層に最も多産する．単純な単長口型の花粉粒（たとえば *Eucommiidites* のようないくつかの種，図 13.12 (t)）は原始的な被子植物に似ている．

　被子植物は'高等な'裸子植物のあるグループから進化して出現した．だが両者の関係の詳細については議論が多い．被子植物の花粉の特徴は無葉理（non-laminate）の内層（endexine）と著しく分化した外層（ektexine）をもつことで，多くの被子植物の花粉粒の発芽口は三口型（triaperturate）である．花粉化石の記録では，被子植物が白亜紀前期に現れたことを示している（Hughes 1976；Hughes & McDougall 1987）．三畳紀後期の数属（*Crinopolles* のグループ）が似たような構造の外壁（exine）をもつが，被子植物が白亜紀以前に存在したことを示す大型化石の情報はない．*Clavatipollenites hughesii*（白亜紀前期 Barremian 期，図 13.12 (s)，13.13 (h)）は最初期の被子植物花粉粒の一例である．単長口型で，柱状層と外表層の外壁をもつ．*Tricolpites*（図 13.12 (u)）は

Albian期に初めて現れ，おそらく*Clavatipollenites*型の祖先から進化した（Chaloner 1970）．他の三溝型（tricolpate）花粉はAptian期に赤道地域に現れ，Albian期までに中緯度地域に，またCenomanian期までに極域に広がった（Hickey & Doyle 1977）．この地理的な拡大は古気候や古地理の変化によるものか，あるいは植物が急速に進化して寒冷な地域に移住したものであると考えられる．

三溝型花粉の出現は大きな進化的革新であった．さらに心皮（carpel）*で保護された種子は最初期の被子植物が発展したいくつかの理由のうちの一つであった．現生植物の花粉粒に見られる構造のすべての特徴はCenomanian期末までに出現した．被子植物は白亜紀後期に多様化し，分布はより地域性を強めていった．
［訳注］*：心皮は種子植物の雌ずいを構成する器官（図13.8）．発生的には特殊な分化をした葉で，シダ植物の大胞子葉に相当する．

現生の植物群は，主として白亜紀や古第三紀の遺存種の絶滅によって，新第三紀から徐々に出現してきた．第三紀の中頃には，新しい現代的な二つのグループであるキク科（Asteraceaeあるいは Compositae）とイネ科（Poaceae）が広く分布するようになった．これらは気候が悪化したことによって出現したのだが，現在では膨大な数の種からなる最も成功したグループとなった．両者の花粉の形態は非常に異なっている．それは，イネ科が風媒花粉（anemophilous）で，キク科が虫媒花粉（entomophilous）であるためである．イネ科の花粉は単純な球形で，その発芽孔は単孔型（monoporate）であり，この花粉が枯草熱（花粉症）の主要な原因となっている．

現生植物の群落構造は最終氷期以降に発達したが，人類活動の影響を受けて現在の植物群落のいくつかはわずか200年前に成立したものである．

胞子と花粉化石の利用

胞子と花粉は維管束植物の進化史に関する連続的な記録を提供している．胞子は，最初，産業上の道具として石炭層の対比や生層序（Smith & Butterworth 1967とその中の引用文献）に用いられたが，現在では供給源地の解析，古環境，古生態，植物地理の研究などの幅広い分野で使われている．シルル紀から石炭紀のパリノモルフ*層序（palynozonation）は胞子に基づいたものである．他方，花粉粒は若い地層の年代決定や対比に高い重要性をもつ．各時代のパリノモルフ層序は次のような研究に見られる．すなわち，シルル系についてはRichardson（in Jansonius & McGregor 1996, vol. 2, pp. 555-575），デボン系はStreel & Lobo-ziak（in Jansonius & McGregor 1996, vol. 2, pp. 575-589），下部石炭系はClayton（in Jansonius & McGregor 1996, vol. 2, pp. 589-597），上部石炭系はOwens（in Jansonius & McGregor 1996, vol. 2, pp. 597-607），ペルム系はWarrington（in Jansonius & McGregor 1996, vol. 2, pp. 607-621），中生界と新生界についてはBatten & Koppelhus（in Jansonius & McGregor 1996, vol. 2, pp. 795-807），Batten（in Jansonius & McGregor 1996, vol. 2, pp. 807-831, 1011-1065），Friederiksen（in Jansonius & McGregor 1996, vol. 2, pp. 831-843）などである．
［訳注］*：パリノモルフ（palynomorph）は通常の花粉分析処理により抽出された有機物の中で生物の器官や組織を残す微化石を総称していう．特に胞子と花粉がその代表例である．

胞子と花粉粒は熱変質指標（thermal alteration index：TAI）やパリノモルフ相の解析を通じて炭化水素の探査に広く利用されている（Batten 1996, in Jansonius & McGregor 1996, vol. 3, pp. 1011-1085）．

1950年代および1960年代の胞子の定量的な研究は，石炭紀のサイクロセム（cyclothem）において，植生と古環境の変化を反映して胞子の含有量と岩相との間に明らかな相関があることを立証した（Smith, 1962, 1968；Chaloner 1968；Eble, in Jansonius & McGregor 1996, vol. 3, pp. 1143-1156）．他のパリノモルフ（palynomorph）と組み合わせた胞子と花粉の研究は，過去の海岸線を推定したり（たとえばFrakes *et al.* 1987），再堆積を利用して後背地を推定したりする（Collinson *et al.* 1985）のに応用されている．

花粉分析

花粉分析は，主に湿地や沼地，湖，三角州などの堆積物のコアから，その各層準で連続的に胞子と花粉の定量的な調査を行うことである．この方法は地域的な植生の時代的変化の様子を知るための重要な情報を提供する．特に，親植物がよくわかっている第四紀堆積物によく用いられる．もっとも，同じ方法が石炭紀の炭層のような古い時代の堆積物にも用いられ，成功してきた．第四紀の花粉に関する行き届いた総説がMacDonald（in Jansonius & McGregor 1996, vol. 2, pp. 879-910）にある．詳細な方法論と研究領域については Birks & Birks（1980），Faegri & Iversen（1989），Moore et al.（1991）に記述されている．

花粉分析ではコアを多くの層準に細分し，そのそれぞれの試料で異なる形態型の胞子と花粉の相対頻度を算出する．樹木の花粉（たとえばマツ，カシ，ニレ，ブナなど，図 13.11（h）〜（m））は，しばしば同一の形態群として積算されるのに対して，非樹木花粉（non-arboreal pollen：NAP，たとえば草 herbs）はそれぞれ別の形態として記録され，樹木花粉に対する割合として表される．湿地や荒れ地，湖水域の植生からの胞子と花粉（たとえばカヤツリグサやイネ，ヒースなどの）はそれぞれ独立に表されるが，この場合もやはり樹木との相対比で表される．次にそれぞれの種の花粉頻度曲線（pollen spectrum）がつくられる．この作業はコアを通した花粉群の変化を示す花粉分析図（pollen diagram）を作成するのと併行して行われる（図 13.14）．

このような分析図は常に植物相に対する偏った印象を与える．分散による負の効果は別として，開花あるいは裂開（dehiscence）の頻度，胞子嚢・球果・花の数，散布を仲介するもの（風や流水）に対する位置，胞子や花粉の保存の可能性など，それらのすべてが花粉計数にある程度は影響する．時の経過に伴う植生変化や移動の割合，植生の復元を定量的に示すために，さまざまな統計的手法が利用できる．

花粉は第四紀堆積物の対比や古環境などに広範囲にわたって利用されている．たとえば英国でよく知られた，カバノキ（birch）の森林地帯であった Pre-Boreal 期（約 1 万年 BP）から，ハンノキ-カシ（alder-oak）の森林地帯であった Sub-Atlantic 期（ほぼ現在 modern，約 2,000 年前から数百年前まで）に至る後氷期の時代区分は，花粉頻度曲線の変化に基づいて設定された（West 1968, pp. 279-283, 292-325 を参照）．温帯域における第四紀の間氷期堆積物はたいてい次のような植生変化を記録している．すなわち，氷期から氷期末の草本や潅木を伴う寒冷性のカバノキの森から，マツの森を経て，気候最温暖期（climatic optimum あるいは hypsithermal）のニレ，ナラ，シナノキ，ハンノキ，ハシバミなどの森林に変化し，またこれに続く寒冷化によってマツやカバノキの森に変わり，それから新たな氷期の環境になっていった．イングランドにおける Flandrian 期（後氷期の気候最温暖期）の花粉分析図は，8,500 年前にカバノキが減少する点で他の大西洋地域と比べてかなり異質である．より古い時代の微植物相（microflora）の変化の原因ははっきりしないが，生態遷移や時代ごとの生物相を認めることができる（Traverse 1988）．典型的な Devensian 期（英国の最終氷期）の花粉群集を，マツとブナの花粉が優占する樹木花粉を中心に図 13.15 に示した．北米では大陸があまりに大きく，植生があまりに多様で，ヨーロッパと同質の花粉分析図をつくることができない．北米の植生に対する第四紀の気候変化の影響は Davis et al.（1980）と Watts（1979）の古典的な研究に見ることができる．また，この変化が動物群に及ぼした影響は Whitehead et al.（1982）に見られる．気候モデルと花粉から推定された気候との比較については Webb et al.（1998）にある．

花粉分析は考古学にも大いに貢献している．それは第四紀後期の層序学的枠組みを与えているだけでなく，人類の初期の環境や人類が環境に与えた影響などについての視点を提供しているためである．たとえば，Hoxnian 間氷期（20 万〜30 万年前）の Acheulian 中-後期（旧石器時代）に手斧文化（hand axe culture）の層準で樹木花粉が不思議にも急激に衰退している（West, in Tschudy & Scott 1969, p. 421）が，それは森林の切り払いが原因である可能性がある．人類が導

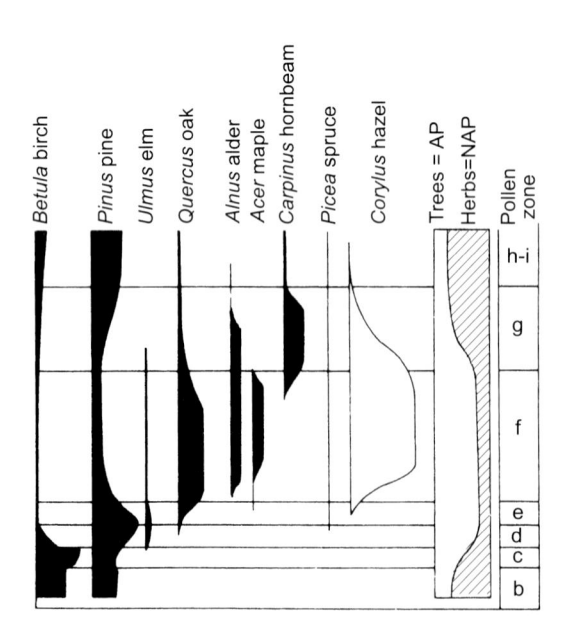

図 13.14 Ipswichian（＝Eemian）間氷期（最終間氷期）の花粉分析図．代表的な花粉は図 13.15 に示されている．AP：樹木花粉（arboreal pollen），NAP：非樹木花粉（non-arboreal pollen）．（West & Pearson, in Tschundy & Scott 1969, figs. 17-19 を一部改変）

13章 胞子と花粉

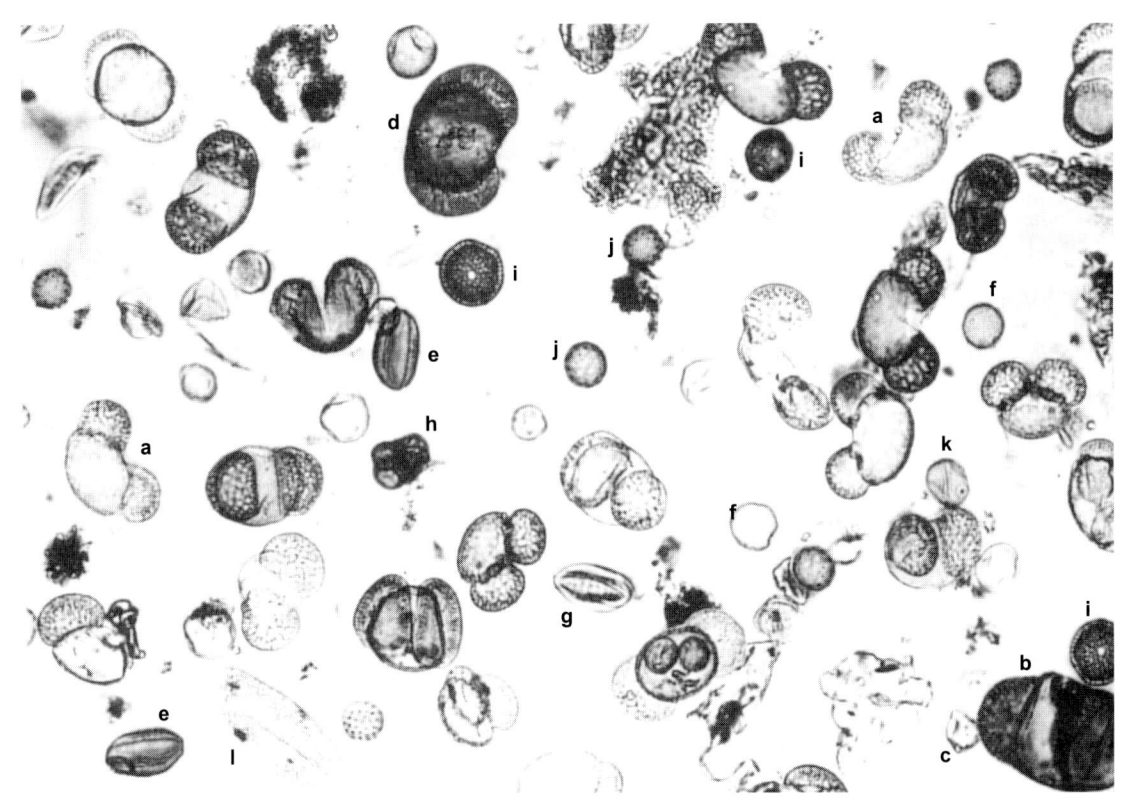

図13.15 フランス St Front の Würm 寒冷期（最終氷期，英国の Devensian 寒冷期，北米中央部の Wisconsin 寒冷期に相当）の堆積物から得られた代表的な花粉群集．樹木性の花粉に (a) *Pinus*，(b) *Picea*，(c) *Betula*，(d) *Cedrus* などがある．非樹木性の花粉は (e) *Helianthemum*（長軸は 45 μm），(f) *Plantago*，(g) *Ephedra*，(h) *Calluna*，(i) ナデシコ科 (Caryophyllaceae)，(j) アカザ科 (Chenopodiacea)，(k) イネ科 (Poaceae/Gramineae，(l) ユリ科 (Liliaceae) などがある．(Lowe & Walker 1997, fig. 4.1 から複製した合成写真)，(原図は M. Reille and V. Andrieu による)

入した草本類の出現は農耕のはじまりを示している．そして，スコットランドにおけるヒースの分布の拡大は放牧による森林の消滅を示唆している（Traverse 1988）．Godwin (1967) はさらにイングランドにおけるサクソン族，ノルマン族，チューダー族によるインド大麻 *Cannabis* の栽培の結果として注目すべき事変を述べている．Leroi-Gourham (1975) は，5万年前のネアンデルタール人（Neanderthals）が死者を花で覆って埋葬していたことを示した．花粉学者はまた，いろいろな動物の食性と気候変化を知るために，消化管の内容物や糞石（coprolite）を調べている．花粉考古学についての優れた概説が Dimbleby (1985) にある．

花粉と胞子は細粒堆積物の供給源地を突き止めるのに使われて，堆積学にも貢献している．ミシシッピデルタの堆積物はその地方の花粉や胞子とともに，デボン紀以後の地層から洗い出されたものまで含んでいる．石炭紀の胞子がイングランド北東沿岸部の現世堆積物中にたくさん含まれている．Collinson et al. (1985) は，イングランド南部の古第三紀層中に古生代と中生代の大胞子が再堆積していることを報告している．また Needham et al. (1969) は，北西大西洋における堆積パターンを追跡するのに，再堆積した石炭紀のパリノモルフを用いている．他の化石と同様に，花粉と胞子は堆積速度を推定するのにも使うことができる（Davis 1968 を参照）．

再堆積の問題は花粉学者にとっては'自然災害のようなもの' かもしれないが，Stanley (1967) は，再堆積した小形胞子に富む層準が深海堆積物を対比する鍵層として使えることを示した．この場合，再堆積の胞子が多いのは，氷期の最盛期で海水準が著しく低下した時期に一致していた．Traverse (1974) はまた，黒海の表層堆積物中で，再堆積した胞子と花粉が最も多いのは最終氷期最盛期に堆積した地層であることを記し，これが海水準低下時の侵食作用の回春と活発化

さらなる知識のために

Traverse (1988) と Jansonius & McGregor (1996, 3 volumes) の著作は非常に有益な手引きとなる．大胞子 (megaspore) の概説は Scott & Hemsley (in Jansonius & McGregor 1996, vol. 2, pp. 629-641) にある．第四紀の花粉学については Lowe & Walker (1997) と Bradley (1999) に，また花粉分析については Moore et al. (1991) に概説されている．花粉学についてのさらなる情報は，International Federation of Palynological Studies: IFPS) のウェブサイト [http://geo.arizona.edu/palynology/ifps.html] や，これにリンクする他の関連学会を調べることで得られる．

採集と研究のヒント

胞子と花粉化石の形態を理解するには，現生標本を観察するのがきわめて有効である．樹木や潅木，シダなどのふつうの胞子・花粉は，花や球果，胞子嚢 (sporangium) が開花中あるいは裂開中であれば容易に収集できる．すぐに観察するのでなければ，アルコール中に保存しておく．散布スライド (strew slide) は，解剖メスで葯 (anther, 花粉嚢)*あるいは葯室 (pollen sac)*，胞子嚢を分離し，それらをスライドグラス上に1滴の蒸留水とともに載せてつくる．顕微鏡下で観察する際に，解剖針 (seeker) か解剖メスのあまり尖っていない先で葯などに傷をつけ，スライド上に出てきた粒を分散させる．構造などのより鮮明な像を得るためには，散布スライドを乾燥させてから1滴のグレーの胞子染色液 (Gray's spore stain, 蒸留水中に 0.5% のマラカイトグリーンと 0.05% の塩基性フーシン色素を加えた水溶液) を添加し，スライドはその後1分間温める．あるいはまた塩基性のフーシン (fuschin) 染色液 (蒸留水中に 0.5% の塩基性フーシンを加えた水溶液) か，サフラニン (safranin) 染色液 (95% のアルコール 50 ml にサフラニン '0' を 1g 加え，さらに蒸留水を 50 ml 加えた水溶液) を添加する．10分後に少量の蒸留水でスライドを濯ぎ，低温で乾燥する．一時的な処理としては水かグリセリン (30% の水溶液) で，また永久的なプレパラートにするにはカバーグラスをかけ，カナダバルサムで封印する．よく集光された透過顕微鏡で 400 倍以上の高倍率で検鏡する．Berglund (1986) には野外と室内での有用な処理法が記載されている．

[訳注]*：葯 (anther) は花粉嚢 (小胞子嚢) ともいい，花粉を生産する器官．葯隔で二分された半葯よりなり，1個の半葯は二つの葯室をもつ．

化石小形胞子は植物片を含む泥岩あるいは頁岩，泥炭，亜炭，石炭から最も容易に抽出できる．また海成の黒色頁岩や泥岩中にも非常に豊富に含まれる．花粉学の実験室では例外なくフッ化水素酸で珪酸質物質を，塩酸で石灰質物質を，また多種類の強酸やアルカリ，酸化剤で花粉・胞子以外の植物組織を除去している．胞子と花粉粒はこれらの複雑な手法を用いなくても研究できるが，そのような場合に鉱物や植物物質で希釈されてしまうのは避けがたい．凝集した塊からの分解には処理法 A から F (付録を参照) に従い，処理法 G のようにして洗浄し，処理法 H か K のようにして濃集させる．有機物質が暗色で不透明な場合は処理法 E で処理する．一時的な封入ならば水かグリセリンでよいが，永久プレパラートにするにはグリセリンジェリーかカナダバルサムでカバーグラスを封じる．

散布スライドを観察するには，よく集光した透過光を用いる．高倍率の場合には，可能なら油浸の対物レンズを用いるとよい．小形胞子は，通常その形状やはっきりした輪郭，時に琥珀色であることで他の植物質と区別できる．花粉学的な手法のいろいろな情報が Gray (in Kummel & Raup 1965, pp. 470-706) と Jones & Rowe (1999) に記述されている．

引用文献

Batten, D. J. 1984. Palynology, climate and development of Late Cretaceous floral provinces in the Northern Hemisphere: a review. In: Brenchley, P. J. (ed.) *Fossils and Climate*. John Wiley, New York, pp. 127-164.

Berglund, B. E. 1986. *Handbook of Holocene Palaeoecology and Palaeohydrology*. Wiley, Chichester.

Birks, H. J. B. & Birks, H. H. 1980. *Quaternary Palaeoecology*. Edward Arnold, London.

Bradley, R. S. 1999. *Paleoclimatology: reconstructing climates of the Quaternary*. Academic Press, San Diego.

Chaloner, W. G. 1968. The palaeoecology of fossil spores. In: Drake, E. T. (ed.) *Evolution and Environment*. Yale University Press, New Haven, Conneticut, pp. 125-138.

Chaloner, W. G. 1970. The rise of the first land plants. *Biological Reviews* **45**, 353-377.

Collinson, M. E., Batten, D. J., Scott, A. C. & Ayonghe, S. N. 1985.

Palaeozoic, Mesozoic and contemporaneous megaspores from the Tertiary of southern England: indicators of sedimentary provenance and ancient vegetation. *Journal of the Geological Society, London* **142**, 375-395.

Davis, M. B. 1968. Pollen grains in lake sediments: redeposition caused by seasonal water circulation. *Science* **162**, 796-799.

Davis, M. B., Spear, R. W. & Shane, L. C. K. 1980. Holocene climate of New England. *Quaternary Research* **14**, 240-250.

Dimbleby, G. 1985. *The Palynology of Archaeological Sites*. Academic Press, London.

Erdtman, G. 1986. *Pollen Morphology and Plant Taxonomy: angiosperms - an introduction to palynology*. E. J. Brill, Leiden.

Faergi, K. & Iversen, J. 1989. *Textbook of Pollen Analysis*, 4th edn. John Wiley, New York.

Frakes, L. A. with 21 other authors 1987. Australian Cretaceous shorelines, stage by stage. *Palaeogeography, Palaeoclimatology, Palaeoecology* **59**, 31-48.

Godwin, H. 1967. Pollen analytic evidence for the cultivation of *Cannabis* in England. *Review of Palaeobotany and Palynology* **4**, 71-80.

Gray, J. 1985. The microfossil record of early land plants: advances in understanding of early terrestrialization, 1970-1984. *Philosophical Transactions of the Royal Society of London* **B309**, 167-195.

Greuter, W. & Hawksworth, D. L. (eds) 2001. *International Code of Botanical Nomenclature (Tokyo Code)*. Also online at http://www.bgbm.fu-berlin.de/iapt/nomenclature/code/SaintLouis/0001ICSLContents.htm).

Hickey, L. J. & Doyle, J. A. 1977. Early Cretaceous fossil evidence for angiosperm evolution. *Botanical Review* **43**, 3-104.

Hughes, N. F. 1976. The challenge of abundance in palynomorphs. *Geoscience and Man* **11**, 141-144.

Hughes, N. F. 1989. *Fossils as Information: new recording and stratal correlation techniques*. Cambridge University Press, Cambridge.

Hughes, N. F. & McDougall, A. B. 1987. Records of angiosperm pollen entry into the English Cretaceous succession. *Review of Palaeobotany and Palynology* **50**, 255-272.

Jansonius, J. & Hills, L. V. 1976 et seq. *Genera File of Fossil Spores*. Department of Geology and Geophysics, University of Calgary; Alberta. special publication, with 11 supplements.

Jansonius, J. & McGregor, D. C. (eds) 1996. *Palynology: principles and applications*, vols 1-3. American Association of Stratigraphic Palynologists, Dallas.

Jones, T. P. & Rowe, N. P. (eds) 1999. *Fossil Plants and Spores: modern techniques*. Geological Society, London.

Kummel, B. & Raup, D. (eds) 1965. *Handbook of Paleontological Techniques*. W. H. Freeman, San Francisco.

Leroi-Gourham, A. 1975. The flowers found with Shanidar IV, a Neanderthal burial in Iraq. *Science* **190**, 562-564.

Lowe, J. J. & Walker, M. J. C. 1997. *Reconstructing Quaternary Environments*. Longman, London.

Moore, P. D., Webb, J. A. & Collinson, M. E. 1991. *Pollen Analysis*, 2nd edn. Blackwell Scientific Publications, Oxford.

Needham, H. D., Habib, D. & Heezen, B. C. 1969. Upper Carboniferous palynomorphs as a tracer of red sediment dispersal patterns in the northwest Atlantic. *Journal of Geology* **77**, 113-120.

Potonié, R. & Kremp, G. 1954. Die Gattungen der paläozoischen *Sporae dispersae* und ihre Stratigraphie. *Geologisches Jahrbuch* **69**, 111-194.

Richardson, J. B. 1992. Origin and evolution of the earliest land plants. In: Scopf, J. W. (ed.) *Major Events in the History of Life*. Jones and Bartlett, Boston, pp. 95-118.

Scheihning, M. H. & Pfefferkorn, H. F. 1984. The taphonomy of landplants in the Orinoco Delta: a model for the incorporation of plant parts in clastic sediments of late Carboniferous age Euramerica. *Review of Palaeobotany and Palynology* **41**, 205-240.

Schraudolf, H. 1984. Ultrastructural events during sporogenesis of *Anemia phyllitidis* (L.) Sw. *Beiträge zur Biologie der Pflanzen* **59**, 237-260.

Smith, A. V. H. 1962. The palaeoecology of Carboniferous peats based on the miospores and petrography of bituminous coals. *Proceedings. Yorkshire Geological Society* **33**, 423-474.

Smith, A. V. H. 1968. Seam profiles and characters. In: Murchison, D. G. & Westoll, T. S. (eds) *Coal and Coalbearing Strata*. Oliver and Boyd, Edinburgh, pp. 31-40.

Smith, A. V. H. & Butterworth, M. A. 1967. Miospores in the coal seams of the Carboniferous of Great Britain. *Special Papers in Palaeontology* **1**, 324 pp.

Stanley, E. A. 1967. Palynology of six ocean-bottom cores from the south-western Atlantic Ocean. *Review of Palaeobotany and Palynology* **2**, 195-203.

Traverse, A. 1974. Paleopalynology 1947-1972. *Annals of the Missouri Botanical Garden* **61**, 203-226.

Traverse, A. 1988. *Paleopalynology*. Unwin Hyman, Boston.

Tschudy, R. H. & Scott, R. A. (eds) 1969. *Aspects of Palynology*. Wiley-Interscience, New York.

Uehara, K., Kurita, S., Sahashi, N. & Ohmoto, T. 1991. Ultrastructural study on microspore wall morphogenesis in *Isoetes japonica* (Isoetaceae). *American Journal of Botany* **78**, 1182-1190.

Watts, W. A. 1979. Late Quaternary vegetation of central Appalachia and the New Jersey coastal plain. *Ecological Monographs* **49**, 427-469.

Webb, T., Anderson, K. H., Bartlein, P. J. & Webb, R. S. 1998. Late Quaternary climate change in eastern North America: a comparison of pollen-derived estimates with climate model results. *Quaternary Science Reviews* **17**, 587-606.

West, R. G. 1968. *Pleistocene Geology and Biology, with Special Reference to the British Isles*. Longman, London.

Whitehead, D. R., Jackson, S. T., Sheehan, M. C. & Leyden, B. W. 1982. Late-glacial vegetation associated with caribou and mastodon in central Indiana. *Quaternary Research* **17**, 241-257.

IV. 無機質の殻をもつ微化石

14章 石灰質ナノプランクトン（円石藻とディスコアスター）
Calcareous nannoplankton: coccolithophores and discoasters

　石灰質ナノプランクトン（calcareous nannoplankton）*は，0.25～30 μm の大きさで，ココリス（coccoliths），ディスコアスター（discoasters），ナノコヌス（nannoconids）など，石灰質の微小な殻をもつ多様なグループの総称である．化石は細粒の遠洋性堆積物中に産出し，たとえば上部白亜系のチョークのように，それだけで地層を形成するほど膨大な数の個体を生産する．円石藻（ココリソフォア coccolithophores）は黄金色植物（chrysophytes）のような光合成色素をもち，浮遊生活をする単細胞の原生生物であるが，2本の同じ長さの鞭毛（flagellum）とハプトネマ（haptonema）と呼ばれる1本の鞭のような器官をもつ点で，他の多くの黄金色植物門（Chrysophyta）と区別される．このグループは海洋の植物プランクトンの中でも重要な位置を占め，植物食プランクトンの主な食物源ともなっている．鎧で保護するように細胞を覆って，ココリスと呼ばれる直径3～15 μm の微小な石灰質の小盤（scale）を多数形成する．この小盤が死後，海洋底に沈んで，最終的に深海軟泥や化石となってチョーク層を形成する．ココリスは海洋堆積物中に豊富に含まれ，比較的容易に抽出できるので，ジュラ紀以降の地層の生層序学的対比や古海洋学の研究に用いられる．

［訳注］*：小型のプランクトン（microplankton, 20～200 μm のサイズ）に対して微小のプランクトン（ふつうサイズが2～20 μm 程度のもの）をナノプランクトン（nannoplankton）という．ナノはギリシャ語の矮小（nanno）に由来する．

　星形をした石灰質ナノ化石であるディスコアスターは絶滅したグループであるが，第三系の生層序にはきわめて有効である．これらの分類は腕（ray）の数や外表面の装飾に基づいてなされる．

　ナノコヌスはきわめて小さく，5～30 μm の円錐形をした微化石であり，螺旋状に並んだ多くの方解石の楔で構成されている．1本の脈管（canal）が円錐軸に貫通し，1個体の骨格は12個以下の小片殻からなり，それらが花びら状に配列する（Trejo 1960）．ナノコヌスは他のグループの化石がないとき，白亜系の生層序に有用である．

現生の円石藻（ココリソフォア）

　円石藻（coccolithophores）は，一般に直径20 μm 以下の球形または卵形をした単細胞生物で，黄金ないしは褐色の二つの色素体（pigment spot）の間に1個のよく目立つ核をもち，2本の同じ長さの鞭毛と1本のハプトネマがある．小さな石灰質のココリスは光の刺激によって細胞内の小胞体（vesicle）の中につくられる．これらは最終的に細胞の外側に移動し，前につくられた古いココリスは脱落する．生殖は，大部分は

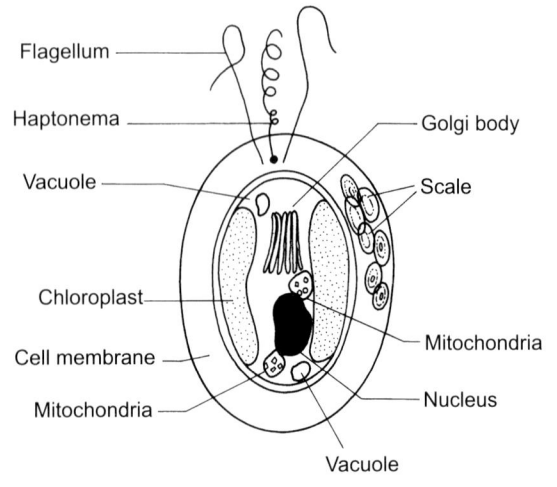

図 14.1　現生円石藻の細胞（核，ミトコンドリア，ゴルジ体，葉緑体などが見える）．鞭毛（flagellum）とハプト鞭毛（haptonema）がある．静止期には鞭毛はなく，細胞は石灰質の小盤，ココリス（=scale）に覆われている．（Siesser, in Lipps 1993, figs. 11.14 より引用）

14章 石灰質ナノプランクトン（円石藻とディスコアスター）

無性生殖で，母細胞の単純な分裂によって二つないしはそれ以上の娘細胞となる．いくつかの現生属では，運動性をもつ時期と運動性のない浮遊性あるいは底生の時期を交互にもつものもいる．運動性をもつ時期は，柔軟な細胞膜に包まれたココリスをもつ柔軟な骨格からなるが，運動性をもたないシスト（cyst）は，細胞膜が石灰化し，ココスフェア（coccosphere）*という硬い殻をつくる（図14.1）．

[訳注]＊：ココリスが集まって細胞を球状に包み，硬いココスフェアを形成する．

ココリス（coccoliths）

ココリスの形態は，このグループの現生および化石を分類する上での基礎となる．電子顕微鏡の観察から，ココリスに二つの構築様式のあることがわかっている．一つはホロココリス（holococcolith）で，全体が光学顕微鏡以下の細かな方解石の菱面体結晶からなり，それらが規則的に配列する．もう一つはヘテロココリス（heterococcolith）で，通常はホロココリスより大きく，微小な板（plate），棒（rod），粒（grain）状など，異なるエレメントが互いに組み合わされて比較的しっかりした構造をつくる．ホロココリス

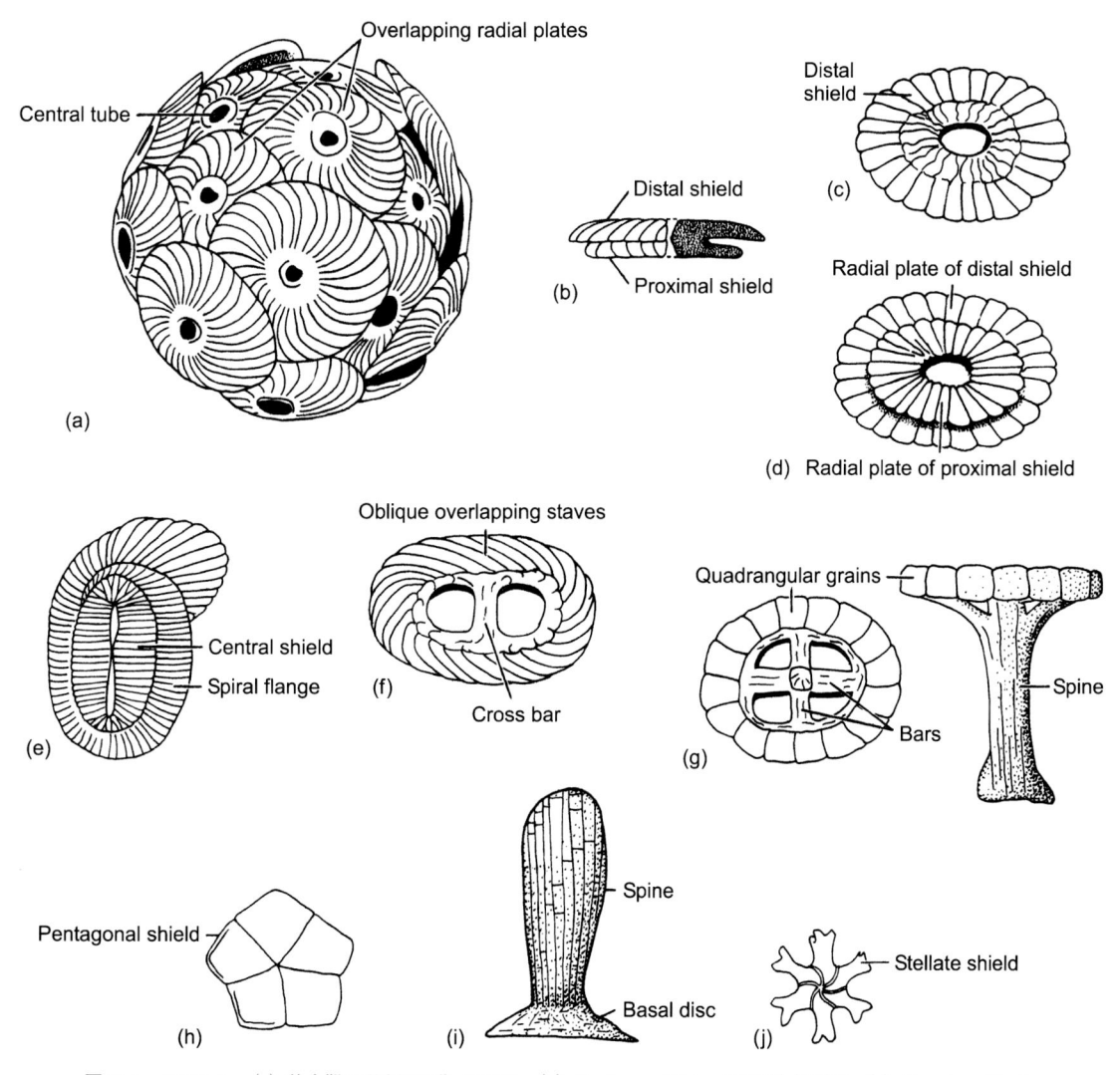

図14.2 ココリス．(a) 静止期の現生円石藻 ×2,780．(b) *Cyclococcolithina* の側面と横断面．(c) *Pseudoemiliania* の外側盤 ×3,600．(d) *Pseudoemiliania* の内側盤．(e) *Helicopontosphaera* ×2,930．(f) *Zygodiscus* ×5,340．(g) *Prediscosphaera* の内側盤と側面 ×4,000．(h) *Braarudosphaera* ×2,140．(i) *Rhabdosphaera* の側面 ×4,000．(j) *Discoaster* ×1,000．

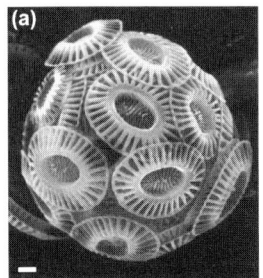

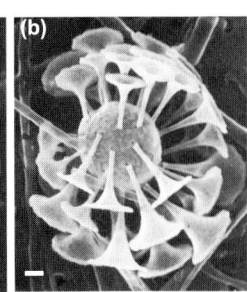

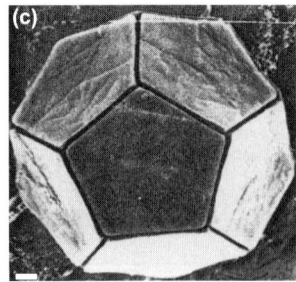

図14.3 現生円石藻の電子顕微鏡写真．スケールは1μm．(a) *Emiliania huxleyi* var. *huxleyi* (Pleist.-Rec.)．(b) *Discosphaera tubifera* (Pleist.-Rec.)．(c) *Braarudosphaera bigelowii* (Jur.-Rec.)．(d) *Scyphosphaera apsteinii* f. *apsteinii* (Eoc.-Rec.)．(Winter & Siesser 1994 より引用)

は個体から剥がれると分解してしまうので，微化石として残されるのはその大半がヘテロココリスである．ヘテロココリスの形態とその構造は多様である．多くのものの外形は，放射状に配列した板 (plate) がつくる楕円形あるいは円形の平盤 (disc, あるいは盤 shield) である．この平盤はドーナツ形をしていて，その中央部には何もない (empty) か，横棒 (cross bar) が橋のように跨いでいるか格子 (lattice) 状になっているか，あるいは長い突起 (spine) が出ている．この盤の外側 (distal) 面には，時にやや凸状で顕著な彫刻があり，また突起があることがある．内側 (proximate) 面は平らか凹状であり，あるいは別の構造をもつことがある (図14.2)．

円石藻は中生代初期以降の石灰質軟泥の主要な供給源となっているので，ココリスの生鉱物作用は地球規模での一つの重要な地層形成の過程でもある．しかしながら，ココリスの生成メカニズムについてはほとんどわかっていない (概説は Piennar, in Winter & Siesser 1994, pp.13-39 を参照)．飼育実験では，円石藻は少量のアラレ石 (aragonite) とファーテライト (vaterite) を含む方解石をつくるが，化石のココリスはもっぱら低マグネシア方解石だけからなる．ゴルジ体 (Golgi body)，網状体 (reticular body)，核 (nucleus) はココリスの形成にすべて必要な器官であるが，すべてのグループが同じような方法でココリスをつくるわけではない．最も単純な過程は，小盤 (scale) とココリスがゴルジ体の中で形成され，続いてそれらが細胞の表面に突き出てくるものらしい．*Coccolithus pelagicus* では，小盤は最初にゴルジ体でつくられ，細胞の表面に送り出され，次に細胞膜と細胞の周りに発達する有機質の柄 (pedicle) との間に，後からココリスが成長するための核となる場所ができる．*Emiliania huxleyi* (図14.3(a)) は，核と網状体に隣接する小胞体の中に，有機基質の制御の下で方解石を沈殿させてココリスをつくる．ココリスの底部が最初に沈殿し，続いて上方と側方に盤が発達する．完成したココリスは押し出されて，互いに結合した外骨格を形成する (Westbroek *et al.* 1984)．

ココリスはさまざまな働きをしていると考えられる．すなわち強い太陽光から身を守ることから，集光したり，有毒なカルシウムイオンを除去するための場としたり，あるいはまた細胞の安定を保つバラストとして働く支持体となるなど，多様な働きをする．

円石藻のいくつかの種には二型性 (dimorphism, 二形性) が知られている．たとえば *Scyphosphaera apsteinii* (図14.3(d)) と *Pontosphaerea japonica* とは，*Helicosphaera carteri* と *H. wallichi* の関係と同様に，同じココスフェア (coccosphere) 上に生じることが知られている．現生のいくつかの円石藻 (たとえば *Scyphosphaera*, 図14.3(d)) は形態的に異なる2層のココリス層をつくる (このことを dithecism という)．同一種の生活環中の異なった時期にホロココリスとヘテロココリスを含むココスフェアがある．すなわち，多態性 (pleomorphism)[*] も起こっている．これらの現象が，違う形態の化石ココリスが本来同一種として記載されるべきところを，別種のココリスに分類されてしまう原因となり，その結果，ココリスの地質時代を通しての多様性を過大に評価することになっている．

[訳注][*]：pleomorphism は多態性と訳され (多形態性ともいう)．主として菌類などの有性世代型と無性世代型に対して用いられる．それぞれの異なった形態や胞子型に属名や種名が誤って与えられることがある．また同種内の別個体 (個体群) の形態の違いを表す polymorphism (多型性または多形性) とは異なる．

円石藻の生態

円石藻は，太陽光のエネルギーを利用して光合成を行う独立栄養のナノプランクトン（5〜60 μm の大きさ）である．それゆえに，生きている細胞の大部分は光の届く水深 0〜200 m の有光層に限られる．小型の細胞は水面近くに，またより重い細胞は下層に生息する．このようなココリスの種の分布は気候の影響を直接受けやすい．必要な微量元素を最も容易に利用できることから，海洋の湧昇域あるいは海水の垂直混合が活発なところによく繁殖する．

淡水あるいは汽水に適応した種類もいるが，大

Box 14.1 ココリスの「科」レベルの分類

属の概略図と主要な用語．(Siesser, in Lipps 1990 および Perch-Nielsen, in Bolli *et al.* 1985 の写真から描画)

クロミスタ界（CHROMISTA） クロモバイオータ下界（CHROMOBIOTA） ハプト植物門（HAPTOPHYTA） パテリフェラ綱（PATELLIFERA） ココスフェア目（COCCOSPHAERALES）		Ahmuellerellaceae 科（Reinhardt 1965）：楕円形のココリスで，傾いた結晶のエレメントからなる壁（wall）と楕円の軸の位置で十字形に橋渡しする中央部からなる．Trias./E. Jur.-late Cret./Palaeog.	*Ahmuellerella* 
Arkhangelskiellaceae 科（Bukry 1969）：楕円形のココリスで，3〜5個のエレメントからなる複雑な縁をもつ．late Jur.-late Cret.	*Arkhangelskiella* 	Biscutaceae 科（Black 1971）：円形から楕円形のココリスで，花弁状に並ぶエレメントからなる二つの盤（shield）が密着している．E. Jur.-Palaeog.	*Biscutum* 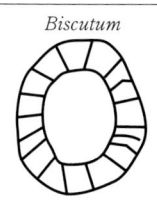
Braarudosphaeraceae 科（Deflandre 1947）：五角形をしたココリス．E. Cret.-Rec.	*Braarudosphaera* 	Calciosoleniaceae 科（Kamptner 1927）：菱形をした壁から内側に伸びる方解石の細長い板（lath）をもつココリス．E. Cret.-Rec.	*Anaplosolenia* 
Calyculaceae 科（Noel 1973）：楕円形から亜円形のココリスで，中央部に格子（grid）がある（側方から見るとコップ形）．Jur.	*Calyculus* 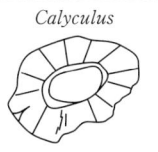	Calyptrosphaeraceae 科（Boudreaux & Hay 1969）：非常に変化に富む形態をもつホロココリス．late Jur.-Rec.	*Zygrhablithus* 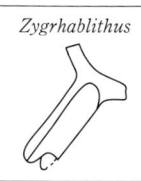
Ceratolithaceae 科（Norris 1965）：馬蹄形をしたココリス．Neog.-Rec.	*Ceratolithus* 	Chiastozygaceae 科（Rood *et al.* 1973）：X字あるいはH字形をした中央部をもつ楕円形のココリス．Trias./Jur.-Palaeog.	*Chiastozygus* 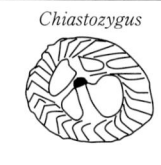
Coccolithaceae 科（Poche 1913）：楕円形をしたココリスで，外側盤（distal shield）は放射状に並んだ花弁状のエレメントからなる．内側盤（proximal shield）は一般に複屈折するが，外側盤は大きく，複屈折しない．late Cret.-Rec.	*Coronocyclus* 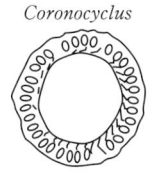	Crepidolithaceae 科（Black 1971）：覆瓦状に重ならず，輪をつくる楕円形をしたココリスで，外側部に大きな突起をもつものもある．Palaeog.-Neog.	*Corusphaera* 
Discoasteraceae 科（Tan 1927）：星形あるいはバラの花形のナノ化石．Palaeog.-Neog.	*Discoaster* 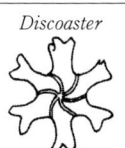	Eiffellithaceae 科（Reinhardt 1965）：楕円形をしたココリスで，外側盤はやや重なり合ったエレメントから，内側盤は放射状に配列するエレメントからなる．E. Jur.	*Eiffelithus* 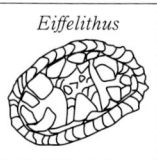

Box 14.1 （続）

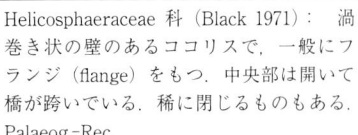

科	属	科	属
Fasciculithaceae 科（Hay & Mohler 1967）：円筒状のナノリス（nannolith）で，内側の柱（column）と，外側の平盤（disc）あるいは円錐（cone）とからなる．Palaeog.	*Fasciculithus* 	Goniolithaceae 科（Deflandre 1957）：五角形をしたココリスで，粒状の中央部を取り囲む壁のエレメントは垂直に配列している．late Cret.-Palaeog.	*Goniolithus* 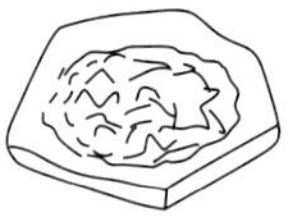
Helicosphaeraceae 科（Black 1971）：渦巻き状の壁のあるココリスで，一般にフランジ（flange）をもつ．中央部は開いて橋が跨いでいる．稀に閉じるものもある．Palaeog.-Rec.	*Helicosphaera* 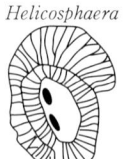	Heliolithaceae 科（Hay & Mohler 1967）：円筒状のナノ化石で，内側に短い柱（column）と外側をとりまく一つまたは二つの環（cycle）がある．Palaeog.-Rec.	*Heliolithus* 
Lithostromationaceae 科（Deflandre 1959）：三角形，六角形，あるいは円形に近いナノ化石で，対称的に配列した凹みがある．Palaeog.-Neog.	*Lithostromation* 	Microrhabdulaceae 科（Deflandre 1963）：円筒状，棒状，あるいは紡錘状のナノ化石．late Jur.-late Cret.	*Lithoraphidites* 
Nannoconaceae 科（Deflandre 1959）：円錐形のナノ化石で，軸溝（axial canal）に対し垂直方向に並ぶ楔形のエレメントが軸を渦巻き状に取り囲んでつくる厚い壁をもつ．late Jur.-late Cret.	*Nannoconus* 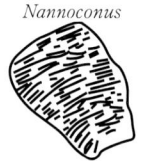	Podorhabdaceae 科（Noel 1965）：楕円形をしたココリスで，エレメントが2〜3回くり返す縁をもつ．中央部は広く多様な構造がみられる．E. Jur.-late Cret.	*Cretarhabdus* 
Polycyclotithaceae 科（Forchheimer 1972）：円筒状，ブロック状，星状，あるいはバラの花弁状の形をしたナノ化石．Cret.-Palaeog.	*Eprolithus* 	Pontosphaeraceae 科（Lemmermann 1908）：いろいろの高さに隆起した壁をもつココリスで，壁は二つのサイクルをなすエレメントからなり，中央部は広い．Palaeog.-Rec.	*Pontosphaera* 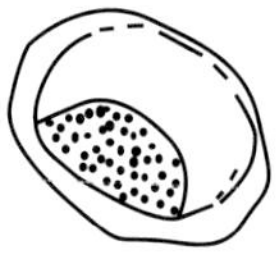
Prediscosphaeraceae 科（Rood et al. 1971）：円形あるいは楕円形をしたココリスで，二つの盤のそれぞれが常に16のエレメントからなる．Cret.	*Prediscosphaera*	Prinsiaceae 科（Hay & Mohler 1967）：円形から楕円形をしたココリスで，外側盤は複屈折する．late Cret.-Rec.	*Gphyrocapsa* 
Rhabdosphaeraceae 科（Lemmermann 1908）：いろいろの数のエレメントの環からなる底部をもつナノ化石で，底部から中央突起が突き出す．Palaeog.-Rec.	*Rhabdosphaera*	Rhagodiscaceae 科（Hay 1977）：楕円形をしたココリスで，中央部は粒状で傾いたエレメントがつくる壁をもつ．late Jur.-late Cret.	*Rhagodiscus* 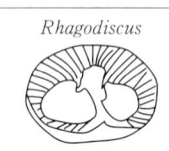
Schizosphaerellaceae 科（Deflandre 1959）：互いに重なり合う二つの半球からなるナノ化石．Trias. - late Jur.	*Schizosphaerella* 	Sollasitaceae 科（Black 1971）：楕円形をしたココリスで，二つの盤と大きく開いた中央部をもつが，中央部は格子または横棒の板片で占められ，突起はない．E. Jur.-Palaeog.	*Sollasites* 
Sphenolithaceae 科（Deflandre 1952）：内側盤あるいは柱をもつナノリス（nannolith）で，それらの上側に放射状の側方エレメント列（tier）が並ぶ．Palaeog.-Neog.	*Sphenolithus* 	Stephanolithiaceae 科（Black 1968）：円形，楕円形，あるいは多角形のココリスで，外壁は垂直に配列したエレメントからなり，側方突起（lateral spine）がある．E. Jur.-late Cret.	*Stephanolithus* 

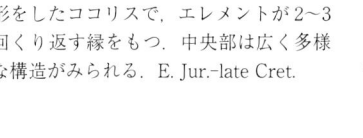

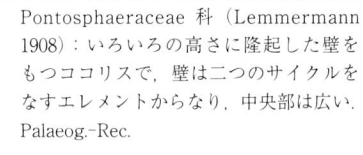

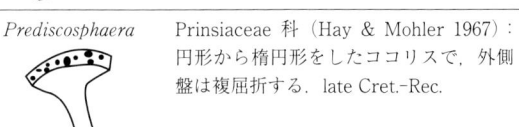

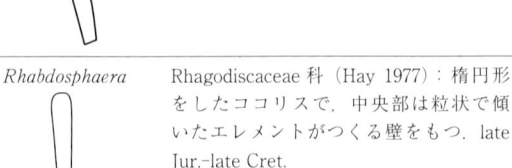

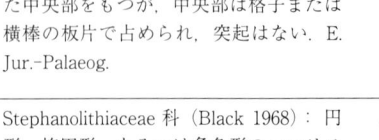

Box 14.1 （続）

Syracosphaeraceae 科（Lemmermann 1908）：複雑な構造の壁と細長い板（lath）によって部分的に塞がれた中央部をもつココリス. Neog.-Rec.

Syracosphaera

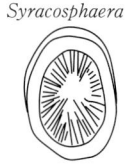

Thoracosphaeraceae 科（Schiller 1930）：多角形のエレメントが繋ぎ合ってできた球形あるいは卵形のナノ化石. L. Jur.-Rec.

Thoracosphaera

Triquetrorhabdulaceae 科（Lipps 1969）：三つの翼板（blade）でできた紡錘形の棒（spindle-shaped rod）状で，三放射状の断面をもつココリス. Palaeog.-Neog.

Triquetrorhabdulus

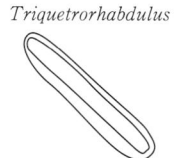

Zygodiscaceae 科（Hay & Mohler）：傾いた壁のエレメントが1〜2回くり返してつくるココリスで，楕円の短軸に橋がかかっている. E. Jur.-Palaeog.

Glaucolithus

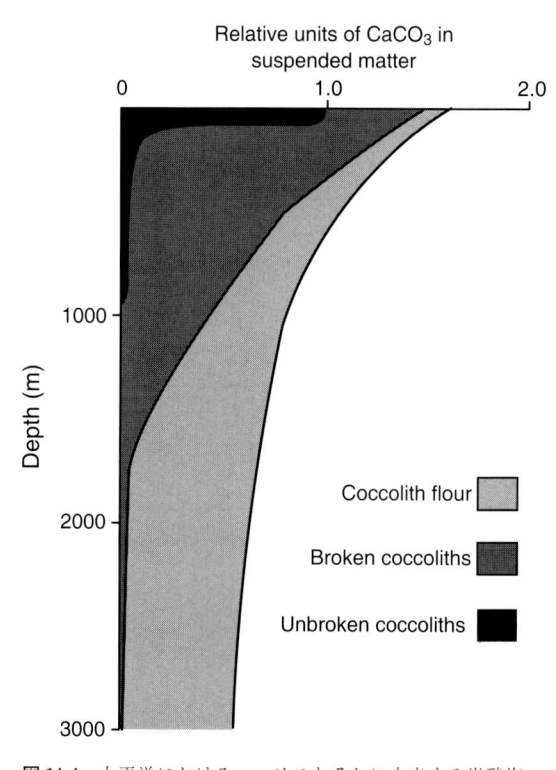

図 14.4 太平洋におけるココリスとそれに由来する炭酸塩の垂直分布．薄灰色部は粉末状の，濃灰色部は破片状の，また黒色部は完全なココリスをそれぞれ示す．横軸はけん濁物中の $CaCO_3$ の相対量を示す単位．(Lisitzin, in Funnell & Riedel 1971, fig. 11.4 より引用)

部分の種は海棲である．ナノフロラ（ナノ植物群 nannoflora）には，通常，沿岸と沖合で差異はないが，Braarudosphaeraceae 科（Box 14.1）は沿岸水だけに生息する．*Emiliania huxleyi* など，いくつかの種の個体数は季節的に著しく変化する．しかしながら，深海堆積物のリズミカルなミリメーター単位の葉理（ラミナ）は，多くの場合 1,000 年以上かかって堆積したものであり，年周期ではない．また壊れたり破片になったココリスに対する壊れていないココリスの相対的な量は，水深によって変化する（図 14.4）.

大西洋におけるナノフロラの分布域は水温によって限界が定まっていて，ほぼ緯度に沿って亜寒帯，温帯，漸移帯，亜熱帯，熱帯というように，異なる群集に区分されている（図 14.5）．熱帯地域で最も豊富で，その細胞数は海水1リットル中に10万個体にも達する．同様な緯度的変化が太平洋でも認められるが，太平洋では北緯 50°付近で最も多様性が高く，水深による棲み分けも認められる（Honjo & Okada 1974；Honjo, in Ramsay 1977, pp. 951-972 を参照）．McIntyre *et al.*（1970）による10種類の飼育実験によれば，その中の *E. huxleyi* は最も広い範囲の水温（1〜31℃）に適応したが，熱帯種（たとえば *Discosphaera*，図 14.3 (b)）は温度範囲が最も狭かった（20〜30℃）．沖合に生息する種の水温に対する耐性の幅が小さいこともわかった．

ココリスの生産は光に強く左右されるが，光だけではない．*E. huxleyi* は自然界でもまた実験室でも，栄養塩類の増加とともに生産性は高くなるが，多くの亜熱帯遠洋種ではそうではない（Brand, in Winter & Siesser 1994, pp. 39-51）.

ココリスと堆積学

死後の円石藻は1日約 15 cm の割合で水中を沈下し，ココリスは分散する．水深の増加とともにココリスは溶かされ，あるいはバラバラになり，細かく分散した石灰質粒になっていく（図 14.4）．この過程は，最初にホロココリスあるいはヘテロココリスの繊

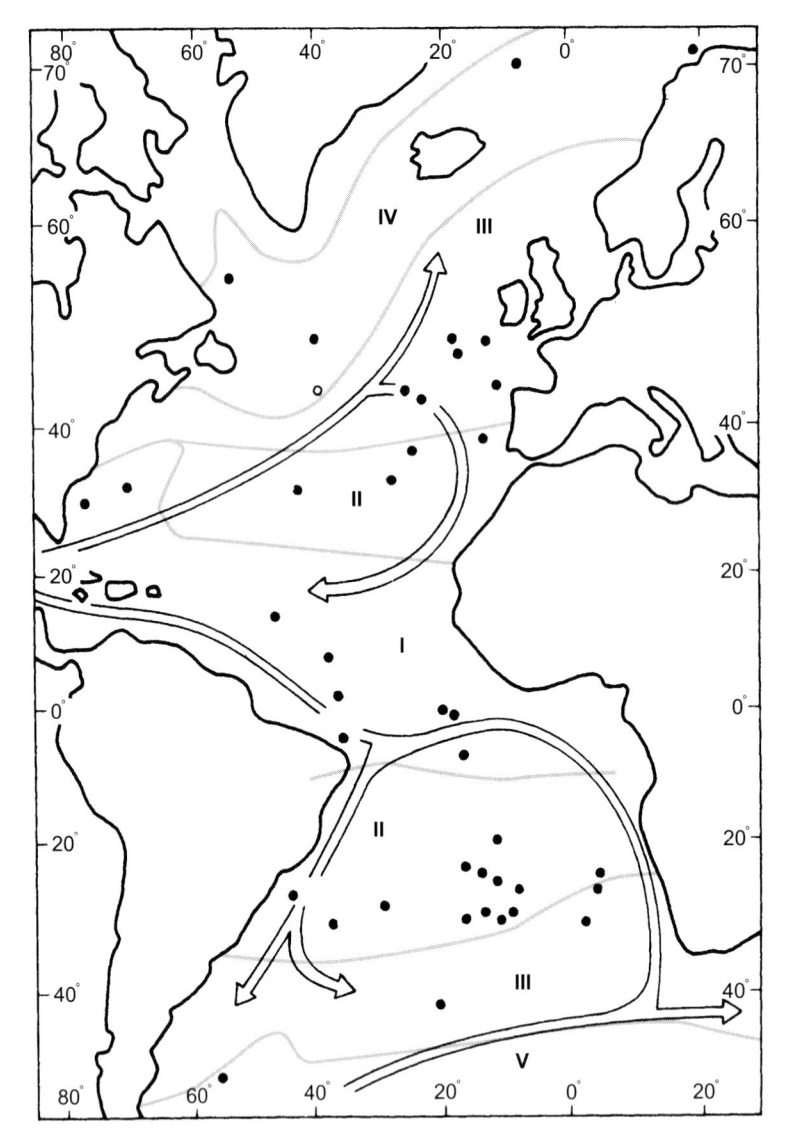

図 14.5 大西洋の底質表層積物中に見られるココリス群集．白抜きの矢印：主要な海流，灰色の実線とローマ数字：石灰質ナノプランクトン群集とその地理的分布，黒点：深海掘削（DSDP）の掘削地点．

I-熱帯群集：*Umbellosphaera irregularis, Calcidiscus annulus, Oolithotus fragilis, Umbellosphaera tennis, Discosphaera tubifer, Rhabdosphaera stylifer, Helicosphaera carteri, Gephyrocapsa oceanica, Emiliania huxleyi, Calcidiscus leptoporus.*

II-亜熱帯群集：*Umbellosphaera tennis, Rhabdosphaera stylifer, Discosphaera tubifera, Calcidiscus annulus, Gephyrocapsa oceanica, Umbilicosphaera sibogae, Helicosphaera carteri, Calcidiscus leptoporus, Oolithotus fragilis.*

III-漸移帯群集：*Emiliania huxleyi, Calcidiscus leptoporus, Gephyrocapsa ericsonii, Rhabdosphaera stylifer, Gephyrocapsa oceanica, Umbellosphaera tennis, Coccolithus pelagicus.*

IV-亜寒帯群集：*Coccolithus pelagicus, Emiliania huxleyi, Calcidiscus leptoporus.*

V-南極亜寒帯群集：*Emiliania huxleyi, Calcidiscus leptoporus.*

（McIntyre & McIntyre, in Funnell and Reidel 1971 より引用）

細なものから始まる．それゆえに，1,000 m 以上の深さの堆積物中のココリス群集は生息時のナノフロラとは違ってくる．3,000〜4,000 m を超える水深では，炭酸カルシウムのほとんどは海水に溶け，ココリスの遺骸はほとんど残らない．このような深海ではココリス軟泥はなく，溶けにくい珪藻軟泥や放散虫軟泥，ある

いは赤色粘土に変わる．この溶解には，高水圧，高二酸化炭素量，低酸素量，低pH値，低水温，生物による炭酸カルシウムの沈澱が少ないこと，あるいは陸からのゆっくりとした炭酸カルシウムの再循環，などの多くの要因が関与している．ところが，Honjo (1976) および Philskaln & Honjo (1987) は，ココリス（ココスフェラ全体までも）が甲殻類の橈脚類（copepods）の糞粒中に取り込まれて，原形を保ったままごく短時間で深海まで達することを示した．炭酸塩中のココリスの割合は，現海洋の亜熱帯および熱帯域の生物生産量の高い海中で最も高い．ここでは堆積物重量の平均約26%を占めている（図14.5）．さらにココリスは，白亜紀や第三紀のチョークを構成する重要な物質でもある．氷河周辺水域の堆積物には最も少なく，約1%を占めるにすぎない．ここは生産性も保存状態も好適ではない．

ココリスは，具合の悪いことに，方解石のオーバーグロースあるいは再結晶が起こりやすく，それで形態が不明瞭になる．また化石ココリスの同定に重要なエレメントが溶解してしまうのも大きな問題である．その上，生層序学者にとってのもう一つの障害は，ココリスが外見上摩耗の様子も見せずに若い堆積層にたやすく再堆積することである．堆積作用における円石藻類の役割については，Honjo (1976) と Steinmetz (in Winter & Siesser 1994, pp. 179-199) に解説されている．

分類

　　クロミスタ界（CHROMISTA）
　　クロモバイオータ下界（CHROMOBIOTA）
　　ハプト植物門（HAPTOPHYTA）
　　パテリフェラ綱（PATELLIFERA）

円石藻とその類縁生物をどのように分類するかについては，植物学者にも古生物学者にも一致した見解はない．Cavalier-Smith (1993) は，円石藻を葉緑体（chloroplast）の性質とその位置および18sRNAによる系統学的研究に基づいて，クロミスタ界（Chromista）に所属させることを提唱し，さらに，単細胞で同サイズの2本の鞭毛をもち，小盤に覆われた黄金色‐褐色藻であるという理由で，ハプト植物門（Haptophyta）に所属させた．従来の微古生物学的分類の枠組みは，ココリスをもつものを黄金色植物門（Chrysophyta），円石藻綱（Coccolithophycea）に入れているが，現在の枠組みはこれを越えて，ココリスの微細構造や細胞におけるココリスの配列に基づいている．これらの詳細を見るには電子顕微鏡の助けがいる．

Box 14.1 には，科レベルの分類の概要と分類群名の基になった属の概略図を示した．次に主要なヘテロココリスのいくつかの属を例示する．*Cyclococcolithina*（Olig.-Rec., 図14.2 (b)）は2枚の円形または楕円形の輪（内側盤 proximal shield と外側盤 distal shield）からなる平盤をもち，それらの平盤は放射状板（radial plate）が中央部にある管状の柱（tubular pillar）の周りを取り囲むように重なり合ってつくられている．このような中央の管（central tube）で連結された2枚の平盤をもつ配列はプラコリス（placolith）と呼ばれる．*Pseudoemiliania*（U. Plioc.-L. Pleist., 図14.2 (c)）では，2枚の平盤の放射状板は重なり合わないで中央部を取り巻いて配列する．*Helicopontosphaera*（Eoc.-Rec., 図14.2 (e)）の放射状板は1枚の楕円形をした中央盤（central shield）をつくるように独特な配列をしていて，やはり放射状エレメントが配列する螺旋状の輪縁（spiral flange）で囲まれている．*Zygodiscus*（U. Cret.-Eoc., 図14.2 (f)）のココリスは楕円形の輪からなり，その中央部には横棒（cross bar）が架けられ，急角度に傾いて重なり合う樽板状板（stave）が取り巻く．*Prediscosphaera*（M.-U. Cret., 図14.2 (g)）の特徴は16個の四角形をした結晶粒で囲まれた中空の輪からなり，輪の中には十字の横棒が橋渡されていることである．この属は白亜紀のチョークの堆積に大きく寄与している．*Braarudosphaera*（Cret.-Rec., 図14.2 (h), 14.3 (c)）は五つの板からなり，五放射対称である．*Rhabdosphaera*（Plioc.-Rec., 図14.2 (i)）のがっしりした中央の突起は繊細かつ複雑に構築された基盤（basal disc）から出ている．このような棒状構造（rhabdolith）は，細胞が有光層より下に沈まないようにするのに役立っていると思われる．より単純なのはディスコアスターの星型（stellate）をしたココリスである．*Discoaster*（U. Mioc.-Plioc., 図14.2 (j)）は直径 35 μm 以下の星形の平盤で，4〜30本の変化に富んだ形態の放射状に伸びた腕がある．上表面と下表面の様子はいくらか異なる．ディスコアスターは，主に深海性の，特に温暖域の炭酸塩堆積物中に化石として産出し，新生代の生層序に重要な役割を演じている．

円石藻の略史

円石藻が海洋における一次食物源や大気中の酸素の主な生産者であることから考えると，その歴史が生命の全歴史を大きく左右しているといえる（Tappan & Loeblich 1973；Tappan 1980を参照）．古生代の記録は少なく，また疑わしい．一般に受け入れられているココリス化石の最初の記録は，少量ながら三畳紀後期の地層からである．ジュラ紀初期の円石藻の多様化は著しい大事件であった．それは渦鞭毛藻のperidinoids類（Peridiniales目）の放散と並行して起こった．両事件は，おそらく，この時代に大西洋が開いて拡大したことに伴う海洋環境の変化と関係している．円石藻の個体数と多様性は白亜紀後期まで着実に増加した．この時期は大規模な海進が起こり，さらに多くの海洋プランクトンの仲間も爆発的に放散した時期であった（図14.6）．このような状況が広大な大陸棚域を覆うチョークの堆積をもたらした．円石藻のほとんどは白亜紀/第三紀（K/T）境界で絶滅し，新生代初期には占有していた大部分の生息域は珪藻にとって代わられた．その後，円石藻は熱帯と温帯水域で繁栄を取り戻したが，中生代に比べるとはるかに多様性が低い．

始新世にはディスコアスターを含むココリスの形態にもう1回の復活があった．多いのは，たくさんの放射腕（ray）をもつバラの花弁状のものの出現である．始新世末には花弁状のものは絶滅し，その後ココリスもディスコアスターも多様性が全体的に減少して，鮮新世末にはついにディスコアスターも絶滅した．これは気候の寒冷化と海退に原因するものであったと思われる．しかしながら，プラコリスをもつ一部の円石藻は第四紀の寒冷水域に生き残った．

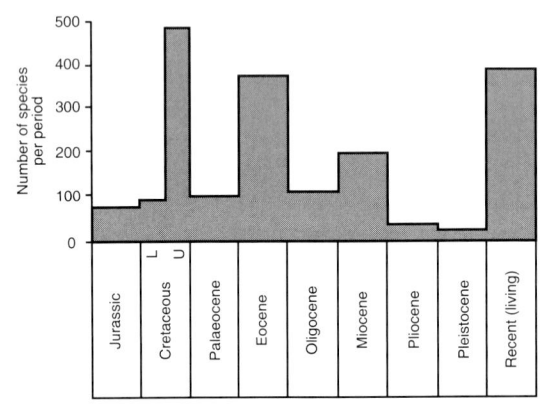

図14.6 ココリスの多様性の時代的変化（各時代ごとの種数）．白亜系は上部と下部に二分している．(Tappan & Loeblich 1973による)

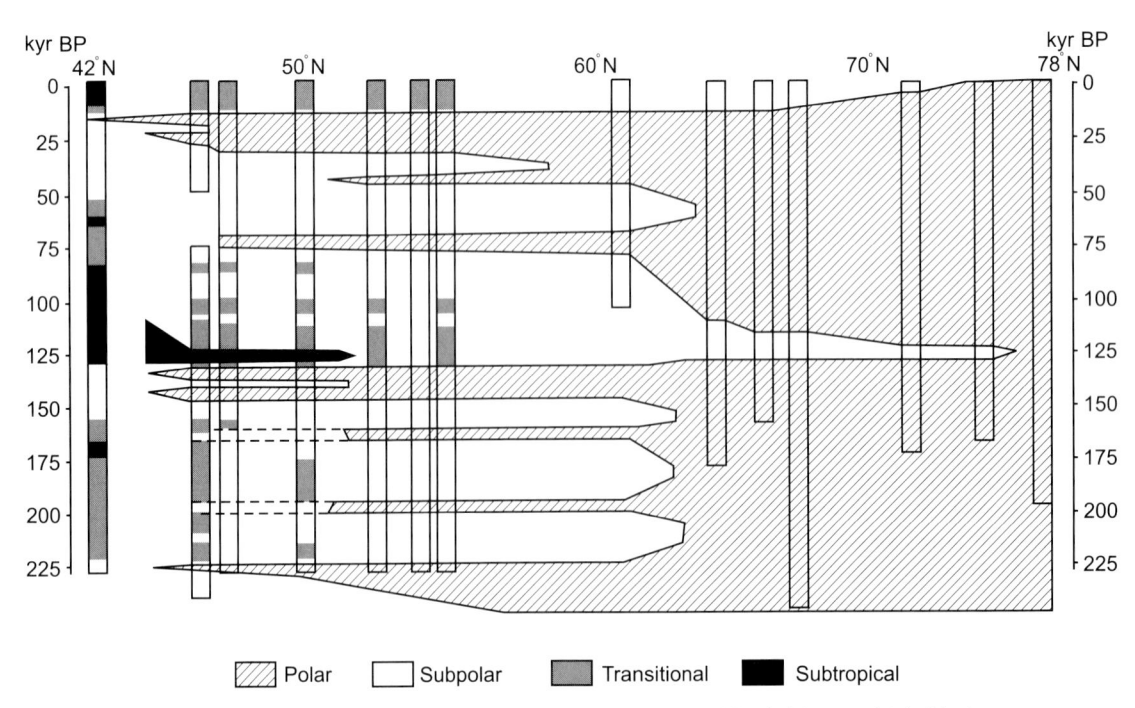

図14.7 北大西洋における過去22.5万年間の極前線（斜線部は南縁）の変動．縦軸は年代（×1,000年）を示す．(McIntyre et al. 1972から引用)

ココリスの利用

中生代と新生代におけるココリスとディスコアスターの生層序学的な重要性は，これに代わるものがなく，新生代生層序の標準的な示準化石となっている．中生代と新生代の分帯については，Bown (1998) とPerch-Nielsen (in Bolli et al. 1985, pp. 329-554) に要約されている．ココリスとディスコアスターの進化についてはPrins (in Bronnimann & Renz 1969, vol. 2, pp. 547-559), Gartner (1970), Bukry (1971), Siesser (in Lipps 1993, pp. 169-203) に例示されている．

現海洋の水塊中のココリス群集やその緯度的分布に関する膨大なデータベースは日々増加しており，海洋の研究にとって，ココリスがきわめて重要であることを示している．しかも，円石藻の分布は時代とともに著しく変化している．白亜紀には，円石藻の種は汎世界的 (Tappan 1980) に分布し，沿岸水域から遠洋水域まで，また極域から赤道域まで豊富に生息していた．現在，最も多様性が高いのは亜熱帯環流域，あるいは栄養塩類の豊富な湧昇流の地域である．多くの種は成層した水域に生息し，その成層の度合が個体数に影響する (Winter 1985; Verbeek 1989; Brand, in Winter & Siesser 1994, pp. 39-51; Roth, in Winter & Siesser 1994, pp. 199-219).

最終氷期の最盛期（おおよそ1.8万年前）の頃，北大西洋の水塊とそこに棲むナノフロラは，現在の位置より緯度にして15°も南方に移動した．堆積物コア中のナノフロラが寒冷群集から温暖群集へと垂直的に変化するのは，更新世の氷期-間氷期の気候サイクルを反映している（図14.7）．同様なナノフロラの全体的な移動が中新世にもあったことが記述されているが，気候との直接の関係ははっきりしない（Haq 1980). Haq & Lohmann (1977) は新生代を通じての温暖系と寒冷系ココリス群集の見かけの移動を図示し，これに基づいて古水温変化を推定している．

ココリスの形態が水温にともなって変化することも知られている．冷水性の *Emiliania huxleyi* が隙間のない外側盤をもつのに対して，暖水性の外側盤には隙間があり，その縁のエレメントの数が多い．ココリスの暖水型と冷水型（たとえば *Discoaster* と *Chiasmolithus*）の割合は新生代後期の古水温の変化を知る有用な道具となっている（Bukry 1973, 1975を参照）が，時代が古いほど信頼性は低くなる．Worsley (1973) は同様な古気候の事象やココリスを含む堆積物が堆積したときの水深について論じた．

石灰質ナノプランクトンの安定同位体分析は材料の微細なサイズがネックになっていて，ふつうは堆積物の全体試料をそのまま分析するために，続成的なオーバーグロースに起因する偏りが起こってくる．Anderson & Arthur (1983) や Steinmetz (in Winter & Siesser 1994, pp. 219-231) は，このことの難しさと起こりうる事例について概説している．一般的に，現世円石藻の炭酸カルシウム中の酸素の安定同位体比の値は水温と種類の違いによる生体効果の両方の影響を反映している．飼育実験によって，多くの種は成長

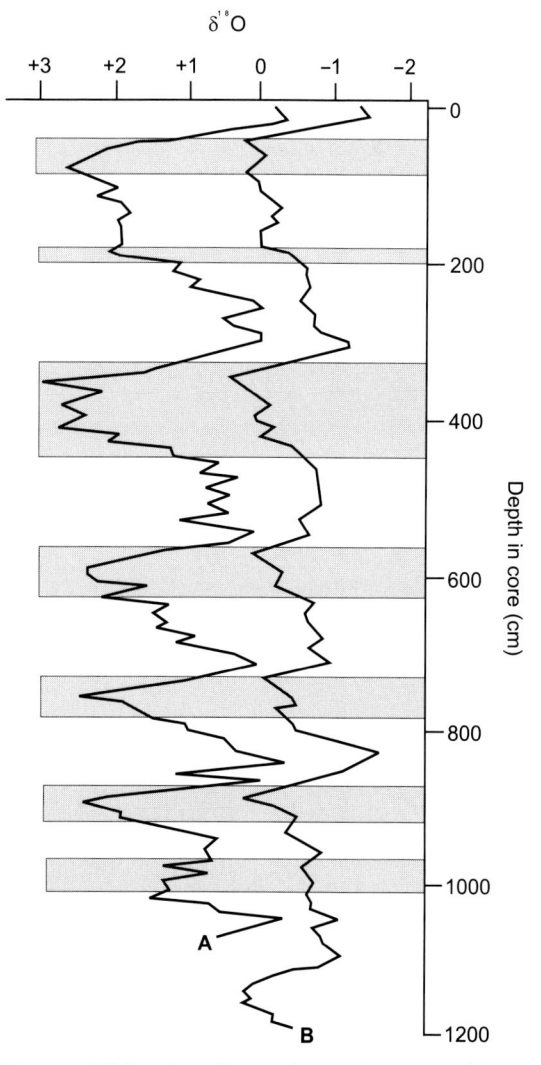

図14.8 更新世のカリブ海コア (P6304-4) における酸素同位体比分析. A : *Globigerinoides sacculifer*; B : 径3〜25μmサイズのココリス（データは Steinmetz & Anderson 1984から引用）．灰色の帯は氷期を示す．(Steinmetz, in Winter & Siesser 1994, fig. 3 による)

時に海水と同位体平衡を保っていないことがわかっている．このような問題があるにもかかわらず，浮遊性有孔虫と円石藻の $\delta^{18}O$ 値の間には更新世を通じて強い相関が見られる（図14.8）．底生有孔虫から浮遊性有孔虫へ，そして円石藻へと，$\delta^{18}O$ 値がしだいに低い値を示すのは，おそらく生息水深を反映していると思われる．Margolis et al.（1975）は円石藻の $\delta^{13}C$ 値の変化曲線が底生および浮遊性有孔虫から得られた変化曲線に平行的であることを報告した．白亜紀と新生代のDSDPコアのデータは，円石藻の $\delta^{13}C$ 値が表層海水の化学的環境のよい指標であり，表層の生産性を反映していることを示唆している（Kroopnick et al. 1977）．

さらなる知識のために

石灰質ナノプランクトンの全容についての一般的なよい手引き書としてはSiesser（in Lipps 1993, pp. 169-203）とHaq（1983）を，またWinter & Siesser（1994）の'Coccolithophores'を見るとよい．標本採取や抽出，属レベルの同定に関するさらなる情報はHay（in Ramsay 1977, pp. 1055-1200）にある．種と属の同定にはFarinacci（1969-現在）の文献が役に立つだろう．分類や生態，地理的分布，進化に関するいくつかの問題がHaq & Boersma（1998）の中のHaqによる章に概説されている．英国の中生界と新生界の総合的生層序についてはBown（1998）を参考にするとよい．Perch-Nielsen（in Bolli et al. 1985, pp. 329-554）による新生代ナノ化石の分類と生層序を統合した文献は同定にも使える．

採集と研究のヒント

化石ココリスは中生代と新生代のチョークや泥灰岩に豊富であり，他の化石を含む頁岩や泥岩にも比較的多い．研究用にそれらを抽出するのは比較的簡単である．約5~50gの新鮮な岩石を粉々に砕き（本書の付録，処理法Aを参照），水に溶かしてガラス容器に約20mmほどの深さに注ぎ，約2分間，試料がさらに分散するように溶液を強く掻き混ぜ，上澄み液をピペットで吸ってスライドグラス上に落とす．一時的標本なら，そのままカバースライドを被せてよく集光した透過光の下で800倍かそれ以上の倍率の偏光顕微鏡で観察する．クロスニコルで偏光を用いるべきで，顕微鏡のステージかスライドを回転すると黒い十字の光学像と小さな輪状のココリス像を映し出す．永久標本はスライドグラス上に試料を散布し乾燥させ，カバーグラスにCaedaxかCanada Balsamを1滴落としてこれを被せてつくる．

引用文献

Anderson, T. F. & Arthur, M. A. 1983. Stable isotopes of oxygen and carbon and their application to sedimentologic and paleoenvironmental problems. In: Arthur, M. A., Anderson, T. F., Veizer, J. & Land, L. S. (eds) *Stable Isotopes in Sedimentary Geology*, SEPM Short Course No. 10, 1-151.

Bolli, H. M., Saunders, J. B. & Perch-Nielsen, K. 1985. *Plankton Stratigraphy*. Cambridge University Press, Cambridge.

Bown, P. R. (ed.) 1998. *Calcareous Nannofossil Biostratigraphy*. British Micropalaeontological Society, Kluwer Academic Publishers, Dordecht.

Brönnimann, P. & Renz, H. H. (eds) 1969. *Proceedings of the First International Conference on Planktonic Microfossils, Geneva 1967*, vol 1, 2. E. J. Brill, Leiden.

Bukry, D. 1971. *Discoaster* evolutionary trends. *Micropaleontology* **17**, 43-52.

Bukry, D. 1973. Coccolith and silicoflagellate stratigraphy, Tasman Sea and southwestern Pacific Ocean, DSDP Leg 21. *Initial Reports of the DSDP* **21**, 885-891.

Bukry, D. 1975. Coccolith and silicoflagellate stratigraphy, northwestern Pacific Ocean, DSDP Leg 32. *Initial Reports of the DSDP* **32**, 677-701.

Cavalier-Smith, T. 1993. Kingdom Protoza and its 18 phyla. *Microbiological Review* **57**, 953-994.

Farinacci, A. 1969 to date. *Catalogue of Calcareous Nannofossils*. Edizioni Tecnoscienza, Rome.

Funnel, B. M. & Riedel, W. R. (eds) 1971. *The Micropalaeontology of Oceans*. Cambridge University Press, Cambridge.

Gartner Jr. S. 1970. Phylogenetic lineages in the lower Tertiary coccolith genus *Chiasmolithus*. *Proceedings. National American Paleontological Convention 1969, Part G*, 930-957.

Haq, B. U. 1980. Biogeographic history of Miocene calcareous nannoplankton and paleoceanography of the Atlantic Ocean. *Micropaleontology* **26**, 414-443.

Haq, B. U. (ed.) 1983. Calcareous nannoplankton. *Benchmark Papers in Geology* **78**, 338.

Haq, B. U. & Boersma, A. (eds) 1998. *Introduction to Marine Micropaleontology*. Elsevier, Amsterdam.

Haq, B. U. & Lohmann, G. P. 1977. Calcareous nannoplankton biogeography and its paleoclimatic implications. Cenozoic of the Falkland Plateau (DSDP Leg 36) and Miocene of the Atlantic Ocean. *Initial Reports of the DSDP* **36**, 745-759.

Honjo, S. 1976. Coccoliths: production, transportation and sedimentation. *Marine Micropaleontology* **1**, 65-79.

Honjo, S. & Okada, H. 1974. Community structure of coccolithophores in the photic layer of the Mid Pacific. *Micropaleontology* **20**, 209-230.

Kroopnick, P. M., Margolis, S. V. & Wong, C. S. 1977. ^{13}C variations in marine carbonate sediments as indicators of the CO_2 balance between the atmosphere and the oceans. In: Andersen, N. R. & Malahouf, A. (eds) *The Fate of Fossil*

Fuel CO$_2$ in the Ocean. Plenum Press, New York, pp. 295-321.
Lipps, J. (ed.) 1993. *Fossil Prokaryotes and Protists*. Blackwell Scientific Publications, Oxford.
McIntyre, A. & Bé, A. W. H. & Roche, M. B. 1970. Modern Pacific coccolithophorida : a paleontological thermometer. *Transactions of the New York Academy of Science* **32**, 720-731.
McIntyre, A., Ruddiman, W. F. & Jantzen, R. 1972. Southward penetrations of the North Atlantic Polar Front : faunal and floral evidence for large-scale surface water mass movements over the last 225,000 years. *Deep Sea Research* **19**, 61-77.
Margolis, S. V., Kroopnick, P. M., Goodney, D. E., Dudley, W. C. & Mahoney, M. E. 1975. Oxygen and carbon isotopes from calcareous nannofossils as paleoceanographic indicators. *Science* **189**, 555-557.
Philskaln, C. H. & Honjo, S. 1987. The fecal pellet fraction of biogeochemical particle fluxes to the deep sea. *Global Biogeochemical Cycles* **1**, 31-48.
Ramsay, A. T. S. (ed.) 1977. *Oceanic Micropalaeontology, 2 vols*. Academic Press, London.
Steinmetz, J. C. & Anderson, T. F. 1984. The significance of isotopic and palaeontologic results on Quaternary calcareous nannofossil assemblages from Caribbean core P6304-4. *Marine Micropaleontology* **8**, 403-424.
Tappan, H. 1980. *The Paleobiology of Plant Protists*. W. H. Freeman, New York.
Tappan, H. & Loeblich Jr, A. R. 1973. Evolution of the ocean plankton. *Earth Science Reviews* **9**, 207-240.
Trejo, M. H. 1960. La Familia Nannoconidae y su alcance estratigrafico en America (Protozoa, Incertae saedis). *Boletin. Asociatiõn Mexicana de Géologos Petroleros* **XII**, 259-314.
Verbeek, J. W. 1989. Recent calcareous nannoplankton in the southernmost Atlantic. *Polarforschung* **59**, 45-60.
Westbroek, P., De Jong, E. W., Van Der Wal, P., Borman, A. H., De Vrind, J. P. M., Kok, D., De Bruijn, W. C. & Parker, S. B. 1984. Mechanism of calcification in the marine alga *Emiliania huxleyi*. In : Miller, A., Phillips, D. & Williams, R. J. P. (eds) *Mineral Phase in Biology*. Royal Society, London, pp. 25-34.
Winter, A. 1985. Distribution of living coccolithophores in the California Current System, southern California Borderland. *Marine Micropaleontology* **9**, 385-393.
Winter, A. & Siesser, W. G. (eds) 1994. *Coccolithophores*. Cambridge University Press, Cambridge.
Worsley, T. R. 1973. Calcareous nannofossils : Leg 19 of Deep Sea Drilling Project. *Initial Reports of the DSDP* **19**, 741-750.

15章 有 孔 虫
Foraminifera

有孔虫目（Foraminiferida）は単細胞である原生動物の中の一つの重要な「目」である．それらは海の底に生息するか，海洋プランクトンとして生活している．有孔虫の軟組織（細胞質 cytoplasm）の大部分はテスト（test）（図 15.1 (a)）と呼ばれる殻の中に納まっている．その殻の組成はいろいろで，この生物が分泌した有機物（テクチン tectin）や鉱物（方解石やアラレ石，シリカ），あるいは外来物質の膠着粒子（agglutinated particle）からできている．この殻は房室（chamber）が一つ（単室形 unilocular）か，あるいは複数の房室（多室形 multilocular）からなる．房室の直径はふつう 1 mm 以下で，各房室はフォラーメン（foramen）と呼ばれる一つの孔または数個の孔（フォラミナ foramina）によって相互に，また外部と接続している．このグループの名前は，これらの孔に由来する*．有孔虫はカンブリア紀初期から現在まで知られ，新生代に最盛期に達している．

[訳注]*：有孔虫（foraminifera）の名は，ラテン語で殻壁にフォラミナ（foramina）をもつ（fero）を意味する．有孔虫の殻壁には殻内と殻外の細胞質をつなぐ2種類の孔が開口している．すなわち，小さな孔からなる壁孔（foramen, 複数は foramina または mural pore といったり，単に pore ということもある．またこれらの孔があることを総称して perforation という）と，やや大きめの開口部をもつ口孔（aperture）とである．ただし，口孔は最終房室から外に開口するものを指し，新しい房室によって覆い隠されたものは壁孔に含める．

有孔虫の殻は非常に豊富で，現海洋では北極海の生物量の 55% 以上を，また深海の生物量の 90% 以上を占めている．海洋堆積物中の有孔虫殻は，ふつう，1 kg に 2, 3 個体が含まれる場合から，それらが集まって地層をつくるグロビゲリナ軟泥（*Globigerina* ooze）やヌンムリテス石灰岩（nummulitic limestone）まで，含まれる量はさまざまである．

有孔虫と呼ばれている生物は，古生代後期や中生代，新生代における海成堆積物の生層序の指標として重要である．それは産出量が豊富で多様性に富み，研究しやすいことによる．浮遊性有孔虫（planktonic foraminifera）は汎世界的に分布するとともに進化速度が速い系統である．これらの特徴は地層の広域間の対比に非常に役立っている．ちなみに白亜紀では 28，古第三紀では 22，新第三紀では 20 の化石帯がそれぞれ設定されている．小型底生有孔虫（smaller benthic foraminifera）は最もふつうに産出し，地域的な層序学的研究に広く用いられる．大型底生有孔虫（larger benthic foraminifera）は，通常，直径 2 mm，体積にして 3 mm^3 以上であり，薄片で見ると複雑な内部構造をもち，テチス海や他の熱帯域における石灰岩の生層序に大いに利用されている．大型有孔虫類には，知られている中で最も大きな単細胞生物を含み，直径が 18 cm に達するものもある．有孔虫は，各発育段階およびその生活史が殻に保存されるので，進化学のよい研究材料となっている．

有孔虫は陸上から深海まで，また極域から熱帯域までの幅広い環境に生息する．生態的感受性が強いので，特に現在および過去の環境を調べるのに有用である．有孔虫群集の組成変化が水塊の循環や水深の変化を追跡するのにも使われ，特に中生代から第四紀に至る気候史を調べる上で重要である．それは，炭酸カルシウムでできた殻の安定同位体が海洋の水温や海水の化学的変化を記録しているからである．

現生有孔虫

細 胞

有孔虫は一つの細胞からなるが，殻の外側にある明色の殻外細胞質（ectoplasm）と内側にある暗色の殻内細胞質（endoplasm）とに分かれている（図 15.1(a)）．殻外細胞質は殻の周囲を覆う薄くて非常に流動性に富んだ膜を形成し，多くの仮足（pseudopodia）をつくって扇状に広がっている．仮足は細かく分岐し，顆粒状（granular）や網状（reticulose）となり，その形態はたえず変化する．有孔虫は粘着質の仮足で小さな生物や有機粒子を囲み込んで捕食している．仮足は殻に向かって食物を引き込み，後に老廃物を排出するのにも使われる．食物要求は種によってさまざまである．それらはバクテリア，珪藻や他の原生動物，小さな甲殻

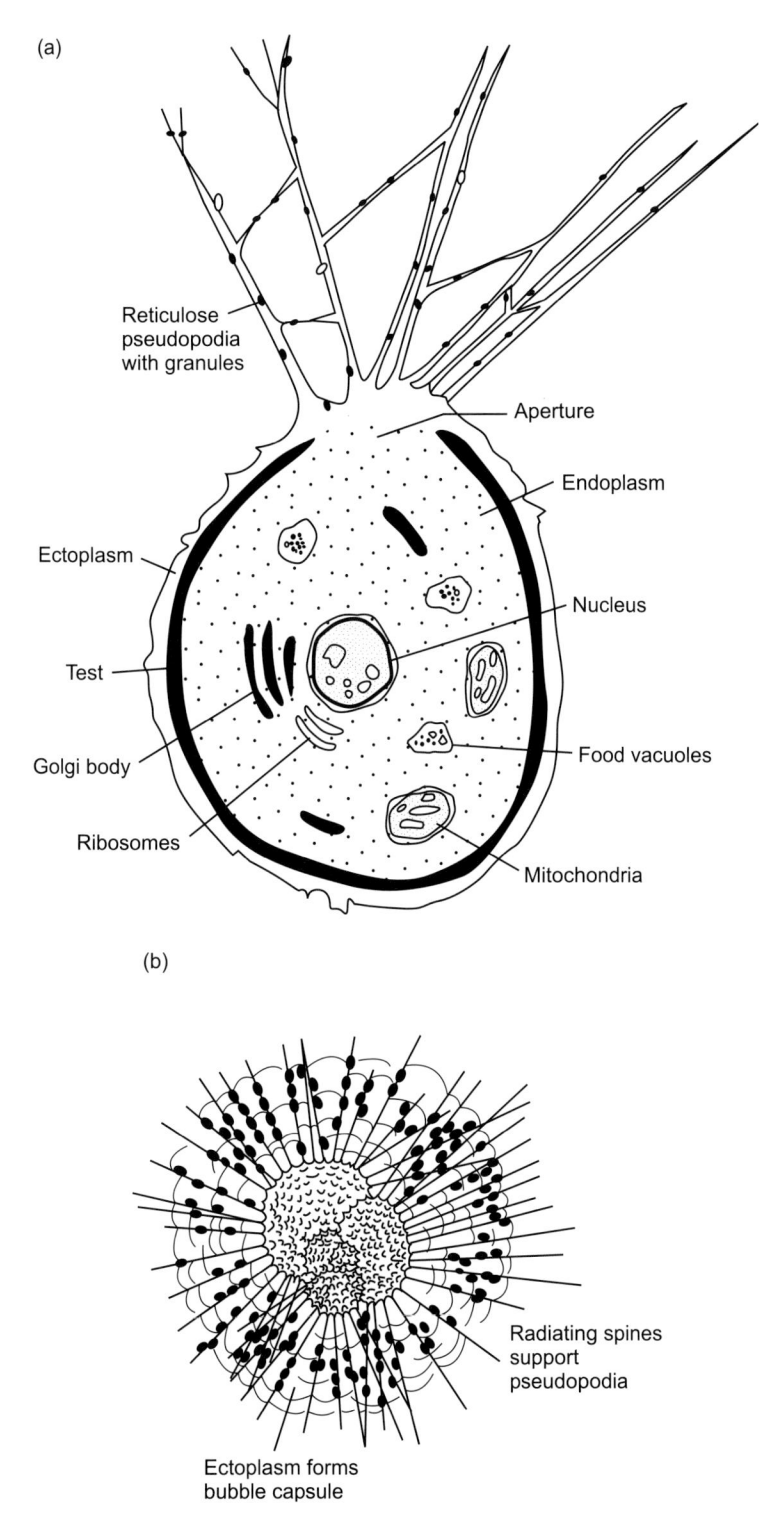

図 15.1 (a) 現生の単房室底生有孔虫と細胞小器官の名称（透過光で見た断面）．粘着質の仮足に付着する黒点または白点は捕らえられた食物．(b) 現生の多房室浮遊性有孔虫．殻を取り巻いて放射状に伸びた刺状突起と仮足（一部しか描かれていない）が，光合成共生者（黒点）と泡状の殻外細胞質（泡嚢）を支えている様子が透過光で見られる．

類や軟体動物，線虫類や無脊椎動物の幼生などである．いくつかの有孔虫は寄生性であると考えられている．底生種の仮足は殻を引っ張ったり，固着させるために用いられる．殻外細胞質は口孔（aperture）によって殻の内部とつながっていて，この口孔は，細胞質や食物，排泄物，生殖細胞が通る'玄関口'となっている．

殻内細胞質は貯蔵庫であり，また細胞の生産工場でもある．そして，常に殻によって保護されている．細胞質には1個の核（単核 uninucleate）か数個の核（多核 multinucleate）があり，核（nucleus, 複数は nuclei）は染色体を収容し，タンパク質合成を制御している．食胞（food vacuole）は囲み込まれた食物類を取り込み，取り込まれた食物は酵素作用によってより小さな有機分子に分解され，その後，細胞に吸収される．殻内細胞質にはまた，ミトコンドリア（mitochondria）やゴルジ体（Golgi body），リボソーム（ribosome）のような多数の小さな細胞小器官（オルガネラ organelle）がある（図15.1(a)）．

殻をもたない裸の状態の光合成共生者（photosymbiont），特に珪藻と渦鞭毛藻が多くの大型底生有孔虫と浮遊性有孔虫の殻内細胞質中に見られる（図15.1(b)）．共生生物は光合成を行い，宿主に光合成産物と酸素を供給し，宿主が放出するリンや窒素，呼吸によって排出された二酸化炭素の恩恵にあずかっている．浮遊性有孔虫には，一般に，仮足を支える放射状に突き出た長くて硬い刺状突起（skeletal spine）がある（図15.1(b)）．共生生物は昼間はこれらの刺状突起の先端にまで移動するが，夜間には殻の中に引きこもって保護される．また浮遊性有孔虫では殻外細胞質は浮力を助けるために泡嚢（bubble capsule）をつくっている（図15.1(b)）．

生活環

有孔虫の生活環は二つの世代が交互に交代するのが特徴である．すなわち，有性生殖するガモント（gamont）世代と無性生殖のアガモント（agamont）世代である（図15.2）．生活環は熱帯域では1年以内で完結するようであるが，高緯度地域では2年かそれ以上を要する．しかし，この世代交代は常に規則正しく起こっているわけではなく，多くの変異性がある．

アガモントに見られる無性生殖は殻の中に細胞質が引き込まれることで開始され，そのとき，細胞質は多分裂（multiple fission）によってたくさんの小さな半数体（haploid）の娘細胞に分裂（減数分裂 meiosis）する．各細胞は一つまたは数個の核をもち，核には母細胞に見られる染色体対の半分が含まれる．その後，房室の形成がはじまり，新しいガモント世代が水中に放出されて分散する．ガモントの個体が成熟すると細胞質は再び殻の中に引き込まれ，有糸分裂（mitosis）して親と同じ半数体の染色体をもつ配偶子（gametes）をつくる（配偶子形成 gametogenesis）．配偶子は，多くの場合，2本の鞭様の鞭毛をもち，親の殻から放出されて，二つの配偶子が結合（有性生殖）して接合子（zygote）をつくり，完全な倍数体（diploid）の染色体をもつ次世代のアガモントを形成する．一般に，幼体が放出された後の親の殻は空になって残される．

小型底生有孔虫では，これら異なる世代の殻の外観はいくらか異なっている（二型性 dimorphic）．ふつうはアガモントよりもガモントの数の方が多く，その形態は最初の房室（初室 proloculus と呼ばれる）が大きいので，これを顕球型（megalospheric）という．小さな配偶子から生じるアガモントは比較的小さな初室（微球型 microspheric）をもつが，殻全体は大きくなる（たとえば図15.2）．

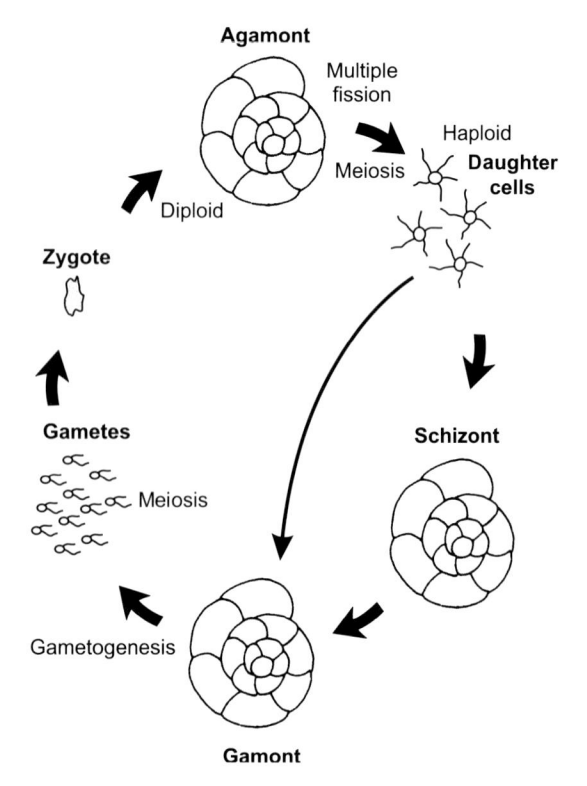

図15.2 有孔虫の生活環を示す古典的な模式図．規則的にくり返されるガモント（有性生殖）とアガモント（無性生殖）の世代を示す．（Goldstein, in Sen Gupta 1999, fig. 3.14 から作図）

大型底生有孔虫では、生活環は三型性（trimorphic）を示すと考えられている。これまで考えられていた古典的な生活環にシゾント（分裂前体）世代（schizont generation）が追加された。これは減数分裂によってではなく、多分裂によってアガモントから形成され、多核で倍数体の染色体をもち、顕球型である。微球型のアガモント（B世代）の殻は、通常、顕球型のガモント（A1世代）やシゾント（A2世代）の殻よりもはるかに大きく、より成長した段階の房室をもつのがふつうである。これら微球型の生活環は1年から数年の長さがあると考えられる。

浮遊性有孔虫は月齢周期に関係して28日ごとに有性生殖するとされている。無性生殖はしないと広く考えられているが、このことについてはなお研究を要する。理論的には、すべての有孔虫に見られる有性生殖はおそらく物理的に不安定な環境に適しているはずである。すなわち、有性生殖における遺伝子の組換えの結果生ずる、より大きな遺伝的多様性が広い適応能力をもたらすはずだからである。

殻

殻（test）は生物的、物理・化学的なストレスをやわらげる役目をするものと考えられる。生物的なストレスの例として、堆積物食（deposit feed）あるいは海底面上のデトリタス（detritus）を食べている蠕虫類（ミミズ型の生物）や甲殻類、腹足類、棘皮動物、魚類などに偶然に食べられてしまう危険性があげられる。他の動物、掘足類やある種の腹足類などは、実際に底生有孔虫を摂食している。また一方、殻に線虫などが寄生する危険性もある。物理的圧力の中には、太陽からの紫外線などの有害な放射線を浴びたり、乱流に巻き込まれたり摩耗されたりする危険が含まれる。それゆえに、殻の強度が重要だと思われる。化学的な圧力には、水中の塩分やpH、CO、O、毒素などがある。これらのいずれの場合にも、細胞質は、外側の房室を防御室として内側の房室内に引き込む、あるいはまたデトリタスを栓にして口孔を塞ぐ。炭酸カルシウムでできた殻は有機質に富み、酸素不足の環境や消化部位の酸性度を緩和する役目もしている。

底生生活に適応した生物にとって、殻のさらなる利点は浮きにくいことである。殻の表面彫刻（たとえば刺状突起spineやキールkeel）が、浮遊性種では浮力を増したり、底生有孔虫では粘着性を高めたり、破壊に対して殻を強化したり、また口孔や壁孔（pore）、臍部（umbilicus）の相互間に殻外細胞質の連絡流をつくるなど、さまざまな役目をしている。もし、有孔虫が殻をもたなかったなら、他のどのような原生動物よりもこれほど大量に生物量を増やすことは難しいであろう。形態や機能についての一般的な概説はBrasier（1986）、Murray（1991）、Lee & Anderson（1991）の著書やSen Gupta（1999）にリストされている多くの論文で見ることができる。

殻壁の構造と組成

殻壁*の構造と組成はこのグループの分類にとって重要である。

［訳注］*：一般には、有孔虫の殻はtest、壁はwall、殻壁はspirotheca、隔壁はseptum（複数はsepta）と呼んでいる。

有機質の殻壁をもつ種類はAllogromiina亜目に属する。殻は薄くて軟らかく、一般にテクチン（tectin）と呼ばれるタンパク質あるいは類キチン質の物質からなる（図15.3）。似たような物質は多くの硬い殻をもつ有孔虫の房室にも有機物の薄い裏打ち（lining）として存在する。この裏打ちは殻の鉱物結晶がつくられるときに、枠型として機能するようである。

Textulariina亜目は膠着質（agglutinate）の殻をもつ種類を網羅している。これらの種類では、海底の有機物粒や鉱物粒が有機質、石灰質、酸化第二鉄などのセメントで膠着されている（図15.3）。膠着される粒子は、ふつう大きさ、組織、組成（たとえばココリスやカイメンの骨針、重鉱物など）によって選択される。

Fusulinina亜目の殻は微粒質（microgranular）で、薄片を透過光で観察すると暗く、反射光で観察すると不透明（ふつうは褐色か灰色）である。微粒子は不規則か、または殻の表面に直角に充填配列され、その間に壁孔（mural pore）がちりばめられている。その結果、特に進化した分類群では、殻壁の断面は繊維状の外観を呈する（図15.3）。微粒質の方解石からなるこれらの粒子状と繊維状の層は組み合わさって、しばしば単一で多層構造をなす殻壁をつくる。

石灰質の殻は圧倒的に多く、残る亜目のすべてがそうである。石灰質の殻壁には三つの主要なタイプ、すなわち、磁器質無孔（porcelaneous imperforate）、微粒質多孔（microgranular perforate）、ガラス質多孔（hyaline perforate）がある。磁器質無孔の殻はMiliolina亜目の特徴であり、これらは壁孔を欠き、反射光では独特の乳白色を、また透過光では飴色を呈する。殻の大部分は不規則に配列した高マグネシア方解

128 IV. 無機質の殻をもつ微化石

	Wall Structure	Suborder
(A) Tectinous	Flexible, thin and tectinous / Loosely attached grains	Allogromiina
(B) Agglutinated	Agglutinated wall — Organic lining / Alveoli (labyrinthic wall)	Textulariina
(C) Porcelaneous	Ordered outer layer / Random CaCO crystals in organic matrix / Ordered inner layer / Pseudopunctae / Organic lining	Miliolina
(D) Microgranular + Microgranular compound 1)	a. Microgranular wall (imperforate) b. Microgranular layer / Fibrous layer c. Mural pore	Fusulinina
(D) 2)	a. Bilamellar wall (with microgranular ultrastructure) / Pore / Organic lining b. Pore / Successive laminae c. Cryptolamellar wall (with microgranular ultrastructure) / Pore diaphragm / Organic lining	Globigerinina, Spirillinina, Involutinina (arag.), Robertinina (arag.)
(E) Hyaline	a) Radial b) Oblique c) Intermediate d) Compound	Rotaliina

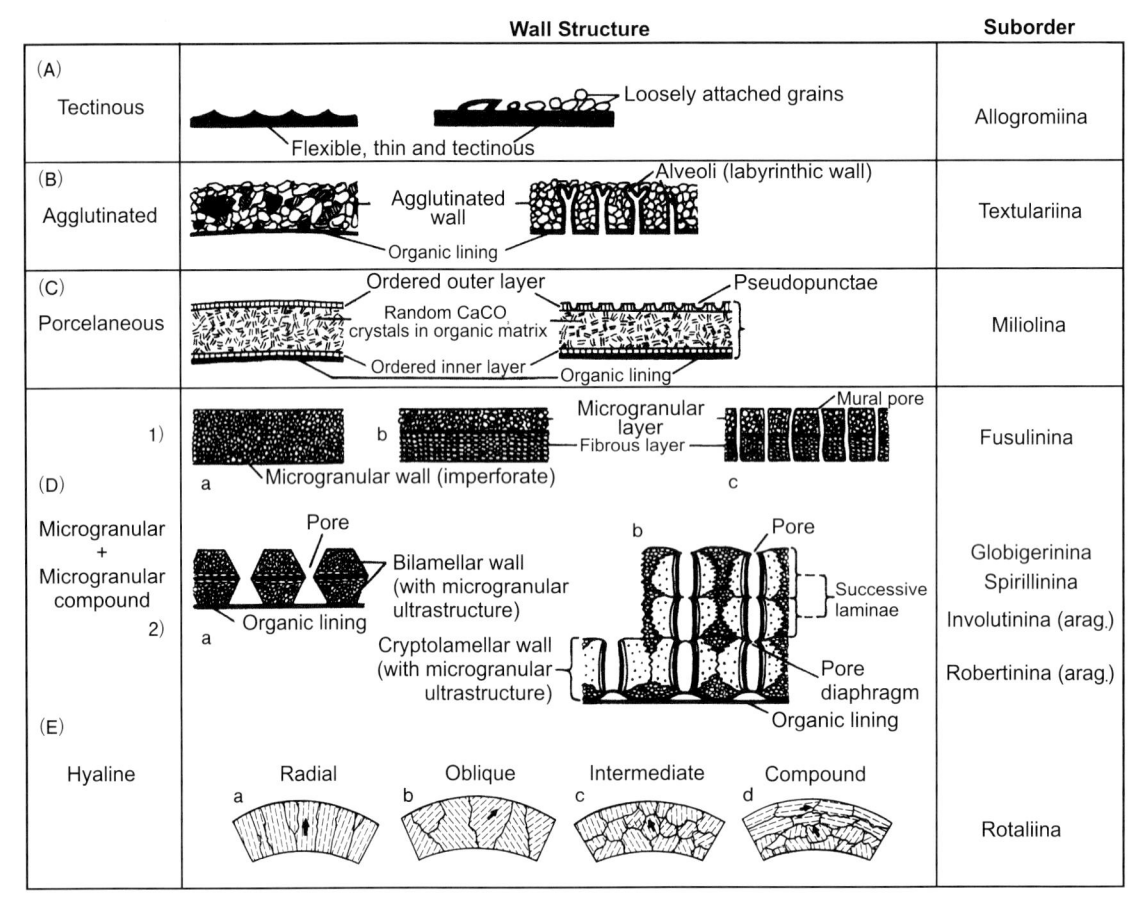

図 15.3 有孔虫の殻構造（基本的な 5 タイプ）の例．主として走査型電顕観察に基づく模式図．(A) Tectinous：テクチン（類キチン）質．柔軟な薄い殻で，外面の粒子はゆるく接着している（Allogromiina 亜目）．(B) Agglutinated：膠着質．有機質からなる内層（裏打ち）があり，その外側に外来粒子を膠着して気泡状空洞（迷路様の構造）のある殻壁の外層をつくる（Textulariina 亜目）．(C) Porcelaneous：磁器質．内面には有機質の裏打ちがあり，中間層の有機基質中には CaCO₃ の結晶が無秩序に入っている．外表面に偽壁孔状構造（pseudopunctate）がある（Miliolina 亜目）．(D) Microgranular + Microgranular compound：微粒質＋複合微粒質．1) 微粒質無孔の殻壁．1a) 微粒質無孔の殻壁 1 層からなる．1b) 外側の微粒質層と内側の繊維状層からなる殻壁．1c) 壁孔（mural pore）を形成するもの（Fusulinina 亜目）．2) 壁孔をもつ殻壁．2a) 微粒質複層ラメラの殻壁をもつ．2b) 微粒質隠微ラメラの殻壁が多重構造をなす殻壁で，隔孔に隔膜がある（Globigerinina 亜目，Spirillinina 亜目，アラレ石からなる Involutinina と Robertinina 亜目）．(E) Hyaline：ガラス質．結晶の配列に，a) 放射状，b) 斜交，c) 中間的，d) 複合タイプがある（Rotaliina 亜目）．

石の針状結晶で構築されているが，殻の外側と内側の表面は水平に配列した針状結晶の層で覆われている（図 15.3）．Miliolina 亜目の *Miliammellus* だけは針状のオパール質シリカでできた似たような殻壁をもつ．Miliolina 亜目の殻は，はじめ細胞質中のごく小さな小胞内に生鉱物の針状結晶が分泌され，その後，それが細胞の外縁に送り出されてつくられる．残る亜目では，最初にテクチンの枠型（tectinous template）がつくられ，そこに炭酸塩が沈澱する．

現生のガラス質多孔の殻は，ふつう反射光で見るとガラス状で，透過光では灰色から透明である．しかし，厚い殻壁，微小で密集した壁孔，顆粒，刺状突起，色素（pigment），続成変化（diagenesis）などが壁の透明度を落としているようである．このようなガラス質多孔の殻は中生代から新生代の有孔虫の大多数を構成する六つの亜目に見られるが，殻の材質は，いずれも低ないし高マグネシア方解石（Spirillinina, Carterinina, Globigerinina, Rotaliina 亜目）かアラレ石（Involutinina や Robertinina 亜目）のどちらかである．Spirillinina 亜目の殻壁は方解石の単結晶体（monocrystalline）からなるが，他の亜目では，多結晶体のガラス質多孔の殻壁は，菱形の方解石かアラレ

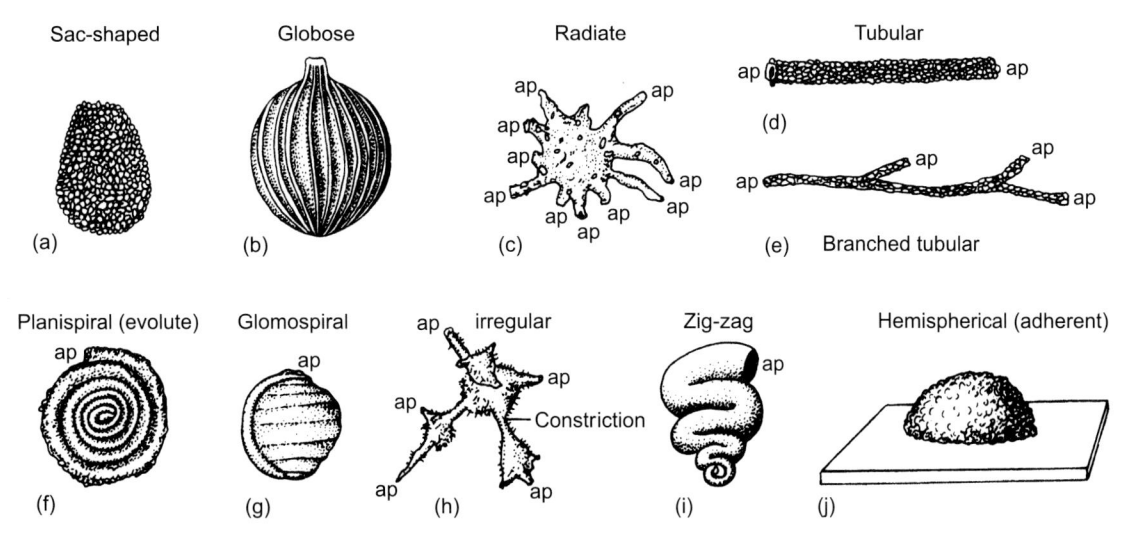

図 15.4 単室形および二室形の殻（ap：口孔 aperture）．(a) *Pleurophrys* ×200．(b) *Lagena* ×53．(c) *Astrorhiza* ×49．(d) *Bathysiphon* ×7．(e) *Rhizammina* ×12．(f) *Ammodiscus* ×17．(g) *Usbekistania* ×66．(h) *Aschemonella* ×3．(i) *Ammovertella* ×約2．(j) *Hemisphaerammina* ×約16．((a) Loeblich & Tappan 1964を一部改変；(b)，(c)，(g)〜(j) Loeblich & Tappan 1964から引用)

石結晶（直径が約1μm，c軸は殻表面に垂直）がモザイク状に集合してつくられているのが一般的である．この光学的に放射状の微細構造をクロスニコルで観察すると，有色の環の中に黒い十字の偏光像が見える．ある種類では，ガラス質の殻の結晶はa軸が放射状に配列しているため，c軸は傾き，クロスニコル下では有色の小さな斑点（偏光像ではない）となる．このような光学的に粒状殻壁と呼ばれる構造は，近縁種の間で変化が激しいため，現在の分類ではごく限定的にしか用いられていない．

多くの有孔虫の殻壁は，細くまっすぐな壁孔かあるいは枝分かれした気泡状空洞（alveolus，複数はalveoli）で貫かれている．これらの孔を通して殻外細胞質と殻内細胞質が連結し，浸透圧によって液体とガスが移動する（図 15.3）．細かな孔のある有機質の隔膜（diaphragm）がこれらの壁孔を横切っていて，半透膜の働きをしているらしい．このような放射状の壁孔（radial pore）はガラス質多孔の有孔虫の特徴である（以下に述べる）が，より複雑な TextulariinaやFusulinina亜目の中にも見られ，薄片では偽放射状（pseudo-radial）あるいは偽繊維状（pseudo-fibrous）の殻壁として現れる．

殻成長

細胞質全体は摂食によって継続的に増大する．類縁の有殻アメーバ（testate amoebae）では2〜4日の寿命しかなく，殻は大きくならず単室形（unilocular）で，生殖の際に殻は空になる．これに対してふつう1カ月から数年生きる有孔虫では，殻を増大させるいくつかの戦略が生まれている．

多くの原始的な有孔虫殻は単室形であるが，その殻形態は非常に変化に富んでいる（図 15.4 (a)，(c)）．このような殻は，増大するだけの余裕がほとんどあるいはまったくないので，抑制成長（contained growth）を示すといわれる．したがって，これらの有孔虫は，殻壁を再構築するために古い殻を捨てて新しい殻をつくるか，あるいは生殖を行うなどにエネルギーを費やさねばならない．いくつかの原始的な系統では，抑制成長におけるこれらの制約は二次的に管状の房室（連続成長 continuous growth する）を付加することによって乗り越えてきた（図 15.4 (d)〜(j)）．このような単純な形態は古生代前期に優勢であったが，現生でも，特に沿岸域や深海域で見ることができる．単室形の殻は現生の寄生性の種類でも見ることができる．

多室形（multilocular）の種類（図 15.5）では，原形質の増加は連続的であるが，殻の成長は断続的で，一つの新しい大きな房室が規則的な間隔で付加される．それぞれの房室は独特な形の口孔面（隔壁septum）を備えていて，それによって口孔を限定し，殻内細胞質を保護している．房室の付加は，食物残滓を主な構成物質とするゆるく結合した成長シスト（growth cyst）の形成ではじまり，ついで仮足は引き込まれて新しい房室内を充填して最初に薄い有機質の

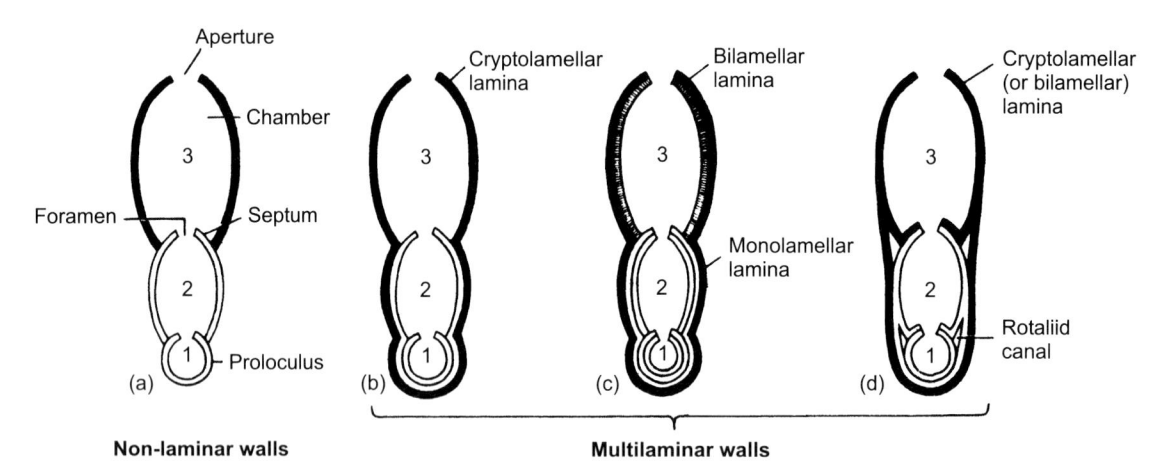

図15.5 有孔虫殻の模式的な軸断面．さまざまな房室付加様式を示す．(a) 無層ラメラ（non-laminar）の殻壁．(b)～(d) 多層ラメラ（multilaminar）の殻壁．(b) 隠微ラメラ（cryptolamella），(c) 単層ラメラ（monolamella）＋複層ラメラ（bilamella），(d) 隠微ラメラまたは複層ラメラ（隔壁垂れ蓋 septal flap と脈管 canal をもつ）．ここには単純化するために単列状に成長する殻構造のみを示した．

壁をつくり，さらに有機物の殻の外側あるいはその内外に膠着質あるいは石灰質の壁をつくる．現生では，この単純な隔壁の成長様式（simple septate growth）が卓越しており，浮遊性有孔虫や多くの小型底生有孔虫で観察されている．

複雑な隔壁の成長様式（complex septate growth）では，房室の形状は大きく変化し，房室は間仕切りによって多数の口孔をもつ小房室（chamberlet）に細分される．この殻形成は光合成共生生物をもつ大型底生有孔虫に典型的に見られる．

殻壁の微細構造

有孔虫の殻の微細構造は単層のラメラ（図15.5 (a)）か多層のラメラ（図15.5 (b)～(d)）のいずれかである．殻がガラス質多孔の種類では，隔壁の成長を薄片で見ると，成長にともなう微細構造の変化が見られる．前につくられた房室の殻壁が，新しくつくられた殻壁で覆われることがないような殻の配列状態を無層ラメラ（non-laminar）構造という（図15.5 (a)）．これは非ガラス質無孔の有孔虫に典型的な殻構造である．単層ラメラ（monolamellar）構造は，微細な孔をもつLagenina亜目のように，各房室が単層からなり，それが前の房室を覆うものである（図15.5 (a)）．ガラス質有孔虫の大部分には多層ラメラ（multilamellar）の微細構造（図15.5 (b)～(d)）が見られる．各房室の殻壁は，テクチン膜の両側に成長する2層の方解石ラメラ（すなわち複層ラメラ bilamella，図15.5 (c)）でできている．このとき，その外側のラメラだけが前につくられた房室壁を覆う．多層ラメラ（multilamellar）構造は成長とともに殻の強度を増すという利点がある．それはまた非ガラス質有孔虫には見られない複雑な殻の構成様式（浮遊性有孔虫の刺状突起のような）をつくることができる．Rotaliina亜目では，内側のラメラ（inner lamella）もまた前につくられた口孔面を覆い，ロタリア型脈管（rotaliid canal）と呼ばれる空間をもった隔壁垂れ蓋（septal flap）を形成する（図15.5 (d)）．このような脈管系（canal system）は，房室をつくる際や生殖時に，細胞質を短時間で押し出すのに用いられる．

房室の構成様式

有孔虫の殻は驚くほど多様な成長様式を示す．その様式の変異は著しいけれども，ほとんどの多室形の殻形態は成長過程で三つの変数の相互作用の結果として生じるとすると，多様な様式を整理することが可能である．その変数とは，転移率（rate of translation）（すなわち，新しい房室の中心が成長軸（旋回軸）にそって前の房室の中心からずれる距離の割合），房室の拡大率（rate of chamber expansion），および房室の形状（chamber shape）である（図15.6）．

転移率の違いは有孔虫殻の四つの代表的な成長プランをつくり出している．すなわち，平面状旋回（planispiral），トロコイド状旋回（trochospiral），二列状（biserial），単列状（uniserial）の房室配列である．平面状旋回の殻では，転移率はゼロで，各房室は成長軸を取り巻いて平面巻きにおおよそ対称的に配列する．この成長プランは，旋回軸に対して房室の覆いかぶさる程度が変わることでさらに変化する（たとえば

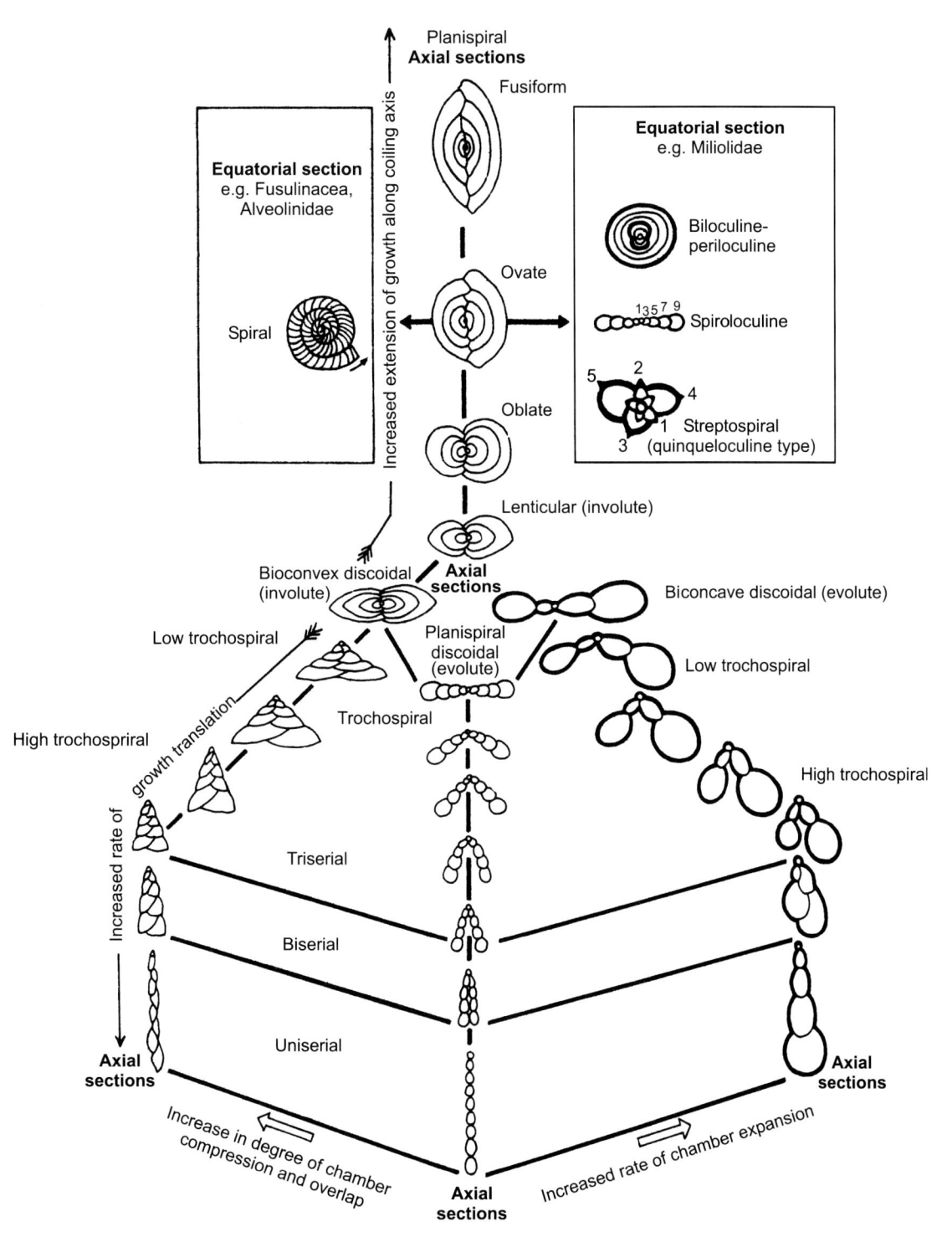

図 15.6 多室形有孔虫殻の主要な成長形態.図の中央と左右列は主対称軸と成長軸に平行な軸断面 (axial section).また上左右の枠内は広義の赤道断面 (equatorial section) で,殻の最大幅の箇所を通り主対称軸に直交する断面.図下半部の軸断面では,房室の転移率 (rate of translation),房室の拡大率 (rate of chamber expansion),および房室の形状(扁平になる度合い degree of compression)と重なりの程度(degree of overlap)の各要素の違いによる殻断面形の違いを示す.また図上半部には,平面状旋回の殻における巻き軸方向への房室の伸長率の違いによる軸断面形状の違いを示す.

開旋回（evolute）型と包旋回（involute）型．また包旋回型は旋回軸にそって成長拡張することで形が変わる（たとえば円盤状 discoidal から紡錘形 fusiform へ）（図 15.6）．

構成物質が螺旋状に巻いて付加される殻をトロコイド状旋回と呼ぶ．このような殻には，螺塔（spiral）側と臍（umbilical）側があり，それぞれ開旋回（前の房室がより露出する）と包旋回（前の房室が新しい房室によってより覆い隠される）とがある（図 15.8 (a)）．多房室の殻では，旋回角*の増加が 1 回転ごとの房室数の減少を引き起こし，最終的には一巻きで 3 房室（三列状 triserial）となる．ただし，旋回角の広い三列状と二列状の種類が知られている．さらに，房室が減少すると，旋回の要素が不明瞭あるいは消滅して，一般に二列状と単列状の成長プランになる（すなわち，1 旋回当たりそれぞれ二つと一つの房室をもつ，図15.6）．これらの殻配列のいくつかが成長にともなって 1 個体の殻の中で，たとえば，平面旋回あるいは三列状から単列状まで変化するように見られることもめずらしくない．

[訳注]*：旋回角は成長軸すなわち旋回軸方向から見たとき，新しい房室の中心と前の房室の中心とのなす角度．

房室の形態

房室が大きくなる割合は，一つの房室から次の房室

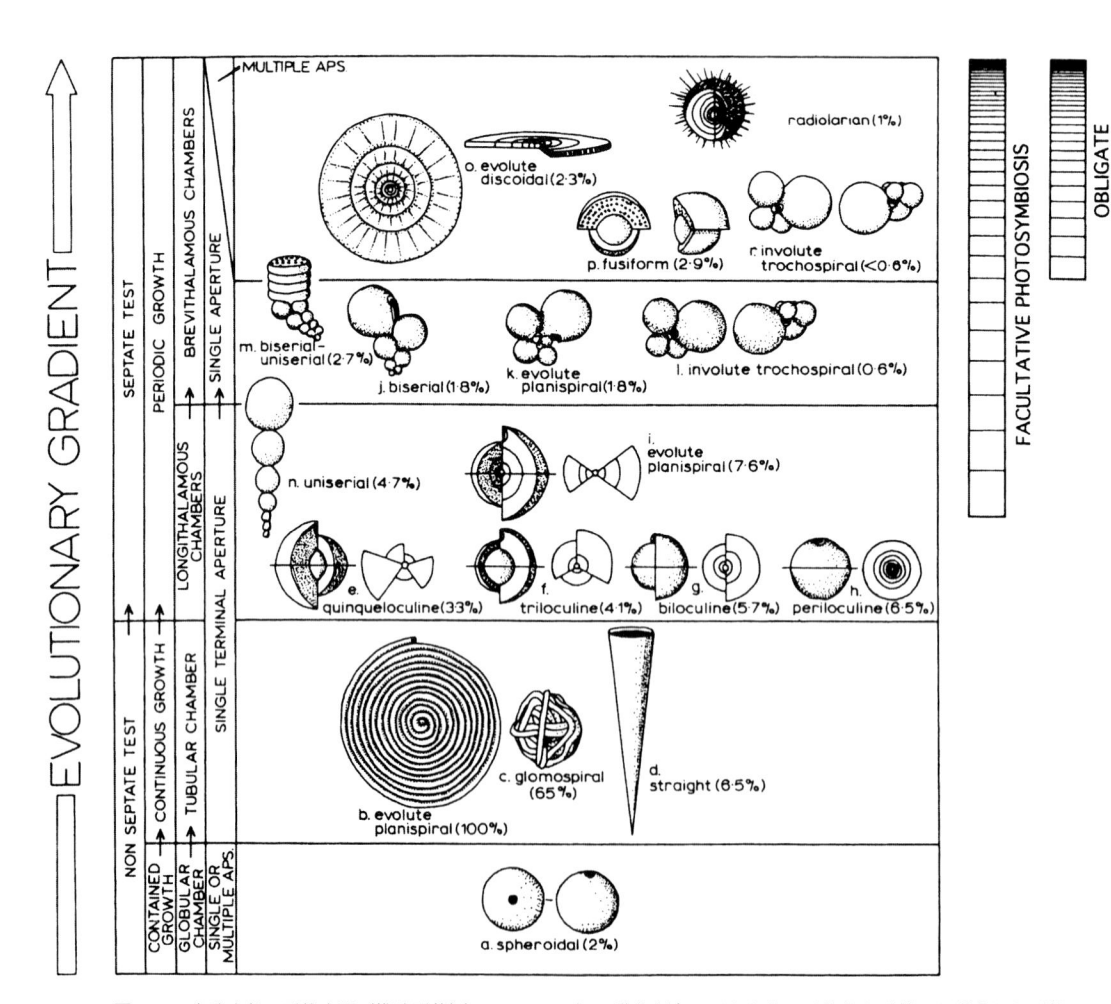

図 15.7 有孔虫殻の形態空間（構造形態）（morphospace）の進化傾向．下から上に原始的な形態から進化した形態を示す．体内最短連絡線（MinLOC）は単位体積（unit volume）のモデルを用いて計算し，図中 b. の平面状開旋回（evolute planispiral）型の長さを 100% としたときの割合（括弧内）で示した．光合成共生者をもつことがわかっているものは最短連絡線が比較的短い．有孔虫の形態は，隔壁のないものからあるものへ，抑制成長から連続成長を経て周期的成長へ，球形房室からチューブ状房室・細長い房室を経て幅広い房室へ，また単一か複数の口孔から単一の殻端部を経て再び単一口孔と複数口孔へと進化する傾向が認められる（facutative photosymbiosis：条件的光合成共生，obligate photosymbiosis：絶対的光合成共生）．(Brasier 1982 a, 1982 b, 1984, 1986, 1995 のモデルより作成)

に容積（あるいは幅，長さ，または深さ）が増加する割合として示される．ほとんどの有孔虫では，少なくとも初期の個体発生を通してほぼ一定の対数的増加傾向を示す．しかし，ある種における一巻きごとの房室数は，一生の間にあるいは生息地間で変化するので，分類形質としては信頼性がない．

房室の形態はさまざまである．単室形の殻はフラスコ形をした球形，管形，枝分かれ状，放射状，あるいはまた不規則な形状であったりする（図15.4）．多室形の房室は，ふつう個体発生を通じて一定の形態を保つが，それらの配列や表面模様もさまざまである．ふつうの形態には，球形，管形，押しつぶされた三日月形，楔形などがある．殻の拡大率と殻の形態とは密接に関連していて，殻容積の増加の割合は均一でも，房室の大きさや成長プランは異なる（図15.7）．

口孔と壁孔

口孔（aperture）は最終房室の壁に見られ，外部の仮足と内部の殻内細胞質とを結ぶ役目をし，食物，収縮胞，核，放出する娘細胞などの通路となっている．その位置は個体発生を通しておおよそ一定しているので，各房室は一つあるいは数個の壁孔（foramen，新房室の形成によって古い口孔は壁孔となる）で次にできる新しい房室とつながっている（図15.5）．口孔を欠く種類では，房室壁の融食によって口孔に相当する壁孔が二次的に発達するようである．

主口孔（primary aperture）は一つあるいは複数あり，その位置は殻端部か，室面部（最終室の成長方向に向く面）か，基底部か，臍部の外側か，あるいは臍部にある（図15.8，15.12）．その形態は非常にさまざまで，たとえば，円形，ビンの首状（またはphialine），放射状，樹枝状，篩状（またはcribrate），十字形，スリット形，環形などの形態をしている．口孔の形は以下のような部分の存在によってさらに変化する．すなわち，口孔唇または口孔縁のある口孔（labiate aperture，図15.8(c)），歯状口孔（dentate aperture，図15.8(e)），口孔をおおう疱状板のある口孔（bullate aperture，図15.8(f)），あるいは臍栓（umbilical boss，図15.8(g)）のある口孔である．また二次口孔（secondary aperture）が付加されることもある．たとえば，殻の縫合線あるいは殻の外縁にそって付加される（図15.8(d)）．このような口孔や壁孔の構造は分類，特に「亜目」以下の分類に用いられる．

殻の表面彫刻

殻の外表面には，刺状突起（spine，刺があるspinose），キール（keel，キールをもつcarinate），襞（ruga，うね（襞）のあるrugose），細い条線（stria，条線があるstriate），太い肋状隆起（costa，肋があるcostate），顆粒（granule，顆粒があるgranulate），網

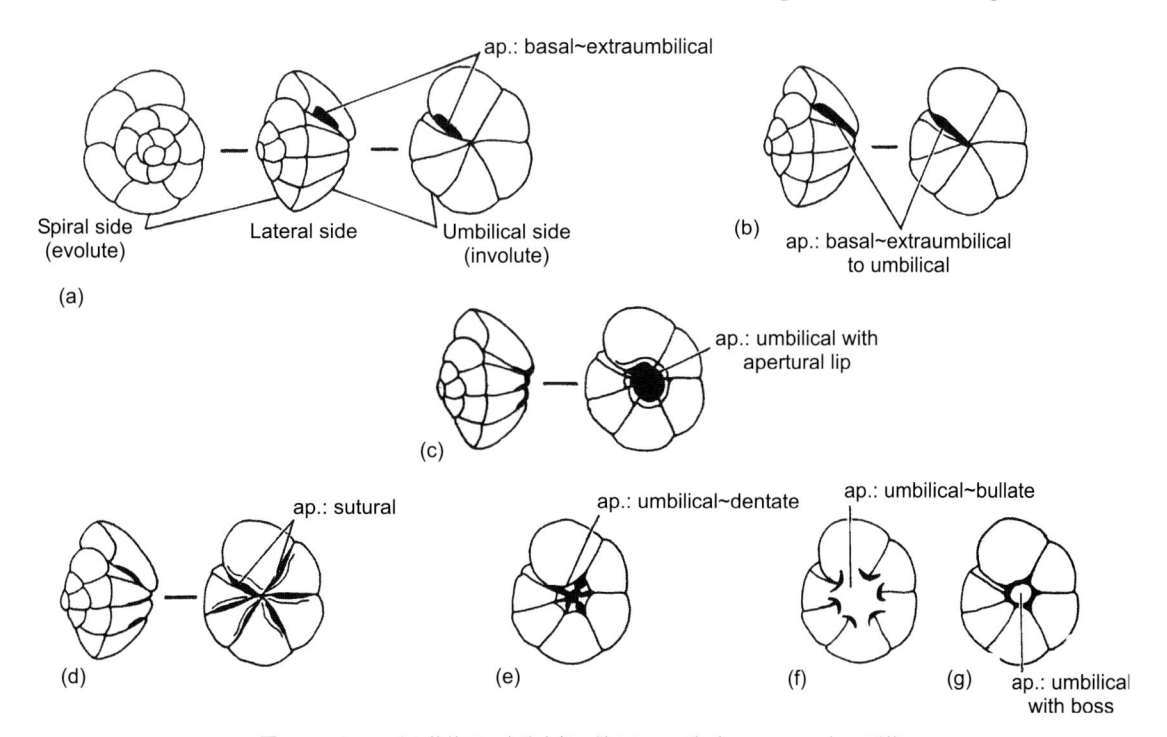

図15.8 トロコイド状旋回の有孔虫殻に見られる口孔（ap.：aperture）の形態．

目 (reticulum, 複数は reticula, 網目がある reticulate) などの彫刻がある．これらの形態は個体発生を通して，また環境とともにさまざまに変化するので，特定の属や種を区別する際，慎重に用いたほうがよい．

殻構成の進化

有孔虫の殻構成に見られる進化の主なパターンを図15.7に示す．下部古生界では，膠着質の殻は主に抑制成長で，実際上成長しなかった（図15.7 (a)，たとえば Saccammina）か，あるいは管形の房室が連続的に成長して大きくなっていった（図15.7 (b)，たとえば Ammodiscus；図15.7 (c) や Glomospira）．デボン紀後期までに，殻は各房室に分かれて，隔壁の断続的 (septate periodic) な成長様式が進化した．この段階で，成長とともに朝顔型に広がっていく房室をもつことにより，より大きな体をつくることができるようになった（図15.7 (d)，たとえば Hyperammina）．この房室の外部への開口部は口孔を取り巻く隔壁の形成によって保護されている．原始的な有孔虫（図15.7 (e)，Quinqueloculina）のバナナのような形状の房室は，幅よりも長さが大きい (longithalamous) という祖先の状態を反映している．進化した系統では，体内最短連絡線 (minimum line of communication：MinLOC，体の中心から外界まで連絡できる最短の経路）がしだいに短くなるという現象が見られる．このことは，長さよりも幅の広い (brevithalamous) 房室の出現とあわせ，よりきつく巻き込む（たとえば，単列状配列から二列状配列，三列状配列，トロコイド状旋回へというような）構造の形成によって獲得された．後期の系統では，口孔は基底部 (basal) か臍部にあり，その成長プランにとって殻の中心に最も近く，最短の連絡線を維持する位置についている（図15.7 (j), (k)，たとえば Bolivina, Elphidium；図15.8）．進化した有孔虫では，複数の口孔 (multiple aperture) も各房室間の最短連絡線を保つ助けになっている．隔壁の成長にともなって房室間の連絡線が最短になった例は，光合成原生生物を共生させている有孔虫に見られる．浮遊性有孔虫では，これは殻の質量を軽減して沈下を防ぐ働きをする球形をした房室とうまく組み合わされている（図15.7 (r)，Globigerinoides）．大型底生有孔虫では，各房室間の最短連絡線の位置は，光合成共生のために相対的に表面積を最大にすることと組み合わされている（図15.7 (p)，たとえば Fusulinina 亜目，Alveolinacea 上科；図15.7 (o)，Orbitolites）．このような最短連絡線と共生生物をもつ進化した種類は，

大量絶滅を最も受けやすかったと思われる（Brasier 1988, 1995）．大量絶滅のときには，図15.7の最下部に示すような原始的な種類は深海に移住することによって生き残ったと思われる．

有孔虫の生態

小型底生有孔虫

約5,000種の現生小型底生有孔虫が知られている．それらは，海洋の最も縁辺部である潮汐湿地から最深部である海溝に至る海洋環境に生息するので，環境の指標として特に重要である（Murray 1991 を参照）．この広範囲にわたる生息地の資源を開発し，利用している様子は，殻形態の多様な適応によく現れている（Murray 1991）．

光：海洋中に光が到達する深さ（有光層 photic zone）は水の透明度と太陽光線の入射角に影響される．したがって，有光層は熱帯水域で深く（<200 m）極域に向かってその深さを減ずるが，極域では季節によっても著しく変化する．この有光層における浮遊性および底生の原生動物による一次生産物，あるいはまた海藻や海草が提供する防護の場と生息基盤は，有孔虫，特に Miliolina 亜目にとって魅力的である．赤道域の浅海では，Quinqueloculina（図15.20 (e)）のような Miliolina 亜目の磁器質の殻壁は，短波長の紫外線を散乱させて細胞質を保護していると考えられる．

食物：有孔虫は海洋生態系の中で微小な雑食者として重要な役割を演じている．すなわち，小さなバクテリアや原生動物，無脊椎動物を食物としている．有光層に生息する表在性の種類は特に珪藻類を食べているので，その個体数は季節的に変動する．これらの種類の殻は，しばしば片側か両側が扁平になる（たとえば Discorbis，図15.25 (a)）．いくつかの小型底生有孔虫は光合成共生者をもっていることが知られている（たとえば Elphidium，図15.27 (b), 15.31 (l)）．他の種類は堆積物中に潜り，あるいは有光層より深いところに生息して，死んだ有機物粒子を食べたり，バクテリアを食べたりしている．活動的な種類では，殻がレンズ状（たとえば Lenticulina，図15.22 (d)）かまたは細長くなる傾向がある．Bathysiphon（図15.4 (d)）のように深海平原に生息している種類では，季節的に沈下する植物性デトリタスを捕らえるために水中に仮足を伸ばしている．このような種類は直立した管形の殻，時には枝分かれした殻をもち，底質に固着する

傾向がある．ある種のガラス質有孔虫の殻（たとえば *Lagena*, 図 15.4 (b), 15.22 (e)) は退化した単室形で，寄生生活を送るようである．

底質：固い底質（たとえば岩，貝殻，海草や海藻）を好む有孔虫は，ふつう殻の平らな面か凹んだ下面で対象物に一時的あるいは生涯を通じて付着している．典型的な成長形態は流体力学的に安定しており，円盤状，弱い凸状，凹-凸状，あるいは樹枝状など不規則な形態をとる．*Cibicides*（図 15.25 (e)) とその類縁の種類はこの生活様式の典型で，このような例は有孔虫類には他にもたくさん見られる．付着性の種類はしばしば比較的薄い殻を発達させ，堆積物中に生息したり浮遊生活をする種類に見られる変異よりも多様な形態変異を示す傾向がある．

有孔虫は堆積物表面から 20 cm も下に生息していることが知られているが，大部分は表層の 1 cm 以内（たとえば内在性の *Cassidulina*, 図 15.29 (c))か表面（たとえば表在性の *Elphidium*, 図 15.27 (b), 15.31 (l)) に生息している．大陸棚上部の強い流水で堆積した砂や礫の間にできる間隙は，散在的な個体群を支えるにすぎない．これらの粗粒な底質に生息する有孔虫は，付着性か厚い殻の自由生活性か，どちらかの形態になる傾向があり，自由生活者はレンズ状か球状で重厚な表面装飾をもつことが多い．潟や大陸棚中央部から漸深海の大陸斜面にかけてのシルトや泥の底質からなる典型的な低エネルギーの生息域は，時に有機物粒子が豊富で，堆積物の小さな間隙に細菌の大増殖を引き起こしやすい．それゆえに，このような底質は自由生活性の有孔虫にとって好都合であり，パッチ状に分布する大個体群を支える．多くの内在性種の殻は薄く壊れやすく，細長い（たとえば *Bolivina*, 図 15.24 (c), 15.31 (h)；*Nodosaria*, 図 15.22 (b))．そして，堆積物に微小な掘穴構造をつくる．

塩分：大部分の有孔虫は通常の海水の塩分（約 35‰）に適応し，最も多様化した群集がこの環境に見られる．塩分の低い汽水性の潟や沿岸湿地は，膠着質有孔虫といくつかのガラス質の種類からなる多様性の低い群集に適している．この膠着質有孔虫の大部分は単純な無孔質の殻壁と有機セメント（二次的にシリカ・酸化鉄で置換される）からなる（たとえば *Reophax*, 図 15.13 (a))．またガラス質の種類には，たとえば *Ammonia*（図 15.27 (a), 15.31 (i)) や *Elphidium*（図 15.27 (b), 15.31 (l)) がある．テクチン質で無孔質の Allogromiina 亜目は淡水や汽水域にも見られるが，それらの繊細な殻は化石として産出することは稀である．炭酸イオン濃度の高い高塩性の水域では，塩分は 40‰ を上回り，磁器質の Miliolina 亜目（特に Nubeculariidae 科と Miliolidae 科），たとえば *Quinqueloculina*, 図 15.20 (e)) に好適であると思われるが，多くの他の種類には適さない．

Textulariina 亜目や Miliolina 亜目の無孔質の殻は，極端な高塩分の有害な浸透圧から殻内細胞質を保護するのに都合がよいと思われる．したがって，膠着質の Textulariina 亜目，磁器質無孔の Miliolina 亜目，ガラス質多孔の Rotaliina 亜目の相対的な産出個体数を三角ダイアグラムで示した結果は，古塩分の指標として有効とされてきた．ある特定の生息地から得られた試料は，ふつうこのダイアグラムの特定の範囲内にプロットされる（図 15.9；Murray 1991 を参照）．しかし，この方法は誤った結果を招くことがある．それは，個体の死後の再堆積，殻の溶解，あるいは破壊が選択的に働くからである．またこの方法は，ガラス質の種類が汽水環境に生息しはじめた第三紀以降には有効であるが，それより前の時代にはあまり用いられない．

栄養塩類と酸素：生物を制約する栄養塩類のリン酸塩と硝酸塩は，海洋の一次生産に大きな影響を及ぼしている．深海のような食物供給量の少ないところでは，有孔虫の個体数密度はどちらかといえば低い（< 10 個体/10 cm^2）が，多様度は高いことがある．湧昇域では，表層への栄養塩の供給量が多く，有孔虫の多様度はいくつかの理由で減少する傾向がある．溶存栄養塩の流入率が高いと光合成共生を阻害する傾向があるので，共生生物をもつ浮遊性有孔虫や大型底生有孔虫，その他の低栄養（oligotrophic）の種類の増殖が抑制される．海表面での高い一次生産はまた，中層の酸素極小層や直下の海底に嫌気性細菌の大増殖を引き起こす．嫌気性の環境では有孔虫は少ないが，微好気的な（dysaerobic）環境では富栄養（eutrophic）型の底生有孔虫が生物相を優占し，その個体数密度は 1,000 個体/10 cm^2 を上回る．このような群集は，殻が小さくて薄く，表面装飾のない石灰質の Buliminacea 上科あるいは原始的な膠着質の種類で代表される．たとえば，前者は *Bulimina*（図 15.24 (b)) や *Bolivina*（図 15.24 (c), 15.31 (h)) で，*Uvigerina*（図 15.10) や *Ammodiscus*（図 15.4 (f), 15.31 (b)) は後者の例である．酸素の欠乏は有孔虫のような顕微鏡サイズの生物をすべて抹殺するようなことはない．それは，おそらく低い酸素要求量，すなわち，体積に対して表面積が

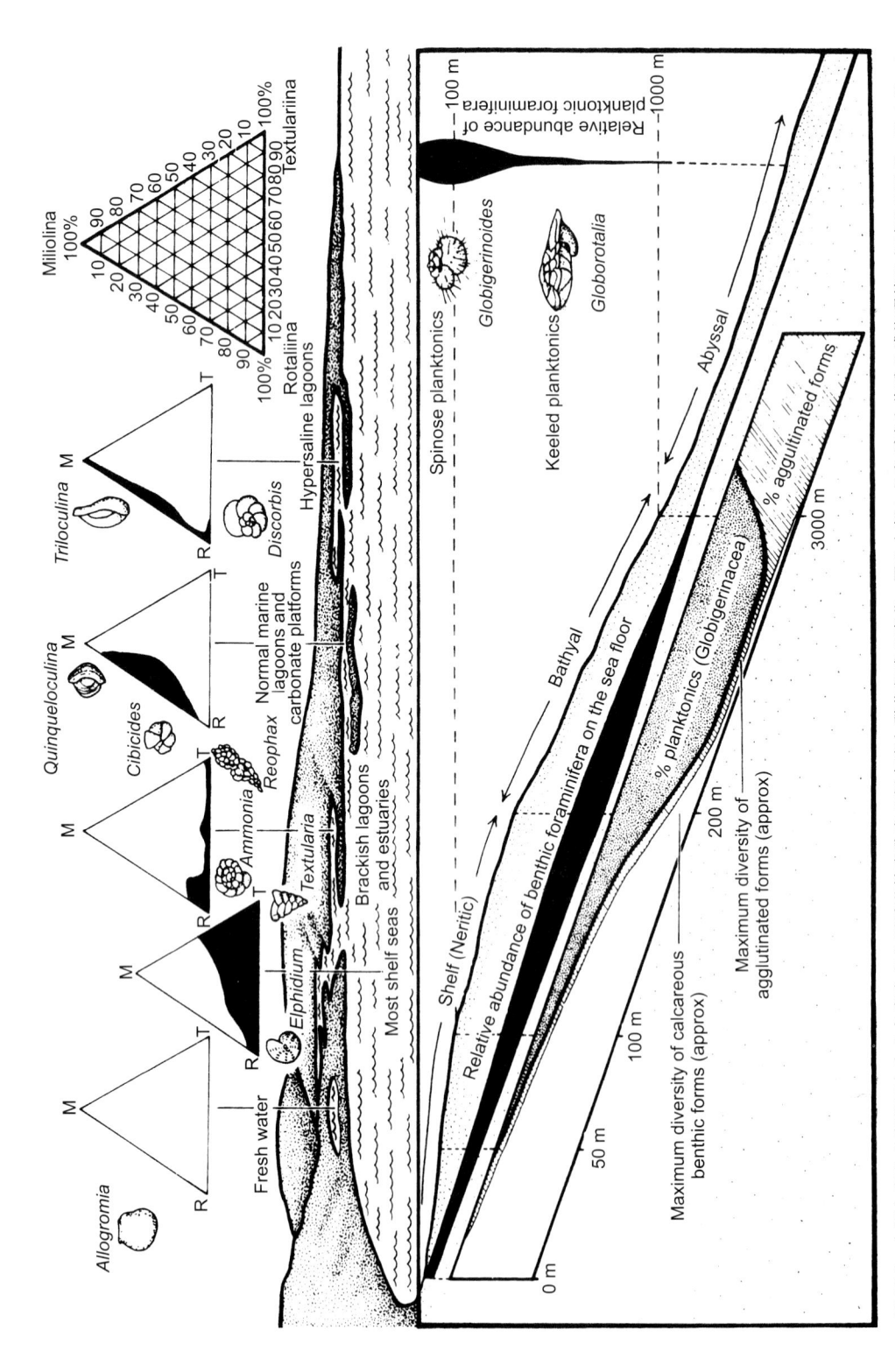

136　　　　　　　　　　　　　　　　　　　　Ⅳ. 無機質の殻をもつ微化石

図15.9　水深と塩分の変化にともなう底生および浮遊性有孔虫の優占度と群集組成の変化。図の上部：さまざまな塩分の浅海環境におけるMiliolina/Rotaliina/Textulariina亜目の相対的な産出個体数を示す三角ダイアグラム（生体群集），それぞれの環境に生息する代表的な属を示す。図の下部：海岸から深海底までの底生有孔虫の相対量と石灰質底生有孔虫/浮遊性有孔虫/膠着質有孔虫の量比の大要。水柱における浮遊性有孔虫の水深分布の相対量。および刺状突起とキールのある浮遊性有孔虫の水深分布（生体群集）を示す。

15章 有孔虫

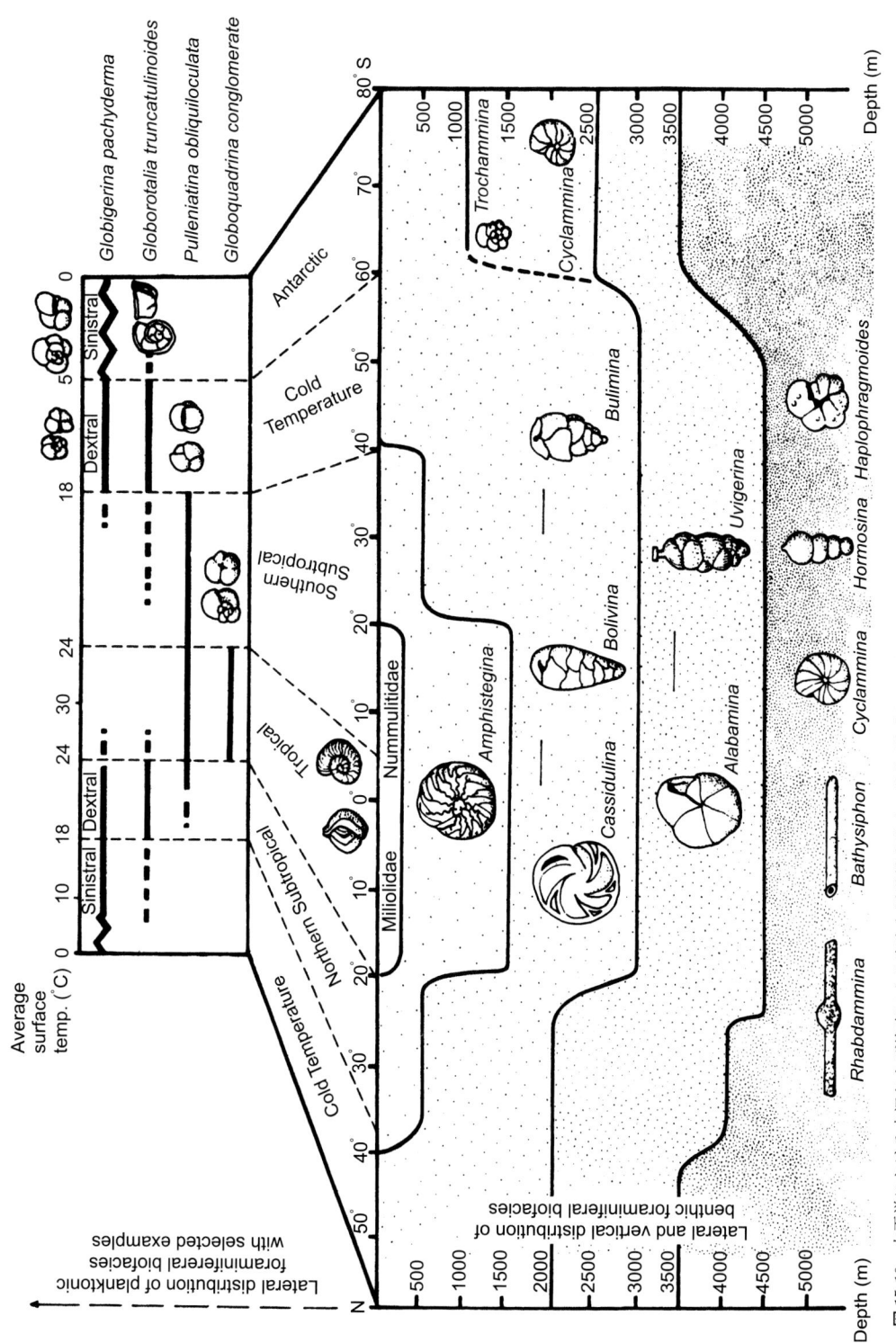

図 15.10 太平洋における水深および緯度による底生と浮遊性有孔虫の主要属（代表的な属）の分布．図の上段：浮遊性有孔虫の緯度的分布（特に水温と関連させて）．中段：浮遊性有孔虫群集相の深度および緯度的分布．下段：底生有孔虫群集相の深度および緯度的分布をそれぞれ示す．（一部 Saidova 1967 に基づく）

大きいための高い拡散率によるものである．Brasier (1995 a, 1995 b) は栄養塩の指標としての微化石の用法を解説している．

温度：それぞれの種はある固有の温度範囲に適応している．最も重要なのは生殖がうまく行われる温度範囲である．その好適な温度の範囲は，ふつう安定な熱帯性の気候に適応している低緯度の動物で最も狭い．しかしながら海洋は成層しているので，下層ほど水温が低い．たとえば，熱帯では表層水温は平均28℃であるが，深海平原の底層水は平均4℃以下である．これらの冷たい深層水の有孔虫は，極に近づくともっと浅いところに見られる冷水性の底生群集によって特徴づけられる（図15.10）．

水塊の歴史：1970年代まで，いくつかのガラス質小型底生有孔虫の種は温度に大きく左右されて特定の水深に適応しているので，過去の水深（古水深 palaeobathymetry）を推定するのに使うことができると広く考えられていた．しかし，その後の研究によって，これらの種は特定の水塊と密接に関係していることが示されている．たとえば，*Epistominella* は北東大西洋深層水に，*Fontbotia* は北大西洋深層水に，また *Nutallides* は南極海底層水に典型的な属である．このことは，このような底生種の過去の分布が，汎世界的な気候変化あるいは海底地形と関連して，特定地域の水塊の歴史を復元するのに有効であることを意味している．

多様度：多様度（diversity）は群集中の種の数に関係する．多様度を測るには α 指標（alpha index）（Murray 1991を参照）のような標本サイズに依存しない方法を用いることが重要である．現生の群集では，一つの種がそれ以外の種に比べてより豊富に産出するのがふつうである．このことを特定の種が優占する（dominant）という．種の優占度は，ふつう個体群の百分率（%）として表され，優占度の低い群集は多様度の高い群集に見られる傾向がある．

沿岸域に生息する現生底生有孔虫群集は，通常の海域や深海の生息域のものよりも多様度が低い．後者で多様度が高いのは種間で資源がより細かく分配されていることを示しているとみなされよう．これは安定した生息地に特有な現象で，特に食物が少なく，群集中に，深海生有孔虫のいくつかのような比較的大きな殻と長い寿命をもつK戦略者（K-strategist）がいるような場所で見られる．このK戦略者は，環境収容力の限界に近い高密度で維持されている集団中で，少産，晩熟，長い世代，大きな体などの特徴をもつ．これに対して低湿地や潟に見られるように，環境が周期的に変動するところでは，多様度は低いが大個体数の有孔虫の大繁殖を引き起こす．このように機を見て大繁殖する種（機会種）はr戦略者（r-strategist）であり，短時間に成熟しなければならないので比較的小さな体になりやすい．

大型底生有孔虫類

大型底生有孔虫はK戦略者で，貧栄養の礁あるいは炭酸塩の多い浅瀬など，淡水の流入や季節的変動の少ない環境に生息している．そして，造礁サンゴと同じように，内部共生する（endosymbiotic）珪藻や渦鞭毛藻，紅藻，緑藻類をもっている（たとえば現生の *Archaias*，図15.21（b））．これらの内部共生生物は宿主に光合成生産物（photosynthates）を提供し，光合成のときに，宿主が呼吸によって放出した二酸化炭素を吸収する．この吸収は有孔虫の殻が成長するときに炭酸カルシウムの沈澱を速める効果がある．すなわち，大型有孔虫は光量に非常に敏感である．多くは半透明の外壁と隔壁で小房室（chamberlet）に分割された房室をもつ．これらは共生生物を共生させるのにより効果的である．*Amphistegina*（図15.25（g））のようないくつかの属では，水深の増加と光量の減少にともなって，容積に対する殻の表面積の割合を増加させ（すなわち扁平になり），外壁を薄くすることが知られている．化石ヌンムリテス（*Nummulites*，図15.28（a），（b），（d））では，殻を貫いて放射状に広がる方解石の柱状結晶が，繊維状の光学レンズとして機能していたとすら思える．現生大型底生有孔虫の水深分布はまた，最も浅いところから最も深いところまで，その共生生物が必要とする光の波長と密接に関係している．*Archaias* は0～20 mに分布して緑藻類（chlorophytes）を共生させ，赤色光を必要とし，*Peneropolis* は0～70 mに分布して紅藻類（rhodophytes）を共生させ，黄色光を必要とする．また *Amphistegina* は0～130 mに分布して珪藻類を共生させ，青色光を必要とする．石炭紀以来，進化し，くり返し出現してきた化石大型底生有孔虫は，非常に大きな体サイズ（漸新世の *Lepidocyclina* では180 mmほどもある，図15.26（b），（c））になり，また内部共生生物との共進化を通じて骨格も複雑になっていった（Hallock 1985を参照）．

多くの大型有孔虫は動きやすい石灰質の砂底の生活に適応し，それゆえに，その殻は強固で紡錘形（たと

えば Fusulinina 亜目，図 15.17；Alveolinacea 上科，図 15.19 (c)）か，円錐形（たとえば Orbitoidacea 上科，図 15.15 (e)）か，あるいは両凸形（たとえば *Amphistegina*, 図 15.25 (g)；Nummulitacea 上科，図 15.28）である．有光層の下部で堆積物上に横たわっている種類は大型で円盤状になる傾向がある（たとえば *Spiroclypeus*, 図 15.28 (c)）．海草（藻）の葉状部に付着するように適応した種類は小さく扁平（たとえば *Peneropolis*, 図 15.21 (a)）になるか，定着するための頑丈な刺状突起をもつ（たとえば *Calcarina*, 図 15.27 (c)）という傾向がある．

大きな殻をもち早く成長する大型底生有孔虫は，現海洋における炭酸塩の堆積に大いに貢献している．現在の熱帯地方の貧栄養環境では，毎年 $2.8\,\mathrm{kg/m^2}$ もの大量の炭酸カルシウムが有孔虫によって生産されている（Murray 1991）．これまで，各地の広大な面積の礁環境にしばしば化石大型有孔虫が生息し，礁をつくってきた．特に石炭紀とペルム紀ではフズリナ類（図 15.17）によって，また第三紀ではヌンムリテス（図 15.28）によって礁がつくられた．ヌンムリテス砂岩（Nummulitic sand）は中東地域の炭化水素貯留層として特に重要である．そこには地球上の石油資源の 60% という膨大な量が埋蔵している．

浮遊性有孔虫の生態

浮遊性有孔虫に対する環境の制約については，その主な生態要因が単に温度と塩分だけなので，底生有孔虫よりもよく理解されている．種は双極性（たとえば Oberhänsli 1992）で温度が主な制約要素なので，おおよそ緯度にそった区域に分布する．この特性は，現生種の化石記録を用いて第四紀の海水面温度を推定するのに大いに役立ってきた（たとえば Arnold & Parker, in Sen Gupta 1999, pp. 103-123）．

水深と食物

現生の浮遊性有孔虫はおおよそ100種ほどいる．それらは小さく（ほとんどが100 μm 以下），一生が短く（約1カ月），沈下を遅らせるように適応した殻をもっている．ほとんどの現生種は海洋の表層部で繁殖するが，成熟の末期になるとゆっくり海中を沈降して，最終的には各種類はそれぞれ特定の水温と密度をもった層に到達する．浅い所の種類は主として有光層の50m以浅に生息し，貧栄養である大洋中央の水塊に生息する種類は動物プランクトン，特に小型の橈脚類（copepoda）を食べている．また渦鞭毛藻や緑藻類の光合成共生生物を共生させて栄養補給をしている．長い刺状突起をもち，球形で多孔質の（したがって比重が小さい）房室は浮力を高めている．一方では，二次的口孔が共生生物の活発な移動を可能にしている．幼体を除いて主として50～100 m に生息する中間層の種類には，貧栄養水域に適応して共生生物をもつ刺の多い種類（たとえば *Orbulina universa*, 図 15.23 (f)）と，より富栄養水に適応して共生生物を欠く刺のない種類（たとえば *Globigerina bulloides**, 図 15.23 (e)）とがある．幼体を除くと主に 100 m 以深に生息する種類には，こん棒状（clavate）の房室をもつ種類（たとえば *Hastigerinella adamsi*, 図 15.23 (g)）や，刺状突起を欠くかわりに沈降速度を弱めるのに役立つと思われるキールをもつ種類（*Globorotalia menardii*, 図 15.23 (d), (h)）がある．これらの種類は，水温が低く，密度が高く，より富栄養的な水塊に適応している．ここでは浮力の問題が少ないので，温暖で浅い水域のものよりも壁孔の少ない殻になっている．しかし，深海の浮遊性有孔虫は，炭酸カルシウムの溶解度が高いこと（高水圧，低 pH，その他による）に対処しなければならない．そのため，いくつかの種類（たとえば *Globorotalia*, 図 15.23 (d), (h)）では，放射状構造をしたガラス質方解石の余分な外皮（crust）をつくり出している．有光層より深い所に生息する種類は沈下してくる植物性のデトリタスを食べていると思われる．

［訳注］*：この例は誤りで，実際には *Globigerina bulloides* には刺がある．

水温と緯度

現生の有孔虫群集は次のような地理的分布をしている．すなわち，北極海帯（Arctic），亜北極海帯（Subarctic），漸移帯（Transitional），熱帯（Tropical），亜熱帯（Subtropical），漸移帯（Transitional），亜南極海帯（Subantarctic），南極海帯（Antarctic）である（図 15.11）．分布は以下に述べるように双極的である．たとえば，*Globorotalia truncatulinoides* は南北亜熱帯の両地域に特徴的に分布する．また固有種の数（すなわち多様度）は熱帯域に向かって増加する．たとえば，キールをもつ種類（*Globorotalia* spp.）は5℃よりも冷たい高緯度水域には見られない．浅い所や中間層に生息する種（たとえば *Orbulina universa*）の殻の孔隙率（test porosity）もまた，赤道域に向かって増加する．これは暖かい水は密度が低いことと関係

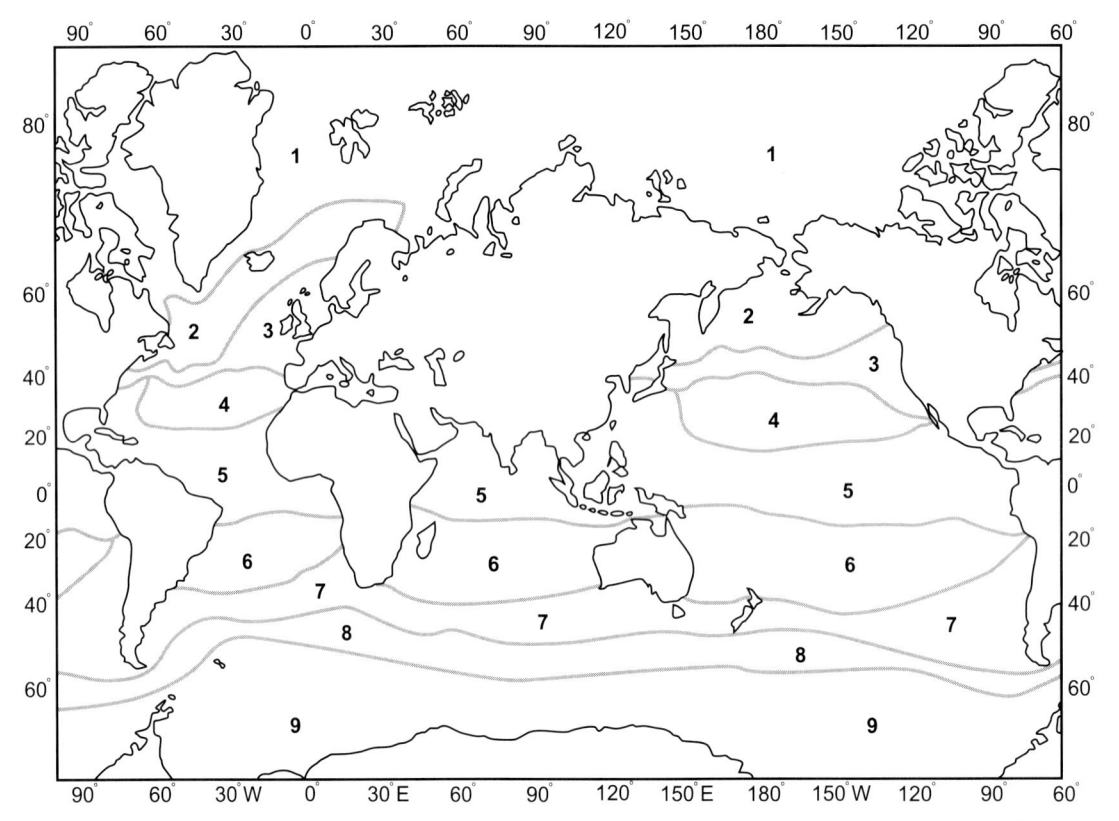

図 15.11 現生浮遊性有孔虫の生物地理区．1：北極海帯（Arctic），2：亜北極海帯（Subarctic），3：漸移帯（Transitional），4：亜熱帯（Subtropical），5：熱帯（Tropical），6：亜熱帯（Subtropical），7：漸移帯（Transitional），8：亜南極海帯（Subantarctic），9：南極海帯（Antarctic）．（Belyaeva 1963 のデータに基づく）

していると思われる．*Globigerina pachyderma* では，亜極帯と亜熱帯の個体群を，左巻き（sinistral）個体が優占か右巻き（dextral）個体が優占かによって識別することができる（図 15.10）．螺塔（spire）を上にしてみると左巻きの殻は左側に口孔がある．左巻きおよび右巻きの群集の分布は表層海流の循環パターンと強い相関を示す．このようにして，第四紀の海洋の変遷と海水温変動の歴史を深海コアに保存された浮遊性有孔虫の分布から明らかにすることができる（p. 162 参照）．

浮遊性有孔虫の生息密度は大洋環流域の周辺部で非常に高い．そこは海水の湧昇と混合が起こり，栄養塩が豊富である．低緯度で季節的擾乱のあるところ（たとえば，季節風によって湧昇流が生じるような）では，種の生態的遷移が見られる．

内部大陸棚から漸深海帯の斜面（bathyal slope）に至る断面（図 15.9）では，典型的な場合，全有孔虫群集中での底生種に対する浮遊性種の個体数比が沖に向かって増加する．これは，一つには水深が増すにつれて一定の海底面積当たりのプランクトン量が増加すること，また一つには水深が増すと海底に到達する食物の供給量が減少する傾向があるためである．しかし，浮遊性あるいは底生有孔虫の殻生産量は地域的な環境条件によってまちまちなため，この比率は単に古水深（palaeobathymetry）の大ざっぱな指標にすぎない．現生浮遊性有孔虫の生態についてのさらなる情報は Hemleben *et al.*（1989）を参照するとよい．

グロビゲリナ軟泥

浮遊性有孔虫は，深海の堆積作用に重要な貢献をしており，ココリスと合わせて現海洋における炭酸塩堆積物の 80％以上を占める．現在，有孔虫は円石藻（coccolithophore）よりも深海堆積物への貢献度は高いが，古い時代のチョーク（chalk）や軟泥（ooze）に関してはそうではなかった．気候，リソクライン*（lysocline）の深度，陸源物質の供給量が，グロビゲリナ軟泥（*Globigerina* ooze）（30％以上が *Globigerina* の殻からなる軟泥）の堆積を制約する重要な三要素となっている．海流，ことに発散流や湧

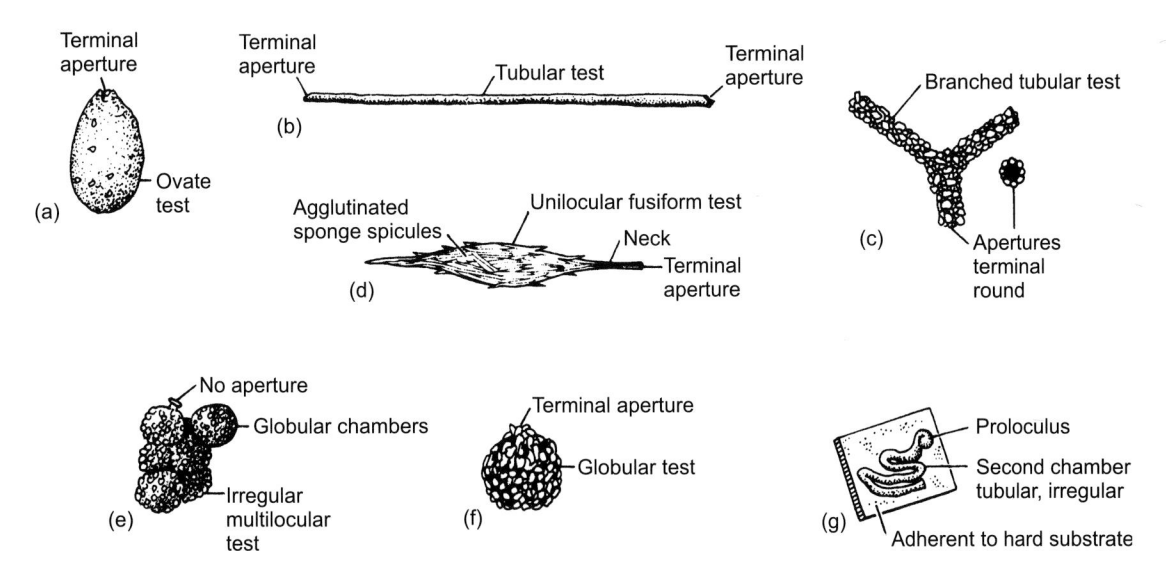

図 15.12 有孔虫の殻形態（1）．Allogromiina 亜目．(a) *Allogromia* ×23．(b) *Shepheardella* ×8．Textulariina 亜目 Ammodiscacea 上科．(c) *Rhabdammina* ×10．(d) *Technitella* ×17．(e) *Sorosphaera* ×7.5．(f) *Saccammina* ×10.5．(g) *Tolypammina* ×12.5．((e) Loeblich & Tappan 1964 から引用)

昇流の流路とその強さは気候によって大きく影響され，それはただちにプランクトンの生産量に影響する．Berger（1971）は，浮遊性有孔虫の生きている個体群の6～10％が，主に繁殖の結果として，毎日死んで空の殻を残していると推定した．これらの殻は短時間で海中を沈下し，有機質の外皮を欠くココリスよりも溶解されにくい．ただし，ふつう3,000～5,000mの水深に存在するリソクラインまで沈下すれば別である．今では，方解石補償深度（calcite compensation depth）の深さの変動が，中生代と新生代の期間の堆積と溶解のサイクルを引き起こしたことが知られている．このとき，いくつかの小さく繊細な種類が選択的に取り除かれることによって，深海の化石記録を不完全なものにしている．他の環境条件が良好な場合でも，グロビゲリナ軟泥は陸源砕屑物の流入があるところでは形成されない．それゆえ，大陸棚上では稀にしか見つからない．現在，このような軟泥は主に50°Nから50°Sの範囲で水深約200～5,000mのところ，特に中央海嶺にそって堆積している．しかし，多くの場合，それらは珪藻や放散虫の珪質遺体で希釈されている．
［訳注］*：海中でCaCO₃の溶解度が急に大きくなる深さ．これより深いところでは実際上CaCO₃はほとんど堆積しない．

方解石補償深度

$CaCO_3$（炭酸カルシウム）の溶解度は冷水よりも暖水で低い．したがって，殻の厚い種類と低緯度の有孔虫石灰岩や有孔虫軟泥の方が溶解に対していくぶん有利である．しかしより重要なことは，炭酸カルシウム溶解度の垂直的な変化は，水圧が増す，すなわち水深が増すとともに高くなる点である．二酸化炭素分圧も水深とともに増加する．それは有光層より下では光合成は行われず，一方で動物とバクテリアがたえず呼吸しているからである．これらの要素は水深の増加とともにpHを約8.2から7.0にまで下げる．$CaCO_3$の溶解がその供給と等しくなる水深を炭酸カルシウム補償深度（calcium carbonate compensation depth：CCD）と呼んでいる．これを地質記録の中に見つけるのは実際的でないので，リソクラインを用いることが多い．当然のことながら，最終的な結果は水深にともなう石灰質生物の数の減少であり，3,000mより深いところではほとんどいなくなる．このため，深海では底生の膠着質有孔虫（すなわちAmmodiscacea上科，図15.12 (c)～(f)）が群集中で優占的になる．

分 類

原生動物界（Kingdom PROTOZA）
肉質虫門（Phylum SARCODINA）
根足虫綱（Class RHIZOPODA）
有孔虫目（Order FORAMINIFERIDA）

有孔虫類は，根足虫門（Rhizopoda）(Corliss 1994)あるいはReticulosa門（Cavalier-Smith 1993）とされ

表 15.1 有孔虫類の「亜目」と「上科」の形態的特徴. (一部は Lipps 1993, table 12.1 中の Culver に基づく)

亜目	殻壁構造	隔壁	房室構成	生存期間
Allogromiina 亜目 例：*Allogromina* *Shephearldella*	有機質の殻で，中には鉄鉱物の膠着粒子からなる被覆があるものがある．	単室形	不規則で，嚢状，フラスコ状，管状の形態を示す．	カンブリア紀後期－現世
Textulariina 亜目 上科：Ammodiscacea　Coscinophragmatacea　Hormosinacea　Rzehakinacea Astrorhizacea　Dicyclinacea　Lituolacea　Textulariacea Ataxophragmiacea　Haplophragmiacea　Loftusiacea　Trochamminacea Biokovinacea　Hippocrepinacea　Orbitolinacea　Verneuilinacea 例：*Ammobaculites*　*Cyclolina*　*Rhabdammina*　*Tolypammina* *Ammovertella*　*Cyclopsinella*　*Rhizammina*　*Trochammina* *Astrorhiza*　*Dicyclina*　*Saccammina*　*Usbekistania* *Aschemonella*　*Hormosina*　*Sorosphaera*　*Verneuilina* *Ammodiscus*　*Loftusia*　*Spirocyclina* *Bathysiphon*　*Miliammina*　*Technitella* *Bigenerina*　*Orbitolina*　*Textularia* *Coskinolina*　*Reophax* *Cyclammina*	膠着質の殻で，粒子は有機質あるいは鉱物質でセメントされている．	単室形あるいは多室形	単列状の球形で，管状，三列状，平面旋回，トロコイド旋回などの多様な形態を示す．	カンブリア紀前期－現世
Fusulinina 亜目 上科：Archaediscacea　Fusulinacea　Nodosinellacea　Tetrataxacea Earlandiacea　Geinitzinacea　Parathuramminacea　Tournayellacea Endothyracea　Moravamminacea　Ptychocladiacea 例：*Earlandinita*　*Neoschwagerina*　*Profusulinella*　*Schwagerina* *Endothyra*　*Nodosinella*　*Saccaminopsis*　*Tetrataxis* *Fusulina*　*Palaeotextularia*	均質の微粒質方解石からなる殻で，進化した種類では2層以上からなる．	単室形あるいは小房室をもつ多室形	大部分は平面状旋回．ほとんどは鈍錐形，卵形あるいは円盤形もある．しかし，外形は多様で，単列状の球形，枝分かれ，管状，三列状，平面旋回もトロコイド旋回もある．	シルル紀前期－ペルム紀後期
Involutinina 亜目 例：*Involutina*	石灰質多孔．もとはアラレ石が放射状に配列したもので，多くは均質な微粒質の構造に再結晶している．	初室は次にできる管状の房室に包まれる．		ペルム紀前期－白亜紀後期，現世

142　　　　　Ⅳ．無機質の殻をもつ微化石

表 15.1 (続)

亜目	殻壁構造	隔壁	房室構成	生存期間
Spirillinina 亜目	方解石の単結晶、あるいは稀にモザイク状の結晶群からなる。a 軸は巻き軸と一致し、c 軸は膣面に平行。有機物質で充たされた偽孔 (pseudopore) と篩板 (sieve plate) をもつ。殻壁の形成は石灰化ではなく、仮足による縁辺付加 (marginal accretion) による。	初室に続く房室は、単室か或いは1巻きあたり2〜3の房室からなる。房室は二次的に細分されることがある。	平面旋回かトロコイド旋回	三畳紀後期 - 現世
Carterinina 亜目	付着性の殻で、殻壁は有機質の裏打ち層 (lining) と棒状あるいは紡錘状の刺状突起が集まった外層からなる。個々の棘は低マグネシア方解石の単結晶で、棘は塊になって埋まっているか、小さな棘が有機基質で互いに膠着している。	成長初期の房室は亜円形で、成長とともに三日月形から不規則あるいは分割される。	トロコイド旋回で、成長初期の房室は単純であるが、成長とともに殻壁が内側に巻き込んでできた二次的な隔壁をもつ。	始新世、現世
Miliolina 亜目	高マグネシア方解石からなる磁器質で、ふつうは有機質の裏打ち層をもつ。一般に無孔質だが、いくつかの種類の初室には壁孔がある。	単室形または多室形で小房室をもつ。	紡錘形	石炭紀 - 現世
Silicoloculinina 亜目	無孔質で、オパール質シリカを分泌する。	単室形または多室形で単純	平面旋回かトロコイド旋回で、二列状か輪状に配列。	中新世後期 - 現世
Lagenina 亜目	一般に単層ラメラ構造で放射状の方解石からなり、c 軸は表面に対して垂直で、単位結晶は有機質膜に覆われる。進化した種類では二次的ラメラ層をもつ。	単室形	単室形または多室形で単純	シルル紀後期 - デボン紀前期、石炭紀前期 - 現世

例 : *Patellina Spirillina*

例 : *Carterina*

上科 : Alveolinacea   Miliolacea   Squamulinacea
　　　Cornuspiracea   Soritacea

例 : *Archaias   Fasciolites   Peneropolis
     Articulina   Nubeculinella   Quinqueloculina
     Cyclogyra   Orbitolites   Triloculina*

例 : *Miliammellus*

上科 : Nodosariacea   Robuloidoacea

例 : *Frondicularia   Lagena   Polymorphina
     Guttulina   Lenticulina   Nodosaria*

表15.1 （続）

亜目	殻壁構造	隔壁	房室構成	生存期間
Robertinina 亜目	ガラス質多孔で、光学的・超微的には放射状。殻壁に垂直なc軸をもつ六角柱状のアラレ石結晶からなる。結晶は束状に有機基質に覆われる。	各房室には内部隔壁があり、それは口孔が転化した壁孔の付近に付く。	平面旋回からトロコイド旋回状	三畳紀中期－現世
上科：Ceratobuliminacea Conorboididacea Duostominacea Robertinacea				
例：*Ceratobulimina Duostomina Hoeglundina Robertina*				
Globigerinina 亜目	多孔のガラス質方解石で放射状、c軸は表面に対し垂直で、成長の初期は2層ラメラであるが、その後、新房室ごとにラメラを付加する。	多室形で単純	平面旋回、トロコイド旋回、まっすぐな二列状または単列状	ジュラ紀中期－現世
上科：Globigerinacea Globotruncanacea Heterohelicacea Rotaliporacea Globorotaliacea Hantkeninacea Planomalinacea				
例：*Hastigerinoides Heterohelix Globorotalia Hastigerinella Orbulina Globotruncana*				
Rotaliina 亜目	多孔、ガラス質ラメラの方解石で、有機膜の両側に石灰化が起こり、光学的には放射状か粒状結晶で、表面には多様な装飾がある。	多室形で、典型的には二列または単列状まで減少する巻きは二列または単列状まで減少する。房室は単純かまたは細分される。中央と側方の房室は分化している。付着するタイプでは房室の数が多い。	形態は多様で、多くは平面旋回とトロコイド旋回。まっすぐな二列状あるいは単列状。	三畳紀－現世

上科：Acervulinacea Cibicides Cassidulinacea Eouvigerinacea Planorbulinacea Lepidocyclina (*Lepidocyclina*) Pavonina
Annulopatellinacea Discocyclina Chlostomellacea Fursenkoinacea Rotaliacea Linderina Planorbulina
Asterigerineacea Discocyclina (*Aktinocyclina*) Delosinacea Nonionacea Siphoninacea Loxostomum Pleurostomella
Bolivinacea Discorbis Discorbacea Nummulitacea Stilostomellacea Melonis Rectobolivina
Bolivinacea Elphidium Discorbinellacea Orbitoidacea Turrilinacea Nonion Siphonina
Buliminacea Islandiella | | | Nummulites Spiroclypeus

例：*Ammonia Amphistegina Asterigerina Bolivina Bulimina Buliminella Calcarina Cassidulina Lepidocyclina (Eulepidina) Osangularia Tretomphalus Virgulinella*

る場合もある．あるいはまた独立の「門」(Cavalier-Smith 1998)とされる．Cavalier-Smith (1993)によって提唱された分類案と，化石分類群に広く用いられていて本書で選んだもの（Hart & Williams in Benton 1993, pp. 43-66 を参照）とを調和させるのは難しい．Cavalier-Smith の案では，伝統的な Allogromiina 亜目などは「亜綱」に格上げされている．

有孔虫類の主要な分類群の識別は，まず殻壁の組成と構造（Loeblich & Tappan 1988）に基づいてなされ，さらに次のような形態的特徴を考慮してなされる．すなわち，重要度の順に，殻壁の構造と組成，房室の形態と配列，口孔，表面装飾などである．これは，主として微古生物学者による研究とその活用の長い歴史を反映したものである．現在認められている「亜目」と「上科」の顕著な特徴を表 15.1 にまとめた．化石としてふつう見つかる分類群の主要なものを以下に説明する．殻壁構造が進化的な関係を示すかどうかについてはきわめて疑問であり，さらに最近の分子分類学や分岐分類解析の進展は，有孔虫類の類縁関係についてのこれまでの多くの仮説に異議を唱えている．走査型電子顕微鏡から得られる証拠もまた，殻壁構造のより深い理解に役立っている．以下に示す分類は光学顕微鏡で見られる形態を重視して記述した．

Allogromiina 亜目

この類の有孔虫はすべて有機質の殻をもち，房室が一つだけからなる．化石としてはほとんど産出しないが，現生のものは淡水や汽水性の堆積物中に多く見られる．海成堆積物中にはカンブリア紀後期以降に知られている．*Allogromia*（Rec., 図 15.12 (a)）は卵形の殻で殻端部の口孔は円形である．*Pleurophrys*（Rec., 図 15.4 (a)）は *Allogromia* に似ているが，それより小さい．*Shepheardella*（Rec., 図 15.12 (b)）は長い管状の殻でその両端に口孔をもつ．この亜目には大型のものや浮遊性の種類は知られていない．

Textulariina 亜目

この亜目は無層状構造で膠着質の殻で特徴づけられる．Ammodiscacea 上科はカンブリア紀前期から現在まで生息し，小型底生有孔虫であろうと考えられ，そ

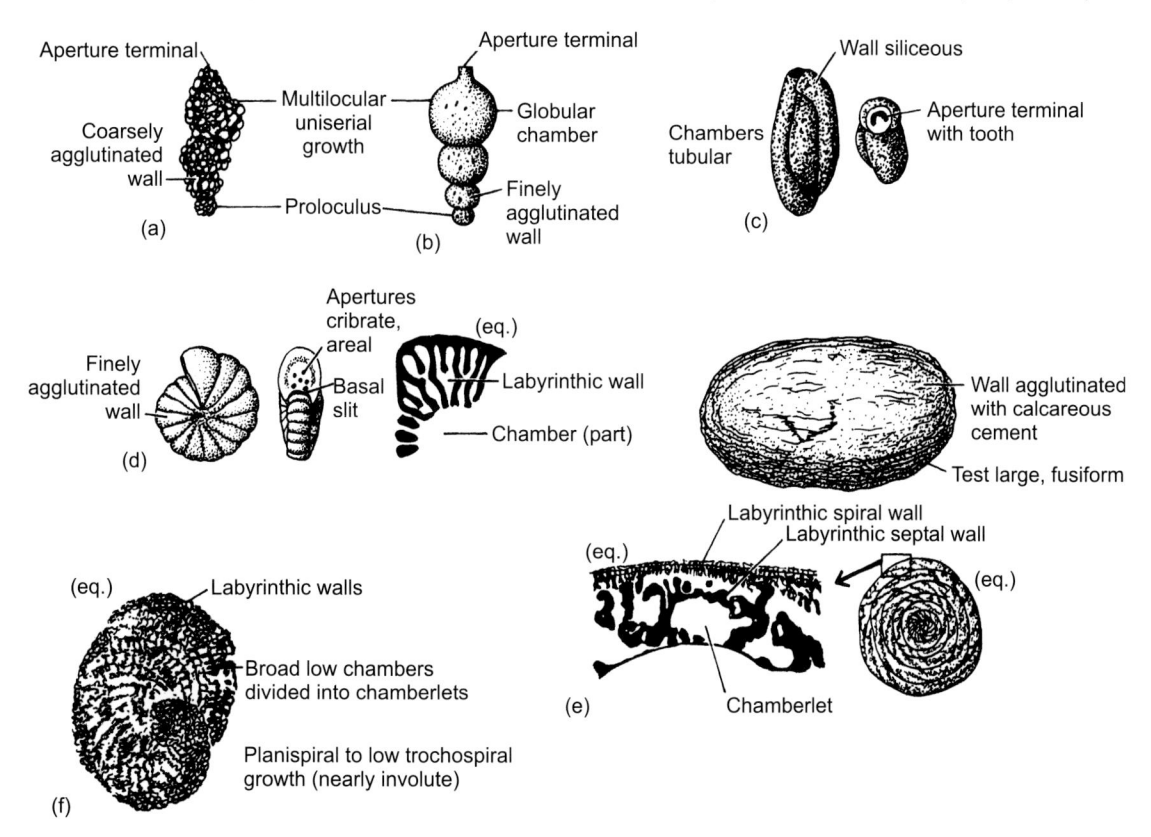

図 15.13 有孔虫の殻形態 (2)．（この図以下では，次の略号を用いる．eq：赤道断面，ax：軸断面）．Textulariina 亜目 Lituolacea 上科．(a) *Reophax* ×18，(b) *Hormosina* ×6，(c) *Miliammina* ×33，(d) *Cyclammina* ×4，(e) *Loftusia*，上図：×0.7，左下図：×92，右下図：×3.5，(f) *Spirocyclina* ×9.5．((a), (b) Loeblich & Tappan 1964 を一部改変；(e), (f) Loeblich & Tappan 1964 より作成）

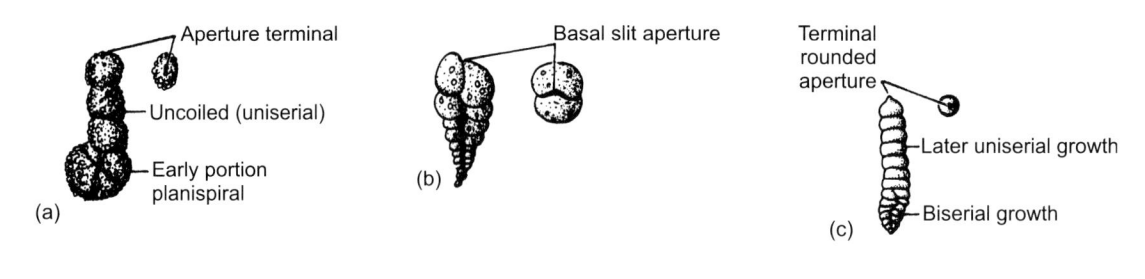

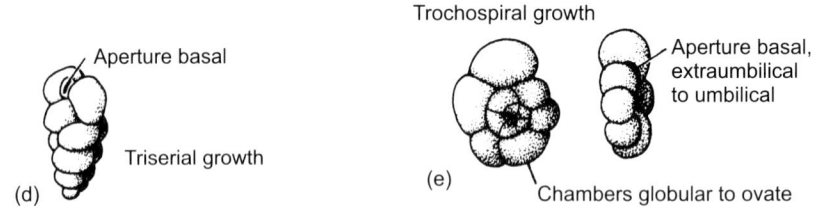

図 15.14 有孔虫の殻形態 (3). Textulariina 亜目 Lituolacea 上科. (a) *Ammobaculites* ×20. (b) *Textularia* ×12.5. (c) *Bigenerina* ×11.5. (d) *Verneuilina* ×13.5. (e) *Trochammina* ×29. ((a) Pokorny 1963；(b), (d) Morley Davies 1971；(c), (e) Loeblich & Tappan 1964 から引用)

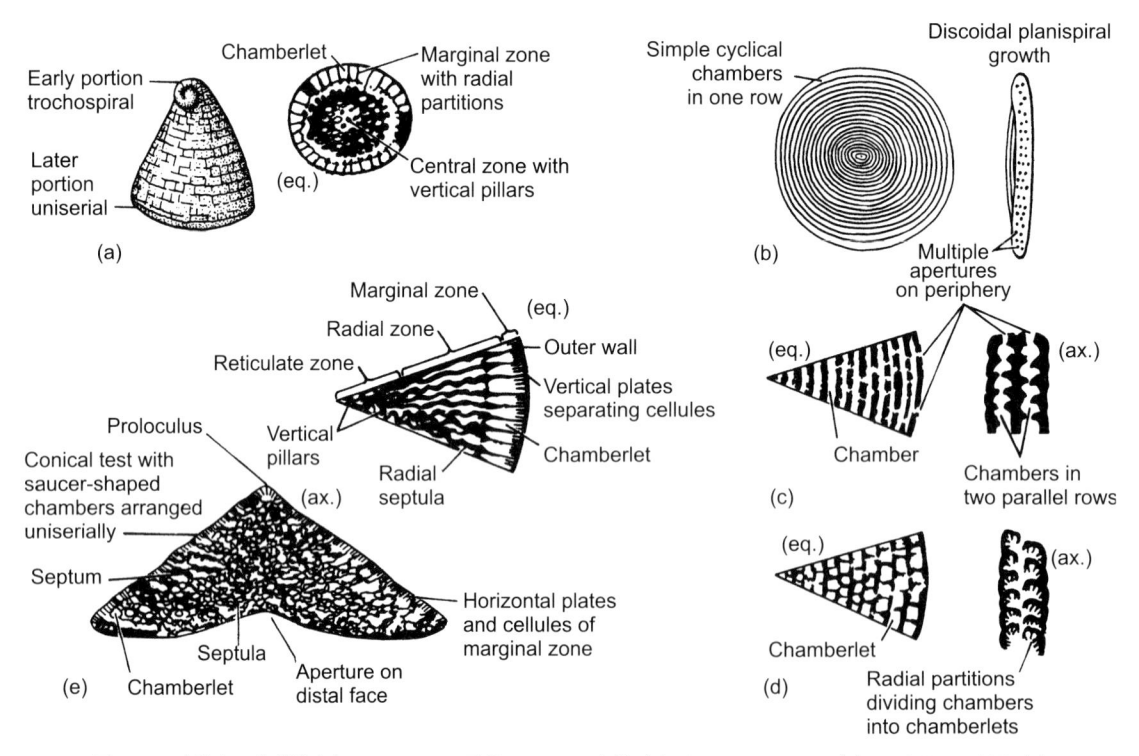

図 15.15 有孔虫の殻形態 (4). Textulariina 亜目 Lituolacea 上科. (a) *Coskinolina* ×9.5, (b) *Cyclolina* ×11.5, (c) *Cyclopsinella* ×16, (d) *Dicyclina* ×16, (e) *Orbitolina* ×13 (左図), ×9.1 (右上図). ((a) Morley Davies 1971；(e) Loeblich & Tappan 1964 から引用)

のほとんどが単室形である．しかし，*Astrorhiza*（図15.4 (c)）の直径は 10 mm を超える．*Saccammina*(Sil.-Rec., 図15.12 (f), 15.31 (a)) は単純な球状の形態で殻端部に口孔をもつ．類似した形の房室が不規則に配列したものは多室形の *Sorosphaera*（Sil.-Rec., 図15.12 (e)) に見られる．*Technitella*（Olig.-Rec., 図15.12 (d)）では殻は紡錘形で，入念に選択された海綿の骨針で組み立てられている．管状の殻はふつう数個の口孔をもち，*Bathysiphon*（?Camb., Ord.-Rec., 図15.4 (d)）のように単純で枝分かれしていないか，

Rhizammina (Rec., 図15.4(e)) のように枝分かれしているか，あるいはまた *Astrorhiza* (?M. Ord.-Rec., 図15.4(c))，*Aschemonella* (U. Dev.-Rec., 図15.4(h))，*Rhabdammina* (Ord.-Rec., 図15.12(c)) のように中心から放射状に伸びる.

平面状旋回は *Ammodiscus* (Sil.-Rec., 図15.4(f), 15.31(b)) に，また一巻きの毛糸のようなグロモ状旋回 (glomospiral coiling) は *Usbekistania* (Jur.-Rec., 図15.4(g)) に見られる．付着性の種類は不規則に分岐するか曲がりくねり，ジグザグに底質上に横たわる (たとえば *Ammovertella*, L. Carb.-Rec., 図15.4(i); *Tolypammina*, U. Ord.-Rec., 図15.12(g)).

Lituolacea 上科の殻は Ammodiscacea 上科のものよりも複雑である．小型で底生の最も単純な殻は，ふつうまっすぐな単列状配列 (たとえば *Reophax*, U. Dev.-Rec., 図15.13(a); *Hormosina*, Jur.-Rec., 図15.13(b)) か，あるいは二列状配列の *Textularia* (U. Carb.-Rec., 図15.14(b)) である．*Bigenerina* (U. Carb.-Rec., 図15.14(c)) では，この二つの成長様式が成長段階で組み合わされる．三列配列の殻もこのグループ (たとえば *Verneuilina*, Jur.-Rec., 図15.14(d)) にはふつうに見られ，また *Miliammina* (L. Crec.-Rec., 図15.13(c)) は Miliolina 亜目に似た巻き方をする (下記を参照).

コイル型の成長プランもまた，平面状旋回の *Cyclammina* (Cret.-Rec., 図15.13(d)) やトロコイド状旋回の *Trochammina* (L. Carb.-Rec., 図15.14(e)) のようにふつうに見られる．平面状旋回と単列状成長が組み合わされたものは *Ammobaculites* (L. Carb.-Rec., 図15.14(a)) の巻かない殻に見られる.

比較的大きな膠着質有孔虫では，その殻は主に鉱物質のセメントで石灰質粒子を膠着してつくられている．Lituolacea 上科の例はジュラ紀と白亜紀の暖浅海相に見られる．*Spirocyclina* (U. Cret., 図15.13(f)) とその類縁種はほとんど平面状旋回で，扁平な殻と迷路状の殻壁をもつ．*Loftusia* (U. Cret., 図15.13(e)) は平面状旋回の紡錘形の殻をもち，迷路状の殻壁と不規則な隔壁，それに小房室のあることでより古いフズリナ類に似ている．Dicyclinacea 上科は生存期間が長く (U. Trias.-M. Eoc.)，円盤状か低い円錐状で，小房室で細分されている周期的な房室をもっている (たとえば *Cyclolina*, U. Cret., 図15.15(b); *Cyclopsinella*, U. Cret., 図15.15(c); *Dicyclina* U. Cret., 図15.15(d)). Orbitolinacea 上科 (L. Cret.-U. Eoc.) に属する円錐形の種類は，成長初期のトロコイド状旋回に続いて，皿形の房室が単列状に積み重なる (たとえば *Coskinolina*, L. Cret.-U. Eoc., 図15.15(a); *Orbitolina*, Cret., 図15.15(e)). これらの房室は放射状に伸びた副隔壁 (septula) によって，管状の小房室からなる外側放射帯 (outer radial zone) に細分割されている．小さな水平板 (horizontal plate) と垂直板 (vertical plate) がこれらの小房室内に微小房 (minute cellule) の縁辺帯 (marginal zone) をつくる．房室の中心部には網目帯 (reticulate zone) があり，ここでの放射状の小房室はさらに垂直の柱状結晶 (pillar) によって細分されている．

Fusulinina 亜目

この亜目は石灰質の微粒質殻壁をもつ種類で構成され，進化した種類の殻壁は2層かそれ以上の層からなる．このグループの大部分は古生代のもので，三畳紀に絶滅する.

Parathuramminacea 上科は単純な微粒質殻壁をもつ小型の底生グループである．殻の構成も単純で，単室形からまっすぐに伸びた単列状の房室配列まである (たとえば *Saccaminopsis*, Ord.-Carb., 図15.16(a); *Earlandinita*, L.-U. Carb., 図15.16(b)). このグループはオルドビス紀から石炭紀まで確実に知られている.

Endothyracea 上科 (U. Sil.-Trias) は小型の多房室有孔虫で，ふつう外側の粒状層と内側の繊維状層に分かれた殻壁をもち，また微粒状の殻壁は壁孔によって見かけ上繊維状を呈する．殻の構成はさまざまである．たとえば，単列状の房室配列は *Nodosinella* (U. Carb.-Perm., 図15.16(c)) に，二列状配列は *Palaeotextularia* (L. Carb.-Perm., 図15.16(d)) に，高トロコイド状旋回は *Tetrataxis* (L. Carb.-Trias., 図15.16(e)) に，また平面状旋回の種類は *Endothyra* (L. Carb.-Perm., 図15.17(a)) に見られる．

Fusulinacea 上科は大型の種類で，これらの殻も微粒質で多孔であるが，房室は平面旋回状に配列し，殻の外形は円盤形から紡錘形である．殻壁構造には二つの様式がある．進化初期のフズリナ類では，外側の部分が顕微鏡下で暗色を呈する有機質のテクタム (tectum, 外表層) と，内側部分の透明層 (diaphanotheca) からなる二重構造を基本とする (図15.18(b)). 二次的な充填物である房室内の暗色のエピテーカ (epitheca) は内側の殻壁を4層構造のように見せることがある．一方，シュワゲリ

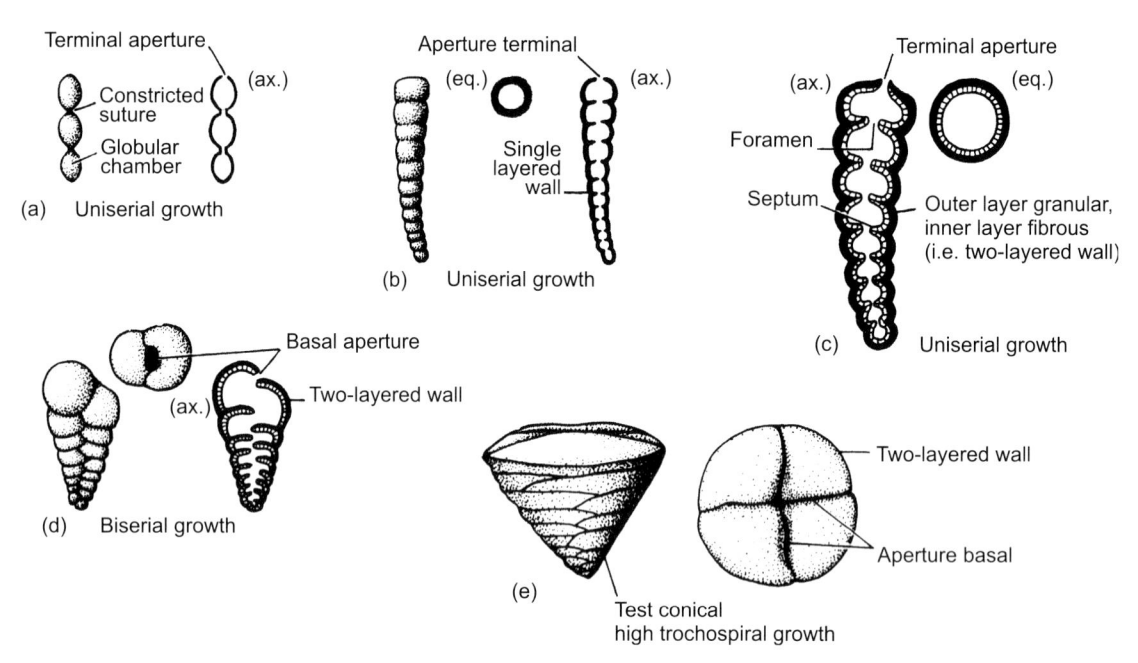

図 15.16 有孔虫の殻形態（5）．Fusulinina 亜目 Parathuramminacea 上科．(a) *Saccaminopsis* ×1.5，(b) *Earlandinita* ×40．同亜目 Endothyracea 上科．(c) *Nodosinella* ×16.5，(d) *Palaeotextularia* ×23，(e) *Tetrataxis* ×34．((a)，(d)，(e) Loeblich & Tappan 1964 から引用；(b)，(c) Cummings 1955 から改描)

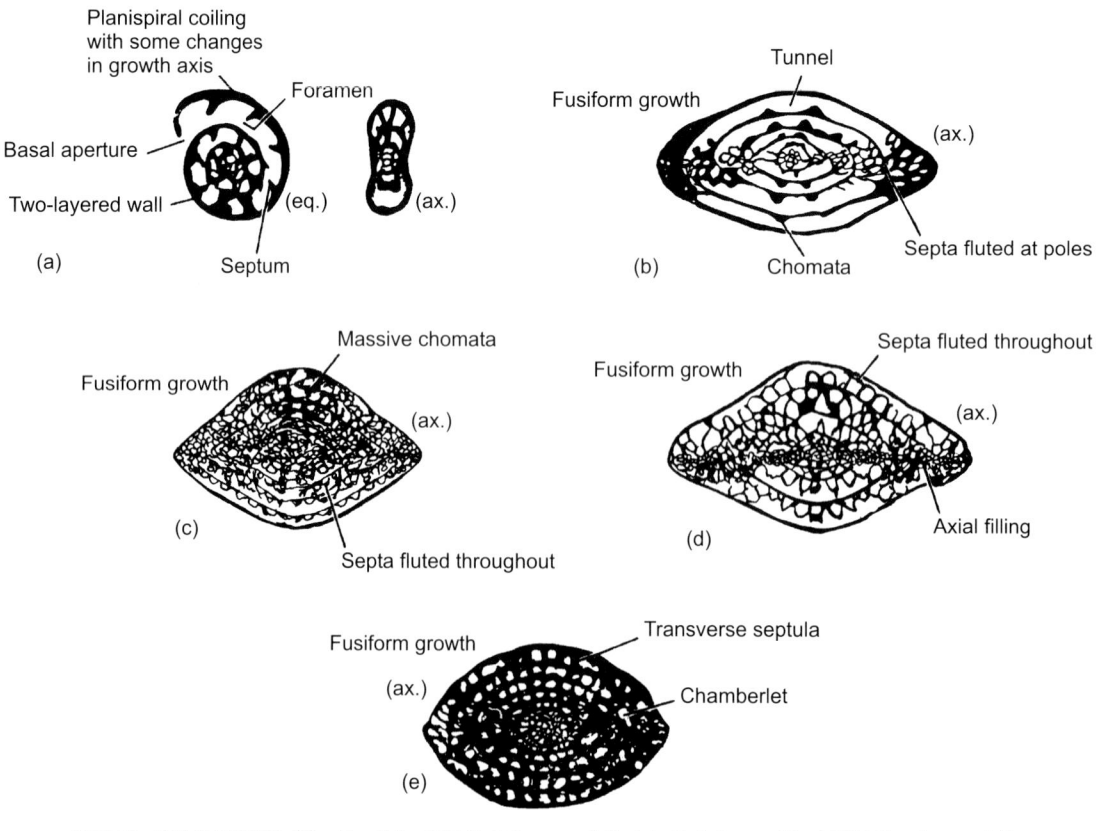

図 15.17 有孔虫の殻形態（6）．Fusulinina 亜目 Endothyracea 上科．(a) *Endothyra* ×22．同亜目 Fusulinacea 上科．(b) *Profusulinella* ×90，(c) *Fusulina* ×7，(d) *Schwagerina* ×7，(e) *Neoschwagerina* ×13．（すべて Loeblich & Tappan 1964 から引用）

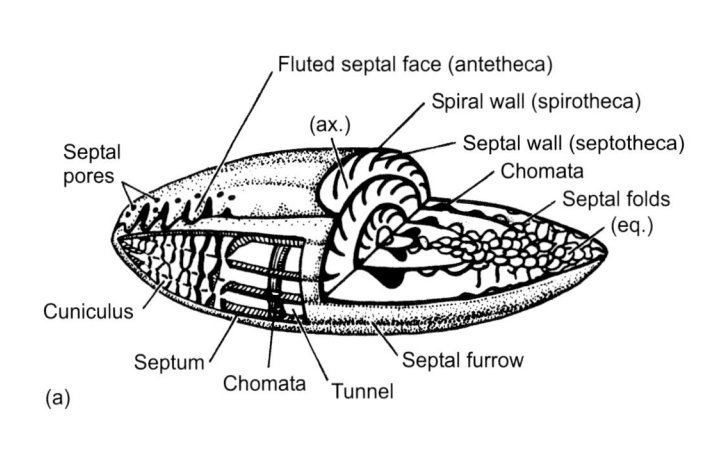

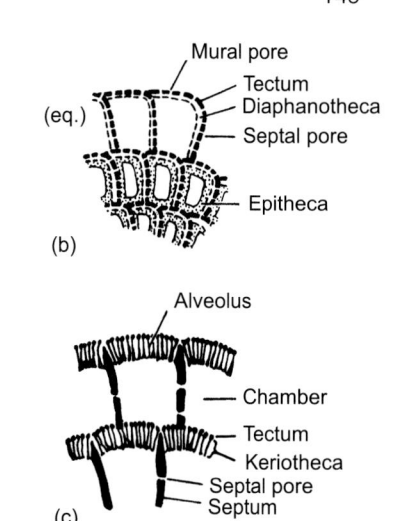

図 15.18 フズリナ類の殻構造と各部位の名称．(a) *Parafusulina* と *Fusulinella* に基づく殻構造の概略．(b) フズリナ型殻壁．(c) シュワゲリナ型殻壁（詳細は本文を参照）．

ナ（*Schwagerina*）の殻壁は，この二次的な充填層（thickening）を欠き，壁孔が広がりアルベオリ（alveolus，複数は alveoli）と呼ばれる気泡状の空洞（図 15.18 (c)）を形成する．これにより透明な内側の層は繊維状に見え，この殻壁構造をケリオテーカ（keriotheca，蜂巣状被膜）と呼んでいる．シュワゲリナ類の殻壁は Pennsylvanian 後期（U. Carb.）とペルム紀における大型フズリナ類の典型である．

微球型フズリナ類の成長初期の房室は，この類が小型で平面状旋回をする *Endothyra*（図 15.17 (a)）のような祖先をもっていたことを示唆している．殻の形や大きさ，殻壁構造の時間的変化から進化の傾向が見い出せる．たとえば，いくつかの系統では隔壁の褶曲（folding）は徐々に強くなり，前方に波打つ隔壁の褶曲部は，ふつう後方に波打つ次の房室の隔壁と接合するようになる（たとえば *Profusulinella*，U. Carb.，図 15.17 (b)；*Fusulina*，U. Carb.，図 15.17 (c)）．隣接した小房室は狭い通路（cuniculus）でつながっている場合もある（図 15.18 (a)）．いくつかの種類では，殻中央部に対称的に配列する暗色のコマータ（chomata，図 15.17 (b)，15.18 (a) を参照）と呼ばれる突起で境されるトンネル（tunnel）が発達している．トンネルは，隔壁が選択的に融食され，コマータが分泌されることによってつくられる．トンネルにより各房室は殻中央の床部で繋がっている．ペルム紀のシュワゲリナ類では，二次的にできた方解石が旋回面域の房室を充填する傾向がある（たとえば *Schwagerina*，Perm.，図 15.17 (d)）．ペルム紀後期のフェルベキーナ（verbeekinids）は，隔壁の下端が溶解してできるフォラミナ（壁孔）のある平滑な隔壁と，房室内に軸方向とそれに直交する方向に伸びる板状の仕切り（projection），すなわち副隔壁（septula）のある螺旋状の殻壁とをもつ（たとえば *Neoschwagerina*，U. Perm.，図 15.17 (e)）．これらの高度に特殊化した有孔虫は石炭紀後期とペルム紀の石灰質礁性の環境に適応したが，ペルム紀末に絶滅している．

Involutinina 亜目

この亜目は放射状の殻壁をもつ石灰質多孔の有孔虫であるが，もともとはアラレ石の殻壁で，化石種では均質な微粒状構造に再結晶している．初室は巻いた管状の 2 番目の房室に続く（たとえば *Involutina*，Jur.，図 15.19 (a)；*Planispirillina*，Jur.-Rec.，図 15.31 (n)）．

Spirillinina 亜目

方解石の殻をもつグループで，平面状旋回から高トロコイド状旋回をなすか，あるいは螺層（whorl）当たりわずかな数の房室からなる．初室に続いて未分割の管状の房室が形成される．小型の底生種では，しばしば海藻や固い底質に付着しているのが見られる．このグループは他のガラス質有孔虫の「上科」とは独立に発展した可能性がある．*Spirillina*（Jur.-Rec.，図 15.19 (b)，15.31 (f)）の 2 番目の房室は長い平面状旋回で，殻端部に口孔をもつ．殻壁は光学的に方解石の単結晶で，巻き方向に直交する a 軸と臍面に平行な c 軸をもつ．*Patellina*（L. Cret.-Rec.，図 15.19 (c)）はトロコイド状旋回から二列状配列の殻をもち，その房室は渦巻き状の中央隔壁と多くの横断副隔壁

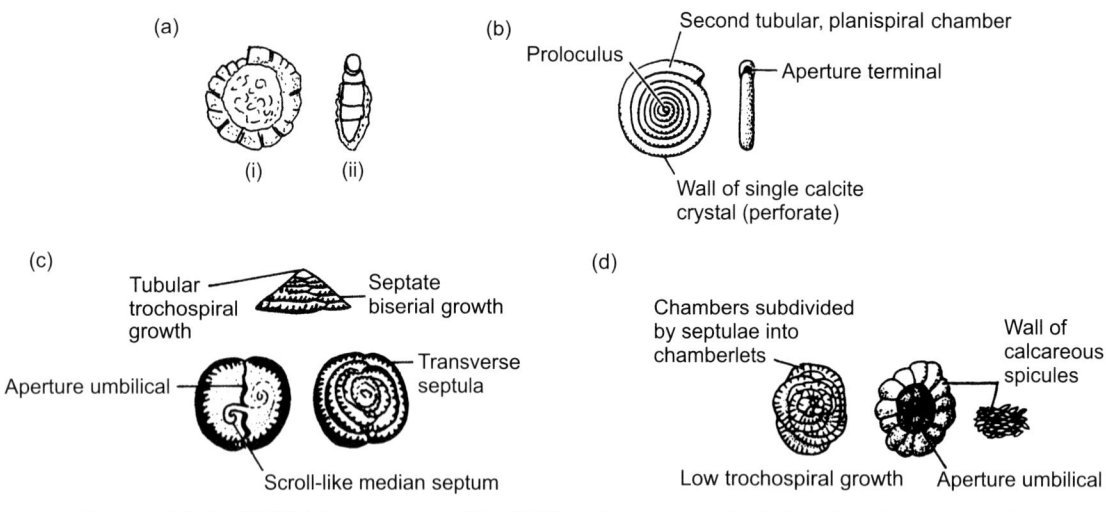

150　　　　　　　　　　　　　　　　　　Ⅳ. 無機質の殻をもつ微化石

図 15.19 有孔虫の殻形態 (7). Involutinina 亜目の殻形態, (a) *Involutina*, (ⅰ)：包旋回面から見たところ, (ⅱ)：口孔面から見たところ, ×54.8. Spirillinina 亜目, (b) *Spirillina* ×50, (c) *Patellina* ×33. Carterinina 亜目, (d) *Carterina* ×14. ((a) Cushmann 1948 から改描; (b), (c), (d) Loeblich & Tappan 1964 から引用)

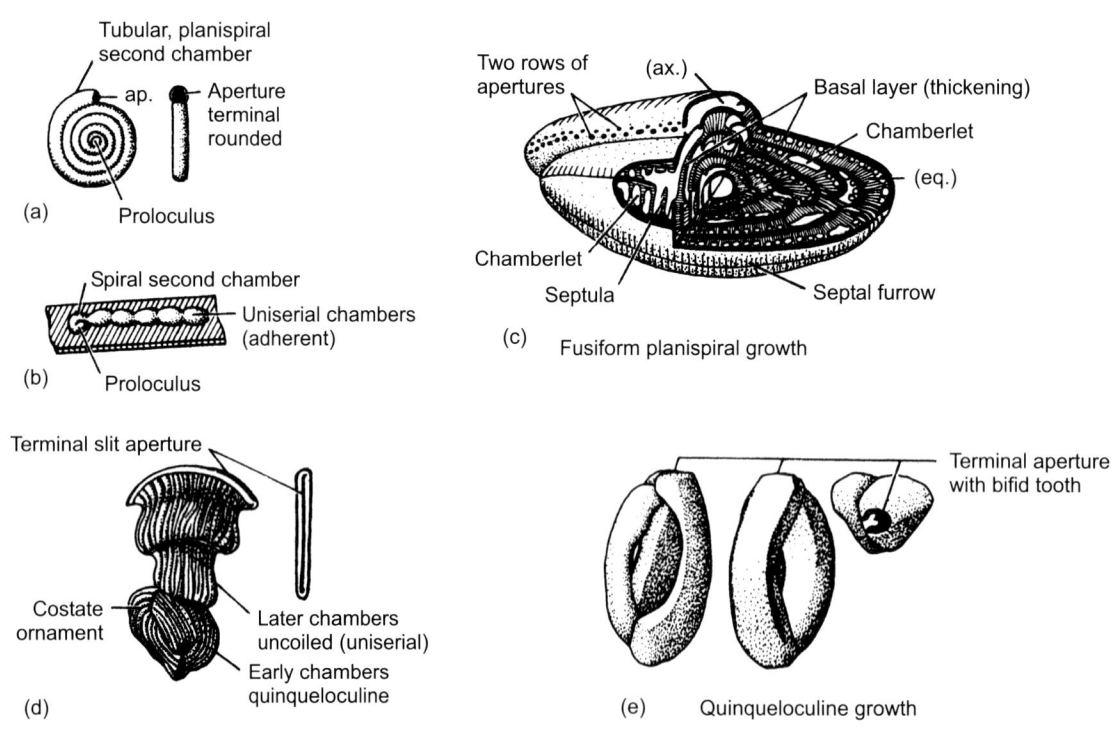

図 15.20 有孔虫の殻形態 (8). Miliolina 亜目, (a) *Cyclogyra* ×40, (b) *Nubeculinella* ×37, (c) *Fasciolites* (Alveolinacea 上科) の殻構造の概略×21.5, (d) *Articulina* ×33, (e) *Quinqueloculina* ×23. ((c) Loeblich & Tappan 1964 から一部改変; (e) Loeblich & Tappan 1964 から引用; (d) Pokorny 1963 から改描)

(transverse septula) によって細分されている.

Carterinina 亜目

成長初期の殻は半円形の房室で, 後にできる房室は三日月形になり, 最終的には不規則な形になる. 殻壁は有機質の内壁と, 小さな針状結晶と有機物の集合を基質とする低マグネシア方解石の棒状の単結晶からなる外層でできている. Carterinina 亜目は一つの属 *Carterina* (Rec., 図 15.19 (d), 15.31 (e)) で代表される. 殻は死後分解してしまうので化石としては知られていない. *Carterina* の口孔は大きく臍部に位置し,

房室は太い針状結晶で構成され，また各房室は副隔壁によって小房室に分かれている．

Miliolina 亜目

この亜目は磁器質の外観を示す無孔の石灰質殻と平面状旋回の初室をもつ．その後の成長は平面状旋回（たとえば *Cyclogyra*, Carb.-Rec., 図 15.20 (a)）を続けるか，単列状配列（たとえば *Nubeculinella*, U. Jur., 図 15.20 (b)）に成長するか，あるいはまたねじれ状旋回に巻く．ここで，ねじれ状旋回（streptospiral）とは，成長軸を取り巻いて縦長に配列された管状の房室（ふつうは 1/2 巻きの長さ）が付加することを意味する．同一面（たとえば互いに 180°）に付加するとき，もしその房室が開旋回（evolute）なら，その配列を spiroloculine といい，またもし包旋回（involute）なら，biloculine という（図 15.6 の右上枠内を参照）．しかし，通常，房室は 144°の角度で付加され，外側からは五つの房室が見える．このことを quinqueloculine という（たとえば *Quinqueloculina*, Jur.-Rec., 図 15.20 (e))．*Triloculina* と *Miliolinella*（Rec., 図 15.31 (d)）では，房室は 120°の角度で付加され，三つの房室が殻の外側から見えるにすぎない（triloculine という）．このようなねじれ状旋回の成長をする種類には，成長の後期になって *Articulina*（M. Eoc.-Rec., 図 15.20 (d)）のように巻きが解けて単列状配列となるものがある．

大型の磁器質有孔虫は主に二つの上科，Soritacea と Alveolinacea に分類される．Soritacea 上科は三畳紀後期以来，礁と石灰質の環境で繁栄している．その殻は発生初期には壁孔があり，生涯を通じて偽壁孔状構造（pseudopunctate, 図 15.3）があるが，他のすべての Miliolina 類の殻のように厳密には壁孔はないとみなされる．巻き方は基本的に円盤状の平面状旋回で，成長の後期には扇形（flabelliform）か，まっすぐな単列状配列に変化していく（たとえば *Peneropolis*, Eoc.-Rec., 図 15.21 (a))．*Archaias*（M. Eoc.-Rec., 図 15.21 (b)）のような属では，隔壁間の控え壁（interseptal buttress）あるいは副隔壁が房室を小房室に細分する．*Orbitolites*（U. Palaeoc.-Eoc., 図 15.21 (c)）のような種類では，全体を包み込む環状の房室が周期的に付加される．このタイプを周期的（cyclical）という．

Alveolinacea 上科の殻もまた無孔であるが，初室には壁孔が開いている（たとえば *Fasciolites*, L. Eoc., 図 15.20 (c)）．巻き方は紡錘形から卵形の平面状旋回

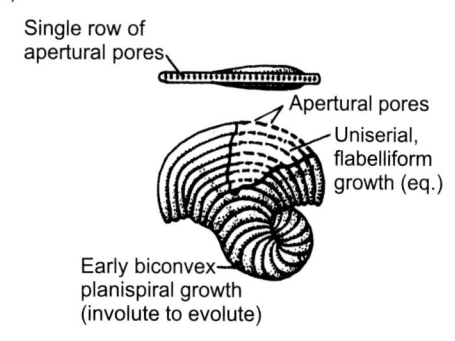

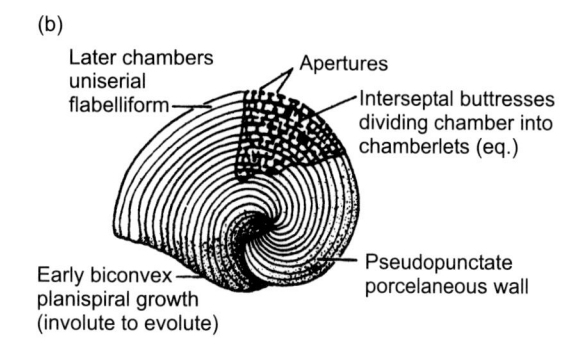

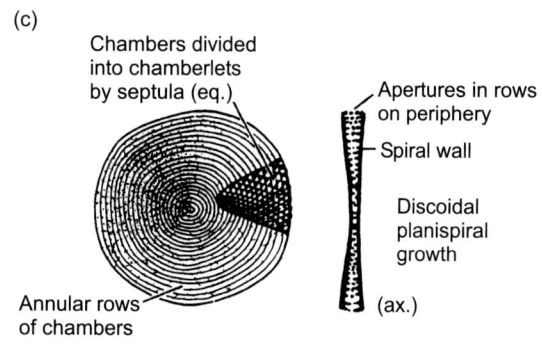

図 15.21 有孔虫の殻形態 (9). Miliolina 亜目．(a) *Peneropolis* ×20, (b) *Archaias* ×19.5, (c) *Orbitolites* ×7.

である．房室は副隔壁で多数の管状の小房室に細分され，それが1列かいくつかの列に並ぶ．このグループは形態的に古生代のフズリナ類との間に顕著な収斂を示すが，白亜紀前期から現在までくり返し進化して出現したずっと新しい分類群である．

Silicoloculinina 亜目

無孔の殻壁をもつか，あるいはオパール質シリカの殻壁をもつ有孔虫を含む（たとえば *Miliammellus*, Mioc.-Rec., 図 15.22 (a), 15.31 (p)）．これらの有孔虫類は単室形か多室形である．

Lagenina 亜目

この亜目の殻は単層で，光学的にも微細構造上も放射状に配列した方解石からなる．方解石の c 軸は殻表

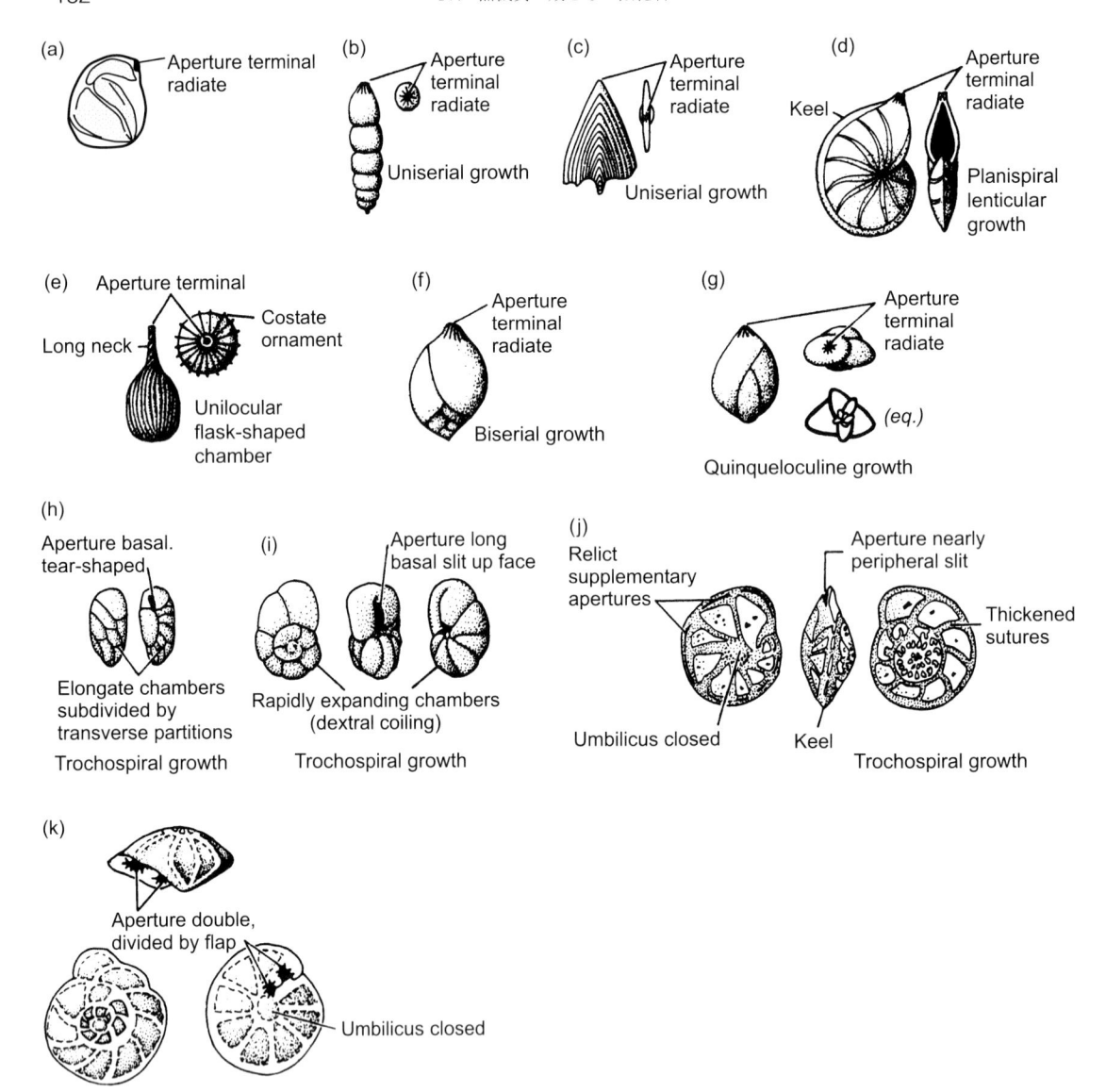

図 15.22 有孔虫の殻形態 (10). Silicoloculinina 亜目, (a) *Miliammellus* ×131. Lagenina 亜目, (b) *Nodosaria* × 10, (c) *Frondicularia* ×5, (d) *Lenticulina* ×8, (e) *Lagena* ×30, (f) *Polymorphina* ×19.5, (g) *Guttulina* × 21.5. Robertinina 亜目, (h) *Robertina* ×18.5, (i) *Ceratobulimina* ×30, (j) *Hoeglundina* ×10, (k) *Duostomina* ×60. ((a) Resig *et al.* 1980；(b), (d)～(f) Morley Davies 1971；(g)～(k) Loeblich & Tappall 1964 から引用)

面に直交する．Nodosariacea 上科は，光学的には放射状に配列した方解石の殻壁をもち，電子顕微鏡下では複層ラメラ構造とされているが，光学顕微鏡では単層ラメラに見える．このように，隠れた微細構造は隠微ラメラ (cryptolamella) と呼ぶべきだろう．放射状に並んだ切れ目状の口孔が典型的であるが，単室形の *Lagena* (Jur.-Rec., 図 15.4 (b), 15.22 (e)) の口孔は異なる．*Nodosaria* は単純な単列状配列の殻をもつ (Perm.-Rec., 図 15.22 (b)). *Frondicularia*(Perm.-Rec., 図 15.22 (c)) の殻もまた単列状配列で，房室は平らに圧縮され V 字形である．*Dentalina* も単列状配列であるが，球形の房室をもつ (Trias.-Jur., 図 15.31 (g)). *Lenticulina* (Trias.-Rec., 図 15.22 (d)) はふつうに見られる平面状包旋回の種類である．二列状配列の成長は *Polymorphina* (Palaeoc.-Rec., 図 15.22 (f)) に，またねじれ旋回 (quinqueloculine) の成長

は *Guttulina* (Cret.-Rec., 図 15.22 (g)) に見られる.

Robertinina 亜目

この亜目の殻は方解石ではなく, 光学的に放射状のアラレ石が複層ラメラの殻壁をつくる. しかし, これは, 化石では時とともに方解石に置換されると思われる. 口孔は典型的には基底部にあって, 切れ目状で最終房室面にまで伸びている. *Robertina* (L. Eoc.-Rec., 図 15.22 (h)) の殻は高トロコイド状旋回配列で, 細長い各房室は横断する仕切りで細分されている. *Ceratobulimina* (U. Cret.-Rec., 図 15.22 (i)) の殻は, あまり強くない低トロコイド状の旋回配列で, 同じような低トロコイド状旋回の *Hoeglundina* (M. Jur.-Rec., 図 15.22 (j)) は, キールと, 縁辺部に初期的および残存した切れ目状の口孔をもつ.

Duostominacea 上科は絶滅したグループで, 殻壁は光学的に放射状と微粒状の方解石からなる. *Duostomina* では, 低トロコイド状旋回の殻は基底部に開口する口孔 (basal aperture) があり, その口孔は垂れ蓋 (flap) で二つに分かれる.

Globigerinina 亜目

浮遊性のグロビゲリナ類は, ふつうトロコイド状旋回に巻いた殻で, 粗い壁孔があり, よく膨らんだ房室からなる. 生きている間は細い刺状突起をつけている (たとえば *Hastigerinella*, Rec., 図 15.23 (g)). これ

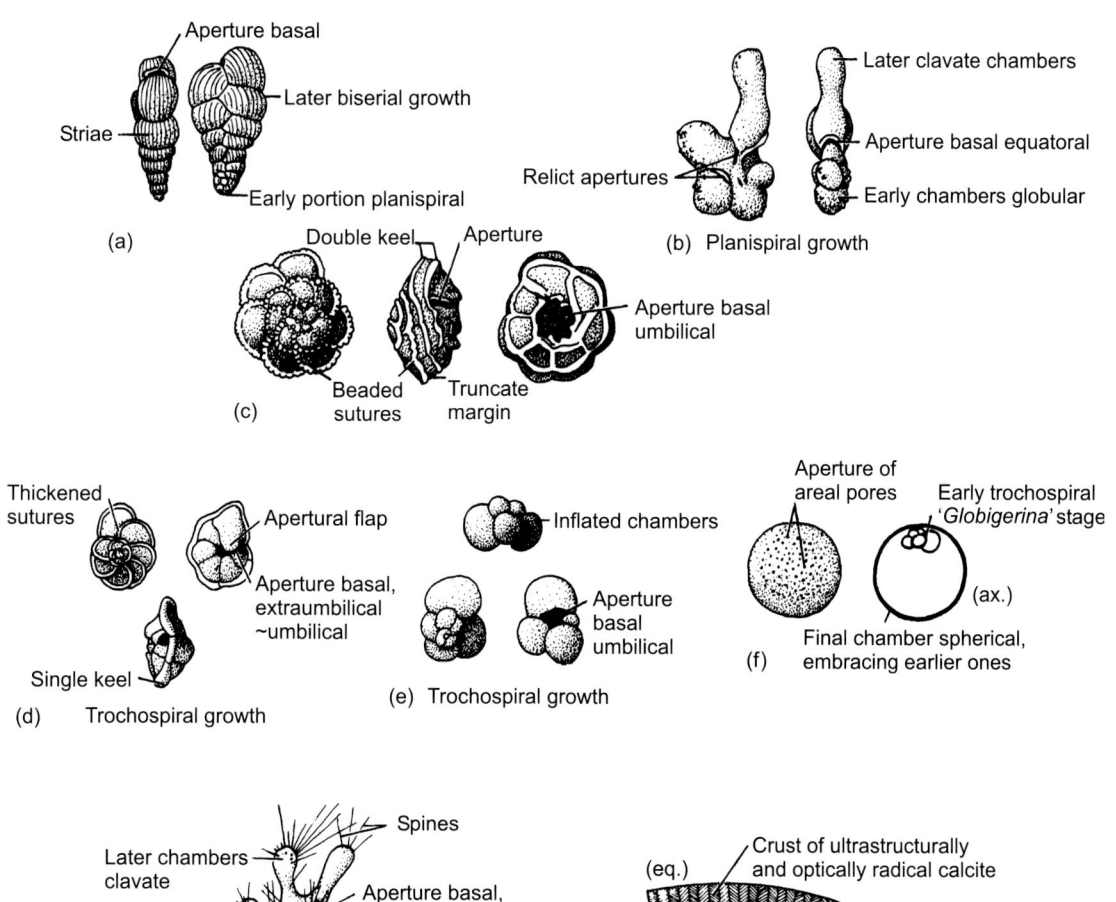

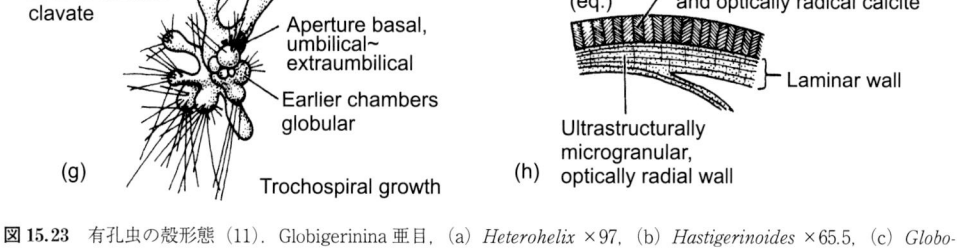

図 15.23 有孔虫の殻形態 (11). Globigerinina 亜目. (a) *Heterohelix* ×97. (b) *Hastigerinoides* ×65.5. (c) *Globotruncana* ×36.5. (d) *Globorotalia* ×15.5. (e) *Globigerina* ×18.5. (f) *Orbulina* ×20. (g) *Hastigerinella* ×5.7. (h) 深海生 *Globorotalia* の外壁構造. ((a), (b), (d) Loeblich & Tappan 1964; (c) Glaessner 1945; (e), (g) Morley Davies 1971 から引用; (h) Pessagno & Miyano 1968 から改描)

らの刺状突起は泡状の殻外細胞質や仮足を支え，仮足は粗い壁孔を通して殻内細胞質とつながっている．膨らんだ房室，刺状突起，泡状の殻外細胞質はすべて浮力を増すための適応である．Globigerinacea 上科の殻壁は光学的に放射状の複層ラメラで，低マグネシア方解石からなる．初期の口孔はふつう基底部にあるが，それは進化の過程で室面部か殻端部に移動するようである．縫合線上あるいは室面部に二次的口孔も見られる．これらの口孔は疱状板（bulla）と呼ばれる1ないし数個の垂れ蓋で部分的に覆われることもある．このグループは膨らんだ房室が特徴的であるが，いくつかの属では奇妙なこん棒状の房室（たとえば *Hastigerinoides*, Cret., 図 15.23（b））を，また Rotaliporacea, Globotruncanacea, Globorotaliacea 上科では外縁にキールをもつ（たとえば *Globotruncana*, U. Cret., 図 15.23（c）; *Globorotalia*, Palaeoc.-Rec., 図 15.23（d），（h））．表面装飾は顕著ではないが，殻表面にはしばしば皺や小突起が，また稀に縦方向の肋状隆起がある．トロコイド状旋回配列でない種類には，祖先的な Heterohelicacea 上科が含まれ，これは高トロコイド状旋回 - 二列状配列 - 単列状配列に成長する（たとえば *Heterohelix*, U. Cret., 図 15.23（a））．

対比に広く用いられているのは，*Globotruncana*, *Globorotalia*, *Globigerina*（Palaeoc.-Rec., 図 15.23（e）），*Orbulina*（Mioc.-Rec., 図 15.23（f））の種で，このうち *Orbulina* の最終房室である球形のオーブリナ状（orbuline）房室は，成長初期のグロビゲリナ状（globigerine）房室の巻きを完全に包み込んでいる．このオーブリナ化の傾向はいくつかの系統でも起こり，浮力の維持のための最も効率的な適応の一つを示している．

Rotaliina 亜目

この亜目の殻はガラス状石灰質で多層のラメラと壁孔をもつ．上科への細分は主として殻壁構造に基づいてなされる．大型の種類は主に Rotaliacea 上科と Orbitoidacea 上科に見られる．Buliminacea 上科も光学的に放射状で隠微ラメラ構造の方解石からなる殻壁をもつが，口孔はふつう基底部にあり，涙滴形の切れ目がある．房室の二列状配列は *Bolivina*（U. Cret.-Rec., 図 15.24（c），15.31（h））におけるように，また三列状配列は *Bulimina*（Palaeoc.-Rec., 図 15.24（b））におけるようにごく一般的である．*Rectobolivina*（M. Eoc.-Rec., 図 15.24（d））や *Pavonina*（Mioc.-Rec.,

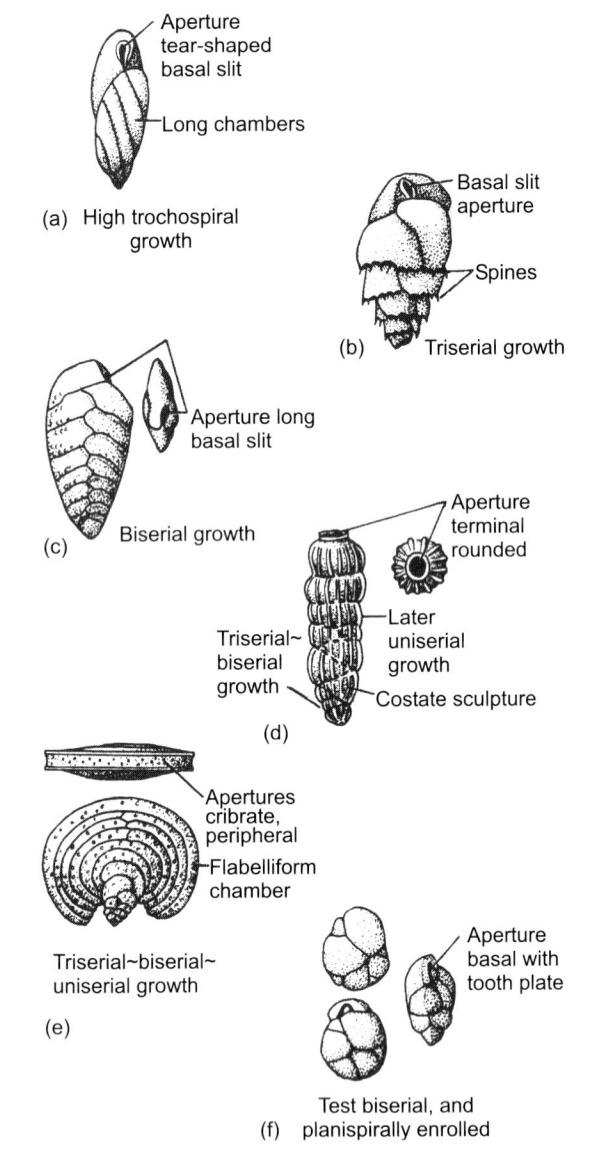

図 15.24 有孔虫の殻形態（12）．Rotaliina 亜目 Buliminacea 上科．(a) *Buliminella* ×90, (b) *Bulimina* ×33, (c) *Bolivina* ×20, (d) *Rectobolivina* ×38, (e) *Pavonina* ×55, (f) *Islandiella* ×11. ((a), (c) Pokorny 1963 から改描; (b), (d), (e) Loeblich & Tappan 1964 から引用)

図 15.24（e））では，これらの配列プランは成長の後期に単列状配列の成長に変わり，前者では球形の房室に，また後者ではC字形で裾の広がった（扇形 flabelliform）房室になる．*Islandiella*（Palaeoc.-Rec., 図 15.24（f））では，二列状配列はさらに平面状旋回で包まれる．*Buliminella*（U. Cret.-Rec., 図 15.24（a））の長い房室は高トロコイド状旋回の巻きになるように配列している．

Discorbacea 上科の属は，現在，光学的に放射状方

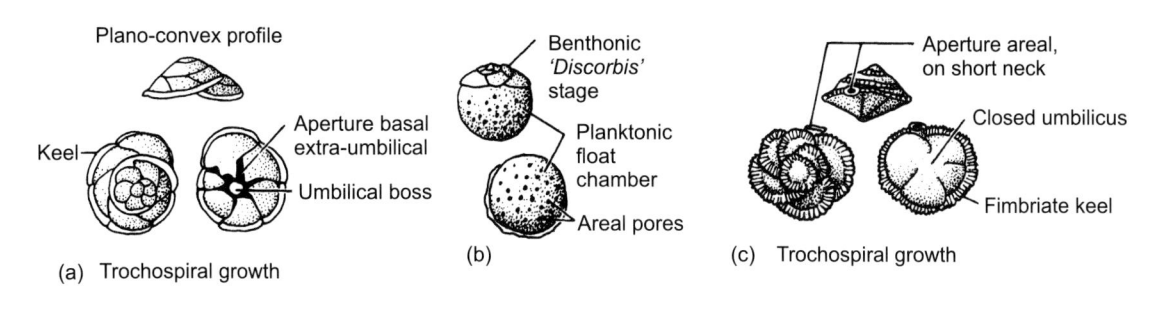

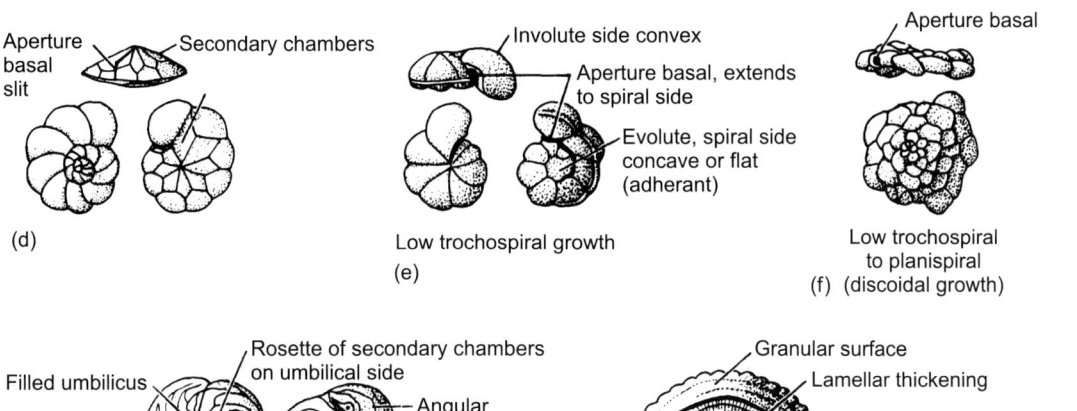

15章 有孔虫　　　155

図 15.25 有孔虫の殻形態（13）．Rotaliina 亜目 Discorbacea 上科．(a) *Discorbis* ×57．(b) *Tretomphalus* ×34.5．(c) *Siphonina* ×31．(d) *Asterigerina* ×20．(e) *Cibicides* ×22.5．(f) *Planorbulina* ×15．(g) *Amphistegina* ×15．(h) *Linderina* ×47.5．((a), (c) Loeblich & Tappan 1964 から引用；(d) Pokorny 1963 から改描；(e), (f), (g) Morley Davies 1971 から引用；(h) Morley Davies 1971 から改描）

解石の隠微ラメラか複層ラメラのどちらかの殻壁をもつことがわかっている．Discorbacea 上科の殻は，しばしばトロコイド状旋回配列で，新鮮な標本では褐色に見える．*Discorbis*（Eoc.-Rec.，図 15.25 (a)）の殻は *Tretomphalus*（Rec.，図 15.25 (b)）の幼時の殻のように弱い凸形である．しかし，*Tretomphalus* の最終房室は，浮遊して分散しやすいように球形で浮袋室（float chamber）となっている．*Siphonina*（Eoc.-Rec.，図 15.25 (c)）は両凸形で，短い首状突起の上に室面部口孔がある．多くの Discorbacea 上科に見られる臍栓（umbilical boss）は，*Asterigerina*（Cret.-Rec.，図 15.25 (d)）ではバラの花弁（rosette）型に配列した二次的な房室で覆われる．似たような殻は *Amphistegina*（Eoc.-Rec.，図 15.25 (g)）でも発達するが，房室の縫合はより角度があり，房室が被さって成長するためトロコイド状の成長は見えない．*Cibicides*（Cret.-Rec.，図 15.25 (e), 15.31 (m)）は

ごくふつうに見られる属であるが，基底部に臍側から螺塔側にかけて伸びる口孔をもつ点で標準的ではない．この螺塔側面は平らかあるいは凹み，臍側面が出っ張る．*Planorbulina*（Eoc.-Rec.，図 15.25 (f)）は *Cibicides* に似た成長初期の段階をもち，それに続いて平面状旋回の配列様式でより不規則に房室が付加される．*Linderina*（Eoc.-Mioc.，図 15.25 (h)）では，房室は基本的に平面状旋回配列で円盤状に成長し，方解石層を側面に分泌することによってより丈夫なレンズ状の殻になっている．

Orbitoidacea 上科は熱帯アメリカに起源をもち，白亜紀後期から中新世にかけて繁栄した大型有孔虫のグループである．これらの殻は放射状ガラス質多孔で円盤状の成長様式をとる．房室は平面状旋回というよりも，むしろ同心円状に周期的に配列される．中央（赤道）の層の房室は側方の房室から分化したものだが，それは軸方向の薄片ではっきり見える（たと

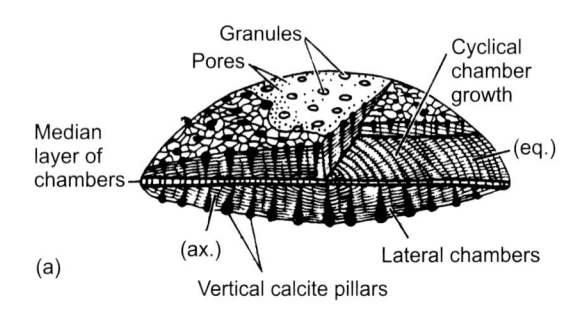

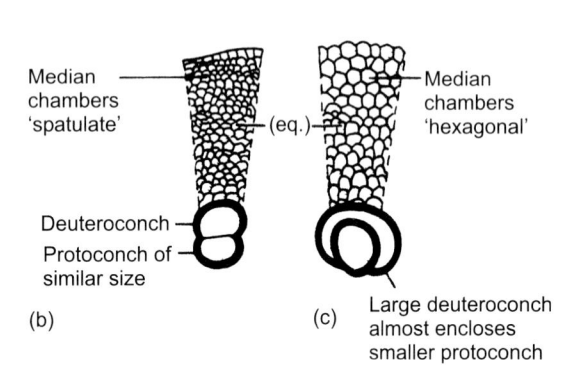

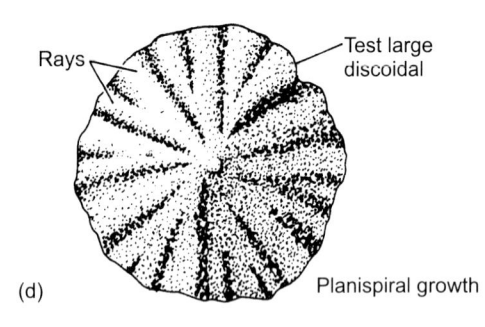

図 15.26 有孔虫の殻形態（14）．Rotaliina 亜目 Orbitoidacea 上科．(a) *Discocyclina* (*Discocyclina*) ×3，(b) *Lepidocyclina* ×13，(c) *Lepidocyclina* (*Eulepidina*) ×27，(d) *Discocyclina* (*Akyinocyclina*) ×7．((a)，(d) Loeblich & Tappan 1964 から引用)

えば *Discocyclina*，Eoc.，図 15.26（a），(d)）．放射状に伸びる方解石の柱状結晶は外表面に顆粒を生じている．赤道断面は分類上，また生層序区分上重要である．初期発生時の房室と中央房室の形状に注意する必要がある（たとえば *Lepidocyclina*，Eoc.-M. Mioc.，図 15.26（b），(c)）．

Rotaliacea 上科の殻は光学的に放射状で複層ラメラの方解石でできており，ロタリア型の隔壁垂れ蓋（septal flap）と脈管の存在で識別される（図 15.5（d））．主口孔を欠き，房室壁の再吸収によって基底部の壁孔（basal foramina）が形成される．殻の形態は，ふつう

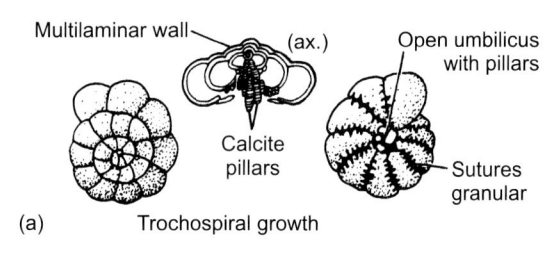

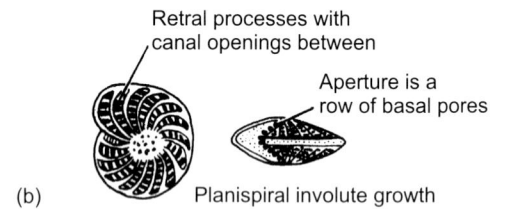

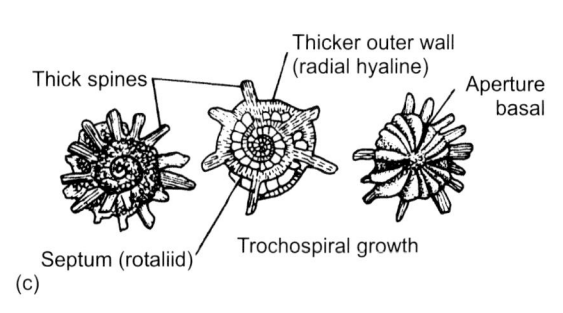

図 15.27 有孔虫の殻形態（15）．Rotaliina 亜目 Rotaliacea 上科．(a) *Ammonia* ×22.5，(b) *Elphidium* ×32，(c) *Calcarina* ×6．((a) Banner & Williams 1973 と Morley Davies 1971 から改描；(c) Loeblich & Tappan 1964 から引用)

は両凸レンズ状で，平面状旋回かトロコイド状旋回で成長する．主として汽水生の *Ammonia*（Mioc.-Rec.，図 15.27（a），15.31（i））では，臍部は小さな方解石の柱状結晶で部分的に充たされている．*Elphidium*（L. Eoc.-Rec.，図 15.27（b），15.31（l））はもう一つの代表的な属で，平面状包旋回の殻をもつ．縫合線部の脈管系は縫合線小孔（sutural pore）を通って表面に開口する．レトラル・プロセス（retral process）と呼ばれる後方に伸びた桿状（rod）構造が特徴である．*Calcarina*（Rec.，図 15.27（c））は熱帯生で，殻はトロコイド状旋回で，厚い外側の房室壁から頑丈な刺状突起が出ている．ヌンムリテス（*Nummulites*）は Rotaliacea 上科に属する大型有孔虫で，旧世界のテチス海周縁の始新世の地層の対比に広く用いられるが，その子孫はインド-太平洋海域に今日まで生き残っている．この種類の殻は放射状ガラス質でロタリア型

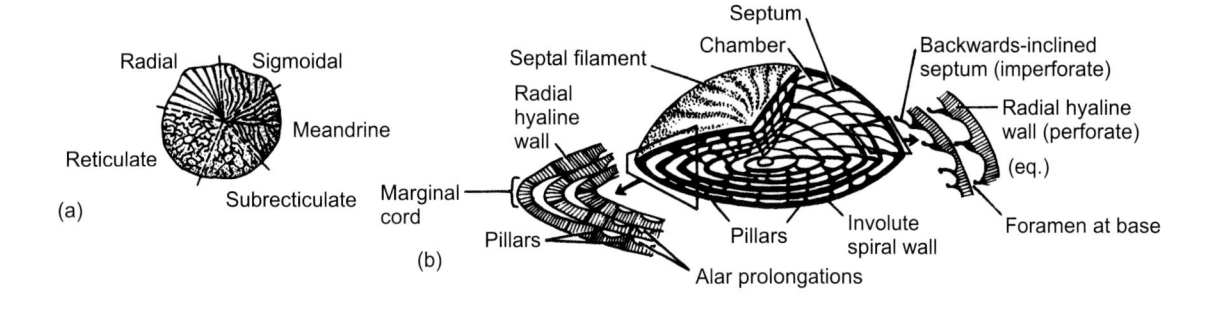

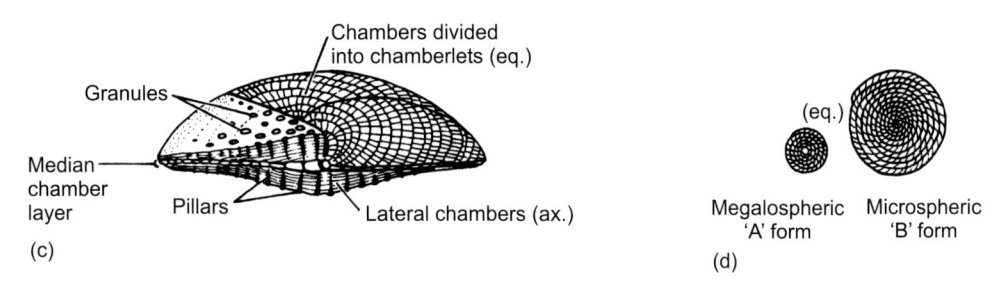

図 15.28 有孔虫の殻形態 (16). Rotaliina 亜目. (a) *Nummulites* の殻における隔壁模様 (septal filament) の主要な五つのタイプ. (b) *Nummulites*, 中央図：×約3.5, 左図：軸断面の拡大×7, 右図：旋回断面の拡大×10. (c) *Spiroclypeus* 約×7. (d) *Nummulites obesus* の顕球型と微球型×0.67. ((b) Morley Davies 1971 から一部引用：(b), (c) Loeblich & Tappan 1964 から引用)

の隔壁をもち，多孔である．殻の巻き方は両凸状の平面状旋回である．包旋回をとるものでは，軸断面でV字型の空洞 (cavity) ができる．空洞が側方へ伸びた部分を翼状の出っ張り (alar prolongation) と呼ぶ（たとえば *Nummulites*, Palaeoc.-Rec., 図15.28 (a), (b), (d)). 翼状の出っ張りは特徴的ではあるが，平面状包旋回の新旧の房室が大きく湾曲して伸びているために，単に断面上まで現れたものにすぎない．開旋回をとるものには翼状の出っ張りはない．房室は単純であるか，中央（赤道）と側方の層に分かれている．それらはまた小房室に細分される（たとえば *Spiroclypeus*, Eoc.-L. Mioc., 図15.28 (c)). 隔壁の位置は殻の外表面に殻壁繊条 (septal filament, 図15.28 (b)) と呼ばれる模様で示される．これらは曲がりくねった房室間の縫合である．始新世後期と漸新世のいくつかのヌンムリテスでは，房室のこの曲がりくねりが非常に大きく，次々と続く房室とその縫合が重なって，殻壁繊条は特徴的な網目状の外観を呈する．顆粒は放射状に伸びた方解石の柱状結晶が殻表面に現れたものである（図15.28 (c)). 微球型はしばしば同種の顕球型の数倍の大きさがある（図15.28 (d)). 両者の見かけの違いによって，残念ながら多くの種が二つまたはそれ以上の種名を持つ結果となった．このようなとき，最初に与えられた名称が有効な種名として残る．

Cassidulinacea 上科は，光学的に粒状で隠微ラメラの方解石からなる殻壁をもち，ふつうは切れ目状，涙滴状，または輪状をした口孔を室面部または殻端部にもつ小型底生有孔虫で構成される．*Cassidulina* (Eoc.-Rec., 図15.29 (c)) の殻はレンズ状で，平面状旋回で二列状配列の房室からなる．まっすぐな二列状配列の後に単列状成長が続くのは *Loxostomum* (U. Cret.-Palaeoc., 図15.29 (b)) と *Virgulinella* (Mioc.-Plioc., 図15.29 (d)) に見られ，後者は縫合部に副口孔をもつ．*Pleurostomella* (L. Cret.-Rec., 図15.29 (a)) は生涯を通じて単列状配列で，殻端部の口孔 (terminal aperture) と二つの口孔歯 (tooth)（口孔部の歯状突起）をもつ．

Nonioninacea 上科の殻壁構造は光学的に粒状で，隠微ラメラか複層ラメラの方解石からなる．口孔はふつう基底部にある．*Nonion* (Palaeoc.-Rec., 図15.30 (a)) と *Melonis* (Palaeoc.-Rec., 図15.30 (b)) は平面状包旋回で，両属は房室のふくらみの程度が異なる．*Osangularia* (L. Cret.-Rec., 図15.30 (c)) の殻はキールと閉じた臍部をもつトロコイド状旋回である．

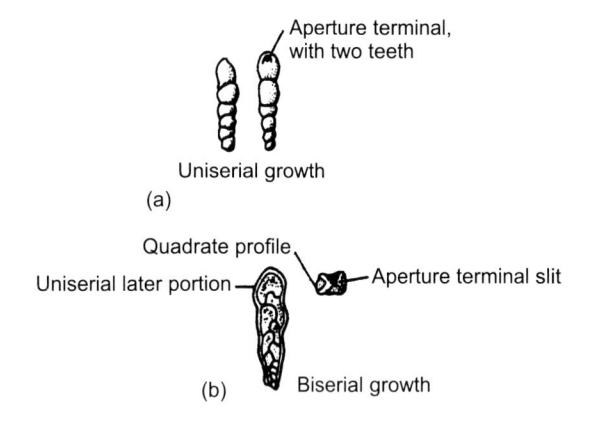

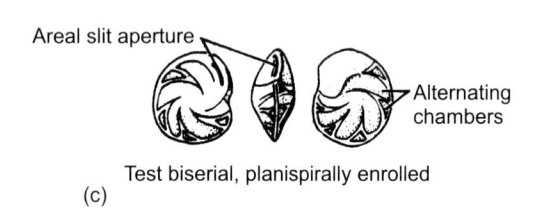

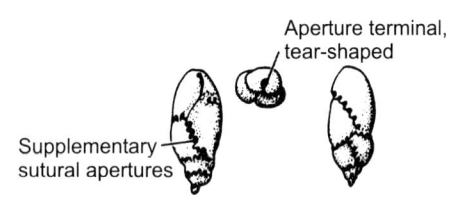

図 15.29　有孔虫の殻形態（17）．Rotaliina 亜目 Cassidulinacea 上科．(a) *Pleurostomella* ×16, (b) *Loxostomum* ×34.5, (c) *Cassidulina* ×26, (d) *Virgulinella* ×21.5.（Loeblich & Tappan から引用）

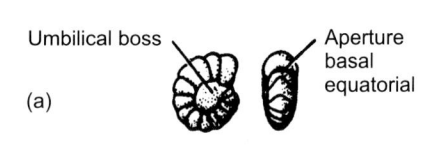

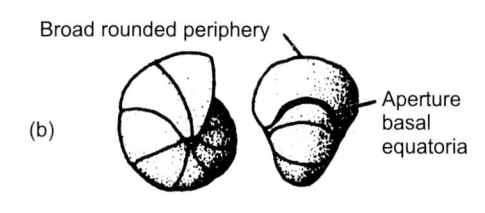

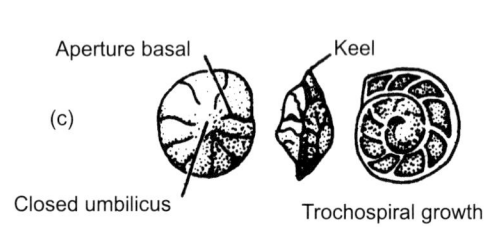

図 15.30　有孔虫の殻形態（18）．Rotaliina 亜目 Nonioninacea 上科．(a) *Nonion* ×33, (b) *Melonis* ×37.5, (c) *Osangularia* ×37．((a), (c) Loeblich & Tappan 1964；(b) Morley Davies から引用）

有孔虫類の分子系統

　有孔虫は飼育していない原生動物の中で最も集中的に研究されたグループであり，有孔虫についてこれまでに 900 以上のリボソーム DNA（rDNA）塩基配列が知られている．有孔虫類の遺伝子は他のどの真核生物にも見られない遺伝子断片の挿入（insertion）と点突然変異（point mutation）の存在によって特徴づけられる（Pawlowski 2000；Pawlowski & Holzmann 2002）．有孔虫の DNA はまた，堆積物中からも検出される．この分子配列データのおかげで，われわれの有孔虫に対する理解は大幅に改変されつつある．現在の研究は，このグループに対する従来の見解（すなわち，基本的に海生で，膜質か，膠着質か，あるいは石灰質殻かによって分類していた）が，もはや支持できないことを示し，またこのグループが殻をもつものともたない種類の両方を含むことを示している．有孔虫類は陸上環境，淡水環境，海水環境にも生息している．単房室からなる種類にも分類的に高い多様性が見られ，また隠蔽種（cryptic species）も多い．

起源と進化

　有孔虫の起源についてはまだ疑問な点が多い．rDNA 塩基配列のデータによれば，有孔虫はミトコンドリアをもつグループの最初期の系統のうちから分岐したことになるが，その出現の化石記録は比較的遅く，カンブリア紀初期であることと対照的である．有孔虫目と Cercozoa 門（ケルコモナス鞭毛虫 cercomonad flagellates）は，アクチン（actin）遺伝子の系統解析によれば，ともに真核生物の系統樹の中途で一緒に分岐したことになるが，3-チューブリン（3-tublin）タンパク質の分析では二つのグループに分かれる（Keeling 2001）．

　系統関係に関する従来のいくつかの仮説では，有孔虫の殻は，原始的な膜質から膠着質の殻を経て，石灰質を分泌して殻壁をつくるというように，漸進的に変化したと考えている（Hansen 1979）．最初期の有

15章 有孔虫　159

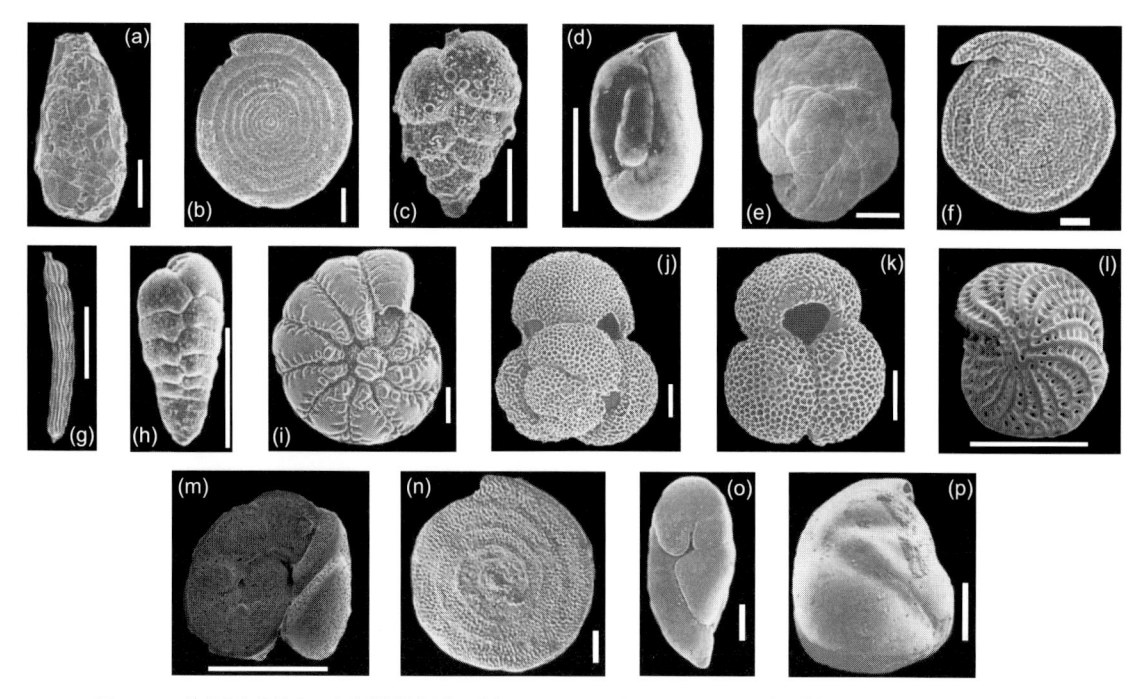

図15.31 代表的な有孔虫の走査型電顕写真．(a) *Saccammina* (Textulariina 亜目)．(b) *Ammodiscus* (Textulariina 亜目)．(c) *Siphotextularia* (Textulariina 亜目)．(d) *Miliolinella* (Miliolina 亜目)．(e) *Carterina* (Carterinina 亜目, 背面)．(f) *Spirillina* (Spirillinina 亜目)．(g) *Dentalina* (Lagenina 亜目)．(h) *Bolivina* (Bolivinacea 上科)．(i) *Ammonia* (Rotaliacea 上科, 腹面)．(j), (k) *Globigerinoides* (Globigerinina 亜目, 旋回面と臍面)．(1) *Elphidium* (Rotaliina 亜目)．(m) *Cibicides* (Rotaliina 亜目)．(n) *Planispirillina* (Involutinina 亜目)．(o) *Robertinoides* (Robertinina 亜目)．(p) *Miliammellus* (Silicoloculinina 亜目)．スケールは (b), (g), (1), (m) に対しては 500 μm；その他に対しては 100 μm. ((d), (l), (m) を除くすべては Sen Gupta 1999 から引用)

孔虫は，単房室で有機質の殻壁の Athalamida 綱（無室類）に属し，現生の Allogromiina 亜目に類似する種類（Tappan & Loeblich 1988）か，あるいはまた *Platysolenites*（Mcllroy *et al.* 2001）のような膠着質の管状の種類かのいずれかとされた．これが単房室で膠着質の種類を生み出し，次に多房室の Textulariina 亜目や Rotaliina 亜目を生じたとされた（Grigelis 1978）．そして，Miliolina 亜目は Allogromiina 亜目とは無関係に出現したとみなされたのである（Tappan & Loeblich 1988）（図 15.32）．分子解析は，この仮説では自明のこととしていたいくつかの主要な問題に挑戦している．

大型の淡水生アメーバ，無室類（athalamids）である *Reticulomyxa filosa* の rDNA 塩基配列から得られた系統は，この種が有孔虫目で単房室の種類のクレード（完系統 clade）内で分岐したものであることを示している．それゆえに，無室類と有孔虫類を分離するのは人為的であり，*R. filosa* は淡水環境に適応して，その殻を失ったものに違いない（Pawlowski & Holzmann 2002）．

分子解析の結果は，調べられたすべての Allogromiina 亜目が有孔虫類の系統樹の根幹部に集まること，また膜質と膠着質の殻はいくつかの系統で独立に進化して出現したことを示している（Holzmann & Pawlowski 1997）．rDNA による系統についての初期の研究では，Miliolina 亜目は殻の起源より前に分岐した有孔虫（たとえば Pawlowski *et al.* 1997）の最初期のグループであるとされた．最近の解析結果（Pawlowski & Holzmann 2002）では，Miliolina 亜目は有孔虫の中で分岐し，Miliolina 亜目のクレードの基部で，殻をもたない種類が生じたことはないことが示され，さらに，殻をもたない種類がもっと遅くに，より進化した膠着質あるいは石灰質の系統から分岐したことを示唆している．

潜在的多様性

有孔虫は殻の特徴に基づいて区別され，このことが種の同定を難しくしている（Loeblich & Tappan 1988；Haynes 1990）．特に，同胞種（sibling species）や表現型の多様な種類（ここでは生態表現型と遺伝子表現型が形態的に似ている場合）を分類するの

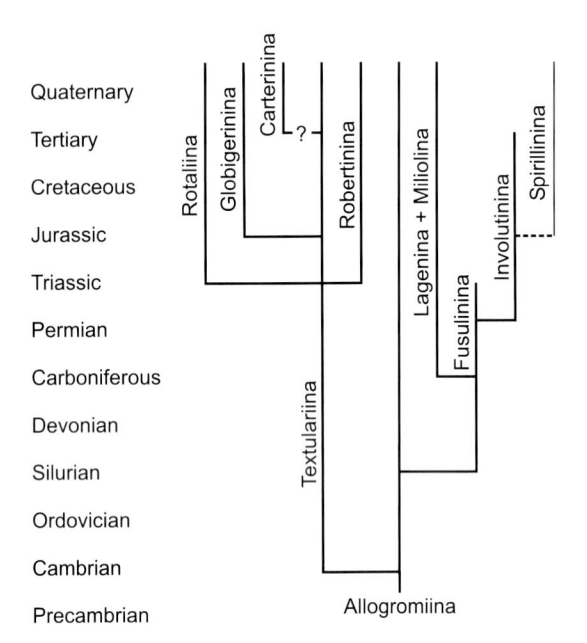

図15.32 有孔虫目を構成する「亜目」間の系統関係.（Tappan & Loeblich 1988, fig. 9 を一部改変）

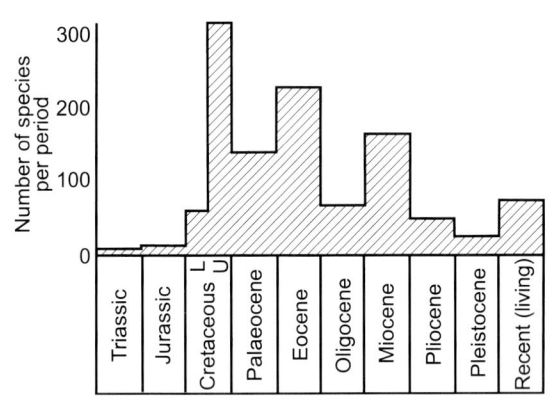

図15.33 種レベルで見た浮遊性有孔虫の多様性の時代的変化. 進化史が複雑なこと，潜在種が多いであろうこと，また多様な生活様式と生息域をもつことなどの理由で，有孔虫の多様度を算定することは，他のグループほどは意味のあることでない.（詳細は Tappan & Loeblich 1988 を参照）

は難しい. 有孔虫の隠蔽種分化の証拠は浮遊性種の Globigerinella siphonifera で最初に見つけられ (Huber et al. 1997), 二つの遺伝的なタイプが rDNA 塩基配列で区別された. すなわち, I のタイプは II のタイプよりも $\delta^{18}O$ や $\delta^{13}C$ 値がマイナスで, 大きな壁孔をもっている. 高い遺伝的多様性が Orbulina universa, Globigerinoides ruber, Globigerina bulloides でも見つけられ, それぞれ二つのタイプに分けられた (Darling et al. 1999). 北大西洋, 北海, 地中海, 紅海, 太平洋の個体群では 10 種類の異なる遺伝子型を生じているが, そのうち, ほんの 2, 3 種だけが形態的に区別できる (Holzmann & Pawlowski 1997). 同様の高い遺伝的多様性は Ammonia beccarii のような底生の種にも見られる.

有孔虫の歴史

最古の有孔虫化石は現生の Bathysiphon に似た単純な膠着質のチューブで, カンブリア紀最前期から産出している (McIlroy et al. 2001). これは有殻の原生動物が有殻の無脊椎動物と同時に出現したことを示している. 膠着質有孔虫はオルドビス紀にはさらに豊富になったが, 真の多房室の有孔虫はデボン紀まで出現しなかった. デボン紀にはフズリナ類が繁栄を始め, Fusulinacea 上科は石炭紀後期とペルム紀に複雑な殻構造をつくりあげて最繁栄に達し, 古生代の終わりに絶滅した. 一方, Miliolina 亜目と Lagenina 亜目は石炭紀前期に現れた.

中生代の重要な出来事として, ジュラ紀に Rotaliina 亜目 (主として Fusulinina 亜目の Endothyracea 上科から続く系統), Miliolina 亜目, Textulariina 亜目中で複雑な構造のものが出現し, 放散したことがあげられる. これにすぐ続き, 最初の確実な浮遊性有孔虫が出現した (たとえば Oxford et al. 2002). 白亜紀には熱帯域で大型の Miliolina 亜目と Rotaliina 亜目が繁栄し, 一方, この時期に広がったチョークの海や新しく開口した大西洋は, 浮遊性有孔虫が大発展するのに好適な場となった. 白亜紀末には浮遊性の Globotruncanidae 科が絶滅した.

低緯度にあったテチス海では, おおよそ 75% の種が K/T 境界 (白亜紀/第三紀境界) かその近くで姿を消した. この絶滅はきわめて選択的で, 生き残ったのは生態的なジェネラリスト (たとえば Heterohelicacea, Gueribelitacea, Hedbergacea, Globigerinacea 上科) だけであった. この大量絶滅のパターンは, K/T 境界をまたぐ温度, 塩分, 酸素, 栄養塩類の劇的な変化とよく合い, また気候, 海水準, 火山活動などの長期的な環境変動, および地球外物体の衝突 (Keller et al. 2002) などの短期的な影響と合致する.

暁新世には浮遊性の Globigerinidae 科と Globorotalidae 科の出現など, 比較的急激な放散が続いて起こり, 始新世には旧世界で Nummulites と Soritacea

上科が，また新世界で Orbitoidacea 上科が発展した．その後，どちらもほとんど汎地球的に分布するようになった．Orbitoidacea 上科は中新世には絶滅し，中新世以後，主として気候の悪化のため大型有孔虫の複数の系統はしだいに分布を狭め，多様性も低下した．浮遊性有孔虫も白亜紀後期以後，多様性が低下してきた（図 15.33）．現在，合意を得ている有孔虫目の亜目の系統を要約して図 15.32 に示す．

有孔虫の利用

有孔虫はいろいろな点で海成層を分帯するのに理想的な生物である．それは，小型で個体数が多く，広く分布し，多くのものがきわめて多様に分化しているからである．またきわめて複雑な形態のものが多く，その形態の中に進化的な変化を容易に追跡することができる．浮遊性有孔虫は中生界（ことに上部白亜系）や新生界における大陸間対比の重要な枠組みの基本になっている．新生界については Bolli et al. (1985) にある多くの論文を，また英国内については Jenkins & Murray (1989) を見るとよい．底生有孔虫の分布はより限られている傾向があるが，地域的対比には十分役に立つ（たとえば Bolli et al. 1994）．

化石有孔虫を用いて環境を復元する作業は，主として現生の生態に関する膨大な研究との比較に基礎をおいている．そのさまざまな局面について Murray (1991)，Sen Gupta (1999)，Haslett (2002) などによる総合がある．たとえば有孔虫の研究によって，晩氷期から後氷期にかけての隆起海浜堆積物における水深，塩分，気候のドラマティックな変化を追跡することができる（たとえば Bates et al. 2000；Roe et al. 2002）．

底生有孔虫は地層が堆積したときの水深の指標として用いられてきた．その基礎は現生有孔虫の深度分布の知識に基づいている．種の多様性，浮遊性種と底生種の比，殻タイプの比，形態そのものなどの変化傾向が，水深変化を示す指標として用いられてきた．一般的に種の多様性は，浮遊性種と底生種の比の変化と同様で，沖合の大陸斜面に向かって増加する．生きている浮遊性有孔虫群集は水深によって棲み分けているので，遺骸群集では深くなるほど多様性が高くなる（Kafescioglu 1971）．水深に規制された底生有孔虫群集は白亜紀の地層中にも認められている（Olsson, in Swain 1977, pp.205-230）．浮遊性種と底生種の比はジュラ紀やそれ以後の地層について用いることができる（たとえば Stehli & Creath 1964；Hart & Carter 1975）．殻タイプ，すなわち，膠着質／磁器質／ガラス質の比率は生息域によって異なり，その関係は古第三紀まで遡ることができる．現在の沿岸域における種の分布は塩分の変化に強く影響されている（Sen Gupta, in Sen Gupta 1999, pp.141-159）．通常の塩分の海域では，大陸棚の内側，外側，上部斜面，深海域にそれぞれ独特の有孔虫群集がいることが多くの研究者に認められている．

深海の底生有孔虫の分布と分布パターンの認識は，DSDP や ODP などのコア最上部の試料による多数の研究によって大きく進展しつつある．現生有孔虫の生物地理は水塊と海流の分布に関連しているので，底生や浮遊性有孔虫の古生物地理分布のパターンは，古海洋を復元するのにきわめて有効である．一例として，Hass & Kaminski (1997) による北大西洋の古第三紀から現在までの微古生物と古海洋に関する研究がある．北大西洋深層水（North Atlantic Deep Water）では *Cibicides wuellerstorfi* が優占的な底生種で，南極海底層水（Antarctic Bottom Water）では *Nutallides umbonifera* が優占となる（Sen Gupta 1988）．最近，海の表層で生産されて海底に供給される有機物の量が，深海の有孔虫の個体数量に影響するという証拠が多く集まりつつある．*Epistominella exigua* の個体群密度は植物デトリタス（phytodetritus）の沈殿量に依存している（たとえば Gooday 1993）．漸深海帯では，酸素極小層（oxygen minimum zone）の位置と有孔虫群集の分布との間に強い相関がある．（たとえば Hermelin & Shimmield 1990）．底生有孔虫は湧昇流水域での生物生産性の指標にもなる（Schnitker 1994）．第四紀における *Cibicides wuellerstorfi* と *Bulimina alazanensis* の個体数の比率は，北大西洋深層水の消長と関係している（Schmiedl & Mackensen 1997）．白亜紀における海流のパターン（たとえば Sliter 1972）と海洋の成層状況（D'Hondt & Arthur 2002）もまた，有孔虫の分布と殻の安定同位体比から復元されている．Price & Hart (2002) は底生と浮遊性有孔虫の殻の $\delta^{13}C$ と $\delta^{18}O$ の値を用いて，Albian 前期から中期にかけて太平洋の温度勾配の変化を明らかにした．Cenomanian 期における海水温の上昇（あるいは塩分の低下）は，極に向かう熱流の低下を示唆している．それによって極域に小規模な極氷が形成された．デンマークの Stevns Klint

における浮遊性および底生有孔虫の安定同位体比は，K/T境界直前の10～50万年の間，大洋の底層水の温度と海水準がともに不安定であったことを示している．Maastrichtian末期の底層水の温度は，表面水温が変化しないのに，おおよそ1.5℃だけ徐々に低下している．これはおそらく熱塩循環（thermohaline circulation）が始まったこと，極氷がある程度まで形成されたことと合致する（Schmitz et al. 1992）．

現生の浮遊性有孔虫がごく狭い温度幅内に生息することは，古気候，ことに第四紀の堆積物を対象にした研究にとって，きわめて役に立つ性質である（Haslett 2002とBradley 1999の中のいろいろな論文を参照）．コア中の代表的な暖水と冷水の指標種の比率，あるいは殻の巻き方向の時代的変化によって，古水温の変化曲線を描くことができる．*Neogloboquadrina pachyderma*と*Globigerina bulloides*は，現在，極域に左巻き型が生息することを利用して，中新世後期から第四紀を通しての古水温の代替え指標として広く用いられてきた（p.140参照）．しかし，海表面水温と有孔虫殻の巻き方向との関係はそれほど単純ではない．鮮新世と更新世の*N. pachyderma*の左巻き型は，形態的にも生態的にも現在の左巻き型とは異なる．その現在の左巻き型はわずか100万年前頃に現れているにすぎない．このことは，更新世中期より前については，*N. pachyderma*（左巻き）を古海洋学的復元に用いるべきではないことを示している．*N. pachyderma*（左巻き）は，更新世中期の10万年周期の気候型に対応して進化，出現したものと思われる（Kucera & Kennett 2002）．*N. pachyderma*と*G. bulloides*の左巻き型と右巻き型の比は，大洋における激しい湧昇流の活動に対応して変化することも指摘されている（Naidu & Malmgren 1996）．

石灰質有孔虫殻の酸素同位体比は，古海洋および古気候の研究にとって基本的な道具の一つとなっている．その研究例はここではとてもあげきれない（この技術の総括についてはRohling & Cooke, in Sen Gupta 1999, pp.239-259を参照）．有孔虫を用いた北大西洋における古海洋学の研究例としてHass & Kaminski（1997）がある．Waelbroeck et al.（2002）は，北大西洋と赤道太平洋における最終間氷期-氷期のサイクル（last climatic cycle）全体にわたる相対的海水準変動史のモデル化に底生有孔虫の酸素同位体比を用いた．南極洋のコアに記録された新生代の長期的な気候の寒冷化と氷河作用の歴史など，古水温に関する情報はShackleton & Kennett（1975）やその後の論文に見ることができる．新生代における地球規模の温度変化と氷河量の変化とを別々に測定するために，底生有孔虫殻についてMg/Ca比と$^{18}O/^{16}O$比を組み合わせた測定が行われている（たとえばBillups & Schrag 2002）．さらに進めて，氷河の発達が地球軌道の変化と関連しているという仮説の検証にまでチャレンジしている（Shackleton 2000）．浮遊性有孔虫で，$\delta^{18}O$，$\delta^{13}C$値が海の表面近くに生息するものと深いところのものとで違うことは，表層水の成層状態を示す代替え指標となっている（たとえばMulitza et al. 1997）．

有孔虫は，他の古海洋学的な代替え指標と組合わせて用いられるとき，古生態や古海洋の研究に特に有用である．その研究例をジュラ紀（たとえばDill & Dultz 2001）および白亜紀（たとえばPaul et al. 1999；Price & Hart 2002）の研究に見ることができる．新生代には多くの研究例がある．それらは，始新世/漸新世境界の地球規模の寒冷化イベントや中新世について，またよく研究されている第四紀のイベントについての記録である．メッシナ塩分危機*（Messinian Salinity Crisis）のはじまりや地球軌道による影響については，有孔虫の研究の助けを借りて詳細に記録されている（Blanc-Valleron et al. 2002）．また過去2000年間における太陽放射の強度変化でさえ，*Globigerinoides ruber*の殻の$\delta^{13}C$値の研究によって推定されている（Castagnoli et al. 2002）．

［訳注］*：中新世後期（Messinian）に地中海がくり返し乾陸化し，蒸発が起こって塩分が次々と沈殿し，世界中の海洋の塩分が低下して，海生生物に大きな影響を与えた事件．

微量元素の組成も過去の海洋条件を解明する重要な手法となりつつある（Lea, in Sen Gupta 1999, pp.259-281）．これについて四つの研究領域が見えてきた．すなわち，栄養塩類の代替え指標（Cd, Baなど），物理環境の代替え指標（たとえばMg, Sr, F, Bの同位体），化学的環境の代替え指標（たとえばLi, U, V, Sr, Nの同位体），そして続成に関する代替え指標（たとえばMn）などである．

有孔虫の殻形態と生息域や環境との関係については十分に活用されてこなかった．それでもいくつかの予察的な研究が，水深との関係（Bandy 1964），底質の安定性との関係（Brasier 1975a），より一般的な環境条件との関係（Chamney, in Schafer & Pelletier 1976, pp.585-624）などについて行われている．このアプローチは，たとえば，白亜紀から現在までの海

草（seagrass）群集のゆっくりした拡散を追跡したBrasier（1975b）の研究に役立っている．この研究法に有孔虫類の機能形態や生活様式に関する理解が加わることによって，たとえば，古第三紀の一連の地層について，微堆積相変化（microfacies change）と浅海化-深海化の変化傾向を描くというGeel（2002）の研究ができるようになった．

沿岸水の汚染が有孔虫に与える影響に関する研究から，有孔虫を環境汚染のモニターとして用いることができることが示されている（Yanko et al., in Sen Gupta 1999, pp. 217-239）．多くの有孔虫が極端な生息環境，たとえば，熱水噴出口，高塩水，極域のパックアイスなどに適応している（Sen Gupta 1999に例示されている）．

さらなる知識のために

現生有孔虫の生物学や生態学，分類についての情報はHaynes（1981），Lee & Anderson（1991），Murray（1991），Loeblich & Tappan（1988），Hemleben et al.（1989），Sen Gupta（1999）などの専門書に記述されている．標本の同定については，Treatise（Loeblich & Tappan 1964, 1988）が属レベルまで，Catalogue（Ellis & Messina 1940から現在）が種レベルまでの同定の助けになる．有孔虫の古生態に関する論文は，Curtis（1976）とMoguilevsky & Whatley（1996）の中にもある．有孔虫の石油産業への応用についてはJones（1996）に，また，有孔虫の生層序に関する詳細はBolli et al.（1985）とJenkins & Murray（1989）に紹介がある．Murray（1979）の論文は英国沿岸域の有孔虫の同定に役立つ．

採集と研究のためのヒント

生きている有孔虫の標本を採集するには，海岸か河口域の潮だまり，あるいは干潟で繊維状の形状の海藻を集めるか，潮間帯泥干潟の表面から深さ5 mmまでくらいの泥を掻き取る．海藻は海水とともにバケツに入れ，強く振って有孔虫を払い落とす．海藻を取り除いて125 μmメッシュの篩で水と堆積物を濾す．泥のサンプルも同様にして125 μmメッシュで洗う．篩上の残存物を海水とともにコンテナーに入れ，後にペトリ皿に移して透過光で観察する．生きている有孔虫は，一般に暗色の細胞質で充たされた房室と殻に粘着しているいる食物片の存在から死骸と識別できる．よく集光された高倍率の顕微鏡で辛抱強く観察すると，仮足や動いたり食物を採ったりする習性が見られる．Arnold（in Hedley & Adams 1974, pp. 154-206）は，生きている有孔虫の採集と飼育について役に立つ情報を記述している．

有孔虫の殻は海成層に非常に多い．現在の海浜砂，潟湖や河口域の泥は，有孔虫の試料を集めるのに大変適している．有孔虫化石は，ジュラ紀以降で，溶脱や酸化作用をひどく被っていなければ，ほとんどあらゆる海成層に含まれている．ある程度固結した泥質あるいはチョーク質の岩石から有孔虫を取り出すには，処理法C, D, E（特にD）を用いると一般にうまくいく（付録を参照）．チョークや石灰岩から処理法Bを用いて非常に良好な群集標本を取り出すこともできるが，非常に硬い石灰岩は，薄片をつくるかピール（方法Nを参照）をとるほかない．砕かれた岩石は洗ってから乾かして篩い分けし，有孔虫殻を集めて処理法G, I, J, Oによってスライド上にマウントする．ほとんどの小型有孔虫は反射光で観察する．時にはマラカイトグリーンあるいは食品着色料の溶液で染め，表面構造などを見やすくして観察する．しかし，殻壁構造や成長様式（growth plan）は標本を濡らして透過光で見た方が観察しやすい．大型有孔虫（および固結した堆積物中の小型有孔虫）は，一般に，可能な限り赤道面と成長軸の2方向の薄片を用いて研究する．単離した個体もポリエステル樹脂に包埋して薄片を作成できる．その方法は，少量の樹脂をポリスチレンの卵ケースかプラスチックの製氷カップの底に注ぎ，1ダースほどの標本個体をその上にまいた後，さらに樹脂で被う．気泡を取り除くには真空吸引ビンで吸引すればよい．乾燥したら樹脂のブロックを取り出し，有孔虫の濃集部分を標準的な方法で薄片にする．この他の有孔虫に関する研究法についてのアイデアはTodd et al.（in Kummel & Raup, 1965, pp. 14-20）およびDouglass（in Kummel & Raup 1965, pp. 20-25），Green（2002）にある．

引用文献

Bandy, O. L. 1964. General correlation of foraminiferal structure with environment. In: Imbrie, J. & Newell, N. D. (eds) *Approaches to Palaeoecology*. John Wiley, New York, pp. 75-90.

Banner, F. T. & Williams, E. 1973. Test structure, organic

skeleton and extrathalmous cytoplasm of *Ammonia* Brünnich. *Journal of Foraminiferal Research* **3**, 49-69.

Bates, M. R., Bates, C. R., Gibbard, P. L., Macphail, R. I., Owen, F. J., Parfitt, S. A., Preece, R. C., Roberts, M. B., Robinson, J. E., Whittaker, J. E. & Wilkinson, K. N. 2000. Late Middle Pleistocene deposits at Norton Farm on the West Sussex coastal plain, southern England. *Journal of Quaternary Science* **15**, 61-89.

Belyaeva, N. V. 1963. The distribution of planktonic foraminifers over the Indian Ocean bottom. *Voprosi Mikropaleontologii* **7**, 209-222 [in Russian].

Benton, M. (ed.) 1993. *The Fossil Record 2*. Chapman & Hall, London.

Berger, W. H. 1971. Planktonic foraminifera : sediment production in an oceanic front. *Journal of Foraminiferal Research* **1**, 95-118.

Billups, K. & Schrag, D. P. 2002. Paleotemperatures and ice volume of the past 27 Myr revisited with paired Mg/Ca and O-18/O-16 measurements on benthic foraminifera. *Paleoceanography* **17**, article no. 1003.

Blanc-Valleron, M. M., Pierre, C., Caulet, J. P., Caruso, A., Rouchy, J. M., Cespuglio, G., Sprovieri, R., Pestrea, S. & Di Stefano, E. 2002. Sedimentary, stable isotope and micropaleontological records of paleoceanographic change in the Messinian Tripoli Formation (Sicily, Italy). *Palaeogeography, Palaeoclimatology, Palaeoecology* **185**, 255-286.

Bolli, H. M., Saunders, J. B. & Perch-Nielsen, K. 1985. *Plankton Stratigraphy*. Cambridge University Press, Cambridge.

Bolli, H. M., Beckmann, J-P. & Saunders, J. B. 1994. *Benthic Foraminiferal Biostratigraphy of the South Caribbean Region*. Cambridge University Press, Cambridge.

Bradley, R. S. 1999. *Paleoclimatology : reconstructing climates of the Quaternary*. International Geophysics Series, vol. 64. Harcourt Academic Press, San Diego.

Brasier, M. D. 1975a. Morphology and habitat of living benthonic foraminiferids from Caribbean carbonate environments. *Revista Espanola de Micropalaeontologia* **7**, 567-578.

Brasier, M. D. 1975b. An outline history of seagrass communities. *Palaeontology* **18**, 681-702.

Brasier, M. D. 1982a. Architecture and evolution of the foraminiferid test - a theoretical approach. In : Banner, F. T. & Lord, A. R. (eds) *Aspects of Micropaleontology*. George Allen & Unwin, London, pp. 1-41.

Brasier, M. D. 1982b. Foraminiferid architectural history : a review using the MinLOC and PI methods. *Journal of Micropaleontology* **1**, 95-105.

Brasier, M. D. 1984. *Discospirina* and the pattern of evolution in foraminiferid architecture. In : *Second International Symposium on Benthic Foraminifera, Pau, April 1983*. Elf Aquitaine, pp. 87-90.

Brasier, M. D. 1986. Form, function and evolution in benthic and planktic foraminiferid test architecture. In : Leadbeater, B. S. C. & Riding, R. (eds) *Biomineralization in Lower Plants and Animals*. Systematics Association Special Volume 30. Clarendon Press, Oxford, pp. 32-67.

Brasier, M. D. 1988. Foraminiferid extinction and ecological collapse during global biological events. In : Larwood, G. P. (ed.) *Extinction and Survival in the Fossil Record*. Systematics Association Special Volume 34. Clarendon Press, Oxford, pp. 37-64.

Brasier, M. D. 1995a. Fossil indicators of nutrient levels. 1 : Eutrophication and climate change. In : Bosence, D. W. J. & Allison, P. A. (eds) *Marine Palaeoenvironmental Analysis from Fossils*. Geological Society Special Publication No. 84, 113-133. The Geological Society, London.

Brasier, M. D. 1995b. Fossil indicators of nutrient levels. 2 : Evolution and extinction in relation to oligotrophy. In : Bosence, D. W. J. & Allison, P. A. (eds) *Marine Palaeoenvironmental Analysis from Fossils*. Geological Society Special Publication No. 84, 133-151. The Geological Society, London.

Castagnoli, G. C., Bonino, G. & Taricco, C. 2002. Long term solar-terrestrial records from sediments : carbon isotopes in planktonic foraminifera during the last millennium. *International Solar Cycle Study (ISCS) : Advances in Space Research* **29**, 1537-1549.

Cavalier-Smith, T. 1993. Kingdom Protoza and its 18 phyla. *Microbiological Review* **57**, 953-994.

Cavalier-Smith, T. 1998. A revised six-kingdom system of life. *Biological Review* **73**, 203-266.

Corlisss, J. C. 1994. An interim utilitarian ('user friendly') hierarchical classification and characterization of the protists. *Acta Protozoologica* **33**, 1-51.

Cummings, R. H. 1955. *Nodosinella* Brady, 1876 and associated Upper Palaeozoic genera. *Micropaleontology* **1**, 221-238.

Curtis, D. M. (ed.) 1976. *Depositional Environments and Paleoecology : Foraminiferal Paleoecology/selected papers reprinted from Journal of Paleontology and Journal of Sedimentary Petrology*. Society of Economic Paleontologists and Mineralogists, Tulsa, Oklahoma.

Cushmann, J. A. 1948. *Foraminifera, their classification and economic use*, 4th edn. Cambridge, MA. Harvard University Press.

Darling, K. F., Wade, C. M., Kroon, D., Leigh Brown, A. J. & Bijma, J. 1999. The diversity and distribution of modern planktic foraminiferal small unit ribosomal RNA genotypes and their potential tracers of present and past ocean circulation. *Paleoceanography* **14**, 3-12.

D'Hondt, S. & Arthur, M. A. 2002. Deep water in the Late Maastrichtian ocean. *Paleoceanography* **17**, article no. 1008.

Dill, H. G. & Dultz, S. 2001. Chemical facies and proximity indicators of continental marine sediments (Triassic to Liassic, SE Germany). *Neues Jahrbuch für Geologie und Paläontologie-Abhandlungen* **221**, 289-324.

Ellis, B. F. & Messina, A. R. 1940 to date. *Catalogue of Foraminifera*. Special Publication, American Museum of Natural History.

Geel, T. 2000. Recognition of stratigraphic sequences in carbonate platform and slope deposits : empirical models based on microfacies analysis of Palaeogene deposits in southeastern Spain. *Palaeogeography, Palaeoclimatology, Palaeoecology* **155**, 211-238.

Glaessner, M. F. 1945. *Principles of Micropalaeontology*. Hafner Press, New York.

Gooday, A. J. 1993. Deep sea benthic foraminiferal species which exploit phytodetritus : characteristic features and controls on distribution. *Marine Micropaleontology* **22**, 187-205.

Green, O. R. 2002. *A Handbook of Palaeontological Techniques*. Kluwer, Rotterdam.

Grigelis, A. A. 1978. Higher foraminiferid taxa. *Paleontological Journal* **121**, 1-9.

Hallock, P. 1985. Why are larger foraminifera large? *Paleobiology* **11**, 195-208.

Hansen, H. J. 1979. Test structure and evolution in the Foraminifera. *Lethaia* **12**, 173-182.

Hart, M. & Carter, D. J. 1975. Some observations on the Cretaceous Foraminiferida of southeast England. *Journal of Foraminiferal Research* **5**, 114-126.

Haslett, S. K. (ed.) 2002. *Quaternary Environmental Micropalaeontology*. Arnold, London.

Hass, H. C. & Kaminski, M. A. (eds) 1997. *Contributions to the Micropaleontology and Paleoceanography of the Northern North Atlantic (collected results from the GEOMAR Bungalow Working Group)*. The Gryzbowski Foundation, Krakow.

Haynes, J. R. 1981. *Foraminifera*. Macmillan, London.

Haynes, J. R. 1990. The classification of the Foraminifera – a review of historical and philosophical perspectives. *Palaeontology* **33**, 503-528.

Hedley, R. H. & Adams, C. G. 1974. *Foraminifera*, vol. 1. Academic Press, London.

Hemleben, C., Spindler, M. & Anderson, O. R. 1989. *Modern Planktonic Foraminifera*. Springer-Verlag, New York.

Hermelin, J. O. & Shimmield, G. B. 1990. The importance of the oxygen minimum zone and sediment geochemistry in the distribution of Recent benthic foraminifera in Northwest Indian Ocean. *Marine Geology* **91**, 1-29.

Holzmann, M. & Pawlowski, J. 1997. Molecular, morphological and ecological evidence for species recognition in *Ammonia* (Foraminifera, Protozoa). *Journal of Foraminiferal Research* **27**, 311-318.

Huber, B. T., Bijma, J. & Darling, K. 1997. Cryptic speciation in the living planktonic foraminifer *Globigerinella siphonifera* (d'Orbigny). *Paleobiology* **23**, 33-62.

Jenkins, D. G. & Murray, J. W. (eds) 1989. *Stratigraphical Atlas of Fossil Foraminifera*. Ellis Horwood, Chichester.

Jones, R. W. 1996. *Micropalaeontology in Petroleum Exploration*. Oxford Science Publications, Clarendon Press, Oxford.

Kafescioglu, I. A. 1971. Specific diversity of planktonic foraminifera on the continental shelves as a paleobathymetric tool. *Micropaleontology* **17**, 455-470.

Keeling, P. J. 2001. Foraminifera and cercozoa are related in actin phylogeny : two orphans find a home? *Molecular Biology and Evolution* **18**, 1551-1557.

Keller, G., Adatte, T., Stinnesbeck, W. *et al.* 2002. Paleoecology of the Cretaceous-Tertiary mass extinction in planktonic foraminifera. *Palaeogeography, Palaeoclimatology, Palaeoecology* **178**, 257-297.

Kucera, M. & Kennett, J. P. 2002. Causes and consequences of a Middle Pleistocene origin of the modern planktonic foraminifer *Neogloboquadrina pachyderma* sinistral. *Geology* **30**, 539-542.

Kummel, B. & Raup, D. (eds) 1965. *Handbook of Paleontological Techniques*. W. H. Freeman, San Francisco.

Lee, J. J. & Anderson, O. R. (eds) 1991. *Biology of Foraminifera*. Academic Press, London.

Lipps, J. (ed.) 1993. *Fossil Prokaryotes and Protists*. Blackwell Scientific Publications, Oxford.

Loeblich Jr. A. R. & Tappan, H. 1964. Protista 2 ; Sarcodina, chiefly 'Thecamoebians' and Foraminiferida. In : Moore, R. C. (ed.) *Treatise on Invertebrate Palaeontology, Part C*, 2 vols. Geological Society of America and University of Kansas Press, Lawrence, Kansas.

Loeblich Jr. A. R. & Tappan, H. 1988. *Foraminiferal Genera and their Classification*. Van Nostrand Reinhold, New York.

McIlroy, D., Green, O. R. & Brasier, M. D. 2001. Palaeobiology and evolution of the earliest agglutinated Foraminifera : Platysolenites, Spirosolenites and related forms. *Lethaia* **34**, 13-29.

Moguilevsky, A. & Whatley, R. (eds) 1996. *Microfossils and Oceanic Environments*. University of Wales, Aberystwyth Press, Aberystwyth.

Morley Davies, A. 1971. *Tertiary Faunas*, 2nd edn (revised by F. E. Eames & R. J. G. Savage), vol. 1. *The composition of Tertiary faunas*. George Allen & Unwin, London.

Mulitza, S., Durkoop, A., Hale, W., Wefer, G. & Niebler, H. S. 1997. Planktonic foraminifera as recorders of past surface-water stratification. *Geology* **25**, 335-338.

Murray, J. W. 1979. *British Nearshore Foraminiferids : keys and notes for the identification of the species*. Published for the Linnean Society of London and the Estuarine and Brackish-water Sciences Association by Academic Press, London.

Murray, J. W. 1991. *Ecology and Palaeoecology of Benthic Foraminifera*. Longman, Harlow, Essex.

Naidu, P. D. & Malmgren, B. A. 1996. Relationship between Late Quaternary upwelling history and coiling properties of *Neogloboquadrina pachyderma* and *Globigerina bulloides* in the Arabian Sea. *Journal of Foraminiferal Research* **26**, 64-70.

Oberhänsli, H. 1992. Planktonic foraminifers as tracers of ocean currents in the eastern South Atlantic. *Paleoceanography* **7**, 607-632.

Oxford, M. J., Gregory, F. J., Hart, M. B., Henderson, A. S., Simmons, M. D. & Watkinson, M. P. 2002. Jurassic planktonic foraminifera from the United Kingdom. *Terra Nova* **14**, 205-209.

Paul, C. R. C., Lamolda, M. A., Mitchell, S. F., Vaziri, M. R., Gorostidi, A. & Marshall, J. D. 1999. The Cenomanian-Turonian boundary at Eastbourne (Sussex, UK) : a proposed European reference section. *Palaeogeography, Palaeoclimatology, Palaeoecology* **150**, 83-121.

Pawlowski, J. 2000. Introduction to the molecular systematics of foraminifera. *Micropaleontology* **46**, supplement 1, 1-12.

Pawlowski, J. & Holzmann, M. 2002. Molecular phylogeny of Foraminifera – a review. *European Journal of Protistology* **38**, 1-10.

Pawlowski, J., Bolivar, I., Fahrni, J., De Vargas, C., Gouy, M. & Zaninetti, L. 1997. Extreme differences in rates of molecular evolution of foraminifera revealed by comparison of ribosomal DNA sequences and the fossil record. *Molecular Biology and Evolution* **14**, 498-505.

Pessagno, E. A. & Miyano, K. 1968. Notes on the wall structure of the Globigerinacea. *Micropaleontology* **14**, 38-50.

Pokorny, V. 1963. *Principles of Zoological Micropalaeontology* (English translation edited by J. W. Neale), vol. 1. Pegammon Press, Oxford.

Price, G. D. & Hart, M. B. 2002. Isotopic evidence for Early to mid-Cretaceous ocean temperature variability. *Marine Micropaleontology* **46**, 45-58.

Resig, J. M., Lowenstam, H. A., Echols, R. J. & Weiner, S. 1980. An extant opaline foraminifera : test ultrastructure, mineralogy and taxonomy. *Cushman Foundation Foraminiferal Research Special Publication* **19**, 205-214.

Roe, H. M., Charman, D. J. & Gehrels, W. R. 2002. Testate amoebae in coastal deposits in the UK : implications for studies of sea-level change. *Journal of Quaternary Science* **17**, 411-429.

Saidova, Kh. M. 1967. Sediment stratigraphy and palaeogeography of the Pacific Ocean by benthonic Foraminifera during the Quaternary. *Progress in Oceanography* **4**, 143-151.

Schafer, C. T. & Pelletier, B. R. 1976. *First International Symposium on Benthonic Foraminifera of Continental Margins*. Special Publication, Maritime Sediments no. 1 (2 vols).

Schmiedl, G. & Mackensen, A. 1997. Late Quaternary paleoproductivity and deep-water circulation in the eastern South Atlantic Ocean. Evidence from benthic foraminifera. *Palaeogeography, Palaeoclimatology, Palaeoecology* **130**, 43-80.

Schmitz, B., Keller, G. & Stenvall, O. 1992. Stable isotope and foraminiferal changes across the Cretaceous-Tertiary boundary at Stevns Klint, Denmark – arguments for longterm oceanic instability before and after bolide-impact event. *Palaeogeography, Palaeoclimatology, Palaeoecology* **96**, 233-260.

Schnitker, D. 1994. Deep sea benthic foraminifers : food and bottom water masses. In : Zahn, R. et al. (eds) *Carbon Cycling in the Glacial Ocean : constraints on the ocean's role in global change*. Spriner-Verlag, Berlin, pp. 539-553.

Sen Gupta, B. K. 1988. Water mass relation of the benthic foraminifer *Cibicides wuellerstorfi* in the eastern Caribbean Sea. *Bulletin de l'Institut de Géologie du Bassin d'Aquitaine (Bordeaux)* **44**, 23-32.

Sen Gupta, B. K. (ed.) 1999. *Modern Foraminifera*. Kluwer Academic Publishers, Boston.

Shackleton, N. J. 2000. The 100,000-year ice-age cycle identified and found to lag temperature, carbon dioxide and orbital eccentricity. *Science* **289**, 1897-1902.

Shackleton, N. J. & Kennett, J. P. 1975. Paleotemperature history of the Cenozoic and the initiation of Antarctic glaciation : oxygen and carbon isotope analyses in Deep Sea Drilling Project sites 277, 279 and 281. *Initial Reports of the Deep Sea Drilling Project* **29**, 743-755.

Sliter, W.V. 1972. Upper Cretaceous planktonic foraminiferal zoogeography and ecology – eastern Pacific margin. *Palaeogeo-graphy, Palaeoclimatology, Palaeoecology* **12**, 15-31.

Stehli, F. G. & Creath, W. B. 1964. Foraminiferal ratios and regional environments. *Bulletin, American Association of Petroleum Geology* **48**, 1810-1827.

Swain, F. M. (ed.) 1977. *Stratigraphic Micropalaeontology of Atlantic Basin and Borderlands*. Elsevier, Amsterdam.

Tappan, H. & Loeblich Jr. A. R. 1988. Foraminiferal evolution, diversification and extinction. *Journal Paleontology* **62**, 695-714.

Waelbroeck, C., Labeyrie, L., Michel, E., Duplessy, J. C., McManus, J. F., Lambeck, K., Balbon, E. & Labracherie, M. 2002. Sea-level and deep-water temperature changes derived from benthic foraminifera isotopic records. *Quaternary Science Reviews* **21**, 295-305.

16章　ラディオゾア（棘針類，濃彩類，放散虫類）とヘリオゾア
Radiozoa (Acantharea, Phaeodarea and Radiolaria) and Heliozoa

　Cavalier-Smith（1987）は，海生動物プランクトンの棘針綱（Acantharea），濃彩綱（Phaeodarea），放散虫亜門（Radiolaria）がいずれも中心嚢（central capsule）をもつ点で一括されるとし，これをまとめて新しくラディオゾア（Radiozoa）「門」*を創設した．化石として保存される放散虫類には，シリカの骨格をもつ Spumellaria 目と Nassellaria 目を含む多泡綱（Polycystinea）と，シリカと有機質が混合した物質からなる濃彩綱とがある．棘針綱は硫酸ストロンチウム（すなわち天青石 $SrSO_4$）の骨格をもつ．放散虫類はカンブリア紀から化石記録に現れ，地理的にはほぼ世界中に分布し，生息深度は有光層から深海平原にまで及ぶ．放散虫類は中生代と新生代の深海堆積物の生層序と古海洋の復元に最も有力な微化石である．
［訳注］*：最近では，Radiozoa 門ではなく，Radiolaria 亜門を格上げして，Radiolaria 門を用いることが多い．

　ヘリオゾア（太陽虫）門（Heliozoa）はほぼ球形の殻（内骨格 endoskeleton）をもつ自由浮遊の原生生物である．シリカでできた繊細な内骨格を覆って放射状に伸びる糸状の仮足（pseudopodia）をもつ．化石ヘリオゾア類は，大きさ 500 μm 以下の鱗片（scale）あるいは棘（spine）として，更新世から現世の海成層，あるいは淡水成層に産出する．

ラディオゾア門 （Radiozoa）

現生放散虫

　単細胞の放散虫個体は，平均 50〜200 μm の直径で，群体をつくると何メートルという長さにまでなる．各細胞の細胞質（cytoplasm）は，中心嚢（central capsule）（図 16.1 (a)）と呼ばれる孔のあいた有機質の被膜によって，外側の外質（ectoplasm あるいは外層 extracapsulum）と，内部の内質（endoplasm あるいは内層 intracapsulum）に二分される．これは放散虫に独特の構造である．内質の中には一つの核（nucleus）か，多核型の種では複数の核（nuclei）がある．中心嚢から仮足が放射状に伸び，その仮足には糸状の糸状足（filopodia）と，繊維束の中心軸をもつ硬い軸足（axopodia）とがある．一般的に外質には嚢外原形質（ectoplasm）と呼ばれるゼラチン質の泡状の部分（泡胞 calymma）があり，褐虫藻（zooxanthella）という黄色共生藻類を多数含んでいる．Spumellaria 目のいくつかの放散虫では，骨格が見えなくなるほど嚢外原形質の量が多いことがある．

　ふつうは鉱物質の骨格（skeleton）が細胞の内部に存在する．骨格は，最も単純なものでは体の中心から放射状に伸びる放射要素（radial element）か，同心円状に発達する接線要素（tangential element）か，あるいはその両方の要素で構成される．放射要素は，散在的な骨針（spicule），外層の棘（external spine），内層の梁（bar）からなる．これらは中空であったり中が詰まっていたりするが，主として軸足を支える役目をする．接線要素は，存在する場合には，一般に多くの孔をもつ格子状殻（lattice shell）をつくり，その形態は球形であったり，紡錘形，円錐形などきわめて変化に富む（図 16.1 (b), (c)）．またしばしば，同心円状あるいは覆い重なるような格子状殻をつくることがある．

　骨格の組成はラディオゾア門の中でも異なる．棘針綱は硫酸ストロンチウムからなり，多泡綱（Spumellaria 目と Nassellaria 目）はオパール質シリカ，濃彩綱では 20% までのオパール質シリカを含む有機質からなる．放散虫類は壊れた骨格の部位を修復することができ，骨格を付加して成長する．プランクトン試料の中で，成体と幼生との間に移行的な形態が見られないことは，成長過程において骨格物質が単に付加するというような簡単なものではないことを示している．

　放散虫類は分裂によって増殖するが，遊走細胞（swarmer）と呼ばれる鞭毛をもつ細胞を放出して有性生殖もするようである．Collosphaeridae 科（Spumellaria 目）では，分裂した細胞は互いにくっついたままでコロニーを構成する．放散虫の個体は，1 カ月以上は生きないと考えられ，海生動物プランクトンとして，細菌食やデトリタス食，雑食，分解食（osmotroph）などの幅広い栄養摂取型をとる（Casey,

バクテリア）を捉え，麻痺させる．食物粒は嚢外原形質の中にある液胞（vacuole）で消化され，栄養物質は中心嚢の孔を通して内質に運ばれる．有光層に生息する種には褐虫藻をもつものもあり，共生によって生き延びることができる．

放散虫はいくつかの方法で浮力を保っている．脂肪球の集積あるいはガスのつまった液胞によって比重を下げたり，骨格の棘にそって長く堅い軸足を伸ばすことによって摩擦抵抗を増したり，骨格の孔から細胞質を外に出して重量を減らしたりしている．さらに，球状あるいは円盤状の骨格は，有孔虫，円石藻，珪藻のように沈下を防ぐ装置となっている．Nassellaria目の塔状やベル状の骨格が，珪質鞭毛藻類のように下向きに口を開き，殻の軸を垂直に保っているのは上昇流のあるところへの適応のように見える．

放散虫の分布と生態

現生放散虫類は外洋環境を好む．ことに大陸斜面の外洋側海域のような，表層海流が発散し深層から栄養塩類が供給されて，食物となるプランクトンが豊富な環境を好む．放散虫の多様性が最も高く個体数が多いのは赤道域で，そこでは $1\,m^3$ 当たり 82,000 個体もいるが，周極海域（subpolar seas）にも珪藻とともに多く生息している（図16.2）．放散虫は食物とシリカの量，海流と水塊の変化に対応して，季節的に大繁殖する傾向がある．

栄養摂取型の違うものはそれぞれ海洋の異なった場所に棲んでいる．植物食のものは表層 200 m までのところに限られ，共生生物から栄養を得ているもの（symbiotroph）は亜熱帯環流域（subtropical gyre）や暖海の陸棚域に優占的に生息する．デトリタス食や細菌食のものは高緯度の浅い表層水より下の層に多く生息する．群集組成は水深によって異なり，それぞれの群集は物理化学的に異なる水塊分布に対応しているようである（図16.3）．群集の境界は水深 50，200，400，1,000，4,000 m にあることが報告されているが，これらの水深は緯度によって異なる．棘針綱とSpumellaria目は，ふつうは有光層（200 m 以浅）で優占し，Nassellaria目と濃彩綱は 2,000 m より深いところに多い．放散虫のいくつかの種は生息する水深の幅が広く，その幼体や小型の成体は，その種が分布する水深の浅い方に，また大型の成体は深い方に棲む傾向がある．

放散虫の地理的分布は大洋の大循環と水塊の分布に直接規制されている．この放散虫地理区の境界は，熱

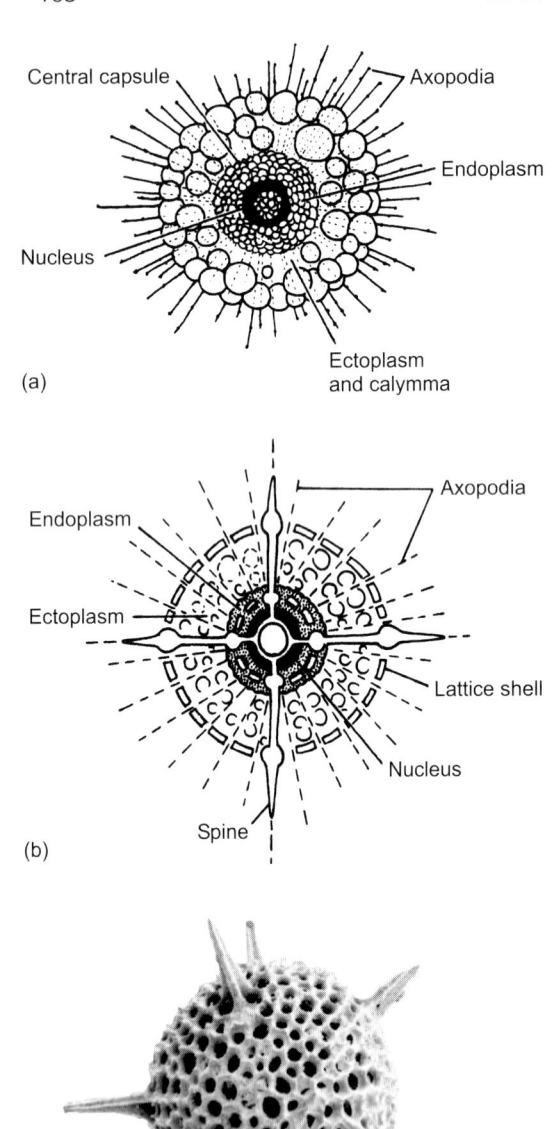

図 16.1 (a) 殻をもたない放散虫 *Thalassicola* の断面．外側に泡胞（calymma）が取り巻き，中心より軸足（axopodia）がでて浮遊物を捕らえている．(b) Spumellaria目の断面．同心状に三重になった格子状殻（lattice shell）と放射状の棘（spine）に対する核（nucleus），内質（endoplasm），外質（ectoplasm）との関係を示す．(c) 新第三紀 Spumellaria目の走査型電顕写真．((b) Westphal 1976 から引用）

in Lipps 1993, pp. 249–285）．サイズが大きくなるにつれて，植物食から雑食に移る傾向がある（Anderson 1996）．多くの種はその放射状に伸びた粘着質の軸足を使って，通り過ぎていく生物（植物プランクトンや

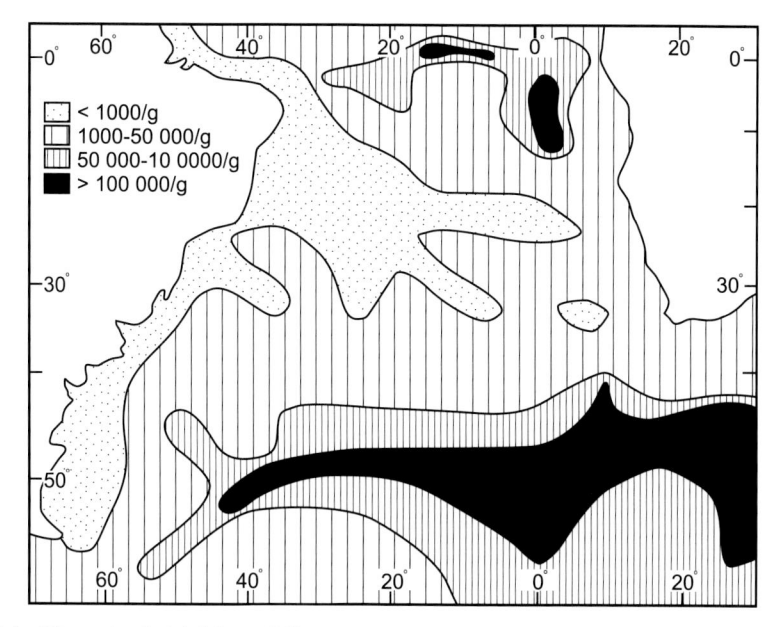

図16.2 南大西洋における表層堆積物中の放散虫の産出頻度分布（堆積物1g中の個体数）．(Goll & Bjorklund 1974 を一部改変)

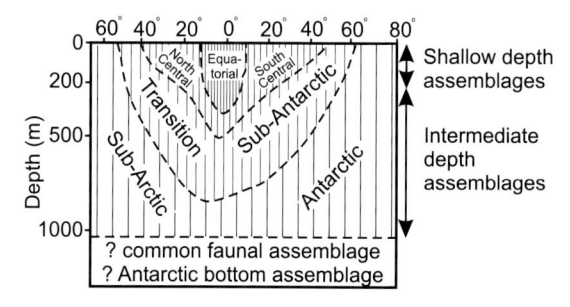

図16.3 太平洋の西経170°測線にそった断面における多泡綱（Polycystinea）放散虫群集の緯度および深度分布．(Casey, in Funnell & Reidel 1971, fig. 7.1 を一部改変)

帯および亜熱帯における主要な海流の収束域と一致しているので，その分布は新生代における海流と水塊の変遷史を描く（Casey et al. 1983；Casey 1989を参照）のに用いられ，古水温を示す代替えの指標（proxy）とされた．温度勾配やシリカその他の主要な栄養塩類量の勾配は，おそらく現生の放散虫量の緯度的分布に影響を与えているであろう（Abelmann & Gowing 1996）．現在の海洋では，浅海で8区，深海で7区の放散虫地理区が認定されている（Casey et al. 1982；Casey 1989）．その中で，亜熱帯反環流域（Subtropical Anticyclonic Gyre Province）は，種の多様性が最も高く，個体の密度や種の固有性も最も高い．これは，この区域に生息する放散虫種の大部分に共生藻類がいるということを反映しているものと思われる．深海の

地理区も深層水の水塊分布に関係しているようである．有孔虫の例と同様に，周極水域の表層部に生息する寒冷種のいくつかは，赤道域ではずっと深いところにいる（図16.3）．

放散虫類と堆積学

棘針綱の硫酸ストロンチウム（$SrSO_4$）の骨格と濃彩綱のシリカ量が少ない管状の骨格は，死後，海水中あるいは深海底で非常に溶解しやすいので，化石には残りにくい．これに対して，Spumellaria目とNassellaria目の硬いオパール質の骨格はきわめて抵抗性があり，珪質鞭毛藻や珪藻よりも丈夫である．それでも海水はシリカに関して著しく不飽和なので，これらはすべて溶解を受けている．炭酸カルシウム補償深度（ふつうは水深3,000〜5,000m）より下層では，ほとんどすべての炭酸カルシウム（$CaCO_3$）が溶解してしまうので，シリカからなる放散虫や珪藻の殻ばかりが集まった軟泥が堆積するようになる．放散虫軟泥は，主として生産性の高い赤道太平洋域の水深3,000〜4,000mの海底に見出され，そこでは，放散虫の遺骸は堆積物1g当たり10万個体にも達する．放散虫は海成の珪藻軟泥，グロビゲリナ軟泥，ココリス軟泥などにも豊富に含まれている．

水深が増すとともに放散虫殻の溶解も進み，より繊細な骨格から先に失われ，深海堆積物中の放散虫量は減少する（図16.4）．放散虫の遺骸が海底に達するま

でに時間がかかる．あるいは堆積速度が遅ければ，それだけ骨格が溶解するチャンスも増し，化石群集の組成に偏りを生じることになる．深海平原の赤色軟泥は主に火山灰と宇宙塵からなり，放散虫の骨格のうち最も抵抗力のある部分と魚の骨だけが残り，他の遺骸は見られない．放散虫が最もよく保存されるのは，橈脚類（甲殻類）の糞塊に含まれて大洋底まで急速に沈下した場合である（Casey, in Swain 1977, p. 542）．

放散虫化石はチャート層中に発見されることが多い．中生代や新生代の石灰質の遠洋性堆積物中に挟まれて発見されるチャートの団塊は，現在と同様に，プランクトンの豊富な湧昇流域の深海底堆積物であろうと思われる（Casey 1989 を参照）．古生代の地層中の塊状および層状チャート（ribbon-bedded chert あるいは放散虫岩 radiolarite）は，過去の大洋地殻を示すと解釈される黒色頁岩や塩基性火山岩をともなっている．過去の放散虫岩は現在のアラビア海のOwen 海盆やSomalia 海盆の堆積物と比較され，どちらも狭く部分的に閉鎖的な海盆で，活発なモンスーンによる湧昇流（monsoonal upwelling）が生じるところである*．しかしながら，古生代における最高の放散虫群集は陸棚相（Holdsworth, in Swain 1977, pp. 167-184）のものであり，このことについてBogdanov & Vishnevskaya（1992）は，放散虫の生息域が，古生代の浅い炭酸塩に富む陸棚から現在の外洋域に限られた環境に移動したとしている．

［訳注］*：放散虫岩の形成機構は，現在の一般的理解では，炭酸カルシウム補償深度より深く大陸から遠く離れた深海平原上で，主として放散虫殻が集積して形成されたと考えられている．

他の微化石と同様に，放散虫は洗い出されて若い堆積物中に再埋没されることが非常に多い．このような堆積物中における放散虫の諸性質については，Anderson（1983），Sanfilippo *et al.*（in Bolli *et al.* 1985），Casey（in Lipps 1993, pp. 249-285）などがより詳細に論じている．

放散虫類の分類

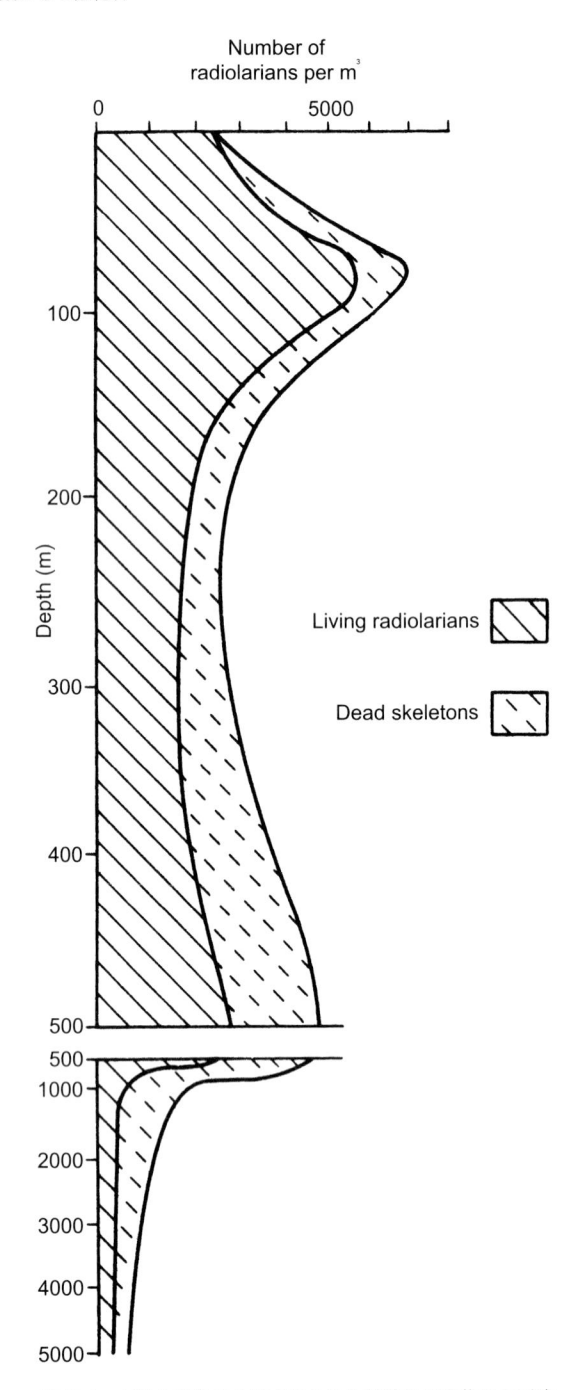

図 16.4 中部太平洋の1測点における放散虫の生体および遺骸の垂直分布（海水1 m³中の個体数で示す）．（Petrushevskaya, in Funnell & Reidel 1971, fig. 21.4 から引用）

放散虫類の分類は流動的な状態にある．現生の放散虫類は，鉱化していない（したがって化石にならない）中心嚢の形態と骨格の組成や幾何学的な構造によって細分されている．一方，化石放散虫は骨格の形態で分類している．いろいろな地質時代に，その当時存在していた種類に合わせた分類体系が用いられてきた．それらを合理的に整理しようという試みがはじめられている．本書で用いている体系（Box 16.1）は，Hart & Williams（in Benton 1993, pp. 66-69）が提唱したもので，Cavalier-Smith（1993）の推奨に従って一部修

Box 16.1 放散虫類の分類

代表的な種類の概略図を示す．(Casey, in Lipps 1993, fig. 13.5 から引用)

POLYCYSTINEA 綱（多泡類）
ARCHAEOSPICULARIA 目：下部古生界の放散虫（以前は Spumellaria 目と Collodaria 目にしていた）．殻全体が球形で数本の骨針をもつのが特徴．この「目」の仲間のいくつかは最初期の放散虫で，Spumellaria 目と Albaillellidae 科の祖先らしい．

SPUMELLARIA 目 Actinommidae 科：多孔質の球形．汎世界的に分布．?Trias.-Rec.	*Actinommidium*	Phacodiscidae 科：レンズ状または両凸状の円盤形．暖水性．?Palaeo./Meso.-Rec.	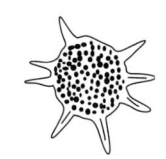
Coccodiscidae 科：レンズ形．格子状の中央部と多孔質の殻室縁辺帯（chambered girdle）あるいは腕（arm）をもつ．Meso.-Eoc.	*Lithocyclia*	Pseudoaulophacidae 科：レンズ状で，ふつうは三角形．通常，2, 3 本の縁辺棘をもつ．Cret.(Vlg.-Maa.)	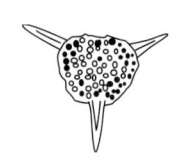
Collosphaeridae 科：単一の球形，通常は孔の面積より孔間の面積の方が広い．外側突起物の発達は弱い．ふつう群体をなし，共生生物をもつ．貧栄養の暖水反環流（anticyclonic gyres）に生息する．Mioc.-Rec.	*Collosphaera*	Pyloniidae 科：骨格は縁辺帯と孔（入り口）のある楕円形．暖水性．Eoc.-Rec.	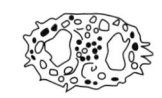
Entactiniidae 科：球形あるいは楕円形．殻構造は格子状で，梁（bar）は骨格の中心を通る．E. Sil.-Carb.		Spongodiscidae 科：円盤状，多孔質のグループをまとめた多系統群．Dev.-Rec.	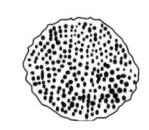
Hagiastriidae 科：多孔質で，長方形の網目と 2～4 本の大きな放射状の腕（arm）をもつ．Palaeo.-Meso./Rec.		Sponguridae 科：多系統群で，円盤状と多孔質の種類からなる多くの小グループを含む．汎世界的に分布．Meso.-Rec.	
Litheliidae 科：コイル状に巻き，格子構造のある種類．きつく巻いた形態型は冷水域に，また緩く巻いた形態型は暖水域に生息．汎世界的に分布．Carb.-Rec.	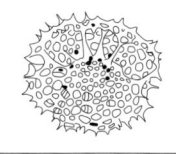	Tholoniidae 科：外側の殻はバルブ状の突起物をもつ楕円形．深海の冷水域に生息．Mioc.-Rec.	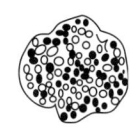
Orosphaeridae 科：多角形の粗い格子をもち，球状あるいはカップ状．ふつうは大型個体．Eoc.-Rec.			

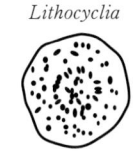

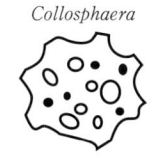

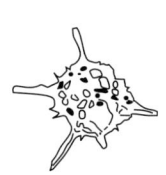

Box 16.1　(続)

NASSELLARIA 目：円錐形の多泡綱 (Polycystinea) 放散虫.
SPYRIDA 亜目
CYRTIDAE 亜目

Acanthodesmiidae 科：D字形の棘のある環状骨 (sagittal ring), あるいは格子のある二葉の殻室からなり, その内部にD字形の棘のある環骨をもつ. 主として暖水の浅海に生息し, 共生生物をもつ. Ceno.		Eucyrtinidae 科：ふつう二つ以上の後頭部殻室 (postcephalic chamber) をもつ. Spongocapsidae, Syringocapsidae, Xitidae 科はこの「科」に含められる. 主に暖水域に生息. Meso.-Rec.	
Amphipyndacidae 科：小型で, ふつうは無孔の頭部室 (cephalis) があり, 数個の後頭部接合部 (postcephalic joint) をもつ. 暖水域に生息. Cret.-Eoc.		Plagoniidae 科：胸部室 (thorax) と, 時には頭部室の殻壁は極端に縮小して骨針状になることがある. 棘は, 通常は短くなっている. 汎世界的に分布. 似たような棘は中・古生代に知られている. Mio.-Rec.	
Artostrobiidae 科：頭部室は葉状または管状で, 殻孔は横方向に配列する. 寒冷-深海生の種は暖水性の種に比べてより頑丈. Cret.-Rec	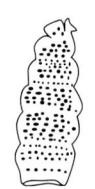	Pterocorythidae 科：大型で細長く葉状. 殻孔のある頭部室と, ふつう頭部室より後に二つ以上の殻室ができる. 長い棘が頭部室から出る. 暖水域の種類. Eoc.-Rec.	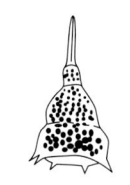
Cannobotrythidae 科：葉状で不規則な殻孔のある頭部室は管状に伸びることがある. 汎世界的に分布. 暖水性と冷水性種がある. Cret. あるいは L. Palaeog.-Rec.	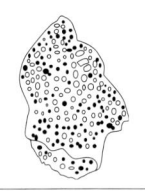	Rotaformiidae 科：レンズ状の外形で, 中央部には Nassellaria 型の頭部室を包み込んでいる. Cret.	
Carpocaniidae 科：頭部室は小さく, 一般に細長い胸部室に隠れている. 暖水性. Eoc.-Rec.		Theoperidae 科：小型で球状, 頭部室の後方に一つまたはそれ以上の殻室をもつ；頭部室には殻孔がないが, 頂棘が一つある. 冷水性. Trias.-Rec.	

PHAEODAREA 綱（濃彩類）：保存性が悪いために, このグループの化石記録は稀である. Challengeridae と Getticellidae の2科が Tort. (Mioc.)-Rec. から報告されている.
SPASMARIA 亜門
ACANTHAREA 綱（棘針類）：化石としては非常に稀であるが, Holacantharia 目と Euacantharia 目を含む.

分類上, 放散虫類かどうか不明なものとして次の「科」があげられる.
  Albaillellidae 科：Sil.-Carb.   Inaniguttidae 科 = Palaeoactinommidae L. Ord.-U. Sil.
  Anakrusidae 科：U. Ord. (U. Car.-Ash.) Palaeoscenidiidae 科？：Ord./Dev.-Carb.
  Archeoentactiniidae 科：M. Camb.   Palaeospiculumidae 科：M. Camb.
  Ceratoikiscidae 科：M. Sil.   Pylentonemiidae 科：Ord.
  Haplentactiniidae 科：L. Ord./Sil.-Perm.

16章 ラディオゾア（棘針類，濃採類，放散虫類）とヘリオゾア

正してある．「属」以上の分類単位については非公式であると考えるのが最もよいだろう．

原生動物界（Kingdom PROTOZA）
アクティノポーダ小界（Parvkingdom ACTINO-PODA）
ラディオゾア門（Phylum RADIOZOA）
放散虫亜門（Subphylum RADIOLARIA）
多泡綱（Class POLYCYSTINEA）

多泡綱は一般に球形である．古生代の球形の放散虫（Archaeospicularia 目）は，後の時代の Spumellaria 目にそれほど近い種類ではないと思われ，まだよく調べられていない数種類のグループからなる分類群である（Holdsworth, in Swain 1977, pp. 167-184 を参照）．たとえば *Entactinosphaera*（late Dev.-Carb., 図 16.5 (a)）は，6本の放射状内部骨針（six-rayed internal spicule）が二重あるいはそれ以上の同心円状の格子状殻（lattice shell）を支えている．

Spumellaria 目：骨格は球形または円盤形の格子状殻からなり，数重の同心円状の格子状殻には放射棘（radial spine）と連結梁（supporting bar）がある．*Thalassicola*（Rec., 図 16.1 (a)）では，骨格を欠くか連結していない骨針からなる．*Actinomma*（Rec., 図 16.5 (c)）は球形で三重の同心円状の格子状殻をもち，大小の放射棘と梁（bar）がある．*Dictyastrum*（Jur.-Rec., 図 16.5 (d)）は扁平な骨格で，三重の同心円状の殻室（chamber）に3本の放射状の腕（arm）がついている．これと近縁な属でも，放射状に伸びた連結骨針（radial beam）が殻室を殻小室（chamberlet）に分けている．*Albaillella*（Carb., 図 16.5 (b)）は左右対称で三角形の骨格をもつグループで，シルル紀から石炭紀に栄えた．その分類上の位置ははっきりしないが，Holdsworth（in Swain 1977, p. 168）は別の亜目（Albaillellaria）に含めた．しかし，後の時代に出現する Nassellaria 目と比較されることもある．

Nassellaria 目：ふつう主骨針（primary spicule）と，環状骨（ring）あるいは格子状殻（lattice shell）から構成される．主骨針は 3, 4, 6本，あるいはそれ以上の数の条（ray）からなり，その形は単純なものから分岐したもの，連結したものまである．たとえば *Campylacantha*（Rec., 図 16.6 (a)）では，骨格は3本の骨針からなり，それぞれの骨針は短く分岐した同じような棘をもつ．いくつかの系統では，これらの骨

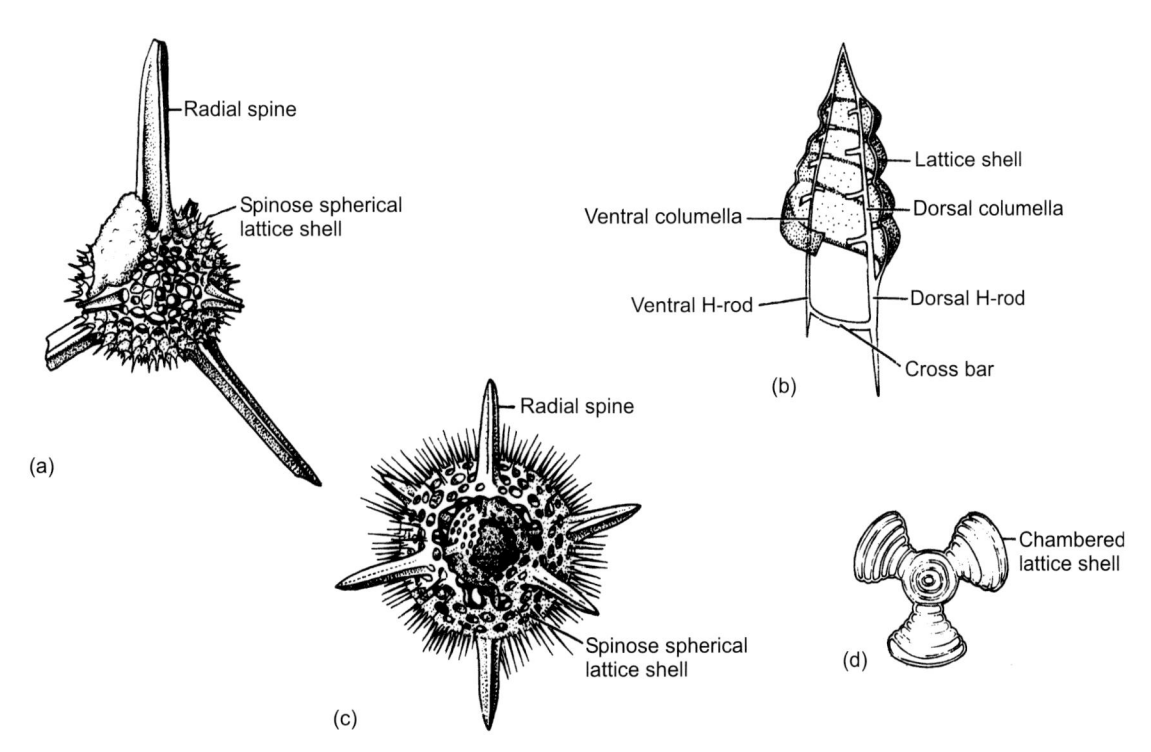

図 16.5 多泡綱（Polycystinea）放散虫．(a) *Entactinosphaera* ×195. (b) *Albaillella*（スケール不明）．(c) *Actinomma*（スケール不明）．(d) *Dictyastrum* ×66. ((a) Foreman 1963, (b) Holdsworth 1969, (c), (d) Campbell 1954 から引用）

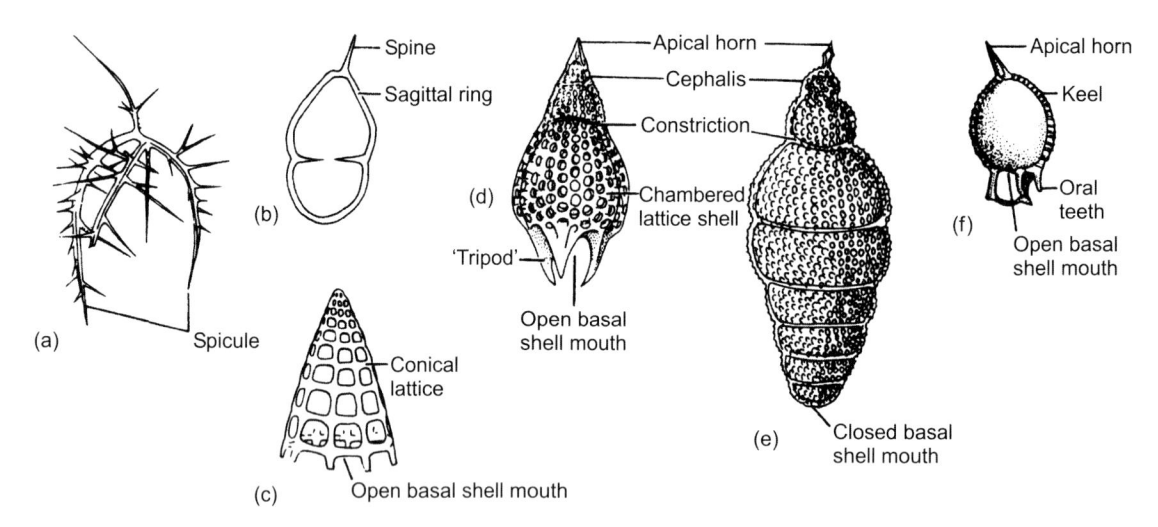

図 16.6 Nasellaria 目と濃彩綱（Phaeodariea）放散虫．(a) *Campylacantha* ×200，(b) *Acanthocircus* ×40，(c) *Bathropyramis* ×133，(d) *Podocyrtis* ×100，(e) *Cyrtocapsa* ×200，(f) *Challengerianum* ×187．((a)～(e) Campbell 1954 から引用；(f) Reshetnjak, in Funnell & Riedel 1971, fig. 24.19b から一部改描)

針が進化して，棘のある環状骨（sagittal ring）に形を変えている．時には三脚（三足骨針 tripod）のように底部に脚ができる．*Acanthocircus*（Cret., 図 16.6 (b)）では，この環状骨に単純な 3 本の棘があり，そのうちの 2 本は内側を向いている．

より複雑な格子状殻をもつ分類群の進化については，主骨針あるいは環状骨要素の形態の研究によって追跡することができる（Campbell 1954 を参照）．格子状殻は球形，円盤形，楕円形，あるいは紡錘形であり，殻室（chamber あるいは節 segment）は，部分的に前の殻室を覆い隠しながら次々と構築されていく棘針綱や Spumellaria 目の骨格とは，末端極（terminal pole）に広い口（aperture，基底部にある殻の開口）があるという点で異なる．これは開口しているか，または格子状殻で塞がれている場合がある．最初につくられた殻室（頭部室 cephalis）は閉ざされていて，すでに述べたように主骨針を含む．頭部室には頂棘（apical horn）などの特徴的な構造もある．2 番目にできる殻室は胸部室（thorax）と呼ばれる．3 番目の殻室は腹部室（abdomen）で，時には腹部室後の節（post-abdominal segment）が続くことがある．各殻室は '継ぎ目' あるいはくびれ（constriction）によって境されている．*Bathropyramis*（Cret.-Rec., 図 16.6 (c)）は円錐形の格子状殻で，長方形の殻孔（pore）があり，円錐底の開口部の周囲には約 9 本の放射棘がある．*Podocyrtis*（Cret.-Rec., 図 16.6 (d)）は円錐形で，節（segment）に別れた骨格をもち，頂棘があり，また開口部の周りには 3 本の棘からなる '三足骨針' をもつ．紡錘形をした *Cyrtocapsa*（Jur.-Rec., 図 16.6 (e)）では，次々と繋がる殻室が顕著な節をつくり，基底の開口部は格子状殻で閉じられている．

濃彩綱（Class PHAEODAREA）

骨格は，有機物質が 95%，オパール質（非結晶質）シリカが 5% で，中空または中が詰まった要素からなる格子状殻を構築し，しばしば，スタイル（花柱 style）と呼ばれる複雑な樹状の棘をもつ．中心嚢はこれまでに述べたグループのような一重の壁（wall）ではなく，二重壁で，基底の開口部は Nassellaria 目に似る．*Challengerianum*（Mioc.-Rec., 図 16.6 (f)）のような頑丈な殻だけが化石に知られている．この属は卵形で，頂棘や縁辺キール（marginal keel）と開口した基底部の周囲に開口歯（oral teeth）をもっている．また骨格の壁は珪藻に似た細かな六角形の篩状である．

スパスマリア亜門（Subphylum SPASMARIA）
棘針綱（Class ACANTHAREA）

この類の骨格は細胞の中心部で形成され，他のグループでふつうに見られるように周辺部でできるのとは異なる．この骨格は，ふつう硫酸ストロンチウムからなる 20 本の棘が一方の端（内質の中）で接合し，他方が放射状に突出する．それらの棘は 4 本ずつ 5 組にまとめられる．1 組の 4 本は同長で同一平面上にあって車輪のスポークのように互いに直交する．こうしてできた五つの輪は径（棘の長さ）がみな

Spumellaria 目のさまざまな種類が古生代に繁栄し，デボン紀後期からペルム紀初期には，最初の深海冷水性の Albaillellaria 亜目がこれに加わった (Holdsworth, in Swain 1977, pp. 167-184).

ペルム紀および三畳紀に起きた寒冷種と温暖種の劇的な衰退 (Tappan & Loeblich 1973; Kozur 1998) は，古生代後期のいくつかの海盆がプレート運動によって閉鎖したことと，多くの表層海流が再編成されて減衰したこと，ペルム紀後期の氷河作用によって富栄養化したことに起因すると考えられている (Hallam & Wignall 1997; Martin 1998). 最初の確実な Nassellaria 目は三畳紀に現れ，現生放散虫の約半数は中生代に出現している. 濃彩綱の確実なものは白亜紀が最も古い. 不確かではあるが，ペルム紀あるいはもっと古い時代にも産出している.

白亜紀以降，放散虫は急速に発展してきた浮遊性有孔虫と生息域を共有しなければならなかった (Anderson 1996). 化石記録で見ると，珪藻や珪質鞭毛藻とは違って，放散虫は寒冷な新生代には繁栄しなかった (図 16.8). すなわち，放散虫は赤道域で最も多様性が高いが，その赤道域は新生代を通じて着実に縮小してきている. 放散虫化石はまた，新生代を通じて骨格を構築するのに用いたシリカ量がしだいに減少していったことを示している (Casey et al. 1983). これは，特にシリカが枯渇していた暖かい表層水で著しい.

始新世と漸新世の境界は，放散虫と珪藻の集積によって多量の珪質軟泥が堆積したことで特徴づけられる (Horizon A^c). それは北大西洋や赤道太平洋, 地中海を連ねた広い水域で起こった. この出来事は，火山性堆積物，活発な深層流や湧昇流にともなう大規模なハイエタス (地層の欠落 hiatus) と対応させて考えられてきた. Berger (1991) は「チャート－気候仮説 (chert-climate hypothesis)」の中で，始新世の'オパールの激変' (opal revolution) は，火山起源のシリカの減少，大洋循環の活発化と酸化の促進，湧昇域での珪藻の繁殖，そして生物源シリカのより効果的な再循環などが関係していると述べている.

厚いシリカの殻をもつ多くの放散虫の著しい衰退とともに，海洋における珪質プランクトンの大きな変化は漸新世前期に起こっている (たとえば Conley et al. 1994; Khokhlova 2000). この多様性の低下は，珪藻や珪質鞭毛藻との間の溶存シリカをめぐる競争圧の増加によるとされている. これは新生代のもっと寒冷な

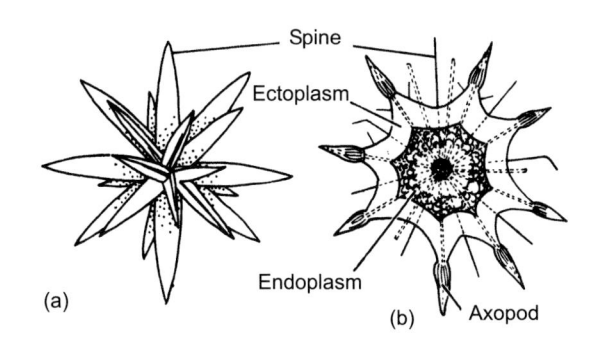

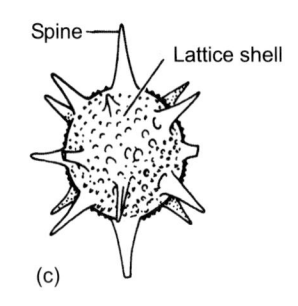

図16.7 棘針綱 (Acantharea) 放散虫. (a) *Zygacantha* の骨格, ×160. (b) 棘と軸足をもつ *Acanthometra* の細胞, ×71. (c) *Belonaspis* の骨格, ×100. ((a), (c) Campbell 1954 から引用；(b) Westphal 1976 から一部改描)

異なり，すべて互い交差する (たとえば *Zygacantha*, ?Mioc. -Rec., 図 16.7 (a)). *Acanthometra* (Rec., 図 16.7 (b)) は細胞質の中に埋め込まれた細かい放射棘をもつが，これらは死後，常にバラバラに解体してしまう. *Belonaspis* (Rec., 図 16.7 (c)) は 20 本の突き出した放射棘 (apophysis という) をもち，それらの分岐した棘が融合して長円形の格子状殻をつくる.

放散虫類の略史

放散虫はカンブリア紀に出現し，底生から自由遊泳の生活様式に進出した最初のグループの一つである (Knoll & Lipps, in Lipps 1993, pp. 19-29). 最初期のよく保存された化石は，オーストラリア, Georgina 盆地の中部カンブリア系 (Won & Below 1999) やカザフスタンの上部カンブリア系と下部オルドビス系 (Nazarov 1975) から産出した Archeoentactiniidae 科の骨針，円錐形の殻および閉じた球形の殻と, Palaeospiculumidae 科の骨針である. カンブリア紀のもので，すでに冷水性と暖水性の種類が識別できる. 深海生の群集はシルル紀までに出現した. 確実な

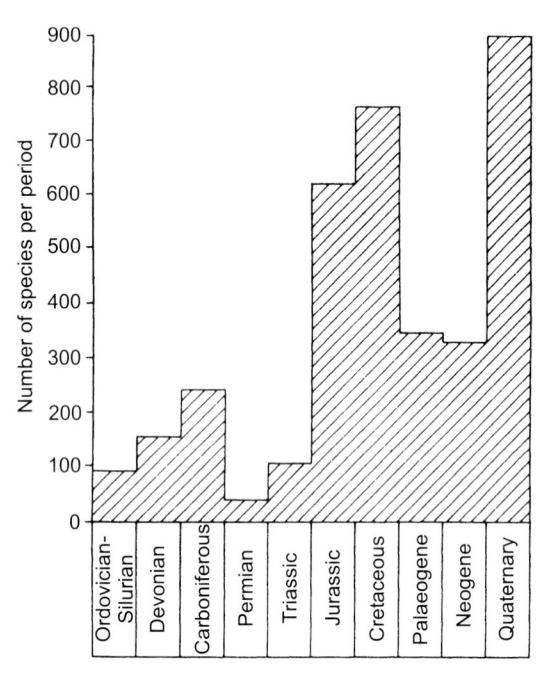

図 16.8 地質時代における多泡綱（Polycystinea）放散虫の種多様性の見かけの変化．（Tappan & Loeblich 1973 に基づく）

時期にも見られたパターンである（Harper & Knoll 1975）．Nassellaria 目や濃彩綱の多くは繊細な骨格でつくられているので化石としては残らない．したがって，多様性の見かけ上の低下は，放散虫類の保存されやすさが低下したためなのか，海洋環境のためなのか，あるいはその両方によるものなのか紛らわしい．

化石棘針綱は暁新世以降の地層から報告されている．放散虫の最後の大きな放散は古第三紀と新第三紀の境界で起こり，新しく中層水および周極域の水塊が発達したことと，貧栄養の亜熱帯環流域（subtropical gyre）が出現したことに対応している．

放散虫類の利用

放散虫化石の研究の多くが，大洋底堆積物の生層序学的対比における放散虫の価値を強調している．特に，石灰質の微化石が溶解してしまうようなところでその真価を発揮する．Sanfilippo et al. (in Bolli et al. 1985) は中生代と新生代の放散虫生層序区分の再検討を行い，熱帯域の新生代の生層序が最もよくわかっているとした．暁新世後期から現在にかけて汎世界的に識別できる生帯は 29 帯認められ，詳しく年代が測定されている地磁気層序と直接対応づけられている．放散虫骨格の複雑なつくりと中生代から現在までのほぼ完全に揃った地質記録のため，放散虫は進化の微視的な変遷（microevolutionary change）を記述するのに最適なグループの一つとなっている（Moore 1972；Foreman 1975；Knoll & Johnson 1975 を参照）．

放散虫は古水深，古気候，古水温の指標としての価値が高まっており，新生代における放散虫分布の地域性の変遷ではますます脚光を浴びている（Casey et al. 1990）．また堆積盆地における古地理やテクトニックな変化を解明するのにも使われている．たとえば，放散虫層序は海洋底拡大説をその初期から支え（Riedel 1967），また約 350 万年前のパナマ地峡の閉鎖が大西洋の放散虫群集に大きな変化をもたらしたことを示した（Casey & McMillen, in Swain 1977, pp. 521-524）．放散虫チャートが造構運動や続成作用に対して高い抵抗性をもっている特性から，しばしば，放散虫だけが造山帯あるいは付加テレーン（terrane）の中でふつうに産出する化石であることがある（たとえば Murchey 1984；De Wever et al. 1994；Noldeberg et al. 1994；Cordey 1998）．

ヘリオゾア門（Phylum HELIOZOA）

ヘリオゾア類（太陽虫 Heliozoa）は放散虫に非常によく似ているが，放散虫に特有の外質と内質との間の中心嚢被膜（central capsule membrane）を欠く．骨格はわずかにシリカを含むキチン質でできた球形の格子状殻よりなるか，あるいは外質に近い粘液の部分に孤立しているシリカの骨針と骨板（plate）よりなる．砂粒や珪藻殻を膠着する種類がいくつかあり，骨格をまったくもたない種類もいる．このように繊細な構造なので，死後はバラバラに分散してしまい，ヘリオゾア起源であることがわからなくなってしまう．それにもかかわらず，ヘリオゾア類の化石はいくつかの更新世湖成堆積物中に知られている（Moore 1954）．

さらなる知識のために

放散虫についての Anderson (1983) の著作は，現生放散虫類の生物学についての優れた概説に加えて，当時までの放散虫の研究を概観するのに適している．Casey (in Lipps 1993, pp. 249-285) は海洋学的な応用と生層序学についての章でわかりやすい一般的な概説をしている．Sanfilippo et al. (in Bolli et al. 1985) は放散虫生層序学の詳しい解説を記し，また多くの

図を載せている．造山帯における放散虫の応用に関する研究例は Palaeogeography, Palaeoclimatology, Palaeoecology 1996, 96, 1-161) の特別号にある．標本の同定に関しては Foreman & Riedel (1972 から現在) に引用されている文献を頼りにするとよい．Racki & Cordey (2000) は海洋のシリカ循環の変遷という視点から放散虫の古生態を概説している．

採集と研究のヒント

泥岩，頁岩，泥灰岩 (marl) から放散虫化石を抽出するには付録に記す処理法 A と E を用い，石灰岩には処理法 F を，またチャートにはフッ化水素 (HF) を用いた処理法 F を用いる．残渣を 125 μm および 68 μm の篩で水洗し，乾燥させて四塩化炭素 (CCl_4) で濃集する (処理法 I と J)．この試料は珪藻 (次の 17 章を参照) と同じように，反射光 (方法 O) またはよく集光した透過光で検鏡する．放散虫チャートは比較的厚めの岩石薄片を作成して，400 倍以上の倍率の透過顕微鏡で観察することができる．試料作成法に関する広範な指針が Riedel & Sanfilippo (in Ramsay 1977, pp. 852-858) にある．

引用文献

Abelmann, A. & Gowing, M. M. 1996. Horizontal and vertical distribution pattern of living radiolarians along a transect from the Southern Ocean to the South Atlantic Subtropical Region. *Deep Sea Research, Part I*, **43**, 361-382.

Anderson, O. R. 1983. *Radiolaria*. Springer Verlag, New York.

Anderson, O. R. 1996. The physiological ecology of planktonic sarcodines with application to palaeoecology: patterns in space and time. *Journal of Eukaryotic Microbiology* **43**, 261-274.

Benton, M. J. (ed.) 1993. *The Fossil Record 2*. Chapman & Hall, London.

Berger, W. H. 1991. Produktivität des Ozeans aus geologischer Sicht: Denkmodelle und Beispiele. *Zeitschrift. Deutsche Geologische Gesellschaft* **42**, 149-178.

Bogdanov, N. A. & Vishnevskaya, V. S. 1992. Influence of evolutionary changes in Radiolaria on sedimentary processes. *Doklady Akademii Nauk SSSR* **324**, 162-166 [in Russian].

Bolli, H. M., Saunders, J. B. & Perch-Nielsen, K. 1985. *Plankton Stratigraphy*. Cambridge University Press, Cambridge.

Campbell, A. S. 1954. Radiolaria. In: Moore, R.C. (ed.) *Treatise on Invertebrate Paleontology. Part D, Protista 3: Protozoa (chiefly Radiolaria and Tintinnina)*. Geological Society of America and University of Kansas Press, Lawrence, Kansas, pp. 11-163.

Casey, R. E. 1989. Model of modern polycystine radiolarian shallow-water zoogeography. *Palaeogeography, Palaeoclimatology, Palaeoecology* **74**, 15-22.

Casey, R. E., Spaw, J. M. & Kunze, F. R. 1982. Polycystine radiolarian distribution and enhancements related to oceanographic conditions in a hypothetical ocean. *Bulletin. American Association of Stratigraphic Palynologists* **66**, 14-26.

Casey, R. E., Wigley, C. R. & Perez-Guzmann, A. M. 1983. Biogeographic and ecologic perspective on polycystine radiolarian evolution. *Paleobiology* **9**, 363-376.

Casey, R. E., Weinheimer, A. L. & Nelson, C. O. 1990. Cenozoic radiolarian evolution and zoogeography of the Pacific. *Bulletin. Marine Science* **47**, 221-232.

Cavalier-Smith, T. 1987. The origin of eukaryote and archaeobacterial cells. *Annals of the New York Academy of Sciences* **503**, 17-54.

Cavalier-Smith, T. 1993. Kingdom Protozoa and its 18 phyla. *Microbiological Reviews* **57**, 953-994.

Conley, D. J., Zimba, P. V. & Theriot, E. 1994. Silica content of freshwater and marine benthic diatoms. In: Kociolek, J. P. (ed.) *Proceedings of the 11th International Diatom Symposium, San Francisco, 1990*. Memoir. Californian Academy of Science **17**, 95-101.

Cordey, F. 1998. Radiolaires des complexes d'accretion de la Cordillere Canadienne (Columbie-Britannique). *Bulletin. Geoogical Survey of Canada* **207**, 1-209.

De Wever, P., Azéma, J. & Fourcade, E. 1994. Radiolaires et radiolarites: production primaire, diagenése et paléogéographie. *Buletin. Centres des Recherches Exploration-Production ELF-Aquitaine* **18**, 315-379.

Foreman, H. P. 1963. Upper Devonian Radiolaria from the Huron member of the Ohio Shale. *Micropalaeontology* **9**, 267-304.

Foreman, H. P. 1975. Radiolaria from the North Pacific, Deep Sea Drilling Project, Leg 32. *Initial Reports of the Deep Sea Drilling Project* **32**, 579-673.

Foreman, H. P. & Riedel, W. R. 1972 to date. *Catalogue of Polycystine Radiolaria*. Micropalaeontology Press, American Museum of Natural History, New York.

Funnell, B. M. & Riedel, W. R. (eds) 1971. *The Micropalaeontology of Oceans*. Cambridge University Press, Cambridge.

Goll, R. M. & Bjørklund, K. R. 1974. Radiolaria in the surface sediments of the South Atlantic. *Micropalaeontology* **20**, 38-75.

Hallam, A. & Wignall, P. 1997. *Mass Extinctions and their Aftermath*. Oxford University Press, Oxford.

Harper, H. E. & Knoll, A. H. 1975. Silica, diatoms and Cenozoic radiolarian evolution. *Geology* **3**, 175-177.

Holdsworth, B. K. 1969. The relationship between the genus *Albaillella* Deflandre and the ceratoikiscid Radiolaria. *Micropalaeontology* **15**, 230-236.

Khokhlova, I. E. 2000. Changes in generic composition of Cenozoic radiolarians in tropical realm of the World ocean: correlation with abiotic events. *Byulletin' Moskovskogo Obshchestva Ispytatelei Prirody Otdel Geologicheskii* **75**, 34-40 [in Russian].

Knoll, A. H. & Johnson, D. A. 1975. Late Pleistocene evolution of the collosphaerid radiolarian *Buccinosphaera invaginata*. *Micropalaeontology* **21**, 60-68.

Kozur, H. W. 1998. Some aspects of the Permian-Triassic boundary (PTB) and the possible causes for the biotic crisis around this boundary. *Palaeogeography, Palaeoclimatology, Palaeoecology* **143**, 227-272.

Lipps, J. H. (ed.) 1993. *Fossil Prokaryotes and Protists*. Blackwell, Boston.

Martin, R. E. 1998. Catastrophic fluctuations in nutrient levels as an agent of mass extinction ; upward scaling of ecological processes? In : McKinney, M. L. & Drake, J. A. (eds) *Biodiversity Dynamics. Turnover and populations, taxa and communities*. Columbia University Press, New York, pp. 405-429.

Moore, R. C. 1954. Heliozoa. In : Moore, R. C. (ed.) *Treatise on Invertebrate Paleontology. Part D, Protista 3 : Protozoa (chiefly Radiolaria and Tintinnina)*. Geological Society of America and University of Kansas Press, Lawrence, Kansas.

Moore Jr, T. C. 1972. Mid-Tertiary evolution of the radiolarian genus *Calocycletta*. *Micropalaeontology* **18**, 144-152.

Murchey, B. 1984. Biostratigraphy and lithostratigraphy of chert in Franciscan Complex, Marin headlands, California. In : Blake, M. C. (ed.) *Franciscan Geology of Northern California. SEPM Pacific Section* **43**, 51-70.

Nazarov, B. B. 1975. Lower and Middle Paleozoic radiolarians of Kazakhstan. *Trudy Instituta Geologiceskih Nauk SSSR* **275**, 202pp. [in Russian].

Nokleberg, W. J., Parfenov, L. M. & Monger, J. W. H. 1994. Circum-North Pacific Tectono-Stratigraphic Terrane Map. *US Geological Survey Open-File* 94.

Racki, G. & Cordey, F. 2000. Radiolarian palaeoecology and radiolarites ; is the present the key to the past? *Earth Science Reviews* **52**, 83-120.

Ramsay, A. T. S. (ed.) 1977. *Oceanic Micropalaeontology*, 2 vols. Academic Press, London.

Riedel, W. R. 1967. Radiolarian evidence consistent with spreading of the Pacific floor. *Science* **157**, 540-542.

Swain, F. M. (ed.) 1977. *Stratigraphic Micropaleontology of Atlantic Basin and Borderlands*. Elsevier, Amsterdam.

Tappan, H. & Loeblich Jr, A. R. 1973. Evolution of the ocean plankton. *Earth Science Reviews* **9**, 207-240.

Vishnevskaya, V. S. 1997. Development of Palaeozoic-Mesozoic Radiolaria in the Northwestern Pacific Rim. *Marine Micropaleontology* **30**, 79-95.

Westphal, A. 1976. *Protozoa*. Blackie, Glasgow.

Won, M. Z. & Below, R. 1999. Cambrian Radiolaria from the Georgina Basin, Queensland, Australia. *Micropaleontology* **45**, 325-363.

17章 珪　　藻
Diatoms

　珪藻（diatoms）は黄金-褐色の光合成色素をもつ単細胞の藻類で，鞭毛を欠くことで他の黄金色植物（chrysophytes）と区別される．細胞壁（cell wall）はシリカでできており，二つの殻片（valve）（一方が箱の蓋のように他方に被さる）からなる殻（frustule）をつくる．珪藻は光の届くほとんどすべての水域あるいは水気のある環境に生息し，その遺骸は珪藻土（diatomite）として大量に集積することがある．珪藻は海洋の主要な一次生産者（総説は Nelson *et al.* 1995 を参照）であり，現海洋の炭素やシリカ，栄養塩類の収支にとりわけ重要な役割を果たしている．100年以上にわたる現生種の詳しい研究によって，分類は比較的きちんと整っており，その生物学的側面や生態についてもかなりの知見が得られている．現生種は物理化学的環境にきわめて敏感なので，水質調査や古環境の復元に有効な道具の一つとなっている．珪藻はまた，高緯度地域あるいは深海域に堆積した海成層では石灰質の微化石が欠如しやすいため，これらの地層の生層序に用いる帯化石（zone fossil）として重要である．

現生の珪藻

　珪藻の細胞の大きさは長さ 1 μm～2 mm にわたるが，観察されるほとんどの種は 10～100 μm である．細胞は単体または群体をなす．群体の場合は，細胞が粘液質の繊維で結合するか，互いに靭帯で結びついて長く鎖状に連なる．それぞれの細胞は二つかそれ以上の数の黄色，オリーブ色，黄金-褐色の光合成色素体

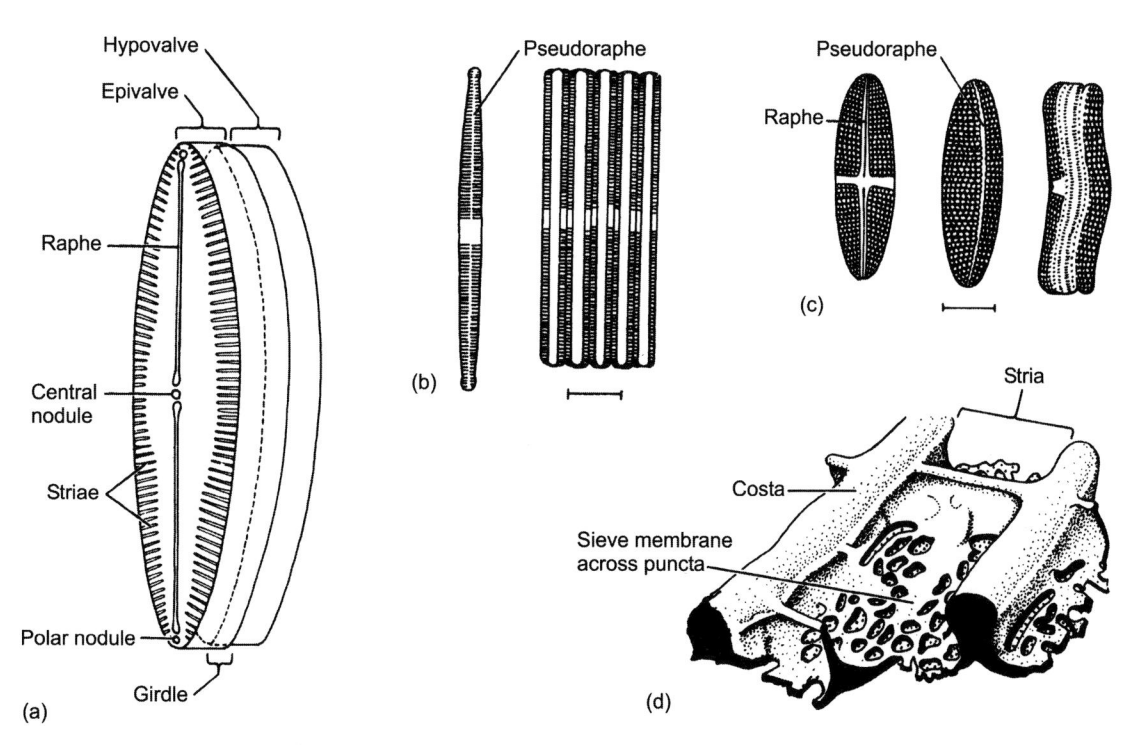

図 17.1 羽状型珪藻．(a) *Pinnularia*, 縦溝（raphe）が見える斜方観，×320．殻環（girdle）は両殻片（valve）が重複する部分を指す．(b) *Fragilaria*, 左図は偽縦溝（pseudoraphe）が見える殻面観，右図は群体の殻環観．(c) *Achnanthes*, 左図は縦溝が見える下殻，中図は偽縦溝が見える上殻，右図は殻環観．(d) 珪藻の点紋（puncta）の詳細．スケールは 10 μm．((a) Scagel *et al.* 1965；(b)，(c) van der Werff & Huls 1957-1963；(d) Chapman & Chapman 1973 から引用)

をもち，また中央部に液胞（vacuole）と大きな二倍体の核（diploid nucleus）をもっている．しかし，鞭毛と仮足はない．羽状型珪藻（pennate diatoms, 図17.1）は殻と堆積物との間に粘液の流れをつくって底質上を滑るように動くことができるが，浮遊性の中心型珪藻（centric diatoms, 図17.2）は自ら動くことはできない．それゆえに，中心型珪藻は有光層より下に沈まないように低密度の油滴（fat droplet）を分泌したり，時には刺毛（spine）を備えたりしている．そして，殻が鎖状に長く連なって群体を形成することもある．

繁殖は主として親細胞が有糸分裂によって二つに分かれる無性生殖による．この細胞の2分裂は1日に1～8回行われる．それぞれの娘細胞は自分自身のために親の殻片の一つを上殻として利用し，もう一つの新しい殻片（下殻）を付け加えるので，世代を重ねるごとに珪藻集団の平均サイズは漸次縮小していく．この状態はやがて有性生殖（増大胞子の形成）によって回復される．

殻（frustule）

珪藻の細胞壁は，その約95％が非晶質のシリカで充填されている．上殻（epivalve）が下殻（hypovalve）に被さる重複部分を殻環（girdle）と呼び，殻片と殻環の形状観察が種を同定する助けとなる（図17.1(a)）．殻面から見た殻の形状は，ふつう円形（中心型）か楕円形（羽状型）であり，これらの二つの型が珪藻類を構成する二つの目となっている．すなわち，中心目（Centrales）と羽状目（Pennales）である．殻表面の10～30％は点紋*（puncta）と呼ばれる微小孔（表面にあいた孔）に覆われ，この点紋の配列が分類にとって重要な要素となっている．点紋は殻内の細胞質と殻外を繋ぐ役目をし，その形状は，単純な穴が開いているか，篩状膜（sieve membrane）と呼ばれる多くの微細孔をもつ薄い横板（transverse plate）で塞がれているかのどちらかである（図17.1(d)）．線状に配列した点紋は溝（stria）となり，通常，その溝は肋（costa）と呼ばれる孔のない梁（imperforate ridge）で境されている．

［訳注］*：本書では，殻の表面に開いた微小孔を点紋（puncta，複数はpunctae）と呼んでいるが，電子顕微鏡レベルでは立体的な構造をもつので，現在では，胞紋（areola，複数はareolae）と呼ぶことが多い．またstria(e)＝間条線，costa(e)＝条線の訳語が用いられることもある．

羽状目（Pennales）の殻の形状は，殻面から見て長

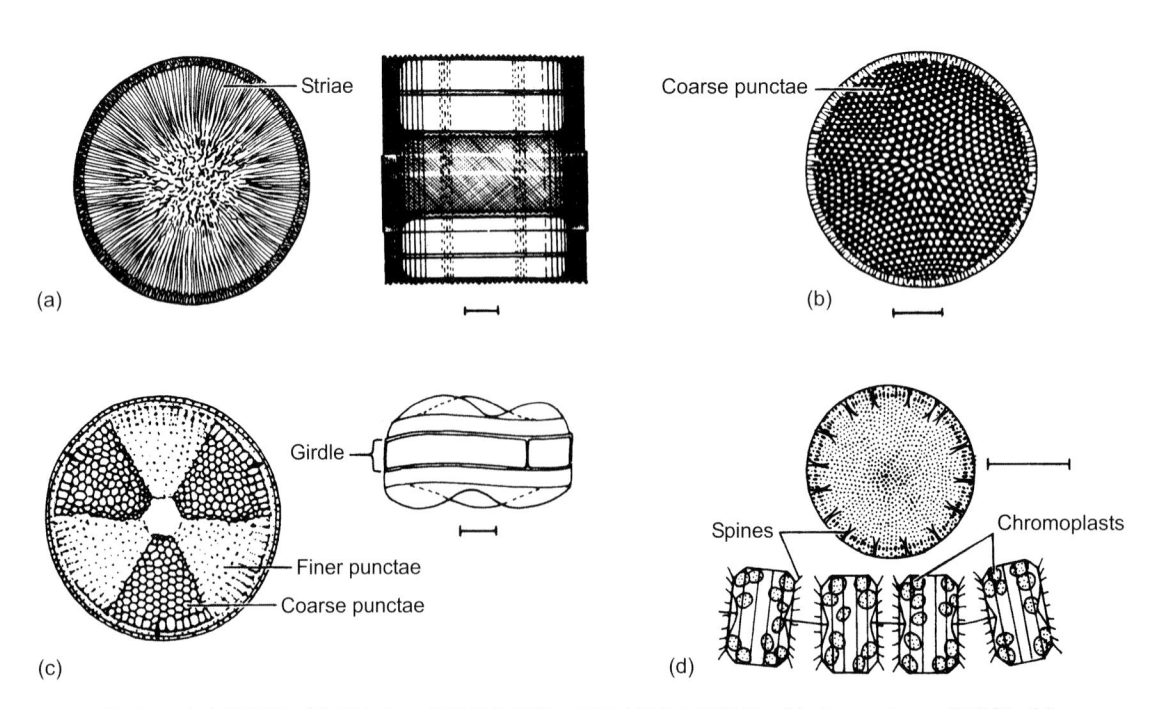

図17.2 中心型珪藻．(a) *Melosira*，左図は殻面観，右図は群体の殻環観．(b) *Coscinodiscus*，殻面観．(c) *Actinoptychus*，左図は殻面観，右図は殻環観．(d) *Thalassiosira*，上図は殻面観，下図は群体の殻環観，有色体（chromoplast）を含む．スケールは10 μm．(van der Werff & Huls 1957-1963から引用)

円形か長方形で，それらの殻は中心線に対して左右相称の彫刻をもつ．多くの珪藻においてこの中心線は縦溝（raphe）と呼ばれ，各殻面の中央から縁辺に伸びるシリカ化していない溝からなる．縦溝の両側には点紋列が直角に配列している（図17.1（a））．縦溝は，珪藻がゆっくりと動くための粘液の流れをつくる．いくつかの種類には縦溝はなく，それと類似した偽縦溝（pseudoraphe）と呼ばれるシリカ化した部分をもつ（図17.1（b），（c））．殻面の中心にある中央結節（central nodule）は縦溝を2分し，それとよく似た極結節（polar nodule）が縦溝の両端に存在することもある（図17.1（a））．縦溝あるいは偽縦溝は，一方または両方の殻に生じることがある．このような特徴は羽状目の細分に用いられる．羽状目のうちAraphidineae亜目の仲間だけが偽縦溝をもち，ふつうは細胞の頂点で粘液パッド（mucilage pad）によって他物に付着する．たとえばFragilaria（図17.1（b））は非常に細長い殻をもつ底生の淡水生属であり，殻環面から見ると長方形で，ふつうは殻面で鎖状に長く結合されている．点紋は溝に配列し，肋は発達していない．Monoraphidineae亜目では縦溝は下殻にあり，上殻には偽縦溝がある．たとえばAchnanthes（図17.1（c））は単体でいるかまたは鎖状に接合し，舟型の殻（naviculoid valve）をもち，点紋は溝の中に配列している．図17.1（c）の例は汽水種であるが，淡水または海生種もいる．Biraphidineae亜目は，よく知られている淡水属Pinnulariaのように，両殻に同じ形態の縦溝をもつ（図17.1（a））．

中心目（Centrales）（別名 Coscinodiscophyceae）は構造上一つの中心点をもつこと（放射対称）で特徴づけられる．その殻は，殻面から見ると円形，三角形，四角形で，また殻環面から見ると長方形か卵形をしている．ほとんどのものは浮遊性で自らは動けず，縦溝や偽縦溝をもたない．Melosira（図17.2（a））は淡水と汽水域に生息し，円形の箱型をした殻は連結して長く糸状に連なっている．点紋は小さく，中心部には点紋が少ないが，外縁に向って放射状に多数の点紋が細い溝状に配列している．Coscinodiscus（図17.2（b））では，殻は同じく円盤状であるが，放射状に広がる大きな点紋をもつ．この属は多くの沿岸性と陸棚外縁性プランクトン群集の代表となっている．Actinoptychus（図17.2（c））の殻面は交互に凹凸となる区域に分割され，それぞれの点紋は異なったサイズと形をしている．これらは沿岸性のプランクトンとして繁殖している．Thalassiosira（図17.2（d））は外洋性のプランクトンで，放射状に広がる点紋と縁辺部に小さな複数の棘状突起（spine）をもち，殻は粘液質の繊細な繊維で鎖状に連結している．

大陸棚海域に生息する多くの浮遊性の珪藻は，生存に必要な水温と栄養塩類が限界を下回ると，厚いシリカの壁からなる休眠性接合子（resting cyst）またはスタト胞子（statospore）をつくる．スタト胞子は環境が生存に適した状態に回復するまで，たとえば季節的に生じる湧昇流の時期まで，海底に沈んでいる．通常の殻とは違って，この胞子の上殻と下殻の模様は異なり，また殻環はない．

珪藻の分布と生態

珪藻は独立栄養生物（autotroph）で，多くの水域生態系における食物連鎖の底辺を形成している．池や湖，川，塩湿地，潟湖，沿海，外洋の水域でそれぞれ異なった種類が底生と浮遊性のニッチ（niche）を占め，その上，いくつかの種類は土壌や氷の中，あるいは木や岩に付着して繁殖している．

羽状型珪藻は淡水や土壌中に，また物に付着して生息しているものが多いが，海底に生息するものもいる．中心型珪藻は海域，特に亜極域や温帯域でプランクトンとして繁栄している．沿岸や浅海，遠洋のそれぞれの環境に生息する独特なプランクトン群集が知られ，また淡水域にもプランクトンとして出現することもある．

珪藻は光を必要とするので，その生活圏は有光層（おおよそ200 m以浅）中に限られる．それぞれの種はある特定の範囲の温度，塩分，水素イオン濃度（pH），溶存酸素量，各種のミネラル含量の水塊を好む傾向がある．高緯度地域においては，これらの環境要素の季節的変動が春と晩夏の大増殖を引き起こす．このとき，プランクトンの中でも特に珪藻は，1 m^{3}の海水中に10億個体もの多くの細胞を含むことがある．珪藻は南米ペルー沿岸沖や南極環流域（図17.3）のように，海流の発散によって引き起こされる湧昇流地域に特に多い．このような地域の海水は多量のシリカ，リン酸，硝酸，鉄分を含有するので，珪藻にとって好ましい環境となっている．豊富な栄養塩類が供給される時期に繁殖する珪藻は，しばしば溶存するシリカの一時的な不足に直面することがあるが，そのような場合にはシリカ化の程度が低い殻をつくってその場を凌ぐ

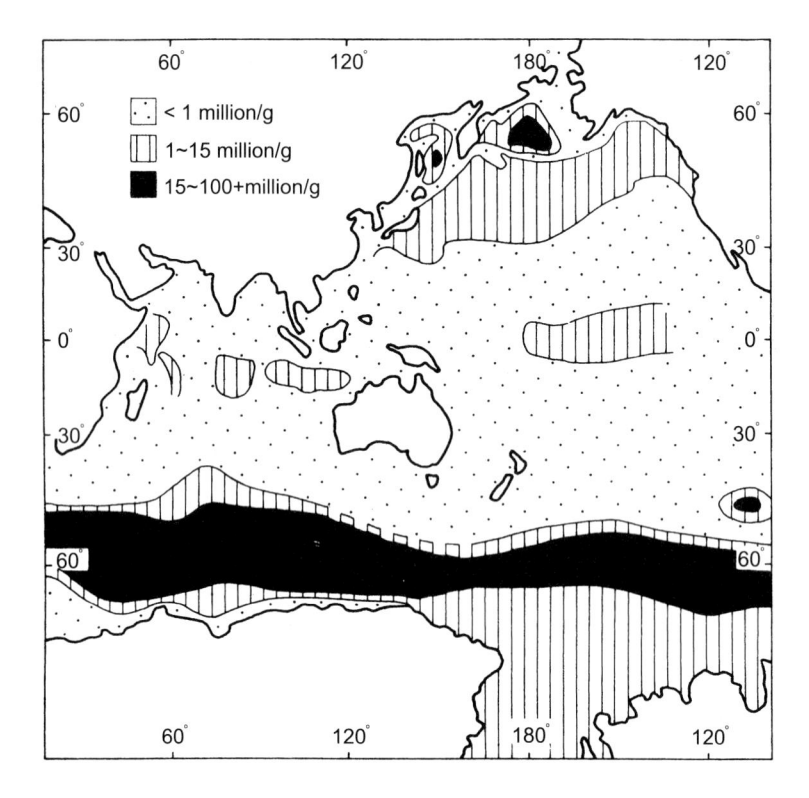

図 17.3　インド洋と太平洋における表層堆積物 1 g 当たりの珪藻殻数（単位は 100 万）の分布．（Lisitzin, in Funnell & Riedel 1971, fig. 10.11 による）

(Conley et al. 1994；Baron & Baldauf 1995). 珪藻の死後，この薄く多孔質の殻は急速に溶解し，それらは次の世代にその分だけ多くのシリカを供給している．大洋をめぐる環流の中心部のように，生物を制御している栄養塩類の集積が少ないところでは，珪藻は非常に少なくなる．

珪藻質堆積物

珪藻の生産性は栄養塩類の多いところで高い．そのようなところでは深海底に珪藻土（diatomite）の集積が起こる．珪藻遺骸からなる堆積物は，現海洋では次の 3 大地域に形成されている．すなわち，北極および南極周辺の海域，赤道湧昇流帯のインド洋，太平洋を取り巻く赤道帯の海底である（図 17.3）．赤道直下のこのような堆積物は厚さ約 4～6 m にもなり，1 g 中に 4 億を超える殻片を含むことがある（その大部分は *Ethmodiscus* sp. からなる）．珪藻のこのような膨大な集積は，沿岸から遠く離れて陸からの供給物質が少なく，また炭酸カルシウム（$CaCO_3$）の溶解度の高い環境，すなわち深海底で生じる．

現海洋水は，主として珪藻による生鉱物の生成で大量のシリカが海水中から取り除かれるために，シリカに関しては不飽和となっている．また珪藻の殻は高い水圧によって，あるいはアルカリ性の環境下では溶解する．特に殻が繊細で強度が低いかシリカ化の程度の低い種類が溶けやすい（図 17.4）．海洋環境におけるこの選択的な殻の溶解と，多くの淡水性種が保存されないことで，化石群集は生体群集とは違った組成となる．海洋表層部の生体群集のうち，海底に達して遺骸群集となるのは 5% 以下である．化石群集は主として頑丈な殻やスタト胞子からなるが，動物プランクトンの糞粒（faecal pellet）に混じって海底まで到達した繊細な殻の種類も含まれる．さらに，浮遊性の珪藻は海底に達するまでに長距離を移動するであろうし，淡水生の珪藻でさえ深海堆積物にふつうに含まれる．それは淡水生の珪藻は主に強風によって陸から吹き飛ばされてくるからである．

17章 珪藻

分 類

クロミスタ界（Kingdom CHROMISTA）
ユウクロミスタ亜界（Subkingdom EUCHROMISTA）
珪藻下界（Infrakingdom DIATOMEA）

珪藻は伝統的に殻の形態と構造に基づいて分類されている．Hustedt（1930）はこのグループに珪藻門（Bacillariophyta）という門（division）の地位を与えたが，Hendey（1964）と他の多くの研究者は円石藻類（ココリソフォア coccolithophores）をも含む黄金色植物門（Chrysophyta）の一つの綱（class）とみなしている．Cavalier-Smith（1993）は，小胞体（endoplasmic reticulum）の内腔にある葉緑体の位置に基づいて，珪藻を円石藻と一緒にクロミスタ界（Chromista）に位置づけた．このような小器官の配置もまた渦鞭毛藻（dinoflagellates）を含む他の光合成原生生物と珪藻との相違点である．現在は，羽状目と中心目の二つの目が広く認められている（表17.1）．

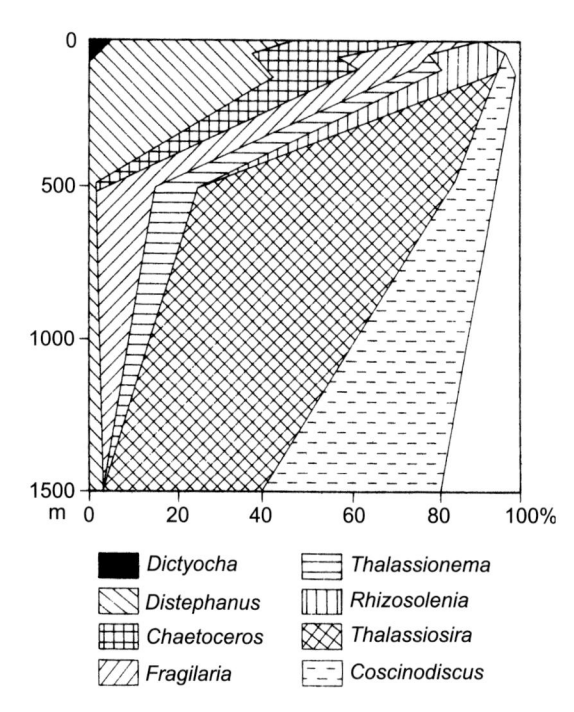

図17.4 珪質鞭毛藻と珪藻の産出頻度の水深にともなう変化（変化は主に殻の溶解に起因する）．*Dictyocha* と *Distephanus* は珪質鞭毛藻，*Fragilaria* は羽状型珪藻，他はすべて中心型珪藻．（Lisitzin, in Funnell & Riedel 1971, fig. 10.8 による）

表17.1 珪藻類の分類（属より上位）．（Simonsen 1979 から引用）

目（Order）	亜目（Suborder）	科（Family）
中心目（Centrales）中心点は一点で，増大胞子（auxospore）の形成は卵生殖（oogamy）による．	Coscinodiscineae 亜目：殻片の周縁には突起が輪状に発達し，形態は極性がなく主に点対称である．例：*Coscinodiscus*	Thalassiosiraceae Melosiraceae Coscinodiscaceae Hemidiscaceae Asterolampraceae Heliopeltaceae
	Rhizosoleniineae 亜目：殻片は主に単極性（unipolar）で，殻面に対して垂直方向に強く引き伸ばされ，二つの殻片は殻面で結合している．例：*Pyxilla*	Pyxillaceae Rhizosoleniaceae
	Biddulphineae 亜目：殻片は主に二極性（bipolar）で，副次的に3極から多極の種類もある．例：*Triceratium*	Biddulphiaceae Chaetoceraceae Lithodemiaceae Eupodiscaceae
羽状目（Pennales）通常，構造の中心は直線．増大胞子の形成は卵生殖によらない．	Araphidineae 亜目：殻片に縦溝（raphe）を欠く．例：*Thalassiothrix*	Diatomaceae Protoraphidaceae
	Raphidineae 亜目：殻片は縦溝（raphe）をもつ．例：*Nitzschia*	Eunotiaceae Achanthaceae Naviculaceae Auriculaceae Epithemiaceae Nitzschiaceae Surirellaceae

進化史

　海生珪藻類の化石記録は，殻の溶解や化石の形成過程のためにまだ十分にわかっているとはいえない（たとえば Hesse 1989；De Wever *et al.* 1994；Martin 1995；Schieber *et al.* 2000）．珪藻の祖先は，原生代のチャートから知られているもののように，薄いシリカの殻をもった球形の黄金色植物であったらしい．最古の珪藻殻の確実な記録はジュラ紀初期の中心型の種類であるが，Campanian 期（白亜紀後期）以前には，珪藻はごくわずか知られているにすぎない．

　珪藻にとって，白亜紀/第三紀境界の大量絶滅事件の影響はそれほど大きくはなかった（約23％が絶滅した）．暁新世に中心型珪藻に大放散が起こり，そのときに最初の羽状型も出現し，時とともに徐々にその個体数を増やしていった（図17.5）．

　新生代を通じて，珪藻の種の入れ替えの時期は，緯度的温度勾配を強めるように地球規模で起こった寒冷

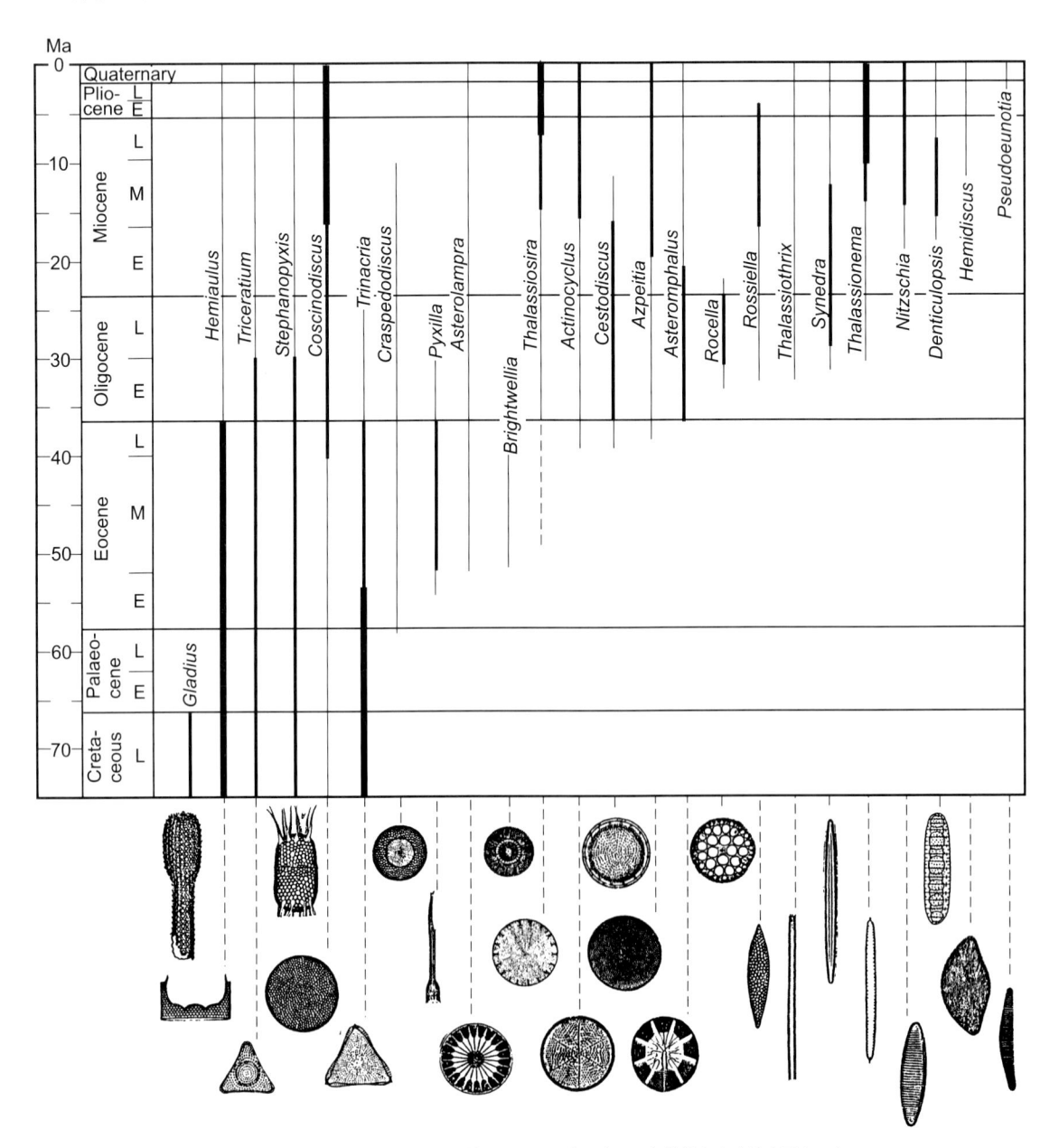

図17.5　海生浮遊性珪藻類の重要属の層位的産出範囲．図中の線の太さは相対的な産出量を示す．（Barron, in Lipps 1993, fig. 10.11 より複製）

化の段階と同期している．高緯度と低緯度の珪藻群集は始新世後期から漸新世にかけて分化しはじめ，中新世の末期には再び地域性が強まった．更新世になると珪藻群集は現世のものとよく似た群集となるが，氷期の最盛期には，活発化した表層水の循環や湧昇流，栄養塩類の増加によって，個体数の著しい増加を見せている．

漸新世より前の珪藻群集は *Hemiaulus*（Jur. -Oligo., 図 17.5）などの頑丈な殻をもつ属が優占し，漸新世からは，これらの頑丈な殻の種類はより薄いシリカの殻をもつ *Coscinodiscus*（Eoc. -Rec., 図 17.2(b), 17.5），*Thalassiosira*（?Eoc. -Rec., 図 17.2(d), 17.5），*Thalassionema*（Oligo. -Rec., 図 17.5）のような属に漸次おきかえられた．中新世後期までに，非常に薄い殻の *Nitzschia*（Mioc. -Rec., 図 17.5）や *Denticulopsis*（Mioc. -Rec., 図 17.5）のような種類が多くなった．非常に薄い殻で小さく細長い *Chaetoceros* や *Skeletonema* のような種類は，現在の沿岸湧昇流帯に大増殖する珪藻の中で優位を占めている．現生種（図 17.6）の数が多いのは，このようなとても小さく，シリカ化の程度の低い殻でつくられているため，化石として保存されにくい種類が多いからである．新生代を通してこのより薄い殻の種類が増える傾向は，地球規模の寒冷化，より激しい海水の循環，栄養塩類の増加にともなって起こっている．すなわち，珪藻は放散虫とともに骨格中のシリカの需要を減らすことによって，表層水中の乏しい珪酸塩をめぐって，しだいに加速する競争に適応していったと思われる．

淡水生珪藻類の化石記録も，その薄い殻の溶解のために非常に不完全である．羽状型珪藻は暁新世までに確かに淡水域に生息していた．一方，中新世中期の間に中心型と羽状型珪藻の放散が促進されたのは，広域火山活動によってシリカが多く供給されたためと思われる．

珪藻の利用

利用可能な範囲の多様さにおいて，珪藻に匹敵する微化石グループは少ない．これについては Stoermer & Smol（1999）によって概説されている．浮遊性珪藻類は，石灰質の微化石が少なくその多様性も低い高緯度や深海の堆積物を対比する主要な手段となっている．白亜紀や第三紀層序における生帯の指標としての重要性は Barron（in Lipps 1993, pp. 155-169）に

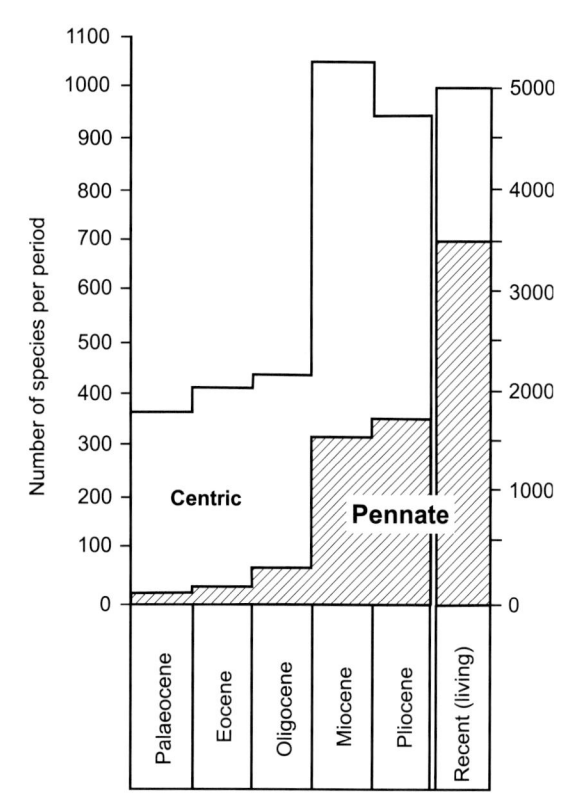

図 17.6 新生代における珪藻の種多様性の変化．中心型（白ぬき部）と羽状型（斜線部）について，「世」ごとの種数で示す．(Tappan & Loeblich 1973 による)

より概説され，また Fenner（in Bolli *et al.* 1985）と Barron（in Bolli *et al.* 1985）によってより詳しく解説されている．始新世以降には高緯度と低緯度で別の生層序分帯が必要となるが，両者の対比には問題がある．南北高緯度の群集には共通種がいるが，出現と絶滅が両極域で同時に起こっているものは少ない．中新世より前では，殻の埋没によって保存が悪くなり，生層序学的情報を復元するのが難しくなる．

珪藻の古生態学的重要性は十分に確立している．特に，北極海や南極海における気候の寒冷化や堆積速度の変化の証拠（たとえば Retallack *et al.* 2001；Bianchi & Gersonde 2002；Shemesh *et al.* 2002；Wilson *et al.* 2002；Whittington *et al.* 2003）として，また海の表面水温の推定（Birks & Koc 2002）に重要である．Gardner & Burckle（1975）は，赤道大西洋の *Ethmodiscus* 軟泥が氷期の最盛期に堆積したことを示した．

第四紀の珪藻は，陸域から深海に至るまで，生息域の環境変化に対するよい指標となり，また相対的な湖面変化・海水準の変化や水質の推定に用いられ

る．珪藻群集は塩分に対する嗜好性によって区分されてきた．すなわち，Hustedt（1957）の塩分システム（halobian system）である．塩湿地や湖，河口域から得られたコアで，このような珪藻群集の分布を調査することによって，珪藻ダイアグラムを作成したり，海水準変動曲線を描いたりすることができる（たとえばShennan et al. 1994）．淡水の珪藻は，最終氷期以降の湖の歴史，pHや気候の変動の影響を明らかにするのに用いられている（たとえばBattarbee 1984；Battarbee & Charles 1987；Mackay et al. 1998；Leng et al. 2001；Marshall et al. 2002）．また湖の人為的汚染の影響について用いられ，Jones et al.（1989），Stewart et al.（1999），Joux-Arab et al.（2000），Ek & Renberg（2001）などの研究がある．

化石珪藻殻のシリカに含まれる酸素同位体 ^{18}O と ^{16}O の割合は，第四紀の水温値を推定するのに用いられる（たとえばMikkelsen et al. 1978；Shemesh et al. 1992, 2002）．しかし，生体効果（種類ごとに固有の同位体分別）の影響を完全に取り除くことはできない（Schmidt et al. 1997, 2001）．珪藻の炭素同位体比の記録は，最終氷期の間，南極海域が二酸化炭素の供給域だったか，あるいは吸収域だったかを論ずるモデルの構築に使われている（Rosenthal et al. 2000）．

ここで，珪藻殻の集積によってできた多孔質で軽量な堆積岩，珪藻土の実用上の重要性について言及しなくてはならない．カリフォルニアの海成珪藻土は白亜紀後期から鮮新世後期のものである．中新世の珪藻土は厚さ1,000 mにも及ぶ地層として産出し，そこに含まれる珪藻殻は1 cm^3 当たり600万個を超えている．珪藻土は少なくとも始新世以後の淡水環境に堆積している．厚さ1 m以上の淡水珪藻土は稀にしかないが，現在でも経済的重要性が高い．シリカはその品質により，濾過，ハミガキ，絶縁，研磨，塗料，軽量レンガなどの材料として使われる．多くの油田地帯に珪藻を含む頁岩があることは，珪藻に含まれる高脂質油が石油の原物質である可能性が高いことを示唆している（Harwood, in Stoermer & Smol 1999, pp. 436-447）．

さらなる知識のために

現生珪藻類の生物学や生態学の概説はRound et al.（1990）とBarron（in Lipps 1993, pp. 155-169）に，さらに詳しい解説と分類はHendey（1964）とSimonsen（1979）に述べられている．Sieburth（1975）は自然界での珪藻の見事な生態写真を多く載せている．海洋堆積物中の珪藻の分布や意義についてはFunnell & Riedel（1971）にも概説されているが，Stoermer & Smol（1999）には珪藻の地質学的意義が明解に記述され，さらに有用な文献が載っている．現生および化石の属と種はvan Landingham（1967以後出版継続中）のカタログで同定できる．Hartley（1996）は英国の現生珪藻類についての有用な案内書を出版している．陸域の珪藻の重要性に関する概説はClarke（2003）とConley（2002）にある．

採集と研究のヒント

現生の珪藻類は，池の底あるいは浅海の泥や礫，貝殻，そこに生育する植物の表面の青あか（green scum）などを掻き取ることで容易に採集できる．一時標本はスライドグラスに蒸留水で封じ，400倍以上の集光性のよい透過光で観察する．

化石珪藻類は淡水成および海成の珪藻土で容易に調べられる．ふつうの熱帯魚店でも，水槽のフィルター用として使われる「珪藻の粉末」を売っている．珪藻土は，ふつう分解したり珪藻殻を濃集したりする必要はないが，頁岩や石灰岩から珪藻を分離するためには，付録に記した処理法B，C，DやEで処理して解離し，さらに処理法Jで濃集する必要がある．そのとき，石灰質の殻を除去する必要があるなら，処理法Fにより蟻酸を（場合によっては濃塩酸も）用いてサンプルを処理するとよい．一時的な標本なら蒸留水で希釈し，スライドグラス上に滴下する．永久標本にするにはスライドグラス上の滴下物を乾燥させ，カバーグラスにカナダバルサム（Canada Balsam）を1滴落として，それを滴下物に被せ，乾燥させた状態で透過光で検鏡するとよい．いくつかのより高度な処理法はSetty（1966）に出ている．

引用文献

Baron, J. A. & Baldauf, J. G. 1995. Cenozoic marine diatom biostratigraphy and applications to paleoclimatology and paleoceanography. Siliceous Microfossils. *Paleontological Society Short Course, Paleontology* **8**, 107-118.

Battarbee, R. W. 1984. Diatom analysis and the acidification of lakes. *Philosophical Transactions of the Royal Society of London* **B305**, 451-477.

Battarbee, R. W. & Charles, D. F. 1987. The use of diatom assemblages in lake sediments as a means of assessing the timing, trends and causes of lake acidification. *Progress in Physical Geography* **11**, 552-580.

Bianchi, C. & Gersonde, R. 2002. The Southern Ocean surface between Marine Isotope Stages 6 and 5d : shape and timing of climate changes. *Palaeogeography, Palaeoecology, Palaeoclimatology* **187**, 151-177.

Birks, C. J. A. & Koc, N. 2002. A high-resolution diatom record of late-Quaternary sea-surface temperatures and oceanographic conditions from the eastern Norwegian Sea. *Boreas* **31**, 323-344.

Bolli, H. M., Saunders, J. B. & Perch-Nielsen, K. 1985. *Plankton Stratigraphy.* Cambridge University Press, Cambridge.

Cavalier-Smith, T. 1993. Kingdom Protozoa and its 18 phyla. *Microbiological Reviews* **57**, 953-994.

Chapman, V. J. & Chapman, D. J. 1973. *The Algae*. Macmillan, London.

Clarke, J. 2003. The occurrence and significance of biogenic opal in the regolith. *Earth Science Reviews* **60**, 175-194.

Conley, D. J. 2002. Terrestrial ecosystems and the global biogeochemical silica cycle. *Global Biogeochemical Cycles* **16**, article no. 1121.

Conley, D. J., Zimba, P. V. & Theriot, E. 1994. Silica content of freshwater and marine benthic diatoms. In : Kociolek, J. P.(ed.) *Proceedings of the 11th International Diatom Symposium, San Francisco, 1990.* Memoir. Californian Academy of Science **17**, 95-101.

De Wever, P., Azéma, J. & Fourcade, E. 1994. Radiolaires et radiolarites : production primaire, diagenése et paléogéographie. *Buletin. Centres des Recherches Exploration-Production* ELF-Aquitaine **18**, 315-379.

Ek, A. S. & Renberg, I. 2001. Heavy metal pollution and lake acidity changes caused by one thousand years of copper mining at Falun, central Sweden. *Journal of Paleolimnology* **26**, 89-107.

Funnell, B. M. & Riedel, W. R. (eds) 1971. *The Micropalaeontology of Oceans.* Cambridge University Press, Cambridge.

Gardner, J. V. & Burckle, L. H. 1975. Upper Pleistocene *Ethmodiscus rex* oozes from the eastern equatorial Atlantic. *Micropaleontology* **21**, 236-242.

Hartley, B. 1996 (ed.). *An Atlas of British Diatoms*. Biopress Ltd, Bristol.

Hendey, N. L. 1964. *An Introductory Account of the Smaller Algae of British Coastal Waters, Part v : Bacillariophyceae (Diatoms)*. Fisheries Investigations Series, IV. HMSO, London.

Hesse, R. 1989. Origin of chert diagenesis of biogenic siliceous sediments. *Geoscience Canada* **15**, 171-192.

Hustedt, F. 1930. Bacillariophyta(Diatoms). In : Pascher, A.(ed.) *Die Sussltwasserflora Mitteleuropas*. G. Fischer, Jena.

Hustedt, F. 1957. Die Diatomeenflora des Fluss-systems der Weser im Gebiet der Hansenstadt Bremen. *Abhandlungen herausgegeben vom naturwissen schaftlichen Verein zu Bremen* **34**, 181-440.

Jones, V. J., Stevenson, A. C. & Batterbee, R. W. 1989. Acidification of lakes in Galloway, south-west Scotland : a diatom and pollen study of the post-glacial history of the Round Loch of Glenhead. *Journal of Ecology* **77**, 1-23.

Joux-Arab, L., Berthet, B. & Robert, J. M. 2000. Do toxicity and accumulation of copper change during size reduction in the marine pennate diatom *Haslea ostrearia*? *Marine Biology* **136**, 323-330.

van Landingham, S. L. 1967 to date. *Catalogue of the Fossil and Recent Genera and Species of Diatoms and their Synonyms. (A revision of F. W. Millsa, An index to the genera and species of the Diatomaceae and their synonyms.)* J. Cramer Verlag, Germany.

Leng, M., Barker, P., Greenwood, P. et al. 2001. Oxygen isotope analysis of diatom silica and authigenic calcite from Lake Pinarbasi, Turkey. *Journal of Palaeolimnology* **25**, 343-349.

Lipps, J. (ed.) 1993. *Fossil Prokaryotes and Protists*. Blackwell Scientific Publications, Oxford.

Mackay, A. W., Flower, R. J., Kuzmina, A. E. et al. 1998. Diatom succession trends in recent sediments from Lake Baikal and their relation to atmospheric pollution and to climate change. *Philosophical Transactions of the Royal Society of London* **B353**, 1011-1055.

Marshall, J. D., Jones, R. T., Crowley, S. F. et al. 2002. A high resolution Late-Glacial isotopic record from Hawes Water, Northwest England Climatic oscillations : calibration and comparison of palaeotemperature proxies. *Palaeogeography, Palaeoecology, Palaeoclimatology* **185**, 25-40.

Martin, R. E. 1995. Catastrophic fluctuations in nutrient levels as an agent of mass extinction : upward scaling of ecological processes? In : McKinney, M. L. & Drake, J. A. (eds) *Biodiversity Dynamics. Turnover and populations, taxa and communities.* Columbia University Press, New York, pp. 405-429.

Mikkelsen, N., Labeyris, Jr. L. & Berger, W. H. 1978. Silica oxygen isotopes in diatoms, a 20000 yr record in deep sea sediments. *Nature* **271**, 536-538.

Nelson, D. M., Treguer, P., Brzezinski, M. A., Leynaert, A. & Queguiner, B. 1995. Production and dissolution of biogenic silica in the ocean-revised global estimates, comparison with regional data and relationship to biogenic sedimentation. *Global Biogeochemical Cycles* **9**, 359-372.

Retallack, G. J., Krull, E. S. & Bockheim, J. G. 2001. New grounds for reassessing palaeoclimate of the Sirius Group, Antarctica. *Journal of the Geological Society, London* **158**, 923-935.

Rosenthal, Y., Dahan, M. and Shemesh, A. 2000. Southern Ocean contributions to glacial-interglacial changes of atmospheric Pco_2 : an assessment of carbon isotope records in diatoms. *Paleoceanography* **15**, 65-75.

Round, F. E., Crawford, R. M. & Mann, D. G. 1990. *The Diatoms : biology and morphology of the genera*. Cambridge University Press, Cambridge.

Scagel, R. F. R. J., Bandoni, G. E., Rouse, W. E. et al. 1965. *An Evolutionary Survey of the Plant Kingdom*. Blackie, London.

Schieber, J., Krinsley, D. & Riciputi, L. 2000. Diagenetic origin of quartz silt in mudstones and implication for silica cycling. *Nature* **406**, 981-985.

Schmidt, M., Botz, R., Stoffers, P., Anders, T. & Bohrmann, G. 1997. Oxygen isotopes in marine diatoms : a comparative study of analytical techniques and new results on the isotope composition of recent marine diatoms. *Geochimica et Cosmochimica Acta* **61**, 2275-2280.

Schmidt, M., Botz, R., Rickert, D., Bohrmann, G., Hall, S. R. & Mann, S. 2001. Oxygen isotopes of marine diatoms and relations to opal-A maturation. *Geochimica et Cosmochimica Acta* **65**, 201-211.

Setty, M. G. A. P. 1966. Preparation and method of study of fossil diatoms. *Micropalaeontology* **12**, 511-514.

Shemesh, A., Charles, C. D. & Fairbanks, R. G. 1992. Oxygen isotopes in biogenic silica-global changes in ocean temperature and isotopic composition. *Science* **256**, 1434-1436.

Shemesh, A., Hodell, D., Crosta, X. *et al.* 2002. Sequence of events during the last deglaciation in Southern Ocean sediments and Antarctic ice cores. *Palaeoceanography* **17**, article no. 1056.

Shennan, I., Innes, J., Long, A. J. & Zong, Y. 1994. Late Devensian and Holocene relative sea-level changes at Loch nan Eala, near Arisaig, northwest Scotland. *Journal of Quaternary Science* **9**, 261-284.

Sieburth, J. M. 1975. *Microbial Seascapes. A pictorial essay on marine microorganisms and their environments.* University Park Press, Baltimore.

Simonsen, R. 1979. The diatom system: ideas on phylogeny. In: Simonsen, R. (ed.) *Bacillaria*, vol. 2. J. Cramer, Brauschweig, pp. 9-71.

Stewart, P. M., Butcher, J. T. & Gerovac, P. J. 1999. Diatom (Bacillariophyta) community response to water quality and land use. *Natural Areas Journal* **19**, 155-165.

Stoermer, E. F. & Smol, J. P. (eds) 1999. *The Diatoms: applications for the environmental and earth sciences.* Cambridge University Press, Cambridge.

Tappan, H. & Loeblich, Jr. A. R. 1973. Evolution of the ocean plankton. *Earth Science Reviews* **9**, 207-240.

van der Werff, A. & Huls, H. 1957-1963. D*iatomeeeriflora van Nederland* (in 7 parts). [自費出版物]

Whittington, G., Buckland, P., Edwards, K. J. *et al.* 2003. Multiproxy Devensian Late-glacial and Recent environmental records at an Atlantic coastal site in Shetland. *Journal of Quaternary Science* **18**, 151-168.

Wilson, G. S., Barron, J. A., Ashworth, A. C. *et al.* 2002. The Mount Feather Diamicton of the Sirius Group: an accumulation of indicators of Neogene Antarctic glacial and climatic history. *Palaeogeography, Palaeoecology, Palaeocli-matology* **182**, 117-131.

18章　珪質鞭毛藻と黄金色藻
Silicoflagellates and chrysophytes

　珪質鞭毛藻（silicoflagellates）は，光合成色素（クロロフィルaとc，β-カロチン，フコキサンチン，カロチノイド）の'色'に基づいて，伝統的に黄金色藻類であるクリソフィセア綱（Chrysophycea）とみなされ，植物性鞭毛虫門（Phytomastigophora）に含められていた．しかしながら，Cavalier-Smith（1993）は，珪質鞭毛藻類を葉緑体の構造と18sRNAによる分子系統解析の結果に基づいてクロミスタ界（Chromista）に所属させ，さらにシリカの骨格に基づいて独立の綱（class）とした．珪質鞭毛藻は白亜紀前期に出現して以来，海生植物プランクトン中の小数派であった．そして，珪藻土のような珪質岩だけによく保存されている．しかし，深海堆積物の対比や古気候の推定に広く利用されているほかはあまり用いられていない．

現生珪質鞭毛藻

　この単細胞生物は，ふつうは径20～100μmで，黄金色から褐色の光合成色素，一つの核（nucleus），数本の仮足（pseudopodia）と細胞の前端部に1本の鞭毛（flagellum）をもっている（図18.1（a））．オパール質シリカからなる中空の棒（rod）で構成される骨格をもち，その内側に原形質が保護されている．繁殖は主として無性生殖により，娘骨格の分泌にはじまり，それに続いて単純な細胞分裂が起こるようである．珪質鞭毛藻は光合成独立栄養生物である．すなわち，光合成によって栄養を得ている（Moestrup, in Sandgren *et al.* 1995, pp. 75-93）．触毛（tentacle）の機能は不明である．生息域は海洋表層部の太陽光が到

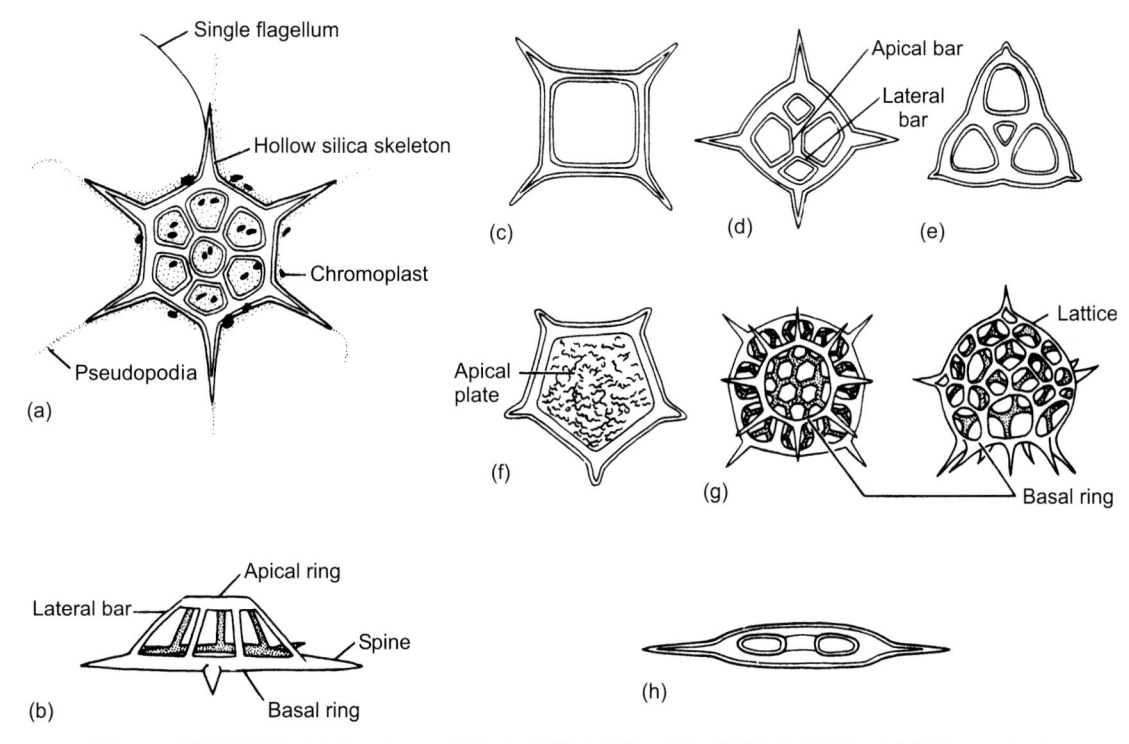

図18.1　珪質鞭毛藻類．(a) *Distephanus* の生きている細胞と骨格，×267．原形質中には多数の有色体（chromoplast）が見られる．(b) *Distephanus* の骨格の側面観，×267．基環（basal ring）と頂上環（apical ring）を側桟（lateral bar）が繋いでいる．(c) *Mesocena* ×533．(d) *Dictyocha* ×400．(e) *Corbisema* ×533．(f) *Vallacerta* ×446．(g) *Cannopilus* ×500．(h) *Naviculopsis* ×375．((a) Marshall 1934を一部改変)

達する深度（有光層，0〜300 m）に限られ，特に大陸の西縁部にそった赤道水域と高緯度水域の湧昇流に伴うシリカに富んだ海域に繁栄している．冷水域では季節的に大繁殖することもある．このようなわけで，珪質鞭毛藻は，著しい季節性のある，あるいはまた大規模な湧昇流を伴うような寒冷期に形成された生物起源の珪質堆積層中の化石として最もよく知られている．淡水域での生息は知られていない．

珪質鞭毛藻の骨格

基本的な骨格は，楕円形，円形あるいは五角形の基環（basal ring）上に構築される（図 18.1 (b)）．基環には外縁に 2〜7 本の骨針(spine)がある．この基環は，ふつう 1 ないし稀にそれ以上の上方に弓形に曲がった頂上桟（apical bar）で橋渡しされ，頂上桟はまた短い側桟（lateral bar）で基環と接続している．いくつかの属では，これらはより複雑で精巧な半球状の格子状構造（lattice）となっている（図 18.1）．骨格は浮力を増したり，細胞を外に伸ばしたり，また水中に沈むのに対する抵抗を増すための仕組みとして機能すると考えられる．さらに体重を減ずるために骨格は中空になっている．生息時には，ドーム状の頂上部は上方，すなわち光の方を向いている．

分 類

一般に，植物学者は珪質鞭毛藻類をクリソフィセア綱（Chrysophycea 黄金色藻綱）の一員としているのに対して，原生動物学者は植物性鞭毛虫類の一つの目とみなしている．古生物学者は骨格形態を最も重要な分類基準とし，多くの形態種を記載している．これに対して，生物学者は種の概念をより幅広く考えている．基本的な 6 形態群（Dictyochaceae 科に属する）が新生代で識別され，さらに 4 群が白亜紀に知られている．

Corbisema グループ

骨格は 3 側面と 3 支柱（strut）を備えた基環をもつ．*Corbisema*（Cret.-Rec.，図 18.1 (e)）では骨格は三回対称になっている．多くの種はおおよそ正三角形であるが，ある種では 1 辺が短く，他の 2 辺はほぼ左右相称のように見える．稀ではあるが，2 ないし 4 側面をもつ変異が報告されている．このグループは白亜紀に優勢であったが，漸新世から衰退しはじめる．

Dictyocha グループ

基環に 4 側面を備え，四隅にそれぞれ 1 本の骨針をもつ．支柱は，ふつう合体して一つの頂上橋（apical bridge）をなすが，*Dictyocha medusa* と新第三紀の種ではこれを欠く．*Dictyocha*（Cret.-Rec.，図 18.1 (d)）では，正方形の基環の四隅に骨針を備え，端で二分した側桟と対角線状の頂上桟をもつ．このグループは新生代を通してごくふつうに存在する．

Distephanus グループ

3 から 8 側面をもつ種を含み，頂上環（apical ring）と基環は一般的に同サイズである．

Cannopilus グループ

多くの窓（window）をもつものを含み，外見が放散虫に似ている．*Cannopilus*（Olig.-Rec.，図 18.1 (g)）は放散虫に似ているが，半球状の格子構造をもち，基環と格子の両方に骨針がある．

Bachmannocena グループ

基環のみ発達する 3 から多数の面をもつ種類からなる（図 18.2 (a)）．しかし，ある研究者はこれらを *Corbisema* と *Dictyocha* グループの生態的表現型であるとみなしている．

Naviculopsis グループ

細長い種類で支柱（strut）を欠き，主軸に骨針がある．*Naviculopsis*（Palaeoc.-Mioc.，図 18.1 (h)）は，アーチ状に橋渡された桟と両隅に一つの骨針を備えた長く幅の狭い環をもつ．頂上橋の幅はさまざまであり，それらは分類上の有用な識別点であり，また生層序学的に意味がある．このグループの仲間は場所によって始新世から豊富に産出するが，漸新世を通して衰退し，中新世には絶滅する．

Vallacerta グループ

複数の頂上ドーム（apical dome）を備えた基環をもち，骨格には細胞質が出入りする窓や口孔（portal）がない．珪質鞭毛藻類の中でも特異なグループである．*Vallacerta*（Cret.，図 18.1 (f)）は，隅に骨針をもった五角形の基環と凸状彫刻のあるシリカの頂上盤（apical plate）をもつ．このグループは白亜紀に知られている．

Lyramula グループ

Y 字形をした種類で，ある研究者は珪質鞭毛藻に含めることを疑問視している．骨格は，典型的には 2 本の比較的長い腕（limb）があり，稀に 1 本の短い 3 番目の腕をもつ（図 18.2 (b)）．このグループは白亜紀後期の珪質堆積物にきわめてふつうに産出する．

Cornua **グループ**

末端が2分岐した3本の放射状に伸びた骨格構造によって特徴づけられる（図18.2 (c)）．ある研究者はこれらを *Corbisema* グループの異常型とみなしているが，他の研究者は，*Cornua* は進化的に *Corbisema* とより原始的な *Variramus* との中間に位置するとしている．*Cornua* は浅海性堆積物にのみ産出する．

Variramus **グループ**

基環を欠き，分岐した骨格をもつ珪質鞭毛藻を含むグループ（図18.2 (d)）である．骨格は骨針と釘状突起との組み合わせでできていて，形態的にきわめて変異に富む．

珪質鞭毛藻の略史

Lyramula と *Vallacerta* は最初期の珪質鞭毛藻であり，南半球高緯度地域の下部白亜系に産出する．*Corbisema* と *Dictyocha* は中生代を生き残り，新生代の系統の祖先となる．*Distephanus* (Eoc.-Rec.), *Dictyocha* (U. Cret. -Rec.), *Octactis* (Pleisto. -Rec.) だけが現生する属である．珪質鞭毛藻は気候が寒冷化する時期，たとえば，白亜紀後期，始新世後期，中新世，第四紀に個体数を増やすとともに多様性が高かった（図18.3）．これらの時期は，海流の循環は今より速く，無機化合物の豊富な湧昇流が大規模に起こり，珪質植物プランクトンの大増殖を引き起こしたと考えられる（Lipps 1970；McCartney, in Lipps 1993, pp. 143-155 を参照）．

珪質鞭毛藻の利用

珪質鞭毛藻による生層序は特に熱帯と亜熱帯環境でよく開発され，それらは SEPM Special Publication 32 (1981) と Perch-Nielsen (in Bolli *et al.* 1985, pp. 811-847) に概説されている．珪質鞭毛藻の進化速度は遅いので生帯の数が少なく，また一つの帯の時間幅も長い．したがって，化石帯の定義に種（あるいは種群）の相対的な産出量が使われる．生態的表現型が多いので，化石帯は，局地あるいは他の種類が少ない高緯度域で用いられている．注目すべきことは，特に堆積物中で暖水系 *Dictyocha* と冷水系 *Distephanus* の割合が古気候の指標として重要視されてきたことである（図18.4）．*Dictyocha* の暖水系種と冷水系種は，Cornell (1974) によってカリフォルニアの中新世の気候変動を示すために用いられた．古気候学に関する問題は，

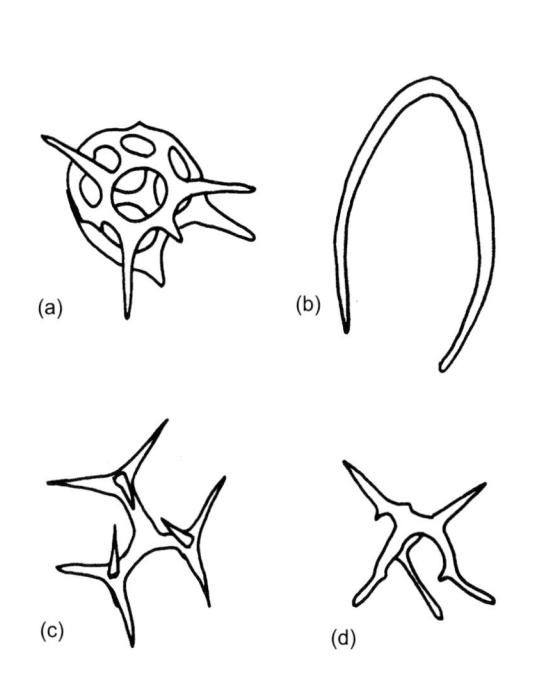

図 18.2 白亜紀および新生代の珪質鞭毛藻属の概略図．いずれも×約500．(a) *Bachmannocena* (L. Plio.). (b) *Lyramula* (U. Cret.). (c) *Cornua* (Cret.). (d) *Variramus* (L. Cret.). (Lipps & McCartney, in Lipps 1993 から改描)

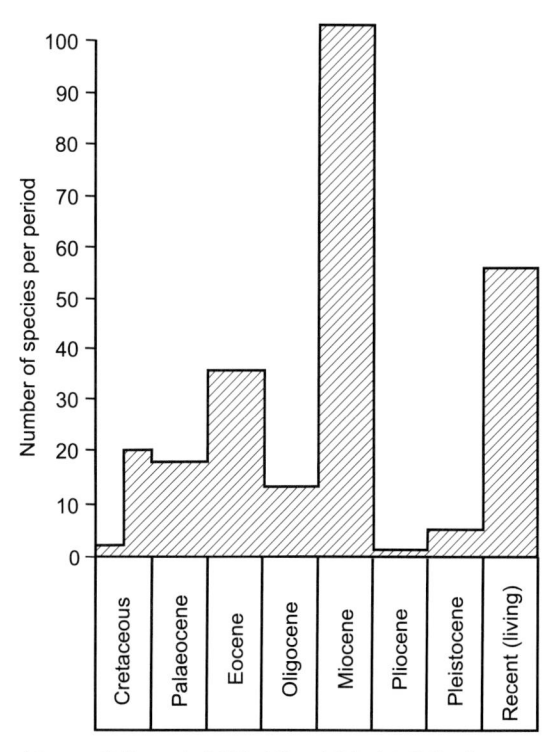

図 18.3 記載された珪質鞭毛藻の時代的産出種数．(Tappan & Loeblich 1973 による)

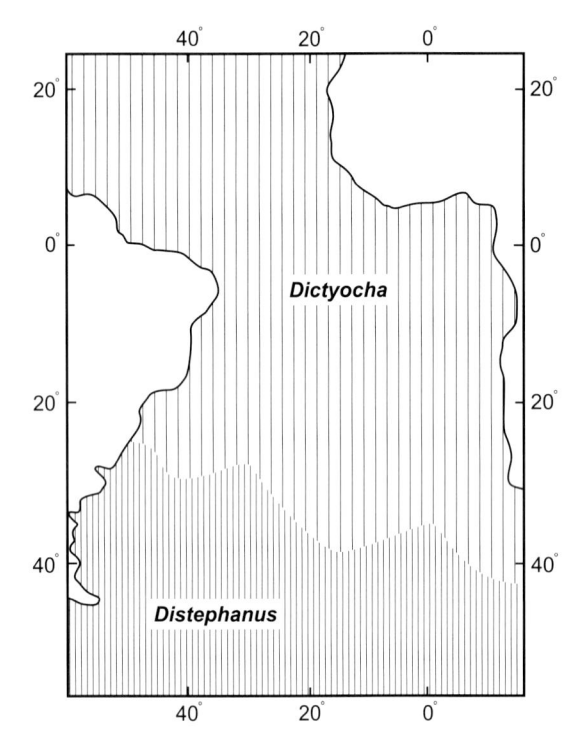

図18.4 南大西洋における現生 *Dictyocha* と *Distephanus* の分布．（Lipps 1970による）

Funnell & Riedel (1971) 中の Louse (pp. 407-421) と Muhina (pp. 423-431) によって概説されている．珪質鞭毛藻は生物源シリカの中のわずかな部分を占めるにすぎないが，堆積学におけるその役割は上記の書中で Kozlova (in Funnell & Riedel 1977, pp. 271-275) が概説している．

黄金色藻のシスト

黄金色藻（chrysophytes）のシスト（cyst，休眠性接合子ともいう）は，ふつう，海水，淡水，湿った陸域に多産する．シリカのシストはその中に粒状の原形質を含んでいる．ほとんどは単細胞で非海生の植物プランクトンであるが，他に集塊状（coccoid）あるいは糸状（filamentous）細胞の群体をつくることがある．現生の *Mallomonas* と *Synura* は，特に生殖後，不動シスト（stomatocyst）と呼ばれる底生性の休眠シスト（resting cyst）をつくる（Duff et al. 1995）．

不動シストは直径 3〜25 μm で，ふつうは球形，発芽細胞が外に出る孔（pore）が一つあることが特徴である（図18.5(a)）．孔のまわりには盛りあがった襟状の構造がある（Zeeb & Smol 1993）．外側の表面

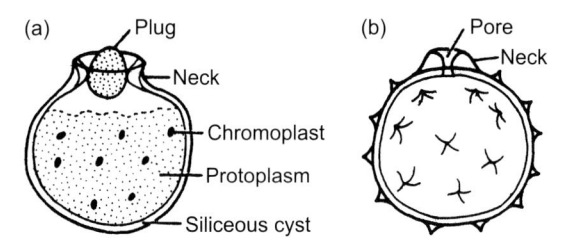

図18.5 黄金色藻のシスト．(a) 現生の不動シスト（stomatocyst）×2,670．(b) 化石 *Archaeomonas* ×3,330．

装飾や襟（collar）と孔の形態，外面の形態はシストの属や種を区別するのに用いられる（たとえば化石 *Archaeomonas*，図18.5(b)）．

化石黄金色藻のシストは，主に後期白亜紀から，また，それ以後の珪藻土や頁岩，シルト岩からも知られている（Cornell 1970; Tynan 1971）が，似たような構造をもつものがカリフォルニア，Beck Spring チャート層（先カンブリア時代後期，約13億年前）から報告されている（Cloud 1976）．より特徴的な種の中には深海堆積物で示準化石として使えそうなものがある（Gombos 1977）．

さらなる知識のために

Tappan (1980)，McCartney (in Lipps 1993, pp. 143-155)，Sandgren *et al.* (1995) は，この生物の特徴，生態，進化についての有用な概説をしている．また Perch-Nielsen (in Bolli *et al.* 1985, pp. 811-847) は，多くの種を図示するとともに生層序学的有用性について要約している．

採集と研究のヒント

珪質鞭毛藻と黄金色藻は海成の珪藻土から最も容易に採集でき，試料処理や研究は珪藻と同一の手法で行われる．水中で分散した残留物をスライドグラス上に塗り付け，カバーグラスをかけて透過光で検鏡する．半永久的な包埋法としては，スライド上の試料を乾燥させ，カバーグラスにシーダックス（Caedax）あるいはカナダバルサムを1滴垂らして試料に被せる．透過光で検鏡する前に乾燥する．

引用文献

Bolli, H. M., Saunders, J. B. & Perch-Nielsen, K. 1985. *Plankton*

Stratigraphy. Cambridge University Press, Cambridge.
Cavalier-Smith, T. 1993. Kingdom Protozoa and its 18 phyla. *Microbiological Reviews* **57**, 953-994.
Cloud, P. 1976. Beginnings of biospheric evolution and their biochemical consequences. *Paleobiology* **2**, 351-387.
Cornell, W. C. 1970. The chrysomonad cyst-families Chrysostomataceae and Archaeomonadaceae : their status in paleontology. *Proceedings. North American Paleontological Convention 1969* Part a, 958-994.
Cornell, W. C. 1974. Silicoflagellates as paleoenvironmental indicators in the Modelo Formation. *Journal of Paleontology* **48**, 1018-1029.
Duff, K. E., Zeeb, B. A. & Smol, J. P. 1995. Atlas of chrysophyte cysts. *Developments in Hydrobiology* **99**, 1-189.
Funnell, B. M. & Riedel, W. R. (eds) 1971. *The Micropalaeontology of Oceans*. Cambridge University Press, Cambridge.
Gombos Jr, A. M. 1977. Archaeomonads as Eocene and Oligocene guide fossils in marine sediments. *Initial Reports of the Deep Sea Drilling Project* **36**, 689-695.
Lipps, J. H. 1970. Ecology and evolution of silicoflagellates. *Proceedings. North American Paleontological Convention 1969*, Part G, 965-993.
Lipps, J. H. (ed.) 1993. *Fossil Prokaryotes and Protists*. Blackwell Scientific Publications, Oxford.
Marshall, S. M. 1934. The Silicoflagellata and Titininoinea. *British Museum (Natural History), Great Barrier Reef Expedition 1928-1-29, Scientific Reports* **4**, 623-624.
Sandgren, C. D., Smol, J. P. & Kristiansen, J. 1995. *Chrysophyte Algae : ecology, phylogeny and development*. Cambridge University Press, Cambridge.
Tappan, H. 1980. *The Paleobiology of Plant Protists*. W. H. Freeman, San Fransisco.
Tappan, H. & Loeblich Jr, A. R. 1973. Evolution of the ocean plankton. *Earth Science Reviews* **9**, 207-240.
Tynan, E. J. 1971. Geologic occurrence of the archaeomonads. *Proceedings. 2nd International Plankton Conference : Rome 1970*. Edizioni Tecnoscienza, Rome, pp. 1225-1230.
Zeeb, B. A. & Smol, J. P. 1993. Chrysophycean cyst record from Elk Lake, Minnesota. *Canadian Journal of Botany* **71**, 737-756.

19章　繊毛虫（有鐘虫とカルピオネラ）
Ciliophora: tintinnids and calpionellids

繊毛虫（Ciliophora）は，細かな繊毛（cilia）列が並んだ小柄状部（pedicel）と呼ばれる外皮（outer layer）をもち，その中に原生動物である生物体が保護されている．これらの繊毛をいっせいに波状に動かすことによって，運動と集餌の両方を行っている．細胞の内部には，通常の細胞機能を受けもつ不規則な形をした大核（macronucleus）と生殖のための小核（micronucleus）とがある．一つの明瞭な細胞口（cell mouth）とその口腔（buccal cavity）は，この活動的な原生生物に特有の形態である（図19.1）．

地質学的に特に重要なのは有鐘虫亜目（Tintinnina）で，それらは7,200種知られている繊毛虫類の約14%にすぎないが，微小な動物プランクトンの重要な構成員となっている．しかし，これらのごく少数が化石になるだけで，化石記録（L. Ord. -Rec.）は非常に不完全である．カルピオネラ（calpionellids）やシュウドアセラ（pseudacellids）として知られている石灰質の種類は，おそらく有鐘虫に近縁で，中生代の遠洋性石灰岩相に多産し，生層序学に使われている．

現生の有鐘虫

有鐘虫（tintinnids）の細胞はふつう管状，円錐状，あるいはコップ状の形態で，その後端部は柄（stalkあるいはpeduncleともいう）状に伸びて，ロリカ（lorica，殻）と呼ばれる外殻に付着している（図19.1）．細胞の前端部は広がっていて，その周囲は触手のような膜板（membranelle）でできた羽状の冠（crown）で縁取られている．この膜板は，実際には融合した入り組んだ繊毛の束でできている．これらの膜板の直下に口腔と細胞口があり，小柄状部の上部は螺旋状に並んだ繊毛列で取り巻かれている．

細胞はロリカの内側で自由に回転でき，柄状部によって外殻に付着しているのはほんの一時的であるらしい．波状に動く多くの膜板をもつ冠はロリカの口部（aperture）より上に伸び，螺旋状にくるくる回りながら体を後方へ進ませる．捕らえられたバクテリア，緑藻，ココリソフォア，渦鞭毛藻，珪藻のような食物は繊毛によって口に運ばれ，食胞（food vacuole）内で消化される．細胞が緑色をしているのは摂取された食物中の葉緑素によるものである．

ロリカ（殻）

ロリカ（lorica）の長径は10 μm～1 mmの幅があるが，多くは120～200 μmである．その外形は円錐から球状，コップやビンのような形状から弾丸あるいは釘状の形状までさまざまである．いずれも口端部に一つの口をもち，また，ほとんどのものは口端部の反対側の端に，丸いあるいは尖った形で閉じた反口部（aboral region）がある（図19.2）．ロリカの内側はかなり広い単一の房室（chamber）となっており，細胞そのものの10倍ほどの容量を収容できる．

殻の表面装飾には，棘（spine），肋（costa），鰭（fin），横溝（transverse groove），縦溝（longitudinal groove），螺旋溝（spiral groove），網状模様（reticulate pattern），窓穴構造（fenestrate structure）などがあ

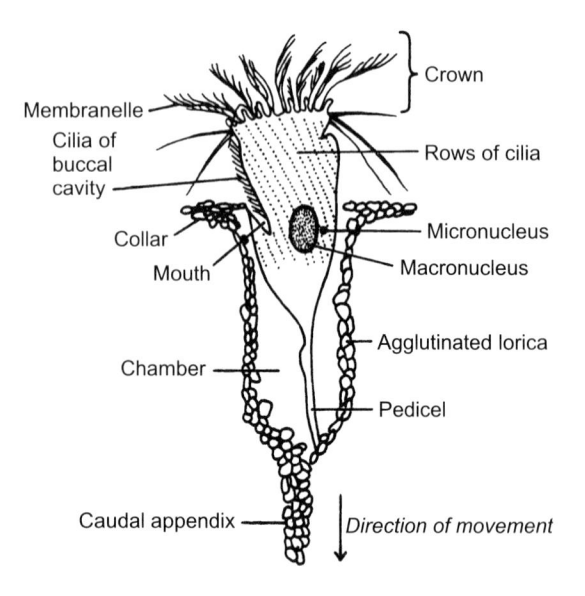

図 19.1　現生 Tintinnopsis の形態．細胞は膠着質の外殻（ロリカ lorica）中にあり，前端部の膜板（membranelle）と体表の繊毛で運動し，食物を集める．×約400．各部の名称は本文を参照．（Colour 1948を一部改変）

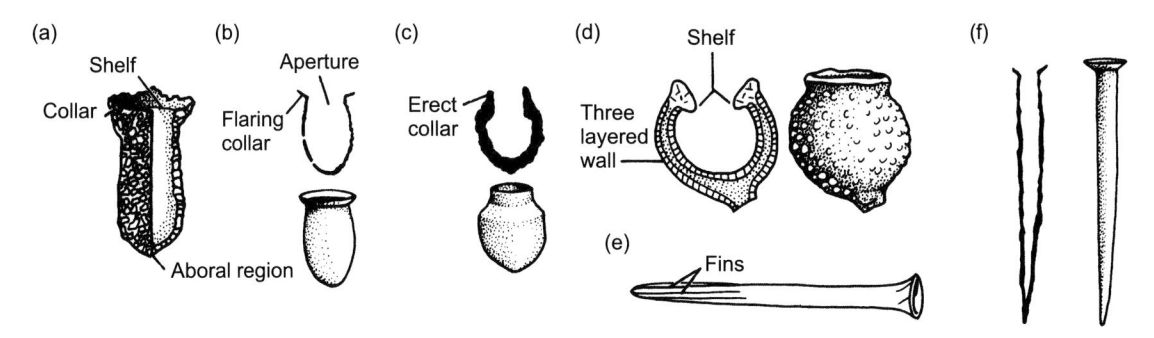

図 19.2 有鐘虫とカルピオネラのロリカ．(a) *Tintinnopsis* の外形と縦断面，×133．(b) *Tintinnopsella* の縦断面と外形，×133．(c) *Calpionella* の縦断面と復元図，×333．(d) *Tytthocorys* の縦断面と外形，×150．(e) *Salpingella* ×133．(f) *Salpingellina* の縦断面と復元図，×166．((a) Remane, in Bronnimann & Renz 1969, fig. 2.14；(b)，(c)，(f) 一部 Colom 1948；(d) Tappan & Loeblich 1968；(e) Kofoid & Campbell 1939 より引用)

る．小孔（alveolus，複数は alveoli）と呼ばれる殻壁内の微小な空洞は軽い液体で満たされ，それは明らかにロリカを浮きやすくしている．比較的広い殻表面積と襟（collar）（図 19.1, 19.2 (a)）が発達しているのは，いくつかの分類群では沈下を防ぐのに役立っているかもしれないが，有鐘虫のロリカの主な機能は効率的な運動性や紫外線放射からの防御にあるといえる．

有鐘虫の殻壁（wall）は，キチン質あるいは黄蛋白質（キサントプロテイン xanthoprotein）などの有機物で構成されるデリケートな構造からなるが，石英粒やココリス，珪藻殻の微小な粒を膠着することによって補強されているようである．炭酸カルシウムが過飽和であった過去のある時期の海洋では，原始的な熱帯性の有鐘虫の系統は石灰質のロリカを発達させた．石灰質の殻壁をもつ有鐘虫は現生では知られていないが，ジュラ紀と白亜紀，および古生代を代表するほとんどのカルピオネラ（calpionellids）と第三紀のシュウドアセラ（pseudacellids）は初生的な方解石のロリカをもっていた．膠着質の殻をもつカルピオネラは中生代に知られている．

有鐘虫の分布と生態

有鐘虫はナノプランクトンを食物としており，大型の動物プランクトンや魚類をつなぐ重要な食物環（trophic link）の一つとなっている．有鐘虫亜目はすべての海域の有光層中に生息しているが，南極域を除いては多いことは稀である．その南極域でも，有鐘虫が食物としている珪藻の方が個体数では勝っている（Wasik 1998）．温度と塩分に対する鋭い感受性は，亜熱帯や熱帯域，寒帯，またオーストラリア－アジア海域にそれぞれ独特の現生群集を生み出すもとになっている．浅海種は汽水域にも見られる．淡水種はこれまでに記載された 840 種の中のたった 10 種にすぎず，そのほとんどがカスピ海やバイカル湖におけるように，第三紀の海退時に置き去りにされ，隔離された遺存種からなる．冷水域の群集は多様性が低く，個体数が多い．これに対して熱帯域では多様性が高く，細胞は小型で個体数は少ない．現海洋での有鐘虫の大増殖は季節に強く影響されるようである．

化石として報告された有機質のロリカはほんのわずかである．化石有鐘虫の膠着質ロリカは浅海成の石灰岩層や海緑石を含む粘土層，あるいは河口や湖の堆積物中から見つかる．化石カルピオネラ（ジュラ紀後期～白亜紀前期，L. Tithonian-E. Valanginian）はもっと豊富で，亜熱帯であった中生代のテチス海に堆積した細粒の遠洋成石灰岩中に産出する．ここではココリス（*Nannoconus* を含む），浮遊性有孔虫，放散虫とともに非常に多く産出する．カルピオネラはまた，北は Scotia Shelf や Grand Banks（カナダ南東部）のあたりまで，北大西洋での DSDP（Deep Sea Drilling Project）や ODP（Ocean Drilling Programme）の掘削点からも報告されているが，寒帯からの記載はこれまで皆無である．両グループのロリカが壊れやすいことは，化石記録にめったに残らないことを意味し，地層中から取り出すためには注意深い抽出法が要求される．

分　類

有鐘虫とカルピオネラの系統関係ははっきりしていない．それは鉱物質の殻が一般的に繊毛虫類の中で，

特に現生の有鐘虫において，まったく知られていないためである．Remane (in Bronnimann & Renz 1969, vol. 2, pp. 574-587)は，カルピオネラは有鐘虫とはまったく異なり，あるいは繊毛虫類にも入らないだろうと主張している．

有鐘虫の分類は60年間ほとんど変わらず，繊毛虫綱(Ciliata), Spirotrichida 目に属させていた．しかしながら，Cavalier-Smith (1993)はこの目を綱に格上げし，Ciliophora 門 Spirotrichea 綱とした．Tappan (in Lipps 1993, pp. 285-303)は科レベルでの分類の再検討を行っている．

有鐘虫目

分類は主にロリカの形態，組成，殻壁の構造や表面装飾に基づいている．しかしながら，ロリカの大きさや形態，組成は，生態的条件によってさまざまに変化するので注意が必要である．さらに加えて，現生種の*Favella ehrenbergi* は，以前は別種とみなされた3様の形態的に異なるロリカをつくる．

多くの化石群集は石灰岩中に産するので，無作為方向に切断された薄片で研究する．それは，通常はかなりの熟練を要する手法である．現生の*Tintinnopsis* (Rec.；図 19.1, 19.2 (a))はフレアーのある襟で囲まれた，わずかにくびれた口をもった有機質と膠着質の殻からなる．

Calpionelloidea 上科（綱レベルの所属は不明）は Colomiellidae (Aptian-Albian) と Calpionellidae (Tithonian-Hauterivian) の二つの科からなる．化石 Calpionellidae 科の *Tintinnopsella* (U. Jur. -Cret., 図 19.2 (b))は *Tintinnopsis* に非常によく似ているが，放射状に配列し繊維状 (fibre) の石灰質からなる殻をもつ．*Calpionella*(U. Jur. -L. Cret., 図 19.2 (c))では，殻は石灰質で，襟は短く突き出ている．*Tytthocorys* (U. Eoc., 図 19.2 (d))は3層からなる石灰質のロリカをもち，口は短いフレアーのついた襟の直下にある棚(shelf)によってくびれている．*Salpingella* (Rec., 図 19.2 (e))のロリカは全体が有機質の釘のような形で，フレアーのある襟と先端に縦方向の鰭をもつ．外面上，類似した Calpionellidae 科の *Salpingellina*（図 19.2 (f)）は石灰質のロリカをもち，下部白亜系に産出する．

有鐘虫の地史

有鐘虫の化石記録は非常に散点的で，古生代と第三紀で少なく，カンブリア紀，石炭紀，ペルム紀，白亜紀後期，暁新世，中新世，鮮新世の地層からはまだ報告されていない (Tappan & Loeblich 1968)．更新世の記録すら稀で，現生種の数を正しく反映しておらず，このグループの化石化のポテンシャルが低いことを示している．有鐘虫より保存されやすい殻をもつ Calpionellidae 科は，ジュラ紀後期から白亜紀前期にテチス海のメキシコからコーカサスにかけて繁栄し，ココリスをともなう深海の石灰岩を形成した．そして，白亜紀後期と始新世における劇的な衰退は，全地球規模の寒冷化，あるいは繁栄をはじめた浮遊性有孔虫や放散虫，渦鞭毛藻との激しい競争と関係しているのであろう．

白亜紀後期と新生代における有鐘虫の記録は散点的であるが，保存のよい石灰質のロリカが始新統と，稀に下部漸新統からも知られている．これら Pseudoacellidae 科は浅海相を示す砕屑性堆積物中に多様な有孔虫や無脊椎動物とともに産出する．

利用

Calpionellidae 科はテチス海の石灰岩に多く，それらの対比に用いられる（たとえば Remane, in Bronnimann & Renz 1969, vol. 2, pp. 559-573）．貧弱な化石記録は有鐘虫と Calpionellidae 科の古生態や生物地理を調べる妨げになっている．地理的に広い分布域をもち，急速に進化した Calpionellidae 科は上部 Tithonian 階と Berriasian 階の生層序における有用な道具となっている．両グループはまた，海洋の水塊や海流系を解明するのにも有効である（たとえば Dolan 2000）．Echols & Fowler (1973)は北太平洋の更新世堆積物で，古塩分や過去の海岸線を復元するのに，汽水性種がどれほど使えるかについて研究した．Benest (1981)はアルジェリアの Tithonian 階の種で塩分による影響を調べた．層序学的に有用ないくつかの Calpionellidae 科は広範な分布域をもち，ガラス質の種類はテチス圏のジュラ紀と白亜紀の標準的な生帯を決めるのに用いられた (Allemann *et al.* 1971; Remane, in Bolli *et al.* 1985, pp. 555-573)．

さらなる知識のために

有鐘虫とカルピオネラの生態や分類，地質学的応用については Remane (in Haq & Boersma 1978, pp.

161-170) と Tappan (in Lipps 1993, pp. 285-303) に概説されている．層序学的に使われる種は Remane (in Bolli et al. 1985, pp. 555-573) によって図示，記載されている．

採集と研究のヒント

カルピオネラは，深海起源の中生代テチス海域の石灰岩について，薄片あるいはピールで最もよく調べられてきた（付録の処理法 N を参照）．また種の形態は，多くの任意方向の断面や，同定するのに最も有効な軸方向（縦）の断面を用いて復元するとよい．

引用文献

Allemann, F., Catalano, R., Farés, F. & Remane, J. 1971. Standard calpionellid zonation (Upper Tithonian-Valanginian) of the western Mediterranean province. *Proceedings. 2nd International Plankton Conference, Roma* 1970, **2**, 1337-1342.

Benest, M. 1981. Calpionellid facies interbedded in rhythmic platform deposits showing a deficient salinity - example of carbonate upper Tithonian in Chellala Mountains (Tellian Foreland,West Algeria). *Comptes Rendus des Seances de l'Academie des Sciences Serie II - Mechanique Physique Chimie Sciences de L'Univers Sciences de la Terre* **292**, 1287-1290.

Bolli, H. M., Saunders, J. B. & Perch-Nielsen, K. (eds) 1985. *Plankton Stratigraphy*. Cambridge University Press, Cambridge.

Brönnimann, P. & Renz, H. H. (eds) 1969. *Proceedings. First International Conference on Planktonic Microfossils, Geneva 1967*, vol. 1, 422 pp.; vol. 2, 745 pp. E. J. Brill, Leiden.

Cavalier-Smith, T. 1993. Kingdom Protozoa and its 18 phyla. *Microbiological Reviews* **57**, 953-994.

Colom, G. 1948. Fossil tintinnids - 1 loricated infusoria of the order Oligotricha. *Journal of Paleontology* **22**, 233-263.

Dolan, J. R. 2000. Tintinnid ciliate diversity in the Mediterranean Sea: longitudinal patterns related to water column structure in late spring-early summer. *Aquatic Microbiology Ecology* **22**, 69-78.

Echols, R. J. & Fowler, G. A. 1973. Agglutinated tintinnid loricae from some Recent and Late Pleistocene shelf sediments. *Micropaleontology* **19**, 431-443.

Haq, B. L. & Boersma, A. 1978. *Introduction to Marine Micropalaeontology*. Elsevier, New York.

Kofoid, C. A. & Campbell, A. S. 1939. The Tintinnoinea. *Bulletin. Museum of Comparative Zoology Part* 84, 1-473.

Lipps, J. H. (ed.) 1993. *Fossil Prokaryotes and Protists*. Blackwell Scientific, Oxford.

Tappan, H. & Loeblich Jr, A. R. 1968. Lorica composition of modern and fossil Tintinnida (ciliate Protozoa), systematics, geologic distribution and some new Tertiary taxa. *Journal of Paleontology* **42**, 1378-1394.

Wasik, A. 1998. Antarctic tintinnids : their ecology, morphology, ultrastructure and polymorphism. *Acta Protozoology* **37**, 5-15.

20章 介 形 虫
Ostracoda

　介形虫（ostracods）*は現生の甲殻類の中で最も種多様性の高いグループの一つで，節足動物の化石の中で最も多く産出する．その種数は化石と現生を合わせるとおおよそ 33,000 種になる（Cohen *et al.* 1998）．介形虫はキチン質あるいは石灰質の 2 枚の殻（valve）をもった小さな甲殻類で，2 枚の殻は背甲（carapace）と呼ばれ，その背縁にそって蝶番（hinge）が形成されて連結している．介形虫はもともと海生で，おそらく底生であったが，シルル紀までに塩分の低い汽水や遠洋の環境へとその生息域を広げていった（Siveter, in Bassett & Lawson 1984, pp. 71-85）．介形虫の中には湿った土壌中や落ち葉の間に生息し，陸生の生活に適応していったものもいる．分類上，介形虫綱は海生で背甲の石灰化の度合が低いミオドコーパ（Myodocopa）と，よく石灰化した背甲をもつポドコーパ（Podocopa）の二つの亜綱に分けられる．ポドコーパ亜綱は生態的にも形態的にも高度に多様化し，その化石記録も豊富である．現生種の大部分はポドコーパ亜綱からなる．

［訳注］*：ostracods はギリシャ語の ostrakon = shell と oides = shaped に由来する．岩波『生物学辞典』では Ostracoda = カイムシ下綱（貝形類，貝虫類），内田亨（監修）『動物系統分類学 1』では Ostracoda = 介形類としている．本書では，訳語を「巻貝」のイメージではなく，中国でも用いている 2 枚の殻を意味する「介形虫」とした．

　介形虫は生層序をはじめ，古環境や古気候の推定に広く用いられ，また過去の海岸線やプレートの分布を描く指標として欠くことのできない存在である．介形虫はオルドビス紀から現在までの長期間にわたって，よく研究された化石記録がある．カンブリア紀にはどのような姿をしていたのであろうか．現在，その類縁化石の検討が行われている．

軟体部の構造

　軟らかい動物体が化石に残ることは稀であるが，中には目を見張るような例外もある（たとえば Bate 1972；Smith 2000）．介形虫の軟体部は他の節足動物のように，連結した硬いキチン（chitin）質の外骨格（exoskeleton）で覆われている．頭部は大きく，その中央部に口器をもち，背側にはふつう単眼がある（通常は三つの眼をもつ）．肛門は体の後端にある．頭部と胸部は癒合して頭胸部（cephalothorax）を形成している．体節（segment）と付属肢（appendage）を他の甲殻類と対応させて，その相同関係（homology）を示すのは難しい（図 20.1 (a)）．頭/胸癒合部の両側では，殻が大きく折り返して伸張し，内殻（inner lamella）となって背甲の重複部（duplicature，外殻と内殻からなる．図 20.3 を参照）を構成し，軟らかい動物体を包み込んで保護している（図 20.1 (b)）．

　介形虫の付属肢は体の腹側につき，ふつうは成体で 7 対あるが，8 対の種類（後述）もある（図 20.1 (c)）．これらの付属肢に加えて，体の後端部には尾叉（furca）がつき，その先端には 1 対の尾部枝状突起（caudal rami）がある．しかし，通常，尾叉は肢（limb）とはみなされていない．これはおそらく他の節足動物の尾節（telson）と相同の器官であろう．他の甲殻類と同じように，肢は基本的に二つの異なる分肢，すなわち外肢（exopodite）と内肢（endopodite）からなる二叉型（biramous）である．しかし，多くの場合，外肢は進化の過程で縮小あるいは失われ，単肢型（uniramous）となっている．介形虫のこれらの付属肢には，剛毛（seta，複数は setae）と呼ばれる細いキチン質の毛（bristle）がふつう関節部のすぐ下から生えている．また付属肢の先端部は鉤爪（claw）になっている．

　ミオドコーパ亜綱では 5 対の付属肢が頭部から出ているのに対して，ポドコーパ亜綱は 4 対とされている．1 番目と 2 番目の付属肢は第一触角（antennula）（単肢型）と第二触角（antenna）（二叉型）で，それらは頭前部に付き，長く先細になっていて歩行や遊泳，摂食などのさまざまな用途に使われる．上唇（labrum）は口器の前方に，下唇（hypostome）は後方にある．対をなす二叉型の大顎（mandibula）と小顎（maxillula）は下唇についていて食物の咀嚼を助けている．ミオドコーパ亜綱と異なり，ポドコーパ亜綱では大顎と小顎

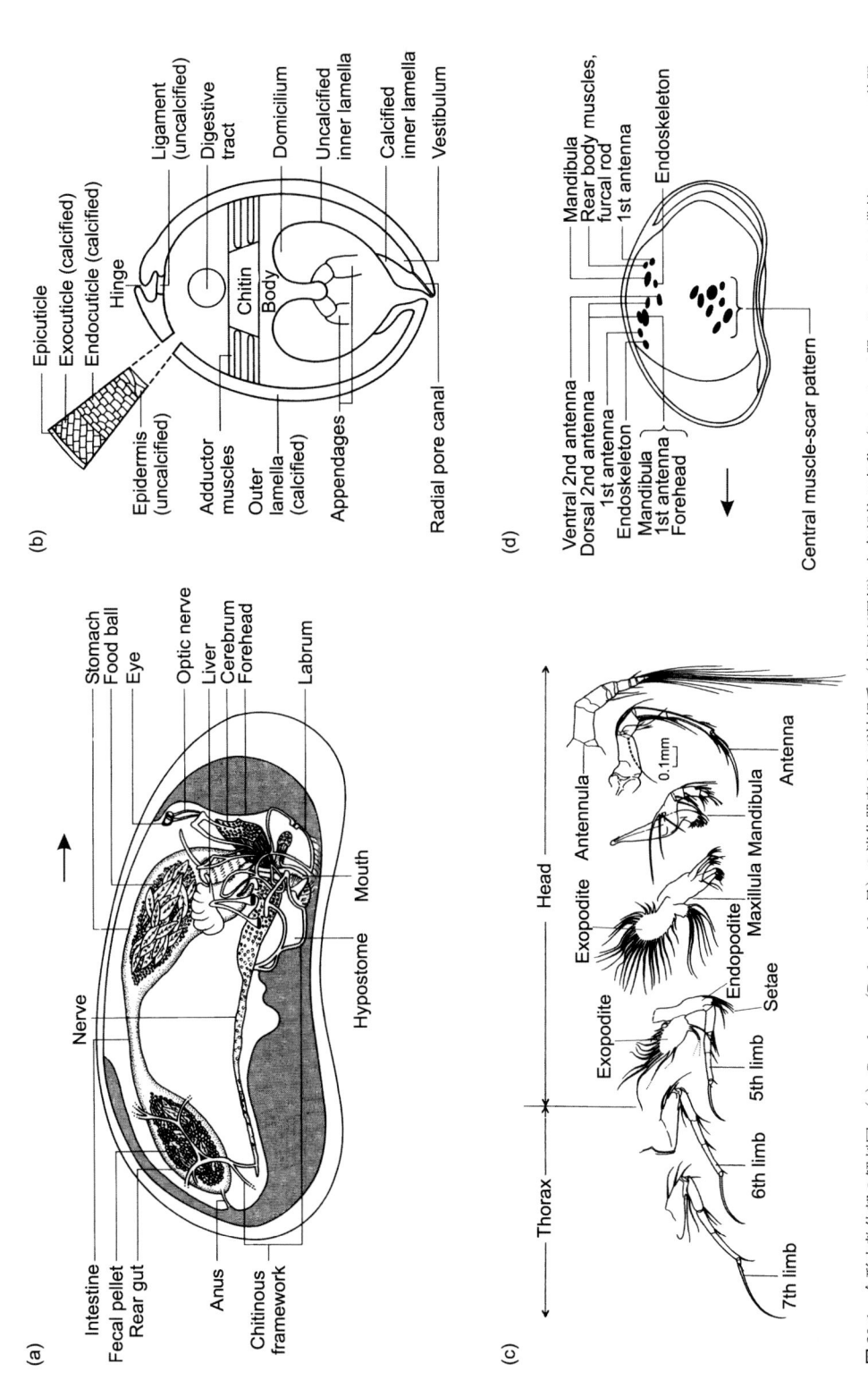

図 20.1 介形虫軟体部の解剖図．(a) *Candona* (Podocopida 目) の消化器官および神経系（右側が頭部）と各部位の名称（intestine：腸，fecal pellet：糞粒，anus：肛門，chitinous framework：キチン質の骨格，nerve：神経，hypostome：下唇，mouth：口，stomach：胃，food ball：食物粒，optic nerve：視神経，liver：肝臓，cerebrum：大脳，forehead：前頭部，labrum：上唇）．(b) 介形虫横断面の模式図と各部位の名称（本文中に説明のない用語は，exocuticle：外殻層，endocuticle：内殻層，digestive tract：消化器官，domicilium：付属肢の収納空間）．(c) *Bairdia* (Podocopida 目) の付属肢の形態（頭部と胸部の境は5番目と6番目の付属肢の間にある）．(d) *Cypridopsis* (Podocopida 目) の背甲内側にみられる筋痕群（背縁の筋痕群は各付属肢を制御する筋肉の付着部を，また中央の筋痕群は閉殻筋と大顎基部の付着部を示す）．（用語は Horne *et al*., in Holmes & Chivas 2002, pp. 5-37 による．各図は Kaesler, in Boardman *et al*. 1987, figs. 13.31, 13.32, 13.33 より改描）

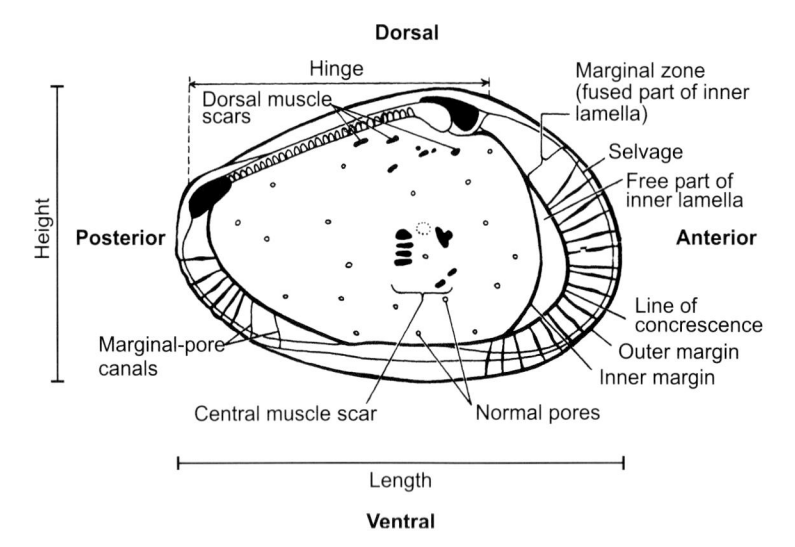

図 20.2 Podocopida 目の左殻内側に見られる構造と各部位の名称（縁辺毛細管は背甲の周縁部にそって内殻と外殻の間に放射状に発達し，垂直毛細管は背甲の外殻をほぼ垂直に貫いて分布する）（van Morkhoven 1962-1963 を一部改変）

の外肢が大きな振動板（branchial plate）に変化している．この器官は背甲の内側に食物を含んだ水流を供給したり，動物体のまわりの水循環をよくしたり，あるいは酸素を補給したりするために水をかき混ぜる役目をしている．酸素は体表全体から吸収される．5～7番目の付属肢は基本的には同形で，主として歩行に適した形態をとり，内肢の先端にはよく発達した鈎爪があるが，外肢は縮小している．いくつかの介形虫では5番目の付属肢は，歩行や摂食，呼吸の補助に，また性的二型がある種類では雄が雌を抱きかかえるのに，あるいはまた，これらの機能を組み合わせていろいろな行動に使われる．8番目の付属肢は稀少なPuncioidea 上科（現生の Palaeocopida 目）だけに存在する．対をなす雄の交尾器（copulatory appendage）は尾叉の前方に位置し，ある種類ではツェンカー器官（Zenker's organ）と呼ばれる1対の射精管（sperm pump）を発達させている．

呼吸と体液循環のシステムはかなり単純化され，比較的大型で浮遊性の Myodocopida 目を除くすべての介形虫で血管系や心臓が欠如している．多くの底生種に特徴的な背側の単眼よりも，対をなす側眼（複眼）の方がより目立つ種類がある．また深海生の属では，眼の機能が退化しているものが多い．付属肢の動きを制御する筋肉は背甲の中央部と背部でキチン質の内骨格（endoskeleton）に付着し，それらの付着部に背縁では背縁筋痕（dorsal muscle scar）模様をつくる．閉殻筋（adductor muscle）（図 20.1（b））は殻を閉じ，背甲の内側中央部に中央筋痕（central muscle scar）模様を残す（図 20.1（d），20.2）．その位置は殻表面に現れる亜中央瘤（subcentral tubercle）あるいは縦溝（sulcus，複数は sulci）として知られている皺によって背甲の外表面からでも確認できる．筋痕の数や配列は介形虫の高次分類の基準となっている（Box 20.1）．しかし，それらの筋痕は，Archaeocopida 目や Palaeocopida 目では観察しにくい．Palaeocopida 目では，閉殻筋の位置は背部から腹部に縦に走る顕著な中央溝（median sulcus）によっても示される．

介形虫の背甲

介形虫の背甲は，一般的に卵，腎臓，豆のような形状をしており，2枚の殻を接合する蝶番が背甲の背縁にそって発達する．殻長はほとんどの成体で 0.5～3 mm 程度であるが，30 mm に達する種類もある．2枚の殻からなる背甲は表皮細胞（epidermis）から分泌され，体と付属肢のすべてを覆う連続した1枚の甲皮を形成する．蝶番を除く背甲の縁辺部（自由縁）では，最終脱皮の殻形成において表皮細胞が両殻の側方で内側に折り返す構造，すなわち重複部（duplicature）が形成される．この表皮細胞の重複部は，最初は頭部に生じ，やがて前部，後部，下部へと伸びて，体と付属肢を包み込むようになる．重複部は外殻（outer lamella）と内殻（inner lamella）とからなる．内殻は，外殻と癒合した部分（fused part）と分離した部分（free

Box 20.1 介形虫の分類

形態の概略（左が前頭部）と筋痕の特徴を示す．（倍率は無視．Horne *et al.*, in Holmes & Chivas 2002 の図に基づく）．
*印の Bairdiocypridacea 上科と Bairdiacea 上科は Horne *et al.*, in Holmes & Chivas 2002 の分類では Bairdiocopina 亜目に含められている．

Subclass PODOCOPA
Order PODOCOPIDA（Ord. - Rec.）

Suborder Cypridocopina
Superfamilies：
　Macrocypridoidea
　Pontocypridoidea
　Cypridoidea

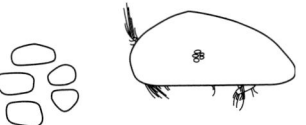

Suborder Cytherocopina
Superfamilies：
　Cytheroidea
　Terrestricytheroidea

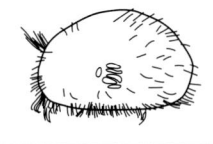

Suborder Darwinulocopina
Superfamily：
　Darwinuloidea

Suborder Metacopina
Superfamily：
　Thlipsuracea

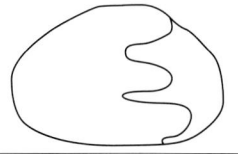

Suborder Platycopina
Superfamilies：
　Kloedenellacea
　Cytherelloidea

Suborder Podocopina
Superfamilies：
　Bairdiocypridacea*
　Bairdiacea*
　Cyrpidacea
　Cytheracea

Suborder Sigilliocopina
Superfamily：
　Sigillioidea

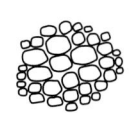

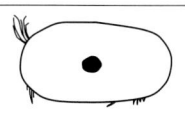

Saipanetta

Order PALAEOCOPIDA（Ord. - Trias., Tert.）

Superfamilies：
　Barychilinacea（order uncertain）
　Beyrichiacea
　Drepanellacea
　Eurychilinacea
　Hollinacea
　Kirkbyacea
　Nodellacea
　Primitiopsacea
　Puncioidea
　Tribolbinacea

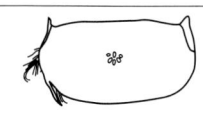

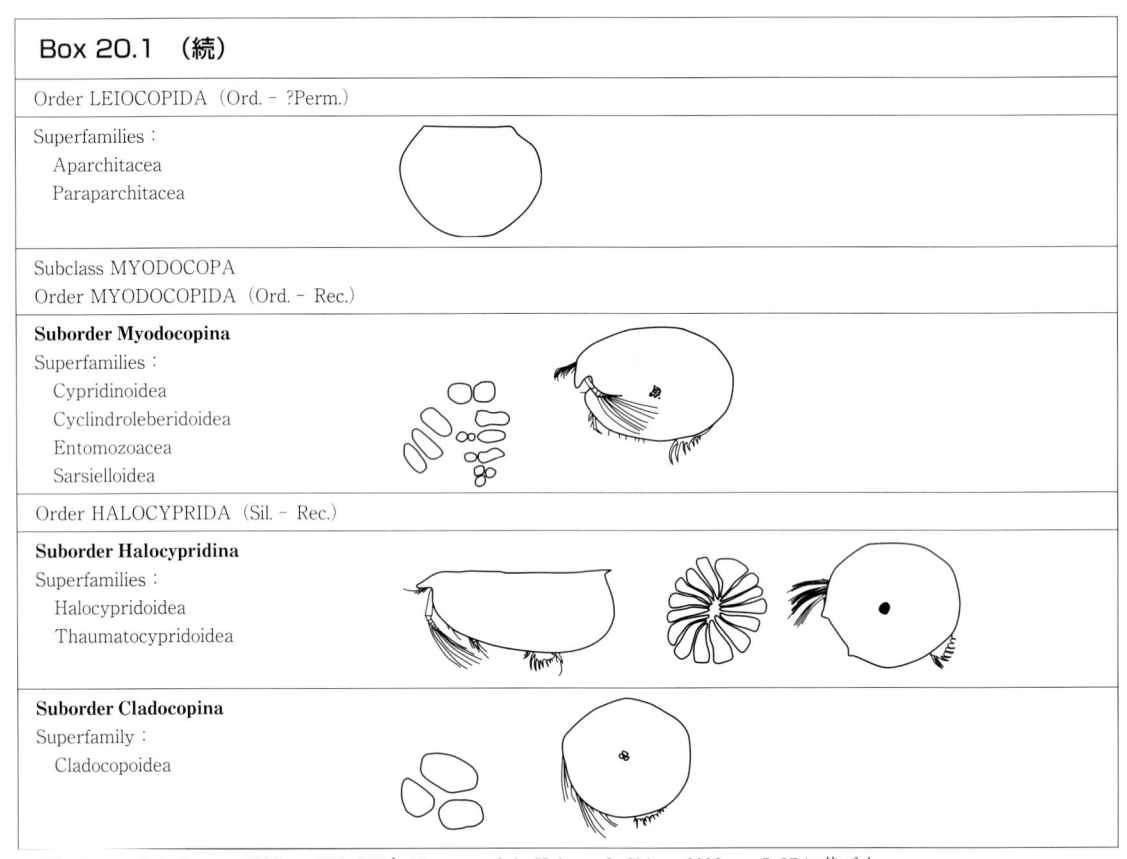

Box 20.1 （続）

Order LEIOCOPIDA（Ord. - ?Perm.）

Superfamilies：
　Aparchitacea
　Paraparchitacea

Subclass MYODOCOPA
Order MYODOCOPIDA（Ord. - Rec.）

Suborder Myodocopina
Superfamilies：
　Cypridinoidea
　Cyclindroleberidoidea
　Entomozoacea
　Sarsielloidea

Order HALOCYPRIDA（Sil. - Rec.）

Suborder Halocypridina
Superfamilies：
　Halocypridoidea
　Thaumatocypridoidea

Suborder Cladocopina
Superfamily：
　Cladocopoidea

Whatley *et al.*, in Benton 1993, pp. 343-357 と Horne *et al.*, in Holmes & Chivas 2002, pp. 5-37 に基づく．

part）とがあり（図20.2），また石灰化された部分とされない部分とがある（図20.1 (b)；図20.3）．内殻が外殻と分離している部分で，外殻と内殻との間にできる隙間を重複部の内腔（vestibulum）と呼ぶ（図20.1 (b)；図20.3）．この重複部の内腔には軟体部の延長が収まり，ここに消化器官や生殖器官を収容している種類もある（図20.1 (b)）．耳縁（selvage）と呼ばれる内殻の出っ張り（殻の外縁内側に発達する，図20.2；図20.3）は，殻が腹縁にそって閉じるときの助けとなっているようである．癒合した外殻と内殻の接合部の内側縁を癒合線（line of concrescence）と呼び，これと外縁との間を縁辺帯（marginal zone）としている（図20.2；図20.3）．

ポドコーパ亜綱の殻は，外殻と内殻縁辺部で表皮細胞から方解石が分泌されることによって形成される．生体では，この石灰質の殻はさらにキチン質の外皮（epicuticle）で覆われている．ミオドコーパ亜綱では，ポドコーパ亜綱の石灰化した内殻（重複部）と相同の部分の用語として，インフォールド（infold，内側に折りたたむ構造）という異なった用語が用いられてい

る．すなわち，ミオドコーパ亜綱の背甲は外殻とこのインフォールドからなり，石灰化していない内殻と体表皮（body cuticle）が背甲の外被（vestment）を形成する．多くのミオドコーパ亜綱の殻は石灰化されていないか，石灰化されていてもその程度は弱い．そして化石になると，通常は二次的に石灰化される．一般に幼体の殻では石灰化の程度が弱く，また淡水生のPodocopida目，多くの海生のMyodocopida目，またArchaeocopida目の殻の石灰化の程度は低い．したがって，このような介形虫は化石になりにくい．

ポドコーパ亜綱の殻は，ふつう左右殻の一方が他方よりも大きく，大きい方の殻（ふつうは右殻）が小さい方の殻（左殻）の外縁の一部か全縁を覆う．ミオドコーパ亜綱では，この外縁部の殻の重なりはあまり明瞭ではない．介形虫では外殻と内殻の外表面は薄いクチクラ層で覆われ，この薄層は背縁を横切って他方の殻に連続し，靱帯（ligament）として両殻を繋いでいる（図20.1 (b)）．

殻は閉殻筋によって閉じられる．閉殻筋は動物体を貫通し，石灰化した外殻の内側面に付着して，その

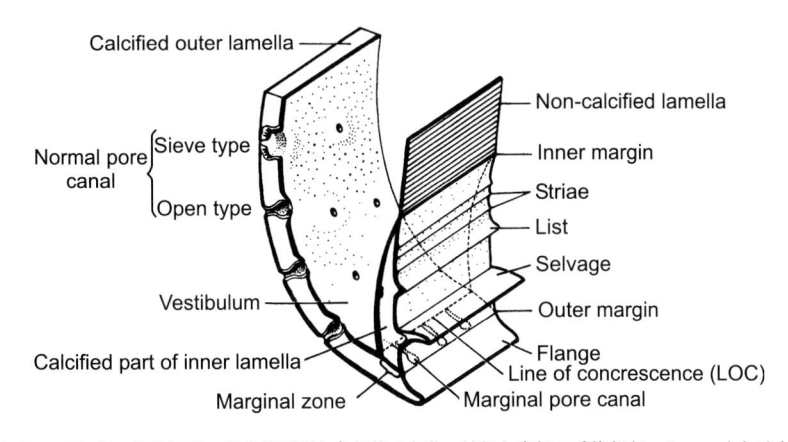

図 20.3 Podocopida 目の殻縁辺部の模式的断面と各部位の名称．外殻と内殻の重複部(duplicature)を示す．(Kesling 1951 を一部改変)

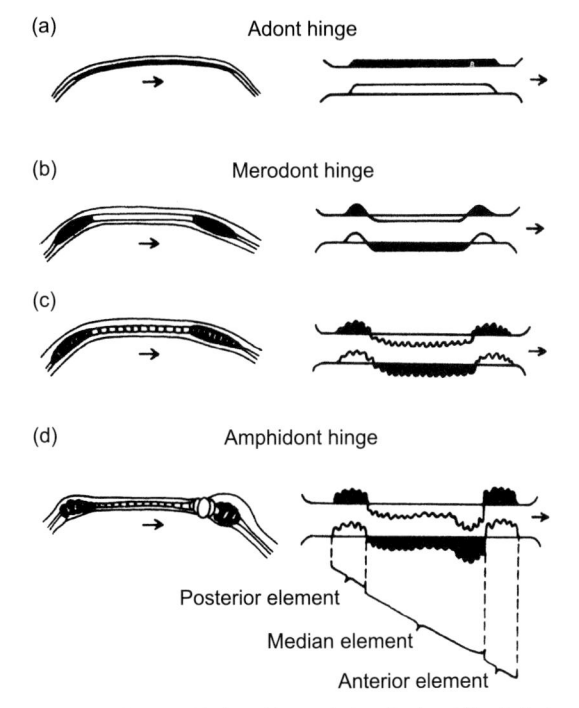

図 20.4 介形虫の蝶番型（左列は左殻，右列は両殻，矢印は殻の前方を示す）．(van Morkhoven 1962-1963 を一部改変)

付着部には分類基準ともなる特徴的な筋痕（muscle scar）が形成される（図 20.1 (b), (d)）．この筋痕群の中には，大顎筋と連結する前中央筋痕（frontal scar）や対をなす大顎痕（mandibular scar）も含まれるが，後者は筋肉痕ではなく，大顎を支えるキチン質の支持柄（rod）が付着する部分である．

介形虫は毛細管（pore canal）を通して殻表面に出した感覚子（感覚毛 sensillum）によって外の環境と接触している．殻の縁辺帯に開いた感覚子の出る孔は縁辺毛細管（marginal pore canal）と呼び，これに対して殻の表面全体に分布する孔は垂直毛細管（normal pore canal）と名づけられている（図 20.3）．これらの孔が分岐しているかいないかなどの形態や，それらの配列は分類の基準として使われる．感覚子孔をもつ篩状孔（sieve pore）（図 20.3）はいくつかのポドコーパに見られ，分類上重要な要素であるが，それらの形態は塩分によっても変化する．明瞭な眼点（eye spot）または膨らんだ眼瘤（eye tubercle）が眼の位置する殻の外表面に発達することがあり，これは特に浅海種に顕著である．

ある種類では，殻の背縁に発達する蝶番は互いに噛み合う溝（groove），歯（tooth），ソケット（socket）などの構造をもつ．この構造の基本的な形式は 3 通りあるとされているが，それらはさらに細分することもできる（図 20.4）．ほとんどの古生代介形虫と淡水生の介形虫は単歯型（adont）の蝶番をもつ（図 20.4 (a)）．これは最も単純な形式で歯とソケットを欠き，しばしば大きい方の殻の縁にそって単純な 1 本の溝があり，小さい方の殻には溝に対応する梁（ridge）がある．分化歯型（merodont）の蝶番（図 20.4 (b), (c)）は，右殻に細長く強い小鋸歯状（crenulate）の末端要素（terminal element）をもち，中央要素（median element）はなめらかであるか小鋸歯状である．双歯型（entomodont）の蝶番は，研究者によっては認めているが，分化歯型とほんの少し異なっているだけなので，本書では独立の形式としては扱わない．分化双歯型（amphidont）の蝶番（図 20.4 (d)）では，右殻の短い末端要素の歯はよく発達し，それらは小鋸歯状であったり，二つに分かれていたり，なめらかであっ

たりする．中央要素は前部のソケット（なめらかであるか分割している）と中央溝（ふつうはなめらかである）とからなる．

二型性 (dimorphism)

介形虫の生殖システムは高度に発達し，雌雄の殻の大きさや形はしばしば異なる．この性的二型（sexual dimorphism）は，化石 Palaeocopida 目に特に顕著に現れ，それらは分類の重要な要素となっている．この目において明瞭に区別できる雌の形態はヘテロモルフ（heteromorph，雌の成体の形態）と呼ばれ，テクノモルフ（tecnomorph，雄と幼体の形態）とは異なる．雌の殻は，より膨らんだ後部，顕著な腹部の膨らみ (ventral lobe)，育児嚢 (brood pouche)，または団頂（カルミナ crumina）（図 20.10 (a)）と呼ばれる半球状の目立った膨らみ，あるいはまた殻の外縁を取り囲んで外側に伸びる幅広いフリルなどをもつ．Podocopida 目の性的二型はあまり明瞭ではないが，雄は一般に狭幅で細長く，雌の殻は後部の膨らみが強い（図 20.9 (l)）．稀にではあるが，生殖器官が収められていた部分の痕跡が殻の後部内側の表面に残されることがある．

介形虫の生殖様式と個体発生

生殖は年間を通していつでも行われている．ある Cyprididae 科の介形虫は発光（bioluminescence，たとえば *Vargula*，図 20.13 (n)）し，それは求愛行動に使われると考えられている（Cohen & Morin, in Whatley & Maybury 1990, pp. 381-401）．雄の精巣は殻長の10倍もあるような異常に長い精子を生産する．

交尾によって受精した卵は雌の背甲内に抱えられるか，水中に放出されるか，あるいはまた水草や石の間に産み落される．単為生殖（繁殖力のある雌の卵を産むシステム parthenogenesis）は，淡水種では比較的ふつうに起こっている．海生の個体群でも，雌の数が雄をはるかに上まわるのが一般的であるが，雌雄の比は環境によってさまざまである．淡水種の卵は乾燥と低温に対して耐久性があり，厳しい冬や長期の干ばつを生き抜くことができ，また鳥の足や羽に付着して分散することさえできる．

多くの甲殻類と同様，介形虫は齢 (instar) と呼ばれる不連続的な脱皮段階を経て成長する（図 20.5 (a)）．ある齢の動物体が外骨格に対して不釣り合いに大きく成長すると，固定した硬いキチン質と石灰質からなる外骨格が脱ぎ捨てられ，動物体は急速に大きく成長するとともに新しい背甲の硬化が起こる．ふつう卵から成体までは 8 齢ないし 9 齢である．

Podocopida 目の個体発生は，ふつう 8 段階の幼齢と最終齢の成体からなり，1 齢（メタノープリウス metanauphilus）は薄い 2 枚の殻をもつが，小顎 (maxillula) と胸肢 (thoracic leg) を欠く．小顎は一般に 2 齢になって発達し，胸肢は 4 齢と 6 齢の間に現れる．筋痕はふつう 6 齢前にははっきりとは見られず，生殖器の痕跡も 7 齢前にはない．また顕著な性的二型も最終齢まで見られない*．そして，8 齢までにはすべての付属肢が発達する．

［訳注］*：正しくは，性徴は最終齢の一つ前の齢から現れる．

ミオドコーパ亜綱の個体発生は最終齢の成体になるまでに 4～7 齢の幼体を経る．雌は背甲の背後部に卵（胚 embryo）を抱え，1 齢になった幼体を殻外に放出

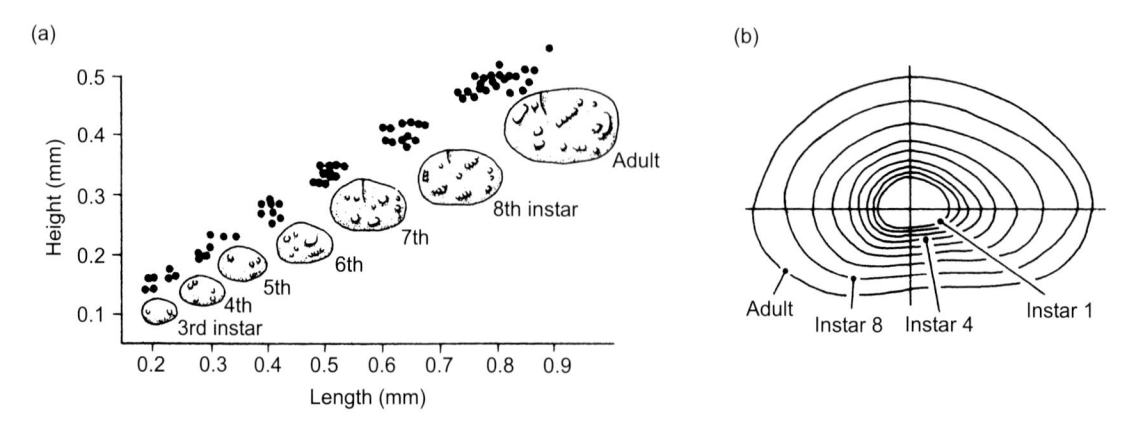

図 20.5 介形虫の成長．(a) *Neocyprideis colwellensis*（始新世，Lower Headon Beds 産）の各脱皮段階（第 3 幼生から成体まで）の不連続なサイズ分布と殻形態の変化．(b) *Cypridopsis vidua* の各脱皮段階における殻の外形．((a) Keen 1977；(b) Kesling 1951 を一部改変）

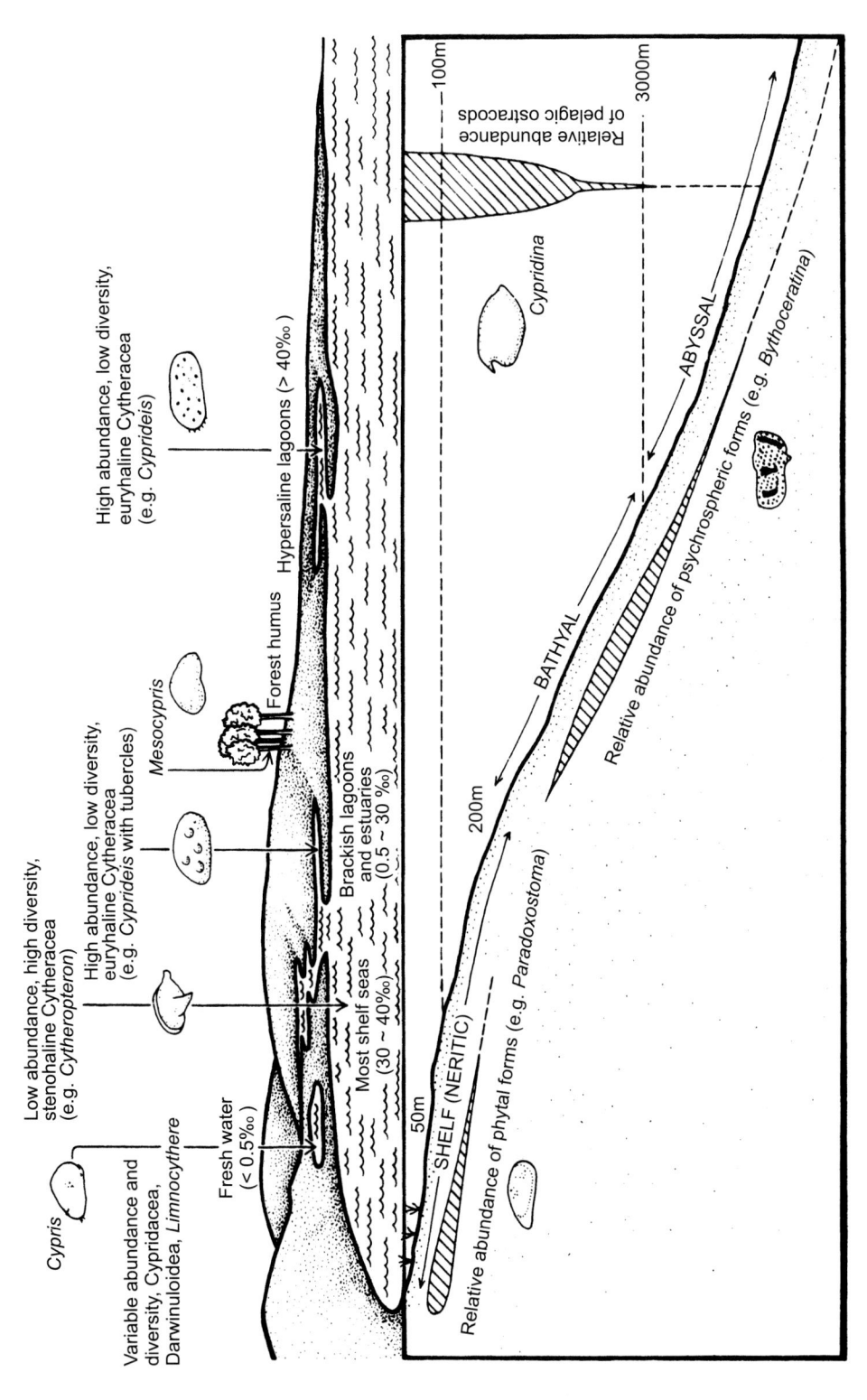

図 20.6 現生介形虫類の生息分布（代表的な生息域と種類を示す）．淡水域：個体数と種の多様度はさまざまで，Cypridacea 上科や Darwinuloidea 上科，Limnocythere（Cytheracea 上科）が生息．代表例：Cypris（Cypridacea 上科）．陸棚域：個体数は少ないが，種多様度が高い．狭塩性（stenohaline）の Cytheracea 上科が生息．代表例：Cytheropteron．穴水の潟・河口域：個体数が多く種多様度が低い．広塩性（euryhaline）の Cytheracea 上科が生息．代表例：瘤 tubercle のある Cyprideis．森林腐植土域：代表例：Mesocypris（Cypridacea 上科）．高塩湿地海域：個体数が多く種多様性が低い．広塩性の Cytheracea 上科が生息（代表例：Cyprideis）．沿岸域の海底には葉上種（phytal form）が相対的に多く（たとえば Paradoxostoma など），大陸斜面上部の漸深海帯には好冷性種（psychrospheric form）が相対的に多い（たとえば Bythoceratina など）．一方，外洋の表層から中層には漂泳性の種が生息する（代表例：Cypridina）．

する．1齢の幼体は，すでに5または6本の付属肢と1本の尾叉を備えているが，脱皮ごとに付属肢に剛毛や鉤爪が，また時に体節が付加される．7番目の付属肢はふつう7齢で現れる．

各齢の殻は，漸次，大きさを増しより厚く強く石灰化する．これらの段階的な脱皮成長は殻の形状や殻装飾の変化（図20.5 (b)）を伴い，Podocopida 目では蝶番や殻の重複部，縁辺毛細管も複雑化する．殻の形態変異が個体発生によるのか，進化あるいは性的二型現象によるのかを識別することは重要である．これらの理由で，分類学的研究は成体標本に基づいて行われる．

介形虫の分布と生態

底質と食物

現生の介形虫は，その生活史を通して生涯底生か漂泳性の生活をしているものが多い．底生種の生息域は淡水域と海水域である（図20.6）．Terrestricytheroidea 上科（たとえば *Mesocypris*）の仲間は湿った土壌中や落ち葉の間に適応している．淡水種は豆粒様の形をした背甲（たとえば *Halocypris*, 図20.12 (c)）で，表面はなめらかで薄く石灰化の度合も低い．これらの多くはデトリタス（detritus）または生きている微小な生物（たとえば珪藻や原生生物，バクテリア）を第二触角や大顎を使って摂取する．*Cypridopsis*（図20.15 (2)）は腐肉食性（scavenger）で，死んだ動植物の破片を付属肢で摂取し，それらを小顎で咀嚼する．腹足類の病原菌 'Bilharzia' を媒介する生物（vector）を捕食する介形虫の1種が知られているが，これは医学的に興味深い．

淡水生の介形虫が水底の数 cm 上をいつも泳いでいるのに対して，海生の底生種は重く水底に沈んで底質上を這ったり底質に潜ったり，また堆積物粒子の間隙水中にいてデトリタスを食べたり，珪藻や有孔虫，小さな多毛類などを捕食している．このような介形虫は泥質の砂やシルト中に，あるいは海藻（草）上によく見られる．介形虫はグロビゲリナ軟泥にはあまり見られず，また嫌気性の黒色泥岩や蒸発岩，粒子のよく揃った石英砂岩や石灰質砂岩にはほとんど見られない．

古生代には濾過食性（filter-feeding）のきわめて多様な介形虫がいた．このグループには，三畳紀では Metacopina 亜目（英国では Toarcian 期に絶滅してしまう）や Platycopina 亜目が含まれる．ジュラ紀以降の濾過食性介形虫は Platycopina 亜目だけになった．濾過食性は付属肢の形態に反映されている．すなわち，たくさんの剛毛をもつ胸肢は歩行には使われず，水中の浮遊粒子を選り集める篩の役割をしていると思われる．また7番目の付属肢（第三胸肢）はなく，移動は長く伸びた後端の尾叉によって行われ，多くの振動板で腹部周辺の水を掻き混ぜていると思われる．

底生介形虫の大きさや形態，殻表面の彫刻などは，概して生息場の底質の安定性や堆積物の粒径と間隙の程度を反映していることが知られている．たとえば，比較的細粒で軟らかい底質上を這い回っている種類は，殻の腹部が扁平になる傾向がある．またおそらく体重を分散させるのに役立つと思われる，翼翅（ala, 複数は alae）と呼ばれる突起，周縁部のフリルやキール（keel），側方棘状突起などを備えている．水の動きの激しい沿岸域で粗粒の底質上に生息している種類は，ふつう殻が厚く，粗い彫刻のある肋（rib）や網状装飾（reticulation），感覚毛を備えた丈夫な棘状突起（spine）をもつ．砂質底で砂粒の間隙に潜っている内生の種類は，小さく殻表面がなめらかで，しかも強固な殻（たとえば *Polycope*, 図20.12 (f), 20.13 (o)）になる傾向がある．すなわち，シルトや泥に潜る種類はより流線型の殻を必要とし，その殻はふつう細長く表面がなめらかである（たとえば *Krithe*, 図20.9 (j)）．底質に潜るとき，第一触角の短く太い棘状突起が活躍する．Paradoxostomatidae 科は，ふつう表面がなめらかで薄く細長い殻をもつ多くの種類からなり，動植物を常食とするために大顎は管状に変化している（たとえば *Paradoxostoma*, 図20.9 (k)）．

遊泳性の介形虫，特に Myodocopida 目は，主に対をなす第二触角の剛毛で覆われた外肢を使って泳ぎ，海洋中で生涯遊泳生活を送っている．水中の食物粒は，変形した第一胸肢の副肢（epipodite）を鞭打たせることができる水流によって，小顎と胸肢に運ばれる．*Conchoecia* ではこの摂食様式に加えて，動物質も捕食する．*Gigantocypris* は第二触角で捕らえた橈脚類やヤムシ類，小魚類を多く食べている．他のプランクトンと同様，浮遊性の介形虫はリン酸塩や硝酸塩に富む湧昇流のある海域に繁栄し，時に非常に大きな個体にまで成長する．*Gigantocypris* では体長30mmにも達し，その背甲はなめらかで薄く，側方から見て卵形から亜円形である．長くて活動的な第一触角と第二触角をもつものでは，背甲の前端は口吻の切れ込み

(rostral incisure) と突起した口吻 (rostrum) になっている (たとえば Cypridina, 図20.12 (e)).

Entocythere (Podocopida 目) などの多くの介形虫は片利共生 (commensal) している. これらの種類はザリガニや等脚類, 端脚類のような大きな甲殻類の付属肢に付着生活し, その宿主の摂食による水流をうまく利用している. これらの種類は化石としては稀である.

塩 分

介形虫は水域のあらゆる環境に生息するが, 種類ごとに淡水から高塩分までのある特定の範囲に適応している. 塩素量 (Cl^-の量) は海域の塩分を示すよい尺度であるが, 内陸の塩湖では他の溶質がより多く塩分に関与するので, このような環境に対しては海塩起源の汽水 (brackish) の代わりに非海塩起源の 'athalassic' という用語が使われる. たとえば, 米国のいたるところの湖で, Limnocythere (図20.9 (m)) の種の分布は Ca^{2+}, Mg^{2+}, Na^+, SO_2^{-4} と Cl^- イオン濃度の変化量に支配されている (Forester 1983). Podo-copida 目は陸上の湿った泥炭地に棲む種類をはじめ, あらゆる淡水の環境から, 汽水, 通常の海水や高塩水まで幅広い環境条件下に生息している. 塩分の違いによる三つの群集が識別されている. すなわち, 淡水 (<0.5‰), 汽水 (0.5～30‰), 海水 (30～40‰) の群集である. 高塩水群集 (>40‰) には, 主として海生と汽水生の広塩性 (euryhaline) の種類が含まれている (たとえば図20.15). 現生種の大部分はおおよそ 35‰ のふつうの海水の塩分に適応している (すなわち狭塩性 stenohaline). 介形虫群集と種の豊富さは, 環境の急激なあるいは周期的な変化を見るのに用いられ, その例はイングランド南部のジュラ系と下部白亜系に見ることができる (Anderson, in Anderson & Bazley 1971, pp. 27-138; Anderson 1985).

多くの現生介形虫は広い範囲の塩分に著しい耐性をもっている. たとえば Darwinula (図20.9 (d)) は, 自然状態では基本的に淡水生の属であるにもかかわらず, 飼育下では広い塩分範囲で生存することができる. 同じように, オーストラリアの塩分 11‰ の Bathurst 湖に自生する Mytilocypris は低塩水に生息することもできる (Martens 1985). 元来, Darwinulinoidea 上科と Cyprioidea 上科は淡水生であるのに対して, Cytheroidea 上科は海水生である. しかし, この上科の中の Limnocytheridae 科は淡水に生息している. 汽水域では, 多様性が著しく低下し, 特殊化した種が有利になって個体数が急増する. しかし, 塩分がおおよそ 10‰ 以下ではこの関係は成り立たず, 1種当たりの個体数が減少する. それゆえに, 化石記録では, ふつう汽水生と高塩水生群集の違いは共存する生物相と堆積物の状態によって判断される (たとえば Wakefield 1994; Knox & Gordon 1999).

高塩水生の介形虫群集はあまりよく知られていない. メキシコ Baja California, Scammon Lagoon の内湾 (37～47‰) では, 6種の特徴的な Podocopida 目が生息しているのに対して, Myodocopida 目はラグーンの外側海域 (34～38‰) だけにいる. ペルシャ湾のラグーンのもっと高塩分環境には, Loxoconcha の種が生息している (Bate & Gurney 1981).

塩分はまた, 介形虫の背甲形態にも大きな影響を及ぼし, 塩分によるストレスはしばしば多くの多型 (polymorphism) を生じさせる. Ducasse (1983) は, 始新世後期と漸新世に Aquitaine Basin に淡水が流入し, 漸深海生の Cytherella (図20.8 (b)) と Argilloecia (図20.9 (g)) は塩分のストレスにより適応したやや膨らんだ形態 ('plumper' morph) になったと考えた. 汽水生種は, 厚い殻で表面装飾が弱く, 顕著な垂直毛細管と分化歯型あるいは分化双歯型の蝶番をもつ傾向がある. 多型は, 殻の装飾であるさまざまな瘤*(node) の発達や殻の大きさにも現れる. 低塩水に生息する多くの種の瘤は中空となるが, これには他の環境要因も影響している. たとえば, ユーラシア大陸に広く分布する Cyprideis torosa は殻の特定の部位 (遺伝的に決められている) に瘤を発達させるが, これも pH など他の環境要素も重要な要因となっているかもしれない (Aparecido do Carmo et al. 1999; van Harten 2000). 広塩生の海生種もまた, 殻上に中空の瘤を発達させることによって塩分低下に対処しているようである (たとえば Cyprideis, 図20.9l). 塩分が低下するとこれらの瘤はよりはっきりとしてくる. それらは最初幼体に現れ, 5‰ 以下の塩分になると成体にも一様に発達してくる. このような瘤は環境の変化にともなって発達し, その性質が子孫に受け継がれないので生態表現型 (ecophenotipic character) とみなされる. 低い塩分では, 篩状孔 (毛細管) の開口部が円形になるものが多くなる. 背甲の長さは塩分の低下にともなって短くなる. たとえば, 塩分の増加にともなう殻サイズの小型化は米国における Hemicytherura や Xestoleris で報告されている (Hartmann 1963). 英国南西部

Tamar Estuary では奥部ほど *Loxoconcha impressa* や *Leptocythere castanea* の殻サイズが小さくなるとされた（Barker 1963）が，この関係についてはまだ論争中である．殻の組成（特に Sr/Ca と Mg/Ca 比）もまた塩分によって変化する．非海生種では，たとえば殻の Sr/Ca 比は 10～25℃ では温度に依存していない．

[訳注]*：瘤の名称はそのサイズによって異なる（tubercle < node < knob）．

水　深

水深それ自体は介形虫の分布に影響しない．だが水圧，水温，塩分，溶存酸素など多くの重要な生態要素は水深にともなって変化し，それらは介形虫群集とその多様性の変化に対応している（Brouwers, in DeDeckker et al. 1988, pp. 55-77）．それゆえに，介形虫は底層水の状態を示す敏感な指標となっている．そして，介形虫群集の地理的分布は底質環境やそれぞれの水塊を認識する有効なトレーサともなっている（たとえば Correge 1993）．同様にして，化石介形虫相は古海洋の復元（たとえば Benson et al., in Hsu & Weissert 1985, pp. 325-350；Benson, in Whatley & Maybury 1990, pp. 41-58；Coles et al., in Whatley & Maybury 1990, pp. 287-305）や古気候の復元（たとえば Brouwers et al. 2000），また過去の海洋事件の解明（Jarvis et al. 1988 と Whatley & Maybury (eds.) 1990 中の論文など）に用いられる．濾過食性介形虫の唯一の生き残りである Platycopida 目は過去の低酸素環境の指標となることが示されている（Whatley et al. 2003）．

浅い淡水域の介形虫は水深によってあまり変化しない．水が成層しているか塩湖になっている内陸の深い湖では，海域におけるように介形虫の分布はそれぞれの水塊を指示する．湖生の介形虫と湖水の物理化学的環境との関係や，環境変化が殻形態に与える影響は Carbonel et al.（1988）によって概説されている．

海生の底生介形虫群集は，水深によっておおざっぱに陸棚上部，陸棚下部，漸深海-深海の群集に分けられている．陸棚（浅海 neritic）群集は 0～200 m の水深に生息し，これまでに論じたような多くの沿岸生の種類からなる．沿岸域で最も生息密度が高いのに対して，最も多様性が高いのは浅い陸棚域であることが多い．厚い殻，眼瘤や強い彫刻，分化双歯型の蝶番，著しく分岐する毛細管などは，粗粒の底質に生息する浅海の介形虫にふつうに見られる特徴である．浅海でもやや深いところの底質は細粒になりがちで，比較的弱い蝶番と眼や眼瘤のない，なめらかで薄く，しばしば半透明の背甲をもつ種類が生息する（たとえば *Krithe*，図 20.9 (j)）．

深海と漸深海の群集あるいは好冷性（psychrospheric）の群集は主に 1,000～1,500 m の水深と 4～6℃ の水温に生息するが，高緯度では浅いところに生息している．600 m よりも深いところには，比較的大きな背甲（体長＞1 mm）で眼がなく，薄くてよく発達した表面装飾（たとえば *Bythoceratina*，図 20.9 (f)）のものがふつうにいる．深海の種間では背甲形態が互いによく収斂（convergence）を起こしている．それらは装飾のある形態となめらかな形態の両方に知られている．好冷性の種類に見られる棘状突起の数の増加は，おそらく殻の強度のためよりも防御のためと思われる．形態は，海洋事変に対応する著しい断続的な（punctuated）変化を伴いながら，長期間にわたって安定していた傾向がある．たとえば，南大西洋に産出する *Poseidonamicus* の形態の大きな変化は，1,400 万年前頃，南極氷河の著しい拡大にともなって起こっている．好冷性の介形虫は，暗く安定した塩分と水温，細粒の底質環境に適応したものであり，このような環境は深海平原の全域にわたってほぼ一様に広がっており，これらの介形虫は汎世界的に分布している．少なくとも石炭紀以来，特殊な介形虫群集が化学合成の行われる場に生息していたように思われる．現在の太平洋の深海熱水噴出孔群集には，ポドコーパ亜綱の Eucytherurinidae 科や Pontocyprididae 科のものがいる（van Harten 1992）．Whatley と Ayress（1988）は，多くの介形虫は以前考えられていたよりも広く深海全域に生息していたことを明らかにし，第四紀の北大西洋，インド洋，南西太平洋海域に共通に分布する 65 種を記録し，さらにその多くが新第三紀に深海に進出したものであることを示した．好冷性の介形虫は高緯度ではより浅海域に生息している．

漂泳性の介形虫は，日中，水深によって異なる群集を形成することがある．表層群集（＜250 m）は多様性に富み，300～400 m の多様性に乏しい層を覆い，さらに 450～625 m と 720 m より下層は多様性に富んだ群集となるようである（Angel 1969）．特徴的な種で構成されたこれら日中の層状分布は，夜間の上層への移動によって部分的に乱されるが，一般には異なった水深にあるそれぞれの水塊に対応して現れる．

温度

　浅海種に見られる緯度による温度の影響は，高緯度（水温0℃以下）から亜熱帯や熱帯（そこでは介形虫は最高水温51℃にまで棲んでいる）まで，さまざまな局地的な固有の（endemic）群集を生じている．この固有性は，底生の介形虫では分散のための浮遊性の幼生期をもたないことによって増幅される．多くのグループで，熱帯の群集は高緯度よりも多様性が高い傾向がある．高緯度地域のある種類は比較的大きな体サイズとなる．それはゆっくりとした代謝と成体に達するまでに長い時間を要することで説明される．温度は代謝作用の速度，成熟度，食物の供給に影響することに加えて，繁殖期をコントロールし，またある淡水生の種では単為生殖の出現を制御している．Heip（1976）は，*Cyprideis torosa* において，個体数の増加率は平均水温の上昇と関係していることを見つけた．しかしながら，他の淡水生種では夏季に幼体の発育が低下するという反対の関係を示している．

分 類

動物界（Kingdom ANIMALIA）
甲殻門（Phylum CRUSTACEA）
介形虫綱（Class OSTRACODA）

　介形虫の分類は未だに流動的な状況にある．本書で用いた分類は Whatley *et al.*（in Benton 1993, pp. 343-357）と Horne *et al.*（in Holmes & Chivas 2002, pp. 5-37）に基づいている．読者は他の分類体系があることも知っておくべきである．介形虫類は，小孔のある二枚貝のような殻（背甲）があって，それが閉じたときその内側に軟体部の全体が収まるという，他の甲殻類とはっきりと区別できる綱を形成している．生物学者は，軟体部，特に付属肢の相違に基づいてこのグループの現存する仲間をさらに細分している．一般的には，これらの分類群は古生物学者による背甲形態に基づく分類群と対応している（Box 20.1）．しかしながら，この生物学的な手法は背甲形態にのみ依存している絶滅した古生代の目には拡張できない．

　介形虫類は8目に細分され，それらのうちの4目（Archaeocopida, Bradoriida, Eridostracoda, Leperditicopida）は介形虫であると推定されているにすぎない．要約すると，次のような背甲形態が化石種の分類にとって重要である．①基本的な背甲の形態，②筋痕の位置とその配列，③外殻と内殻がつくる重複部の発達と融合・分離の程度，④垂直毛細管・縁辺毛細管の構造と形態，およびそれらのサイズと配列，⑤一方の殻が他方に覆い被さる部分の状態およびその位置と程度，⑥蝶番の各要素，⑦性的二型があるならその特徴，⑧殻表面装飾の特徴と眼瘤の有無，⑨殻の縁辺帯の特徴，⑩耳縁（selvage）と葉縁（flange）の特徴などである．

　いうまでもなく，化石介形虫の殻の腹部と背部，また頭部と尾部を識別することは基本的なことである．現生の Podocopida 目と Myodocopida 目では，それらの殻の方向を決めるのに問題はないが，絶滅した Archaeocopida, Leperdiicopida, Palaeocopida 目などでは，正しい殻の方向を決めるのはやや難しい．この殻方位を決める指針について，現在受け入れられている手法に従って以下に説明する．

介形虫とされてきたグループ

　Archaeocopida 目：弱く石灰化した，もしくはリン酸塩の背甲をもつ種類として特徴づけられる（たとえば *Vestrogothia*, 図 20.7（a））．その蝶番は直線状で，腹縁は膨らみ，眼瘤は突き出している．性的二型と筋痕（模様）は知られていない．リン酸塩に置換された保存のよい Archaeocopida 目の標本が付属肢とともに発見されたが，他の介形虫の目のいずれとも異なる特徴は，この目が介形虫綱から除外されることを示唆している．

　Bradoriida 目：カンブリア紀とオルドビス紀の地層に産出する小さな2枚の殻をもった節足動物で（たとえば Siveter & Williams 1997），一般に成体の体長は1～18mmである（図 20.13（a））．現在，二つの異なるグループ（狭義の Bradoriida 目と Phosphatocopina 亜目）として認められているものを含み，これらは Siveter & Williams（1997）によって記載されている．*Anabarochilina*（E.-middle Camb., 図 20.7（b））は前背部に突き出た瘤のある，なめらかなあるいは皺のある亜四角形の背甲をもつ．軟体部が保存された *Kunmingella* の数少ない標本から見ると，この目が甲殻類には属さないことを示唆している．軟体部の詳細な解剖学的観察によって（たとえば Müller 1979），Phosphatocopina 亜目は，現在は甲殻類の姉妹グループと考えられている（たとえば Waloszek 1999）．これは介形虫類の層位分布や進化史において非常に深い意味をもっており，カンブリア紀の介形虫の記録は全部ではないにしても，多くが偽物であり，真の介形虫類ではないことになる．

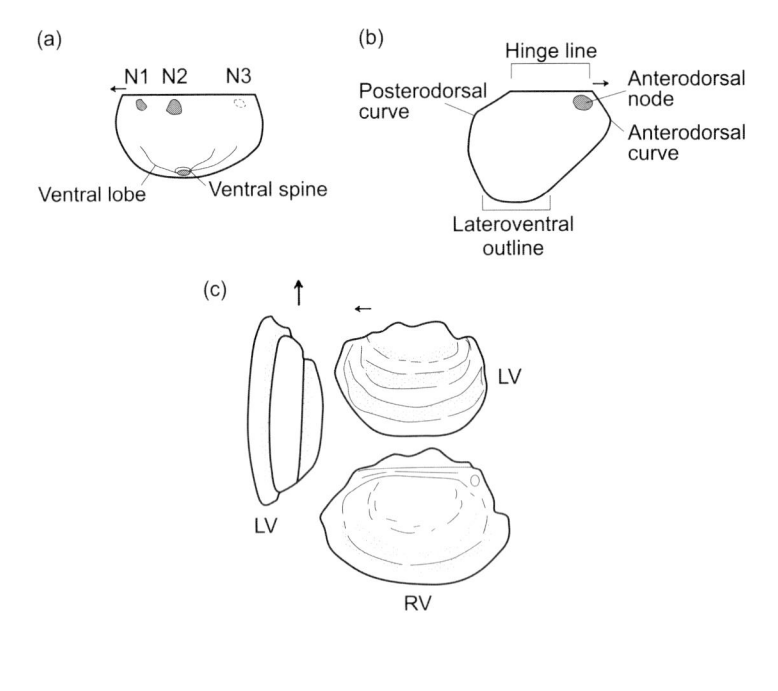

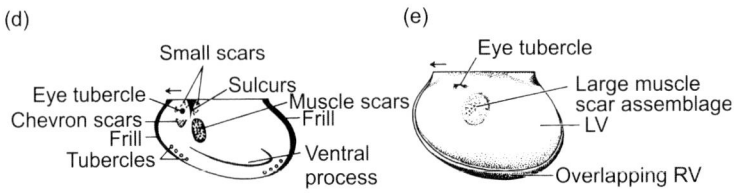

図 20.7 介形虫とされてきたグループ（類縁関係については本文を参照．図中の矢印は殻の前方を示す）．(a) *Vestrogothia* (Archaeocopida 目 Phosphatocopina 亜目)，左殻外側面 (N1〜N3 は背縁部の瘤 node の位置を示す)．(b) *Anabarochilina* (Bradoriida 目)，右殻外側面．(c) *Eridochoncha* の左殻腹面と外面，右殻内面，×33．(d) Leperditicopida 目の一般的な構造形態，左殻外側面（各筋痕はふつう殻の内側にあるが，殻の表面からも模様として確認できる例）．(e) *Leperditia* の左殻外面（覆っている右殻の外縁がみえる）×1.3．((a) Williams & Siveter 1998, text-fig. 4d；(b) Williams & Siveter 1998, text-fig. 4a；(c) Moore 1961, fig. 134.3；(d) Abushik 1971；(e) Moore 1961, fig. 43 から改描．)

Eridostracoda 目：この目の分類上の位置づけについては議論の余地がある．すなわち，ある人は，'Eridostraca' 類は海生の Branchiopoda 目（カシラエビ）の絶滅したグループだろうと考え，他の人は Palaeocopida 目の一員であると考えている．*Eridochoncha*（図 20.7 (c)）は直線状の蝶番と曲線状の腹縁，同心円の梁 (ridge) 状の装飾をもっている．

Leperditicopida 目：この種類は背甲が大きく，よく石灰化し，通常は長細い形態をしている．この目のある種類の殻は最長 5 cm にも達する．その他の特徴としては，直線状の蝶番と突き出た眼瘤，石灰化していない内殻，200 以上もの小痕からなる複雑な筋痕模様がある．殻の方向を決めるには次に示す指針を参考にしてほしい．*Leperditia* (E. Sil.-late Dev., 図 20.7 (e)，20.13 (b)) の背甲はハンドバッグのような外形で，顕著な眼瘤と筋痕をもち，殻表面はなめらかであるか斑紋 (punctate) がある．これらの属は分布が広く，主として浅い沿岸域に特有な岩相に単一種の群集として多産する．その大部分はおそらく表在生 (epibenthic) で，デトリタス食性であった (Vannier et al. 2001)．介形虫類と形態的に類似していることは重要な事柄であるが，分類・系統関係を示唆する軟体部からの証拠がないために，決定的な結論は先延ばしされている．

介形虫綱（真の介形虫）
Podocopa 亜綱

Podocopida 目：中生代と新生代の化石介形虫の大部分は Podocopida 目で占められている．この目はオ

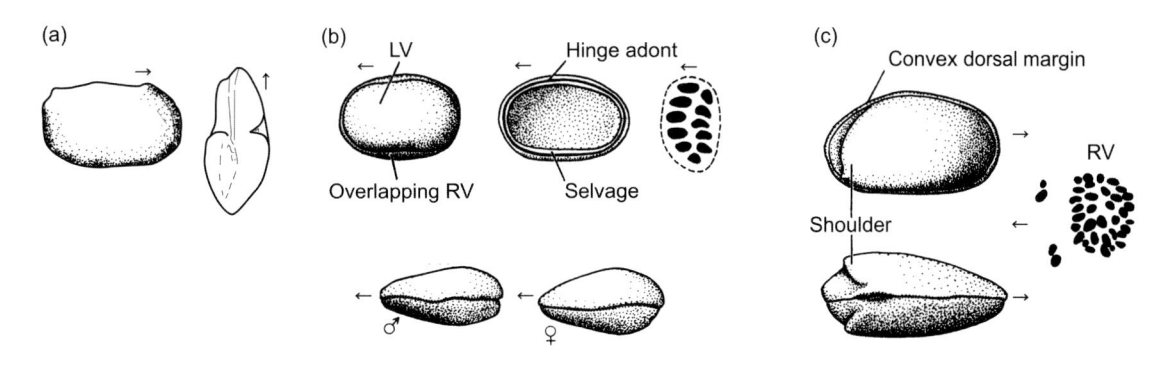

図 20.8 Podocopida 目（Platycopina 亜目と Metacopina 亜目）の代表例．(a) *Kloedenella* の右殻外面と両殻背面，× 30．(b) *Cytherella* の左殻外面（背後に左殻を覆う大きな右殻の周辺部が見える）と右殻内面，× 27；右殻の筋痕拡大図；雌雄の両殻背面，× 27．(c) *Healdia* の雄の右殻外面と雌の両殻背面，× 67；右殻の筋痕拡大図，× 133．((a) Moore 1961；(b) Andreev 1971；(c) Shaver, in Moore 1961 から引用)

ルドビス紀後期から現在までの非常に長い歴史をもっている．現生種（たとえば図 20.13 (e)～(i)）は主としてその軟体部によって分類されている．第二触角の外肢は著しく縮小し，小顎には大きな振動板をもち，通常，8 番目の付属肢はない．化石種は背甲の形態で分類されている．Podocopida 目の左右殻は不等でよく石灰化され，凸状の背縁とやや凸状か直線状，ないしは凹状の腹縁をもつ．前央部の丸い膨らみ（lobe）や背部から中央部に伸びる縦溝（sulcus）は稀で，筋痕，外殻と内殻の重複部は顕著である．Podocopida 目の殻の方向性は次のような指針に基づいて決められる．①背縁は凸状か直線状で背甲の全長より短く，単歯型か分化歯型あるいは分化双歯型の蝶番要素をもつ．眼点と眼瘤がある場合には前背部に位置する．②腹縁は多くの場合凸状であるが，直線状か凹状のことがある．外殻と内殻の重複部を有する場合，その縁辺帯には縁辺毛細管があり，その幅は Metacopina 亜目と Platycopina 亜目では狭く，Podocopina 亜目で広い．腹部には突き出した棘状突起，フリル，葉縁，翼翅状の出っ張りがある．③閉殻筋痕の数とその配列模様はさまざまであり，常に殻中央部のやや前よりに位置する．それらの位置は殻の外表面に亜中央瘤として現れる．④側面から見ると，一般に殻の後端は前端に比べてやや尖っているのに対し，前端は尖っている部分がより背側に位置し，またより丸みを帯びている．⑤背側および腹側から見て，殻幅の最も広い部分は，成体では後端に近い部分にあり，雌の背甲ではしばしばより膨らんでいる．⑥蝶番の端末要素は前端に向かってより複雑になる．⑦主な棘状突起，瘤，翼翅はふつう後部にある．⑧ Podocopina 亜目の縁辺部はより幅広くなる傾向があり，その前端部にはより多くの縁辺毛細管がある．

Podocopida 目の多くは海底の堆積物中に潜ったり，海藻上を這ったりしているが，Cypridacea 上科や Cytheridacea 上科の中には陸生・淡水生や淡水・汽水生の属も含まれる．

Cypridocopina 亜目（Dev.-Rec.）は多くの淡水生と少数の海生種を含んでいる．塩分が低いところに生息しているために，なめらかで薄いキチン質か石灰化の弱い殻は化石に保存されないことが多い．蝶番は単歯型か稀に分化歯型である．閉殻筋痕の模様は，ふつう一つの大きな背部要素（dorsal element），三つの前部要素（anterior element），二つの後部要素（posterior element）からなり，すべて細長くほぼ整列している（Box 20.1）．外殻と内殻の重複部の融合は不完全で，顕著な内腔と比較的狭い縁辺帯を残している．現生の Cypridocopina 亜目は，各種類の背甲が互いに非常によく似ているので，付属肢によって区別されている．それゆえに，古生物学者にとって化石標本の分類が問題で，すべての背甲形態の精密な計測が必要になっている．*Halocypris*（?Jur., Pleist.-Rec., 図 20.12 (c)）は淡水池に繁栄し，なめらかで亜三角形をした比較的大きな背甲（最長 2.5 mm）をもつ．*Carbonita*（?E. Carb., late Carb.-Perm., 図 20.9 (i)）は淡水域か泥炭湿地周辺のわずかに汽水のところに特有であり，右殻がいくぶん大きく，なめらかで細長い背甲をもつ．*Cypridea*（late Jur.-E. Cret., 図 20.9 (h)）は典型的な淡水からいくらか汽水性の環境に生息していたもう一つの化石分類群であり，背縁と腹縁は比較的直線状で，腹縁前部には嘴状の突起と V 字型の切れ込み

を備えている．蝶番は分化歯型で，ふつう殻表面は小さな凹みと出っ張りででこぼこしている．*Argilloecia*（Cret. -Rec., 図 20.9 (g)）は陸棚の外側から漸深海の環境に適応し，グロビゲリナ軟泥からよく発見される．背甲はなめらかで細長く，後端は尖っているが，前端は尖っていない．また右殻は左殻よりいくらか大きい．

Cytherocopina 亜目（middle Ord. -Rec.）は Podocopida 目の中で形態的に最も多彩である．歩行に適した 3 対の胸肢と，ほぼ縦方向に配列された特徴のある 4 要素からなる閉殻筋痕がある．閉殻筋痕の前方には三つの大顎痕と一つないし二つの前中央筋痕が見られる．Cytheroidea 上科（たとえば *Celtia*, Rec., 図 20.13 (k)）の蝶番は，ふつう分化歯型か分化双歯型であり，縁辺帯をもつ内殻と外殻の重複部は顕著で，縁辺毛細管はしばしば分岐する．Cytheroidea 上科は生態的に多彩なグループからなる．

Darwinulocopina 亜目（Carb. -Rec.）は，特有の筋痕模様（9～12 個の細長い痕跡がほとんど対称的に円形の花飾りのように並ぶ）を示す淡水生の介形虫である（Box 20.1）．*Darwinula*（図 20.9 (d)）の背甲は細長い卵形で，なめらかな薄い殻からなる．蝶番は単歯型で，内殻と外殻の重複部はない．

Metacopina 亜目は海生で化石の背甲（?Sil. -middle Jur.）が知られているだけである．これは Platycopina 亜目とたぶん一部の Podocopina 亜目の祖先に当たるらしい．筋痕は多数（>25）からなり，密集している（Box 20.1）．蝶番の要素は単歯型か分化歯型に分化しているかのどちらかである．また内殻と外殻の重複部は幅が狭く不明瞭である．一般に左殻がやや大きく右殻の外縁を覆っている．*Kloedenella*（Sil. -Dev., 図 20.8 (a)）では左殻が右殻を覆い，両殻の前背部には顕著な二つの縦溝がある．雌の背甲の後部域は雄あるいは幼体よりも膨らんでいる．たとえば *Healdia*（Dev. -Perm., 図 20.8 (c)）は，後端近くで後方に向いた肩部（shoulder）のあるなめらかで丸みを帯びた背甲をもつ．背側の蝶番は単歯型である．

Platycopina 亜目は三畳紀に Metacopina 亜目から派生し，現生する海生の 1 グループである．大きな右殻，単歯型の蝶番，やや曲がった 2 列に配列する 10～18 個の細長い痕跡からなる閉殻筋痕模様をもつことで Metacopina 亜目と異なる（Box 20.1）．Platycopina 亜目と Metacopina 亜目の背甲は両者とも同じ卵形であるが，左右殻の大きさは不等で，弱く発達した外殻と内殻の重複部および全周縁にそって発達した溝のある顕著な耳縁をもつ．現生の Platycopina 亜目は二叉型の第二触角（Podocopina 亜目を参照）と小顎としての機能を果たす対をなす 3 本の胸肢をもつが，雌では第三胸肢は未発達である．わずか二，三の属だけであるが，その中の *Cytherella*（Jur. -Rec., 図 20.8 (b)）は最もよく知られており，これは，背側から見て後端がより膨らみ（特に大きな雌個体において顕著），なめらかで卵形の背甲をもつ．*Cytherelloidea*（Jur. -Rec., 図 20.13 (m)）は強い表面装飾をもつことで他と区別され，ふつう扁平な背甲をもつ．種内変異の激しい表面装飾は生態表現型とみなされる．

Podocopina 亜目（E. Ord. -Rec.）は海生種の古い系統の一つで，古生代の海域に普遍的に生息していた．その背甲はふつう厚くなめらかで，背縁は強く凸状に曲がり，前端は尖らず後端は尖っている．第四紀の種類はつばを上に曲げた帽子（cocked-hat）状の形態をしており，それらは Horne *et al*（in Holmes &

図 20.9 Podocopida 目 Podocopina 亜目の代表例（倍率は概算，矢印は殻の前方を示す）．(a) *Bairdiocypris* の右殻外面（左殻の外縁が見える）と両殻背面 ×20．(b) *Bairdia* の左殻内面 (L.O.C.：癒合線 line of concrescence)×40；右殻外面と両殻背面×43；筋痕（左殻）の拡大図．(c) *Cypris* の左殻内面×約 16；右殻外面×13；*Paracypris*（左殻）の閉殻筋痕の拡大図．(d) *Darwinula* の左殻内面×63；左殻外面と両殻背面×38；筋痕の拡大図（右殻）．(e) *Cytherura* の左殻内面×87.5；両殻背面×55.5（殻表面の膨らみ bulge は雌個体に特徴的である）．(f) *Bythoceratina* の右殻内面×50；左殻外面×50；右殻背面×50（後腹部に突き出る翼翅 ala が特徴で，その内面では凹みとなる）．(g) *Argilloecia* の右殻内面×72（外殻と内殻との重複部が大きく内側に張り出しているのが特徴）；左殻外面×63（右殻の大きな外縁が見える）；両殻背面×72．(h) *Cypridea* の左殻内面（前腹部の嘴状突起 beak と切れ込み notch が特徴）×30；右殻外面×20；両殻背面×20（殻表面に多数の瘤 tubercle がある）．(i) *Carbonita* の左殻外面×27；両殻背面×27．(j) *Krithe* の右殻内面×35（腹縁部の偽縁辺毛細管 false marginal pore canal は殻の外表面まで貫通していないものを指す）；左殻外面×25；両殻背面×25．(k) *Paradoxostoma* の右殻内面×62（殻の内側に見える模様は生体標本に見られる表皮細胞に残った色素）．(l) *Cyprideis* の左殻内面×50；左殻外面×27（垂直毛細管は殻表面に管状に突き出している）；雌（左図）と雄（右図）の両殻背面（雌は空洞になった瘤 hollow tubercle をもつ）．(m) *Limnocythere* の左殻内面×67；両殻背面×38（殻表面の瘤は空洞になっている）；右殻筋痕の拡大図．((a) Moore 1961, fig. 284.2；(b) 左図と右図は van Morkhoven 1963, 中図は Andreev 1971；(c), (d) van Morkhoven 1963；(e) Benson *et al*. 1961；(f) Moore 1961, fig. 196.3；(g) van Morkhoven 1963 と Pokorny 1958；(h), (i), (j) Moore 1961, figs. 177.1, 178, 182, 212.1；(k) Pokorny 1958；(l), (m) van Morkhoven 1963 から引用および改描）

20章 介 形 虫　　213

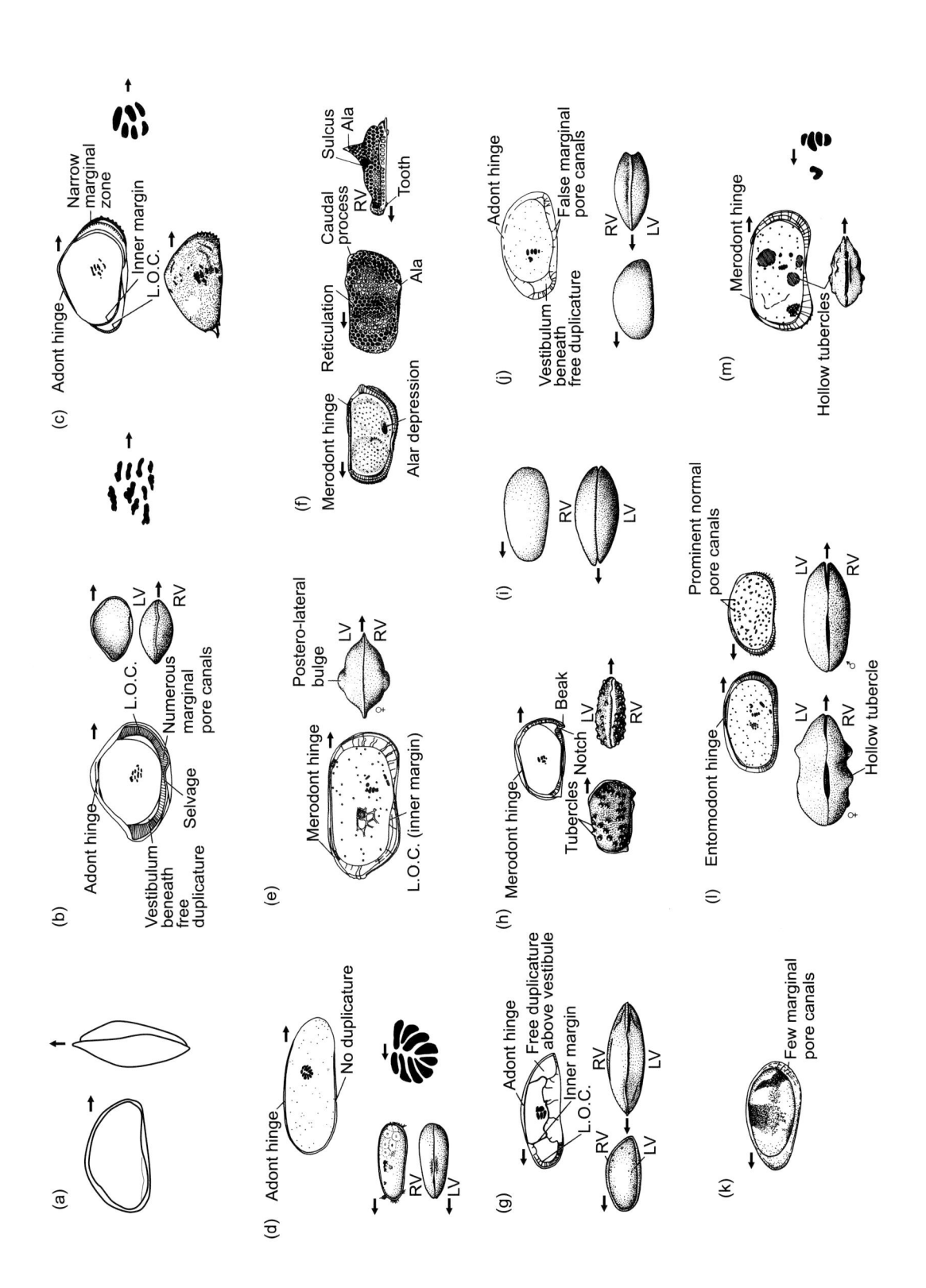

Chivas 2002, pp. 5-37) の分類では Bairdiocopina 亜目に含められている*. *Bairdia* (Ord. -Rec., 図 20.1 (b), 20.9 (b)) は生存期間の最も長い属で, その大きな左殻は右殻の外縁を部分的に覆い, 蝶番は単歯型で単純な梁とはっきりとした溝からなる. 外殻と内殻の重複部は広く顕著な内腔をもち, 6〜15個の細長い閉殻筋痕は放射状, 不規則あるいは1列に並ぶ. 蝶番の噛み合わせは弱く単歯型か分化歯型である. *Bairdiocypris* (Si. -Dev., ?Jur., 図 20.9 (a)) の背甲は大きく強く石灰化され, 亜三角形をしている. *Limnocythere* (Jur. -Rec., 図 20.9 (m), 20.13 (l)) はごく少ない淡水生 Cytheracea 上科の1属で, 分化歯型の蝶番をもった薄いキチン質の殻からなる. 縁辺帯には多くの直線状の縁辺毛細管がある. 中空の瘤は, 主に汽水域あるいは高塩域に生息する *Cyprideis* (Mio. -Rec., 図 20.9 (l)) に見られるように, 低塩分のために生じる生態表現型であろう. その背甲は基本的には表面がなめらかな亜卵形で, 蝶番は双歯型である. 汽水域における未成熟の殻は生態表現型である中空の瘤を生じる. *Cytherura* (Cret. -Rec., 図 20.9 (e)) の種は, しばしば汽水域か非常に浅い海に繁栄している. その背甲表面はなめらかで, 外形は長円形であるが, 雄はより細長く雌は後部側面が膨らむ. 蝶番は分化歯型で, 外殻と内殻の重複部は狭く内腔はない. *Paradoxostoma* (?Cret., Eoc. -Rec., 図 20.9 (k)) とその類縁種は潮間帯岩礁地の潮溜まりや潮下帯の海藻上に生息している. この属の背甲は薄く, 背側から見ると非常に幅狭で細長く, 先端がより尖っている. 蝶番は分化歯型で, 縁辺帯は狭く少数の単純な毛細管 (simple pore canal) をもつ. *Krithe* (late Cret. -Rec., 図 20.9 (j)) は陸棚の外側から漸深海域の泥底に生息し, 眼の退化した属である. 背甲はなめらかで薄く細長い. 蝶番は弱い単歯型で, 外殻と内殻の重複部の幅は変化し, 前部に広く後部に狭い内腔をもつ. *Bythoceratina* (late Cret. -Rec., 図 20.9 (f)) は典型的な好冷性の介形虫で, 2,000〜3,000 m の水深に最もよく生息している. その背甲は亜四角形で, 背縁は直線状で分化歯型の蝶番をもつ. 腹縁には突き出した翼翅が発達し, 後端には短い尾道管 (caudal process) が見られる. *Bythoceratina* の外表面はふつう網状装飾があるが, なめらかあるいは棘状の突起があることもある.

［訳注］*：本書では Bairdiocopina 亜目は採用していない.

Sigilliocopina 亜目の仲間は小さな豆形をした, 第四紀と現生の非常に数少ない介形虫で, その殻長はふつう 0.5 mm よりも小さい. 卵形の背甲はなめらかで膨らみ, 20〜30個の閉殻筋痕が円形内に密集している (たとえば *Saipanetta*, Box 20.1).

Palaeocopida 目 (図 20.10)：古生代に最盛期をもち, 背甲は長く, 直線的な蝶番線, 耳たぶ様の膨らみ, 縦溝の彫刻, そしてしばしば顕著な性的二型 (ふつう雌にはよく発達した団頂 crumina がある) によって識別される. 殻は互いに覆い被さらず, 筋痕模様はあまりよく知られていない. 内殻は石灰化されない. 背甲の方位については以下の指針を参考にするとよい. ①背縁は長く直線状で, その両端はしばしば明瞭な主角*(cardinal angle) で終わる. 眼点と眼瘤が存在する場合は前背部に位置する. 縦溝と耳たぶ様の膨らみは背縁の方によりはっきりと現れる. ②腹縁は凸状で, 雌の個体では, 特にフリル, 葉縁, 育児嚢, 棘状突起が加わる. ふつう腹部の膨らみは腹縁に平行する. ③蝶番を水平にして側方から見ると, 最大殻高部は中央線のすぐ前にある. ④背側から見て最も幅広いのはふつう後部であるが, Beyrichiacea 上科では育児嚢があるので, 雌個体の最も幅広いのは前腹部となる. ⑤殻表面に中央縦溝が存在する場合, それは殻の内側表面にたくさんある閉殻筋の位置に見られる. しかし, 筋痕は稀に見られるだけである. これらの形態は一般に殻中央部の前よりにある. ⑥棘状突起と翼翅は後部後方に向く傾向がある.

［訳注］*：蝶番線と前縁または後縁とのなす角をそれぞれ前部主角または後部主角という.

この多様化したグループは, ふつう, 一般的な形状, 性的二型が見られるならその様子, 耳たぶ様の膨らみ, 縦溝の形, 表面彫刻 (たとえば棘状突起や溝) などに基づいて9上科に細分されている (Box 20.1).

Palaeocopida 目は古生界と下部三畳系に限られるが, その中で Kirkbyacea 上科の仲間は例外で, 日本の第三系と西部南太平洋の現生堆積物から知られている. 現生 *Manawa** の殻長は 1 mm 以下で小さく, 背縁は直線的で, 外殻と内殻の重複部は石灰化して幅広く縁辺部にフリルが発達する. 閉殻筋痕は一つの中央痕と, それを放射状に取り巻くかあるいはその腹側に配列する五つの筋痕からなる. 対をなす八つの付属肢と尾叉をもち, 小顎は振動板のない肢に似た内肢からなる. 5〜7番目の付属肢は歩行に用いられ, 8番目の付属肢は雄の生殖器を内蔵し, ツェンカー器官はない.

［訳注］*：Palaeocopida 目 Punciidae 科はニュージーランドとオーストラリアの中新統と現世堆積物から, また

20章 介 形 虫 215

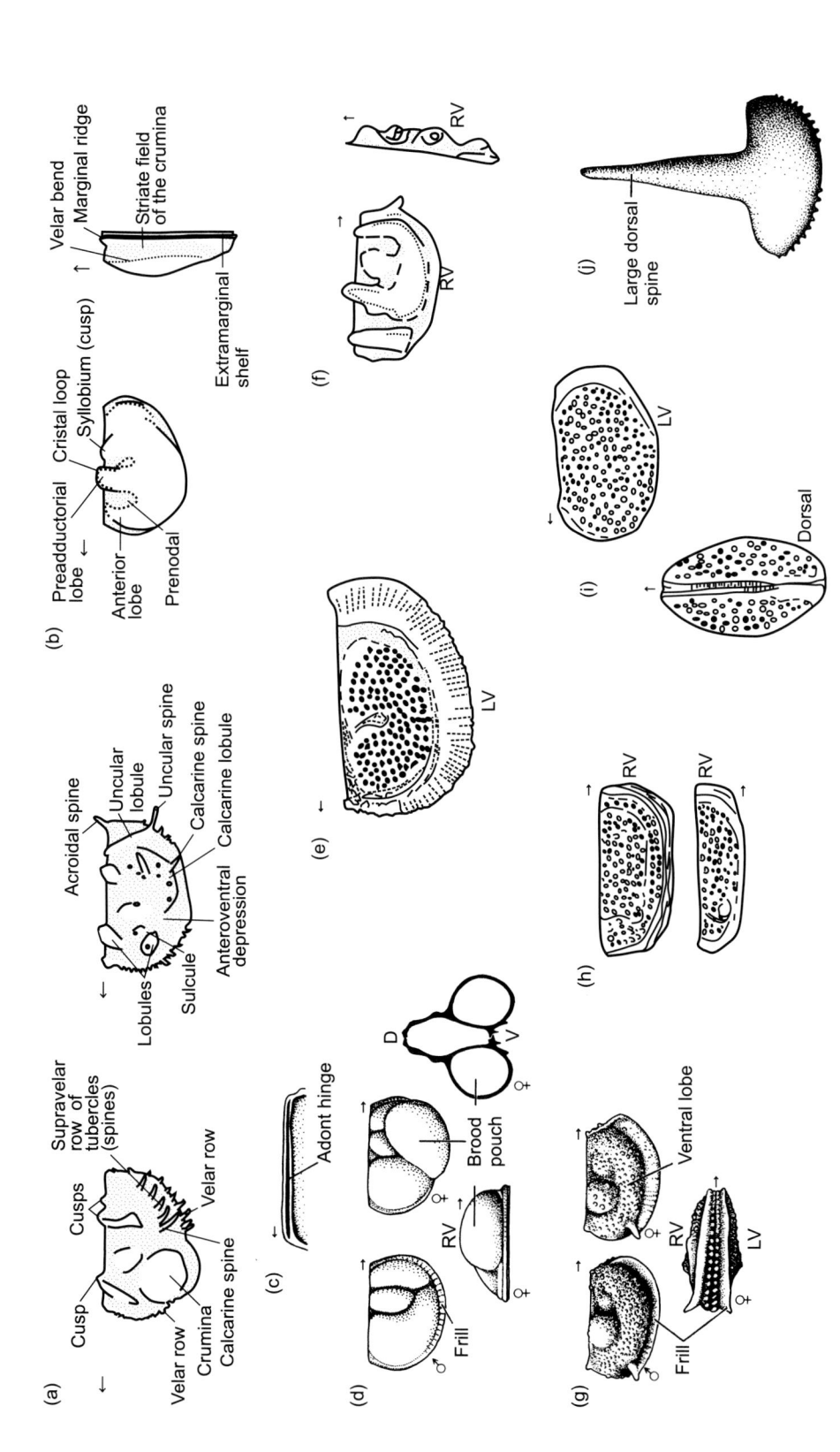

図 20.10 Palaeocopida 目の代表例と殻の特徴. (a) Kloedeniinae 亜科 (Beyrichiacea 上科) (左殻外面), cusp：背縁部の突起, velar row：帆状突起 (単数は velum) 列, crumina：カルミナ (団頂) と呼ぶ育児嚢の半球状の突出部, calcarine spine：鳥の蹴爪様突起, supravelar row：上部帆状様突起列, tubercle：瘤, spine：棘状突起, lobule：耳たぶ様の膨らみ, sulcule：縦溝. (b) Kloedeniinae 亜科以外の Beyrichiacea 上科 (左殻外面と腹面), preaductorial lobe：先閉殻瘤, cristal loop：とさか状環, syllobium：丸い突出部, prenodal：先瘤, velar bend：帆状突起の屈曲線, marginal ridge：縁辺梁, striate field：条線域, extramarginal shelf：外縁棚. (c) Beyrichia 右殻の単歯型蝶番線 (adont hinge line). (d) Beyrichia の雄右殻外面 ×17.5：雌右殻外面 ×17.5：雌右殻腹面 ×17.5：雌両殻の縦断面 (D：背側, V：腹側). (e) Eurychilina の左殻外面 ×18. (f) Nodella の右殻外面と背面 ×50. (g) Hollinella の雄右殻外面 ×20：雌の両殻腹面 ×20. (h) Kirkbya の右殻外面と両殻の背面 ×25. (i) Aechmina の右殻外面と背面 ×40. (j) Primitiopsis の左殻外面 ×40. (a), (b) Siveter 1980, figs. 3, 4 から改描：(c)〜(j) Moore 1961 から引用および一部改描

Leiocopida 目（Ord. -Perm.）：この目の仲間は Palaeocopida 目に一見似ているが，一般に耳たぶ様の膨らみと縦溝を欠く．背甲は左右不等で閉殻筋痕はあまり明瞭でない．腹縁の帆状構造（velar structure）は低い梁として発達する．性的二型は見られない．*Aparchites*（E. -middle Ord., 図 20.11 (a)）の背甲は卵形で縦溝がなく，蝶番線は殻長よりも短い．主角は鈍角で腹縁の帆状の梁はなめらかな小瘤状で，しばしば小さな棘状突起をもつ．性的二型は知られていない．*Paraparchites*（Dev. -Perm., 図 20.11 (b)）の殻は卵形でなめらかであるが，いくつかの種は背後部に棘状突起がある．左殻はふつう全縁にそって右殻を覆う．最大殻高は中央部かその少し前にあり，最大殻幅は雄では中央部に，雌では後部にある．

Myodocopa 亜綱

Myodocopida 目：Myodocopida 目（Ord. -Rec.）は多数の漂泳性介形虫を含み，背甲の石灰化は弱く，両殻は等しいものから不等のものまであり，殻は互いに覆い被さらない．背縁と腹縁は凸状で，内殻は一部だけが石灰化している．筋痕模様はたくさんの細長い痕からなる．この目は主として二叉型である第二触角の形態に基づいて分類される．第二触角は大きな基節をもち，背甲前縁の V 字型の切れ込みから外に伸びる．この付属肢は長い剛毛をもち，それは遊泳のために特殊化されたものである．殻長は 1 cm に達するものもある．多くの種で複眼，心臓，鰓を発達させている．Myodocopida 目は殻の石灰化が弱いために，化石にはめったに保存されない．Myodocopida 目の背甲の同定や方向性については次の指針を参考にされたい．①背縁は通常凸状で，弱い単歯型の蝶番要素からなる．Cypridinoidea 上科は前部の背側に向かう口吻の切れ込み（rostral incisure）と，それに覆い被さるように前腹方向に突き出した顕著な嘴状突起（beak または rostrum）をもつ．②腹縁は凸状であるが，たまに顕著な腹部棘状突起か腫張（swelling）をもつ．③Cypridinoidea 上科の前縁には嘴状突起があり，それはより尖った後端よりも背側に寄った位置にある．Entomozoacea 上科の殻は中央に C 字型の浅い溝（furrow）があり，C 字の凸側は後方に向いている．また前背部に腫張をもつものもある．④多くの属は，背側から見て後部の方がより幅広くなっている．

Myodocopida 目の背縁は真っすぐか曲がっていて，前縁には，通常，口吻の切れ込みがあり，中央縦溝

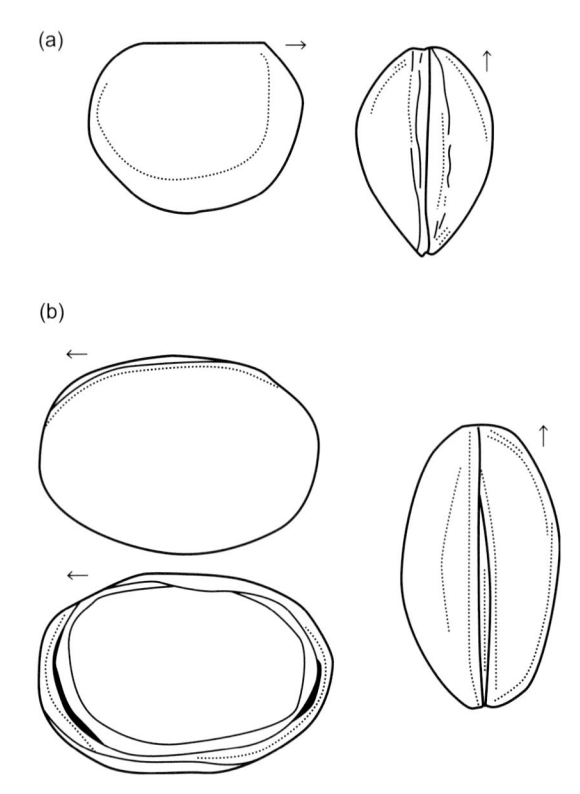

図 20.11 Leiocopida 目 Aparchitacea 上科と Paraparchitacea 上科の代表例．(a) *Aparchites* の右殻外面×10；両殻背面×10．(b) *Paraparchites* の左殻外面；右殻内面；両殻の腹面．((a), (b) Moore 1961 から引用)

Manawa は沖縄の鮮新統と現世堆積物から発見されている．

Beyrichia（E. Sil. -middle Dev., 図 20.10 (c), (d)）は広範囲に分布する属で，殻表面には三つの顕著な耳たぶ様の膨らみをもち，顆粒状あるいは小さく凹んだ表面をしている．雌個体は球状の育児嚢をもつ．*Aechmina*（middle Ord. -E. Carb., 図 20.10 (j)）では，背縁に際立った大きさの突起を備え，腹縁には短い棘状突起がある．性的二型はこの属では知られていない．*Hollinella*（middle Dev. -middle Perm., 図 20.10 (g)）は基本的に前部から後部に向かって四つの耳たぶ様の膨らみ（L1~L4）をもつが，前部の L1 と後部の L4 は結合して顕著な腹部の膨らみをつくる．雌雄の形態は大きく異なり，雌の縁辺フリルは，幼体／成体間で形態差の少ない雄よりも幅広く発達する．*Eurychilina*（Ord., 図 20.10 (e)）は三つの耳たぶ様の膨らみをもち，前部の L1 と後部の L3 は非常に幅広く，中央の L2 は L1 と実際には連続している．また *Hollinella* と同様に，雌雄とも放射状の条線（stria）のある性的二型を示すフリルをもち，*Eurychilina* の

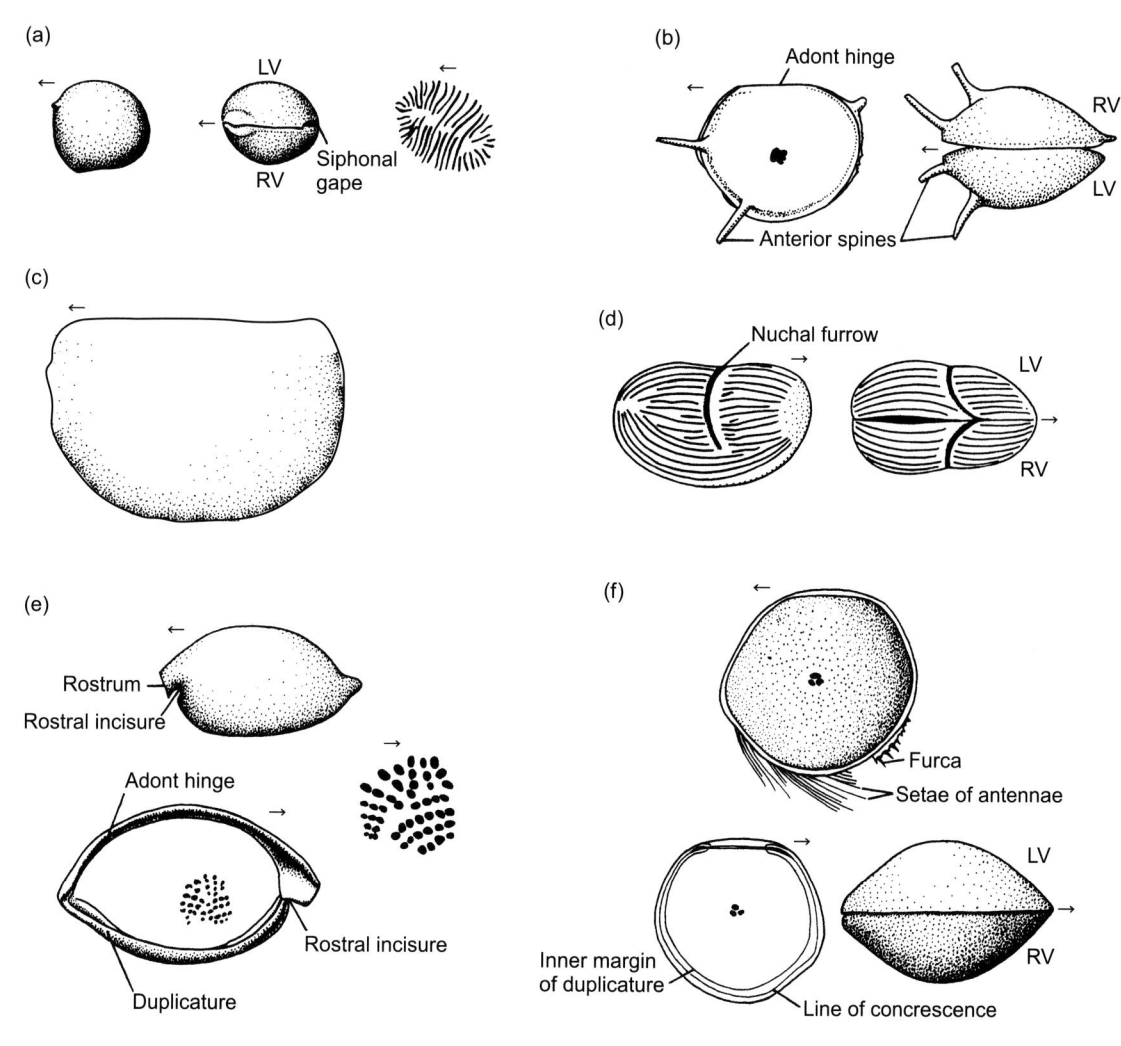

図 20.12 Myodocopida 目の代表例. (a) *Entomoconchus* の左殻外面×1；両殻腹面×1 (siphonal gape：水管裂，両殻間の隙間)；筋痕拡大図×9. (b) *Thaumatocypris* の左殻外面（現生種）×20；両殻の背面×20. (c) *Halocypris* の雄左殻外面（現生種）×30. (d) *Richteria* の右殻外面×10 (nuchal fullow：中央縦溝)；両殻の背面×10. (e) *Cypridina* の左殻外面×20；左殻内面×47；筋痕拡大図×73.5. (f) *Polycope* の左殻外面（現生種）×47；左殻内面×47；両殻の背面. ((a)〜(d) Moore 1961；(e) Moore 1961, van Morkhoven 1963；(f) Pokorny 1958, Moore 1961, Sylvester-Bradley, in Benson *et al.* 1961 から引用)

(nuchal furrow) は古生代のものに見られる．大きさはかなりいろいろで，肉眼でも見られるような2〜3 cm に達するものもいる．第一触角は遊泳に適した形態になっている．

Cypridinoidea 上科の現生の仲間は漂泳性のもの，および濾過食性や肉食性のものを含む．付属肢の数は少なく，柄の付いた二つの複眼と一つの中央単眼をもつ．これらの背甲は顕著な前部の嘴状突起と口吻の切れ込みによって，シルル紀以降から産出することが確認されている（たとえば *Cypridina*, Rec., 図 20.12 (e)）．

Halocypridina 亜目（Sil.-Rec.）：背甲全体がほとんど石灰化されず，顕著な嘴状突起はほぼ直線的な背縁が前部へ突き出た延長上にある．*Halocypris*（Rec., 図 20.12 (c)）は嘴状突起が短く，どちらかといえば代表的ではない．石炭紀の属である *Entomoconchus*（Entomoconchidae 科，Sil.-Rec., 図 20.12 (a)）は後端に水管裂 (siphonal gape) があり，特徴のある一組の筋痕をもつ．特異で稀な属でもある *Thaumatocypris*（Thaumatocypridoidea 上科，middle Jur.-Rec., 図 20.12 (b)）の現生種の殻は石灰化が弱く薄くて漂泳性である．しかし，その化石種の

殻は重厚な表面装飾とともに厚く，おそらく底生で少ししか泳げなかったと思われる．現生種，化石種ともに前部に特徴的な棘状突起がある．

Cladocopina 亜目は眼や心臓，第二と第三胸肢を欠き，殻はよく石灰化されている．筋痕模様の三つは接近し，しばしば互いが三角形状に近接して並ぶ痕跡からなる．*Polycope*（?Dev., Jur. -Rec.；図 20.12 (f), 20.13 (o)）はこの亜目の代表で，この属が基になっている．背甲は球形で，外縁はほぼ円形である．嘴状突起を欠くとともに殻の内側表面には顕著な cladocopine 型の閉殻筋痕（殻中央部に三つの痕跡をもつ）が見られる．遊泳性に劣る *Polycope* は底質の間隙に好んで生息する．*Richteria*（Sil. -Perm., 図 20.12 (d)）の背甲は長円形で，中央縦溝は下方に伸び，背縁はやや直線的である．殻表面にはふつう体軸方向か同心円状の条線がある．

介形虫類の通史

オルドビス紀初期の汎世界的な海進は，介形虫にとって最初の大きな適応放散のきっかけになったと考えられる．これにともなって，おそらく介形虫にとって好適な生息場（ニッチ niche）が拡大したのであろう（図 20.14）．最初の Palaeocopida, Leiocopida, Podocopida, Leperditicopida 目はこの時期に出現している．オルドビス紀は Palaeocopida 目の全盛期であったが，その後，ペルム紀にいったん姿を消すまで，これらの属の多様性はしだいに減少していった．しかし不思議なことに，生き残った Palaeocopida 目が第三紀と現在の深海域に知られている．Myodocopida 目はシルル紀以前には知られていない．

古生代後期の介形虫群集は最も多様化しており，ジュラ紀とほとんど同じくらい多様な Podocopida 目の属がいた．そして，Myodocopida 目の化石は他のいつの時代よりも豊富であった．最初の淡水性介形虫が出現したのもこの時代であった．たとえば，Darwinulocopina 亜目は石炭紀やペルム紀，三畳紀に栄えたが，ジュラ紀以降に衰退した．デボン紀後期には，Leperditicopida 目や他の多くの古生代初期の属が絶滅した．そして，その後に新しい種類が出現し

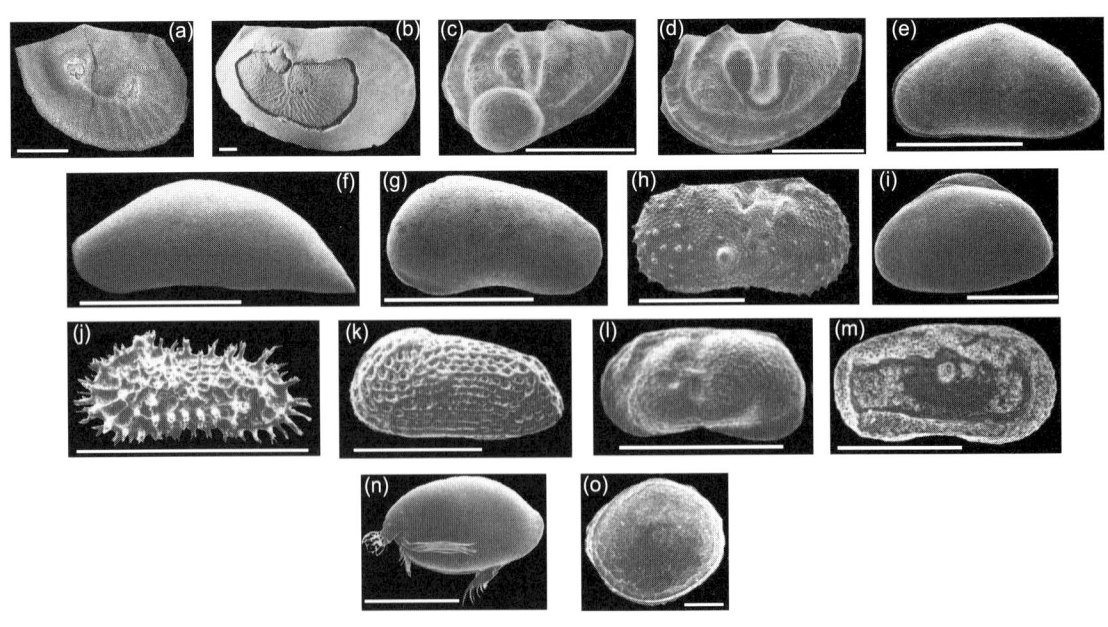

図 20.13 代表的な介形虫の走査型電顕写真（スケール：(j), (o) は 100 μm；(e), (g)〜(i), (k)〜(m) は 500 μm；その他は 1 mm）．(a) *Petrianna fulmenata*（Bradoriida 目）の左殻外面．(b) *Leperditia*（*Hermannina*）*consobrina* の部分的に剥離した左殻外面（内側の鋳型に放射状模様が見える）．(c) *Craspedobolbina*（*Mitrobeyrichia*）*hipposiderus* の雌左殻．(d) *Craspedobolbina*（*Mitrobeyrichia*）*hipposiderus* の雄左殻．(e) *Propontocypris*（Podocopida 目）の左殻．(f) *Macrocypris*（Podocopida 目）の左殻．(g) *Potamocypris*（Podocopida 目）の左殻．(h) *Ilyocypris*（Podocopida 目）の右殻．(i) *Cyprinotus*（Podocopida 目）の両殻左側面．(j) *Acanthocythereis* の左殻．(k) *Celtia* の左殻．(l) *Limnocythere* の左殻．(m) *Cytherelloidea*（Platycopina 亜目）の右殻．(n) *Vargula*（Myodocopida 目）の両殻左側面．(o) *Polycope*（Halocyprida 目）の左殻．((a) Siveter *et al.* 1996, fig. 6b；(b) Vannier *et al.* 2001, fig. 4.1；(c) Siveter 1980, pl. 2, fig. 1；(d) Siveter 1980, pl. 2, fig. 3；(e)〜(o) Horne *et al.*, in Holmes & Chivas 2002, fig. 1 から引用）

たけれども，この衰退はジュラ紀まで続いた．

三畳紀初期までに大多数の Palaeocopida, Leiocopida, Myodocopida 目は絶滅した．三畳紀には底生の介形虫群集の中で Podocopida 目が優勢になりはじめる．ジュラ紀に生存していた多くの種は，生存期間が限られているので生層序に有用である．

ジュラ紀後期から白亜紀初期には，三角州，潟湖，内陸湖などの非海成層が世界的に広がりはじめ，そこには淡水生の介形虫群集が繁栄した．この群集は多くの場合個体数が多く，高い種多様性を示し，大陸間の対比に用いられている（たとえば Anderson 1985；Horne 199）．海生の Cytheracea 上科からなる多様化した白亜紀の群集は，白亜紀末にはやや衰退する．暁新世以来，介形虫群集の多様化は進行する傾向にあるが，鮮新世から現生にかけてのあまりにも多い属数（図20.14）は，あまり石灰化していないグループが加わること（たとえば Myodocopida 目と Cypridoidea 上科）と，多くの動物学者が興味をもって精力的に研究していることにもよる．

ほとんどの深海生の属は白亜紀の大陸棚に生息していた種類に由来する．このことから，海洋に低温域が形成された後代に比べて海洋の水温勾配があまり顕著でなかった時期に，好冷性の介形虫類が深海に進出した，という見解が出されている．このことが始新世中期に深海生種の隔離を引き起こした．新生代を通じておおよそ 365 種が北大西洋域から，また 265 種が太平洋地域から記録されている（Coles *et al.*, in Whatley & Maybury 1990, pp. 287-307）．北大西洋と太平洋で，種の多様化は新生代を通じて一様に進んだのではなく，好冷性群集の汎世界的な発展と同調して，始新世中期に最大の多様化が起こっていることが知られている（Coles *et al.*, in Whatley & Maybury 1990,

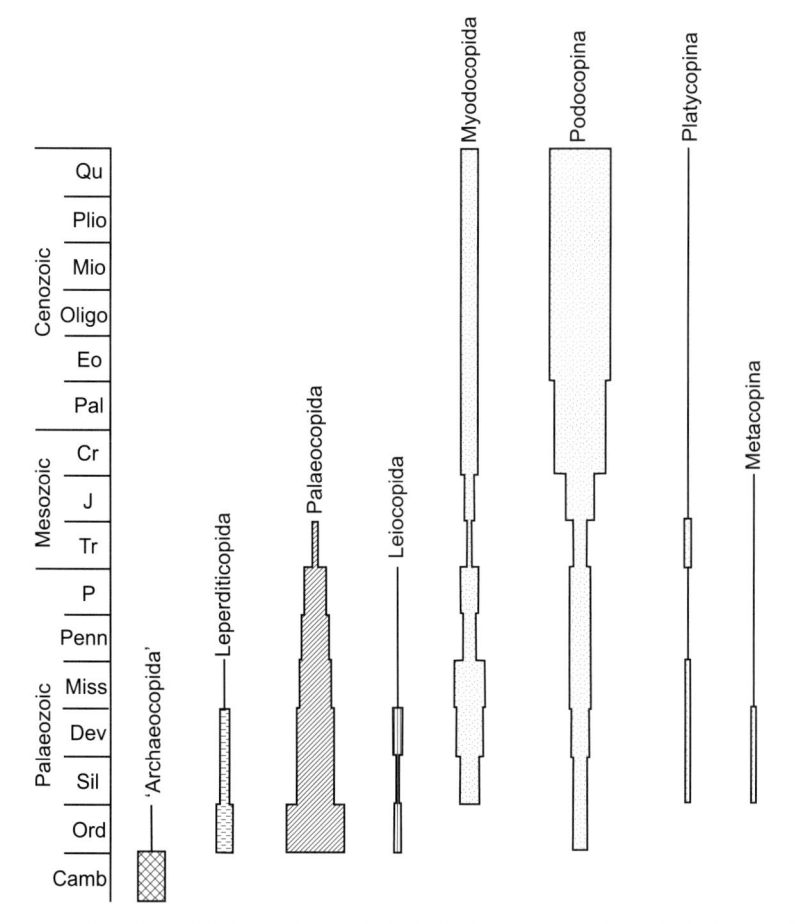

図 20.14 介形虫類の地史的変遷を示すスピンドル図．介形虫綱の 8 目中，Bradriida 目と Eridostracod 目を除く 6 目（Podocopida 目は 3 亜目）について示されている．各スピンドルの幅は相対的な「科」の数を示す．（データは Whatley *et al.*, in Benton 1993, pp. 343-357 に基づく）

pp. 287-307)．この時期にBradleya, Henryhowella, Parakrithe, Pedicythere, Pennyella, Thalassocythereのような属が深海に進出した．

これらの介形虫の歴史を通して，多くの一般的な進化傾向が示される．古生代には，甲殻類の他のいくつかのグループと同様に，介形虫は体サイズの縮小化と筋痕模様の単純化の方向に進化し，蝶番はしだいにより短くより頑丈に，また蝶番の両端要素はより明瞭に分化してくる．中生代の科は凸状の蝶番線を発達させ，Podocopida目では3本の縦肋をもつ表面装飾を発達させた．この縦肋は系統関係を復元するのに有効である．

介形虫の利用

生層序における介形虫の実用性は，古生代ではコノドント，中生代と新生代では浮遊性有孔虫や石灰質ナノプランクトンがより広範に用いられるようになったため，過去20年以上にわたって低下してきた．加えて介形虫は高い地域固有性と多くの場合底生のニッチであるために，汎世界的な対比への使用が制約されてきた．しかし介形虫は地域的対比には有用である（たとえばBate & Robinson 1978)．また介形虫の堆積学的な有用性にも目を向けるべきである（Brouwers, in DeDeckker et al. 1988, pp. 55-77)．たとえばKrutak (1972) は，介形虫の殻長が再結晶した堆積岩のもとの粒径を推定するのに有効であることを示唆している．Oertli (1971, pp. 137-151) は，介形虫の殻が堆積岩の堆積速度や流速，圧密を測るのにいかに有用であるかを概説している．介形虫の個体群研究は二つの面で堆積学に役立っている．すなわち，成体と幼体の割合は，化石群集が自生（autochthonous）であるかどうかを判断する重要な手法となっているのと，水深に伴う成体／幼体比の変化傾向が水深の勾配を決めるのにも使われている．

介形虫は古環境解析に非常に広く利用されている（たとえば図20.15, 20.16)．大多数の現生介形虫の属は中新世の地層からも見つかり，また多くの属で中生

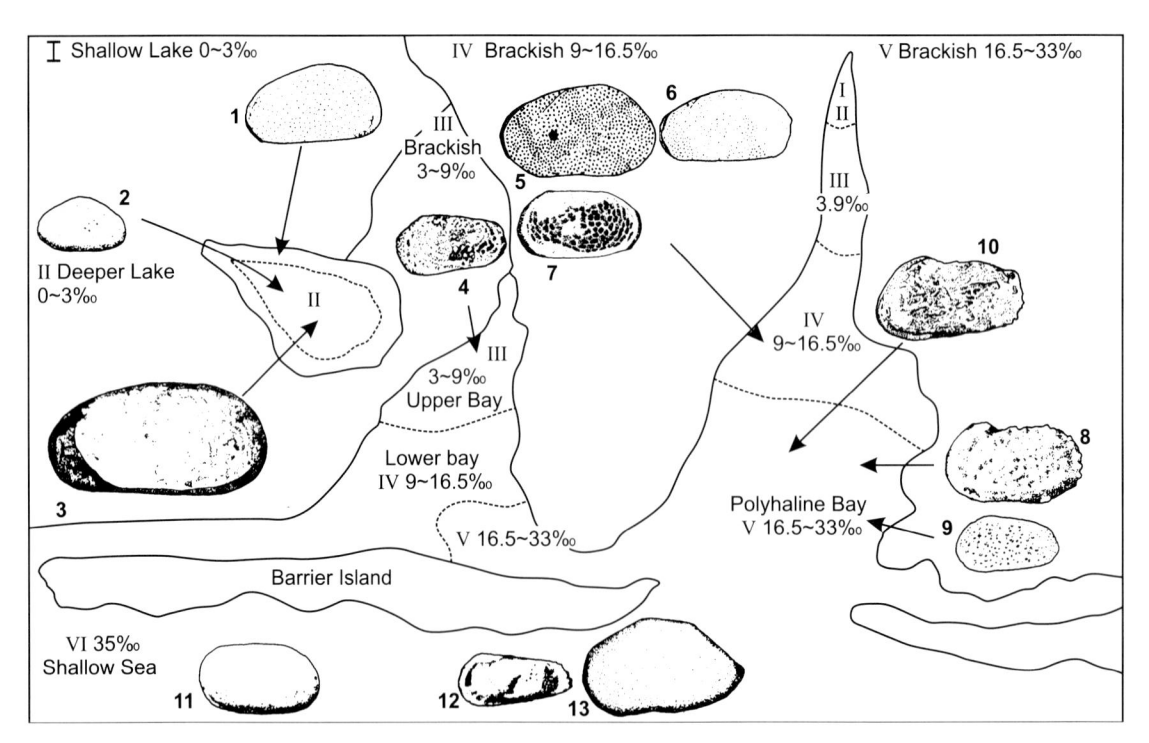

図20.15 介形虫群集から復元された古環境（I～VI）と介形虫類（1～13）の古生態（イングランドHampshire盆地における始新世後期の例）．(I) 浅い湖：(1) Candona daleyi, (II) 深い湖：(2) Cypridopsis bulbosa; (3) Moenocypris reidi, (III) 汽水 (3～9‰)：(4) Cytheromorpha bulla, (IV) 汽水 (16.5～33‰)：(5) Neocyprideis colwellensis; (6) Neocyprideis williamsoniana; (7) Cladarocythere hantonensis, (V) 汽水 (16.5～33‰)：(8) Bradleya forbesi; (9) Haplocytherida debilis; (10) Cyamocytheridea herbertiana, (VI) 浅い海 (35‰)：(11) Cytherella cf. compressa; (12) Idiocythere bartoniana; (13) Bairdia sp. (Keen 1977を簡略化して改描)

代の群集に系統的に類縁のものがいる．それゆえに詳しい古生態の推論を可能にし，斉一説が適用できるのである．古生態は背甲の形態からも推測できる．現生種の生態指標が詳細に解析されているところでは，たとえば，第四紀の湖成層に記録された降雨，水温，塩分，アルカリ度の変遷を図示することができる（Delorme, in Oertli 1971, pp. 341-347；Lister, in DeDeckker et al. 1988, pp. 201-219 を参照）．多くの研究は，このような現生からのアプローチと以下に示すような化石からのアプローチの両面をもっている．すなわち，化石の保存状態（たとえば合弁殻に対する片殻の割合）や堆積学，共産する動植物群，安定同位体分析など

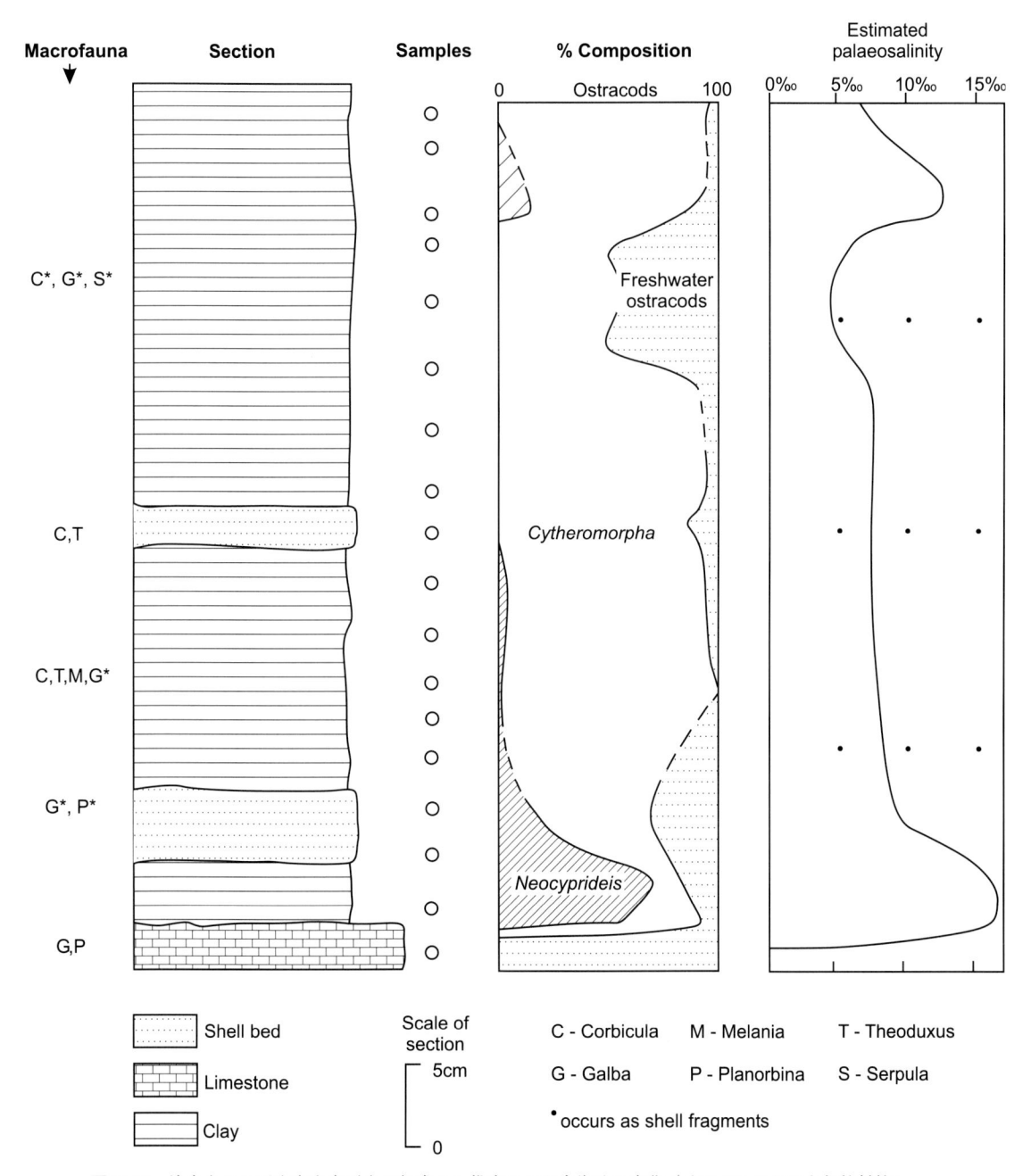

図 20.16 淡水生および汽水生介形虫の組成から推定された古塩分の変化（イングランドの上部始新統 Lower Headon Beds の一部の例）．大型化石（C：*Corbicula*, G：*Galba*, M：*Melania*, P：*Planorbina*, S：*Serpula*, T：*Theodoxus*．＊印は破片で産出した大型化石）．(Keen 1977 に基づき，Neale, in DeDeckker et al. 1988 を一部改変)

から得られた証拠に基づいた研究である（たとえばGriffiths & Holmes 2000）．

介形虫は，特に沿岸域の地層について，古塩分やその変動の様子を概観するのに有効である（Neale, in DeDeckker et al. 1988, pp. 125-157）．たとえば石炭紀後期についてのPollard（1966）の研究，ジュラ紀中期についてのWakefield（1995）の研究，また新生代についてのKeen（1977；図20.15）の研究などがある．湖沼生介形虫の背甲の地球化学的研究を含む古生態学の概説とその応用については，Carbonel et al.（1988）とDe Deckker et al.（1988）により記述されている．

介形虫は過去の気候の重要な指標となっている．それは，堆積物中に種類も数も豊富に含まれ，またその分布と水温の間に強い相関があるためである．Hazel（in DeDeckker et al. 1988, pp. 89-103）は，北米のバージニア州南西部とノースカロライナ州の海岸平野（Coastal Plain）に分布する海成層（鮮新統から下部更新統）中の介形虫と，大西洋の北西大陸棚の現生介形虫群を比較して，化石介形虫群の分布がいかに古気候の影響を受けたかを論じた．現在では，海生介形虫の緯度分布は，極域の氷冠（ice cap）の存在と，極から赤道までの気候帯の幅が狭いために，特にはっきりしている．古生代後期から第三紀初期までの間，極域にはほとんど氷がなく，気候帯はずっと幅が広い状態が続いていた．始新世より後の動物群は中生代のものよりも緯度による制限をより強く受けている．

介形虫はまた，大陸の古気候の記録を復元するのにも用いられる（DeDeckker & Forester, in DeDeckker et al. 1988, pp. 175-201）．しかしながら，気候変化にともなう化石群集の長期的な変化は古海洋の変化をも反映している．介形虫の中でも，特に底生の好冷性種を用いて，過去の水塊を議論した論文はますます増えている（たとえばAyress et al. 1997；Majoran et al. 1997；Majoran & Widmark 1998；Majoran & Dingle 2001）．

介形虫群集の長期的な変化に反映されている古気候のシグナルは，その一部は，大陸が温暖な緯度から寒冷な緯度へ移動（たとえば，ジュラ紀後期から始新世にかけてインド大陸の北方への移動）した結果であると考えることができる．介形虫が大陸の以前の位置を決めるのに用いられた多くの研究がある．上部ジュラ系と下部白亜系の非海生介形虫群集は，北東ブラジルと西アフリカで基本的に同じであるが，このことは，両地域が連続していたか，そうでなくとも隣接していたことを示している（Krommelbein 1979）．Schallreuter & Siveter（1985）はIapetus Ocean*両岸のオルドビス紀とシルル紀の介形虫の分布を調査し，オルドビス紀中期と後期の多くの属がこの海域の両側で共通することを示している．またWilliams et al.（2003）は，LaurentiaやBaltica，Avalonia大陸が急速に集束するときの移動経路と速度を描くことに成功している．これらの研究は，Iapetus Oceanは以前考えられていたような深く広い海域ではなかったか，あるいは介形虫群集が海洋島づたいに移動して広い海を横断できたかのいずれかであることを示唆している．シルル紀の介形虫に見られる強い地域性は，オルドビス紀末の氷期に伴う汎世界的な海水準の低下と関係している．

［訳注］*：先カンブリア時代に存在したRadinia大陸は古生代に入るとGondwana（現在の南半球の各大陸），Laurentia（およそ現在の北米大陸），Baltica（現在の北欧地域など）に分裂した．その間にできた海域をIapetus Oceanという．

Podocopida目介形虫の個体群は海山やギヨー（gyot），海洋島からも記載されている．そこでは強い固有性が見られ，競争などの生物的な要因と山頂部の海洋環境が変化するなどの非生物的な要因によって，側所的種分化（parapatric speciation）と同所的種分化（sympatric speciation）が引き起こされている（Larwood et al., in Moguilevsky & Whatley 1996, pp. 385-403）．

Ducasse & Moyes（in Oertli 1971, pp. 489-514）は，フランスAquitaineの第三系で，変化する海岸線の位置を描くのに介形虫をどのように用いるかを示した．この同じシンポジウム特集号には，介形虫が古生態学に貢献した多くの見事な例が載っている．たとえば，ドイツEifel地域のデボン紀では，礁湖，背礁，礁軸，前礁，外洋のそれぞれの介形虫群集が認められ，それらは水の乱流の程度に大きく支配されていることがわかった（Becker, in Oertli 1971, pp. 801-816）．介形虫群集はまた，海水準の変化に伴って変化する．北米の第四紀層では，間氷期の高海面期（highstand）を示す層準は，海生の，しかも沿岸種の割合が低い介形虫群集で特徴づけられる．氷期になって海面が低下するにつれて，海生種は沿岸種に徐々に置き替わり，沿岸種の割合が増加する（Cronin, in DeDeckker et al. 1988, pp. 77-89）．

さらなる知識のために

　Moore による 'Treatise on Ostracoda' (1961；改訂中) は当時における介形虫類の全グループを概説し，属レベルまでの分類とともに有用な形態学的情報を与えている．Bate & Robinson (1978) は，オルドビス紀から鮮新世にわたる，層序学的に重要ないくつかの介形虫についての有用書を編纂した．第四紀の介形虫とその利用については Holmes & Chivas (2002) 編集の論文集に概説されている．介形虫の利用や生態，さらに進化を扱った論文として，次の編者によるシンポジウムの論文集を参考にされたい*．すなわち，Neale (1969)，Oertli (1971)，DeDeckker et al.(1988)，Whatley & Maybury (1990)，McKenzie & Jones (1993) と Horne & Martens (2000) によるものである．介形虫の塩分に対する耐性については Neale (1969)(in DeDeckker et al. 1988, pp. 125-157) と Whatley (1983) を参考にされたい．Moguilevsky & Whatley (1996) は大洋の介形虫について概説している．種の同定については，古生物学者は Ellis & Messina (1952～現在) による Catalogue of Ostracoda か，イギリスの微古生物学会 (The Micropalaeontological Society) 出版の A Stereo Atlas of Ostracod Shells と，Kempf (1980, 1986, 1995, 1997) による海生および淡水生介形虫の Index and bibriography の助けを借りるとよい．英国とヨーロッパの現生介形虫は Athersuch et al. (1989) と Meisch (2000) によって同定できる．Whatley et al. (in Benton 1993, pp. 343-357) は化石グループの最も新しい分類を提案している．さらなる情報は，インターネットで以下の宛先にアクセスすると得られる．IRGO (International Research Group on Ostracoda)，CYPRIS (Newsletter of IRGO)，OSTRACON (ostracod listserver)，ISO (International Symposium on Ostracoda)，EOM (European Ostracod Meeting)．

[訳注*]：De Deckker et al. (1988) はシンポジウムの論文集ではない．このほかにシンポジウム論文集として次の編者によるものがある．Puri (1964)，Swain et al. (1975)，Hartmann (1976)，Löffler & Danielopol (1977)，Krstic (1979)，Maddocks (1983)，Hanai et al. (1988)，McKenzie & Jones (1993)，Riha (1995)，Boomer & Lord (1999)，Holmes & Horne (1999)，Ikeya et al. (2005 a, 2005 b)．

採集と研究のヒント

　現生介形虫は，海域および陸水域のあらゆる環境から簡単な方法で採集することができる．介形虫は，ふつう海藻や泥底の表面を掻き取ると，有孔虫と一緒に見つけられ，また淡水池の底に沈んだ植物片などの間で見つけられる．淡水生の種は水草とほんの少しの飼料を入れた水槽で容易に飼育できる．これらの一般的な行動を調べるには，水洗した池の泥か池の水をシャーレに入れて反射光で観察する．標本をホールグラスの水滴中に置いてカバーグラスで覆い，透過光で観察すると，その形態や付属肢の動きまでがよく見られる．

　泥質岩や泥灰岩から介形虫を抽出するには，付録の処理法 C から E (特に D) を用いるとよい．処理法 B は硬質のチョークや石灰岩に用いられ，背甲がリン酸塩かシリカの場合は処理法 F を用いる．固結していないサンプルは処理法 G と I のように水洗して乾燥し，処理法 O で処理する．

　分離した介形虫の殻は内側と外側の表面を反射光で観察する．筋痕や毛細管，外殻と内殻の重複部をよりはっきりと観察するには，スライドグラス上に標本を載せ，水 (あるいはグリセリン，イマージョンオイル，カナダバルサム) を滴下して，カバーグラスをかけて透過光で見る．採集や標本の処理とその観察に対するさらなる指針が Athersuch et al. (1989) にある．

引用文献

Abushik, A. F. 1971. Orientation in Leperditiida. In: Vyalov, O. S. (ed.) *Fossil Ostracoda*. Israel Program for Scientific Translations, Jerusalem, pp. 102-105.

Andreev, Yu. N. 1971. Sexual dimorphism of the Cretaceous ostracods of the Gissaro-Tadzhik region. In: Vyalov, O. S. (ed.) *Fossil Ostracoda*. Israel Program for Scientific Translations, Jerusalem, pp. 56-70.

Angel, M. V. 1969. Planktonic ostracods from the Canary Island region; their depth distributions diurnal migrations, and community organization. *Journal of the Marine Biological Association UK* **49**, 515-533.

Anderson, F. W. 1985. Ostracod faunas in the Purbeck and Wealden of England. *Journal of Micropalaeontology* **4**, 1-67.

Anderson, F. W. & Bazley, R. A. B. 1971. The Purbeck Beds of the Weald (England). *Bulletin. Geological Survey of Great Britain* **34**, 1-13.

Aparecido do Carmo, D., Whatley, R. C. & Timberlake, S. 1999. Variable noding and palaeoecology of a Middle Jurassic limnocytherid ostracod: implications for modern brackish water taxa. *Palaeogeography, Palaeoclimatology, Palaeoecology* **148**, 23-35.

Athersuch, J., Horne, D. J. & Whittaker, J. E. 1989. Marine and Brackish Water Ostracods. In : Kermack, D. M. & Barnes, R. S. K. (eds) *Synopses of the British Fauna (New Series)*, no. 43. The Linnean Society.

Ayress, M., Neil, H., Passlow, V. et al. 1997. Benthonic ostracods and deep watermasses : a qualitative comparison of Southwest Pacific, Southern and Atlantic oceans. *Palaeogeography, Palaeoclimatology, Palaeoecology* **131**, 287-302.

Barker, D. 1963. Size in relation to salinity in fossil and euryhaline ostracods. *Journal of the Marine Biological Association UK* **43**, 785-795.

Bassett, M. G. & Lawson, J. D. 1984. Autecology of Silurian organisms. *Special Papers in Palaeontology* no. 32.

Bate, R. H. 1972. Phosphatized ostracods with appendages from the lower Cretaceous. *Palaeontology* **15**, 379-393.

Bate, R. H. & Gurney, A. 1981. The ostracod genus *Loxoconcha* Sars from Abu Dhabi lagoon and the neighbouring nearshore shelf, Persian Gulf. *Bulletin. British Museum Natural History (Zoology)* **41**, 235-251.

Bate, R. H. & Robinson, J. E. 1978. A stratigraphical index of British Ostracoda. *Special Issue. Geological Journal* no. 8.

Benson, R. H. et al. 1961. Ostracoda. In : R. C. Moore (ed.) *Treatise on Invertebrate Paleontology. Part Q, Arthropoda 3 : Crustacea*. Geological Society of America and University of Kansas Press, Lawrence, Kansas.

Benton, M. J. (ed.) 1993. *The Fossil Record 2*. Chapman & Hall, London.

Boardman, R. S., Cheetham, A. H. & Rowell, A. J. 1987. *Fossil Invertebrates*. Blackwell Scientific Publications, Oxford.

Brouwers, E. M., Cronin, T. M., Horne, D. J. & Lord, A. R. 2000. Recent shallow marine ostracods from high latitudes : implications for Late Pliocene and Quaternary palaeoclimatology. *Boreas* **29**, 127-143.

Carbonel, P., Colin, J. -P., Danielopol, D. L., Loffler, H. & Neustrueva, I. 1988. Paleoecology of limnic ostracods : a review of some major topics. *Palaeogeography, Palaeoclimatology, Palaeoecology* **62**, 431-461.

Cohen, A. C., Martin, J. W. & Kornicker, L. S. 1998. Homology of Holocene ostracode biramous appendages with those of other crustaceans : the protopod, epipod, exopod and endopod. *Lethaia* **31**, 251-265.

Corrège, T. 1993. The relationship between water masses and benthic ostracod assemblages in the western Coral Sea, Southwest Pacific. *Palaeogeography, Palaeoclimatology, Palaeoecology* **105**, 245-266.

DeDeckker, P., Colin, J.-P. & Peypoupet, J.-P. 1988. *Ostracoda in the Earth Sciences*. Elsevier, Amsterdam.

Ducasse, O. 1983. Etude de populations du genre *Protoargilloecia* (Ostracodes) dans les faciès bathyaux du Paléogène Acquitain : Deuxième test éffectué en domaine profond. Comparaison avec le genre *Cytherella. Geobios* **16**, 273-282.

Ellis, B. F. & Messina, A. R. 1952 to date. *Catalogue of Ostracoda*. Special Publications. American Museum of Natural History. (Over 23 volumes in loose-leaf form)

Forester, R. M. 1983. Relationship of two lacustrine ostracode species to solute composition and salinity : implications for paleohydrochemistry. *Geology* **11**, 435-438.

Griffiths, H. I. & Holmes, J. A. 2000. *Non-marine Ostracods and Quaternary Palaeoenvironments*. Technical Guide 8. Quaternary Reseach Association, London.

van Harten, D. 1992. Hydrothermal vent Ostracoda and faunal association in the deep sea. *Deep Sea Research* **39**, 1067-1070.

van Harten, D. 2000. Variable noding in *Cyprideis torosa* (Ostracoda, Crustacea) : an overview, experimental results and a model from Catastrophe Theory. *Hydrobiologia* **419**, 131-139.

Hartmann, G. 1963. Zur Morphologie und Ökologie rezenter Ostracoden und deren Bedeutung bei der Unterscheidung mariner und nichtmariner Sedimente. *Forschritte in der Geologie von Rheinland und Westfalen* **10**, 67-80.

Heip, C. 1976. The spatial pattern of *Cyprideis torosa* (Jones, 1850) (Crustacea : Ostracoda). *Journal of the Marine Biological Association UK* **56**, 179-189.

Holmes, A. & Chivas, A. R. (eds) 2002. *The Ostracoda : Applications in Quaternary Research*. AGU Geophysical Monograph, No. 103.

Horne, D. J. 1995. A revised ostracod biostratigraphy for the Purbeck-Wealden of England. *Cretaceous Research* **16**, 639-663.

Horne, D. J. & Martens, K. 2000 (eds). Evolutionary biology and ecology of Ostracoda. Developments in hydrobiology. *Proceeding. Theme 3 of the 13th International Symposium on Ostracoda, Chatham, 1997*. Kluwer Academic Publications, (reprinted from *Hydrobiologica* **419**, 1-197).

Hsu, K. J. & Weissert, H. J. 1985. *South Atlantic Palaeoceanography*. Cambridge University Press, Cambridge.

Jarvis, I., Carson, G. A., Cooper, M. K. E., Hart, M. B., Leary, P. N., Tocher, B. A., Horne, D. J. & Rosenfeld, A. 1988. Microfossil assemblages and the Cenomanian-Turonian (Late Cretaceous) Oceanic Anoxic Event. *Cretaceous Research* **9**, 3-103.

Keen, M. C. 1977. Ostracod assemblages and the depositional environments of the Headon, Osborne and Bembridge Beds (upper Eocene) of the Hampshire Basin. *Palaeontology* **20**, 405-446.

Kempf, E. 1980. Index and bibliography of non-marine Ostracoda. I. Index A, Supplement 1. *Geologischen Instituts an der Universität Zuköln Sanderveroeffentlichungen* **35**, 1-188.

Kempf, E. 1986. Index and bibliography of marine Ostracoda. I. Index A. *Geologischen Instituts an der Universität Zuköln Sanderveroeffentlichungen* **50**, 1-762.

Kempf, E. 1995. Index and bibliography of marine Ostracoda. I. Index A, Supplement 1. *Geologischen Instituts an der Universität Zuköln Sanderveroeffentlichungen* **100**, 1-239.

Kempf, E. 1997. Index and bibliography of non-marine Ostracoda. I. Index A. *Geologischen Instituts an der Universität Zuköln Sanderveroeffentlichungen* **109**, 1-142.

Kesling, R. V. 1951. Terminology of ostracode carapaces. *Contributions. Museum of Paleontology, University of Michigan* **9**, 93-171.

Knox, L. W. & Gordon, E. A. 1999. Ostracodes as indicators of brackish water environments in the Catskill Magnafacies (Devonian) of New York State. *Palaeogeography, Palaeoclimatology, Palaeoecology* **148**, 9-22.

Krömmelbein, K. 1979. African Cretaceous Ostracods and their relations to surrounding continents. *Proceedings of the 37th Annual Biology Colloquium (1976) : historical biogeography, plate tectonics and the changing environment*. Oregon State University, pp. 305-310.

Krutak, P. R. 1972. Some relationships between grain size of substrate and carapace size in modern brackish-water Ostracoda. *Micropalaeontology* **18**, 153-159.

Lethiers, F. & Whatley, R. C. 1994. The use of Ostracoda to reconstruct the oxygen levels of Upper Palaeozoic oceans. *Marine Micropaleontology* **24**, 57-69.

Majoran, S. & Dingle, R. V. 2001. Palaeoceanographical changes recorded by Cenozoic deep sea ostracod assemblages from the South Atlantic and the Southern Ocean (ODP Sites 1087 and 1088). *Lethaia* **34**, 63-83.

Majoran, S. & Widmark, J. G. V. 1998. Response of deep sea ostracod assemblages to Late Cretaceous palaeoceanographical changes: ODP Site 689 in the Southern Ocean. *Cretaceous Research* **19**, 843-872.

Majoran, S., Widmark, J. G. V. & Kucera, M. 1997. Palaeoecological preferences and geographical distribution of Late Maastrichtian deep sea ostracods in the South Atlantic. *Lethaia* **30**, 53-64.

Martens, K. 1985. Salinity tolerance of *Mytilocypris henricae* (Chapman) (Crustacea, Ostracoda). *Hydrobiologia* **124**, 81-83.

McKenzie, K. G. & Jones, P. J. (eds) 1993. *Ostracoda in the Earth and Life Sciences*. Balkema, Rotterdam, Brookfield.

Meisch, C. 2000. *Freshwater Ostracoda of Western Central Europe, Süsswasserfauna von Mitteleuropa*, 8/3. Spektrum Akad. Verlag, Heidelberg.

Moguilevsky, A. & Whatley, R. (eds) 1996. *Microfossils and Oceanic Environments*. University of Wales/Aberystwyth Press, Aberystwyth.

Moore, R. C. 1961. Ostracoda. In: Moore, R. C. (ed.) *Treatise on Invertebrate Paleontology. Part Q, Arthropoda 3: Crustacea*. Geological Society of America and University of Kansas Press, Lawrence, Kansas.

van Morkhoven, F. 1962-1963. *Post-Paleozoic Ostracoda. Their morphology, taxonomy and economic use*, vol. 1 (1962, general); vol. 2 (1963, generic descriptions). Elsevier, Amsterdam.

Müller, K. J. 1979. Phosphatocopine ostracodes with preserved appendages from the Upper Cambrian of Sweden. *Lethaia* **12**, 1-27.

Neale, J. W. (ed.) 1969. *The Morphology and Ecology of Recent Ostracoda*. Oliver & Boyd, Edinburgh.

Oertli, H. J. (ed.) 1971. *Colloque sur la paleoecologie des Ostracods*. Bulletin du Centre de Recherches Pau-SNPA, Pau, France.

Pokorny, V. 1958. *Grundzüge der Zoologischen Mikropaläontologie*. Berlin, VEB Deutscher Verlag der Wissenschaften.

Pollard, J. E. 1966. A non-marine ostracod fauna from the coal measures of Durham and Northumberland. *Palaeontology* **9**, 667-697.

Schallreuter, R. E. L. & Siveter, D. 1985. Ostracods across the Iapetus Ocean. *Palaeontology* **28**, 577-598.

Siveter, D. J. 1980. British Silurian Beyrichiacea (Ostracoda). *Monograph. Palaeontographical Society* **133** (issued as part of volume 133 for 1979), 76 pp.

Siveter, D. J. & Willams, M. 1997. Cambrian Bradoriid and phosphatocopid arthropods of North America. *Special Papers in Palaeontology* **57**, 1-69.

Siveter, D. J., Williams, M., Peel, J. S. & Siveter, D. J. 1996. Bradoriids (Arthropoda) from the Early Cambrian of North Greenland. *Transactions of the Royal Society of Edinburgh: Earth Sciences* **86**, 113-121.

Smith, R. J. 2000. Morphology and ontogeny of Cretaceous ostracods with preserved appendages from Brazil. *Palaeontology* **43**, 63-98.

Vannier, J., Shang, Qi, W. & Cohen, M. 2001. Leperditicopid arthropods (Ordovician-Late Devonian): functional morphology and ecological range. *Journal of Paleontology* **75**, 75-95.

Wakefield, M. I. 1994. Middle Jurassic (Bathonian) ostracoda from the Inner Hebrides, Scotland. *Monograph. Palaeontographical Society* **148**, 1-89.

Wakedield, M. I. 1995. Ostracoda and palaeosalinity fluctuations in the Middle Jurassic Lealt Shale Formation, Inner Hebrides, Scotland. *Palaeontology* **38**, 583-619.

Waloszek, D. 1999. On the Cambrian diversity of Crustacea. In: Schram, F. R. & von Vaupel Kein, J. C. (eds) *Crustaceans and the Biodiversity Crisis. Proceedings. Fourth International Crustacean Congress, Amsterdam, 1998*, **1**, 3-27.

Whatley, R. C. 1983. The application of Ostracoda to palaeoenvironmental analyses. In: Maddocks, R. F. (ed.) *Applications of Ostracoda*. University of Houston Geosciences, Houston, Texas, pp. 51-57.

Whatley, R. C. & Ayress, M. A. 1988. Pandemic and endemic distribution patterns in Quaternary deep sea Ostracoda. In: Hanai, T., Ikeya, N. & Ishizaki, K. (eds) *Evolutionary Biology of Ostracoda, its Fundamentals and Applications. Proceedings of the Ninth International Symposium on Ostracoda, Shizuoka, Japan*. Elsevier, Amsterdam. (Also published as *Developments in Palaeontology and Stratigraphy* **11**, 739-755.)

Whatley, R. C. & Maybury, C. (eds) 1990. *Ostracoda and Global Events*. Chapman & Hall, London.

Whatley, R. C., Pyne, R. S. & Wilkinson, I. P. 2003. Ostracoda and palaeo-oxygen levels, with particular reference to the Upper Cretaceous of East Anglia. *Palaeogeography, Palaeoclimatology, Palaeoecology* **194**, 355-386.

Williams, M. & Siveter, D. J. 1998. British Cambrian and Tremadoc Bradoriid and Phosphatocopid arthropods. *Monograph. Palaeontolographical Society* **152**, 49 pp.

Williams, M., Floyd, J. D., Salas, M. J., Siveter, D. J., Stone, P. & Vannier, J. M. C. 2003. Patterns of ostracod migration for the 'North Atlantic' region during the Ordovician. *Palaeogeography, Palaeoclimatology, Palaeoecology* **195**, 193-228.

21章　コノドント
Conodonts

　コノドント（conodonts あるいは真正コノドント euconodonts）は原始的な無顎の脊椎動物の一グループで，カンブリア紀後期から三畳紀最末期まで生存した．この動物は鉱物化した骨格（歯）をつくりだした最初の脊椎動物で，主としてその摂食器官（feeding apparatus，本書では単に器官 apparatus としている場合が多い）を構成する歯状の構造の分離したもの（エレメント element）が古くから知られ，コノドントと呼ばれてきた．個々のエレメントは，ふつうは 0.25～2 mm ほどの大きさで，フッ素を含むリン酸カルシウム（フランコ石）からなる．死骸の撹乱が少なく急速に埋没したという好条件下では，15 あるいはそれ

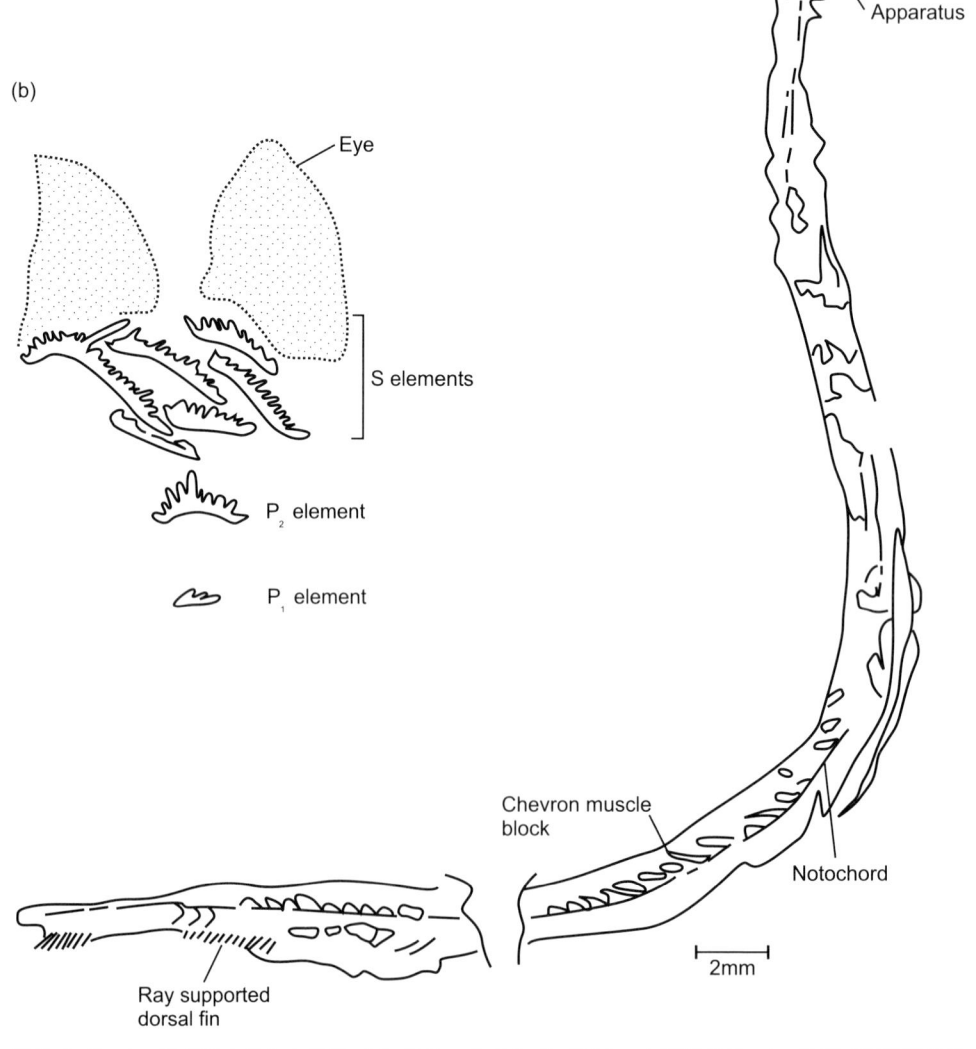

図 21.1　Granton 産のコノドント動物．(a) スコットランド，Edinburgh 近郊の Granton 砂岩（下部石炭系 Dinantian）の Granton Shrimp Bed 産 *Clydagnathus* cf. *cavusiformis*（標本全体の構造を示す）．(b) Granton 産コノドント器官（apparatus），図 (a) の標本の反対面の拡大図，×35．((a) Briggs *et al*. 1983 より転載)

以上の数のエレメントを備えた完全な摂食器官が保存されることがある．この動物の軟体部の化石記録はきわめて稀である．

コノドントは古生代の浅海性炭酸塩岩の年代決定に最適の化石として用いられ，また古生態や古生物地理の研究にも広く用いられてきた．脊椎動物の骨格の起源については現在も論争中で，コノドントはその議論の中心的位置にある．コノドントの色変質指標（CAI）は，堆積盆の地史の解釈，広域変成作用の研究，炭化水素資源の探査などに利用されている．

コノドントの研究は，完全なコノドント動物が1983年に英国 Edinburgh 近郊の下部石炭系，Granton Shrimp Bed で発見されたことで大きく前進した（Briggs et al. 1983）．この化石鉱脈（lagerstätten）*からは，10個体のコノドント動物化石が産出し，少なくとも2種が識別されている．この標本は，その素晴らしい保存状態によってコノドント動物の体制の細部にわたる情報を提供し，このグループが脊索動物に近いものであることを示した（Aldridge et al. 1986, 1993）．その後，コノドント動物化石としてさらにシルル紀前期の1個体（Mikulic et al. 1985；Smith et al. 1987），オルドビス紀後期の巨大なコノドント動物（Aldridge & Theron 1993；Gabbott et al. 1995）などが発見された．これらの動物体の標本およびエレメントの超微構造の研究（Sansom et al. 1992）から，この動物が脊索動物門（Chordata）に属することが確実となった．

[訳注]*：化石鉱脈とは古生物学的に非常に価値の高い化石群を包含する地層のことをいう．

軟体部の解剖学的特徴

Granton 産のコノドント動物（図21.1(a)）は小型（約40mm）で，側方に圧縮され，ウナギ型である．Granton 標本のうちの2個には頭の細部が保存されている．体軸に対して左右対称に二つの耳たぶ状に突出した構造から，ここが頭であると識別された．この構造は眼を囲む硬化した軟骨組織（sclerotic cartilage）であると解釈されている．その後方にある二つの小さな円盤は，眼の莢膜（optic capsule）と解釈されている．頭の後を横断する不明瞭な跡は，鰓構造（branchial structure）の痕跡であろう．頭部には摂食器官（す

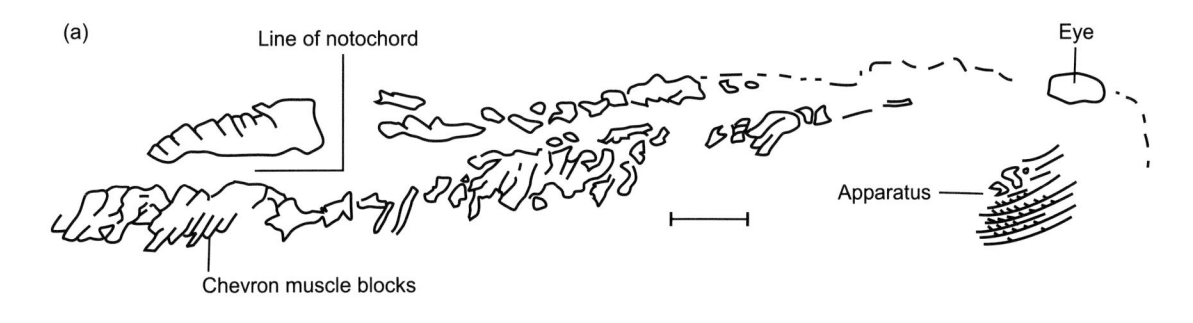

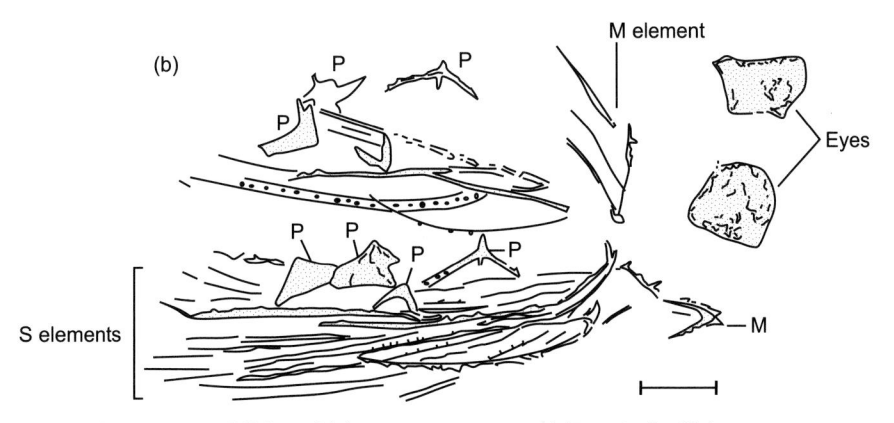

図21.2 Soom 産のコノドント動物化石．(a)南アフリカ，Soom Shale（上部オルドビス系）産 *Promissum pulchrum*（全体の特徴を示す．スケールは10mm）．(b) *Promissum* のコノドント器官の拡大図，スケールは2mm．((a) R. J. Aldridge 教授より提供された写真をトレース；(b) Aldridge & Theron 1993, fig. 2 より改描)

なわちコノドント，図21.1 (b)) もあり，各エレメントの配置が確認できる（以下を参照）．胴部に保存されている主要な構造には，脊索（notochord），逆V字形の筋節群（muscle block），尾鰭を支える鰭条（ray）などがある．

これと同様な特徴は，南アフリカの上部オルドビス系，Soom Shaleの標本でも認められている（図21.2）．この地層からは100以上ものコノドント動物体の部分化石が発見され，それらは繊細な細胞レベルまで保存されている．これらの動物体は，コノドント器官（apparatus）の構成や各エレメントの大きさ，動物体の大きさにおいて，Grantonの動物体とは異なり，その体長は1mにも達する．Soom標本の1個体には，硬化した莢膜（sclerotic capsule），眼の外側筋組織（extrinsic eye musculature），および桿状筋繊維（rod-like muscle fibre）の細部がわかる胴体の筋組織（trunk muscle），筋原繊維（myofibril），それに筋節（sarcomere）らしいものなどが保存されている（Gabbott et al. 1995）．

形態的に他と異なるコノドント動物化石 *Panderodus unicostatus* が，下部シルル系（米国ウィスコンシン州 Waukesha の Brandon Bridge 層）から発見されている（Mikulic et al. 1985）．この化石は保存が悪く，背-腹方向につぶされているが，重要なことは頭部に保存のよい角状（coniform）コノドントのエレメントを含んでいる点である（図21.3）．

コノドントのエレメント

動物の歯に似たコノドントのエレメント*が分解されにくい性質であることは，この動物体のうちで保存されやすい唯一の部分がエレメントであるということを意味している．石炭紀以前のコノドントエレメントのほとんどは，歯冠（crown）と基底体（basal body）の二つの部分からなる（図21.4）．基底体（基底板 basal plate あるいは基底錐 basal cone ともいう）は歯冠の基底にある凹み，基底腔（basal cavity）を埋めてプラグのようにはまっている．多くの標本では基底体がないか失われており，石炭紀以降のエレメントには基底体は稀にしか見つからない．歯冠はふつうガラス質で，成長線の見える薄葉組織（lamella tissue），および不透明な内部組織である白色物質（white matter）からなる．白色物質は，ふつう鋸歯状の小歯（denticle）や主歯（cusp）に存在し，またしばしば基底腔の先端上にある大型の小歯の中軸部に見られる．基底体の内部構造はさらに変化に富み，薄葉構造や小球構造（spherulitic structure）を残し，また細管（tubule）のあるものとないものとがある．

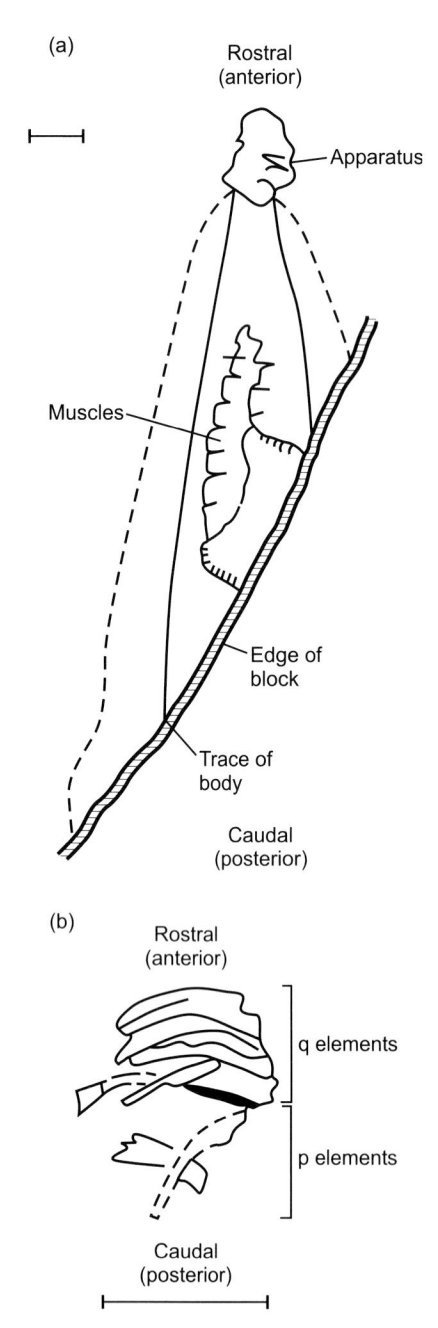

図21.3 Waukesha 産のコノドント動物化石．(a) 部分的に保存されている *Panderodus unicostatus*．米国ウィスコンシン州 Waukesha の Brandon Bridge 層（シルル系）産．スケールは1mm．(b) Waukesha 産のコノドント動物化石に見出されたコノドント器官の拡大スケッチ．スケールは1mm．((a) Smith et al. 1987 より改描）

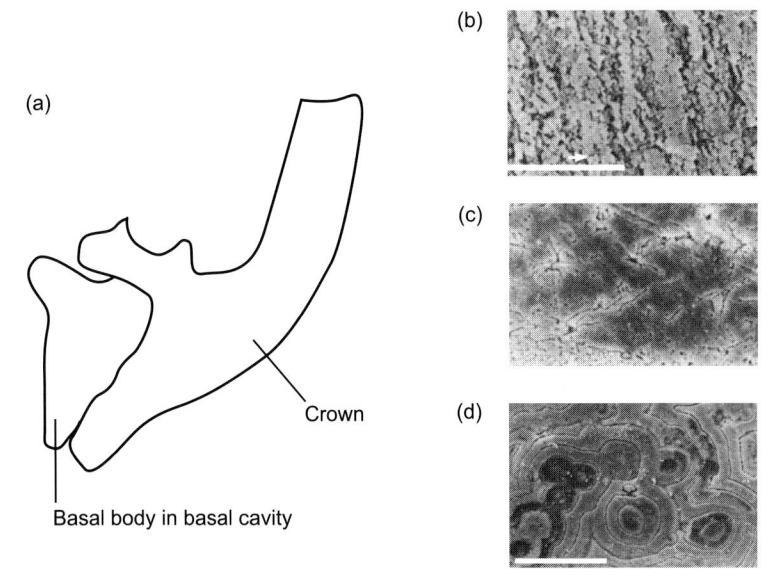

図21.4 コノドント器官（角状エレメント）の構造と組織．(a) *Cordylodus* の縦断面の線描．歯冠と基底体を示す．(b) *Cordylodus* の歯冠のクリスタライト（結晶子），成長薄葉（矢印）を横断する面．スケールは 5 μm．(c) *Panderodus unicostatus* の白色物質．よく発達した骨小腔（lacuna）と組織を連絡する放射状の象牙細管（canaliculus）を示す．写真の幅は約 60 μm．(d) *Cordylodus* の基底体の走査型電顕写真．組織の球顆状構造を示す．この構造は石灰化した小球状の軟骨あるいは象牙質であると解釈されている．スケールは 20 μm．（電顕写真は Sansom *et al*. 1992, figs. 1, 2 より複写）

研磨面あるいはエッチング面の電子顕微鏡写真によると，薄葉状の歯冠組織は歯のエナメル質と相同（図21.4）で，白色物質もおそらくエナメルの一種であるが，コノドントに独特のものであろう．基底体の組織は，石灰化した小球状の軟骨（cartilage）か，ある種の象牙質（dentine）に比較できる（図21.4）．しかし，このような解釈が一般に受け入れられているわけではない（たとえば Forey & Janvier 1993）．これらの組織の性質を決めるのに組織化学的な分析が行われた（Kemp & Nicoll 1996）．しかし構造に関する解釈は半端なもので，検証されていない．オルドビス紀とデボン紀のコノドントに DNA が保存されていたとする主張も確認されていない．

［訳注］*：コノドントのエレメントは，その外形から，1 本の牙状の歯からなる角状（coniform），1 本の大きな主歯と多数の小歯が並ぶ複歯状（ramiform），盤型で峰や尾根状の隆起があるプラットフォーム状（platform，または板状 pectiniform）に大別される．このそれぞれにさらに多様な型（形態型）が認められている．

コノドント器官の構成

コノドント器官（摂食用器官）の 3 次元的構造が判明しているのはわずかな種類にすぎない．Ozarkodinida 目は進化的には著しく派生したグループであるが，そのエレメントの組み合わせは，角状エレメントをもたない（non-coniform）すべてのコノドントに共通する定型的なものであるとされてきた．地層面上に保存された完全な器官の自然集合体（natural assemblage）に基づき，各エレメントの配置についての注意深いモデル化と，器官の圧縮保存過程についての研究から，この器官の 3 次元的構造の解明が可能となった（たとえば Aldridge *et al*. 1987；Purnell & Donoghue 1998；図21.5）．

エレメントは形態的・機能的に少なくとも二つの領域（domain）に分けられる．角状エレメントをもたない種類のコノドント器官では，前方の吻方領域（rostral domaim）に 1 対ずつの S エレメント（Sb, Sc, Sd，および中軸上にある単一の Sa エレメント），および S エレメントに近接して背側方に 1 対の M エレメントがあり，また後方の尾方領域（caudal domain）に 4 対の P エレメント（Pa, Pb, Pc, Pd）が配列する．動物が摂食をしていない静止時には，S エレメントと M エレメントの長軸は動物体の中軸にほぼ平行になっていて，P エレメントは背腹方向に配列する（図21.5 (a), (b)）．

各領域内のエレメントの位置関係は，大部分の種ではその形態型（shape category）から推定され

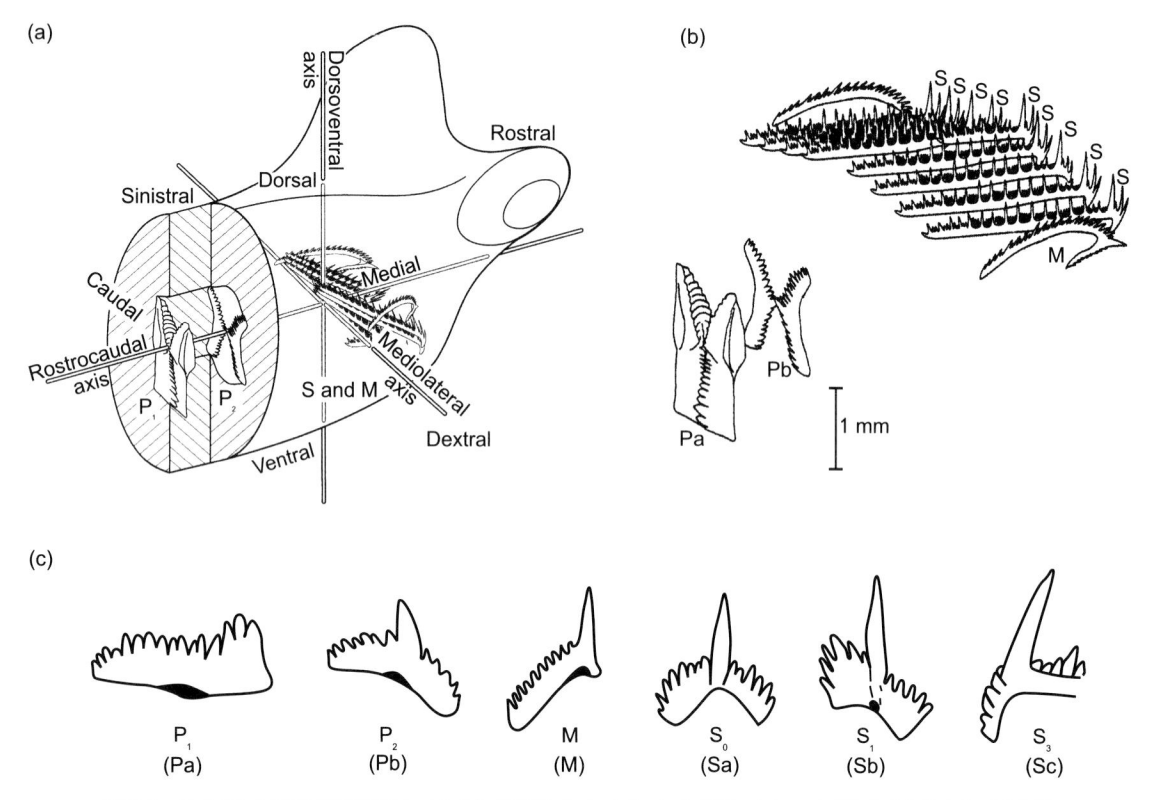

図 21.5 コノドント器官（非角状エレメント）の定位（orientation）と用語．(a) コノドントの生物としての定位づけを Ozarkodinida 目の頭部（右後方から見た図）とコノドント器官によって示す．(b) Ozarkodinida 目の完全なコノドント器官．スケールは 1 mm．(c) *Ozarkodina confluens* のエレメント．エレメントの位置を示す P_1〜S_3 の用語は Purnell *et al.*（2000）により自然集合体に基づいて確かめられ，提案されたもの．Pa〜Sc は自然集合体によっては確かめられず，形態的類似から推定された．P_1〜S_3 の用語は，哺乳動物に使用されている'歯式'（dental formula）に相当するものである．((a) Purnell *et al.* 2000, fig. 1 より改作；(b) Aldridge *et al.* 1987，Purnell 1993 b より改描）

ていて，地層面上の集合体によって確認されてはいない．たとえば，エレメントの位置に Pa, Pb, …というように記号を付しているが，別の種で同じ記号で表されたエレメントが互いに相同であるという保証はなく，他の種のエレメントとの比較は困難である．Purnell *et al.*（2000）はこの問題を解決するために，コノドント動物と自然集合体に基づき，コノドント器官と各エレメント（図 21.5 (c)）の定位，ならびにそれぞれの位置に関する新しい記述用語を提案した．それによると，エレメントの位置は動物体の主軸を基準として，エレメント間の関係に基づいて定義される．標準となる Ozarkodinida 目の器官では，アルファベットに下付の数字を添えて表す（たとえば P_1, P_2, S_0–S_4, M など）．S の位置については，中央の S_0 から外側に向かって順に番号を付す．この方法は一般読者にはわかりにくいであろうが，エレメントの相同性が確認されていて，進化的な比較検討ができる生物学的種と，相同性が単に推定されただけの種とを区別することは重要である．

コノドントの角状摂食器官（coniform apparatus）の復元と記載は，より複雑な形のコノドントのそれに遅れをとり，エレメントの形態や配置を記載するための用語についても意見の一致がない．Sansom *et al.*（1994）は，続成作用で融結してしまったエレメント集合体と，*Panderodus* 動物（図 21.6，Panderodontida 目）の中に保存されていた自然集合体をもとに，panderodont 型コノドント器官について一つの体系を提案した．この器官は，肋のある q エレメント（qa, qg, qt の各エレメント）をもつ吻方領域と，肋のない p エレメント（pf と pt）からなる尾方領域とに分けられる．p エレメントも q エレメントも対になっており，静止時には動物の中軸を横切って並ぶ．対称形の ae エレメントは，中軸上の，たぶん口咽頭腔（oropharyngeal cavity）の中の吻–背側に位置して

いたと思われる（図21.6）．各領域でのエレメントの位置は，その形態型から推定している．たとえば器官の中でのqaの位置はアーチ型（arcuatiform）のエレメントが占めている．

機　能

コノドントのエレメントが口腔内の摂食器官であることは，今では広く受け入れられている．その機能として二つのパラダイムが提案されている．一つは，コノドントは微細食性の浮遊物食者で，SおよびMエレメントは食物粒子を濾すための柔軟な繊毛をもつ篩構造を支える働きをし，Pエレメントはその表面を覆う組織を使って食物粒を粉砕する働きをする，というものである．もう一つのパラダイムは，コノドントは大型食性で，SとMエレメントが積極的に食物を捉え，Pエレメントによってそれを砕いて細片化する，というものである．このモデルでは，動物の摂食時に組織がエレメントを覆っていることはない．機能モデルの研究（Aldridge *et al.* 1987；Purnell 1993a；Purnell & Donoghue 1998），エレメントの成長の研究（Purnell 1994），およびいくつかのエレメントの小歯上の微細な摩耗面の発見（Purnell 1995）などは，この器官が食物を捕捉したり加工したりする機能をもっていたことを示している．同様に，*Panderodus*の器官の3次元的モデル（Sansom *et al.* 1994）によると，吻方領域は捕捉の機能を満たすために外転することができ，これに対して尾方領域は咽頭にとどまって食物粒を処

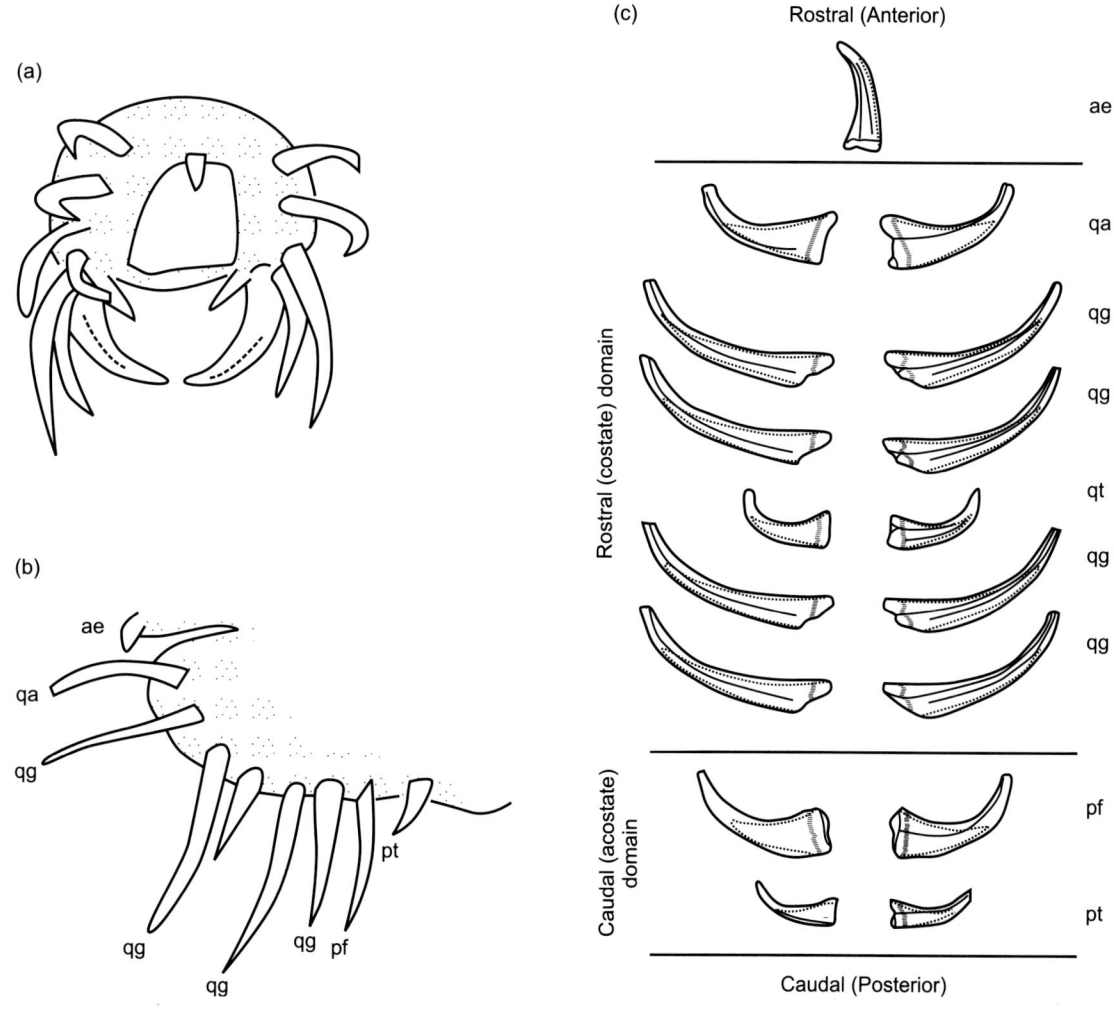

図21.6 *Panderodus unicostatus*のコノドント器官（角状エレメント）の模式図．(a) 食物を掴む体勢にあるコノドント器官（正面視）．(b) 同じ体勢の側面視．(c) エレメント（×約40）の位置を示す用語．左側の列は溝を欠く側（unfurrowed side）を，右側の列は溝を有する側（furrowed side）を見た図；点線は基底腔の輪郭を示す．((c) Sansom *et al.* 1994から改描）

理したということになる.

角状のコノドントと角状でないものとの間の相同関係の問題は未解決である．自然集合体は，特に下部オルドビス系からは少数しか知られておらず，角状と非角状コノドントでは，吻方領域のエレメントの配置が明らかに異なることから見て，相同性を示すのは難しいことがわかる．しかし，もしコノドントが単系統の分岐群であるなら，完全に成長した器官内のエレメント数は一定に近かったであろうし，また，コノドント器官の構成プランもごく限られた数しかなかったであろう．食性に関連して，哺乳類に現れた'歯式'の基本的な組み合わせが数少ないのと同様のことである．

成　長

コノドントの歯冠はエナメル層がくり返し付加することによって成長するので，内側の薄葉が最も古いことになる．エナメル層の付加成長は脊椎動物では異例なことで，ふつうは永久歯の萌出の際にエナメルを分泌する器官が機能を失い，エナメル層はそれ以上成長できない．Armstrong & Smith (2001) は，歯冠の中の薄葉が小成長輪 (minor increment) と大成長輪 (major increment) とからなり，小成長輪はヒト上科のエナメル質中の交差条線 (cross striation) と同等のものであると結論した．*Protopanderodus varicostatus* の小成長輪は，通常，薄いものは1 μm以下の厚さで，他の脊椎動物から類推すると1日で形成されたものらしい．しかし，同じ種でも個体によって小成長輪の厚さが7 μmに達するものがあり，それはおそらく1週間は連続して成長したことを示すのであろう．小成長輪が削られているので，成長に大きな不連続が起こっていたことがわかる．その不連続面が大成長輪である．1層の大成長輪にはおおよそ1カ月間の小成長輪を含む．成長と成長の間の不連続を生じた期間が不明なので，これらのデータからコノドント動物の年齢を推論することはできない．

形態と定位

コノドントの各エレメントはきわめて変化に富んだ形態をしているが，初生的な突起 (primary process) の数とその配列に基づくと，反復して出現する多数の形態型を認めることができる（図21.7～21.9）．突起の方向づけは主歯 (cusp) 上における伸張方向によって決められる．今ではほとんどの種類について，エレメントの動物体内での向き (orientation) を示すことができる．たとえばPエレメントの口腔側面 (oral surface) は咬合面であり，反口腔側面 (aboral surface) に基底腔 (basal cavity) あるいは基底溝 (basal groove) がある．

鋤型 (dolabrate) のエレメントには尾方突起 (caudal process) だけがあり，ふつうはつるはし形をしてい

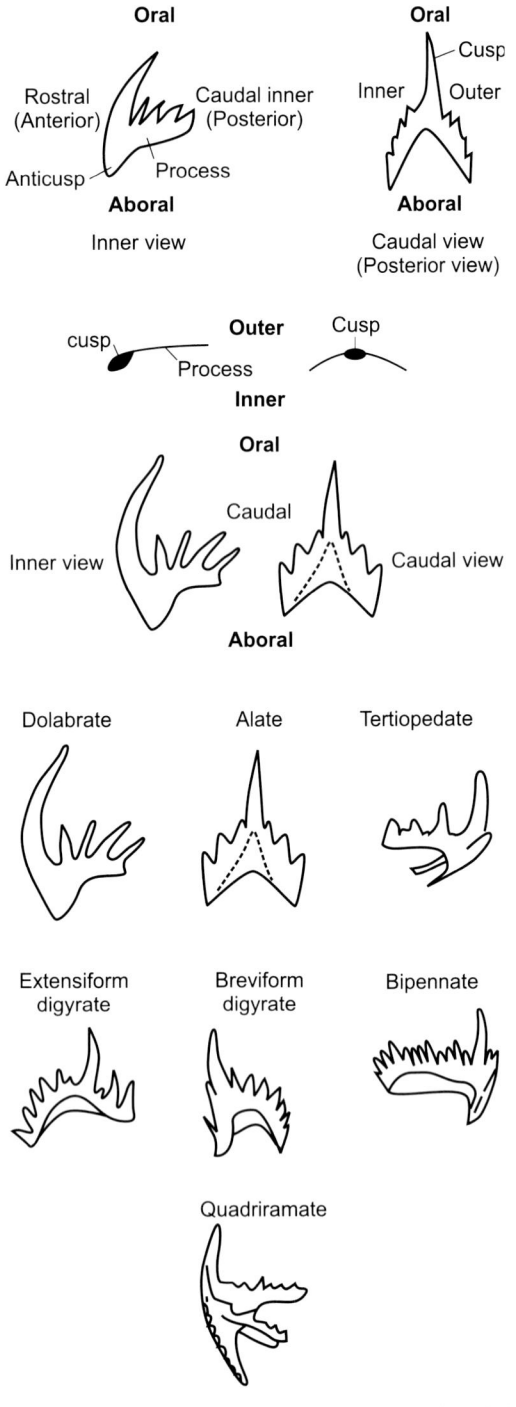

図 21.7　MおよびSエレメント（複歯状エレメント）の定位と形態型 (Sweet 1988より改描)

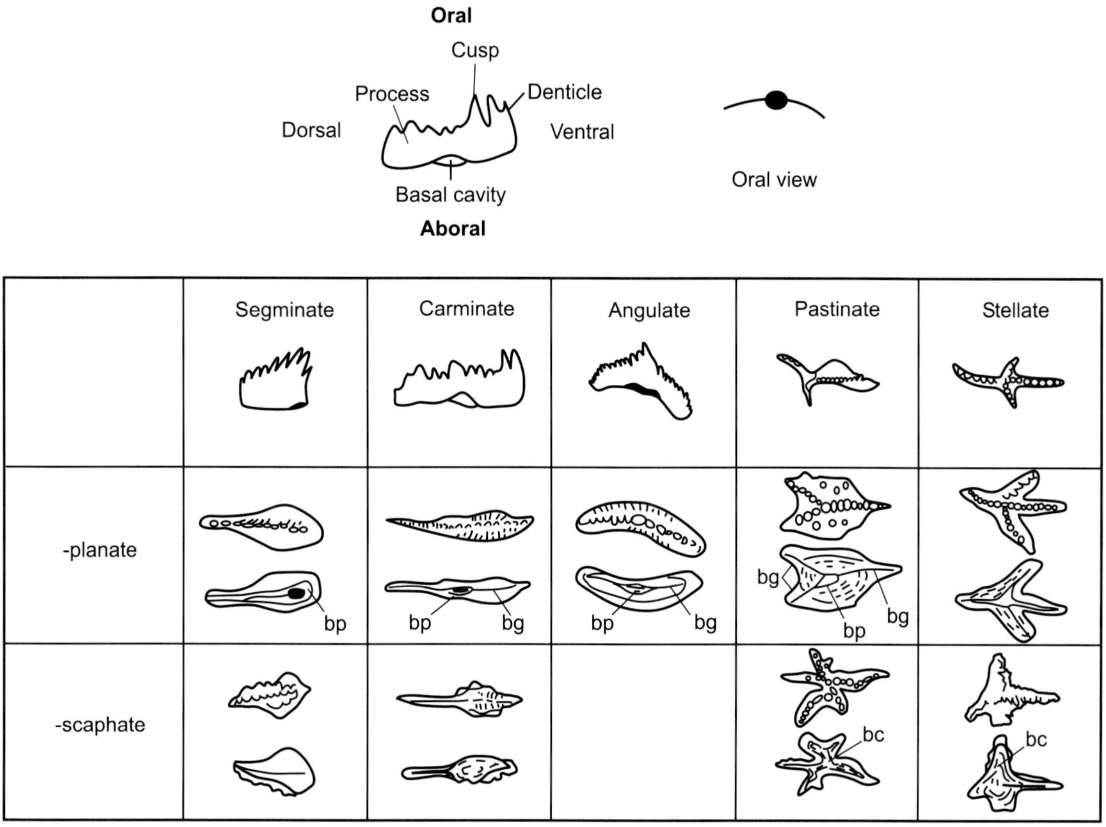

図 21.8 プラットフォーム状エレメント（P）の形態型．（bp：基底孔 basal pit；bg：基底溝 basal groove；bc：基底腔 basal cavity）．（Sweet 1988 より改描）

る．双翼型（alate）のエレメントは左右対称で，尾方突起と二つの側方突起をもつ．変形双翼型（modified alate）では，尾方突起は縮小し，基底腔の後縁がわずかに膨らむだけである．双羽型（bipennate）は尾方突起と吻方突起（rostral process）とをもち，吻方突起は短く内側にゆるくあるいは強く曲がる．指掌型（digyrate）は概して双翼型に似ているが，対称的ではない．尾方突起の発達は稀で，側方突起は，通常，左右不等に発達し，さまざまに捻れる．長指掌型（extensiform digyrate）のエレメントは，先端が曲がった2本の長い側方突起をもつ．短指掌型（breviform digyrate）のエレメントは，主歯の基部から曲がった2本の短い側方突起をもつ．指掌型のエレメントはPとSの位置を占めることがあるが，正しい定位は自然集合体からもわかっていない．そこで，Pエレメントが指掌型である場合は，二つの突起のうち長い方が動物体の腹側にあり，Sの位置にあればそれは尾方領域であると仮定している．三脚型（tertiopedate）のエレメントは，尾方突起と，主歯に対して非対称に並んだ側方突起をもつ．四枝型（quadriramate）のエレメントは吻方突起，尾方突起，および二つの側方突起をもつ．多脚型（multiramate）は四つ以上の突起をもつエレメントのために用意されている用語であるが，現実にはまだ発見されていない．

動物体の背側に伸びる突起（dorsal process）をもつエレメント（P）は，さらに初生的突起の数によっていくつかの型に区分されている（図21.8）．単片型（segminate）は背方突起のみをもち，突起上には瘤（node）あるいは背稜（ridge）が1列あるいはそれ以上並ぶことがある．櫛型（carminate）と三角型（angulate）は動物体の背側および腹側に伸びる突起がある．櫛型の反口腔側の縁辺は基本的に真っすぐなのに対して，三角型では弧状になっている．三突起型（pastinate）には，背側突起，腹側突起，吻方あるいは尾方突起の三つの初生的突起がある．これらの突起には小歯が発達せず（adenticulate），著しい張り出しだけになっている．星型（stellate）には四つの初生的突起がある．それが二分岐して二次的突起をつくる

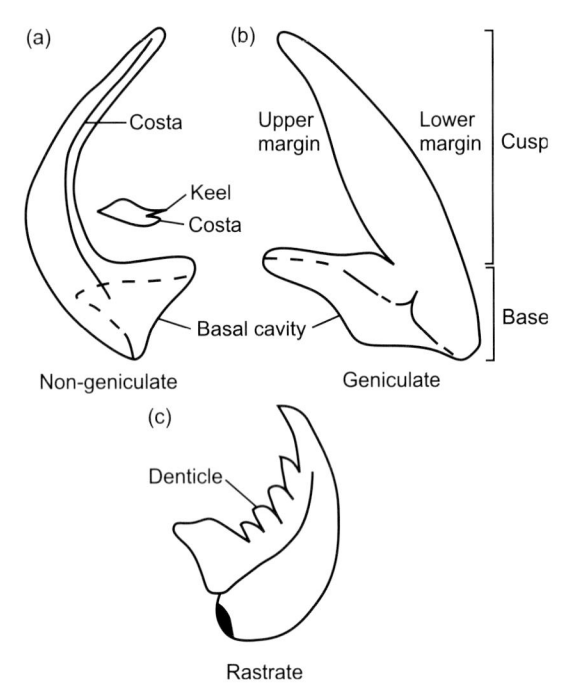

図 21.9 角状エレメントの形態と用語．(a) 非膝曲型 (non-geniculate), (b) 膝曲型 (geniculate), (c) 鍬型 (rastrate). (Sweet 1988 より改描)

こともある．

これらのエレメントは，舟型 (scaphate, 突起の基底部が側方に広がり，反口腔面が完全に露出しているタイプ) か，台型 (planate, 基底腔が細い溝あるいは口孔に狭められているタイプ) である．このようにエレメントの形態は，たとえば三突起舟型 (pastiniscaphate)，三突起台型 (pastiniplanate) などのように，いろいろな用語の組み合わせによって記述することができる (図 21.8)．

角状のエレメント (図 21.9) では，基底部が多少とも広がって基底腔を囲み，主歯は内部がつまっていて先細りになる．Panderodontidae 科のあるものでは，主歯の全長にそってぎざぎざの溝 (furrow) があり，そこに筋組織か靱帯 (ligament) が付着していたと考えられている．非膝曲型 (non-geniculate) のエレメントでは基底から主歯へスムーズに続く (図 21.9 (a)) が，膝曲型 (geniculate) のエレメントでは基底の凹側縁 (後縁) と主歯とが鋭角的につながる (図 21.9 (b))．鍬型 (rastrate) のエレメントでは，主歯の凹側 (後側) の縁にそって小歯が発達する (図 21.9 (c))．

形態型は Panderodontidae 科とされるもののエレメントによって定義されたものであるが，おそらく角状エレメントの分類群に広く適用することができるであろう．これらの形態型は，主歯の湾曲の程度と断面での対称性を基準に認定された．*Panderodus* のエレメントはすべて非膝曲型である．鎌型 (falciform) のエレメント (図 21.6 の pf) は短く，側方に圧縮され，断面が楕円形をなす．凹側・凸側の両縁は低いキール (keel) 状となる．捻れ型 (tortiform) のエレメント (図 21.6 の pt) はヘラ状で，その先端は細溝のある面 (furrowed face) から離れるように捻れて，その凸側縁は鋭いエッジ状となる．薄肋型 (graciliform) のエレメント (図 21.6 の qg) はほっそりしていて，1 本の低い肋 (costa) が両面に走っている．その断面は鍵穴形である．非対称形のものと対称形のもの，基底の高いものと低いものの両方がある．アーチ型のエレメント (図 21.6 の qa) では，一つの面に 1 本の肋が走っている．先端は細溝のない面 (unfurrowed face) に向っていろいろな程度に捻れながら伸びている．稀に凹側縁が鋸歯状になっている．裁頭型 (truncatiform) のエレメント (図 21.6 の qt) は短く，細溝のない面は先端に向かって弱い稜が現れる．主歯は長く伸び後ろに反っていて，捻れの程度は種によって異なる．同等型 (aequaliform) のエレメント (図 21.6 の ae) は完全な対称形で，両面に細溝が発達する．

分　類

コノドントは Pander によって 1856 年に最初に図示され，古生代の未知の魚の遺骸として記載された．Hinde (1879) もこれを魚の歯であると考え，彼の標本の一つ，ニューヨーク州のデボン系産コノドントエレメントの集合体を単一の種の器官であると解釈した．この発見にもかかわらず，その後の研究では形態分類 (form taxonomy) を採用し，各エレメントを別の種として記載してきた．

完全な自然集合体と大量の標本が利用できるようになって，個々のコノドントのエレメントははるかに複雑で多数のエレメントからなる摂食器官の一部をなしていた，という認識が生まれた．分離して産出するエレメントからコノドント器官全体が復元され，これを単一の種として分類するという多エレメント分類 (multi-element taxonomy) は，1960 年代初期に初めて適用された．Walliser (1964) と Sweet & Bergström (1969) の研究は，このより生物学的な新しい分類の発展に寄与し，コノドントの'専門書'は 1981 年までにこの多エレメントシステムに大きく切

Box 21.1　コノドントの科レベルの分類　　（　）内は時代的分布（略号は p.14，図3.1の地質系統表を参照）．

Order PROCONODONTIDA
Proconodontidae (late Camb.)
Cordylodontidae (late Camb.-E. Ord.)
Fryxellodontidae (late Camb.-E. Ord.)

　暫定的位置づけ
Ansellidae (Lln.-Ash.)
Belodellidae (Arg.-Fam.)

Order PROTOPANDERODONTIDA
Acanthodontidae (Trem.-Lln.)
Clavohamulidae (late Camb.-Lln.)
Cornuodontidae (Trem.-Car.)
Dapsilodontidae (Lln.-Loch.)
Drepanoistodontidae (Trem.-Ash., Loch.)
Oneotodontidae (late Camb.-Arg.)
Protopanderodontidae (late Camb./Trem.-Ash./Lln.)
Strachanognathidae (Arg.-Ash.)

Order PANDERODONTIDA
Panderodontidae (Arg.?/Lln.-Giv.)

Order PRIONIODONTIDA
Balognathidae (Arg.-Ash.)
Pygodontidae (Ord.)
Cyrtoniodontidae (Arg.-Ash.)
Distomodontidae (Sil.-Dev.)
Icriodellidae (Ord.-Sil.)
Icriodontidae (E. Sil.?/Lud.-Fam.)
Multioistodontidae (Arg.-Car.)
Oistodontidae (Trem.-Arg.)
Periodontidae (Arg.-Ash.)
Plectodinidae (Lln.-Ash.)
Prioniodontidae (Trem.-Ash.)
Polyplacognathidae (Lln.-Car.)
Pterospathodontidae (E. Sil.-middle Sil.)
Rhipidognathidae (Arg.-Ash.,?late Sil.)

Order PRIONIODINIDA
Bactrognathidae (Tou.-Vis./Serp.?)
Chirognathidae (Arg.-Car.)
Ellisoniidae (Bash.-Trias.)
Gondolellidae (Bash.-Rht.)
Prioniodinidae (Lln./Car.-Gzh.)

Order OZARKODINIDA
Anchignathodontidae (Tou.-E. Trias.)
Cavusgnathidae (Fam.-Sak./Art.?)
Elictognathidae (Fam.-Tou.)
Gnathodontidae (Fam.-Serp.)
Idiognathodontidae (Bash.-Art.)
Kockelellidae (Ash.-Lud.)
Mestognathidae (Tou.-Serp.)
Palmatolepidae (Giv.-Fam.)
Polygnathidae (Pra.-Vis.)
Spathognathodontidae (Car.-Mos.)
Sweetognathidae (Vis.-Early Trias.)

り替わったのである．

　1970年以来，数多くの分類体系がコノドント器官の多エレメント性を考慮に入れて提案された．最も普遍的な分類はClarkが提案したものである（他の著者と共著 *Treatise on Invertebrate Paleontology*, 1974）．この分類体系はSweet (1988) やAldridge & Smith (in Benton 1993, pp. 563-573) によって修正が加えられたが，まだ暫定的で多くの限界があると考えられている．特に，多くの分類群でコノドント器官は不完全なものしか知られておらず，エレメントの組み合わせが自然集合体によって確認されたものはほとんどない．また，この体系は分岐論的あるいは他の分類法に即したものでもない．この体系におけるコノドント類 (Conodonta) とは，体制レベルの一つであり，カンブリア紀後期に出現したコノドントの祖先，角状の2系統によって独立に獲得されたものである．このうち *Teridontus* の系統はよく知られたコノドント分類群すべての祖先となり，これに対して *Proconodontus* の系統は相対的に衰退した（Sweet & Donoghue 2001）．Sweet (1988) は *Teriodontus* の系統の分類群を Conodonta 綱としてまとめた．この綱は5目39科を含み，そのうちのわずかなものだけが単系統（単一の祖先とそのすべての子孫からなる系統）である．これらの5目とは Protopanderodontida, Panderodontida, Prioniodontida, Prioniodinida, Ozarkodinida である．Box 21.1 には科レベルの分類を示すが，スペースの関係で科名の基になった属のコノドント器官を構成するすべてのエレメントを図示することができなかった．だが Sweet (1988) の論説にはエレメントが図示されている．角状エレメントの分類群については，自然集合体が知られていないので，吻方領域と尾方領域のエレメントの配列は，*Panderodus* のコノドント器官の構成から推定している．

Proconodontida 目

　この目は，最古の真正コノドント (euconodonts) を含み，基底腔が深く，表面が平滑な角状エレメントの複数対からなるコノドント器官をもつグループである．その各エレメントの断面はほぼ対称形か楕円形で，凸側（前）あるいは凹側（後），または両側の縁にキールが発達する．各科はこのコノドント器官の分化程度の違いで区別される．*Proconodontus* (late Camb., 図21.10 (a)) の器官は角状非膝曲型の単一形態のコノドントからなる．そのエレメントは比較的大きく，

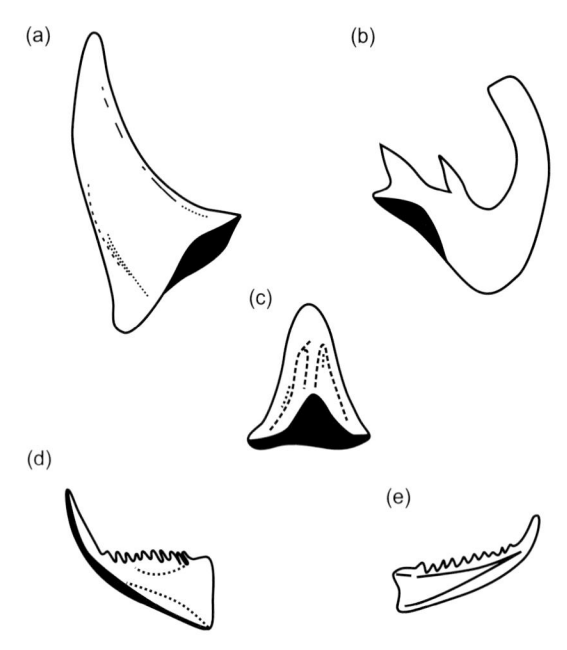

図 21.10 Proconodontida 目の特徴的なエレメントの模式図．× 約 20．(a) *Proconodontus*．(b) *Cordylodus*．(c) *Fryxellodontus*．(d) *Ansella*．(e) *Belodella*．(Sweet 1988 から改描)

基底腔は深く，主歯の断面はほぼ対称形か楕円形で，凸側縁と凹側縁にキールがある．*Cordylodus* (late Camb.-E. Ord., 図 21.10 (b)) のコノドント器官は，2 タイプからおそらく 6 タイプまでの鋤型エレメントからなる．このエレメントにはエナメル質と白色物質が認められる．基底体は石灰化した小球状の軟骨組織 (cartilage) (Sansom *et al.* 1992) か，象牙質からなると思われる．*Fryxellodontus* (late Camb.-E. Ord., 図 21.10 (c)) のコノドント器官は暫定的に 2 領域に区分され，四つの形態型を含む．エレメントはすべて角状非膝曲型で，表面は平滑である．

Proconodontida 目には，現在では Belodellida 目とされているいくつかの科も含む可能性がある (Sweet & Donoghue 2001)．この目のエレメントは，角状非膝曲型で壁が薄く，表面は平滑である．吻方領域のエレメントには側面に肋やキールが発達する．また *Ansella* (Lln.-Ash., 図 21.10 (d)) では q エレメントの凹側縁にそって細かな鋸歯がある．吻方領域と尾方領域内の各エレメントの分化程度は，時代とともに変化してきたように見える．*Ansella* には五つの明瞭に異なったエレメント型があるが，*Belodella* では三つだけである．典型的な *Belodella* (Arg.-Fam., 図 21.10 (e)) は側方に扁平で直立したエレメント (erect element) を含み，その pf は鎌型 (falciform)，qa はアーチ型，ae は双肋型 (bicostate) という構成である．*Walliserodus* (Ord.-Sil., 図 21.16 (a)~(f)) はさまざまな数の顕著な肋をもち，直立した基底腔の深いエレメントを含む．ae エレメントは種によって著しく特徴が違う．

Protopanderodontida 目

この目には，基底腔が主歯に比して短い角状エレメントのみで構成されたコノドント動物のほとんどが含まれる．Smith (1991) は，*Parapanderodus* (図 21.11 (i)) のエレメントが続成作用で融結した集合体を図示した．それによると，単一で大型の qa エレメント，1 対の qg エレメント，扁平で捻れた単一の qt エレメント，さらに *Drepanodus* (Ord., 図 21.16 (g)~(k)) のものに似た 1 対の qg エレメントが順に配列している．これによって，*Parapanderodus* と *Panderodus* の吻方領域の間に相同が成り立つとみなされている．この目に含まれる各科は，吻方領域と尾方領域のエレメントの形態的な差異によって区別される．

Protopanderodontidae 科（たとえば *Protopanderodus*, late Camb./Trem.-Ash./Lln., 図 21.11 (a)) は，エレメントがガラス質 (hyaline，ただし白色物質を欠く) で，細かな縦方向の条線 (longitudinal striation) をもつ角状非膝曲型からなる属を含む．*Belodina* (Trem.-Lln., 図 21.11 (b)) は Panderodontida 目と同様のコノドント器官をもち，湾曲した qa，鋤型の qg, qt, pf, ae の各エレメントを含むが，pt エレメントを欠くようである．Clavohamulidae 科には，単一の形態型のエレメントで構成されると思われる多数の属が含まれる．*Clavohamulus* (late Camb.-Lln., 図 21.11 (c)) では，エレメントの基底部が側方に広がり，半球状の盛り上がりをつくる．その表面には瘤状の突起が多数発達する．他の属では基底部に粒状あるいは棘状の装飾がある．*Cornuodus* (Trem.-Car., 図 21.11 (d)) の器官は非膝曲型エレメントからなり，*Panderodus* のものに似る．*Drepanoistodus* (Drepanoistodontidae 科，Trem.-Ash., 図 21.11 (f)) のエレメントは短く裾の広がった基底をもつ角状コノドントで，後方に曲がり，後方に肋あるいはキールのある直立した q エレメント，ほぼ対称形の p エレメント，および対称形の ae エレメントなど，三つの領域タイプが識別される．Oneotodontidae 科（たとえば *Oneotodus*, late Camb.-Arg., 図 21.11 (g)) のエレメントは角状非膝曲型でガラス質からなり，通常

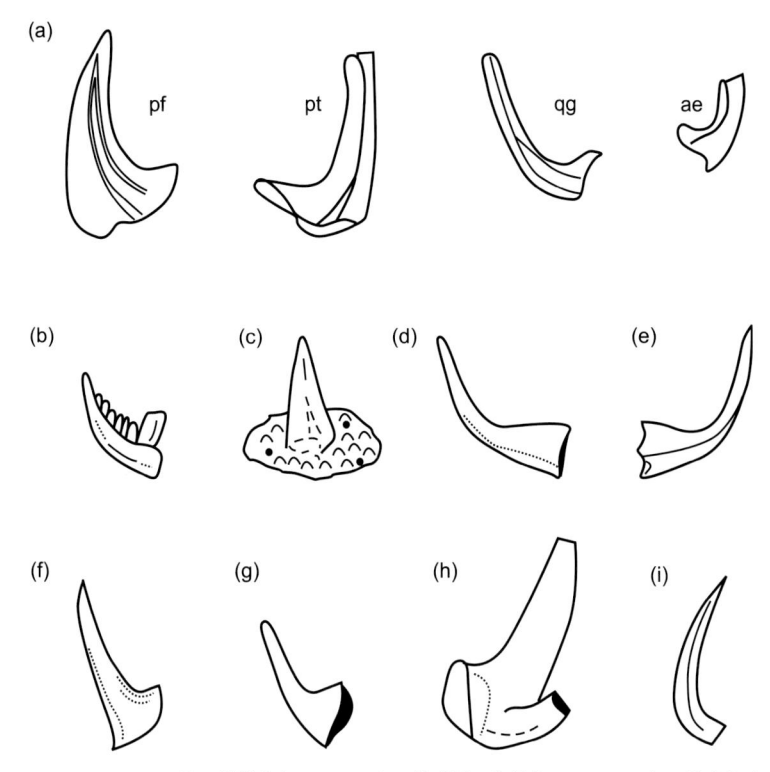

図 21.11 Protopanderodontida 目の特徴的なエレメントの模式図．各属を P エレメントで代表させてある．(a) *Protopanderodus* の摂食器官の構成，×約 20．この器官には複数対の qg エレメントがある．(b) *Belodina*，(c) *Clavohamulus*，(d) *Cornuodus*，(e) *Dapsilodus*，(f) *Drepanoistodus*，(g) *Oneotodus*，(h) *Strachanognathus*，(i) *Parapanderodus*（(a)，(h) Armstrong 2000；(b)〜(g)，(i) Sweet 1988 より改描）

は表面に細かい条線をもち，一つあるいは二つの領域タイプにわけられる．この科のより進化した種類では，縦方向に肋あるいは稜のある q エレメントをもつ．*Strachanognathus*（Strachanognathidae 科，middle-late Ord.，図 21.11 (h)）のエレメントは角状非膝曲型で，条線のある 1 本の小歯をもち，二つあるいは三つの領域タイプが識別される．Dapsilodontidae 科（Lln.-Loch.，たとえば *Dapsilodus*，図 21.11 (e)）は，側方に扁平な角状非膝曲型のエレメント（pf，ae および多くの対になった qg エレメント）からなる器官をもつ分類群を含む（Armstrong 1990）．これは，この目では異型である．

Panderodontida 目

Panderodontidae 科は *Panderodus*（図 21.6，21.16 (l)〜(p)）1 属のみからなる．この属は側面に溝のあるエレメントを含むという理由で，Protopanderodontida 目から除外されたものであるが，コノドント器官の構成という点では Protopanderodontida 目のものとほぼ同じである．Sansom *et al.* (1994) は，角状エレメントからなるコノドント器官で，吻方領域（qa-qg），尾方領域（pf-pt），および対称形の ae 要素に分化しているものは，すべて Panderodontida 目に入れるべきであると提案した．Panderodontida 目のコノドントは海洋の非常に多様な環境の堆積物中に最も豊富に産するものの一つであり，このコノドントだけが産出することも多い．堆積相による産出の制約が見られないということは，これらが遊泳性あるいは漂泳性であったことを思わせる．

Prioniodontida 目

この目は Tremadocian 期（オルドビス紀前期）に現れ，適応放散して，多くのオルドビス紀コノドント動物群中で優位を占めていた．しかしシルル紀中期までには衰退し，デボン紀末に絶滅した．この目のメンバーは，三突起型（台状構造を有するものを含む）の P エレメント（および双翼型の S_0 エレメントが一つ）をもつという共通点がある．いくつかの prioniodontidae 科（たとえば *Amorphognathus*，図 21.12 (a)，21.15 (n)〜(u)）のコノドント器官の構成は，100 個体以上の *Promissum pulchrum* の自然集合体に基づいて復元されている．*Promissum* のコノドン

図 21.12 Prioniodontida 目の特徴的なエレメントの模式図. (a) *Amorphognathus* のコノドント器官, ×約 20. Sb_1, Sb_2 は *Promissum pulchrum*（図 21.2）の S_1, S_2 と相同とみなされている. (b)〜(l) は構成属のうちの P エレメントで, (m) は Sa エレメントで代表させている. (b) *Phragmodus*, (c) *Pygodus*, (d) *Distomodus*, (e) *Icriodella*, (f) *Pedavis*, (g) *Multioistodus*, (h) *Oistodus*, (i) *Plectodina*, (j) *Prioniodus*, (k) *Polyplacognathus*, (l) *Pterospathodus*, (m) *Rhipidognathus*. ((a) Armstrong 1990；(b)〜(m) Sweet 1988 より改描)

ト器官は 19 のエレメントからなる．すなわち，P_1, P_2, P_3, P_4 エレメントがそれぞれ 2 個ずつ，単一の S_0 エレメント，8 個の S エレメント（1 対ずつの S_1, S_2, S_3, S_4），吻-側方の 1 対の M エレメントである．Granton 産のコノドント動物（Ozarkodinida 目）の器官と違って，P_1〜P_3 は器官の背側に水平に配列し，それぞれ対をなす．P_4 エレメントは P_2 エレメントのやや下側に位置する．M エレメントの 1 対は P エレメントの吻-背方に位置する．腹側領域には S エレメントが P エレメントの下側に下方に傾いて配列する（図 21.12 (a)）．

その他の Prioniodontida 目の種は，分離したエレメントの標本群あるいは部分的な自然集合体から復元されていて，*Promissum* の構成（前述）と完全には合致しない．しかし，これが生物学的な違いによるものかどうかはっきりしない．*Phragmodus*（Ord., 図 21.12 (b)）は三突起型のＰエレメントがわずか 2 対で，その他，鋤型のＭエレメント，双翼型，三脚型，双羽型のＳエレメントをもつが，この目のメンバーではないように思われる．その吻方領域のエレメント（S）は Prioniodinida 目に見られるものに非常によく似ている．*Pygodus*（Lln.-Car., 図 21.12 (c)）は 3 対のＰエレメントをもつが，Sa エレメントを欠く．この属の種は，中部オルドビス系の生層序の構築に有効で，外側陸棚および深海相に最も多い．*Distomodus*（Sil., 図 21.12 (d)）は，星状型（stelliscaphate）の Pa，三突起型の Pb，変形三脚型の M，および双羽型のＳエレメントをもつ．*Icriodella*（middle Ord.-E. sil., 図 21.12 (e)）は，三突起型の Pa, ピラミッド状三突起型の Pb, 双翼型の Sa, およびピラミッド状三脚型のＳの各エレメントからなる．Icriodontidae 科（E. sil.,?/Lud.-Fam., たとえば *Pedavis*, 図 21.12 (f)）は，単片舟型の Pa, 三突起型の Pb, 扁平な三突起型あるいは角状のＭエレメントを含む．他の位置にエレメントがある場合には，それらは角状であったり弱い鋸歯をもったりいろいろである．Multioistodontidae 科（Arg.-Car., たとえば *Multioistodus*, 図 21.12 (g)）は，基本的には鋸歯のある角状エレメントからなるコノドント器官をもち，その Pa と Pb はともに三突起型で，湾膝型角状のＭおよびさまざまな形態の双翼型，三脚型，双羽型のＳエレメントを伴う．*Plectodina*（Plectodinidae 科，Lln.-Ash., 図 21.12 (i)）は，三突起型の Pa, 三角型の Pb, 鋤型あるいは双羽型のＭ, 双翼型, 指掌型, 鋤型, 双羽型のＳエレメントをもつ．*Prioniodus*（Prioniodontidae 科, 図 21.12 (j)）では，Ｐエレメントの位置は互いに似た三突起型のエレメントで占められているようである．Ｍエレメントは三角型で，後方に著しく傾いた主歯をもち，またある種類では，尾方突起は吻方突起よりかなり短い．Ｓエレメントは双翼型，三脚型，双羽型，あるいは方形型（quadrate）である．Polyplacognathidae 科（Lln.-Car.）に属すとされる分類群では，Ｓエレメントは知られていないらしい．*Polyplacognathus*（図 21.12 (k)）では，背側領域に 1 対の星状台型と，2 対の三突起台型のＰエレメントを含む．*Pterospathodus*（Pterospathodontidae 科, E. Sil.-middle Sil., 図 21.12 (l)）は 3 対のＰ（Pa-Pc）エレメントをもち，対称形の Sa エレメントを欠く（Männik & Aldridge 1989）．*Rhipidognathus*（Rhipidognathidae 科, Arg.-Ash., ?late sil., 図 21.12 (m)）では，一つの櫛型の Pa, 三角型の Pb, 変形双翼型の M, 双翼型の Sa, 短指掌型の Sb, および双羽型の Sc エレメントからなる器官をもつ．この属の種は高塩分の環境中に生息した数少ないコノドントの一つである．

Oistodontidae 科はこの目に含められてきたが，この科は基本的には角状エレメントで構成される摂食器官をもつ属からなる．たとえば *Oistodus*（Trem.-Arg., 図 21.12 (h)）に属する種では，ＰとＭエレメントは角状膝曲型で，側方に扁平でさまざまな程度に肋がある．これらの種では，Pb および非膝曲型の Sb エレメントには三突起型のものがある．また吻方領域のエレメント（S）は非膝曲型である．

Prioniodinida 目

この目の中で年代の最も古いのは Chirognathidae 科に属する種類で，最も若いのは Gondolellidae 科に属する．これは Prioniodontida 目を祖先とする単系統の目であると考えられている．Prioniodinida 目はコノドント器官の尾方領域に指掌型のエレメントをもつ．この目のいくつかの分類群には，生態的な特殊化現象によるコノドント器官の変異や退化が見られる．器官の基本的構成は *Periodon*（Prioniodinidae 科, Ord., 図 21.13 (a), 21.15 (g)〜(m)）に代表され，長指掌型の Pa, 指掌型の Pb, および主歯の凸側縁にそって鋸歯がある鋤型のＭエレメントからなる．吻方領域は少なくとも短指掌型の Sa, 2 対の Sb, 1 対の Sc エレメントからなる．

エレメントの密集したものや自然集合体として，西オーストラリア, デボン系の Gogo 層から得られた *Hibbardella* の 1 標本（Nicoll 1977），ドイツの下部 Namurian 階（上部石炭系）産の *Idioprioniodus* の不完全な集合体（Purnell & von Bitter 1996），スイスの中部三畳系産の *Neogondolella*（Orchard & Rieber 1996），およびアメリカ，ミシシッピ統の *Kladognathus* 集合体（Purnell 1993b）などが知られている．Purnell (1993b) は，*Hibbardella* と *Kladognathus* のコノドント器官は同じ基本プランからなるとし，これらのエレメント構成を Ozarkodinida 目のものと比較した．

Chirognathidae 科（Arg.-Car.）は原型的な（arche-

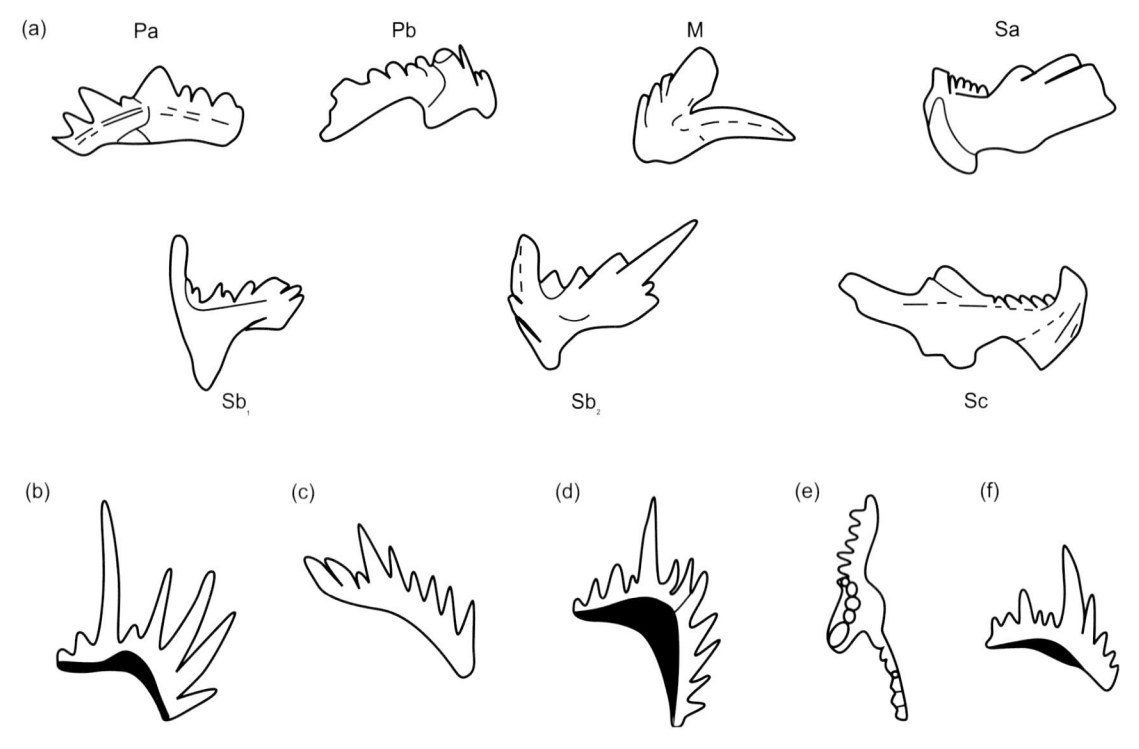

図 21.13 Prioniodinida 目の特徴的なエレメントの模式図. (a) *Periodon* の器官の構成, ×約 50. (b)〜(f) Prioniodinida 目の構成属を P エレメントで代表させてある. (b) *Erraticodon*, (c) *Ellisonia*, (d) *Oulodus*, (e) *Bactrognathus*, (f) *Merrillina*. ×約 30. ((a) Armstrong *et al.* 1996；(b)〜(f) Sweet 1988 から改描)

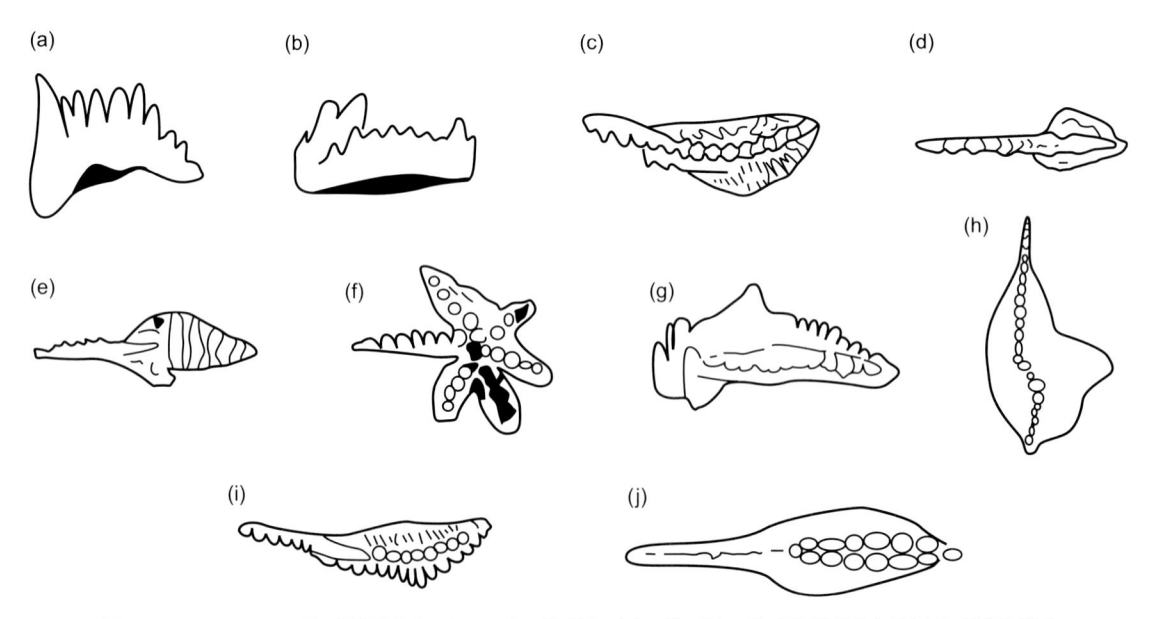

図 21.14 Ozarkodinida 目の特徴的な P エレメントの模式図. (c)〜(f), (h)〜(j) は口腔側から見た図. 器官の構成は図 21.5 に示す. (a) *Hindeodus*, (b) *Cavusgnathus*, (c) *Siphonodella*, (d) *Gnathodus*, (e) *Idiognathodus*, (f) *Kockelella*, (g) *Mestognathus*, (h) *Palmatolepis*, (i) *Polygnathus*, (j) *Sweetognathus*. ×約 50. (Sweet 1988 から改描)

typal) Prioniodinida 目のコノドントである. *Erraticodon*（図 21.13 (b)）は Chirognathidae 科の最古の属で，指掌型の Pa と短指掌型の Pb エレメントをもつ. S エレメントは基本的に双翼型 (Sa), 三

脚型（Sb），双羽型（Sc）である．科や属はPエレメントの形態によって区別する．Ellisoniidae科のメンバー（Bash.-Trias.，たとえば *Ellisonia*，図21.13 (c)）の器官は，*Idioprioniodus*（Prioniodinidae科）の器官と非常によく似ており，指掌型のPa，Pb，Mの各エレメントからなる．*Oulodus*（Prioniodinidae科 Lln./Car.-Gzh，図21.13 (d)）は，長指掌型のPおよびSbエレメントと鋤型のMエレメントをもっている．Bactrognathidae科（Tou.-Vis./Serp.?）とGondolellidae科（Bash.-Rht.）はこの目に属するとされているが，それが正しいとすれば，この2科だけがこの目の中でPaの位置にプラットフォーム状エレメントをもっている（たとえば *Bactrognathus*，図21.13 (e)）．Gondolellidae科には単片型 (segminate) のPa，短指掌型のPbおよびMエレメント，双翼型のSa，長指掌型のSb，および双羽型のScエレメントからなる器官をもつものが含まれる．Sエレメントには多くの細かい小歯 (denticle) が発達する．この科には英国のペルム系で唯一豊富に産する *Merrillina divergens*（図21.13 (f)）が含まれる．Gondolellidae科の起源ははっきりしないが，石炭紀のものは深海相を特徴づける．単片型のPaエレメントの獲得にともなって，吻方領域でのエレメントの分化度が減ったか，あるいはエレメントの鉱物化（硬組織化）の程度が弱くなったことが示唆されている．

Ozarkodinida目

この目のコノドント器官は15個のエレメントからなる（図21.5）．器官の静止時には，Pエレメントの長軸は背-腹軸に平行で，その小歯は中軸を挟んで互いに向き合うように並ぶ．MとSエレメントの長軸は器官の長軸に対してわずかに斜交し，吻方向（前方）にV字形に開くように配列し，Sエレメントは吻方向に下方に傾く（Aldridge *et al.* 1987; Purnell & Donoghue 1998）．この目の主要な科であ

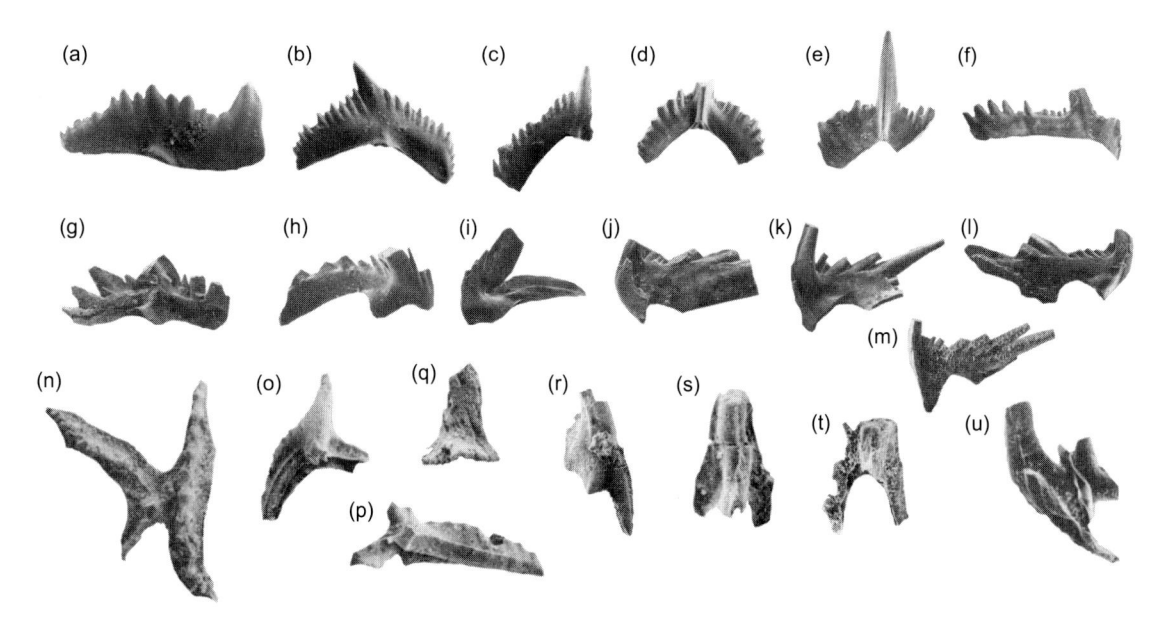

図21.15 代表的なコノドントのエレメントの走査型電顕写真．(a)〜(f) *Ozarkodina confluens*（Ozarkodinida目），シルル紀．(a) 左側のPエレメント（尾方視（内側視）），×20；(b) 左側のP_2エレメント（尾方視），×19；(c) 左側のMエレメント（尾方視），×19；(d) Soエレメント（尾方視），×17；(e) 左側の$S_{1/2}$エレメント（尾方視），×17；(f) 左側$S_{3/4}$エレメント（尾方視），×18．(g)〜(m) *Periodon aculeatus*（Prioniodinida目），Lln.-Ash．この種については層理面上の集合体も自然密着集合体も知られていないので，ここでは生物学的でない用語を用いる．(g) 左側のPaエレメント（尾方視），×47；(h) 左側のPbエレメント（尾方視），×47；(i) 右側のMエレメント（内側視），×35；(j) Saエレメント（側面視），×42；(k) 右側のSbエレメント（後方視），×45；(l) 左側のScエレメント（内側視），×39；(m) 左側のSbエレメント（内側視），×39．(n)〜(u) *Amorphognathus ordovicicus*（Prioniodontida目），上部オルドビス系，生物学的な定位は *Promissum pulchrum* との相同に基づく．(n) Paエレメント（口腔側視），×37；(o) Pcエレメント（正面視），×46；(p) Pbエレメント（正面視），×40；(q) ?Pdエレメント（尾方視），×46；(r) 右側のMエレメント（側面視），×24；(s) Saエレメント（尾方視），×43；(t) Sbエレメント（尾方視），×27；(u) 右側のScエレメント（側面視），×55．((b), (d) Aldridge 1975; (g)〜(m) Armstrong 1997, pl. 2; (n)〜(u) Armstrong *et al.* 1996, figs. 6.1-6.11 より引用）

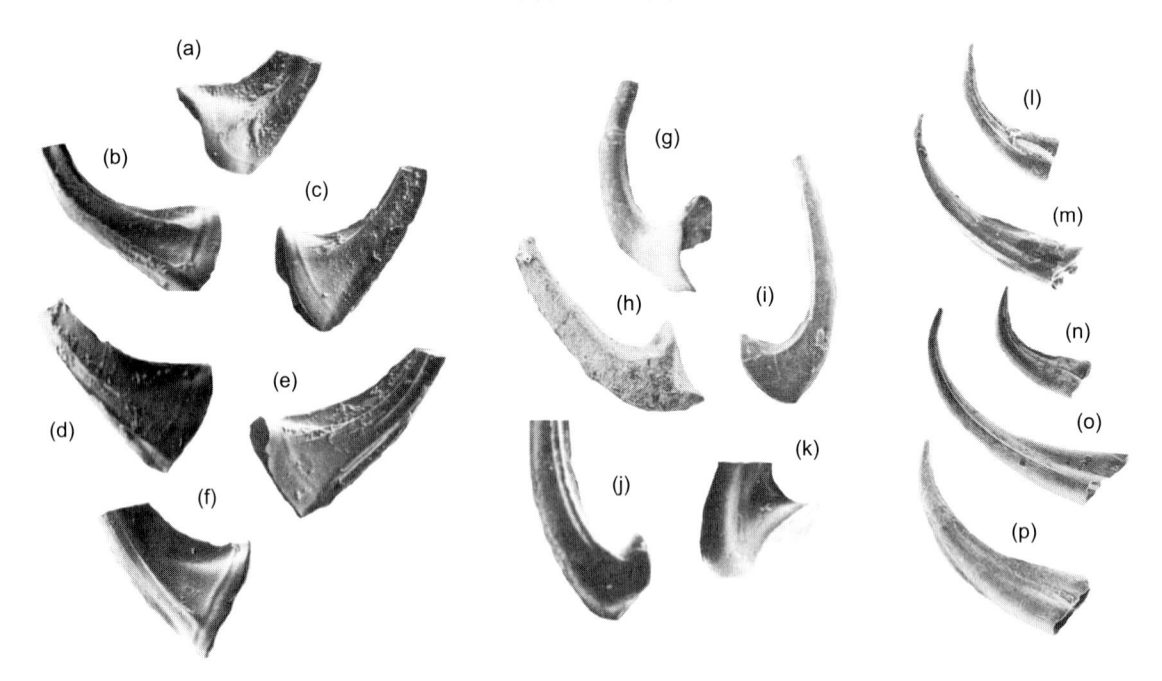

図 21.16 代表的な角状コノドントの走査型電顕写真．*Panderodus unicostatus* とこれにごく近い種類を除き，その定位を示す証拠はまったくないので，生物学的な用語を用いるのは時期尚早である．*P. unicostatus* では，吻-尾軸および中心-側部軸に対するおおよその定位はわかっているが，背腹方向は決められない．したがってここでは主歯の湾曲を基準とする伝統的方法で定位する．(a)〜(f) *Walliserodus curvatus*（?Proconodontida 目），シルル紀．エレメントの先端部は欠けている．(a) ?qt エレメント（内側視），×63；(b) ae エレメント（側面視），×60；(c) q エレメント（内側視），×52；(d) q エレメント（外側視），×60；(e) q エレメント（内側視），×60；(f) p エレメント（外側視），×49．(g)〜(k) *Drepanodus arcuatus*（Protopanderodontida 目），オルドビス紀．(g) pt エレメント（内側視），×36；(h) pf エレメント（外側視），×33；(i) qt エレメント（外側視），×33；(j) qg エレメント（外側視），×37；(k) ?ae エレメント（内側視），×40．(l)〜(p) *Panderodus acostatus*（Panderodontida 目），シルル紀．(l) ae エレメント（内側視），×48；(m) qa エレメント（内側視），×50；(n) qt エレメント（内側視），×37；(o) qg エレメント（内側視），×42；(p) pf エレメント（側面視），×46．((a)〜(f) Armstrong 1990, pl. 21, fig. 6-15；(g)〜(k) Armstrong 2000, pl. 3；(l)〜(p) Sansom *et al.* 1994, text fig. 2 より引用)

る Spathognathodontidae 科には，おそらく最もよく知られたコノドントの *Ozarkodina*（図 21.5 (c)）が含まれ，保存のよい集合化石や自然集合体が知られている（Purnell & Donoghue 1998）．この科の構成メンバーは形態的に著しく多様で，一般に生存期間も長い．*Ozarkodina* は櫛型の P_1 および三角型の P_2 のエレメントをもつ．他の科との区別は主として Pa エレメントの形態に基づいている．その他のエレメントとしては，単一の双翼型の So，三角型の P_2，指掌型，双羽型，あるいは鋤型の M，および 2 対の双羽型の $S_{1/2}$ および指掌型の $S_{3/4}$ の各エレメントからなる（たとえば *Ozarkodina confluens*, Sil., 図 21.15 (a)〜(f)）．

Anchignathodontidae 科（Tou.-Dienerian（三畳系下部））には単片型の Pa エレメントをもつコノドントが含まれる．この科は，石炭紀から三畳紀最初期まで生存した *Hindeodus*（図 21.14 (a)）の種で代表される．Cavusgnathidae 科（Fam.-Sak./Art.?，たとえば *Cavusgnathus*, 図 21.14 (b)）を構成する種は櫛状舟型の Pa エレメントをもつ．Pa エレメントの腹側突起は短く，背側突起は広がってプラットフォーム状となり，その縁にそって瘤の列あるいは稜が並ぶ．Granton 産のコノドント動物は *Clydagnathus* に属す種で，この科に含められる．*Siphonodella*（Elictognathidae 科，Fam.-Tou., 図 21.14 (c)）は櫛状台型の Pa エレメントをもつ．Elictognathidae 科の完全な器官の復元はまだ公表されていない．Gnathodontidae 科（Fam.-Serp.）はデボン紀から石炭紀のコノドントとして重要で，かつ多様性の高い系統を形成し，さまざまな環境に生息していた．この科の最古のメンバーである *Bispathodus* と *Gnathodus*（図 21.14 (d)）については，自然集合体によってエレメントの構成がわかっている．*Gnathodus* の P_1 エレメントのプラットフォームは著しく非対称な形をしている．Idiognathodontidae 科のコノドント（Bash.-

Art.) の P_1 エレメントは櫛状舟型で，内側の表面に縦に3列の瘤あるいは小歯が並び，その中央列（竜骨状突起 carina）は腹側に伸びる自由歯板（free blade）に続く（たとえば Idiognathodus，図 21.14 (e)）. Kockelella (Kockelellidae 科，Ash.-Lud.，図 21.14 (f)) は星状舟型の Pa と三角型の Pb エレメントをもつ．進化の過程で Pa エレメントの幅は広くなり，突起が発達した．Mestognathus (Mestognathidae 科，Tou.-Serp.，図 21.14 (g)) の Pa エレメントは櫛状台型で，高い歯板（blade）と稜状の縁を備えた V 字形のプラットフォームをもつ．反口腔側の表面には中央に溝をもつキールがあり，小さな基底孔（basal pit）を囲んでいる．Mestognathus の種は石炭紀の沿岸堆積物に多く見られる．Palmatolepis (Palmatolepidae 科，Giv.-Fam.，図 21.14 (h)) では，Pa エレメントは櫛状台型で口腔側の面に瘤がある．Pb エレメントは弓のように曲がった三角状台型（anguliplanate）のエレメントで，高い歯板状の腹側突起をもち，瘤が並ぶ縁をもつプラットフォーム状の背部突起を備える．S エレメントの突起には針状の小歯が発達し，いくつかの小歯の間にやや大きな小歯が挟まるというようになっている．Polygnathus (Polygnathidae 科，Pra.-Vis.，図 21.14 (i)) は櫛状舟型の Pa，三角型，鋤型（あるいは双羽型）の Pb，双翼型の Sa，長指掌型の Sb，および双羽型の Sc エレメントをもつ．これは Polygnathidae 科の器官についての復元で，出版されている数少ないものの一つである．Sweetognathidae 科（Vis.-Griesbachian（三畳系最下部））は石炭紀とペルム紀のコノドントの主要なグループの一つである．Sweetognathus（図 21.14 (j)）の Pa エレメントは櫛状舟型で，その口腔側の表面形態はデボン紀・石炭紀の多くの属と相似の関係（homeomorphic，進化的収斂による形態の類似）にあるように見える．プラットフォームは楕円形で，口腔側表面には中央に2列の小歯あるいは瘤の列がある．

コノドントの類縁関係

カンブリア紀とオルドビス紀には，みかけ上コノドントのエレメントによく似ているが，リン酸塩化の弱いプロトコノドント類（protoconodonts，原コノドント）およびパラコノドント類（paraconodonts，準コノドント）が数多く知られている（図 21.17）．何人かの研究者は，これらを一括して Protoconodontida 目としてきた．しかし，これらは真正コノドント類（euconodonts，ユウコノドント）とは内部構造が異なり，成長の様式も異なる．Bengtson (1976) は，パラコノドント類はプロトコノドント類から進化したものと推定したが，このような系統関係は立証されていない．プロトコノドント類は毛顎類（chaetognaths）の食物捕捉用の棘状器官（spine）であると思われる（Szaniawski 1982）．

コノドント動物化石から多くの新しい情報が得られたにもかかわらず，コノドントの類縁関係については今も論争が続いている．脊索と V 字型の筋節群（chevron muscle block）が存在することから，コノドント動物の所属は，頭索動物（cephalochordates，ナメクジウオ類または無頭類）か有頭動物（craniates）のどちらかに限定される．このうち有頭動物だけが尾びれの鰭条（caudal fin ray）をもち，脊椎動物だけが外側筋組織のある眼をもち，リン酸石灰の骨格を分泌する．コノドントエレメントに脊椎動物の歯のエナメル質および象牙質と相同な組織があることも，脊椎動物と類縁関係にあることを支持する．

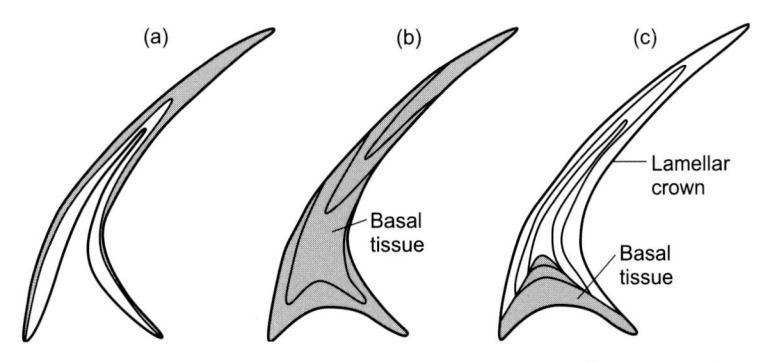

図 21.17　プロトコノドント (a)，パラコノドント (b)，ユウコノドント (c) の各階層の体制．網目の部分はそれぞれ別の複合層（composit layer）の部分を示す．(Donoghue et al. 2000；Bengtson 1976；Szaniawski & Bengtson 1993 による)

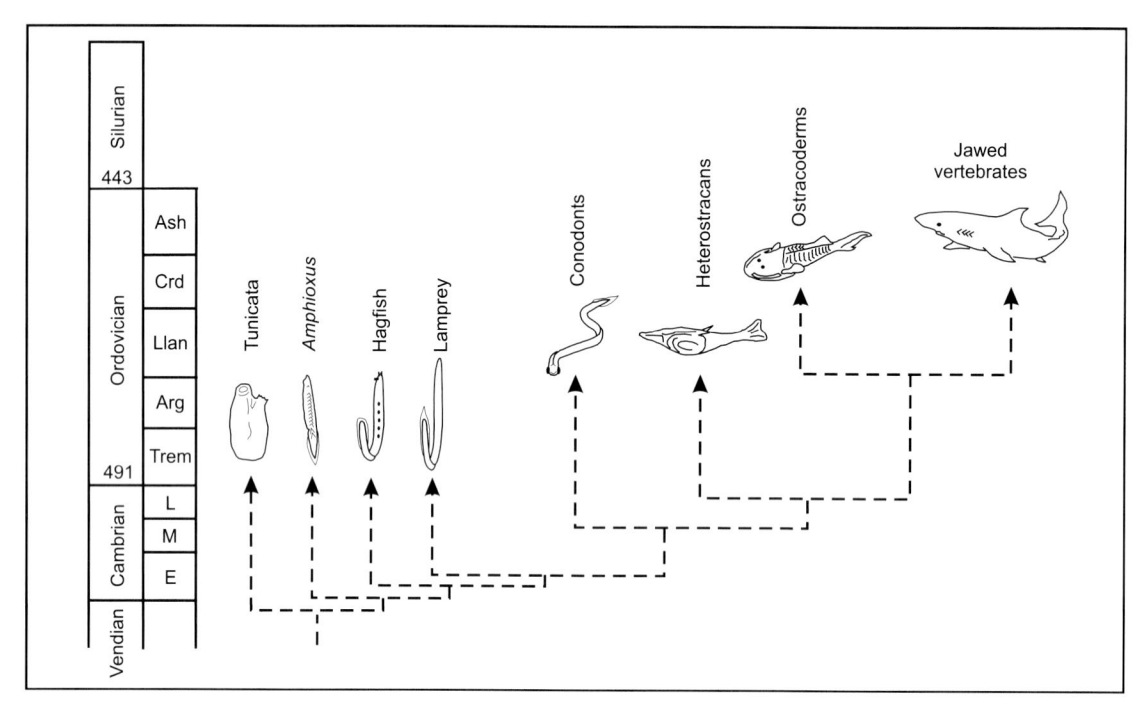

図 21.18 初期の脊椎動物の系統．コノドントは現生のヌタウナギ（Myxinoidea 目）およびヤツメウナギ（Petromyzontida 目）より進化的に新しい形質をもち，派生的な位置になる（左から被嚢動物，ナメクジウオ，ヌタウナギ，ヤツメウナギ，コノドント，異甲類，甲皮類，有顎類）．（Donoghue et al. 2000 より引用）．

コノドントを含む原始的な脊椎動物について分岐分類を行うと，コノドントは，無顎ではあるが，有顎類（gnathostomes，魚類・両生類・哺乳類などの脊椎動物）の基幹グループに入ると考えるのが最も妥当である（図 21.18）．コノドントはこの基幹グループの中でリン酸カルシウムの骨格（歯）を分泌するようになった最初のメンバーであると思われる．もしコノドントのエレメントが歯として機能したものとすると，骨質の鱗が歯に進化したとするこれまでの仮説とは違って，脊椎動物の進化の過程で最初に出現した硬組織は，歯であって骨質の鱗ではない．歯の出現は摂食効率の増加に役立ったであろうが，これは後の脊椎動物の歯の進化に一貫して認められる特徴である．もしコノドントのエレメントと有顎脊椎動物（コノドントより1億年も後に出現した）の歯とが相同であることが立証できるならば，脊椎動物の初期進化の全体像を考え直す必要があるだろう（Smith & Hall, 1993）．

生活様式，古生態と古生物地理

コノドントは絶滅動物なので，その生活様式と古生態を推定するのに，機能形態，随伴する動物群，堆積相などが用いられてきた．コノドントの産出は海成層に限られ，高塩水から漸深海帯，深海帯までの幅広い環境の堆積物から産出する．コノドントのエレメントは炭酸カルシウム補償深度（CCD）以下で堆積したとされる層状チャートからも産出するので，この動物は遊泳性ないし漂泳性であったと思われる．熱帯・亜熱帯の浅海成石灰岩からは，時に 1kg 当たり 2 万個以上のエレメントが得られることがあり，コノドント動物が群集の主要メンバーであったことを示唆している．Granton 産のコノドント動物は，周期的に貧酸素（dysoxia）になりやすい高塩分の浅海で，静穏な環境の堆積物から発見されている．*Promissum pulchrum* の化石（図 21.2 参照）は周氷河の海洋環境に限られているが，これは例外的で，ほとんどのコノドントは広範な海洋環境下の堆積物から発見されている．コノドントの多様性は赤道域で最も高い．

コノドント動物化石の産出は，ある程度，堆積相と関連しており，この動物が海底付近で生活していたことがわかる．Granton 動物も Soom 動物も，活発な遊泳性底生（nektobenthic）の捕食者か腐食者であったことを示す形態的な特徴をもつ．しかし，角状コノドントの大部分はさまざまな堆積相にまたがって発見さ

れるので,遊泳性か漂泳性であったことが示唆される.*Panderodus* の動物体が腹-背方向に扁平になっているのは,このような生活様式に適応したものであろう.たとえば,石炭紀の *Scaliognathus* や *Bispathodus* などは,深海成の黒色頁岩中に発見され,随伴する底生動物を欠くので,漂泳性でないとすれば遊泳性であったといえよう.

摂食器官の機能形態学的研究から見て,コノドント動物は大型食者で,生きているか死んだ直後の獲物を捕食していたらしい.コノドント動物は顎を備えていないので,獲物を嚙み裂いたとは思えず,おそらく現生のヌタウナギのように,被食者の肉塊を引き抜くようにしていたのであろう.

オルドビス紀中・後期のコノドントの分布に関する最近の研究では,Prioniodinidae 科に属するものを主とする陸棚域で,遊泳性底生の種類と,遊泳性ないし漂泳性の Protopanderodontidae 科や Prioniodontidae 科の種類とに分化していたとする見解が出されている (Armstrong & Owen 2002).後者のコノドントは明らかに深さによって棲み分けていたか,あるいは石炭紀 Prioniodinidae 科のいくつかの種について示唆された(たとえば Sandberg & Gutschick 1979)ように,特定の水塊に適応していたらしい.

シルル紀コノドントの種の分布パターンによると(たとえば Aldridge 1976;Aldridge & Mabillard 1983),海岸付近から沖合にかけての有殻底生動物群集 (shelly benthos) とコノドント動物相とは,単純には対応していない.これらコノドントの分布を制約している基本的な生態的要因が何であるか不明である.生態的勾配にそって,生態表現型といえるような形態の変異が起こっている証拠がある.Purnell (1992) は,*Taphrognathus varians* について,環境の制約が増大するのに対応してPaエレメントの歯板の位置が変化することを示した.海岸に近く,高エネルギー下で形成された堆積相ほど,大きな基底腔と大きなプラットフォームをもつPaエレメントや,大型で頑丈なエレメントを含む傾向がある.一方,静穏な環境の沖合相はよりデリケートなエレメントを含む.沖合相には角状コノドントの種類が多く,また,複歯状コノドントのうち長く細い小歯をもつ種類が卓越しているようである.

コノドントはその変遷史のさまざまな時期に顕著な地域性(すなわち地域による種類の違い)を示す.このことは,コノドントが温度に対して敏感であったことを示唆する.オルドビス紀には,高緯度,低緯度,北大西洋,アメリカ中部大陸などの生物地理区 (province) のそれぞれに独特のコノドント動物群が存在した.もっとも実際にはもっと複雑であっただろうが (Armstrong & Owen 2002 の概説を参照).これらの地理区間での固有種が減少する程度を用いて,Iapetus 海(当時の北大西洋)が閉鎖していく様子が示されている (Armstrong & Owen 2002).オルドビス紀後期の氷河作用によって,北大西洋地理区 (North Atlantic Province) は実質的に消滅した.そのとき生き残ってシルル紀まで続いた系統は,主として Prioniodinidae と Panderodontidae の両科と,Prioniodontidae 科に属するごく少数の種で,これらは中・低緯度に汎世界的に分布した.

オルドビス紀後期におけるコノドントの地域性の崩壊は,おそらく安定した気候の回復,オルドビス紀末の大量絶滅,あるいは古大陸の合体などの結果によるものであろう.デボン紀コノドントの生息域は熱帯に限られ,各地の縁海 (epeiric sea) の間でさまざまな程度の固有性を示すようになる (Klapper & Johnson 1980).石炭紀とペルム紀のコノドントにはほとんど地域性がない.その後,三畳紀までにはパンゲア超大陸の東側にテチス区 (Tethyan Province),中央ヨーロッパにムッシェルカルク区 (Mushelkalk Province) が成立したが,この地域性は,コノドントが絶滅する前の三畳紀後期には弱まった.

コノドントの進化史

真正コノドント (Proconodontida 目) はカンブリア紀後期に出現した.この時期には,圧倒的多数のものが角状エレメントからなる単純な器官であった.Proconodontida 目は繁栄期が短く,オルドビス紀前期 (Tremadoc 期末) までに絶滅してしまった.この間,他の目の台頭や,Protopanderodontida,Panderodontida,および Prioniodontida の各目の出現により,コノドントの多様性はオルドビス紀前期までにピークに達した.この大きな放散は多数の無脊椎動物グループの放散によく似ており,海水準の汎世界的な上昇にともなって新しい大陸棚上のニッチが開かれたことと対応している (Smith *et al.* 2002).オルドビス紀末の大量絶滅はコノドントの全般的な衰退の前触れで,その後,衰退傾向はコノドント動物の歴史の最後まで続く.シルル紀中期までには,コ

ノドント動物群はozarkodinids類の器官をもつ種とpanderodontids類が優占的となった．角状コノドントはデボン紀末に絶滅した．

Prioniodinida目とOzarkodinida目はオルドビス紀中期に出現し，古生代後半に優占的となった．Prioniodinida目はペルム紀に全般的に衰退した後，三畳紀の間に分化し，コノドントの中で最後まで生き残った目となって三畳紀の終わりに絶滅した．Ozarkodinida目はシルル紀とデボン紀中・後期に放散があり，その後，石炭紀前期のうちに衰退した．そして最後に三畳紀後期の大量絶滅の中で完全に絶滅した．コノドントの絶滅率が三畳紀後期のNorian期に最も高く，三畳紀末のRhaetian期ではないことから見て，最終的な絶滅はいくつもの要因が累積した結果起こったもので，ただ1回の破滅的な出来事によるものではないことを示唆している（Sweet 1988）．

コノドントの利用

コノドントは，古生代の浅海環境における世界的な生層序区分と，伝統的なまた定量的な方法によって発展した地域的・国際的生層序区分にとって，最も重要な化石群となっている．カンブリア紀から三畳紀までの海成層は，コノドントによって約150の生帯（biozone）に区分され，多くの古生代の紀あるいは世の境界がコノドントの種の出現層準によって定義されている．コノドント動物全身の化石が発見されて以来，古生態の解析や古生物地理復元のためにこのグループを適用する研究は大きく発展した．これに関する有用な事例研究としてClark（1984）によるものがある．コノドントを地質温度計として，また埋没深度の指示者として用いたパイオニアはEpstein et al.（1977）であり，この方法の応用の一例としてArmstrong et al.（1994）の研究がある．コノドントのエレメントの地球化学的研究は古気候や古海洋の研究にますます広く利用されるようになってきた（たとえばWright et al. 1984；Armstrong et al. 2001）．

さらなる知識のために

Sweet（1988）の著書はやや個性的だが，コノドントの入門書として有用である．コノドントの生物学的視点からの議論はAldridge（1987）およびAldridge et al.（1993）に見いだされる．コノドントの利用に関する研究事例がAustin（1987）に多数示されている．コノドントの類縁関係に関する要約はPurnell et al.（1995）に，またより詳細な議論はDonoghue et al.（2000）およびSweet & Donoghue（2001）にみられる．

引用文献

Aldridge, R. J. 1975. The stratigraphic distribution of conodonts in the British Silurian. *Journal of the Geological Society, London* **131**, 607-618.

Aldridge, R. J. 1976. Comparison of macrofossil communities and conodont distribution in the British Silurian. In: Barnes, C. R. (ed.) *Conodont Paleoecology*. Special Paper. Geological Association Canada **15**, 91-104.

Aldridge, R. J. (ed.) 1987. *Palaeobiology of Conodonts*. Ellis Horwood, Chichester, British Micropalaeontological Society.

Aldridge, R. J. & Mabillard, J. E. M. 1983. Local variations in the distriubtion of Silurian conodonts an example from the *amorphognathoides* interval of the Welsh Basin. In: Neale, J. W. & Brasier, M. D. (eds) *Microfossils from Recent and Fossil Shelf Seas*. Ellis Horwood, Chichester, British Micropalaeontological Association, pp. 10-16.

Aldridge, R. J. & Theron, J. N. 1993. Conodonts with preserved soft tissue from a new Ordovician Konservat-Lagerstätte. *Journal of Micropalaeontology* **12**, 113-119.

Aldridge, R. J., Briggs, D. E. G., Clarkson, E. N. K. & Smith, M. P. 1986. The affinities of conodonts – new evidence from the Carboniferous of Edinburgh, Scotland. *Lethaia* **19**, 279-291.

Aldridge, R. J., Smith, M. P., Norby, R. D. & Briggs, D. E. G. 1987. The architecture and function of Carboniferous polygnathacean conodont apparatuses. In: Aldridge, R. J. (ed.) *Palaeobiology of Conodonts*. Ellis Horwood, Chichester, British Micropalaeontological Society, pp. 63-75.

Aldridge, R. J., Briggs, D. E. G., Smith, M. P., Clarkson, E. N. K. & Clark, N. D. L. 1993. The anatomy of conodonts. *Philosophical Transactions Royal Society, London* **B340**, 405-421.

Armstrong, H. A. 1990. Conodonts from the Lower Silurian of the north Greenland carbonate platform. *Bulletin. Grønland Geologiske Undersøgelse* **159**, 151 pp.

Armstrong, H. A. 1997. Conodonts from the Shinnel Formation, Tweeddale Member (middle Ordovician), Southern Uplands, Scotland. *Palaeontology* **40**, 763-799.

Armstrong, H. A. 2000. Conodont micropalaeontology of mid-Ordovician aged limestone clasts from LORS conglomerates, Lanark and Strathmore basins, Midland Valley, Scotland. *Journal of Micropalaeontology* **19**, 45-59.

Armstrong, H. A., Johnson, E. W. & Scott, R. 1996. Conodont biostratigraphy of the attenuated Dent Group (Upper Ordovician) at Hartley Ground, Broughton in Furness. *Proceedings of the Yorkshire Geological Society* **51**, 9-23.

Armstrong, H. A. & Owen, A. W. 2002. Euconodont diversity changes in a cooling and closing Iapetus Ocean. In: Crame, J. A. & Owen, A. W. (eds) *Palaeobiogeography and Biodiversity Change: a comparison of the Ordovician and Mesozoic-Cenozoic radiations*. Geological Society, Special Publications **194**, 85-98.

Armstrong, H. A. & Smith, C. J. 2001. Growth patterns in euconodont crown enamel: implications for life history and mode of life reconstruction in the earliest vertebrates. *Proceedings. Royal Society, Series B* **268**, 815-820.

Armstrong, H. A., Smith, M. P., Tull, S. & Aldridge, R. J. 1994. Conodont colour alteration as a guide to the geothermal history of the North Greenland carbonate platform. *Geological Magazine* **131**, 219-230.

Armstrong, H. A., Pearson, D. G. & Greselin, M. 2001. Thermal effects on rare earth element and strontium isotope chemistry in single conodont elements. *Geochimica Cosmochimica Acta* **65**, 435-441.

Austin, R. (ed.) 1987. *Conodonts: Investigative techniques and applications*. Ellis Horwood, Chichester.

Bengtson, S. 1976. The structure of some Middle Cambrian conodonts, and the early evolution of conodont structure and function. *Lethaia* **9**, 185-206.

Benton, M. J. 1993. *The Fossil Record 2*. Chapman & Hall, London.

Briggs, D. E. G., Clarkson, E. N. K. & Aldridge, R. J. 1983. The conodont animal. *Lethaia* **16**, 1-14.

Clark, D. L. (ed.) 1984. Conodont biofacies and provincialism. *Memoir. Geological Society of America* **196**, 1-340.

Donoghue, P. C. J., Forey, P. L. & Aldridge, R. J. 2000. Conodont affinity and chordate phylogeny. *Biological Reviews* **75**, 191-251.

Epstein, A. G., Epstein, J. B. & Harris, L. D. 1977. Conodont Color Alteration an index to organic metamorphism. *Geological Survey Professional Paper* **995**, 27pp.

Forey, P. L. & Janvier, P. 1993. Agnathans and the origin of jawed vertebrates. *Nature* **361**, 129-134.

Gabbott, S. E., Aldridge, R. J. & Theron, J. N. 1995. A giant conodont with preserved muscle tissue from the Upper Ordovician of South Africa. *Nature* **374**, 800-803.

Hinde, G. J. 1879. On conodonts from the Chazy and Cincinnati group of the Cambro-Silurian, and from the Hamilton and Genesee Shale divisions of the Devonian in Canada and the United States. *Quarterly Journal of the Geological Society, London* **35**, 351-369.

Kemp, A. & Nicoll, R. S. 1996. Histology and histochemistry of conodont elements. *Modern Geology* **20**, 287-302.

Klapper, G. & Johnson, J. G. 1980. Endemism and dispersal of Devonian conodonts. *Journal of Paleontology* **54**, 400-455.

Männik, P. & Aldridge, R. J. 1989. Evolution, taxonomy and relationships of the Silurian conodont *Pterospathodus*. *Palaeontology* **32**, 893-906.

Mikulic, D. G., Briggs, D. E. G. & Kluessendorf, J. 1985. A Silurian soft-bodied biota. *Science* **228**, 715-717.

Nicoll, R. S. 1977. Conodont apparatuses in an Upper Devonian palaeoniscoid fish from the Canning Basin, Western Australia. *Bureau of Mineral Resources. Journal of Australian Geology and Geophysics* **2**, 217-228.

Orchard, M. J. & Rieber, H. 1996. Multielement clothing for *Neogondolella* (Conodonta, Triassic). *Sixth North American Paleontological Convention Program with Abstracts. Paleontological Society Special Publication* **8**, 297.

Purnell, M. A. 1992. Conodonts of the Lower Border Group and equivalent strata (Lower Carboniferous) in northern Cambria and the Scottish Borders, *U.K. Royal Ontario Museum Life Sciences Contributions*, No. 156.

Purnell, M. A. 1993a. Feeding mechanisms in conodonts and the function of the earliest vertebrate hard tissues. *Geology* **21**, 375-377.

Purnell, M. A. 1993b. The Kladognathus apparatus (Conodonta, Carboniferous): homologies with ozarkodinids and the prioniodinid Bauplan. *Journal of Paleontology* **67**, 875-882.

Purnell, M. A. 1994. Skeletal ontogeny and feeding mechanisms in conodonts. *Lethaia* **27**, 129-138.

Purnell, M. A. 1995. Microwear on conodont elements and macrophagy in the first vertebrates. *Nature* **374**, 798-800.

Purnell, M. A. & von Bitter, P. H. 1996. Bedding-plane assemblages of *Idioprioniodus*, element locations, and the bauplan of prioniodinid conodonts. In: Dzik, J. (ed.) *Sixth European Conodont Symposium, Abstracts, Instytut Paleobiologii PAN*, Warszawa, 48.

Purnell, M. A. & Donoghue, P. C. J. 1998. Architecture and functional morphology of the skeletal apparatus of ozarkodinid conodonts. *Palaeobiology* **41**, 57-102.

Purnell, M. A., Aldridge, R. J., Donoghue, P. C. J. & Gabbott, S. E. 1995. Conodonts and the first vertebrates. *Endeavour* **19**, 20-27.

Purnell, M. A., Donoghue, P. C. J. & Aldridge, R. J. 2000. Orientation and anatomical notation in conodonts. *Journal of Paleontology* **74**, 113-122.

Sandberg, C. A. & Gutschick, R. C. 1979. Guide to conodont biostratigraphy of Upper Devonian and Mississippian rocks along the Wasatch Front and Cordilleran hingeline. *Brigham Young University Geology Studies* **26**, 107-133.

Sansom, I. J., Armstrong, H. A. & Smith, M. P. 1994. The apparatus architecture *of Panderodus* and its implications for coniform classification. *Palaeontology* **37**, 781-799.

Sansom, I. J., Smith, M. P., Armstrong, H. A. & Smith, M. M. 1992. Presence of the earliest vertebrate hard tissues in conodonts. *Science* **256**, 1308-1311.

Smith, M. P. 1991. Early Ordovician conodonts of East and North East Greenland. *Meddr Grønland* **26**, 81 pp.

Smith, M. M. & Hall, B. K. 1993. A developmental model for evolution of the vertebrate exoskeleton and teeth: the role of cranial and trunk neural crest. *Evolutionary Biology* **27**, 387-448.

Smith, M. P., Briggs, D. E. G., & Aldridge, R. J. 1987. A conodont animal from the lower Silurian of Wisconsin, U. S. A., and the apparatus architecture of panderodontid conodonts. In: Aldridge, R. J. (ed.) *Palaeobiology of conodonts*. Ellis Horwood, Chichester, pp. 91-104.

Smith, M. P., Donoghue, P. J. & Sanson, I. J. 2002. The spatial and temporal diversification of Early Palaeozoic vertebrates. In: Crame, J. A. & Owen, A. W. (eds) *Palaeobiogeography and Biodiversity Change: the Ordovician and Mesozoic-Cenozoic Radiations*. Geological Society, Special Publication **194**, 69-85.

Sweet, W. C. 1988. *The Conodonta: morphology, taxonomy, paleoecology and evolutionary history of a long extinct animal phylum*. Oxford Monographs in Geology and Geophysics **10**. Oxford University Press, New York.

Sweet, W. C. & Bergström, S. M. 1969. The generic concept in conodont taxonomy. *Proceedings. North American Paleontological Convention* **1**, 29-42.

Sweet, W. C. & Donoghue, P. J. 2001. Conodonts: past, present and future. *Journal of Paleontology* **75**, 1174-1184.

Szaniawski, H. 1982. Chaetognath grasping spines recognized among Cambrian protoconodonts. *Journal of Paleontology* **56**, 806-810.

Szaniawski, H. & Bengtson, S. 1993. Origin of euconodont elements. *Journal of Paleontology* **67**, 640-654.

Ulrich, E. O. & Bassler, R. S. 1926. A classification of the toothlike fossils, conodonts, with descriptions of American Devonian and Mississippian species. *Proceedings. U.S. National Museum* **68**, Art. 12.

Walliser, O. H. 1964. Conodonten des Silurs. *Abhandlungen hessisches Landesamt für Bodenforschung, Wiesbaden* **41**, 1-106.

Wright, J. Seymour, R. S. & Shaw, R. F. 1984. REE and Nd isotopes in conodont apatite : variations with geological age and depositional environment. *Special Paper. Geological Society of America* **196**, 325-340.

付録：微化石の抽出法
Appendix-Extraction methods

　微化石を正しく調べるには，当然のことながら，まず微化石を岩石から抽出し，処理を施して標本に仕上げなければならない．古生物学者はこれらの手順をそれぞれの好みの方法で行なっているようである．ある人は個々の要件にそって，あるいは熟練した技術者のいる実験室に合わせて，かなり手の込んだ方法を用いている．しかし，'予察的'な調査に用いられている，簡単で安全でなおかつ安価な方法が多くある．自分の試料を処理するのは，どの処理段階にも自由度が大きく，またそのつど新しい発見の楽しみがあるという利点もある．ここにはこれらの予察的な処理法だけを扱うが，より詳しい方法については本書の各章の文献を参照されたい．

試料の採集

　露頭表面では点採集（spot sampling）か連続採集（channel sampling）かのいずれかが採用される．点採集はあらかじめ決められた層準で試料を採取することである．連続試料は層位的に長い間隔（だいたいの厚さ3m以下くらい）の地層からできるかぎり連続的に試料を採取するものであり，詳細な内容はわからなくなるが，まったく何の情報も得られないという危険性は避けられる．地表面下の試料採集には，いろいろな掘削用の道具が使われる．ダッチオーガー（dutch auger）やハイラーコアラー（Hiller corer）のような簡単な手動の器具は固結していない地層にのみ用いられ，回収されたコアから点試料あるいは連続試料を採取することができる．しかし，一般的には地下ボーリングによって得られた岩片（チップ）を用いる安価な方法がある．掘削された試料を研究するときの注意として，掘削用泥水に含まれる微化石の混入を防ぐ配慮が必要となる．また若い地層の岩片が掘削孔の壁から剥がれ，孔の下方に落ち込み（caving），古い地層と混合する現象に注意する必要がある．この場合，産出する微化石を生層序区分に用いるには，層位的に最も下位の産出よりも最も上位の産出の方が信頼性が高い．露頭から試料を採取する際に，地層が風化していないこと，現在の植生あるいはハンマー，チゼル，ヘラなどによる汚染（他からの試料の混入）がないように注意する．試料袋の内部がきれいでなければならないのはもちろんのことである．試料の採集量は，どのくらいの量が運搬でき保管しておけるかによっても異なるが，露頭に戻って再採集しなくてもよいように十分な量を採取することが最も望ましい．通常の予察的な研究では，試料は約500gもあれば十分であろう．試料にラベルをつけておくのは真に個人的な行為ではあるが，試料番号，地層単位，既知の地質年代面（geological datum）の上位か下位かの層序区分，地点名（できるだけ正確に），採集日，採集者名などを書き入れておくことが望ましい．これらの情報のいくつかあるいはすべてを試料袋の外側に書き，またカードに書いて袋の中にも入れておく．同時に関連するデータを野帳に記録しておく．

試料の処理

　次に，微化石を抽出するために試料を分解する．理想的には，専用の流し台（できればセジメント・トラップのある），ホットプレート，乾燥器，そしてもし可能であれば，ドラフトを備えた小規模の実験室が必要である．後述する薬品のほかに，実験室にはある種の耐熱容器（たとえばステンレス製），蒸発皿，シャーレ，乳棒と乳鉢，ガラス製の計量シリンダーやビーカー，濾過用漏斗と濾紙，分液装置（retort stand and clamp），平底の試験管，プラスチック製の蓋つきバケツ，粒度分析用篩セット（特に，メッシュサイズが1 mm, 250, 74, 63 μm のもの）なども必要である．花粉分析には，多くの専門家は20 μm と10 μm メッシュのナイロン製篩を使っている．篩による水洗には，適当な長さのゴム管つきの散布水栓が必要である．以下のような試料の多くは，処理の過程で岩石を小片に砕く必要がある．少量の試料なら乳棒と乳鉢で間に合うが，量が多く硬い試料の場合は，岩石破断機か岩石粉砕機が用いられる．もしこれらの機械がない場合には，何枚か重ねたきれいなポリエチレンの袋に試料を

入れて，丈夫な台の上でハンマーで叩いて砕く．

注意！ すべての薬品と器具の取り扱いは冷静に落ちついて行い，特に，強酸性と強アルカリ性の薬品の扱いは慎重に．また発がん性のある有機溶媒や重液などの健康ハザードに関連したことがらを知っておくこと．

A． 粉砕法

この方法は簡単でスピーディで，チョークや泥岩のような硬く固結した岩石からココリスや有機質殻の微化石（たとえば胞子，花粉，アクリタークなど）を抽出するのに使われる．放散虫や有孔虫を取り出すのにも用いられ，よい結果を得ている．

①乳鉢に新鮮な試料（5～20 g）を入れ，蒸留水を数滴加えて，最大岩片が径2 mm以下になるまで乳棒で叩いて（すりつぶさないで）砕く．

②広口のジャーかビンに試料を入れ，蒸留水を注ぐ．

③試料が非常に粘土質のときは，容器に移して，超音波槽の中で2分から2時間，分散状況を見ながら粘土を分散させる．しかし，この方法はより繊細な構造の微化石を壊すことがあるので注意を要する．

④処理法GとLの方法のように，水洗して微化石を濃縮する．

B． ブラシによる削り取り法

部分的に硬い石灰岩（たとえばチョークや泥灰質の石灰岩），砂岩，頁岩などから，石灰質あるいは珪質の微化石を抽出するには，以下の簡単な方法が有効である．

①きれいな容器に水を入れる．

②新鮮な岩片を水の中で硬い毛の歯ブラシかタワシで擦る．微化石を破壊せずに取り出すためにできるだけ丁寧に擦る．

③石灰質や珪質の比較的大型の微化石については，擦って濁った水を74 μmの篩で濾し，残渣を蒸発皿に移す．上澄み液も皿に注ぐ．その後，低温で乾燥する．有機質殻の微化石に関しては，20 μmの篩で水洗し，その残渣をガラスビンに入れる．ココリスはこれらの篩を通り抜けた水の中にあり，それらが沈殿するのに1時間程度を要する．

④処理法H, J, K, LあるいはMで微化石を濃集する．

C． 溶解法

部分的に硬い泥質岩（黒色あるいは暗灰色頁岩を除く）や泥灰岩，軟質の石灰岩はこの方法で分解できる．

①新鮮な岩石を約1～10 mm径の小片に砕く．硬質の岩石ほど表面積の広い小岩片にする必要がある．

②低温のオーブンで乾燥し，取り出して冷やしておく．

③試料に石油エーテル，ガソリン，あるいはテレピン油かそれらに替わるものを注ぎ，岩石に滲み込むまで（通常は30分から8時間）ドラフトに入れておく．注意して扱うこと．

④余分な溶媒を除去するが，この溶液は繰り返し使うので，濾紙で濾して回収しておく．

⑤試料を覆うくらいに熱湯を注ぎ，岩片がそれ以上砕けなくなるまで放置する（ふつうは5～30分）．

⑥岩片の分解が部分的であったり，未分解の残留物があれば，②から⑤の処理をくり返すか，あるいは処理法Dに移る．

⑦処理法GからMまでのどれかを用いて試料を水洗して濃集する．

D． 炭酸ナトリウム（Na_2CO_3）法

この炭酸ナトリウム（洗濯ソーダ）法は安価で安全な上，部分的に硬い泥質岩や泥灰岩，軟質の石灰岩に効果的である．しかし，黒色あるいは暗灰色頁岩，泥岩，チョーク，多孔質の石灰岩には不向きである．

①新鮮な岩石を約1～10 mm径の小片に砕く．硬質の岩石ほど小さな岩片にする必要がある．

②岩片をしっかりした耐熱性の容器かビーカーに入れ，水を満たし，大さじ1, 2杯の炭酸ナトリウム（Na_2CO_3）を加える．

③この液体を沸騰させ，岩片がそれ以上砕けなくなるまで煮沸し続ける．この間，水が常に一杯になっている状態が望ましい．

④処理法GからMまでのどれかを用いて試料を水洗して濃集する．

E． 次亜塩素酸ナトリウム（NaClO）法

有機質殻の微化石やコノドントの研究に，ふつうの家庭用漂白剤（次亜塩素酸ナトリウム）が硬い石灰質の黒色頁岩，泥岩，粘土や石炭を分解するのに有効な手段として使われている．この方法は暗色の有機質の組織を漂白するので，顕微鏡で見やすくなり，他の方法と併用できる．試料の分解は上述の方法に比べて比較的遅い．塩素臭を避けるためにドラフト内で行うことを勧める．

①新鮮な岩石を約1～10 mm径の小片に砕き，蒸発皿，ボウルあるいはビーカーに入れる．

②15～20%のNaClO水溶液を入れ，空気中に浮かぶ珪藻などの混入を防ぐために蓋をしておく．

③十分な量の岩片が壊れるまで（ふつうは1日から数週間）放置しておく．溶液が蒸発したときは補充する．

④上澄み液を濾過器に静かに注ぎ，残留物に塩の結晶がなくなるまで蒸留水を注いで濾紙を洗う．濾紙を外して試料を蒸発皿に戻す．

⑤処理法GからMまでのどれかを用いて試料を水洗し，濃集する．

F. 酸による温・冷浸法

石灰質の岩石から非石灰質の微化石を抽出するには，10〜15％の酢酸あるいは工業用のギ酸を用いる．酢酸の方が高価であるが，スピーディに処理でき，純度の高い石灰岩や泥質の石灰岩，苦灰岩に適しているのが利点である．この方法で得た残渣中には，コノドント，放散虫，珪藻，有機質殻の微化石，Archaeocopida類の介形虫などが含まれる．珪化あるいはリン酸化した微化石もまた，この方法で石灰岩から取り出せる．

①岩石を約10〜30 mm径の小片に砕く．

②10 l 程度のプラスチック製のバケツに約500 gの岩石を入れ，10％の酢酸を約1 l 注ぐ（扱いに注意！）．緩衝剤として炭酸カルシウムを25〜50 g加えて反応の強さを弱め，標本の回収量を増やし，保存状態をよくする．特に，リン酸化した微化石に効果がある．10 l の水位まで約80℃の熱湯を注ぐ．少量の試料なら，小さな容器と少ない薬品で処理できるが，この場合も酸はやはり10〜15％に希釈し，溶液の量は溶かす岩片の量の2倍以上にする．蓋で被い，安全で換気のよい場所かドラフト内に置く．

③6〜24時間後には，ほとんどの石灰岩が溶け，泡立たなくなる．必要なら未分解の岩片に同じ処理をくり返す．

④処理法Gのように試料を水洗する．研究する微化石が44 μm より小さいときは，試料を反応後の酸溶液に沈澱させ，きれいな上澄み液を静かに捨てる．濾紙を敷いた濾過器で細かな残渣を濾過し，濾過液は後の使用のためにビーカーに保存しておく．

⑤処理法GからMまでのどれかを用いて試料を水洗して濃集する．

有機質殻の微化石は，高濃度の無機酸（mineral acid）で岩石塊を溶かすことによって取り出す．石灰質の岩石には塩酸（HCl）を，また泥質岩や細粒砂岩にはフッ化水素（HF）を用いる．

①豆粒大の岩片50〜100 gをプラスチック製の容器に入れ，蒸留水で湿らせる．

②最初，十分な量の塩酸を試料が没するまで加え，さらに石灰分がなくなるのに十分な量の塩酸を加える．

③反応が停止したら，使用済みの溶液を他の容器に移し，試料を蒸留水で中和する．

④さらに非石灰質分を分解するために40％か50％のフッ酸を加える．試料は，有機質の残留泥が分離するまでビーカー中のフッ化水素に浸けたままにしておく．試料の年代や硬化の程度にもよるが，おそらく1週間程度はかかる．

⑤試料を中和して，10 μm のナイロン製の篩にかけ，細粒の分離残渣を取り除く．

⑥篩上の残留物を回収して，処理法H-③のように包埋する．

G. 水洗による篩い分け

試料は分解してしまうと，多くは泥（あるいはシルト質泥や砂質泥）の状態になる．これらの泥粒子をつくる粘土鉱物は微化石を見えにくくしているので，74, 63, 44 μm の篩で水洗することによって取り除く．この手法はいくつかの大型の微化石を濃集するのにも用いられる．粘土鉱物を洗い流してしまうと，そこに含まれるココリスや最小の胞子，花粉，アクリターク，珪藻などは失われてしまうので，最も細かい目の篩を注意深く選ぶ必要がある．一般的な研究には，続いて以下のような過程で進めるとよい．

①小さな胞子や花粉，小型のプランクトン，ココリスなどを研究するのであれば，水に浸けた湿潤試料の約20 cm^3 を用いる（処理法Hを参照）．

②試料の全部をきれいな細かい目の篩に入れ，弱めの噴流で静かに洗う（珪藻，胞子，花粉に対しては蒸留水を用いる）．44 μm の篩は多くの珪藻や有機質殻の微化石を，74 μm と 63 μm の篩はほとんどの小型の放散虫，有孔虫，コノドントを，また250 μm の篩は介形虫を取り出すのに用いられる．試料中に径2 mm以上の貝殻あるいは岩片が多く含まれる場合は，この粗粒物質を取り除くために1 mm目の篩を一番上に置いて水洗する．粘土が残留物から分離しない場合には，試料を炭酸ナトリウム（Na$_2$CO$_3$）で煮沸する必要がある（処理法D）．より速く処理するには，試料を水とともにビーカーに移し，超音波洗浄器に数分かけるとよい．

③残留物を蒸留水で洗い，蒸発皿に移す．ココリス，珪藻，放散虫，珪質鞭毛藻，有機質殻の微化石などを

得るには，この残渣を蒸留水とともにきれいな容器に移し，また有孔虫，放散虫，珪質鞭毛藻，有鐘虫，コノドント，介形虫などを得るには，この上澄み液を静かに捨てる．そして，低温の乾燥機で乾燥させて残渣を集める．

④試料の分別と濃集は処理法 H から L のように行う．

試料の分別と濃集

微化石の検出と分析は，それらをサイズ別に分別することによって，また比重で分離することによって効率が上がる．ここではいろいろな方法が使われている．

H. 上澄み液法とスミアスライド

スミアスライド（smear slide）はココリスや珪藻のスライド標本を手早く作製する方法である．

①少量の分解した試料を蒸留水に浸し，分散剤としてセロサイズ（cellosize）（ヒドロキシエチル・セルロース hydroxyethyl cellulose）を 1 滴添加する．

②カバーグラスをホットプレートで温めて，乾かしておく．

③これを永久標本とするためには，スライドグラスと残渣を不純物が混入しないようにして低温で乾燥させておく．きれいなカバースライドに包埋剤（たとえばカナダバルサム Canada balsam）を 1 滴落とし，これをスライドグラス上の残渣に被せる．乾燥してから透過光で観察する．

微化石を濃集することによって，しばしば，混在する不純物の量を減らし，スライド標本の質を高めることができる．有機質殻の微化石（たとえばアクリターク，渦鞭毛藻，胞子，花粉など）は，大きめの時計皿に入れて，あたかも砂金の椀かけのようにして注意深く回転させることによって分別することができる．下記の上澄み液法は，遠心分離に匹敵するくらい速い処理法で，最小限の設備でできる．特にココリスや有機質殻の微化石の分別と濃集に適している．

①安定した台に，きれいな平底の試験管を 6 本並べ，それぞれのそばに同数のきれいにしたスライドグラスと既に準備されたカバーグラス，蒸留水，ピペット，秒針つきの時計をおく．

②水中の細粒化した試料（すなわち，粉末化されているか，分解されているか，こすり出されているか，洗われているあるいは洗われていないなど，さまざまな試料，また酸による分解残存有機物質）の容器を静かに手で回転させて，細粒物質を懸濁させ，試験管 1 に注ぐ．

③30 秒間沈澱させた後に，試験管 1 の上澄み液を注意深く試験管 2 に移す．

④60 秒後に，試験管 2 の上澄み液を試験管 3 に移す．

⑤2 分後に，試験管 3 の上澄み液を試験管 4 に移す．

⑥5 分後に，試験管 4 の上澄み液を試験管 5 に移す．

⑦10 分後に，試験管 5 の上澄み液を試験管 6 に移す．

⑧20 分後に，試験管 6 の上澄み液をもとの容器に戻す．

⑨このようにして 6 本の試験管にはサイズの異なる微化石が分別される．上澄み液法を行っている合間に，試料を一時的にスライドグラスに包埋する．それには，各試験管から少量の残渣をピペットで吸い上げ，スライドグラス上に滴下してカバーグラスを被せる．

⑩永久標本を作製するには上述した方法を用いる．

I. 乾燥試料の篩い分け法

石灰質，シリカ質，リン酸質の微化石は大きさがまちまちなので，乾燥した残渣を，たとえば，1 mm から 63 μm の篩を用いて，いろいろな粒度に篩い分ける．その後，それぞれの粒度に分けられた試料は袋やビンに移し，それぞれ関連するデータを記入したラベルをつけ，別々に調べる（処理法 O を参照）．

重液分離法

水洗した残渣中の微化石は多種類の重液を用いて濃集することができる．これらの有毒な溶液を吸い込んだり触れたりしないように，取り扱いには注意を要する．そのため，ドラフトを使用したり，器具などの注意深い扱いが必要である．

J. 四塩化炭素法（CCl_4；比重 1.58）

この方法は浮きやすい有孔虫，放散虫，珪藻などの濃集に用いられるが，殻が厚く，殻の中につまり物があったり，あるいは破片になった微化石や介形虫の濃縮には向かない．

①残渣を水洗し，乾燥させ，試料をビーカーに入れる．

②試料に対して 2, 3 倍の量の CCl_4 を加え，きれいなガラス棒か爪楊枝で強くかき混ぜる．上述の軽い微化石が含まれていれば，それらは表面に浮いてくる（注意して行う）．

③この浮いた試料を受け皿をセットした漏斗濾過器に注ぐ．

④試料を再度かき混ぜ（必要ならさらに CCl_4 を加える），浮遊物を濾過器に注ぎ入れる．ビーカーに浮遊物がなくなるまでこの操作をくり返す．

⑤薬物の臭いが消えるまで濾紙と濾紙上の残渣を乾燥させる．ビーカーに残った残留物を濾して乾かす．濾過された CCl_4 をビンに回収する．

⑥浮遊物と残留物は，次の顕微鏡観察のために別々の容器に入れておく（処理法O）．

K. 四塩化炭素法（第二の方法）

有機質殻の微化石を濃集するのに，上述した方法の改良型として次のような方法が使われている．

①濾過器あるいは細粒の篩を通して，試料から懸濁水を濾過する．

②ギ酸あるいは酢酸によって残渣から炭酸カルシウムを取り除く（処理法Fを参照）．

③濾過器あるいは細粒の篩を通して蒸留水で試料を洗う．

④濾紙あるいは篩にアセトンを小刻みに噴射して，濾過した試料をビーカーに移す（気をつけて行う）．濾過器の余分な水にアセトンを静かに注ぎ，すべての水がなくなるまでこれをくり返す．濾過した試料を可能な限り少量のアセトンで再度ビーカー内に流し入れ，ドラフト内でこれを乾燥する．

⑤ビーカーに CCl_4 をいくらか注ぎ，残渣がよく分散するまで静かにかき混ぜる．ビーカーに蓋をして少なくとも2時間はそのままにしておく．

⑥ビーカー上に置いた濾過器に有機質の残渣を含む上澄みを注ぐ．CCl_4 が濾過されたら，上澄みの残渣を蒸留水の入ったビンに，少量のアセトンの噴射で洗い流す．アセトンは蒸発させておく．

⑦一時的または永久標本は処理法Hに従って作製する．

L. ブロモホルム法（$CHBr_3$；比重 2.8〜2.9）**とテトラブロモエタン法**（$C_2H_2Br_4$；比重 2.96）

これらの溶液を扱うには注意を要する．ドラフト内でのみ使用し，後に回収して再度使用する．これらの重液は石灰質や珪質の微化石と同様にコノドントを濃集するのに用いられる．コノドントは重い方に，また石灰質や珪質の微化石は軽い方に分離する．

①上下に漏斗を支える金具のついたスタンドを用意し，250あるいは500 ml の分液漏斗を下の漏斗より少し上方に離して取りつける．下方の濾過用漏斗の下にきれいなビーカーを置き，この漏斗には目の細い良質の濾紙（等級4）を敷く．

②分液漏斗に約75 ml の重液を注ぎ，試料を加えて，さらに重液を約150 ml まで注ぎ足し，ガラス棒でかき回す．

③ときどきかき混ぜながら試料を分離させる（2時間はかかる）．

④分液漏斗の栓を開き，重い沈澱物（コノドントを含んでいる）を下の濾過用漏斗に滴下する．重液は濾過して下のビーカーに集め，もう一度使用するために別のビンに回収しておく．残ったすべての重液を取り除くためにアセトンで残渣を洗う．この洗浄液も再利用するので保存しておく（以下を参照）．

⑤再び栓を開き，軽い方の試料を別の濾紙に滴下する（有孔虫，介形虫，放散虫，有機質殻の微化石が含まれている）．重液を回収して前述したようにアセトンで洗う．

⑥臭いが消えるまで濾紙をドラフト内で乾かし，さらに乾燥させるために乾燥器に入れる．

⑦アセトンから重液を回収するには，枝つきのフラスコ内で洗浄を行う．穴の開いた栓に短いパイレックス管を付けて水を流し，少なくとも2時間水を循環させる．フラスコに方解石の結晶（比重2.7）を入れて，重液の比重をチェックする．アセトンが完全に除かれていれば，この結晶は再び重液の表面に浮かぶ．

M. 電磁気分離法

電磁気分離装置を利用できるなら，いろいろな種類の微化石，特にコノドントを濃集することができる．この装置についてのいくつかのヒントは Dow (in Kummel & Raup 1965, pp. 263-267) によって紹介されている．

N. 染色アセテート膜法

硬質の石灰岩は，ふつう塊を分散させることが難しいので，この中の微化石（たとえば大型有孔虫，石灰藻，放散虫など）は，しばしば岩石薄片にして研究する．岩石をあまり壊さずにすむ簡便な処理法にアセテートピール法がある．この方法は，酸でエッチングした表面の細かな印象を取り出す．これは微化石全体の形態を鮮明に見せるけれども，微細構造はふつうは正規の薄片で観察する方がよい．

①石灰岩を岩石カッターで約10 mmの厚さのスラブに切断する．

②ガラス板上で，細粒のコランダムと水を用いて，順に切断面が平滑になるまで繰り返しよく研磨する．

③石灰岩のスラブを蒸留水で洗い乾燥する．このとき，研磨面に触れないようにする．

④次のような溶液を準備しておく．(a) 100 m*l* の 1.5% HCl に 0.2 g のアリザリンレッド（Alizarin Red）と，(b) 100 m*l* の 1.5% HCl に 2.0 g のフェリシアン化カリウム（$K_3FeC_6N_6$）を溶かした溶液．これらの二つの溶液を別々に保管しておく．注意して扱う．

⑤使用直前に，両液を a：b＝3：2 の割合で混ぜる．石灰岩スラブの研磨面を沈めることができる程度の口の広いしっかりした容器に溶液を注ぐ．

⑥溶液中に石灰岩スラブの研磨面を浸し，指で挟んでゆっくりと撹拌する．エッチングは石灰岩の年代とその硬さによって 15 秒から 60 秒を要する．この段階で方解石とアラレ石はピンク色から赤色に染まり，鉄分を含んだ方解石は紺青色あるいは藤色に染まるが，苦灰石（dolomite）は染まらない．鉄分を含んだ苦灰石は淡い青色から深い青緑色に染まる．

⑦染色とエッチングの済んだスラブを蒸留水の入った容器で静かに洗い乾かす．アセトンを吹き付けると速く乾く．注意して行う．

⑧次の段階では，換気のよい場所，なるべくならドラフトが必要である．エッチングと染色が済んだ石灰岩のスラブを，研磨面を上にして，面が水平になるようにゴム製の柔らかい板に載せる．このとき，残液を回収するための受け皿を下に置いておく．同時に，きれいで透明なセルロース・アセテート・シートのまだ小片に切っていないものを何枚か用意しておく．このシートはいろいろの厚さのものがロールで市販されているが，扱っている間に破れることのないように十分な弾力性と丈夫さが必要である．

⑨エッチングした面の全体を覆うように，アセトンを噴射して薄い膜をつくる．ふつう最初の被膜は早急に蒸発するが，次のアセトンを噴射する前に，表面がやや乾くまで待つとよい．注意してこれを行う．

⑩あらかじめ切ってあったアセテート・シートを両手で研磨面にすばやく合わせ，シートの長辺をスラブの長辺に合わせて接触させる．そして，適当な速さでアセトンの薄膜を前方に押し，気泡ができるのを防ぎながら，研磨してエッチングした面にシートを置いて落ちつかせる．

⑪少なくとも 3 分間は乾燥させ，その間，ピールには触れないようにする．ピールを剥がすには，シートの適当な一端を摘んで，決して押さえつけることなく剥がす．ピールを引き剥がした後，すぐにピールの周りのアセテート・シートを残らず切り落とす（皺になるのを防ぐため）．次にペーパータオルの間に挟んで，本などを重石にして 30 分くらい圧する（カールするのを防ぐため）．

⑫試料を再度エッチングしなくても，同じ面から数枚のピールを作製できる．連続切片は，各ピール面をほんの少し研磨し直して作製する．この場合，毎回再エッチングと再染色が必要である．

⑬ピールのラベルは，エッチングした側に直接，墨汁あるいはボールペンで記入する．ラベルした封筒に保存し，スライドグラスに挟んでテープで固定し，透過光で観察する．

O． 乾燥試料からの標本の摘出と封入法*

乾燥した残渣は摘出皿（picking tray）上で調べるのがよい．それには，黒色（石灰質と珪質の微化石に対して）か白色（暗色のリン酸質の微化石に対して），底が平らで 1 cm 四方の枠線が引かれ，できればそれぞれの枠に番号のついた皿を用いる．試料の混入汚染を防ぐためにも，皿はきれいにしやすいものであることが必要である．保存容器を静かに叩くか揺すりながら，ごくわずかな量の試料を摘出皿上に軽く均質になるように散布する．良質の 00 サイズ黒テンの絵筆を用いて微化石を拾い上げ，保存と研究用にファウナルスライドに移す．このとき，筆の先を水で少し濡らして微化石を拾い上げ，筆先をスライドの表面に擦りつけて標本を外し，移しかえる．微化石のはりつけは，カビの発生を防ぐために丁子油（clove oil）を一滴添加したトラガカントガム（gum tragacanth）の薄い糊をあらかじめスライドの表面に筆で塗っておくとうまくできる．乾いた微化石を保存するのに最もよく使われているファウナルスライドは市販されている．

［訳注］*：ドイツ製の微化石用摘出皿が市販されているが，高価で入手しにくいので自作することを勧める．個体の摘出には日本製の面相筆が最適である．また標本のはりつけには木工用ボンドを蒸留水で溶いて用いるとよい．

引用文献

Kummel, B. & Raup, D. (eds) 1965. *Handbook of Paleontological Techniques*. W. H. Freeman, San Francisco.

図の出典

本書において，著者および出版社の許可を得て引用または転載した図は，以下のとおりである．

図 1.1 Clarkson 2000 より複製．
図 2.1 Norris *et al.* 1966 より改描．
図 2.2 Norris 2000 より改描．
図 3.2 Bassett, in Briggs & Crowther 1987 より引用．
図 3.4 Hogg, in Emery & Myers 1996 より引用．
図 6.5 Schidlowski 1988, fig. 4, in Nature（©1988 Macmillan Magazines Ltd.）より引用．
図 7.5 (a) Xiao & Knoll 2000, fig. 7 (2)（the Paleontological Society）; (b) Müller 1985, pl. 1, fig. 8（The Royal Society, London）; (c) Walosseck & Müller 1990, fig. 6（The Lethaia Foundation）; (d) Müller & Walosseck 1986, fig. 1 (h)（The Royal Society, Edinburgh）より引用．
図 9.3 (a) Lipps 1993, fig. 6.12 (D2); (d) Traverse 1988, fig. 6.9 (l) より複製．
図 10.5 Stover *et al.*, in Jansonius & McGregor 1996（AASP Foundation）より複製．
図 10.9 (a) Riding & Thomas, in Powell 1992, pl. 2.17 (3); (b) Harland, in Powell 1992, pl. 5.3 (2); (c) Powell, in Powell 1992, pl. 4.6 (10); (d) Harland, in Powell 1992, pl. 5.1 (6)（Kluwer Academic Publishers）より複製．
図 13.13 (c)～(f) Traverse 1988（AASP Foundation）; (g) Playford & Dettmann, in Jansonius & McGregor 1996, pl. 1, fig. 12（Kluwer Academic Publishers）より引用．
図 13.15 Lowe & Walker 1997, fig. 4.1（Longman, London）より合成．
図 14.1 Siesser, in Lipps 1993, fig. 11.14 より引用．
図 14.3 Winter & Siesser 1994 より引用．
図 15.4 (a)～(c), (g)～(j); **図 15.12** (e); **図 15.13** (a), (b), (e), (f); **図 15.14** (c), (e); **図 15.15** (e); **図 15.16** (a), (d), (e); **図 15.17**; **図 15.19** (b)～(d); **図 15.20** (c), (e); **図 15.22** (g)～(k); **図 15.23** (a), (b), (d); **図 15.24** (b), (d), (e); **図 15.25** (a), (c); **図 15.26** (a), (d); **図 15.27** (c); **図 15.28** (b) の一部, (c); **図 15.29**; **図 15.30** (a), (c) Loeblich & Tappana, in *Treatise on Invertebrate Paleontology*, 1964, Part C（©1964 The Geological Society of American and The University of Kansas）より引用または改変作成．
図 15.14 (b), (d); **図 15.15** (a); **図 15.22** (d)～(f); **図 15.23** (e), (g); **図 15.25** (e)～(h); **図 15.27** (a) の一部; **図 15.28** (b) の一部．
図 15.30 (b) Morley Davies 1971, in *Tertiary Faunas*（George Allen & Unwin, London）より引用または改描．
図 15.31 Sen Gupta 1999, in *Modern Foramonifera*（Kluwer Academic Publishers, Boston）より引用．
図 16.5 (c), (d); **図 16.6** (a)～(e); **図 16.7** (a), (c) Campbell 1954, in *Treatise on Invertebrate Paleontology*, 1964, Part D（©1964 The Geological Society of American and The University of Kansas）より引用．
図 19.2 (b), (c), (f)（一部）Colom 1948; (d) Tappan & Loeblich 1968, in *Journal of Paleontology*（The Paleontological Societ）; (e) Kofoid & Campbell 1939, in *Bulletin*（the Museum of Comparative Zoology, Harvard）より引用．
図 20.1 Kaesler, in Boardman *et al.* 1987, figs. 13.31, 13.32 (A, B), 13.34, in *Fossil Invertebrates*（Blackwell Scientific Publications, Oxford）より改描．
図 20.7 (c), (e); **図 20.8** (a), (c); **図 20.9** (a), (e), (f), (h), (i); **図 20.9** (a), (e), (f), (h の一部), (i); **図 20.10** (c), (e)～(j); **図 20.11**; **図 20.12**; Moore, in *Treatise on Invertebrate Paleontology*, 1961, Part Q（©1961 The Geological Society of American and The University of Kansas）より引用または改描．
図 20.13 (a) Siveter *et al.* 1996, fig. 6b（the Royal Society of Edinburgh）; (b) Vannier *et al.* 2001, fig. 4.1（The Paleontological Society）; (c), (d) Siveter 1980, pl. 2, figs. 1, 3（The Palaeontolographical Society）; (e)～(o) Horne *et al.*, in Holmes & Chivas 2002, fig. 1（The American Geophysical Union）より引用．
図 21.1 (a) Briggs *et al.* 1983 より引用．
図 21.2 (a) Professor R. J. Aldridge より提供された写真から作成; (b) Aldridge & Theron 1993, fig. 2 より改描．
図 21.4 Sansom *et al.* 1992, figs. 1, 2（©1992 Macmillan Magazines Ltd.）より引用．
図 21.5 (a) Purnell *et al.* 2000, fig. 1（©2000 The Paleontological Society）より引用．
図 21.15 (b), (d) Aldridge 1975（©1975 The Geological Society of London）; (g)～(m) Armstrong 1997, pl. 2（©1997 The Paleontological Association）; (n)～(u) Armstrong *et al.* 1996, figs. 6.1～6.11（©1996 The Yorkshire Geological Society）より引用．
図 21.16 (a)～(f) Armstrong 1990, pl. 21, figs. 6～15（（©1990 The Geological Survey of Denmark and Greenland）; (l)～(p) Sansom *et al.* 1994, text fig. 2（（©1994 The Palaeontological Association）より引用．
Box 20.1 Horne *et al.*, in Holmes & Chivas 2000（American Geological Union）; Moore, in *Treatise on Invertebrate Paleontology*, 1961, Part Q（©1961 The Geological Society of American and The University of Kansas）より引用．

生物器官の名称・形態の呼称

8章：細菌（bacteria）
akinete　アキネート
capsule　カプセル（＝鞘 sheath）
cohesive fabric　凝集構造
consortia　コンソーシア
crust　被膜
endospore　内生胞子
flagellum　鞭毛（複数 flagella）
heterocyst cell　ヘテロシスト細胞
hormogonia　連鎖体
mucilage　粘液囊
pseudovacuole　偽液胞
sheath　鞘
skeletal envelope　有骨格の被覆
stalk　柄
thread　菌糸
trichome　糸状体
vacuole　液胞

9章：アクリターク（acritarchs）**とプラシノ藻**（prasinophytes）
canal　管
central body　中央殻
central cavity　中央腔
circinate suture　環状縫合線
crest　稜
cyclopyle opening　サイクロパイル開口部
cryptosuture　隠縫合線
epityche　上部の裂け目
excystment　発芽装置
flagellum　鞭毛（複数 flagella）
flange　フランジ
lateral rupture　側方の裂け目
median split　中央の裂け目
munitium　ムニティウム
munium　ムニアム
operculum　発芽口の蓋
phycoma　ファイコーマ
plate　板
process　突起物
pylome　パイローム
spine　棘
stria　条線（複数 striae）
suture　縫合線
trabeculum　薄い膜
vesicle　殻

10章：渦鞭毛藻（dinoflagellates）**とエブリア**（ebridians）
actine（＝bar）　棒状骨格
antapical horn　後頂角
antapical plate series　後頂板（底板）列
apical end　頂端
apical plate series　前頂板列
archaeopyle　発芽孔
armoured　有殻の
autophragm　（オートシストの）内側壁層
cavate　（cavate 型）
cavity　（平板状の）腔胞
chorate　（chorate 型）
cingular plate series　横溝板列
cingulum　横溝
crest　稜
dinokaryon　渦鞭毛藻核
ectophragm　（オートシストの）外側壁層
endophragm　（cavate 型シストの）内側壁層
epicyst　上シスト
epitheca　上殻
eye spot　眼点
flagellum　鞭毛（複数 flagella）
fold　皺
furrow　溝
gonal　ゴナル（副鎧板境界部交点の突起物）
haft　ハフト（曲がったリング＝hoop）
holocavate　（holocavate 型）
horn　角
hypnozygote　休眠性接合子（シスト）
hypocyst　下シスト
hypotheca　下殻
intercalary archaeophyle　挿間発芽孔
intercalary plate　挿間板
intergonal　インターゴナル（副鎧板境界沿いの突起物）
intertabular ornament　鎧板内の装飾
operculum　蓋（複数 opercula）
paraplate　副鎧板
pellicle　外皮（薄膜層）
pericoel　空洞
periphragm　（cavate 型シストの）外側壁層
phragm　（シストの）壁
planozygote　運動性接合子
plate　鎧板
plate series　鎧板列
postcingular plate series　後帯板列
precingular archaeophyle　前帯発芽孔
precingular plate series　前帯板列
process　突起物
proximate　（proximate 型）
proximochorate　（proximochorate 型）
pusule　水囊
schizont　シゾント（分裂前体）
spine　棘
sulcal plate　縦溝板

sulcus　縦溝
suture　縫合線
tabulation　鎧板配列
theca　殻
trabecula　小柱（複数 trabeculae）
unarmoured　無殻の
valve　殻片
zygote　接合子

11章：キチノゾア（chitinozoans）
aboral end　反口端
aboral pole　反口極
annulation　環状筋
aperture　口
body chamber　体房室
chamber　房室
collarette　襟
copula　連結装置
flange　フランジ
operculum　口蓋
oral end　口端
oral pole　口極
prosome　プロソーム
sleeve　袖
spine　棘
stria　条線（複数 striae）
tuberculum　粒状（複数 tubercula）
vesicle　殻
wall　殻壁

12章：スコレコドント（scolecodonts）
carrier　顎支板
element　歯板
jaw apparatus　顎器官
mandible　大顎
maxilla　小顎（複数 maxillae）
plate　プレート

13章：胞子（spores）と花粉（pollen）
acavate　合着構造
alete　無条溝
amb　極観像
anther　葯
antheridia　造精器
aperture（＝germinal aperture）　発芽口
archegonia　造卵器
atectate　アテクテート型
auricula　耳介（複数 auriculae）
baculate　棒状紋
bisaccate　二翼型
carpel　心皮
cavate　遊離構造
cavum　腔
central stand　中心束
cingulizona　横溝帯
cingulum　横溝
clavate　こん棒状紋
colpate　溝型

colpi　溝
columella　柱状体（複数 columellae）
conate　円錐状突起
corona　コロナ（副冠）（複数 coronae）
crassitude　大小の突起物
cryptospore　隠胞子
diporate　二孔型
distal polar face　遠心極面
dyad　二集粒
echinate　刺状紋
ektexine　外層
endexine　内層
endosperm nucleus　内胚乳核
endospore　内膜
exine　外壁
exospore　外膜
fissure　裂け目
flange　突縁
fossulate　浅溝紋
fruiting body　子実体
generative cell nucleus　雄原細胞核
generative nucleus　雄原核
germinal aperture（＝aperture）　発芽口
granulate　顆粒状紋
gula　頂上突起物
heteropolar　異極性
heterosporous spore　異形胞子
hilate　孔条溝
hilum　単穴
homosporous spore　同形胞子
inaperturate　無口型
intectate　外表層欠失型
intine　内壁
kyrtome　キルトーム
laesura　条溝（複数 laesurae）
laevigate（＝psilate）　平滑紋
megaspore　大胞子
megasporangium（＝ovule）　大胞子嚢
microspore　小胞子
miospore　小形胞子
momolete　単条溝
momolete mark　単条溝痕
monad　単粒
monocolpate　単溝型
monoporate　単孔型
monosaccate　一翼型
monosulcate　単長口型
ovule（＝ovum）　胚珠
patina　パティナ（肥厚部）
periporate　散溝型
perispore　周皮
pollen grain　花粉粒
pollen sac　葯室
pollen tube　花粉管
polyad　多集粒型
polyplicate　多襞型
prothallus　前葉体
protonema　原糸体

proximal polar face　向心極面
proximal pole　向心極
pseudosacci　偽気嚢
psilate（＝laevigate）　平滑紋
reticulate　網状紋
ridge　稜
rugulate　皺状紋
saccate　気嚢型
semitectate　半外表層型
spine　棘（小刺）
sporangium　胞子嚢（複数 sporangia）
sporoderm　胞子壁
stephanoporate　多孔型
striate　線状紋
sulcus　発芽溝
tectate　外表層型
tectum　外表層
tetrad　四分子（四集粒）
triaperturate　三口型
tricolpate　三溝型
trilete　三条溝
triporate　三孔型
triprojectate　三突出型
trisaccate　三翼型
tube cell nucleus　管状細胞核
valva　条溝末端部肥厚（複数 valvae）
vascular tissue　維管束組織
verrucate　疣状紋
wall　壁
zygote　接合子

14章：石灰質ナノプランクトン（calcareous nannoplankton）

apical bar　頂上桟
apical plate　頂上板
axial canal　軸溝
canal　脈管
column　柱
cross bar　横棒
cycle　環
disc（＝shield）　盤
flagellum　鞭毛（複数 flagella）
flange　フランジ
haptonema　ハプトネマ（ハプト鞭毛）
lattice　格子
pedicle　柄
placolith　プラコリス
plate　微小な板
rhabdolith　棒状構造
ray　腕
reticular body　網状体
scale　小盤
shield（＝disc）　盤
spine　突起
stave　樽板状板
wall　壁

15章：有孔虫（foraminifera）

agamont　アガモント

agglutinate　膠着質
alar prolongation　翼状の出っ張り
alveollus　アルベオリ（気泡状空洞）（複数 alveoli）
aperture　口孔
bilamellar　複層ラメラ
biloculine　（包旋回の）房室配列
biserial　二列状配列
bubble capsule　泡嚢
bulla　疱状板（複数 bullae）
bullate aperture　疱状板をもつ口孔
canal system　脈管系
carina　隆起部
cavity　空洞
chamber　房室
chamberlets　小房室
chomata　コマータ
costa　肋
crust　外皮
cryptolamella　隠微ラメラ
cuniculus　通路
diaphanotheca　透明層
diaphragm　隔膜
ectoplasm　殻外細胞質
endoplasm　殻内細胞質
epitheca　エピテーカ
evolute　開旋回
float chamber　浮袋室
folding　（隔壁の）褶曲
foramen　フォラーメン（孔）（複数 foramina）
gamont　ガモント
granule　顆粒
hyaline　ガラス質
imperforate　無孔質
interseptal buttress　隔壁間の控え壁
involute　包旋回
keel　キール
keriotheca　ケリオテーカ（蜂巣状被膜）
lamella　ラメラ（複数 lamellae）
megalospheric　顕球型
microgranular　微粒質
microspheric　微球型
MinLOC　体内最短連絡線
minute cellule　微小房
monolamellar　単層ラメラ
multilamellar　多層ラメラ
multilocular　多室形
mural pore　壁孔
non-laminar　無層ラメラ
perforate　多孔質
pillar　柱状結晶
planispiral　平面状旋回
porcellaneous　磁器質
pore　孔（壁孔）
primary aperture　主口孔
proloculus　初室
pseudopodia　仮足
pseudopore　偽孔
quinqueloculine　5房室がみえる配列

reticulum　網目（複数 reticula）
rod　桿状構造
ruga　襞
schizont　シゾント（分裂前体）
secondary aperture　二次口孔
secondary chamber　二次的房室
septal filament　隔壁繊条
septal flap　隔壁垂れ蓋
septula　副隔壁（複数 septulae）
septum　隔壁（複数 septa）
sieve plate　篩板
spine　刺状突起
spire　螺塔
spiroloculine　（開旋回の）房室の配列
spirotheca　殻壁
streptospiral　ねじれ状旋回
stria　条線（複数 striae）
sutural pore　縫合線小孔
tectum　テクタム
test　テスト（殻）
test porosity　殻の孔隙率
thickening　充填層
tooth　口孔歯（口孔部の歯状突起）
triloculine　3房室が見える配列
triserial　三列状
trochospiral　トロコイド状旋回
umbilical boss　臍栓
umbilicus　臍部
unilocular　単室形
uniserial　単列状
wall　壁
whorl　螺層

16章：放散虫（radiolarians）とヘリオゾア（heliozoans）
abdomen　腹部室
aperture　口（＝殻口 shell mouth）
apical horn　頂棘
apophysis　放射棘（複数 apophyses）
axopodia　軸足
bar　梁
calymma　泡胞
central capsule　中心囊
central capsule membrane　中心囊被膜
cephalis　頭部室
chamber　殻室
chambered girdle　殻室縁辺帯
chamberlet　殻小室
ectoplasm　外質（囊外原形質）
endoplasm　内質
endoskeleton　内骨格
extracapsulum　外層
filopodia　糸状足
internal spicule　内部骨針
intracapsulum　内層
lattice shell　格子状殻
oral teeth　開口歯
plate　骨板
pore　殻孔

post-cephalic chamber　後頭部殻室
post-cephalic joint　後頭部接合部
primary spicule　主骨針
pseudopodia　仮足
radial beam　連結骨針
ray　条
ring　環状骨
sagittal ring　棘のある環状骨
scale　鱗片
segment　節
skeleton　骨格
spicule　骨針
spine　棘
style　スタイル（花柱）
supporting bar　連結梁
terminal pole　末端極
thorax　胸部室
tripod　三足（脚）骨針
vacuole　液胞
wall　壁

17章：珪藻（diatoms）
aeola　胞絞（複数 aeolae）
auxospore　増大胞子
central nodule　中央結節
centric　中心型
costa　肋（条線）（複数 costae）
epivalve　上殻
fat droplet　油滴
frustule　殻
girdle　殻環
hypovalve　下殻
mucilage pad　粘液パッド
pennate　羽状型
polar nodule　極結節
pseudoraphe　偽縦溝
puncta　点紋（複数 punctae）
raphe　縦溝
ridge　梁
sieve membrane　篩状膜
spine　刺毛（刺状突起）
statospore　スタト胞子
stria　溝（間条線）（複数 striae）
transverse plate　横板
vacuole　液胞
valve　殻片

18章：珪質鞭毛藻（silicoflagellates）と黄金色藻（chrysophytes）
apical bar　頂上桟
apical bridge　頂上橋
apical dome　頂上ドーム
apical plate　頂上盤
apical ring　頂上環
basal ring　基環
collar　襟
flagellum　鞭毛（複数 flagella）
lateral bar　側桟

lattice　格子状構造
limb　腕
pore　孔
portal　口孔
pseudopodia　仮足
rod　棒
spine　骨針
strut　支柱
tentacle　触毛
window　窓

19章：有鐘虫（tintinnids）
aboral region　反口部
alveolus　小孔（複数 alveoli）
aperture　口部
buccal cavity　口腔
cell mouth　細胞口
chamber　房室
cilium　繊毛（複数 cilia）
collar　襟
costa　肋（複数 costae）
crown　冠
fenestrate structure　窓穴構造
fin　鰭
longitudinal groove　縦溝
lorica　ロリカ（殻）
membranelle　膜板
outer layer　外皮
peduncle　小柄状部（柄＝pedicel＝stalk）
shelf　棚
spine　棘
spiral groove　螺旋溝
transverse groove　横溝
wall　殻壁

20章：介形虫（ostracods）
adductor muscle　閉殻筋
adductor muscle scar　閉殻筋痕
adont（hinge）　単歯型
ala　翼翅（複数 alae）
amphidont（hinge）　分化双歯型
antenna　第二触角（複数 antennae）
antennula　第一触角
appendage　付属肢
beak　嘴状突起
biramous　二叉型
body cuticle　体表皮
brancial plate　振動板
bristle　毛
brood pouch　育児嚢
bulge　殻表面の膨らみ
carapace　背甲
cardinal angle　主角
caudal process　尾道管
caudal rami　尾部枝状突起
central muscle scar　中央筋痕
cephalothorax　頭胸部
claw　鈎爪

copulatory appendage　交尾器
crumina　団頂（カルミナ）
cusp　背縁部の突起
domicilium　付属肢の収納空間
dorsal muscle scar　背縁筋痕
duplicature　（外殻と内殻の）重複部
endocuticle　内殻層
endopodite　内肢
endoskeleton　内骨格
entomodont（hinge）　双歯型
epicuticle　外皮
epidermis　表皮細胞
epipodite　副肢
exocuticle　外殻層
exopodite　外肢
exoskeleton　外骨格
eye spot　眼点
eye tubercle　眼瘤
flange　葉縁
frontal scar　前中央筋痕
furca　尾叉
furrow　浅い溝
hinge　蝶番
hypostome　下唇
infold　インフォールド（折りたたみ構造）
inner lamella　内殻
keel　キール
knob（＝node＝tubercle）　瘤
labrum　上唇
ligament　靭帯
limb　肢
line of concrescence　癒合線
lobe　膨らみ
mandibula　大顎
mandibular scar　大顎痕
marginal pore canal　縁辺毛細管
maxillula　小顎
median sulcus　中央溝
merodont（hinge）　分化歯型
muscle scar　筋痕
node（＝knob＝tubercle）　瘤
normal pore canal　垂直毛細管
nuchal furrow　中央縦溝
outer lamella　外殻
pore canal　毛細管
punctate　斑紋
reticulation　網状装飾
rib　肋
ridge　梁
rod　支持柄
rostral incisure（＝notch）　口吻の切れ込み
rostrum　口吻（複数 rostra）
segment　体節
selvage　耳縁
sensillum　感覚子（感覚毛）（複数 sensilla）
seta　剛毛（複数 setae）
sieve pore　篩状孔
siphonal gape　水管裂

spine 棘状突起
subcentral tubercle 亜中央瘤
sulcus 縦溝（複数 sulci）
swelling 腹部腫張
thoracic leg 胸肢
tubercle（＝knob＝node） 瘤
uniramous 単肢型
valve 殻
velar row 帆状突起列（単数は velum）
ventral lobe 腹部の膨らみ
vestibulum 内腔
vestment 外被
Zenker's organ ツェンカー器官

21章：コノドント（conodonts）
aboral surface 反口腔側面
ae element ae エレメント
aequaliform（element） 同等型
alate（element） 双翼型
angulate（element） 三角型
anguliplanate（element） 三角状台型
apparatus 器官（摂食器官）
arcuatiform（element） アーチ型
basal body 基底体（＝基底板 basal plate または基底錐 basal cone）
basal cavity 基底腔
basal groove 基底溝
basal pit 基底孔
bipennate（element） 双羽型
blade 歯板
branchial structure 鰓構造
breviform digyrate（element） 短指掌型
canaliculus 象牙細管
carina 竜骨状突起
carminate（element） 櫛型
cartilage 軟骨
caudal domain 尾方領域
coniform（element） 角状
costa 肋（複数 costae）
cross striation 交差条線
crown 歯冠
cusp 主歯
denticle 小歯
digyrate（element） 指掌型
dolabrate（element） 鋤型
dorsal process 背側に伸びる突起
element エレメント（摂食器官の分離したもの）
extensiform digyrate（element） 長指掌型
extrinsic eye musculature 外側筋組織
falciform（element） 鎌型
free blade 自由歯板
furrow 溝
furrowed face（＝side） 細溝のある面
geniculate（element） 膝曲型
graciliform（element） 薄肋型
keel キール

lacuna 骨小腔
lamella tissue 薄葉組織
ligament 靭帯
M element M エレメント
major increment 大成長輪
minor increment 小成長輪
modified alate（element） 変形双翼型
multiramate（element） 多脚型
muscle brock 筋節群
muscle fibre 筋繊維
myofibril 筋原繊維
node 瘤
non-coniform（element） 非角状
non-geniculate（element） 非膝曲型
notochord 脊索
optic capsule 眼の莢膜
oral surface 口腔側面
oropharyngeal cavity 口咽頭腔
p（acostate）element （肋のない）p エレメント
P element P エレメント
pastinate（element） 三突起型
pastiniplanate（element） 三突起台型
pastiniscaphate（element） 三突起舟型
pectiniform（element） 板状
planate（element） 台型
platform（element） プラットフォーム状
process 突起
q（costate）element （肋のある）q エレメント
quadrate（element） 方形型
quadriramate（element） 四枝型
ramiform（element） 複歯状
rastrate（element） 鍬型
ray 鰭条
ridge 背稜
rod-like muscle fibre 桿状筋繊維
rostral domain 吻方領域
rostral process 吻方突起
S element S エレメント
sarcomere 筋節
scaphate（element） 舟型
sclerotic capsule 硬化した莢膜
sclerotic cartilage 硬化した軟骨組織
segminate（element） 単片型
spherulitic structure 小球構造
spine 棘状器官
stellate（element） 星型
stelliscaphate（element） 星状型
striation 条線
tertiopedate（element） 三脚型
tortiform（element） 捻れ型
truncatiform（element） 裁頭型
trunk muscle 胴体の筋組織
tubule 細管
unfurrowed face（＝side） 細溝のない面
white matter 白色物質

生物分類名索引

A

Abies 99
Acantharea 綱 167–169, 172, 174–176
Acanthochitina 85
Acanthocircus 174
Acanthocythereis 218
Acanthodesmiidae 科 172
Acanthodiacrodium 61, 62, 64, 65
Acanthodontidae 科 235
Acanthometra 175
Acanthomorphitae 亜群 44, 63–66
Acavatitriletes 101
Acer 99, 108
Acervulinacea 上科 144
Achanthaceae 科 183
Achnanthes 179, 181
Acritarcha 群 63, 76
Actinocyclus 184
Actinomma 173
Actinommidae 科 171
Actinommidium 171
Actinopoda 小界 173
Actinoptychus 180, 181
Aechmina 215, 216
Aequitriradites 103
Ahmuellerella 115
Ahmuellerellaceae 科 115
Aktinocyclina 144, 155, 156
Alabamina 137
Albaillella 173
Albaillellaria 亜目 173, 175
Albaillellidae 科 171, 172
Aldanella 45
Aldanella attleborensis 47
Aletes 103
Aletesacciti 104
Allogromia 136, 141, 145
Allogromiina 亜目 49, 127, 128, 135, 141, 142, 145, 159, 160
Allogromina 142
Allonnia 45
Allonnia erromenosa 47
Alnus 99, 108
Alpenachitina 85
Alveolata 小界 76
Alveolinacea 上科 143, 151
Alveolinidae 科 131
Ambitisporites 100, 105
Ammobaculites 142, 146, 147
Ammodiscacea 上科 141, 142, 145, 147
Ammodiscus 129, 134, 135, 142, 147, 159

Ammonia 135, 136, 144, 156, 159
Ammonia beccarii 160
Ammonidium 62
Ammovertella 129, 142, 147
Amorphognathus 237, 238
Amorphognathus ordovicicus 241
Amphioxus 244
Amphipyndacidae 科 172
Amphistegina 137–139, 144, 155
Amphorachitina 85
Anabarites 44
Anabarites trisculatus 47
Anabarochilina 209, 210
Anacystis 54
Anakrusidae 科 172
Anaplosolenia 115
Anchignathodontidae 科 235, 242
Ancyrochitina 83–85
Ancyrospora 103, 105
Anemia 95
Angochitina 85
Animalia 界 3, 4, 36, 209
Annelida 門 48
Annulopatellinacea 上科 144
Ansella 236
Ansellidae 科 235
Anthochitina 85
Aparchitacea 上科 202, 216
Aparchites 216
Apiculati 101
Appendiciferi 101
Appendicisporites 101, 106
Aquifex 36
Aquilapollenites 98, 99
Araphidineae 亜目 181, 183
Aratrisporites 103
Archaea 界 36
Archaebacteria 界 3, 4, 36
Archaediscacea 上科 142
Archaeocopida 目 200, 202, 209, 210, 219
Archaeomonas 192
Archaeoscillatoriopsis disciformis 39
Archaeosphaeroides 54
Archaeospicularia 目 171, 173
Archaias 138, 143, 151
Archamoeba 門 4
Archeoentactiniidae 科 172, 175
Archezoa 超界 3, 4
Areoliera 79
Argilloecia 207, 212

Arkhangelskiella 115
Arkhangelskiellaceae 科 115
Armoricochitina 85
Arpylorus 78
Arthropoda 門 48
Articulina 143, 150, 151
Artostrobiidae 科 172
Aschemonella 129, 142, 147
Asteraceae 科 107
Asterigerina 144, 155
Asterigerineacea 上科 144
Asterolampra 184
Asterolampraceae 科 183
Asteromphalus 184
Astrorhiza 129, 142, 146, 147
Astrorhizacea 上科 142
Ataxophragmiacea 上科 142
Athalamida 綱 159
Auriculaceae 科 183
Auriculati 101
Azonoaletes 103
Azonolaminatitriletes 102
Azonomonoletes 103
Azonotriletes 101
Azpeitia 184

B

Bachmannocena 190, 191
Bacillariophyta 門 183
Bacteria エンパイア（界） 3, 36
Bactrognathidae 科 235, 241
Bactrognathus 240, 241
Baculati 101
Bairdia 199, 212, 214, 220
Bairdiacea 上科 201
Bairdiocopina 亜目 201
Bairdiocypridacea 上科 201
Bairdiocypris 212, 214
Balognathidae 科 235
Baltisphaeridium 61, 62, 64, 66
Baragwathania 103
Barrandeina 104
Barychilinacea 上科 201
Bathropyramis 174
Bathysiphon 129, 134, 137, 142, 146, 160
Beggiatoa 39, 54
Beggiatoales 目 54
Belodella 236
Belodellida 目 236
Belodellidae 科 235
Belodina 236, 237

Belonaspis 175
Belonechitina 85
Betula 99, 108, 109
Beyrichia 215, 216
Beyrichiacea 上科 201, 214, 215
Biddulphiaceae 科 183
Biddulphineae 亜目 183
Bigenerina 142, 146, 147
Bilateralia 亜界 3
Bilidinea 綱 74, 76, 77
Biliphyta 亜界 3, 4
Biokovinacea 上科 142
Biraphidineae 亜目 181
Biriphyta 亜界 4
Biscutaceae 科 115
Biscutum 115
Bispathodus 242, 245
Bolivina 134, 135, 137, 144, 154, 159
Bolivinacea 上科 144, 159
Bolivinitacea 上科 144
Braarudosphaera 113, 115, 119
Braarudosphaera bigelowii 114
Braarudosphaeraceae 科 115, 117
Brachiopoda 門 48
Bradleya 220
Bradleya forbesi 220
Bradoriida 目 209, 210, 218
Brightwellia 184
Bryophyta 門 91
Bulbochitina 85
Bulimina 135, 137, 144, 154
Bulimina alazanensis 161
Buliminacea 上科 135, 144, 154
Buliminella 144, 154
Buliminidacea 上科 159
Bursachitina 85
Bythoceratina 205, 208, 212, 214

C

Calamites 104
Calamospora 104, 105
Calcarina 139, 144, 156
Calcidiscus annulus 118
Calcidiscus leptoporus 118
Calciosoleniaceae 科 115
Calluna 109
Calpichitina 85
Calpionella 195, 196
Calpionellidae 科 196
Calpionelloidea 上科 196
Calyculaceae 科 115
Calyculus 115
Calyptrosphaeraceae 科 115
Camenella 45
Camenella baltica 47
Campylacantha 173, 174
Candona 199
Candona daleyi 220
Cannabis 109
Cannobotrythidae 科 172

Cannopilus 189, 190
Carbonita 211, 212
Carpinus 99, 108
Carpocaniidae 科 172
Carterina 143, 150, 159
Carterinina 亜目 128, 143, 150, 159, 160
Caryophyllaceae 科 109
Cassidulina 135, 137, 144, 157, 158
Cassidulinacea 上科 144, 157, 158
Caulobacter 53
Caulobacteraceae 科 53
Cavatomonoletes 103
Cavusgnathidae 科 235, 242
Cavusgnathus 240, 242
Cedrus 109
Celtia 212, 218
Centrales 目 180, 181
Ceratium 75
Ceratobulimina 144, 152, 153
Ceratobuliminacea 上科 144
Ceratoikiscidae 科 172
Ceratolithaceae 科 115
Ceratolithus 115
Cercozoa 門 158
Cestodiscus 184
Chaetoceraceae 科 183
Chaetoceros 183, 185
Challengerianum 174
Challengeridae 科 172
Chancelloria 45
Chancelloria lenaica 47
Charophyta 門 4
Cheirolepidiaceae 科 106
Chenopodiaceae 科 109
Chiasmolithus 121
Chiastozygaceae 科 115
Chiastozygus 115
Chirognathidae 科 235, 239
Chitinozoa 群 83, 84
Chlamybacteriales 目 53
Chlamydia 37
Chlorarachina 亜界 3
Chlorophyta 門 4
Chlostomellacea 上科 144
Chordata 門 48
Chromista 界 3, 115, 119, 183, 189
Chromobiota 下界 115, 119
Chroococcales 目 54
Chrysophycea 綱 189, 190
Chrysophyta 門 80, 119, 183
Chuaria 63
Cibicides 135, 136, 144, 155, 159
Cibicides wuellerstorfi 161
Cibicidoides 23
Ciliata 綱 196
Ciliophora 門 194, 196
Cingulati 101
Cingulicavati 102
Cingulochitina 85
Circinatisphaera 63

Cladarocythere hantonensis 220
Cladocopina 亜目 202, 218
Cladocopoidea 上科 202
Classopollis 106
Clathrochitina 85
Clavatipollenites 105, 107
Clavatipollenites hughesii 106
Clavohamulidae 科 235, 236
Clavohamulus 236, 237
Cloudina 44, 48
Clydagnathus 226, 242
Cnidaria 門 45, 48
Coccodiscidae 科 171
Coccolithaceae 科 115
Coccolithophycea 綱 119
Coccolithus pelagicus 114, 118
Coccosphaerales 目 115
Collodaria 目 171
Collosphaera 171
Collosphaeridae 科 167, 171
Colomiellidae 科 196
Complexoperculati 目 84
Compositae 科 107
Conchoecia 206
Conochitina 85
Conochitinidae 科 84, 85
Conodonta 綱 235
Conorboididacea 上科 144
Contignisporites 101
Contusotruncana fornicata 6
Cooksonia 103
Corbicula 221
Corbisema 189–191
Cordaites 104
Cordylodontidae 科 235
Cordylodus 229, 236
Cornua 191
Cornudontidae 科 235
Cornuodus 236, 237
Cornuspiracea 上科 143
Corollina 105, 106
Coronocyclus 115
Corticata 亜界 3, 4
Corusphaera 115
Corylus 99, 108
Coscinodiscaceae 科 183
Coscinodiscineae 亜目 183
Coscinodiscophyceae 目 181
Coscinodiscus 180, 181, 183–185
Coscinophragmatacea 上科 142
Coskinolina 142, 146, 147
Craspedobolbina hipposiderus 218
Craspedodiscus 184
Crassispora 102
Crassiti 102
Crepidolithaceae 科 115
Cretarhabdus 116
Crinopolles 106
Crustacea 門 209
Crybelosporites 102

Ctenophora 門　45
Cupressaceae 科　96
Cupressus　96
Cyamocytheridea herbertiana　220
Cyanophyta 門　63
Cyathidites　101
Cyathochitina　85
Cyclammina　137, 142, 145, 147
Cyclococcolithina　113, 119
Cyclogyra　143, 150
Cyclolina　142, 146, 147
Cyclopsinella　142, 146, 147
Cymatiogalea　62, 63, 66
Cymatiosphaera　44, 62, 63, 66
Cypridacea 上科　201, 205, 211
Cypridea　211, 212
Cyprideis　205, 207, 212, 214
Cyprideis torosa　207, 209
Cypridina　205, 207, 217
Cypridinidae 科　204
Cypridinoidea 上科　202, 216, 217
Cypridocopina 亜目　201, 211
Cypridoidea 上科　201, 207, 219
Cypridopsis　199, 206
Cypridopsis bulbosa　220
Cypridopsis vidua　204
Cyprinotus　218
Cypris　205, 212
Cyrpidacea 上科　201
Cyrtidae 亜目　172
Cyrtocapsa　174
Cyrtoniodontidae 科　235
Cystites　103
Cystosporites　103, 105
Cytheracea 上科　201, 205, 214, 219
Cytherella　207, 211, 212, 220
Cytherelloidea　201, 212, 218
Cytheridacea 上科　211
Cytherocopina 亜目　201, 212
Cytheroidea 上科　201, 207, 212
Cytheromorpha　221
Cytheromorpha bulla　220
Cytheropteron　205
Cytherura　212, 214

D

Dapsilodontidae 科　235, 237
Dapsilodus　237
Darwinula　207, 212
Darwinulocopina 亜目　201, 212, 218
Darwinuloidea 上科　201, 205, 207
Deflandrea　71, 77, 78
Deinococcus　37
Delosinacea 上科　144
Densosporites　102, 104, 105
Densosporites annulatus　106
Dentalina　152, 159
Denticulopsis　184, 185
Desmocapsoidia 亜綱　76

Desmochitina　83-86
Desmochitinidae 科　84, 85
Desulfovibrio　57
Deunffia　62, 64, 66
Diacromorphitae 亜群　63, 64, 66
Diatomaceae 科　183
Diatomea 下界　183
Diatomozonotriletes　101
Dibolisporites　101
Dictyastrum　173
Dictyocha　183, 189-192
Dictyocha medusa　190
Dictyochaceae 科　190
Dictyozoa 亜界　76
Dicyclina　142, 146
Dicyclinacea 上科　142, 147
Diexallophasis　61, 62, 64
Dinoflagellata 亜門　76
Dinogymnodinium　74, 77
Dinokaryota 上綱　76
Dinophysida 目　76-78
Dinophyta 亜門　76
Dinozoa 門　76
Discoaster　113, 115, 119, 121
Discoasteraceae 科　115
Discocyclina　144, 156
Discorbacea 上科　144, 154, 155
Discorbinellacea 上科　144
Discorbis　134, 136, 144, 155
Discosphaera　117
Discosphaera tubifera　114, 118
Dissacciatrileti　104
Dissaccites　104
Dissaccitrileti　104
Distephanus　183, 189-192
Distomodontidae 科　235
Distomodus　238, 239
Domasia　62, 64, 66
Drepanellacea 上科　201
Drepanodus　236
Drepanodus arcuatus　242
Drepanoistodontidae 科　235, 236
Drepanoistodus　236, 237
Dulhuntyspora　102
Duostomina　144, 152, 153
Duostominacea 上科　144, 153

E

Earlandiacea 上科　142
Earlandinita　142, 147, 148
Ebriophyceae 綱　80
Echinodermata 門　48
Eiffelithus　115
Eiffellithaceae 科　115
Eisenachitina　85
Elaterites　101
Elictognathidae 科　235, 242
Ellisonia　241
Ellisoniidae 科　235, 241
Elphidium　134-136, 144, 156, 159

Embryophyta 門　4
Emiliania huxleyi　114, 117, 118, 121
Endosporites　102
Endothyra　142, 147-149
Endothyracea 上科　142, 147, 148, 160
Entactiniidae 科　171
Entactinosphaera　173
Entocythere　207
Entomoconchidae 科　217
Entomoconchus　217
Entomozoacea 上科　202, 216
Entophysalis　54
Eoastrion　53
Eobacterium　53, 54
Eoleptonema apex　39
Eotetrahedrion　42
Eouvigerinacea 上科　144
Ephedra　97, 105, 106, 109
Epistominella　138
Epistominella exigua　161
Epithemiaceae 科　183
Eprolithus　116
Eremochitina　85
Eridochoncha　210
Eridostracoda 目　209, 210
Erraticodon　240
Estiastra　62, 64, 65
Ethmodiscus　182, 185
Euacantharia 目　172
Eubacteria 界　3, 36
Eubacteriales 目　54
Eucapsis　54
Euchromista 亜界　3
Eucommiidites　105, 106
Eucyrtinidae 科　172
Eucytherurinidae 科　208
Eukarya 界　36
Eukaryota エンパイア（界）　3, 36
Eulepidina　144, 156
Eunice siciliensis　88
Eunicida 目　89
Eunotiaceae 科　183
Eupodiscaceae 科　183
Eurychilina　215, 216
Eurychilinacea 上科　201

F

Fabosporites　103
Fasciculithaceae 科　116
Fasciculithus　116
Fasciolites　143, 150, 151
Favella ehrenbergi　196
Florinites　104, 106
Fohsella　7
Fohsella fohsi　6, 9
Fontbotia　23, 25, 138
Fontbotia wuellerstorfi　27
Foraminiferida 目　124, 141
Fragilaria　179, 181, 183
Frondicularia　143, 152

Fryxellodontidae 科　235
Fryxellodontus　236
Fungi 界　3, 4, 36
Fungochitina　85
Fursenkoinacea 上科　144
Fusulina　142, 148, 149
Fusulinacea 上科　131, 142, 147, 148, 160
Fusulinella　149
Fusulinina 亜目　49, 127–129, 142, 147, 148, 160

G

Galba　221
Gallionella　53
Geinitzinacea 上科　142
Gephyrocapsa ericsonii　118
Gephyrocapsa oceanica　118
Getticellidae 科　172
Giardia　36
Gigantocypris　206
Girvanella　58
Gladius　184
Glaucolithus　117
Glaucophyta 門　4
Globigerina　124, 140, 144, 153, 154
Globigerina bulloides　139, 160, 162
Globigerina pachyderma　137, 140
Globigerinacea 上科　136, 144, 154, 160
Globigerinella siphonifera　160
Globigerinidae 科　160
Globigerinina 亜目　128, 144, 153, 159, 160
Globigerinoides　25, 27, 134, 136, 159
Globigerinoides ruber　160, 162
Globigerinoides sacculifer　121
Globoquadrina conglomerate　137
Globorotalia　25, 136, 139, 144, 153, 154
Globorotalia menardii　139
Globorotalia plesiotumida　6
Globorotalia truncatulinoides　137, 139
Globorotalia tumida　6
Globorotaliacea 上科　144, 154
Globorotalidae 科　160
Globotruncana　144, 153, 154
Globotruncanacea 上科　144, 154
Globotruncanidae 科　160
Glomospira　134
Gnathodontidae 科　235, 242
Gnathodus　240, 242
Gnetum　97
Gondolellidae 科　235, 239, 241
Goniolithaceae 科　116
Goniolithus　116
Gonyaulacales 目　79
Gonyaulacysta　71, 77
Gonyaulacysta jurassica　78, 79
Gonyaulax　70, 71, 77
Gotlandochitina　85
Gphyrocapsa　116

Gramineae 科　109
Granulati　101
Granulatisporites　101
Grypania　41
Grypania meeki　44
Gueribelitacea 上科　160
Gunflintia　55
Guttulina　143, 153
Gymnodiniales 目　65
Gymnodinium　74, 75, 77
Gymnodinoidia 亜綱　74–78
Gymnomyxa 亜界　3, 4

H

Hagiastriidae 科　171
Hallucigenia　45
Halobacterium　36
Halochitina　85
Halocyprida 目　202, 218
Halocypridina 亜目　202, 217
Halocypridoidea 上科　202
Halocypris　206, 211, 217
Hantkeninacea 上科　144
Haplentactiniidae 科　172
Haplocytherida debilis　220
Haplophragmiacea 上科　142
Haplophragmoides　137
Haptophyta 門　115, 119
Hastigerinella　144, 153
Hastigerinella adamsi　139
Hastigerinoides　144, 153, 154
Healdia　211, 212
Hedbergacea 上科　160
Helianthemum　109
Helicopontosphaera　113, 119
Helicosphaera　116
Helicosphaera carteri　114, 118
Helicosphaera wallichi　114
Helicosphaeraceae 科　116
Heliolithaceae 科　116
Heliolithus　116
Heliopeltaceae 科　183
Heliozoa 門　167, 176
Helminthoidichnites meeki　44
Hemiaulus　184, 185
Hemicytherura　207
Hemidinia 上綱　76
Hemidiscaceae 科　183
Hemidiscus　184
Hemisphaerammina　129
Henryhowella　220
Hercochitina　85
Herkomorphitae 亜群　63–66
Hermannina consobrina　218
Hermesinum　80
Hesslandona　48
Heterohelicacea 上科　144, 154, 160
Heterohelix　144, 153, 154
Hibbardella　239
Hilates　95, 100, 103

Hindeodus　240, 242
Hippocrepinacea 上科　142
Hoegisphaera　85
Hoeglundina　144, 152, 153
Holacantharia 目　172
Hollinacea 上科　201
Hollinella　215, 216
Hormosina　137, 142, 145, 147
Hormosinacea 上科　142
Huroniospora　54
Hyperammina　134
Hyphomicrobiales 目　53
Hystrichosphaera　77
Hystrichosphaeridium　71, 77, 78
Hystricosporites　102

I

Icriodella　238, 239
Icriodellidae 科　235
Icriodontidae 科　235, 239
Idiocythere bartoniana　220
Idiognathodontidae 科　235, 242
Idiognathodus　241, 243
Idioprioniodus　239, 240
Illinites　104–106
Ilyocypri　218
Inaniguttidae 科　172
Involutina　142, 149, 150
Involutinina 亜目　128, 142, 149, 150, 159, 160
Islandiella　144, 154
Isoetales 目　92

J

Jenkinochitina　85
Juniperus　96

K

Kakabekia　53, 54
Kalochitina　85
Kidstonella　55
Kirkbya　215
Kirkbyacea 上科　201, 214
Kladognathus　239
Kloedenella　211, 212
Kloedenellacea 上科　201
Kloedeniinae 亜科　215
Kockelella　240, 243
Kockelellidae 科　235, 243
Krithe　208, 212, 214
Kunmingella　209

L

Laevigati　101
Laevigatomonoleti　103
Laevigatosporites　104, 105
Lagena　129, 135, 143, 152
Lagenicula　101, 103
Lagenina 亜目　49, 130, 143, 151, 152, 159, 160

Lagenochitina 83-85
Lagenochitinidae 科 84, 85
Lageotriletes 101
Laminatitriletes 102
Latouchella 45
Latouchella korobkovi 47
Laufeldochitina 85
Leiocopida 目 202, 216, 218, 219
Leiofusa 62, 64
Leiosphaeridia 63
Leiosphaeridium 61, 62, 64
Lenticulina 134, 143, 152
Leperditia 210
Leperditia consobrina 218
Leperditicopida 目 209, 210, 218, 219
Lepidocyclina 138, 144, 156
Lepidodendrales 目 92
Lepidodendron 104, 106
Lepidostrobus 106
Leptocythere castanea 208
Liliaceae 科 109
Limnocythere 205, 207, 212, 214, 218
Limnocytheridae 科 207
Linderina 144, 155
Lingulodinium 75
Linochitina 85
Litheliidae 科 171
Lithocyclia 171
Lithodemiaceae 科 183
Lithoraphidites 116
Lithostromation 116
Lithostromationaceae 科 116
Lituolacea 上科 142, 145-147
Loftusia 142, 145, 147
Loftusiacea 上科 142
Loxoconcha 207
Loxoconcha impressa 208
Loxostomum 144, 157, 158
Lueckisporites 104-106
Lycopodiales 目 92
Lycopodium 95
Lycopodophyta 門 92
Lycospora 103
Lycospora pusilla 106
Lyramula 190, 191

M

Macrocypridoidea 上科 201
Macrocypris 218
Maldeotaia 45
Maldeotaia bandalica 47
Mallomonas 192
Manawa 214
Margachitina 85
Marsileales 目 92
Martinssonia elongata 48
Medullosa 104
Melania 221
Melanocyrillium 62
Melonis 144, 157, 158

Melosira 180, 181
Melosiraceae 科 183
Merrillina 240
Merrillina divergens 241
Mesocena 189
Mesocypris 205, 206
Mestognathidae 科 235, 243
Mestognathus 240, 243
Metacopina 亜目 201, 206, 211, 212, 219
Metakaryota 超界 3
Metallogenium 53, 54
Metamonada 門 4
Methanobacterium 36
Micrhystridium 62, 64-66, 79
Microdictyon 45, 47
Microrhabdulaceae 科 116
Microsporidia 門 4, 36
Miliammellus 128, 143, 151, 152, 159
Miliammina 142, 145, 147
Miliolacea 上科 143
Miliolidae 科 131, 135, 137
Miliolina 亜目 49, 127, 128, 134-136, 143, 150, 151, 159, 160
Miliolinella 151, 159
Mitrobeyrichia hipposiderus 218
Moenocypris reidi 220
Mollusca 門 48
Moncolpopollenites 104
Monocolpites 104
Monoletes 103
Monoletes 104
Monopseudosacciti 102
Monoraphidineae 亜目 181
Monosaccites 104
Moravammininacea 上科 142
Multioistodontidae 科 235, 239
Multioistodus 238, 239
Murornati 101
Muscochitina 85
Myodocopa 亜綱 198, 202
Myodocopida 目 200, 202, 206, 207, 209, 216-219
Myodocopina 亜目 202
Mytilocypris 207
Myxinoidea 目 244
Myxococcoides 54

N

Nannoceratopsida 目 76-78
Nannoceratopsis 74, 77
Nannoconaceae 科 116
Nannoconus 116, 195
Nassellaria 目 167-169, 172-174, 176
Naviculaceae 科 183
Naviculopsis 189, 190
Negibacteria 亜界 3
Nematoda 門 48
Neocyprideis 221
Neocyprideis colwellensis 204, 220
Neocyprideis williamsoniana 220

Neogloboquadrina pachyderma 162
Neogondolella 239
Neoschwagerina 142, 148, 149
Neoveryhachium 62, 65
Neozoa 内界 76
Netromorphitae 亜群 63-66
Nitzschia 183-185
Nitzschiaceae 科 183
Noctiluca 74
Noctilucea 綱 74, 76
Nodati 101
Nodella 215
Nodellacea 上科 201
Nodosaria 135, 143, 152
Nodosariacea 上科 143, 152
Nodosinella 142, 147, 148
Nodosinellacea 上科 142
Nodospora 100
Nonion 144, 157, 158
Nonioninacea 上科 144, 157, 158
Nostoc 41, 55
Nostocales 目 55, 63
Nothofagidites brassi 106
Nubecularidae 科 135
Nubeculinella 143, 150, 151
Nummulitacea 上科 144
Nummulites 138, 144, 156, 157, 160
Nummulites obesus 157
Nummulitidae 科 137
Nutallides 138
Nutallides umbonifera 161

O

Octoedryxium 62, 64, 66
Oistodontidae 科 235, 239
Oistodus 238, 239
Oneotodontidae 科 235, 236
Oneotodus 236, 237
Ooidium 62, 64
Oolithotus fragilis 118
Oomorphitae 亜群 63, 64
Operculatifera 目 84
Operculodinium 73, 75
Operculodinium centrocarpum 80
Orbitoidacea 上科 144, 154-156, 161
Orbitolina 142, 146, 147
Orbitolinacea 上科 142, 147
Orbitolites 134, 143, 151
Orbulina 144, 153, 154
Orbulina universa 13, 139, 160
Ornithocercus 74, 77
Orosphaeridae 科 171
Ortonella 58
Osangularia 144, 157, 158
Oscillatoria 55
Ostracoda 綱 49, 198, 209
Oulodus 240, 241
Ozarkodina 242
Ozarkodina confluens 241, 242
Ozarkodinida 目 229, 230, 235, 239-

241, 246

P

Palaeoactinommidae 科　172
Palaeocopida 目　200, 201, 204, 209, 210, 214–216, 218, 219
Palaeoscenidiidae 科　172
Palaeospiculumidae 科　172, 175
Palaeotextularia　142, 147, 148
Pallachitina　85
Palmatolepidae 科　235, 243
Palmatolepis　240, 243
Panderodontida 目　230, 235–237, 242, 245
Panderodontidae 科　234, 235, 237, 245
Panderodus　230, 231, 234–237, 245
Panderodus acostatus　242
Panderodus unicostatus　228, 229, 231, 242
Paracypris　212
Paradoxostoma　205, 206, 212, 214
Paradoxostomatidae 科　206
Parafusulina　149
Parakrithe　220
Parapanderodus　236, 237
Paraparchitacea 上科　202, 216
Paraparchites　216
Parathuramminacea 上科　142, 147, 148
Parisochitina　85
Patellifera 綱　115, 119
Patellina　143, 149, 150
Patinati　102
Pavonina　144, 154
Pecopteris　103
Pedavis　238, 239
Pedicythere　220
Pelagiella　45
Pelagiella emeishanensis　47
Peneropolis　138, 139, 143, 151
Pennales 目　180
Pennyella　220
Peridinea 綱　76, 77
Peridiniales 目　65, 77, 79, 120
Peridinium　70, 71, 75, 77
Peridinoidia 亜綱　76–78
Perinotrilites　102
Periodon　239, 240
Periodon aculeatus　241
Periodontidae 科　235
Petrianna fulmenata　218
Petromyzontida 目　244
Phacodiscidae 科　171
Phaeodarea 綱　167, 168, 172, 174, 176
Phosphatocopina 亜目　209, 210
Phragmodus　239
Phycodes　44
Phytomastigophora 門　189
Picea　97, 99, 108, 109
Pinnularia　179, 181
Pinus　97, 99, 108, 109

Pistillachitina　85
Pityosporites　104–106
Plagoniidae 科　172
Planispirillina　149, 159
Planomalinacea 上科　144
Planorbina　221
Planorbulina　144, 155
Planorbulinacea 上科　144
Plantae 界　3, 4, 36
Plantago　109
Platycopida 目　208
Platycopina 亜目　201, 206, 211, 212, 218, 219
Platyhelminthes 門　48
Platysolenites　44, 159
Platysolenites antiquissimus　47
Plectochitina　85
Plectodina　238, 239
Plectodinidae 科　235, 239
Pleurophrys　129, 145
Pleurostomella　144, 157, 158
Poaceae 科　107, 109
Podocarpus　97, 99
Podocopa 亜綱　198, 201
Podocopida 目　199–204, 206, 207, 209–212, 218–220, 222
Podocopina 亜目　201, 211, 212
Podocyrtis　174
Podorhabdaceae 科　116
Pogonochitina　85
Polycope　206, 217, 218
Polycyclotithaceae 科　116
Polycystinea 綱　167, 169, 171–173
Polygnathidae 科　235, 243
Polygnathus　240, 243
Polygonomorphitae 亜群　63–66
Polykrikos　74
Polymorphina　143, 152
Polyodryxium　62, 64
Polyplacognathidae 科　235, 239
Polyplacognathus　238, 239
Polyplicites　104
Polypodiidite　103
Polypseudosacciti　102
Pontocyprididae 科　208
Pontocypridoidea 上科　201
Pontosphaera　116
Pontosphaeraceae 科　116
Pontosphaerea japonica　114
Porifera 門　48
Porostrobus　104, 106
Poseidonamicus　208
Posibacteria 亜界　3
Potamocypris　218
Potonieisporites　104–106
Praecolpates　104
Prasinophyta 門　63, 67
Prediscosphaera　113, 116, 119
Prediscosphaeraceae 科　116
Priapulida 門　48

Primaevifilum delicatulum　39
Primitiopsacea 上科　201
Primitiopsis　215
Prinsiaceae 科　116
Prioniodinida 目　235, 239–241, 246
Prioniodinidae 科　235, 239, 241, 245
Prioniodontida 目　235, 237, 239, 241, 245
Prioniodontidae 科　235, 239, 245
Prioniodus　238, 239
Prismatomorphitae 亜群　63–66
Proconodontida 目　235, 236, 242, 245
Proconodontus　235
Profusulinella　142, 148, 149
Promissum　227, 237, 239
Promissum pulchrum　227, 238, 241, 244
Propontocypris　218
Prorocentroidia 亜綱　74, 76, 77
Prorocentrum　74, 77
Prosomatifera 目　83, 84
Proteobacteria　37
Protista 界　36
Protocentroidia 亜綱　78
Protoconodontida 目　243
Protoconodontidae 科　235
Protoconodontus　235, 236
Protohaploxypinus　105, 106
Protohertzina　45, 49
Protohertzina unguliformis　47
Protohyenia　103
Protopanderodontida 目　235–237, 242, 245
Protopanderodontidae 科　235, 236, 245
Protopanderodus　236, 237
Protopanderodus varicostatus　232
Protoperidinium　75, 80
Protoperidinium communis　79
Protoraphidaceae 科　183
Protozoa 界　3, 4, 76, 141, 173
Pseudoacellidae 科　196
Pseudoaulophacidae 科　171
Pseudoclathrochitina　85
Pseudoemiliania　113, 119
Pseudoeunotia　184
Pseudomonadales 目　53
Pseudosaccitriletes　102
Psilophyta 門　92
Psilophyton　103
Pterochitina　85
Pterocorythidae 科　172
Pteromorphitae 亜群　63–65, 67
Pterophyta 門　92
Pterospathodontidae 科　235, 239
Pterospathodus　238, 239
Pterospermella　62, 64
Ptychocladiacea 上科　142
Pulleniatina obliquiloculata　137
Pulvinosphaeridium　62, 64, 65
Punciidae 科　214

Puncioidea 上科 200, 201
Pygodontidae 科 235
Pygodus 238, 239
Pylentonemiidae 科 172
Pyloniidae 科 171
Pyrrhophyta 門 80
Pyxilla 183, 184
Pyxillaceae 科 183

Q

Quercus 99, 108
Quinqueloculina 134-136, 143, 150, 151

R

Radiata 亜界 3
Radiolaria 亜門 167, 173
Radiolaria 門 167
Radiozoa 門 167, 173
Raistrickia 101
Raphidineae 亜目 183
Rectobolivina 144, 154
Renalcis 58
Reophax 135, 136, 142, 145, 147
Reticulatisporites 104
Reticulatisporites cancellatus 106
Reticulomyxa filosa 159
Reticulosa 門 141
Retusotiletes 101
Retusotrileti 101
Rhabdammina 137, 141, 142, 147
Rhabdochitina 85
Rhabdosphaera 113, 116, 119
Rhabdosphaera stylifer 118
Rhabdosphaeraceae 科 116
Rhaetogonyaulax rhaetica 78
Rhagodiscaceae 科 116
Rhagodiscus 116
Rhipidognathidae 科 235, 239
Rhipidognathus 238, 239
Rhizammina 129, 142, 147
Rhizopoda 門 141
Rhizosolenia 183
Rhizosoleniaceae 科 183
Rhizosoleniineae 亜目 183
Rhodophyta 門 4
Rhynia 91
Richteria 217
Rivularia 55
Robertina 144, 152, 153
Robertinacea 上科 144
Robertinina 亜目 128, 144, 152, 153, 159, 160
Robertinoides 159
Robuloidacea 上科 143
Rocella 184
Rossiella 184
Rotaformiidae 科 172
Rotaliacea 上科 144, 154, 156, 159
Rotaliina 亜目 49, 128, 130, 135, 136, 144, 154-160

Rotaliporacea 上科 144
Rzehakinacea 上科 142

S

Saccaminopsis 142, 147, 148
Saccammina 134, 141, 142, 146, 159
Saccites 100
Sagenachitina 85
Saipanetta 201
Salpingella 195, 196
Salpingellina 195, 196
Salvinales 目 92
Sarcodina 門 141
Sarsielloidea 上科 202
Scaliognathus 245
Schizosphaerella 116
Schizosphaerellaceae 科 116
Schulzospora 104-106
Schwagerina 142, 148, 149
Sculptatomonoleti 103
Scyphosphaera 114
Scyphosphaera apsteinii 114
Scytonema 55
Selaginellales 目 92
Serpula 221
Shepheardella 141, 142, 145
Sigillaria 104
Sigilliocopina 亜目 201, 214
Sigillioidea 上科 201
Silicoloculinina 亜目 143, 151, 152, 159
Siphonina 144, 155
Siphoninacea 上科 144
Siphonochitina 85
Siphonodella 240, 242
Siphotextularia 159
Skeletonema 185
Sollasitaceae 科 116
Sollasites 116
Soritacea 上科 143, 151
Sorosphaera 141, 142, 146
Spasmaria 亜門 172, 174
Spathachitina 85
Spathognathodontidae 科 235, 242
Speciosporites 103
Sphaerochitina 85
Sphaerochitinidae 科 84, 86
Sphaeromorphitae 亜群 63, 65, 66
Sphaerotilus 53
Sphenolithaceae 科 116
Sphenolithus 116
Sphenophyta 門 92
Sphenopsida 綱 103
Spinachitina 85
Spiniferites 71, 73, 77, 79
Spiniferites elongatus 80
Spiniferites mirabilis 79, 80
Spiniferites ramosus 78
Spirillina 143, 149, 150, 159
Spirillinina 亜目 128, 143, 149, 150, 159, 160

Spirochaetes 37
Spiroclypeus 139, 144, 157
Spirocyclina 142, 145, 147
Spirotrichea 綱 196
Spirotrichida 目 196
Spongocapsidae 科 172
Spongodiscidae 科 171
Sponguridae 科 171
Sporangiostrobus 104, 106
Spumellaria 目 167-169, 171, 173-175
Spyrida 亜目 172
Squamulinacea 上科 143
Stephanolithiaceae 科 116
Stephanolithus 116
Stephanopyxis 184
Stigonematales 目 55
Stilostomellacea 上科 144
Strachanognathidae 科 235, 237
Strachanognathus 237
Striatites 104
Striatopodocarpites 97, 106
Suessia 75, 78
Sulfolobus 36
Surirellaceae 科 183
Sweetognathidae 科 235, 243
Sweetognathus 240, 243
Synechocystis 54
Synedra 184
Synura 192
Syracosphaera 117
Syracosphaeraceae 科 117
Syringocapsidae 科 172

T

Tanuchitina 85
Tanuchitinidae 科 84, 86
Taphrognathus varians 245
Tasmanites 61, 66, 67
Tasmanites pradus 64
Taxaceae 科 96
Taxodiaceae 科 96
Technitella 141, 142, 146
Tectatodinium 73
Teridontus 235
Terrestricytheroidea 上科 201, 206
Tetrahedrales 95, 105
Tetrataxacea 上科 142
Tetrataxis 142, 147, 148
Textularia 136, 142, 146, 147
Textulariacea 上科 142
Textulariina 亜目 49, 127-129, 135, 136, 141, 142, 145, 146, 159, 160
Texulariina 136
Thalassicola 168, 173
Thalassionema 183-185
Thalassiosira 180, 181, 183-185
Thalassiosiraceae 科 183
Thalassiothrix 183, 184
Thalassocythere 220
Thaumatocypridoidea 上科 202, 217

Thaumatocypris　217
Theodoxus　221
Theoperidae 科　172
Thermoplasma　42
Thermotoga　36
Thlipsuracea 上科　201
Tholisporites　102
Tholoniidae 科　171
Thoracospaeroidia 亜綱　76
Thoracosphaera　117
Thoracosphaeraceae 科　117
Tintinnina 亜目　194
Tintinnopsella　195, 196
Tintinnopsis　194–196
Tolypammina　141, 142, 147
Tournayellacea 上科　142
Treptichnus pedum　44
Tretomphalus　144, 155
Tribolbinacea 上科　201
Triceratium　183, 184
Tricolpites　105, 106
Tricrassati　101
Triletes　101, 102
Triletesacciti　104
Triloculina　136, 143, 151
Trinacria　184
Tripartites　101
Triquetrorhabdulaceae 科　117
Triquetrorhabdulus　117
Trochammina　137, 142, 146, 147

Trochamminacea 上科　142
Tsuga　97, 99
Tuberculatisporites　92
Tuberculatisporites triangulates　106
Tuberculornati　102
Tunicata 亜門　244
Tunisphaeridium　61, 62
Turrilinacea 上科　144
Tytthocorys　195, 196

U

Ulmus　108
Umbellosphaera irregularis　118
Umbellosphaera tennis　118
Umbilicosphaera sibogae　118
Urnochitina　85
Urochitina　85
Usbekistania　129, 142, 147
Uvigerina　23, 25, 27, 135, 137

V

Vallacerta　189–191
Vargula　218
Variramus　191
Velatachitina　83–85
Verneuilina　142, 146, 147
Verneuilinacea 上科　142
Verrucati　101
Verrucosisporites　101
Veryhachium　62, 64, 66

Vesiculomonoraditi　104
Vestrogothia　209, 210
Virgulinella　144, 157, 158
Viriplantae 亜界　3, 4
Visbysphaera　61, 62, 64
Vittatina　104–106

W

Walliserodus　236
Walliserodus curvatus　242
Wetzeliella　75, 78, 79
Wetzeliella articulata　79
Wilsonites　105, 106
Wollea　55
Woodhousia　98, 99

X

Xanioprion walliseri　88
Xestoleris　207
Xitidae 科　172

Z

Zonolaminatitriletes　102
Zonomonoletes　103
Zonotriletes　101
Zosterophyllum　103
Zygacantha　175
Zygodiscaceae 科　117
Zygodiscus　113, 119
Zygrhablithus　115

事項索引

欧文

5界 3
7界 3

a 指標 138
Acheulian 108
AOU(apparent oxygen utilization)指数 26
Apex チャート 39
athalassic 207
Avalonia 大陸 222

Baltica 大陸 222
Beck Spring チャート層 192
Belt 累層群 66
BIF(banded iron formation) 38
Bitter Springs チャート 42, 64
Brandon Bridge 層 228

$CaCO_3$ 21, 23, 44, 49, 50, 58, 89, 141, 182
CAI(conodont alteration index) 30, 31, 227
catagenesis 30
CCD(calcium carbonate compensation depth) 141, 244
CH_4 33, 57
Chuar 層群 86
CO_2 2, 21, 24, 26, 27, 33, 34, 36, 50, 55
CSRS(composite standard reference section) 15, 16
$\delta^{13}C$ 22, 26-28, 37, 47, 122, 160-162
$\Delta\delta^{13}C$ 27, 28
$\delta^{18}O$ 21-26, 122, 160-162
Devensian 期 108, 109
diderms 37
DNA 33, 41, 158, 229
Doushantuo(陡山沱)層 45, 48
DSDP 23, 28, 122, 161, 195

Eemian 間氷期 108

FAD(first appearance datum) 14, 15
Fig Tree チャート 54
Flandrian 期 108
FRST(forced regressive systems tract) 18

Gondwana 大陸 222

Granton 砂岩 226
Granton 動物 244
Granton Shrimp Bed 227
Greyson 頁岩 44
Gunflint チャート 39, 40, 54

Hamersley 堆積盆地 37
HCO_3^- 26
Hoxnian 期 108
HST(highstand systems tract) 18, 20

Iapetus Ocean 222, 245
indels(insertion-deletion polymorphism) 37
Ipswichian 間氷期 108
Isua 層群 33, 37
Itsaq 層群 37

K 戦略者 138
K/T 境界 28, 160, 162

LAD(last appearance datum) 14, 15
Laurentia 大陸 222
LOC(line of correlation) 15, 16
LST(lowstand systems tract) 18

Messinian Salinity Crisis 162
metagenesis 30
mfs(maximum flooding surface) 18, 19
Mg/Ca 比 162, 208
Miller-Urey 実験 33
monoderm 37
Monterey イベント 28

NH_3 33, 56

O_2 33, 34, 47
ODP 23, 79, 161, 195
Oparin-Haldane の仮説 33, 35
Orsten の微化石群 45, 48
Owen 海盆 170

PAUP(Phylogenetic Analysis Using Parsimony) 10
PDB(Pee Dee ベレムナイト) 21, 23, 26
pH 50, 56, 141, 186
Pilbara 累層群 39
Pre-Boreal 期 108

r 戦略者 138
Radinia 大陸 222

rDNA 158, 159
RNA 4, 36, 64, 77
SB(sequence boundary) 18
SCI(spore colour index) 30
SMOW(standard mean oceanic water) 21, 22
Somalia 海盆 170
Soom 動物 244
Soom Shale 227, 228
Sr/Ca 比 208
^{18}sRNA 119, 189
Strelley Pool チャート 39
Sub-Atlantic 期 108
Swaziland 累層群 39

tommotiids 45
ts(transgressive surface) 18, 19
TST(transgressive systems tract) 18-20

Varangian 氷河期 44, 45, 47
Vendian 氷期 66
Vostok 氷床コア 27

Warrawoona 層群 39
Wisconsin 寒冷期 109
Würm 寒冷期 109

ア 行

赤潮 69, 75, 77
アクリターク 20, 31, 41-44, 49, 61-67, 78, 79, 83, 86, 88, 250
アクリターク変質指標 30, 67
亜熱帯環流 121, 168, 176
亜熱帯反環流 169
アメーバ 36, 41
アラレ石 23, 24, 39, 114, 124, 128, 149, 153
安定同位体(分析) 21, 22, 121, 124, 162, 221

硫黄細菌 37, 39, 53, 57
硫黄循環 57
硫黄同位体 38, 47, 57
遺骸群集 182
維管束植物 65, 91-93, 104, 107
異形 61
異所的種分化 8
遺存種 107, 195
一次生産(者) 27, 61, 69, 135, 179

イチョウ 97
遺伝子交流 6
遺伝的隔離 8, 9
遺伝的多様性 10
印象化石 44
インドネシア海路 9
隠蔽種 158, 160
隠胞子 100

羽状型珪藻 181, 183
渦鞭毛藻 4, 7, 8, 28, 31, 49, 61, 63-80, 86, 120, 126, 138, 183, 194, 196
ウニの殻片 4

栄養塩類 121, 135, 160, 162, 168, 169, 179, 181, 185
栄養細胞 56
栄養生殖 2, 42
エディアカラ紀 44, 45, 47
エディアカラ生物(動物)群 43-45, 66
エナメル層 232
エブリア 69, 80
円石藻 112-122, 183
塩素量 207
エンパイア 3

オイルウィンドウ 31
黄金色-褐色藻 119
黄金色植物 112, 119, 179, 184
黄鉄鉱(団塊) 33, 34, 53, 54, 57, 61
黄鉄鉱鉱床 53
大型食者 245
大型有孔虫 124, 126, 130, 135, 138, 139, 155, 160, 163
オパール(の激変) 169, 175
オパール質シリカ 128, 151, 167, 174
オンコライト 58
温室効果 47
温度境界 75
温度勾配 161

カ 行

外群 11
外群比較 11
介形虫 4, 18, 198-223, 253
海進(海退) 16, 18, 19, 45, 65, 79, 120, 218
海進期堆積体 18, 19
海進面 18, 19
海水準変動曲線 186
外生性底生動物 27
海底扇状地 19
カイメン(の骨針) 4, 44, 45, 127
海面上昇 45
海洋無酸素事件 80
海緑石(粘土) 19, 195
化学合成細菌 36
化学合成独立栄養 53
化学的環境指標 122

火星 2, 33, 35, 36
化石化ポテンシャル 49
化石群集 74, 92, 170, 182, 196, 222, 246
化石鉱脈 227
化石種 3, 89
化石胞子 99, 100
カタジェネシス 30
褐虫藻 75, 167, 168
花粉 8, 31, 91-110, 250
花粉学 1, 92, 110
花粉相解析 18
花粉頻度曲線 108
花粉分析(図) 40, 89, 107, 108, 110
花粉粒 95
殻成長様式 130
カリブ海 121
カルピオネラ 50, 194-197
間隔帯 13
環境の勾配 6
環境要素 181, 207
間隙水 206
岩相層序 13, 16
カンブリア爆発 41, 44, 47, 49, 66

機会種 19
擬化石 40
気候最温暖期 23, 108
気候変動 66
寄生性 59, 75, 126, 127, 129, 135
季節の同所性 9
北大西洋海流 76
北大西洋深層水 138, 161
キチノゾア 49, 83-88
キチン 30, 88, 89, 176, 195, 198, 202, 204
機能形態 244
求愛行動 204
旧石器時代 108
休眠性接合子(シスト) 61, 64, 192
狭塩性 205, 207
共生(生物) 4, 126, 134, 135, 139, 168
共生藻類 167, 169
共存区間帯 15
共有形質 10, 11, 43
距離統計 10
菌 57, 59, 86
菌糸 54

クチクラ層 202
クライン 9
クラスター分析 10
グラフ対比 15, 16, 18
グラム陰(陽)性細菌 37, 42
グリパニア 41
クリプターク 40, 59
グロビゲリナ軟泥 124, 140, 141, 169, 206, 212
クロミスタ 4
クロロフィル 4, 52, 53, 194
群集帯 13

群体 52

珪質岩 189
珪質軟泥 175
珪質鞭毛藻 3, 49, 80, 168, 169, 175, 183, 189-192
珪藻 28, 49, 69, 80, 120, 124, 126, 134, 138, 141, 168, 169, 175, 179-186, 194, 195, 206, 251
珪藻質堆積物 182
珪藻土 28, 179, 182, 186, 189, 192
珪藻軟泥 118, 169
形態 234
――の地理的勾配 9
形態型(種) 99, 190, 229-236
形態属 84, 99
形態分類 234
系統解析 10
系統樹(復元) 10, 11, 158, 159
系統分類学 10
月齢周期 127
ケルコモナス鞭毛虫 158
原核生物 3, 36, 37, 39, 41, 42, 54, 69
顕花植物 96
嫌気性細菌 36, 56, 135
嫌気性生物 37
嫌気帯 52
嫌気的呼吸 56
原形質(細胞質) 2, 74, 99, 124-127, 129, 130, 133-135, 154, 163, 167, 168, 175, 180, 189, 190
原コノドント 243
減数分裂 2, 41, 42, 55, 56, 69, 92, 93, 126, 127
原生生物 3, 41, 52, 86, 194, 206
原生代 39, 43, 61, 66, 77, 184
原生動物 86, 160
懸濁物食者の放散 66

古緯度 66
広塩性 205, 207
高海水準期堆積体 18, 20
甲殻類 198
好気性細菌 52
好気性シアノバクテリア 52
光合成 2, 4, 24, 33, 37, 38, 52-56, 115, 126, 138, 141
光合成共生 135
光合成共生生物 125, 126, 130, 132, 134, 139
光合成原核生物 41
光合成色素 55, 179, 189
光合成無機栄養 53
高次分類 10
向上進化 6
紅色細菌 41, 52
紅藻 42, 138
後退的堆積 19
膠着質(有孔虫) 19, 127, 135, 141, 145, 147, 158-160

事項索引

腔腸動物　45
後氷期　161
高マグネシア方解石　127, 128
好冷性(種)　205, 208, 214, 219, 222
古塩分　21, 24, 79, 135, 196, 222
古海岸線　79
古海洋　161, 162, 167, 208, 222, 246
古海流　79
小型軟体動物　45
古環境(解析)　61, 91, 107, 108, 179, 198, 220
古気候　79, 107, 121, 162, 176, 189, 191, 198, 208, 222, 246
国際植物(動物)命名規約　76, 99
国際的生層序区分　246
黒色頁岩　84, 170, 245
黒色泥岩　80
コケ　91-95
固結海底面　19
古原生代　38
ココスフェア　114, 119
ココリス　19, 112, 114, 115, 117-121, 127, 140, 250, 251
ココリス軟泥　118, 169
ココリソフォア　50, 112, 194
古細菌　3, 36, 37
古水温　21, 22, 24, 79, 121, 162, 169, 176
古水深　138, 140, 176
古生態　65, 69, 76, 84, 86, 91, 107, 162, 185, 196, 221, 222, 227
古生物地理　227, 246
個体発生　133, 204
固着性　75
古地理　86, 107, 176
骨格性微化石　47
コノドント　13, 18, 31, 49, 220, 226
　　──自然集合体　229-231, 233-235, 238, 239, 242
　　──の色変質指標　30, 31, 227
コノドント動物　226-228, 232, 237, 243-245, 253
古杯類　45
固有種　139, 245
固有性　209, 220, 245
コルダイテス　104, 105
混合栄養　2
根足虫　86, 141
コンデンスセクション　19
ゴンドワナ　43, 86, 103

サ 行

細菌　3, 39, 52-57, 59, 135
細菌化石　53, 54
細菌食　167, 168
細菌プランクトン　10
サイクロセム　107
最古の
　　── Nassellaria　175
　　── Palaeocopida　218
　　──アクリターク　66
　　──大型植物　103
　　──介形虫　45
　　──花粉　104
　　──キチノゾア　86
　　──珪質鞭毛藻　191
　　──珪藻　184
　　──ココリス　120
　　──真核生物　41
　　──真正コノドント　235
　　──生物圏　35
　　──堆積岩　36
　　──淡水性介形虫　218
　　──浮遊性有孔虫　160
　　──放散虫　175
　　──胞子　100
　　──有殻微化石　44
　　──有孔虫　44, 158, 160
　　──陸上植物　100
最終氷期　107, 109, 121, 186
最節約原理　10
最大海汎濫面　19
細胞小器官　2, 41, 69, 72, 125, 126
細胞内共生説　41, 42
細胞分裂　167
細胞膜　4, 37, 114
雑食(者)　134, 167
左右相称動物　45
酸化／還元境界　50
酸化帯　52
三型性　127
酸素極小層　56, 135, 161
酸素同位体ステージ　21, 23
酸素同位体比　6, 9, 21-25, 28, 121, 161, 162, 186
酸素要求量　138
酸素利用度指数　26
三倍体　96

シアノバクテリア　3, 9, 36, 37, 39-41, 52, 54-59
飼育実験　73-75, 114, 117, 121
シーケンス境界　17, 18
シーケンス層序学　16-18
歯式　230, 232
示準化石　13, 18, 78, 121, 179, 192
始新世／漸新世境界　162
地震層序学　16
シスト形成種　67
自生　220
自然選択　6, 7
シダ　8, 91, 92, 104, 110
シダ種子植物　104, 105
シダ様植物　103
質量分析計　22
ジノキサンチン　69
指標種　162
刺胞動物　44
姉妹群　10
縞状鉄鉱層　34, 38, 53, 54, 57

車軸藻　18
種　3, 6, 7, 9, 10, 13, 15, 100, 190, 230
　　──の回転率　8
　　──の固有性　169, 245
周極海域　168
従属栄養　2, 53, 54, 69
シュウドアセラ　194
重複受精　96
周辺隔離集団　8
重力流堆積物　20
収斂(進化)　11, 151, 208, 243
種多様性　75
出芽細菌　53
種内変異　212
種分化(モデル)　6, 8-10
受粉メカニズム　96
樹木花粉　108
シュワゲリナ　149
準コノドント　243
硝化細菌　56
娘細胞　2, 56, 113, 126, 133, 180
硝酸塩　74
硝酸還元細菌　52
小進化　6, 7
沼鉄鉱　53
蒸発岩　39
食栄養　4, 41
植物プランクトン　26, 61, 112
食物連鎖　181
シリカ　39, 80, 124, 167, 169, 175, 179-181, 184-186, 189, 190, 192
進化　2, 6, 11
深海生種　219
深海底　182
深海軟泥　112
深海平原　134, 138, 167, 170, 208
深海盆　19
真核生物　4, 36-43, 45, 47, 56, 69, 158
進化速度　36, 43, 49, 86, 124, 191
新形質　11
新原生代　42, 44, 47, 64
真正コノドント　226, 243, 245
真正細菌　37
真正メタゾア　45
浸透圧　129, 135
真分類群　99
針葉樹　91, 104, 106

水温勾配　219
水温躍層　6, 8
水塊　9
水深の勾配　220
数量分類　10, 11
スコレコドント　4, 83, 88, 89
ステラン　41
ストロマトライト　38, 39, 54, 57-59
ストロンチウム同位体　47
スパーライト質方解石　58
スポロポレニン　30, 61, 65, 94
スロンボライト　58

生活環 73, 74, 91, 92, 96, 126, 127
生活様式 135
生鉱物(作用) 47, 114, 182
生痕化石 44, 84
生殖的隔離 6
生層序 13, 15, 61, 83, 86, 89, 91, 112, 119, 122, 124, 156, 167, 176, 179, 185, 191, 192, 194, 196, 198, 219, 220, 246
生層序学 18
生息場 218
生息密度 208
生帯 13, 15, 18, 176, 185, 191, 196, 246
生体群集 136, 182
生体効果 23, 26, 121, 186
生態指標 221
生態遷移 108
生態的勾配 245
生態的障壁 8
生態表現型 10, 159, 190, 191, 207, 212, 214, 245
成長線 228
成長プラン(様式) 133, 134
成長輪 232
性的二型 200, 204, 206, 209, 214, 216
性の進化 42
生物学的古生物学 6
生物指標化合物 37
生物相 18, 20, 135
生物地理(区) 65, 75, 78, 140, 161, 245
生物発光 69
生命の起源 33, 35
脊索(動物) 227, 228, 243
赤色土層 38
赤色粘土 119
世代交代 69, 91, 126
石灰化 7, 9, 58, 59, 113, 198, 202, 206, 211, 214, 216, 229
石灰質 159, 196, 198, 202, 204
石灰質ナノプランクトン 7, 13, 26, 49, 50, 112, 118, 121, 122, 220
石灰質軟泥 114
摂食器官 226, 227, 231, 237, 245
摂食様式 206
節足動物 198
蘚 91, 92
先花粉 103, 104, 106
染色体 74
漸深海帯 140, 161
前進の堆積 16, 19
選択圧 49
繊毛虫 194, 195
前裸子植物 103

藻源マット 37, 39
層状チャート 170, 244
相同(相似) 72, 93, 198, 202, 230, 232, 236, 243, 244
造胞世代 91, 92
草本類 109
藻類 41, 44, 54, 61, 67, 80, 91, 179

藻類マウンド 44
属 3, 100
側系統 11
側所的種分化 8, 9, 222
続成作用(過程) 19, 23, 26, 30, 176, 230
続成変化 128
祖先形質 10
ソテツ 96, 97, 106

タ 行

帯 13
苔 91, 92
帯化石 13
太古代 37-40, 59
大進化 6
堆積相 65
堆積速度 109, 170, 220
堆積物食 127
堆積物/水境界面 26
堆積物(盆)の熱史 30, 86
ダイノステラン 64, 77
ダイノスポリン 72
大陸斜面 135, 168
大陸棚 19, 20, 45, 135, 140, 161, 168, 181, 219, 245
大量絶滅 7, 28, 160, 184, 245
多エレメント分類 234
多型 207
多系統 11
多細胞生物 9
多産帯 13
タスマン前線 8
ダッチオーガー 249
脱窒細菌 52, 56
脱皮成長 204, 206
多分裂 126, 127
タホノミー 79
多毛類 88
単為生殖 204, 209
炭化水素鉱床 31
単系統 11, 45, 232, 235, 239
単細胞(生物) 2, 45, 112, 119, 124
炭酸塩岩 227
炭酸塩プラットフォーム 44
炭酸カルシウム 89, 118, 119, 121, 127, 169, 182, 195
炭酸カルシウム補償深度 141, 169, 244
淡水種 206, 209, 221
炭素質コンドライト 33
炭素同位体比 21, 25, 26, 28, 37, 161, 186

地域的区間帯 15
地球軌道パラメーターの変動 23
地磁気層序 176
地質温度計 88, 246
地質系統 13
窒素固定(循環) 56
窒素同位体比 33

チャート 38, 39, 54, 170, 175, 184
中心型珪藻 183
虫媒花粉 96, 107
超好熱細菌 33, 36, 37
調節遺伝子 7
チョーク 112, 119, 120, 122, 140, 160, 163, 223

ツノゴケ 91

低栄養 135
低海水準期ウエッジ(堆積体) 18
低酸素環境 208
ディスコアスター 27, 112, 119-121
底生 19, 65, 75, 113, 124, 175, 181, 198, 206, 244
底生有孔虫 7, 18, 23-28, 50, 124-140, 145, 157, 161, 162
ディノカリオン 69
低マグネシア方解石 30, 114, 150, 154
適応放散 218, 237
テクチン 124, 127, 128, 130
テクノモルフ 204
テチス海(区) 124, 160, 195, 196, 245
鉄細菌 39, 40, 53
デトリタス(食) 127, 134, 161, 167, 168, 206, 210
点採集 249

同位体効果 23
同位体比 23
同位体分別(変動) 38
同位体平衡 122
橈脚類 9, 119, 139, 170, 206
同形 61
凍結地球 48
頭索動物 243
同所的種分化 8, 9, 222
同胞種 9-11, 159
トクサ 103, 104
独立栄養 2, 53, 69, 74, 181
独立栄養細菌(生物) 53, 189
トラバーチン 58
トリメロフィトン 103
トンスティン 57

ナ 行

内群 11
内在性種 135
内生性 20
内生性底生動物 27
内生動物群 50
ナノコヌス 112
ナノ植物群(フロラ) 117, 121
ナノプランクトン 112, 195
ナメクジウオ 243
南極海底層水 138, 161
南極環流域 181
南極氷床 23, 24

事項索引

軟骨組織　227, 229, 236

肉質虫　141
二型性　114, 126, 204
ニッチ　1, 3, 181, 218, 220, 245
二倍体　43, 180
二分裂　55, 56, 65, 74
二命名法　58

ヌタウナギ　244, 245
ヌンムリテス　124, 138, 139, 156, 157

ネオムラ仮説　41, 42
熱塩循環　162
熱熟成　83, 89
熱水仮説　33, 35
熱水噴出孔　33, 57, 208
熱帯湧昇流　9
熱変質(変成作用)指標　30, 107
年代層序　13

ハ　行

ハイエタス　175
バイオフィルム　52, 57
バイオマーカー　37, 41, 64, 77
配偶子(形成)　126
配偶世代　91, 96
配偶体　92
胚種広布説　33
倍数体　73, 74, 92, 126, 127
ハイラーコアラー　249
白亜紀/第三紀境界　7, 28, 78, 120, 160, 184
バクテリア　124, 134, 135, 141, 168, 194, 206
バクテリアマット　52, 59
派生形質　10
バックグラウンドの絶滅　7
発光　204
発酵作用　57
パナマ地峡　9, 176
破片分離　55, 56
パラコノドント　243
パラシーケンス　18
パリノモルフ　19, 30, 31, 107, 109
バルト海地域(沿岸)　86, 89
パンゲア超大陸　245
半数体　73, 92, 126
パンスペルミア仮説　33, 35
汎世界的海水準変動　16, 18

ヒカゲノカズラ　92, 103, 104
微化石　1, 2, 13, 16-21, 30, 33, 39, 43, 49, 185
　――の抽出　249
微化石群(集)　18-20, 39, 40
微化石相　19
微古生物(学)　1, 6, 10, 161
ピコプランクトン　56

微細食性　231
被子植物　91, 95-98, 104, 106, 107
非樹木花粉　108
被食者　49
微植物相　108
微生物源炭酸塩　57
微生物堆積物　52
漂泳性　205, 206, 208, 216, 217, 237, 244
氷河堆積物　89
氷河量　21, 23
氷冠　222
氷期　80
氷期-間氷期　9, 23, 27, 121
表現型　10, 159, 190, 191, 207, 212, 214, 245
表在性　134, 210
氷室　22
標準時間単位　16
標準平均海水　21
微量元素の組成　162
貧栄養　138, 139, 176
貧酸素　244

フィコシアニン　54, 56
風媒花粉　96, 107
富栄養　135, 139, 175
付加成長　232
付加テレーン　176
複合基準層序　15, 16
フズリナ　149, 151, 160
不整合　18
付着性種　135
筆石　83, 84
不等毛植物　4
腐肉食性　206
浮遊性種と底生種の比　161
浮遊性有孔虫　6, 7, 9, 10, 13, 22, 26-28, 50, 122-127, 130, 135-140, 160, 161, 175, 195, 196, 220
浮遊物食(者)　44, 231
プラシノ藻　61, 64, 65, 67
フレキシバクテリア　54
プロトコノドント　45, 243
糞塊　50, 59, 170
分解食　167
分岐群　232
分岐進化　6, 8
分岐図(分析)　10, 67
分岐分類　145, 244
分岐論　10, 11, 235
分子時計　47
糞石　57, 109
分帯　13, 121, 161, 185
分断性選択(モデル)　9
糞粒　119, 182
分類群　99
分類単位　3

ヘテロココリス　113, 117, 119
ヘテロモルフ　204

ヘリオゾア　167
ペリジニン　69
ベレムナイト　21
変成作用　30
片利共生　207
方解石　22-24, 112, 113, 119, 124, 127, 128, 130, 138, 149, 151, 153, 156, 157, 195, 202
方解石補償深度　141
放散虫　49, 64, 80, 141, 167-171, 174-176, 185, 190, 195, 196, 251
放散虫岩　170
放散虫軟泥　118, 169
胞子　8, 31, 63, 65, 86, 91-96, 99, 100, 103-110
胞子色指標　30
胞子体(世代)　92, 96
胞子母細胞　92, 93
捕食性(者)　49, 75
ホックス遺伝子　47
ポドコーパ　198, 200, 202, 203, 208, 211, 212, 215
ポリマー　61
ホロココリス　113, 117

マ　行

マイクロバイアライト　52, 57
埋没深度　246
マオウ　106
マット下帯　52
マンガン団塊　57

ミオドコーパ　198, 202
ミクライト　58, 59
ミシシッピデルタ　109
ミドリムシ　4

無骨格ストロマトライト　58
無室類　159
無性生殖　2, 41, 42, 74, 84, 91, 112, 126, 127, 180, 189
無脊椎動物　47
ムッシェルカルク区　245

メタジェネシス　30
メタゾア　45, 47, 50, 84
メタノープリウス　204
メタン循環　57
メタン生成細菌　52, 57
メチル-24-エチルコレスタン　64, 77
メチルホパン　37
メッシナ塩分危機　162

毛顎類　45, 243
モザイク進化　77
モルフォン　100
門　3

ヤ 行

遊泳性　206, 237, 244, 245
遊泳性底生　244
有殻アメーバ　86, 129
有殻化石　44, 45
有殻底生動物群　245
有殻微化石　45
有顎類　244
有棘アクリターク　44
有光層　26, 73, 75, 115, 119, 134, 139, 141, 167, 168, 180, 181, 190, 195
有孔虫　64, 124-163
有骨格ストロマトライト　58
ユウコノドント　243
有糸分裂　41, 43, 55, 92, 126, 180
有鞘細菌　53
有鐘虫　49, 86, 195, 196
湧昇流　74, 79, 121, 140, 161, 170, 181, 182, 185, 191, 206
有色体　2, 4
有性生殖　2, 41, 42, 55, 72-74, 91, 126, 127, 180
有爪類　45
誘導化石　18
有頭動物　243
有柄細菌　53
遊離酸素　54, 55

葉上種　205
葉緑体（素）　2, 42, 69, 183, 189, 194
抑制成長　129, 134

ラ 行

裸子植物　96, 97, 104-106
ラディオゾア　167
藍藻　54
卵嚢　84
乱流相　65

リソクライン　140, 141
リボソーム（DNA）　4, 158
リボソーム RNA　36, 45, 47, 53
硫酸還元細菌　52, 57
硫酸還元帯　57
硫酸ストロンチウム　167, 169, 174
菱鉄鉱　57
緑藻　61, 63, 65, 67, 91, 138, 139, 194
リン酸塩　19, 37, 44, 45, 50, 74, 209
リン酸カルシウム　30, 48, 226, 244

類キチン質　30, 83, 84, 86, 127
累重的 HST　20
累重的ウエッジ（堆積）　19

連続採集　249
連続最終出現帯　15

濾過食性　206, 208, 217
ロディニア　43
ローレンシア地域　86

ワ 行

腕足類　45

訳者略歴

池谷仙之（いけや・のりゆき）
1938 年　東京都に生まれる
1969 年　東京大学大学院理学系研究科博士課程修了
　　　　静岡大学理学部教授を経て
現　在　静岡大学名誉教授
　　　　理学博士

鎮西清高（ちんぜい・きよたか）
1933 年　長野県に生まれる
1961 年　東京大学大学院理学系研究科博士課程修了
　　　　京都大学理学部教授，大阪学院大学情報学部教授を経て
現　在　京都大学名誉教授
　　　　理学博士

微化石の科学　　　　　　　　　　定価はカバーに表示
2007 年 6 月 25 日　初版第 1 刷

　　　　　　　　　　　　　　　　訳　者　池　谷　仙　之
　　　　　　　　　　　　　　　　　　　　鎮　西　清　高
　　　　　　　　　　　　　　　　発行者　朝　倉　邦　造
　　　　　　　　　　　　　　　　発行所　株式会社　朝倉書店
　　　　　　　　　　　　　　　　　　　　東京都新宿区新小川町6-29
　　　　　　　　　　　　　　　　　　　　郵便番号　162-8707
　　　　　　　　　　　　　　　　　　　　電　話　03(3260)0141
　　　　　　　　　　　　　　　　　　　　FAX　03(3260)0180
〈検印省略〉　　　　　　　　　　　　　　http://www.asakura.co.jp

© 2007〈無断複写・転載を禁ず〉　　　　中央印刷・渡辺製本

ISBN 978-4-254-16257-8　C 3044　　　　Printed in Japan

横国大 間嶋隆一・前静岡大 池谷仙之著

古生物学入門

16236-3 C3044　　A 5 判 192頁 本体3900円

古生物学の概説ではなく全編にわたって「化石をいかに科学するか」を追求した実際的な入門書。〔内容〕古生物学とは／目的／関連科学／未来／化石とは／定義／概念／身近かな化石の研究／貝化石の産状の研究／微化石の研究／論文の書き方

C.ミルソム・S.リグビー著
小畠郁生監訳　舟木嘉浩・舟木秋子訳

ひとめでわかる 化石のみかた

16251-6 C3044　　B 5 判 164頁 本体4600円

古生物学の研究上で重要な分類群をとりあげ、その特徴を解説した教科書。〔内容〕化石の分類と進化／海綿／サンゴ／コケムシ／腕足動物／棘皮動物／三葉虫／軟体動物／筆石／脊椎動物／陸上植物／微化石／生痕化石／先カンブリア代／顕世代

前東大 速水　格・前東北大 森　啓編
古生物の科学 1

古生物の総説・分類

16641-5 C3344　　B 5 判 264頁 本体12000円

科学的理論・技術の発展に伴い変貌し、多様化した古生物学を平易に解説。〔内容〕古生物学の研究・略史／分類学の原理・方法／モネラ界／原生生物界／海綿動物門／古杯動物門／刺胞動物門／腕足動物門／軟体動物門／節足動物門／他

東大 棚部一成・前東北大 森　啓編
古生物の科学 2

古生物の形態と解析

16642-2 C3344　　B 5 判 232頁 本体12000円

化石の形態の計測とその解析から、生物の進化や形態形成等を読み解く方法を紹介。〔内容〕相同性とは何か／形態進化の発生的側面／形態測定学／成長の規則と形の形成／構成形態学／理論形態学／バイオメカニクス／時間を担う形態

前静岡大 池谷仙之・東大 棚部一成編
古生物の科学 3

古生物の生活史

16643-9 C3344　　B 5 判 292頁 本体13000円

古生物の多種多様な生活史を、最新の研究例から具体的に解説。〔内容〕生殖(性比・性差)／繁殖と発生／成長(絶対成長・相対成長・個体発生・生活環)／機能形態／生活様式(二枚貝・底生生物・恐竜・脊椎動物)／個体群の構造と動態／生物地理他

前京大 瀬戸口烈司・名大 小澤智生・前東大 速水　格編
古生物の科学 4

古生物の進化

16644-6 C3344　　B 5 判 272頁 本体12000円

生命の進化を古生物学の立場から追求する最新のアプローチを紹介する。〔内容〕進化の規模と様式／種分化／種間関係／異時性／生体高分子／貝殻内部構造とその系統・進化／絶滅／進化の時間から「いま・ここ」の数理的構造へ／他

前京大 鎮西清高・国立科学博 植村和彦編
古生物の科学 5

地球環境と生命史

16645-3 C3344　　B 5 判 264頁 本体12000円

地球史・生命史解明における様々な内容をその方法と最新の研究と共に紹介。〔内容〕〈古生物学と地球環境〉化石の生成／古環境の復元／生層序／放散虫と古海洋学／海洋生物地理学／同位体〈生命の歴史〉起源／動物／植物／生物事変／群集／他

日本地質学会編
日本地方地質誌4

中部地方
　　　　　　（CD-ROM付）

16784-9 C3344　　B 5 判 588頁 本体25000円

日本の地質を地方別に解説した決定版。中部地方は「総論」と露頭を地域別に解説した「各論」で構成〔内容〕【総論】基本枠組み／プレート運動とテクトニクス／地質体の特徴【各論】飛驒／舞鶴／来馬・手取／伊豆／断層／活火山／資源／災害／他

日本古生物学会編

古生物学事典

16232-5 C3544　　A 5 判 496頁 本体18000円

古生物学に関する重要な用語を、地質、岩石、脊椎動物、無脊椎動物、中古生代植物、新生代植物、人物などにわたって取り上げて解説した五十音順の事典(項目数約500)。巻頭には日本の代表的な化石図版を収録し、化石図鑑として用いることができ、巻末には系統図、五界説による生物分類表、地質時代区分、海陸分布変遷図、化石の採集法・処理法などの付録、日本語・外国語・分類群名の索引を掲載して、研究者、教育者、学生、同好者にわかりやすく利用しやすい編集を心がけている

堆積学研究会編

堆積学辞典

16034-5 C3544　　B 5 判 480頁 本体24000円

地質学の基礎分野として発展著しい堆積学に関する基本的事項からシーケンス層序学などの先端的分野にいたるまで重要な用語4000項目について第一線の研究者が解説し、五十音順に配列した最新の実用辞典。収録項目には堆積分野のほか、各種層序学、物性、環境地質、資源地質、水理、海洋水系、海洋地質、生態、プレートテクトニクス、火山噴出物、主要な人名・地層名・学史を含み、重要な術語にはできるだけ参考文献を挙げた。さらに巻末には詳しい索引を付した

上記価格（税別）は 2007 年 5 月現在